ESSAI

DE

MÉCANIQUE CHIMIQUE

FONDÉE SUR LA THERMOCHIMIE

II

AUTRES OUVRAGES DU MÊME AUTEUR

Chimie organique fondée sur la synthèse, 1860, 2 forts volumes in-8° (épuisée). Publiée chez Mallet-Bachelier.

Leçons sur les principes sucrés, professées devant la Société chimique de Paris en 1862, in-8°; publiées chez Hachette.

Leçons sur l'isomérie, professées devant la Société chimique de Paris en 1863, in-8°. Publiées chez Hachette.

Leçons sur les méthodes générales de synthèse en chimie organique, professées au Collège de France en 1864, in-8°. Publiées chez Gauthier-Villars.

Leçons sur la thermochimie, professées au Collège de France en 1865. Publiées dans la *Revue des cours scientifiques*, chez Germer Baillière.

Traité élémentaire de chimie organique, 1872, fort in-8°. Chez Dunod.

La Force de la poudre et des matières explosives, 2e édition, 1872. Chez Gauthier-Villars.

Vérification de l'aréomètre de Baumé (en commun avec MM. Coulier et d'Almeida), 1873, brochure in-8°. Chez Gauthier-Villars.

La Synthèse chimique, 1876, in-8°. Chez Germer Baillière.

PARIS. — IMPRIMERIE ÉMILE MARTINET, RUE MIGNON, 2

ESSAI

DE

MÉCANIQUE CHIMIQUE

FONDÉE SUR LA THERMOCHIMIE

PAR

M. BERTHELOT

MEMBRE DE L'INSTITUT

PROFESSEUR AU COLLÈGE DE FRANCE

TOME SECOND

MÉCANIQUE

PARIS

DUNOD, ÉDITEUR

LIBRAIRE DES CORPS DES PONTS ET CHAUSSÉES, DES MINES
ET DES TÉLÉGRAPHES

Quai des Augustins, 49

1879

TABLE DES DIVISIONS

DU TOME SECOND

Livre IV. — De la combinaison et de la décomposition chimiques.

Livre V. — Statique chimique.

*

FIN DE LA TABLE DES DIVISIONS DU TOME SECOND

ADDITIONS ET ERRATA

TOME PREMIER

P. 196, ligne 31, *au lieu de :* $\frac{n(T-t)}{5006}$; *lisez :* $\frac{n(T-t)}{6500}$.

P. 243, au milieu, *au lieu de :* un carbure d'hydrogène solide; *lisez :* liquide.

P. 280, ligne 30, *au lieu de :* Mais n étant très grand; *lisez :* Mais 18 n...

P. 301, ligne 22, *après le mot :* d'argent; *ajoutez :* ou de porcelaine.

P. 318, ligne 2, *au lieu de :* M. Golat; *lisez :* M. Golaz.

P. 341, *ajoutez :* acide cyanhydrique : Cy + H... 27... + 24,2... B.

P. 342, *au lieu de :* acide carbonique... D. Fr. G; *lisez :* D. F. et S.G.

P. 343, tableau III, au bas, *ajoutez :*

Diamylène... $2C^{10}H^{10}$... 140... + 15,4 (B.)

P. 359, avant le paragraphe 3, *ajoutez :*

Amalgames	Hg^{24} sol. + K = $Hg^{24}K$ cristallisé..........	+ 27,5 (B.)
	» liq. + K = id.	+ 34,2 (B.)
	Hg^{8} sol. + K = $Hg^{8}K$....................	+ 27,1 (B.)
	Hg^{8} liq. + K = $Hg^{8}K$....................	+ 29,3 (B.)
	Hg^{3} liq. + K = $Hg^{3}K$ (rapport empirique)..	+ 16,0 (B.)
	Hg^{12} sol. + Na = $Hg^{12}Na$ cristallisé.........	+ 18,2 (B.)
	» liq. + Na = $Hg^{12}Na$ id.	+ 21,6 (B.)
	Hg^{8} sol. + Na = $Hg^{8}Na$..	+ 18,2 (B.)
	Hg^{8} liq. + Na = $Hg^{8}Na$..................	+ 21,1 (B.)
	Hg^{7} sol. + Na^{2} = $Hg^{7}Na^{2}$..............	+ 14,0 × 2 (B.)
	Hg^{7} liq. + Na^{2} = $Hg^{7}Na^{2}$..............	+ 15,2 × 2 (B.)

D'après MM. Troost et Hautefeuille, l'union du fer avec le carbone absorbe un peu de chaleur; l'union du fer avec le silicium en dégage un peu; l'union du manganèse avec le fer, le carbone, ou le silicium, en dégage beaucoup. (*Ann. de chim. et de phys.*, 5e sér., t. IX, p. 56.)

P. 359, tableau VIII, ligne 3 : Dt *se rapporte* à 10^5.

P. 360, tableau IX, *au lieu de* : strontium; *lisez* : strontiane.

— *ajoutez* : NaO + HO solide = NaO,HO... + 17,8... (Beketoff).

P. 361, tableau X, *ajoutez* :

CrO^4Na + 4 HO..... + 2,3 (B.)
CrO^4Na + 10 HO..... + 2,2 (B.)

P. 361, tableau X, *ajoutez* :

PhO^8Ca^3 + 2 HO solide, dégage.... + 2,5 (Joly.)

Le phosphate récemment précipité est identique avec le phosphate séché à 100°.

PhO^8Sr^3 + 2 HO solide....... + 0,3 (Joly.)

P. 363, tableau XII :

au lieu de : AzO^5 + HgO.....	+ 20,1;	*lisez* :	AzO^5 + PbO.. ..	+ 21,4
SO^3 + ZnO.....	+ 22,5		SO^3 + ZnO.....	+ 19,7
SO^3 + CuO. ...	+ 21,3		SO^3 + CuO.....	+ 19,5

P. 364, tableau XIII, *au lieu de* : AzO^5 + BaO... + 55,6; *lisez* : AzO^5 + BaO... + 47,3.

P. 368, *ajoutez* : C^2O^4 + 2 AzH^3 dégage : + 37,7 (Lecher).

ZnCl solide	+ AzH^3 gaz :	+ 22,1 (Is.)
id.	+ 2 AzH^3 gaz :	+ 34,0 (Is.)
id.	+ 3 AzH^3 gaz .	+ 44,9 (Is.)
CaCl + solide	+ AzH^3 gaz :	+ 14,0 (Is.)
id.	+ 2 AzH^3 gaz :	+ 24,3 (Is.)
id.	+ 4 AzH^3 gaz :	+ 44,0 (Is.)

P. 371, tableau XIX, dernière ligne, *au lieu de* : Si^4H; *lisez* : SiH^4.

P. 373, Oxysulfure de carbone : C. amorphe, *au lieu de* : + 1,4; *lisez* : — 1,6.

P. 375, tableau XXI, Cyanogène, *au lieu de* : — 41; *lisez* : — 38,3 (B.).

P. 376, tableau XXII, *ajoutez* : Na + O = NaO anhydre.. .. + 50,1 (Beketoff) dissoute..... + 77,6.

P. 376. M. Thomsen a supposé que l'union du baryum avec l'oxygène dégage la même quantité de chaleur que celle du strontium, et il a calculé *à priori*, en conséquence, la chaleur de formation des principaux composés barytiques.

P. 381, tableau XXVI :

Cd + S, *au lieu de* : 45,5; *lisez* : 72.
Ni + S, *au lieu de* : 48,5; *lisez* : 45,5.

P. 382, tableau XXVII. Toutes les chaleurs dégagées par la formation des cyanures doivent être augmentées de + 2,7, d'après ma nouvelle détermination de la chaleur de formation du cyanogène.

P. 384, ligne 11 du tableau, *au lieu de* : CaO; *lisez* : CdO.

P. 386, tableau XXX, *ajoutez* :
Acide perchlorique... ClO^7HO très étendu... KO étendue. . + 13,7 (B.)

P. 388, tableau XXXI, au milieu, *au lieu de* : oxyde de triéthylstilbine; *lisez* : stibine.

P. 389, tableau XXXII :

au lieu de : $S + O^4 + Zn$..... + 117,2; *lisez :* $S + O^4 + Zn$..... + 114,4
$S + O^4 + Cu$..... + 91,8 $S + O^4 + Cu$.. .. + 90,2

Additions aux pages 358, 361, 381, 527, tome Ier; et page 271, tome II :

Sulfures alcalins, d'après M. Sabatier (*C. R.*, LXXXIX, 43; 1879).

$Na + S = NaS$ anhydre..................	+ 44,1
$Na + S^2 + H = NaS,HS$ solide............	+ 55,7
$NaS + HS$ gazeux = NaS,HS solide........	+ 9,3
$NaS + 5HO$ solide = $NaS,5HO$............	+ 7,2
$NaS + 9HO$ solide = $NaS,9HO$............	+ 9,4
$NaS,HS + 4HO$ solide = $NaS,HS,4HO$.......	+ 3,1
NaS + eau = NaS étendu, à 14°,5..	+ 7,5
$NaS,5HO$ id. id. à 17°....	— 3,3
$NaS,5HO$ id. id. à 13°....	— 8,4
NaS,HS id. id. à 13°....	— 4,4
$NaS,HS,4HO$ id. id. à 17°,5..	— 1,5
$K + S = KS$ anhydre............ voisin de	+ 52,1
$K + S^2 + H = KS,HS$ solide..............	+ 64
$KS + HS$ gazeux = KS,HS solide, voisin de	+ 9,5
$KS + 2HO$ solide = $KS,2HO$..............	+ 0,8 ?
$KS + 5HO$ solide = $KS,5HO$..............	+ 3,1 ?
$KS,HS + HO$ solide = KS,HS,HO..........	— 0,6
KS + eau = KS étendu...	+ 4,1 ?
$KS,2HO$ id. id. à 17°,6.......	+ 1,9
$KS,5HO$ id. id. à 16°3........	— 2,6
KS,HS id. id. à 17°....... .	+ 0,8
KS,HS,HO id. id. à 16°.........	+ 0,7

La transformation des sulfhydrates de sulfures en sulfures neûtres par les alcalis dégage, dans les liqueurs concentrées : + 0,47 avec la potasse, + 0,30 avec la soude, les effets dus à la dilution étant déduits. Dans des liqueurs étendues, ces quantités se réduisent à zéro. (*Même Recueil*, page 234.)

P. 406, *ajoutez :* Diamylène gazeux .. + 26,1.

— Cellulose. . $C^{12} + H^{10} + O^{10}$... 162, *au lieu de :* + 345; *lisez*... + 238,4.

Ce nombre se déduit de la chaleur d'explosion du coton-poudre mesurée par MM. Sarran et Vieille (*C. R.*, LXXXIX, 165).

— Tableau XLIV, *ajoutez :* Glycérine... $C^6 + H^8 + O^6$... 92... + 178; d'après la chaleur de combustion (Louguinine).

P. 408, tableau XLV, *ajoutez :*

Ether silicique... $\left\{ C^4H^4 \right\}^4$ ($SiO^4,4HO$)... 208... — 11,5... (Og.)...

Alcool et éthers purs; acide silicique dissous.

P. 409, ligne 10 du tableau, *au lieu de :* Acide propylsulfurique; *lisez :* isopropylsulfurique.

P. 411, *ajoutez :* Diamylène... $2C^{10}H^{10}$ gazeux = $C^{20}H^{20}$ gazeux... + 15,4.

— Formation des dérivés nitriques, *au lieu de :* B. Tr. et B.; *lisez :* B. Tr. et H.

P. 415, ligne 2 : Tous les corps simples ou composés... *ajoutez :* pris sous des poids équivalents, occupent, etc.

P. 416, au milieu, *au lieu de :* la dérivée $\frac{dp}{dT}$... *lisez :* la dérivée $\frac{df}{dT}$.

— Avant-dernière ligne, *au lieu de :*

$$22^{lit},3 \times \frac{f}{0,760};\ \textit{lisez :}\ 22^{lit},3 \times \frac{0,760}{f} \times (1 + \alpha t).$$

P. 423, tableau L, *ajoutez :* Glycérine... $C^6H^8O^6$... 92... 17°... — 3,91... B.

P. 449, dernière ligne du texte, *au lieu de :* Le tellure... 16 × 5; *lisez*... 16 × 8.

P. 452, ligne 9 en remontant, *au lieu de :* Naumann, *lisez :* Neumann.

P. 458, ligne 10 en remontant, *au lieu de :* chlorure de carbone; *lisez :* sulfure de carbone.

P. 462, tableau LV, *ajoutez :* Diamylène... $C^{20}H^{20}$ = 140 .. ch. mol. moy. : 76,3... ch. sp. pour 1gr : 0,745... 20° à 130°... B.

— Glycérine.. $C^6H^8O^6$ = 92... chal. mol. moy. élém. : 47,8 + 0.14 *t*.... ch. mol. moy. : 60,2... ch. sp. pour 1gr : 0,655... 16° à 195° .. B.

P. 464, *au lieu de :* éther allylcyanhydrique; *lisez :* éther allylcyanique sulfuré.

P. 473, *ajoutez :* Glucinium... Gl = 6,9... 2,82... 0,408 (Nilson et Petersson).

P. 495, au bas, *ajoutez :* Les dissolutions aqueuses étendues de glycérine donnent lieu à la même remarque. La chaleur spécifique d'une solution renfermant 1 centième de glycérine a été trouvée égale à 1,008.

P. 512, tableau LXXV, *ajoutez :* C^2O^2 dissous dans Cu^2Cl en solution chlorhydrique (Cu^2Cl + 3,6 HCl + 52,6 HO), dégage : + 11,4.

Le composé cristallisé : $C^2O^2,2\,Cu^2Cl,2\,H^2O^2$, se dissout dans la même liqueur en absorbant — 3,45 (Hammerl. *C. R.*, LXXXIX, 97; 1879).

P. 525, après la ligne 5, *ajoutez :* La dissolution de l'amalgame cristallisé $Hg^{24}K$ dans le mercure absorbe une quantité de chaleur sensiblement constante, en présence de 4 et de 20 fois son poids de mercure, soit vers 10° : — 8,5 (B.).

De même la dissolution de l'amalgame cristallisé de sodium $Hg^{12}Na$ dans 3 fois ou 18 fois son poids de mercure, absorbe vers 17° : — 2,8 (B.).

P. 527, *au lieu de :* Chlorhydrate d'ammoniaque... — 4,0 (C.) *lisez :* (B.).

P. 532, *au lieu de :* AzO^6Th........ — 10,0 (E.).... *lisez :* (T.).

— *au lieu de :* AzO^6Sr + 5 HO — 6,1 (M.).... *lisez :* (T.).

P. 545, tableau LXXXVII, *ajoutez :* Glycérine.. $C^6H^8O^6$... 92... — 2,40 (B.).

P. 548, tableau LXXXVIII, *ajoutez :* Diamylène... 2 $C^{20}H^{10}$ gaz en $C^{20}H^{20}$ gaz.. + 15,4 (B.).

P. 553, tableau LXXXIX, *au lieu de :* CO^3 en aragonite; *lisez :* CO^3Ca aragonite.

TOME SECOND

P. 22, ligne 22, *au lieu de:* des éléments; *lisez:* ses éléments.

P. 28, ligne 4 de la note, *au lieu de:* pages 5, 45, 61; *lisez:* pages 5, 15, 61.

P. 40, ligne 9, *au lieu de:* $x = Q_0 - (c - c_1 - K)T$; *lisez:* $x = Q_0 - (c + c_1 - K)T$.

P. 65, ligne 3, en remontant, *au lieu de:* C^4O^4; *lisez:* $2C^2O^4$.

— Note, *au lieu de:* t. I, V, pl. 45; *lisez:* t. IV, p. 145.

P. 67, ligne 16, *au lieu de:* trous de même; *lisez:* trous de mine.

P. 145, dernière ligne, *au lieu de:* $22^{\text{lit.}},3\ (1 + t)$; *lisez:* $22^{\text{lit.}},3\ (1 + \alpha t)$.

P. 243, paragraphe 5, titre, *au lieu de:* de la dissociation; *lisez:* de dissociation.

P. 266, ligne 9, *au lieu de:* substituteurs; *lisez:* substitutions.

P. 303, ligne 5, en remontant, *au lieu de:* $C^4H\mathit{fe}^4$; *lisez:* $C^4H^3\mathit{fe}O^4$.

P. 320, ligne 10, *au lieu de:* SO^4; *lisez:* SO^4K.

P. 364, ligne 8, en remontant, *après:* si la pile ne développe; *ajoutez:* dans son intérieur aucune action chimique.

P. 386, ligne 6, en remontant, *après:* action chimique; *ajoutez:* extérieure.

P. 576, ligne 11, *au lieu de:* $+ Q'E$; *lisez:* $+ Q'$.

ESSAI

DE

MÉCANIQUE CHIMIQUE

FONDÉE SUR LA THERMOCHIMIE

LIVRE IV

DE LA COMBINAISON ET DE LA DÉCOMPOSITION CHIMIQUES

CHAPITRE PREMIER

PROBLÈMES GÉNÉRAUX DE LA MÉCANIQUE CHIMIQUE

§ 1er. — **Énoncé des problèmes.**

1. Quelles conditions générales président à la formation des combinaisons chimiques et à leur décomposition? quels sont les systèmes stables, les réactions possibles et les réactions nécessaires, dans des circonstances déterminées? voilà des questions qui se présentent continuellement au chimiste et qu'il lui importe au plus haut degré de savoir décider. Jusqu'ici il n'a guère pu le faire en vertu de prévisions déduites de lois véritables, et autrement que par une sorte d'instinct empirique, fondé sur la connaissance pratique des analogies. Or ce sont ces lois rationnelles dont la recherche et la découverte doivent être maintenant poursuivies.

2. Déclarons d'abord que les formules et les notations nous apprennent peu de chose à cet égard; car elles expriment seulement les poids relatifs des corps réagissants et la nature de leurs générateurs, sans nous révéler ni les propriétés mêmes de tous ces corps, ni les forces qui s'exercent entre eux.

3. Pour aborder et résoudre la mécanique chimique dans toute son étendue, il faudrait pouvoir calculer la nature et les propriétés des corps composés qui vont se former, d'après la nature et les propriétés des corps composants, opposés les uns aux autres dans une réaction. Or cette déduction, non-seulement ne serait possible que si l'on connaissait les masses mises en présence, masses dont les rapports sont définis par les équivalents; mais aussi les positions relatives de chacune des particules, élémentaires ou composées, dont la réunion constitue ces masses, leurs forces vives, leurs mouvements propres, enfin la nature exacte des forces qui s'exercent entre elles, tant en vertu de leurs actions réciproques que de la réaction du milieu éthéré qui les enveloppe. Quelques-unes de ces quantités sont maintenant définies par l'expérience; mais nous ignorons encore la plupart d'entre elles, celles surtout qui se rattachent aux mouvements de chaque particule isolée. En raison de cet état d'imperfection de la science, les théories de la mécanique chimique ne sauraient être abordées aujourd'hui avec ce degré de généralité qui donne tant d'éclat et de certitude aux théories de la mécanique céleste. Ajoutons enfin que les données que nous venons de réclamer, fussent-elles toutes connues, leur calcul surpasserait vraisemblablement les ressources actuelles de l'analyse mathématique.

4. Cependant la doctrine des chimistes est plus avancée que les lignes précédentes ne porteraient à le croire; dès à présent, il est tout un ensemble de questions que l'état de la science et les progrès récents de la thermochimie nous permettent d'attaquer. En effet, la mécanique chimique roule sur deux ordres de problèmes :

Dans les uns, on envisage les propriétés du corps composé, pris en soi et supposé déjà constitué, et l'on se propose de les prévoir, d'après les propriétés de ses éléments. Or nous possédons à cet égard plusieurs lois fondamentales, telles que : les lois de la conservation de la nature et du poids des éléments; la loi des proportions définies suivant lesquelles ils se combinent; la loi des proportions multiples; la loi des équivalents; les lois des volumes moléculaires gazeux, liquides ou solides; la loi de l'isomorphisme; les lois des chaleurs spécifiques sous les trois états gazeux, liquide ou solide, etc., etc. Ces lois fournissent la réponse à un certain nombre des problèmes soulevés plus haut; quelques-unes sont la base même de tout enseignement chimique; d'autres ont été discutées dans notre premier volume (Introd., p. XXI, et p. 424 à 492); bornons-nous à les rappeler, n'ayant pas l'intention d'y revenir dans le présent ouvrage.

5. Dans les autres problèmes, on s'attache à la formation même du corps composé au moyen de ses composants; c'est-à-dire que l'on cherche à prévoir quelles réactions chimiques pourront s'exercer entre deux corps simples ou composés, mis en présence dans des conditions déterminées. Or la science ne possédait jusqu'ici que bien peu de données à cet égard : je me suis proposé de préciser davantage nos connaissances par une loi nouvelle, très simple et d'une application extrêmement générale.

Cette loi ramène la prévision des actions réciproques entre les corps simples et les corps composés à la détermination des propriétés thermiques des corps réagissants. On peut en effet prévoir, d'après la nouvelle loi, les actions réciproques des composés entre eux et à l'égard des corps simples, d'après la connaissance des quantités de chaleur dégagées dans la formation de chaque composé.

Il en est ainsi, pourvu que l'on sache *les conditions propres d'existence de chaque composé, envisagé isolément*, sous l'état même de corps solide ou gazeux, anhydre, hydraté, ou dissous, avec le degré de stabilité ou de dissociation qui lui est propre, à chaque température et au sein de chaque milieu; c'est-à-dire dans les circonstances exactes où il préexiste, ou bien doit se produire pendant la réaction elle-même.

6. Avant d'aborder l'étude de la loi nouvelle, il s'agit donc de définir d'abord dans quelles conditions un composé déterminé se forme au moyen de ses seuls éléments; comment il se décompose sous l'influence des énergies étrangères fournies par la chaleur, l'électricité et la lumière; en un mot, quelle est la stabilité propre du corps composé dans des circonstances données : c'est-à-dire qu'il s'agit d'étudier les conditions générales qui président à la combinaison et à la décomposition chimiques. Cette étude est de la plus haute importance, et nous y consacrerons le IVe Livre du présent ouvrage, réservant pour le Ve Livre l'exposition du nouveau principe et de ses applications.

§ 2. — Division du quatrième Livre.

1. Voici l'indication des sujets traités dans le IVe Livre. Nous examinerons d'abord la combinaison chimique d'une manière générale, ou plus exactement les relations qui existent entre le signe de la chaleur dégagée pendant la combinaison et les conditions de son accomplissement : ce sera l'objet du chapitre II.

Dans le chapitre III, nous aborderons le phénomène réciproque, c'est-à-dire la décomposition chimique, en nous attachant surtout aux réactions produites par l'énergie calorifique.

2. Les chapitres suivants sont destinés à l'étude des circonstances dans lesquelles la combinaison et la décomposition se produisent à la fois, au moyen d'un même système d'éléments, c'est-à-dire à l'étude des décompositions limitées et des équilibres chimiques : question si vaste et si importante pour la mécanique chimique, que nous avons dû lui donner de longs développements. On commencera par les systèmes homogènes, décrits dans le chapitre IV, de façon à manifester les conditions fondamentales qui déterminent les équilibres chimiques, au point de vue de la température, de la pression, des proportions relatives, de la fonction, de la vitesse, etc.

Le chapitre V est réservé aux équilibres dans les systèmes hétérogènes et à l'exposé du principe général qui les règle, le principe des surfaces de séparation.

Après les équilibres simples, nous résumons les équilibres complexes (chapitre VI), lesquels comprennent, entre autres applications intéressantes, la théorie des corps pyrogénés.

Puis nous examinons, dans le chapitre VII, les équilibres chimiques dans les dissolutions; ce qui comprend les hydrates solubles et diversement dissociés que forment les acides, les bases et les sels dissous, ainsi que les précipités.

La constitution des sels dissous forme la suite naturelle du sujet précédent. Ainsi on compare d'abord (chapitre VIII), les acides forts et les acides faibles, et les alcools en particulier. Ce sujet est poursuivi dans le chapitre IX, par la comparaison des sels que forment les bases fortes et les bases faibles, les oxydes métalliques spécialement.

On termine cette histoire des sels par le chapitre X, qui traite des sels doubles et des sels acides, dans l'état de dissolution.

3. Il ne nous reste plus qu'à exposer l'effet des énergies spéciales, autres que les énergies calorifiques, dans les réactions chimiques.

Ainsi, le chapitre XI est consacré à une étude aussi complète que possible des décompositions et autres effets chimiques produits par les énergies électriques, agissant sous les formes diverses de courant voltaïque, d'arc voltaïque, d'étincelle proprement dite, d'effluve.

Enfin, les énergies lumineuses, et les principaux phénomènes de décomposition chimique qu'elles provoquent, sont discutées dans le chapitre XII et dernier.

CHAPITRE II

DE LA COMBINAISON CHIMIQUE

§ 1er. — Questions générales.

1. Quand deux corps simples ou composés se réunissent pour former un troisième corps unique et homogène, doué de propriétés physiques et chimiques définies, distinctes de celles des corps composants simplement mélangés, il y a combinaison chimique.

2. Une telle combinaison peut être : directe ou indirecte, immédiate ou provoquée, lente ou instantanée, accompagnée par un dégagement ou par une absorption de chaleur; elle peut s'accomplir par le seul jeu des énergies chimiques, ou bien exiger le concours des énergies étrangères, empruntées à la chaleur, à la lumière, à l'électricité. Chacune de ces circonstances doit être étudiée séparément, afin de définir les relations qui la caractérisent.

Examinons d'abord les combinaisons directes.

Toute combinaison directe donne lieu à un dégagement de chaleur. Mais la réciproque n'est pas exacte; elle ne l'est pas, à cause de la nécessité d'un certain travail préliminaire dans la plupart des réactions, travail qui exige le concours d'une énergie étrangère, et qui doit être accompli dans des circonstances souvent spéciales. Nous allons définir d'abord l'existence, la grandeur et les conditions de ce travail préliminaire.

§ 2. — Du travail préliminaire qui détermine les réactions.

1. Le gaz chlorhydrique et le gaz ammoniac, étant mis en présence à volumes égaux, se combinent aussitôt directement, avec formation de chlorhydrate d'ammoniaque et dégagement

de $+42^{Cal},5$. Ici la réaction est *directe, immédiate* et *instantanée;* du moins, en principe, car elle n'exige d'autre durée que le temps nécessaire pour amener successivement en contact toutes les parties des deux gaz antagonistes : c'est le type normal de la combinaison chimique.

2. Mais toute réaction susceptible de dégager de la chaleur ne se produit pas pour cela d'une manière immédiate et nécessaire, dès que les corps composants sont mis en contact. Par exemple, l'hydrogène et l'oxygène, mélangés dans les rapports qui conviennent à la formation de l'eau, soit 2 volumes d'hydrogène pour 1 volume d'oxygène, peuvent s'unir directement, en dégageant $+34^{Cal},5$ (pour 8 grammes d'oxygène et 1 gramme d'hydrogène). Cependant ces deux éléments ne se combinent pas à la température ordinaire, quelle que soit la durée du contact. On est obligé de provoquer leur union à l'aide d'un certain travail préliminaire : tel que l'échauffement en masse des deux gaz mélangés et portés jusque vers le rouge naissant; ou bien le contact d'un point du mélange avec un corps en ignition ou une étincelle électrique; ou bien encore l'action de la mousse de platine, etc. Ce sont là des observations qui s'appliquent à une multitude de réactions chimiques. Examinons les principaux cas qui peuvent se présenter, en prenant des exemples particuliers.

3. *Influence de la chaleur.* — La grandeur du travail préliminaire qui provoque les réactions est facile à évaluer, lorsqu'il est développé par la chaleur. Supposons, en effet, la réaction de l'hydrogène sur l'oxygène déterminée à une température T, telle que 500 degrés. Le travail accompli par la chaleur sera mesuré par le produit de cette température et des chaleurs spécifiques des corps primitifs : $T \times (c + c_1)$; soit 0,0103 T pour 8 grammes d'oxygène et 1 gramme d'hydrogène, échauffés à pression constante. Cela fait : $+5^{Cal},15$ de 0 à 500 degrés.

Lorsque la combinaison est provoquée sur un point par le contact d'un corps en ignition, ce travail présente la même valeur au point où la réaction commence, et à l'égard des premières particules qui la manifestent. Mais les parties voisines étant portées de proche en proche à la température voulue, par suite de la réaction de la portion déjà combinée, il en résulte que le travail préliminaire, nécessaire pour déterminer la combinaison de ces parties voisines, est exécuté par la chaleur même que dégagent les premières portions combinées. Par suite, le travail préliminaire applicable à la réaction de l'ensemble se trouve être une fraction très-petite et souvent même infinitésimale de la chaleur totale que dégage la masse en combustion. Cette circonstance n'en diminue cependant ni la réalité, ni la grandeur relative; attendu qu'il existe toujours un rapport fini entre les deux nombres exprimant : l'un, la masse des premières particules qui déterminent la réaction du reste; l'autre, le travail qui produit la combinaison de ces premières particules.

4. *Influences dites de contact.* — Des remarques analogues s'appliquent à la même réaction, c'est-à-dire à la combinaison de l'hydrogène et de l'oxygène, telle qu'elle peut être effectuée au contact du platine ou du palladium. En effet, ces corps auxiliaires condensent d'abord à leur surface une portion des gaz, spécialement de l'hydrogène, élément avec lequel le palladium et probablement aussi le platine contractent une véritable combinaison définie. De là résulte une certaine élévation de température, capable de déterminer d'abord la réunion des parties d'hydrogène et d'oxygène qui se trouvent en contact avec le métal, et par suite, de proche en proche, la réunion des particules gazeuses plus éloignées.

Dans les cas où le mélange s'enflamme, le travail préliminaire qui détermine la combinaison des dernières particules est identique avec celui du cas précédent; mais il en est autrement de ce premier travail qui détermine la combinaison au contact du platine, ou du palladium; sans doute avec le concours d'un hydrure métallique formé tout d'abord. La grandeur de ce premier travail est inconnue, peut-être même voisine de zéro.

5. *Influence de la lumière.* — La lumière, on le sait, provoque un grand nombre de réactions. Cependant le travail préliminaire effectué par la lumière, dans les cas même les plus simples : tels que la combinaison du chlore avec l'hydrogène,

combinaison qui dégage + 22 Calories; ce travail, dis-je, s'effectue suivant un mécanisme mal connu. Il est clair d'ailleurs que les premières particules dont la réunion est ainsi déterminée dégagent de la chaleur et provoquent ensuite l'inflammation du reste. Mais nous ignorons si la grandeur du travail effectué par la lumière sur les premières particules de chlore et d'hydrogène qui se combinent est la même que la grandeur du travail nécessaire pour déterminer la combinaison des mêmes gaz par simple échauffement.

6. *Influences de l'électricité.* — L'action propre de l'étincelle électrique, provoquant la combinaison de l'oxygène et de l'hydrogène, ne saurait guère être distinguée de l'influence de la chaleur dégagée sur le trajet de cette étincelle. Mais il en est autrement pour certaines combinaisons, que l'échauffement seul est incapable de provoquer.

Telle est la formation du gaz ammoniac. Cette formation, de même que celles de l'eau ou du gaz chlorhydrique, a lieu avec dégagement de chaleur, soit + $26^{Cal},7$ pour les poids suivants : $Az + H^3 = AzH^3$. Mais elle se réalise dans des conditions bien différentes. En effet, les deux éléments de l'ammoniaque ne peuvent être combinés directement, ni à froid, ni par simple échauffement. Au contraire, leur réaction est provoquée sous l'influence de l'étincelle, ou mieux encore de l'effluve électrique. Elle a lieu alors en vertu d'un travail tout particulier, et elle s'effectue dans des conditions d'équilibre telles, que le poids du composé formé ne surpasse jamais quelques centièmes des masses réagissantes (1).

Ce mode de formation de l'ammoniaque est d'autant plus remarquable, que l'effluve électrique ne détermine pas toujours les combinaisons développables par simple échauffement, par exemple l'union de l'oxygène et de l'hydrogène (2); à moins de faire intervenir des tensions excessives. On voit par là combien est spécial le caractère des travaux préliminaires.

La formation de l'acide iodique, au moyen de ses éléments,

(1) *Annales de chimie et de physique*, 5ᵉ série, t. X, p. 69.
(2) Même recueil, t. XVI, p. 142.

fournit à cet égard des preuves non moins décisives. En effet, l'iode et l'oxygène gazeux ne se combinent directement à aucune température; bien que la réaction des éléments, pris sous leurs poids équivalents : $I + O^5 = IO^5$, dégage $+ 22^{Cal},8$. Cependant il suffit de modifier l'oxygène au moyen de l'effluve électrique et de le changer en ozone, pour que ce gaz transformé attaque immédiatement l'iode et forme directement les acides iodeux, iodique et periodique. De même l'oxygène gazeux est sans action directe sur le chlorure de potassium, tant qu'on procède par simple échauffement; tandis que l'oxygène, changé d'abord en ozone par l'électricité, forme avec l'ozone du chlorate de potasse (1). Le changement isomérique d'un élément, provoqué par l'électricité, peut donc le rendre apte à former certaines combinaisons qu'il ne produirait pas directement.

7. *Influences complexes.* — La combinaison du gaz des marais, par la réunion du carbone et de l'hydrogène, dégagerait $+ 22^{Cal},0$, pour les proportions suivantes : $C^2 + H^4 = C^2H^4$; cependant cette combinaison n'a pas lieu par réaction directe, même avec le concours de l'échauffement. Mais il est facile de la réaliser, au moyen du carbone libre et de l'hydrogène libre, à la condition de faire concourir successivement l'électricité et la chaleur : à cet effet, on unit d'abord le carbone et l'hydrogène dans l'arc voltaïque, ce qui forme un protohydrure de carbone, C^2H (acétylène); ce protohydrure est susceptible de réagir ensuite directement, à la température rouge, sur l'hydrogène libre, $C^2H + H^3$, pour engendrer successivement les autres hydrures de carbone, et spécialement le quadrihydrure de carbone ou gaz des marais, C^2H^4 (2).

8. Dans cette circonstance, on pourrait expliquer l'anomalie de la façon suivante : un certain travail préliminaire de la chaleur serait nécessaire pour déterminer la réunion des éléments, carbone et hydrogène, à l'état de gaz des marais; mais ce travail est assez considérable pour porter les deux éléments à une température supérieure à celle qui décomposerait la com-

(1) *Annales de chimie et de physique*, 5e série, t. XII, p. 312.
(2) *La Synthèse chimique*, p. 219.

binaison déjà formée. En fait, l'expérience montre que le gaz des marais, chauffé au rouge vif, se décompose d'abord en hydrogène et acétylène, résoluble lui-même dans ses éléments par un échauffement plus prolongé. L'impossibilité de former par synthèse directe l'acide iodique s'explique de la même manière.

On peut invoquer la même explication pour rendre compte de l'impuissance de l'échauffement à provoquer un grand nombre de réactions, qui se développent cependant directement sous l'influence de mécanismes spéciaux. Ainsi l'alcool peut être oxydé à froid par l'oxygène libre, sous l'influence de la mousse de platine, avec formation d'acide acétique; tandis que l'alcool ne se combine avec l'oxygène isolé qu'à une température tellement élevée, qu'elle est incompatible avec l'existence de l'acide acétique et laisse subsister seulement l'eau et l'acide carbonique, corps observés, en effet, dans la combustion directe de l'alcool.

De même le chlore et le gaz des marais, C^2H^4, peuvent être combinés à froid sous l'influence de la lumière, de façon à produire l'éther méthylchlorhydrique, C^2H^3Cl; tandis que la réaction des mêmes composants, provoquée par simple échauffement, exige une température telle qu'elle développe seulement du charbon et de l'acide chlorhydrique.

Dans les cas de ce genre, un refroidissement brusque peut manifester parfois des composés formés pendant un moment, mais qui se décomposent presque aussitôt, à la température même où ils ont apparu : on reviendra sur ce mode de formation.

9. *Stabilité.* — C'est ici le lieu de faire une observation essentielle au sujet de la stabilité des composés chimiques. Le mot *stabilité* ne présente pas en chimie une signification absolue : la stabilité est relative aux conditions dans lesquelles on place le composé sur lequel on raisonne. Cependant la signification qu'on attache le plus souvent à cette expression concerne la résistance des corps à l'action d'une température progressivement croissante.

Il est certain que si l'on compare les composés parallèles, formés par une même famille d'éléments analogues, ces composés seront d'autant plus stables que la chaleur dégagée dans leur formation a été plus considérable. C'est ce que montre la comparaison des trois hydracides : chlorhydrique, bromhydrique, iodhydrique. Mais il ne faudrait pas généraliser cette relation. En effet, si l'on compare les composés formés par des éléments qui ne sont pas analogues, on reconnaît qu'il n'existe aucune relation nécessaire entre la quantité et même le signe de la chaleur dégagée ou absorbée dans une réaction, et le travail nécessaire pour déterminer celle-ci. Il suffit, pour le prouver, de rappeler que la formation d'un même volume de gaz chlorhydrique, HCl, de gaz ammoniac, AzH^3, de gaz des marais, C^2H^4, au moyen de leurs éléments, dégage à peu près la même quantité de chaleur. Or, le gaz chlorhydrique résiste à des températures qui détruisent complètement les deux autres; parmi ceux-ci, le gaz des marais résiste bien plus que le gaz ammoniac. Le travail préalable de la chaleur, nécessaire pour provoquer la décomposition de ces trois gaz, répond donc à des échauffements extrêmement différents.

Ainsi, je le répète, la stabilité absolue d'un composé, et spécialement sa résistance à une température plus ou moins élevée, ne présentent aucune relation nécessaire, soit avec le signe, soit avec la grandeur des quantités de chaleur mises en jeu, lors de sa formation. Nous venons de le montrer, en comparant des gaz formés avec des dégagements de chaleur très-voisins : la même démonstration résulte de la comparaison des gaz formés avec des dégagements de chaleur très inégaux.

C'est ce que prouve, par exemple, la grande stabilité de cette combinaison fondamentale d'hydrogène et de carbone qui constitue le protohydrure de carbone ou acétylène, $(C^2H)^2$, corps formé avec absorption de chaleur (-32×2 Calories); comparée avec la stabilité moindre du gaz des marais, C^2H^4, corps formé par les mêmes éléments, mais avec dégagement de chaleur (+ 22 Calories). De même le cyanogène, $(C^2Az)^2$, corps formé avec absorption de chaleur ($-38{,}3 \times 2$ Calories), est au moins aussi stable que le gaz ammoniac, AzH^3, corps formé au contraire avec dégagement de chaleur ($+ 26^{Cal},7$).

10. En résumé, le travail développé par l'acte de l'échauffement sur un certain système de corps n'est pas toujours suffisant pour déterminer la combinaison ou la réaction chimique; même lorsque cette combinaison ou cette réaction peut avoir lieu directement sous d'autres influences. Le travail développé par l'échauffement n'est donc pas toujours et nécessairement équivalent aux travaux qu'il faut accomplir pour provoquer une combinaison ou une réaction déterminée.

Ces remarques trouvent de nombreuses applications en chimie. Elles peuvent être invoquées, par exemple, toutes les fois qu'un corps ne déplace pas directement un second corps de sa combinaison avec un troisième; bien que le premier, en s'unissant au troisième, produise plus de chaleur que le second. En effet, un tel déplacement peut exiger un certain travail préalable pour être déterminé, lequel travail est indépendant de la quantité de chaleur dégagée dans la réaction consécutive.

11. Nous venons d'énumérer les principaux phénomènes qui se rattachent au travail préliminaire ; disons maintenant quelques mots de leur interprétation. Il est facile de se rendre compte de ces phénomènes, au moins d'une manière générale. En effet, j'ai établi que tout système chimique tend vers l'arrangement capable de dégager le plus de chaleur. Or il existe parfois dans les systèmes des liens qui doivent être rompus, ou des obstacles extérieurs qu'il est nécessaire d'écarter à l'aide de travaux particuliers, si l'on veut réaliser un tel arrangement. Ces travaux, d'ailleurs, sont subordonnés au procédé employé pour les accomplir : par conséquent, ils ne représentent pas une quantité constante et caractéristique ; au même titre que le fait, au contraire, la chaleur dégagée par la combinaison elle-même.

§ 3. — Vitesse des réactions.

1. La nécessité d'un travail préliminaire explique le rôle du temps dans les phénomènes chimiques. En effet, s'il est certaines réactions qui s'accomplissent dès qu'elles sont provoquées,

comme la combinaison de l'hydrogène avec l'oxygène, celle de l'ammoniaque avec l'acide chlorhydrique, l'explosion de l'acide hypochloreux, etc.; cependant, dans la plupart des cas, les réactions ne sont pas instantanées. Le temps est donc nécessaire pour l'accomplissement des réactions chimiques, de même que pour tous les autres phénomènes mécaniques. Il est facile de se rendre compte de cette nécessité, si l'on réfléchit à la destruction des liaisons primitives, à la production des liaisons nouvelles, et aux changements de force vive et autres travaux qui s'accomplissent dans toute transformation chimique.

2. Ce rôle du temps a été pendant longtemps négligé en chimie, principalement dans les systèmes homogènes. On peut même dire que jusqu'à mes travaux sur la synthèse des corps gras neutres (1854) et sur la généralisation de la méthode des vases scellés à la lampe, l'importance théorique du temps en mécanique chimique était à peu près méconnue. Nous avons exécuté, M. Péan de Saint-Gilles et moi, les premières études systématiques sur ce point en 1862, dans nos recherches sur la formation des éthers (1). J'ai même essayé dès lors de représenter les observations par un calcul théorique (2). Je suis revenu sur ce sujet en 1865 (3), et depuis il a fixé l'attention d'un grand nombre de savants.

On va signaler ici quelques-unes des conditions générales de ce problème, sur lequel on reviendra d'ailleurs avec plus de développement dans le cours des chapitres suivants. Mettons d'abord en évidence les cas où la vitesse de la réaction est liée au défaut d'homogénéité du système des corps réagissants. Ce sont ceux que l'on cite d'ordinaire, parce qu'ils sont les plus faciles à concevoir, quoique les moins caractéristiques au point de vue de la théorie.

3. *Homogénéité.* — En effet, l'influence du temps est manifeste dans les systèmes non homogènes; c'est-à-dire dans les systèmes

(1) *Annales de chimie et de physique*, 3e série, 1862, t. LXVI, p. 5.

(2) Même recueil, p. 110.

(3) *Revue des cours publics* pour 1865 (juin). — *Annales de chimie et de physique*, 4e série, t. XVIII, p. 142.

qui renferment des corps solides ou liquides, dont la dissolution ou l'évaporation sont nécessaires pour l'accomplissement des réactions. Il est clair que celles-ci se produisent seulement à la surface du corps solide, ou du corps liquide. La vitesse de la transformation est alors proportionnelle à l'étendue de la surface libre, laquelle dépend de l'état de division du corps solide, ou de la forme du vase qui renferme le liquide. En outre, l'action cesse d'avoir lieu, si les contacts viennent à être rendus impossibles par le fait des nouveaux arrangements.

C'est ce qui arrive, par exemple, lorsqu'on attaque un fragment de marbre ou un morceau de zinc par un acide. En effet, l'acide se sature au contact, et il faut que la couche ainsi neutralisée soit écartée par l'agitation, ou bien par les courants liquides, pour que l'action chimique, illimitée de sa nature dans un cas de ce genre (1), puisse recommencer.

Telle est encore la formation d'un composé insoluble à la surface du corps attaqué; comme il arrive dans la réaction de l'acide chlorhydrique concentré sur le carbonate de baryte, ou dans l'oxydation du fer par l'acide azotique (fer passif).

Telle est aussi la formation d'une couche superficielle d'un gaz, adhérent par capillarité à la surface d'un corps solide; comme il arrive dans la polarisation des électrodes, etc.

Telle serait également la solidification des corps réagissants, qui résulterait d'un abaissement indéfini dans la température.

Dans ces divers cas, le travail initial qui détermine les réactions ne doit pas être confondu avec le travail nécessaire pour les continuer. Le premier travail s'exerce dès qu'il y a contact; mais, le contact cessant par l'effet de circonstances étrangères à l'affinité, il faut exécuter un nouveau travail, d'ordre purement physique (agitation, frottement, dissolution, liquéfaction ou vaporisation, provoquée par une élévation de température ou par une diminution de pression, etc.), pour rétablir le contact et reproduire les conditions de l'action primitive.

4. La nécessité de reproduire les conditions primitives jus-

(1) *Annales de chimie et de physique*, 4e série, t. XVIII, p. 97.

tifie également le rôle du temps, lorsqu'on décompose par échauffement un corps, qui se détruit seulement au-dessus d'une température déterminée, et dont la destruction absorbe de la chaleur. En effet, dans ces conditions, la masse tend à se refroidir, et elle doit s'échauffer de nouveau aux dépens de la source calorifique, pour que l'action chimique puisse recommencer.

De même aussi, lorsqu'on décompose un corps au moyen d'un courant électrique, dont l'intensité finie ne peut détruire qu'une quantité de matière déterminée dans un temps donné.

5. D'après ces observations, celui qui étudie la vitesse des réactions, aussi bien que leur limite, doit toujours opérer sur des systèmes homogènes; systèmes dans lesquels les contacts, et par conséquent les réactions, demeurent incessamment possibles, depuis le commencement jusqu'à la fin des expériences. En raison de cette circonstance, c'est spécialement sur les systèmes gazeux qu'il convient de rechercher les lois générales des phénomènes; attendu que les mouvements intérieurs des gaz rétablissent l'homogénéité dans un espace de temps très court; tandis que l'homogénéité des liquides, une fois troublée, ne se rétablit que très lentement et par diffusion : il faut agiter les liquides incessamment pour atteindre aussitôt le résultat.

Enfin, pour déterminer avec précision la vitesse des réactions, il est nécessaire de soumettre les systèmes mis en expérience à l'action d'une température fixe. Il est, en outre, utile d'opérer dans des vases scellés, de façon à maintenir en contact prolongé et parfait tous les produits des réactions.

6. Toutes ces conditions étant remplies, on observe que les actions chimiques ne sont pas toujours instantanées, même dans les mélanges parfaitement homogènes, et qui demeurent tels pendant toute la durée de la transformation. Par exemple, l'acide acétique et l'alcool, corps liquides qui se mélangent en toutes proportions, ne se combinent que peu à peu, de façon à former de l'éther acétique; il en est ainsi, malgré que la combinaison ait lieu, en apparence, dans toutes les parties de la liqueur simultanément. D'après l'expérience, il faut plusieurs années

à la température ordinaire pour que la réaction atteigne sa limite (1).

La lenteur des réactions éthérées ne tient pas d'ailleurs à la durée de la diffusion, nécessaire pour rétablir l'homogénéité du liquide; cette dernière étant troublée çà et là par la combinaison locale d'une portion des deux composants. En effet, le système peut être : soit maintenu immobile dans un tube scellé à la lampe, soit soumis à une agitation continuelle par l'ébullition; sans que la vitesse de la combinaison soit sensiblement modifiée, à une température donnée. J'ai trouvé, par exemple, à 81 degrés, après vingt et une heures de contact entre l'alcool et l'acide acétique, sur 100 parties d'acide :

Dans un tube scellé et immobile, 38,0 d'alcool éthérifiés;

Dans un ballon renfermant le liquide en ébullition, 38,9 (2).

7. Alors même qu'on amène tous les corps réagissants à l'état gazeux : par exemple, en opérant vers 200 degrés dans un espace tel que 1 gramme de matière (acide acétique et alcool) occupe 1560 centimètres cubes, la réaction demeure extrêmement lente. Elle n'était pas encore terminée au bout de quatre cent soixante heures, dans mes expériences (3).

8. Ainsi les corps gazeux ne réagissent pas toujours instantanément. Il en est ainsi : soit qu'ils dégagent de la chaleur en se combinant; soit qu'ils dégagent de la chaleur en se décomposant. Citons comme exemple de cette dernière action, l'acide formique gazeux décomposé en acide carbonique et hydrogène, substances également gazeuses :

$$C^2H^2O^4 = C^2O^4 + H^2.$$

L'expérience directe prouve que cette décomposition dégage de la chaleur : environ + 5 Calories. Cependant la décomposition produite dans l'espace de quelques secondes est insensible vers 110 degrés, lente vers 170 degrés, rapide à 260 degrés, et elle ne devient pas instantanée même à 300 degrés.

(1) *Ann. de chim. et de phys.*, 3e série, 1862, t. LXVI, p. 53; et 5e série, 1878, t. XIV, p. 437,.

(2) Même recueil, 4e série, 1869, t. XVIII, p. 150.

(3) Même recueil, 3e série, 1863, t. LXVIII, p. 241; 1862, t. LXVI, 57.

9. La plupart des réactions opérées dans des systèmes homogènes dès le début, et qui demeurent tels pendant tout le cours des réactions, sont donc affectés d'un coefficient caractéristique, relatif à la durée de l'action élémentaire. Ce coefficient joue un rôle très important dans l'étude des actions mécaniques et des effets brisants développés par les matières explosives (1).

§ 4. — Combinaisons endothermiques et exothermiques.

1. Jusqu'ici nous nous sommes occupé exclusivement des *combinaisons directes*, c'est-à-dire susceptibles d'être réalisées par l'action réciproque des éléments et autres composants libres; soit immédiatement, soit lentement; soit par la simple réaction des composés mis en présence, soit avec le concours d'énergies auxiliaires, empruntées à l'échauffement, à la lumière, à l'électricité, aux agents dits de contact, etc. Maintenant nous allons traiter des *combinaisons indirectes*, c'est-à-dire des combinaisons qui ne peuvent être produites par l'action réciproque des composants libres. En effet, il existe deux ordres de combinaisons, déjà signalées plus haut, et sur lesquelles il convient de revenir avec plus de détail, savoir :

1° Les combinaisons dont la formation peut avoir lieu directement, sans le concours d'une énergie étrangère, et au moyen des corps composants, pris à l'état de liberté. La formation de cet ordre de composés a lieu avec dégagement de chaleur. Ce sont les *combinaisons exothermiques*. Leur formation s'effectue en vertu d'un travail positif des affinités; c'est-à-dire qu'il y a *perte d'énergie, en passant des corps composants au corps composé*.

Réciproquement, la décomposition de ces combinaisons exige une dépense de travail, une absorption de chaleur; pour reproduire les corps primitifs, il faut restituer au système l'énergie perdue : leur *décomposition* est donc *endothermique*.

(1) Voyez mon ouvrage *Sur la force de la poudre*, p. 157. Chez M. Gauthier-Villars, 1872.

Telles sont : les combinaisons de l'oxygène avec l'hydrogène, le phosphore, le carbone, les métaux ; celles du chlore avec l'hydrogène et les métaux ; celles des acides avec les bases, etc.

C'est cet ordre de composés que l'on a coutume d'envisager, lorsqu'on raisonne en général sur la combinaison chimique.

2° Les *combinaisons endothermiques*, dont la décomposition directe donne lieu à un dégagement de chaleur : c'est-à-dire qu'il y a *perte d'énergie en passant du corps composé à ses composants*.

Réciproquement, la formation directe de ces combinaisons exige une certaine dépense de travail, c'est-à-dire qu'elle répond à une absorption de chaleur.

Il ne faudrait pas croire que la chaleur ainsi mise en jeu ait été absorbée par le simple fait du rapprochement des particules élémentaires : son absorption répond à de certains travaux, effectués pour disposer ces particules suivant un arrangement spécial. On peut prendre une idée de tels composés, en les comparant à un ressort tendu ; pour bander le ressort, il faut exécuter un travail équivalant à une certaine quantité de force vive, que la détente du ressort fera reparaître. Un corps composé de cet ordre renferme plus d'énergie que le simple mélange de ses composants.

C'est là un caractère commun au cyanogène, à l'acétylène, au bioxyde d'azote, tous corps qui jouent le rôle de véritables radicaux composés. Or le caractère que je viens de signaler tend à rendre compte de cette propriété de radical composé effectif, manifestant dans ses combinaisons ultérieures une énergie plus grande que celle de ses éléments libres. En effet, l'énergie de ceux-ci se trouve exaltée par l'effet de cette absorption de chaleur ; au lieu d'être affaiblie, comme il arrive dans les combinaisons qui dégagent de la chaleur ; et cet accroissement d'énergie rend le système comparable aux éléments les plus actifs.

Cet ordre de composés, plus rare en chimie que le précédent, se présente toutefois assez souvent et son étude offre un grand intérêt. Tels sont, par exemple, en chimie minérale, le bioxyde et les autres oxydes d'azote, l'hydrogène arsénié, le chlorure d'azote, les composés oxygénés du chlore, l'acide permanganique, etc.

Tels sont encore en chimie organique :

L'acétylène, $(C^2H)^2$, formé depuis les éléments avec une absorption de 64 Calories;

L'éthylène, $(C^2H^2)^2$, formé depuis les éléments avec une absorption de 8 Calories;

Le sulfure de carbone, CS^2, formé avec absorption de $6^{Cal},3$;

Le cyanogène, $(C^2Az)^2$, formé avec absorption de $76^{Cal},6$;

L'acide cyanhydrique, C^2HAz, formé aussi depuis les éléments avec une absorption de 14 Calories, dans l'état gazeux;

L'acide formique, $C^2H^2O^4$, formé depuis l'eau et l'oxyde de carbone avec une absorption de $1^{Cal},4$, etc.

Les mêmes propriétés appartiennent aussi à un grand nombre de composés, formés par l'union de deux composants plus simples avec élimination des éléments de l'eau.

Ainsi :

Les éthers composés dérivés des acides organiques sont formés avec absorption de chaleur : soit pour l'éther acétique — $2^{Cal},0$, depuis l'acide et l'alcool générateurs (tome Ier, page 408).

De même les amides, en tant que dérivés des sels ammoniacaux (tome Ier, page 411), etc.

2. On voit par là toute la généralité des combinaisons formées avec absorption de chaleur dans la chimie organique. Il n'est pas douteux que leur formation et leur décomposition ne jouent un grand rôle dans les métamorphoses de la matière qui s'accomplissent au sein des êtres vivants; leur décomposition en particulier peut s'effectuer sous l'influence de simples agents déterminants, sans le concours d'une énergie étrangère. Elle rend possibles, au sein des êtres vivants, des dégagements de chaleur en apparence spontanés, comme ceux que l'on observe dans les fermentations (tome Ier, page 99).

3. Or les deux ordres de combinaisons que je viens de signaler se forment au moyen de leurs composants avec des phéno-

mènes bien différents et dans des conditions qui d'ordinaire ne diffèrent pas moins.

§ 5. — **Conditions de formation des combinaisons exothermiques.**

1. Les *combinaisons formées avec dégagement de chaleur* sont en général les seules qui puissent prendre naissance sans l'intervention d'un travail accompli par quelque agent extérieur; c'est-à-dire sans le concours de quelque énergie étrangère à celle de leurs composants.

2. Tantôt elles se forment directement et dès la température ordinaire; comme le montre la réaction du chlore sur les métaux, ou celle de l'acide chlorhydrique sur le gaz ammoniac, etc.

3. Tantôt ces combinaisons ne se produisent pas d'elles-mêmes dans les circonstances ordinaires : souvent un agent auxiliaire, chaleur, lumière, électricité, etc., est nécessaire pour effectuer le travail préliminaire qui provoque la combinaison. Mais la combinaison, une fois provoquée, se poursuit et s'accomplit d'elle-même.

Par exemple, l'oxygène et l'hydrogène ne se combinent pas directement à la température ordinaire : leur réaction se développe seulement au rouge sombre, c'est-à-dire sous l'influence d'une certaine élévation de température, ou bien sous l'influence de l'étincelle électrique. Mais, une fois commencée sur un point, cette réaction continue d'elle-même et s'accomplit jusqu'au bout : ce qui s'explique, comme on l'a dit plus haut, parce que la réaction dégage une quantité de chaleur suffisante pour élever les portions voisines jusqu'à la température à laquelle elles se combinent à leur tour immédiatement.

Les mêmes remarques s'appliquent à la combinaison du chlore et de l'hydrogène, laquelle commence seulement sous l'influence de la lumière, de l'étincelle ou de l'échauffement, mais se poursuit ensuite jusqu'à son accomplissement total.

Enfin, il en est de même, dans la plupart des cas, des réactions provoquées au contact de certains corps, telles que la combinaison de l'oxygène avec l'hydrogène, sous l'influence de la mousse de platine : l'action chimique, commencée sur un point, dégage assez de chaleur pour porter les parties voisines jusqu'à la température où la réaction se produit d'elle-même. Dans ce cas, la réaction commencée par le contact du platine continue et s'accomplit ensuite sans son concours (voy. page 8).

Dans tous les cas de cette espèce, le travail effectué par l'agent auxiliaire qui provoque la combinaison équivaut seulement à une fraction minime de la quantité totale de chaleur que celle-ci dégage en s'accomplissant. C'est ainsi que la main d'un enfant est parfois nécessaire pour faire écrouler un rocher : elle est la condition déterminante des effets mécaniques que cette chute pourra engendrer, mais elle n'en est pas la cause efficiente.

4. Cependant il existe certaines combinaisons produites avec dégagement de chaleur qui ne continuent pas d'elles-mêmes, comme le fait la réaction de l'oxygène sur l'hydrogène, et bien qu'elles puissent être également provoquées par l'étincelle ou par l'effluve électrique.

Telle est la formation de l'ammoniaque par l'union de l'azote et de l'hydrogène (effluve ou étincelle) :

$$Az + H^3 = AzH^3,$$

formation qui dégage $+ 26^{Cal},7$;

Celle de l'acide iodique par des éléments (effluve) :

$$I + O^5 = IO^5,$$

formation qui dégage $+ 22^{Cal},8$;

Ou mieux encore la formation du chlorhydrate d'ammoniaque, par la réaction prolongée de l'étincelle sur un mélange d'azote, d'hydrogène et d'acide chlorhydrique, formation qui dégage + 91 Calories.

Il en est de même, dans certains cas où une réaction, telle qu'une oxydation provoquée par un agent de contact, le platine par exemple, ne continue pas d'elle-même. Cependant le platine, privé par l'action chimique de l'oxygène qu'il avait condensé à sa surface, et les produits de la réaction étant écartés ensuite par volatilité, diffusion, etc., c'est-à-dire par le travail de forces étrangères à l'affinité; le platine, dis-je, se retrouve apte à condenser une nouvelle proportion d'oxygène, et à renouveler le travail moléculaire qu'il avait développé d'abord, lequel avait suffi pour déterminer la première réaction. L'action chimique se reproduit par là, en vertu des mêmes conditions qui l'ont provoquée d'abord, et elle continue indéfiniment; pourvu que l'oxygène puisse affluer à la surface du platine avec une liberté convenable. Voilà comment le platine détermine la combinaison des alcools avec l'oxygène : le même mécanisme s'applique à une multitude de réactions dites de contact.

5. Pourquoi toutes ces combinaisons, une fois provoquées, ne continuent-elles point entre les éléments eux-mêmes, et à la façon de la formation de l'eau ou de l'acide chlorhydrique? On a expliqué plus haut cette différence de deux manières :

Ou bien l'union directe de l'azote et de l'hydrogène ne commence à s'effectuer qu'à une température supérieure à la température à laquelle la chaleur dégagée par leur combinaison peut élever le mélange gazeux.

Ou bien l'acte simple de l'échauffement n'est pas de nature à effectuer le travail particulier qui serait nécessaire pour associer les molécules de l'azote à celles de l'hydrogène; celles de l'iode à celles de l'oxygène. Ce qui peut se concevoir de diverses façons, en particulier si l'on admet dans le dernier cas que l'oxygène éprouve une modification spéciale, c'est-à-dire se change en ozone sous l'influence de l'étincelle ou de l'effluve électrique. Nous avons déjà développé cette idée, laquelle paraît applicable à l'oxygène, mais non à l'azote, non plus qu'à l'hydrogène, d'après les expériences que j'ai faites pour la vérifier.

6. Enfin, diverses combinaisons formées avec dégagement de chaleur n'ont lieu directement et d'un seul coup dans aucune circonstance connue : telle est la formation du quadrihydrure de carbone ou gaz des marais, par l'union du carbone et de l'hydrogène. Cependant cette réaction dégage + 22 Calories. Si l'on veut la réaliser avec les éléments, on ne réussit pas directement; mais il faut, comme nous l'avons dit plus haut (page 10), produire d'abord avec les éléments libres un protohydrure de

carbone, l'acétylène, $(C^2H)^2$, sous l'influence de l'arc voltaïque : protohydrure qui se combine ensuite au rouge avec l'hydrogène, cette fois directement et de façon à engendrer le gaz des marais et les autres hydrures de carbone.

Telle est aussi la formation de l'alcool gazeux par l'union du gaz oléifiant et de l'eau gazeuse, formation qui dégage + 16^{Cal},9. Cependant elle n'a point lieu directement.

7. C'est là un cas d'autant plus important qu'il comprend la formation de presque tous les composés organiques, à partir de leurs éléments. En effet, cette formation, calculée à partir des éléments, dégage souvent beaucoup de chaleur. Par exemple, la formation de l'alcool liquide,

$$C^4 \text{ diamant} + H^6 + O^2 = C^4H^6O^2,$$

dégage + 74 Calories. La formation de l'acide acétique liquide,

$$C^4 + H^4 + O^4 = C^4H^4O^4,$$

dégage + 116 Calories; celle de l'acide oxalique solide,

$$C^4 + H^2 + O^8 = C^4H^2O^8,$$

dégage + 197 Calories. Etc., etc.

De même l'association des trois éléments de l'acide azotique hydraté,

$$Az + O^6 + H = AzO^6H \text{ (gazeux)},$$

dégage + 12,3.

Quelle que soit la quantité de chaleur dégagée dans leur formation, aucun de ces corps ne peut être produit, soit directement, soit par une simple élévation de température. Tous ces composés exigent pour se former, je le répète, le concours de mécanismes spéciaux, plus compliqués que les simples actes de l'échauffement, de l'illumination ou de l'électrisation.

8. Néanmoins, quel que soit leur mode de formation, les combinaisons formées avec dégagement de chaleur doivent être conçues en principe comme produites par la seule énergie de leurs

éléments, sans le concours d'un travail étranger. Ce dernier, quand il intervient, ne joue d'autre rôle que de mettre en jeu les mécanismes particuliers, qui déterminent la réaction.

§ 6. — Conditions de formation des combinaisons endothermiques.

1. Les *combinaisons formées avec absorption de chaleur* exigent toujours pour se produire le concours de quelque énergie étrangère à celle de leurs composants. Aussi ne se forment-elles guère directement. Dans les cas exceptionnels où elles prennent naissance directement, ces combinaisons réclament le concours de l'une des circonstances suivantes : un agent auxiliaire, tel que la lumière et l'électricité ; ou bien encore et le plus souvent le développement simultané d'une autre combinaison. En un mot, je le répète, il faut toujours faire intervenir une cause étrangère, qui soit capable d'effectuer le travail nécessaire pour la formation de cet ordre de combinaisons.

2. Les agents auxiliaires des combinaisons endothermiques peuvent être les mêmes que ceux des combinaisons exothermiques; toutefois avec cette différence qu'ils ne se bornent pas à déterminer la réaction, mais que leur travail propre fournit l'énergie nécessaire pour constituer la combinaison.

3. Ainsi, l'électricité, ou plus exactement l'*acte de l'électrisation*, manifesté sous la quadruple forme de courant voltaïque, d'arc voltaïque, d'étincelle, ou d'effluve, est capable de développer les combinaisons endothermiques. C'est ce que montrent par exemple : la fixation de l'azote libre sur les composés organiques sous l'influence de l'effluve, même à des tensions comparables à celle de l'électricité atmosphérique (1) ;

La synthèse de l'acétylène par l'arc voltaïque (2) ;

La synthèse de l'acide cyanhydrique avec l'azote libre (3), sous l'influence de l'étincelle électrique;

(1) Voyez mes mémoires, *Annales de physique et de chimie*, 5e série, 1877, t. X, p. 51-55 ; t. XII, p. 456.

(2) Même recueil, 3e série, 1862, t. LXVII, p. 67.

(3) Même recueil, 4e série, 1869, t. XVIII, p. 162.

La synthèse de l'acide persulfurique, pendant l'électrolyse de l'acide sulfurique étendu, etc. (1).

4. La chaleur, ou plus exactement l'*acte de l'échauffement*, peut aussi provoquer de semblables combinaisons, dans le moment même où elle détermine certaines décompositions, et surtout pendant la période de dissociation.

Tel est le cas du sulfure de carbone (2), composé dont la formation dans l'état gazeux absorbe — 4,0.

Tel est aussi le cas du gaz iodhydrique, dont la synthèse absorberait — 0,8, à partir des éléments gazeux, si les données actuelles sont exactes.

Un échauffement rapide, suivi d'*un refroidissement brusque*, est souvent nécessaire pour assurer la formation et la permanence des produits; c'est ce que montre le développement des carbures pyrogénés, pendant la distillation sèche des formiates et des acétates, carbures complexes qui disparaissent dès que l'on prolonge la durée de l'échauffement.

On peut encore obtenir ainsi l'oxyde d'argent, l'acide sélenhydrique, le sous-chlorure de silicium (3). Cependant ces derniers corps paraissent tous formés avec dégagement de chaleur, dans les conditions mêmes de l'opération. Il est douteux que le fait même du refroidissement brusque suffise pour déterminer la production des combinaisons endothermiques; le rôle de cette condition paraissant être surtout de permettre de constater la formation des composés formés à une haute température et sous l'influence des énergies développées dans des circonstances spéciales.

5. Quand une combinaison endothermique est ainsi provoquée par l'intervention d'un agent particulier, distinct des affinités proprement dites, il est une circonstance fondamentale, que l'on observe dans tous les cas connus, à savoir : qu'il intervient alors deux actions contraires, se faisant mutuelle-

(1) *Ann. de chim. et de phys.*, 5e série, 1878, t. XIV, p. 354.

(2) Au moyen du soufre gazeux et du carbone amorphe.

(3) Troost et Hautefeuille, *Comptes rendus*, 1877, t. LXXXIV, p. 946. — Voyez mes *Observations sur le rôle du refroidissement brusque* (*Ann. de chimie et de phys.*, 5e série, 1875, t. VI, p. 440).

ment équilibre; autrement dit, de telles synthèses électriques, pyrogénées, photogéniques, offrent un même caractère général : elles expriment la résultante de deux énergies opposées l'une à l'autre. Ce sont :

L'énergie chimique, qui tend à réaliser entre les corps abandonnés à eux-mêmes les réactions (combinaisons, condensations, ou parfois décompositions) capables de dégager la plus grande quantité possible de chaleur;

Et, par opposition, l'énergie calorifique, lumineuse ou électrique, qui tend à provoquer et à effectuer les réactions contraires; celles-ci étant accomplies d'ordinaire avec absorption de chaleur (décomposition de l'acide carbonique, formation de l'acétylène, formation de l'acide persulfurique, etc.).

6. Observons encore que, si l'énergie auxiliaire, favorable à la production des combinaisons endothermique, vient à cesser de s'exercer, les conditions d'équilibre qui avaient déterminé et entretenu la formation de ces combinaisons cessent par là même d'être réalisées, et il arrive souvent que les nouveaux composés se détruisent peu à peu et d'une manière illimitée.

7. Parfois divers effets se compliquent et se superposent; comme il arrive lorsque l'acétylène, engendré d'abord par échauffement aux dépens du formène : $2C^2H^4 - 3H^2 = (C^4H)^2$, avec absorption de chaleur (-108^{Cal}), se transforme ensuite en benzine : $3(C^2H)^2 = C^{12}H^6$ et en autres carbures condensés, avec dégagement de chaleur ($+180^{Cal}$).

8. Si les énergies électriques et lumineuses peuvent provoquer la formation des combinaisons endothermiques; il ne paraît pas en être de même des corps agissant par contact. En effet, les *agents dits de contact*, tels que le platine et les métaux divisés, corps si aptes à provoquer les combinaisons exothermiques, n'interviennent dans aucun cas connu pour déterminer les combinaisons endothermiques. On conçoit qu'il doive en être ainsi, ces agents n'introduisant dans le phénomène qu'une énergie auxiliaire très petite et proportionnelle à leur masse, c'est-à-dire correspondant à leur réaction propre sur les corps mis en leur présence. Cette énergie, une fois épuisée par une combinaison

endothermique, ne peut se renouveler d'elle-même ; tandis que la chaleur dégagée dans les réactions exothermiques permet au contraire à l'énergie auxiliaire qui les provoque de se renouveler incessamment (voy. page 22).

9. J'en dirai autant de l'influence exercée par certains *corps qui déterminent une réaction en se transformant eux-mêmes*, mais qui agissent seulement *à très petite dose*, et probablement comme intermédiaires de réactions successives. Tels sont le bioxyde d'azote, dans la transformation d'un mélange d'acide sulfureux et d'oxygène en acide sulfurique ; l'acide azoteux, dans l'oxydation des métaux ; tels encore les ferments solubles, dans les transformations des matières sucrées et des glucosides. Toutes les réactions provoquées par de tels agents sont exothermiques : ce qui s'explique. En effet, en raison de la petitesse de leur masse, ces agents n'apportent dans la transformation qu'une dose d'énergie étrangère extrêmement faible, dose incapable d'entretenir et de renouveler sans cesse et sur une masse considérable de matière une réaction qui absorberait de la chaleur.

10. Venons au mécanisme le plus fréquemment employé en chimie pour réaliser les combinaisons endothermiques : je veux dire l'intervention d'une *combinaison simultanée*, capable de donner lieu par elle-même à un dégagement de chaleur supérieur à la quantité absorbée dans la formation du premier composé. Les combinaisons et réactions attribuées autrefois à l'*état naissant*, aux *affinités prédisposantes*, au *mouvement communiqué*, s'expliquent pour la plupart par cet ordre de considérations (1). Tel est le cas de l'eau oxygénée, formée avec absorption de — $11^{Cal},6$ (depuis l'eau et l'oxygène) ; laquelle se prépare en faisant agir l'acide chlorhydrique étendu sur le bioxyde de baryum. Or l'observation prouve que cette dernière réaction donne lieu

(1) J'ai développé d'une façon très précise ces considérations relatives à l'*état naissant* et aux *affinités prédisposantes* dans mes leçons faites au Collége de France en 1865 et publiées par la *Revue des cours scientifiques*, la même année (voy. aussi *Annales de chimie et de physique*, 4e série, sept. 1869, t. XVIII, p. 5, 45, 61 et surtout 66). — M. H. Sainte-Claire Deville a expliqué en 1870, par le même ordre d'idées et à peu près dans les mêmes termes, les réactions de l'hydrogène naissant sur l'acide azotique (*Comptes rendus*, t. LXXI, p. 20).

à la formation simultanée du chlorure de baryum, et j'ai trouvé qu'elle dégage + 11^{Cal},0. La chaleur absorbée dans la formation de l'eau oxygénée, c'est-à-dire le travail indispensable pour déterminer les arrangements moléculaires spéciaux qui répondent à la production de ce composé, est ici fournie par la production simultanée du chlorure de baryum. Mais cette production développe nécessairement moins de chaleur que si elle avait lieu avec formation d'eau et d'oxygène libre, circonstance dans laquelle elle produirait : + 22^{Cal},6.

Les mêmes principes s'appliquent à la formation d'une multitude de composés, dont on attribuait naguère encore la production à l'état naissant.

11. Tels sont, par exemple, les composés formés par *double décomposition* : mécanisme fréquemment employé en chimie organique et sur lequel nous aurons occasion de revenir. Bornons-nous à signaler ici ce trait général de leur génération, à savoir, que l'on y fait intervenir certains autres composés, formés eux-mêmes en vertu d'affinités énergiques, tels que les éthers iodhydriques, les alcoolates alcalins ou les radicaux métalliques composés, lesquels disparaissent dans le cours de la réaction.

12. *Réactions corrélatives.* — On peut citer ici d'une manière plus générale, les réactions dans lesquelles une combinaison endothermique emprunte l'énergie nécessaire à sa réalisation à un certain système de réactions corrélatives, lequel n'est pas cependant une double décomposition simple. Telle est la formation du chlorure d'azote, composé qui se détruit presque aussitôt avec un grand dégagement de chaleur : ce sont les productions simultanées de l'acide chlorhydrique et du chlorhydrate d'ammoniaque, dans la réaction du chlore sur l'ammoniaque, qui effectuent le travail nécessaire pour constituer le chlorure d'azote, composé doué d'une énergie supérieure à celle de ses éléments.

De même l'acide hypochloreux, composé destructible en ses éléments avec dégagement de chaleur, prend naissance dans la réaction de l'oxyde de mercure sur le chlore. Ce qui concourt à constituer ici l'acide hypochloreux, c'est la chaleur développée par la formation du chlorure de mercure, soit : + 15,9, quantité supérieure aux — $7^{Cal},6$ absorbée par la formation de l'acide hypochloreux.

De même encore le chlorate de potasse, composé destructible spontanément et avec ignition, lorsqu'il est porté à une certaine température : le chlorate de potasse, dis-je, prend naissance dans la réaction du chlore sur une solution de potasse. Il est alors constitué en vertu de la chaleur dégagée par la formation du chlorure de potassium.

Dans toutes les transformations que je viens de citer, et dont il serait facile de multiplier les exemples, deux composés prennent naissance : l'un en vertu d'une réaction endothermique, l'autre en vertu d'une réaction exothermique, dégageant plus de chaleur que la première ; mais les deux composés sont corrélatifs, c'est-à-dire liés l'un à l'autre par une équation équivalente. Un équivalent d'acide hypochloreux, par exemple, prend naissance en même temps qu'un équivalent de chlorure de mercure :

$$Cl^2 + HgO = HgCl + ClO ;$$

qui dégage en définitive $+ 8^{Cal},3$ avec les corps anhydres.

13. *Réactions par entraînement.* — Il n'en est pas toujours ainsi, et il peut arriver que la réaction endothermique et le composé qui en dérive soient simplement simultanés avec la réaction exothermique ; sans qu'il existe en apparence de relation nécessaire entre les deux phénomènes. La relation endothermique a lieu alors en vertu d'une sorte d'entraînement ou de *mouvement communiqué*, variable avec les conditions multiples des expériences, mais dont l'interprétation thermochimique mérite quelque attention. En effet, le travail nécessaire pour constituer le nouveau composé est fourni en général par la décomposition même du système des corps préexistants : celle-ci donnant lieu par elle-même à un dégagement de chaleur.

C'est ainsi que l'éthylène et le propylène, carbures formés avec absorption de chaleur depuis leurs éléments (t. Ier, p. 406), apparaissent dans une proportion sensible et qui peut s'élever jusqu'au dixième du volume des gaz dégagés, pendant la réaction de l'hydrate de soude sur l'acétate de soude ; réaction dont les produits principaux sont le formène et le carbonate de soude. Or la production de ces deux derniers composés répond à un dégagement de 13 Calories environ, dans les conditions de l'expérience. C'est de cette source que dérive le travail dépensé par la transformation d'une quantité de formène en éthylène et propylène; car $2C^2H^4 = C^4H^4 + 2H^2$ absorbe : -52^{Cal}. Les phénomènes de cette nature jouent un très grand rôle en chimie organique, et ils donnent souvent naissance à des produits très compliqués, d'autant plus abondants que la réaction principale est plus brusque.

On peut aussi rapporter à cet ordre de formations par entraînement diverses réactions exothermiques, telles que la production de l'acide azotique hydraté, dans la combustion de l'hydrogène au moyen de l'oxygène mélangé d'azote :

$$Az + O^6 + H = AzO^6H \text{ gaz, dégage : } + 12,7.$$

14. L'énergie consommée dans une combinaison qui absorbe de la chaleur n'est pas toujours tirée d'une réaction corrélative, ou d'une réaction distincte, quoique simultanée, comme dans les cas précédents. Cette énergie peut aussi dériver d'une réaction théoriquement consécutive, mais qui en fait s'accomplit simultanément avec la réaction fondamentale. Telle est la synthèse de l'acide formique, au moyen de l'oxyde de carbone et de l'eau. Cette synthèse absorberait $-1^{Cal},4$. Aussi n'a-t-elle pas lieu directement. Mais elle se produit avec le concours d'un alcali, tel que la potasse : ce qui s'explique, parce que l'union de l'acide formique et de la potasse étendue dégage $+12^{Cal},2$; quantité supérieure à $-1^{Cal},4$. On voit clairement ici l'explication des effets attribués autrefois aux *affinités prédisposantes*.

C'est en vertu du même ordre de phénomènes, que tel métal incapable de décomposer l'eau par lui-même, la décompose au contraire avec le concours d'un acide : il en est ainsi, parce que la chaleur d'oxydation du métal est accrue, dans cette circonstance, de la chaleur dégagée au moment de l'union de l'acide avec son oxyde.

Ces divers mécanismes, qui expliquent les affinités prédisposantes aussi bien que les réactions par entraînement et les phénomènes attribués à l'état naissant, ne sont pas applicables seulement à la production des réactions endothermiques : ils interviennent aussi dans une multitude de cas pour développer le travail préliminaire nécessaire à l'accomplissement des réactions exothermiques.

Ainsi, par exemple (1), l'acide sulfureux et le gaz oxygène ne s'unissent directement, ni à froid, ni à 100 degrés, pour former l'acide sulfurique ($SO^2 + O = SO^3$) ; réaction qui dégagerait cependant $+ 17^{Cal},2$. Mais, en présence de l'eau, la combinaison s'effectue peu à peu ; elle dégage en plus, dans cette circonstance, la chaleur produite par l'union de l'acide sulfurique et de l'eau ; ce qui fait en tout : $+ 32,2$.

De même l'acide arsénieux sec et l'oxygène ne s'unissent pas directement à l'état anhydre ($AsO^3 + O^2 = AsO^5$) ; bien que leur combinaison doive dégager $+ 32^{Cal},4$. Mais, en présence de l'eau, ils se combinent lentement, avec formation d'acide arsénique hydraté ($+ 39^{Cal},2$). L'oxydation de l'acide arsénieux est plus rapide encore en présence d'un alcali étendu, tel que la potasse, circonstance dans laquelle il se dégage : $+ 67^{Cal},3$.

15. Il existe certains cas limites, dans lesquels *un même composé peut être formé, tantôt avec dégagement de chaleur, tantôt avec absorption de chaleur, suivant la température* à laquelle on opère.

Tel est le cas du butyrate de soude hydraté,

$$C^8H^7NaO^4 + 6HO ;$$

l'union de l'eau solide vers zéro, avec le butyrate anhydre et solide, pour former cet hydrate cristallisé, absorberait $-3^{Cal},49$. Mais l'eau est-elle liquide, c'est-à-dire prise au-dessus de zéro, la combinaison dégage au contraire $+ 0^{Cal},80$: elle est alors exothermique et s'effectue d'une manière directe. L'acétate de strontiane, $C^4H^3SrO^4 + \frac{1}{2} HO$ et quelques autres sels hydratés donnent lieu à des observations analogues.

Le changement du signe thermique de la combinaison tient ici

(1) *Annales de chimie et de physique*, 5e série, t. XII, p. 316.

à l'intervention de la chaleur de fusion de l'eau; peut-être aussi à celle du sel anhydre. La chaleur mise en jeu pendant les changements d'état intervient de même, dans un certain nombre de cas où les corps composants passent de l'état solide à l'état liquide et même à l'état gazeux, sans que le corps composé change aussi d'état pendant l'intervalle de température envisagé.

Le même effet peut intervenir également, lorsque la chaleur absorbée pendant les changements d'état des composants surpasse en valeur absolue la chaleur absorbée pendant les changements d'état du composé.

Enfin l'inégalité des chaleurs spécifiques, supposées plus grandes pour les composants que pour le composé, suffit dans certains cas pour rendre exothermique, à une certaine température, une combinaison qui est endothermique à une température plus basse.

Ces résultats étant établis, on conçoit qu'il puisse exister des corps formés à une haute température et décomposables par refroidissement. Tel est en effet le cas de l'acide sélénhydrique, d'après les expériences de M. Ditte. J'ai expliqué cette opposition (1), en faisant observer que la formation du gaz sélénhydrique, au moyen des éléments pris dans leur état actuel, absorbe de la chaleur (soit $-2^{Cal},7$ pour Se rouge $+$ H $=$ HSe); tandis que vers 1000 degrés, le sélénium étant gazeux et la chaleur spécifique des éléments supérieure à celle du composé, la formation du gaz sélénhydrique doit dégager de la chaleur.

Dans les cas de cette espèce, on parvient souvent à constater l'existence de la combinaison, en la réalisant sous les conditions où elle est exothermique, puis en la soustrayant, par un refroidissement rapide, à l'influence lentement décomposante des températures auxquelles la même combinaison deviendrait endothermique (voy. pages 11, 26, 41, 46).

(1) *Annales de chimie et de physique*, 5e série, 1875, t. VI, p. 439.

CHAPITRE III

DE LA DÉCOMPOSITION CHIMIQUE

§ 1er. — Des énergies étrangères.

1. Dans l'acte de la décomposition chimique, un corps unique se résout en plusieurs autres corps distincts, simples ou composés, doués de propriétés différentes de celles du corps primitif. Cet acte est inverse de celui de la combinaison.

2. Quand la combinaison a été accomplie avec dégagement de chaleur et d'une façon totale, la décomposition du corps composé, envisagé isolément, ne saurait s'effectuer sans une absorption de chaleur précisément égale (tome Ier, p. 14). Elle exige donc l'accomplissement d'un certain travail, dû à des énergies étrangères, telles que :

L'*énergie calorifique*, mise en jeu dans l'acte de l'échauffement ;

L'*énergie électrique*, développée sous forme d'électrolyse, d'arc voltaïque, d'étincelle, ou d'effluve ;

L'*énergie lumineuse*, développée dans l'acte de l'illumination ;

Enfin, l'*énergie de désagrégation*, développée dans la dissolution, laquelle semble se rattacher, par voie détournée, à l'énergie calorifique.

Ces énergies fournissent d'ordinaire, dans leur mise en exercice, une quantité de travail supérieure à celle que mesurerait la chaleur absorbée par la décomposition elle-même, envisagée séparément. Il en est ainsi, parce que les énergies mises en jeu doivent accomplir en surplus le travail préliminaire, nécessaire pour amener le corps composé à l'état où ces éléments commencent à se séparer les uns des autres (voy. page 6).

3. Quand la combinaison, au contraire, a été effectuée avec

absorption de chaleur, il semble que la décomposition n'exige pas en principe l'intervention d'un travail spécial. Cependant celui-ci demeure nécessaire, toutes les fois que la combinaison ne se détruit point d'elle-même à la température ordinaire : c'est alors un travail préliminaire, souvent fort petit, mais qui a pour objet amener le composé à un état tel, que sa décomposition puisse ensuite s'effectuer d'elle-même, sans nouvelle mise en œuvre des énergies étrangères.

4. Entrons dans des détails plus circonstanciés sur chacune de ces énergies et sur son rôle propre, dans l'un et l'autre des deux groupes généraux de réactions qui viennent d'être signalés; c'est-à-dire dans les réactions endothermiques, où tout le travail est effectué par les énergies étrangères, et dans les réactions exothermiques, où ces énergies jouent simplement le rôle d'agents déterminants.

§ 2. — Des décompositions produites par l'énergie calorifique.

1. On admet aujourd'hui que toutes les combinaisons chimiques, soumises à l'influence d'une température croissant d'une manière progressive et indéfinie, se décomposent en leurs éléments. Mais cette décomposition a lieu suivant plusieurs modes et mécanismes très-divers, qu'il convient de préciser maintenant.

Examinons d'abord les gaz, dont la constitution physique est mieux connue et plus uniforme que celle des substances liquides et solides, et cherchons comment la chaleur en détermine la décomposition.

L'action décomposante que la chaleur exerce sur les gaz peut être ainsi conçue : Les gaz sont formés de particules très-petites, animées d'un triple mouvement de translation, de rotation et de vibration (tome Ier, p. XIX, 128, 443). A mesure que la température s'élève, la vitesse de chacun de ces mouvements s'accroît, ainsi que l'amplitude des vibrations : la force vive, propre à chaque ordre de mouvements, devient ainsi sans cesse plus considérable. Cependant, tant que la force vive de ces divers genres de mouvements ne dépasse pas certaines limites, la molécule composée subsiste.

Mais, à partir d'une certaine température, les chocs entre les molécules étant devenus de plus en plus violents, certains d'entre eux seront assez intenses pour séparer l'assemblage qui constitue la molécule composée, en ses molécules élémentaires.

2. Le même résultat sera encore atteint plus généralement par les deux causes suivantes : savoir, l'accroissement de la force centrifuge, qui résulte de l'accélération des rotations, et l'accroissement d'amplitude des vibrations, qui tend à rendre toujours plus grande la distance des molécules élémentaires assemblées dans chaque molécule composée.

En vertu de ces diverses réactions, les molécules élémentaires finissent par sortir de la sphère limitée dans laquelle s'exercent les actions réciproques qui les maintenaient assemblées. Une fois les molécules élémentaires ainsi séparées les unes des autres, plusieurs cas peuvent se présenter.

3. *Décompositions sans limites.* — Tantôt les travaux nécessaires pour reformer le composé sont d'une nature telle, qu'il ne suffise pas d'en rapprocher les éléments pour le reconstituer; soit que les éléments ne renferment plus en eux-mêmes l'énergie nécessaire (combinaisons endothermiques); soit que l'énergie nécessaire étant présente, les dispositions spéciales des particules dans le corps composé ne puissent être reproduites par une simple agitation.

Dans un cas comme dans l'autre, la décomposition, commencée à une certaine température, continuera jusqu'au bout à cette même température. Sa vitesse variera d'ailleurs, suivant le nombre de chocs accomplis dans un temps donné, suivant la grandeur de la force centrifuge, enfin suivant le nombre des vibrations d'amplitude efficace, c'est-à-dire capables d'amener la dislocation de la molécule composée. Ces diverses causes de décomposition croissant avec la température, il en sera de même en général de la vitesse de la décomposition. Tel est le cas d'une décomposition sans limites.

4. *Décompositions limitées.* — Tantôt, au contraire, il suffit, pour reformer le composé, de ramener ses composants à une petite distance et dans une position relative convenable ; ce qui arrive nécessairement pour un certain nombre de particules, au moment des chocs et pendant les vibrations. Ainsi une certaine proportion du composé sera incessamment régénérée, au moment même où une autre portion sera détruite. Dans ces conditions, la vitesse de la décomposition, aussi bien que celle de la combinaison, dépendent à la fois du nombre des chocs et de la force vive des particules, tant simples que composées. D'ailleurs les progrès incessants de la décomposition finissent nécessairement par établir un équilibre entre les deux actions contraires, c'est-à-dire un état tel que la proportion du composé, régénérée à chaque instant, soit égale à la proportion détruite dans le même temps.

On voit par là qu'il ne saurait exister de décomposition limitée, sans qu'il se produise une réaction inverse ; celle-ci étant déterminée : soit par un abaissement dans la température (décomposition et recomposition de l'eau), soit par une variation dans la pression, soit par un changement dans les proportions des corps réagissants (réactions éthérées, réactions des carbures pyrogénés). Toutes les fois qu'une de ces circonstances existe, et dans tout l'intervalle de température où elle se présente, la décomposition est nécessairement limitée. C'est ce qui résulte *à priori* de la théorie précédente ; c'est aussi ce qui a été démontré *à posteriori* par mes recherches sur les éthers composés (1853-1862), et par les recherches accomplies depuis 1860 par M. H. Sainte-Claire Deville sur les dissociations.

On conçoit, d'ailleurs, que la relation entre la proportion qui subsiste à chaque température, et cette température même, puisse être fort diverse ; attendu qu'elle ne dépend pas seulement du nombre des chocs, mais aussi de la variation de la force vive due aux rotations et aux vibrations. En général, la proportion du composé qui subsiste devra diminuer, à mesure que la température s'élève. On conçoit même que l'amplitude des mouvements vibratoires atteigne une valeur assez grande, à partir d'une certaine température, pour que toute combinaison devienne impossible; auquel cas l'existence d'une décomposition sera renfermée entre deux limites de température, plus ou moins écartées.

Cependant on conçoit *à priori* qu'il n'en soit pas toujours nécessairement ainsi, c'est-à-dire qu'une certaine proportion du composé subsiste à toute température; cette proportion tendant seulement à décroître indéfiniment, à mesure que la température s'élève davantage (voy. page 62).

5. Dans chacune des deux grandes classes de décompositions, limitées et illimitées, que je viens de signaler, il convient de distinguer les circonstances suivantes :

1° Le caractère endothermique ou exothermique de la réaction;

2° Le travail préliminaire qui la détermine, conformément aux notions développées dans le chapitre précédent;

3° La nature simple ou complexe des produits auxquels elle donne naissance;

4° Enfin la vitesse avec laquelle elle s'accomplit.

Précisons ces notions par des exemples, en étudiant surtout dans le présent chapitre les décompositions sans limites.

§ 3. — **Décompositions endothermiques et exothermiques.**

1. Le gaz ammoniac est décomposé avec absorption de chaleur, soit (— $26^{Cal},7$ à la température ordinaire, pour 17 grammes de gaz ammoniac); il en est de même du gaz chlorhydrique (— 22 Calories pour $36^{gr},5$). Au contraire, le bioxyde d'azote dégage de la chaleur en se décomposant (+ 43,3 pour 30 grammes de bioxyde d'azote).

Rapprochons ces circonstances de la limitation des réactions. Il existe en effet des cas où une décomposition sans limites est exothermique (protoxyde d'azote), et il en existe d'autres où elle est endothermique (ammoniaque). Observons d'ailleurs que les décompositions limitées sont généralement endothermiques, la chaleur tendant à séparer les éléments, que les affinités recombinent incessamment (gaz chlorhydrique).

2. Cependant on connaît quelques exemples de décompositions limitées et exothermiques : telle est celle du gaz iodhydrique, composé qui dégage + 0,8 en se séparant en hydrogène et iode gazeux; le sulfure de carbone, qui dégage de même + 4,0, en se séparant en soufre gazeux et carbone solide etc. Ces exceptions s'expliqueront probablement par une discussion plus approfondie des travaux divers qui s'effectuent au moment de la décomposition, et par la distinction entre ceux de ces travaux qui produisent des effets réversibles et ceux qui en sont incapables. Mais nous ne nous étendrons pas davantage sur des cas exceptionnels.

§ 4. — Travail préliminaire et travail chimique proprement dit dans les décompositions.

1. Soit une *décomposition endothermique*, telle que celle du gaz ammoniac en ses éléments. Le gaz ammoniac est décomposé avec absorption de chaleur; sa résolution en éléments absorberait, à la température ordinaire : — $26^{Cal},7$ pour 17 grammes de AzH^3, résolus en azote et hydrogène. Or cette décomposition n'a lieu ni à zéro, ni même au-dessous de 400 degrés. Elle ne s'opère nettement que vers 700 à 800 degrés.

2. Si l'on suppose la réaction effectuée à une température fixe T et sous une pression constante; dans cette condition, la chaleur accomplit deux ordres de travaux, savoir : 1° Un travail physique préliminaire, nécessaire pour porter le gaz de zéro à T, sans décomposition appréciable (ce qui peut être réalisé en effet, même pour les températures de 700 à 800 degrés, si l'on opère rapidement);

2° Un travail chimique proprement dit, effectué dans l'acte de la décomposition.

Évaluons ces deux ordres de travaux.

Le *travail physique* de la chaleur sera exprimé par KT; K étant la chaleur spécifique moyenne du gaz ammoniac entre zéro et T, laquelle croît d'ailleurs avec la température (tome Ier, page 435).

Quant au *travail chimique* de la chaleur dans la décomposition, il est facile de l'évaluer également, du moins en principe et d'après le théorème relatif à la variation de la chaleur des réactions suivant la température. On a en effet, pour l'expression x de ce travail, à la température T, c et c_1, étant les chaleurs spécifiques des éléments, azote et hydrogène :

$$x = Q_0 - (c - c_1 - K)T.$$

$$Q_0 = -26,7 ; \; c + c_1 = 0,0136.$$

Donc, à la température T :

$$x = -26,7 - (0,0136 - K)\,T.$$

On voit par là que le travail chimique de la décomposition est fonction de la température. Cependant la chaleur spécifique du gaz ammoniac ne diffère pas beaucoup de la somme de celles de ses éléments, d'après les expériences faites entre 0 et 200 degrés (tome Ier, page 441). Dès lors il est probable que le terme

$$(0,0136 - K)\,T$$

n'a pas une valeur très considérable dans la plupart des applications; au moins pour les températures inférieures à 700 ou 800 degrés.

3. Si l'on opérait à volume constant, par exemple dans un vase scellé et maintenu à une température fixe, il faudrait remplacer dans les expressions précédentes les chaleurs spécifiques à pression constante par les chaleurs spécifiques à volume constant. Le travail chimique serait alors exprimé par :

$$x' = -26,1 - (0,0098 - K_1)\,T.$$

4 Revenons sur le travail physique préliminaire, qui a pour effet de porter le gaz ammoniac depuis 0 degré jusqu'à la tem-

pérature de sa décomposition commençante. Soit T cette température, on a dit plus haut que le travail préliminaire est exprimé par KT. Pour fournir une idée plus précise de ce travail, supposons la valeur moyenne de K à pression constante exprimée par la formule suivante :

$$0{,}00851 + 0{,}00000265\, T\,;$$

formule tirée des expériences de M. E. Wiedemann, entre 0 et 200, et étendue jusqu'à 700 degrés, en vertu d'une hypothèse que je donne sous toutes réserves. La chaleur absorbée par le gaz ammoniac entre 0 et 700 degrés, sous pression constante, sera dès lors :

$$(0{,}01036) \times 700 = +\,7^{\text{Cal}}{,}26.$$

Le travail chimique s'élève d'ailleurs à 34 Calories environ. A cette température, le travail préliminaire serait un peu supérieur au cinquième du travail chimique de la décomposition proprement dit pour le gaz ammoniac.

5. Ce travail préliminaire lui-même ne saurait être envisagé comme une quantité constante. En effet, la décomposition d'un composé qui absorbe de la chaleur ne s'effectue pas instantanément et d'une manière immédiate, sous la seule condition de porter le corps composé à la température de sa décomposition commençante, et de lui restituer à mesure la chaleur absorbée par cette dernière. Il existe tel corps, l'acide formique gazeux, par exemple, susceptible d'être décomposé complètement lorsqu'on le maintient pendant un temps suffisant à une température donnée, telle que 260 degrés, et même plus lentement encore, dès 120 degrés. Cependant l'acide formique gazeux peut subsister quelques instants, lorsqu'on le porte brusquement à une température de 500 ou 600 degrés, voire même au delà. Or le travail préliminaire, KT, accompli vers 500 à 600 degrés sur les portions du gaz formique qui sont sur le point de se décomposer, est au moins double du travail accompli à 260 degrés, et quintuple du travail accompli vers 120 degrés.

6. Nous avons envisagé jusqu'ici les décompositions endo-

thermiques. Les *décompositions exothermiques*, celles du protoxyde ou du bioxyde d'azote, par exemple, donnent lieu à des calculs tout semblables; avec cette différence pourtant que la valeur absolue de x est négative : ceci suggère quelques remarques fort importantes.

7. Il est facile de concevoir pourquoi une réaction qui absorbe de la chaleur commence à se produire seulement à une certaine température. En effet, dans cette circonstance, le travail moléculaire accompli par l'acte de l'échauffement tend constamment à produire des effets contraires à ceux des affinités. Ce travail augmente d'ailleurs sans cesse, à mesure que la température s'élève : de telle sorte que la somme des effets dus à l'échauffement finit par l'emporter sur la somme des effets opposés. On conçoit que c'est là ce qui détermine la décomposition, et plus généralement la réaction.

Mais on comprend moins aisément pourquoi il est nécessaire d'élever la température, afin de déterminer les réactions qui dégagent de la chaleur. Il est évident que cette circonstance est toute différente de la précédente. Le travail exécuté par l'acte de l'échauffement n'est plus alors en relation immédiate avec le travail des affinités, puisqu'il est de même signe. Cependant les deux effets ne s'ajoutent pas tout d'abord. C'est que dans les décompositions exothermiques, le travail dû à l'acte de l'échauffement paraît répondre à la destruction ou au relâchement de certains liens, à la modification de certains arrangements qui existaient dans le système initial et qui empêchaient la réaction de commencer; à peu près comme pourrait le faire le déclic d'un ressort bandé.

Ces liaisons sont précisément celles qui assuraient la permanence du composé. En effet, le fait seul de l'*existence permanente* d'un composé, à la température ordinaire, démontre la nécessité d'une certaine élévation de température pour en provoquer la destruction.

8. Les mêmes raisonnements s'appliquent au calcul du travail préliminaire et au calcul du travail chimique, dans les décompositions partielles et limitées; pourvu qu'on évalue ces travaux

uniquement pour la portion actuellement décomposée, sans tenir compte du reste. En effet, la chaleur absorbée pendant la période d'échauffement dans la proportion non décomposée, se redégage tout entière pendant la période inverse du refroidissement : il suffit donc d'envisager dans les calculs la portion décomposée, comme si elle était seule.

§ 5. — Décompositions avec groupes de produits multiples.

1. Les phénomènes chimiques offrent une variété presque indéfinie ; aussi est-il nécessaire de ne pas considérer seulement la résolution d'un corps composé en ses éléments simples, mais aussi sa résolution en de nouveaux composés, tantôt tous plus simples, tantôt les uns plus simples, les autres plus complexes que le composé primitif. Nous allons citer les types des cas fondamentaux de ce genre, qui peuvent se présenter dans les transformations chimiques.

2. Comme exemple d'une *décomposition limitée, avec degrés successifs dans la réaction*, on peut rappeler d'abord la décomposition de l'acide carbonique, laquelle fournit de l'oxygène et de l'oxyde de carbone, ce dernier étant résoluble lui-même en carbone et oxygène. Cette *réaction* est *endothermique* : elle est aussi limitée, attendu que l'oxygène se recombine pendant le refroidissement, tant avec le carbone qu'avec l'oxyde de carbone. Elle rentre donc en principe dans les cas généraux.

3. Au contraire, le bioxyde d'azote *se décompose avec dégagement de chaleur*, vers la température du rouge sombre. Ce composé produit d'abord, comme je l'ai observé, du protoxyde d'azote et de l'oxygène :

(1) $$AzO^2 = AzO + O\text{; ce qui dégage } + : 34{,}3.$$

puis le protoxyde d'azote se résout à son tour, avec nouveau dégagement de chaleur (1), en azote et oxygène :

$$AzO = Az + O\text{ ; ce qui dégage : } + 9{,}0.$$

(1) *Annales de chimie et de physique*, 5e série, 1875, t. VI, p. 197.

On a donc en définitive :

(2) $$AzO^2 = Az + O^2 \text{; ce qui dégage : } +43{,}5.$$

Mais chacune des réactions que je viens d'exposer exige un travail spécial; aucune d'ailleurs n'est instantanée. De là résultent de nouvelles complications. En effet, l'oxygène produit par chacune de ces réactions s'unit à mesure, avec dégagement de chaleur et immédiatement, avec une autre portion de bioxyde d'azote non décomposé, de façon à fournir d'abord de l'acide azoteux gazeux :

(3) $$AzO^2 + O = AzO^3 \text{; ce qui dégage : } +10{,}5.$$

L'acide azoteux lui-même ne subsiste pas intégralement, étant dissocié en partie en bioxyde d'azote et acide hypoazotique :

$$2\,AzO^3 = AzO^2 + AzO^4.$$

Les trois corps exprimés par cette équation forment un système en équilibre. A ce moment de la décomposition, on peut donc observer à la fois dans le mélange l'azote libre et ses quatre premiers oxydes.

Mais un tel état du système est transitoire, lorsqu'on maintient fixe la température qui a commencé la décomposition. Celle-ci se poursuit en effet ; par suite de ses progrès successifs, trois des oxydes de l'azote finissent par disparaître, et il ne reste en dernier lieu que de l'azote et de l'acide hypoazotique :

(4) $$2\,AzO^2 = Az + AzO^4 \text{; ce qui dégage : } + 64^{\text{Cal.}},3.$$

La décomposition ultime du dernier composé, c'est-à-dire celle du gaz hypoazotique en ses éléments, sous l'influence de la chaleur, fournirait uniquement de l'azote et de l'oxygène; mais une telle décomposition n'a point été observée jusqu'à présent.

4. On voit ici l'un des éléments du composé binaire devenir libre, tandis que l'autre élément s'accumule et se condense dans le composé résultant. C'est là un phénomène très général et qui se retrouve dans une multitude de transformations. Il est surtout

frappant dans l'étude de la décomposition des carbures d'hydrogène. Ainsi le formène, chauffé au rouge, se décompose en partie avec production d'acétylène et d'hydrogène :

$$2C^2H^4 = (C^2H)^2 + 3H^2.$$

L'acétylène et l'hydrogène, ainsi mis en présence, réagissent l'un sur l'autre, comme l'oxygène agissait tout à l'heure sur le bioxyde d'azote, et en dégageant de même de la chaleur. Ils développent par là une certaine dose d'éthylène, $(C^2H^2)^2$, et de méthyle, $(C^2H^3)^2$: phénomènes comparables à la transformation du bioxyde d'azote en acides azoteux et hypoazotique. Cependant une portion de l'acétylène éprouve une métamorphose d'un ordre tout différent : cette portion se condense sous l'influence prolongée de la chaleur, en produisant du diacétylène, $(C^4H^2)^2$; du triacétylène ou benzine, $(C^4H^2)^3$; du tétracétylène ou styrolène, $(C^4H^2)^4$; etc., etc. Ces condensations sont accompagnées par un dégagement de chaleur : du moins j'ai constaté qu'il en est ainsi pour la formation de la benzine (+ 180 Calories). Chacun des carbures nouveaux, à son tour, se combine d'une part avec l'hydrogène et avec les autres carbures; et, d'autre part, il se condense pour son propre compte, soit intégralement, soit avec perte d'hydrogène. Une variété indéfinie de composés prennent naissance dans une telle réaction : c'est le type de la *décomposition avec condensation moléculaire.*

Les oxydes, les sulfures métalliques, le chlorure de silicium, et beaucoup d'autres corps, donnent lieu à des observations analogues.

5. La nature et la proportion des produits formés dans les décompositions complexes changent avec la température. Opère-t-on à la plus basse température possible : la décomposition est lente et elle engendre d'ordinaire des produits simples et réguliers. A une plus haute température, les molécules du corps composé acquièrent en quelque sorte un excès de force vive : les produits qui auraient pris naissance dans la première circonstance cessent parfois de rencontrer les conditions favorables à leur formation ou à leur stabilité ; ils sont remplacés par des

systèmes nouveaux, lesquels renferment, à côté des éléments et à côté de leurs composés binaires, divers principes plus complexes, formés par l'association d'un grand nombre de molécules.

Par exemple, j'ai observé qu'un mélange d'acétate de soude sec et de chaux sodée, étant échauffé doucement et de façon à être décomposé à la température la plus basse possible, donne lieu à du gaz des marais sensiblement pur : cette formation a lieu en vertu d'une réaction exothermique (+ 13 Calories environ). Au contraire, si l'on échauffe brusquement le même mélange, de façon à élever davantage la température de la portion de la masse qui n'est pas immédiatement décomposée, on obtient, outre le formène, une proportion notable de propylène, C^6H^6, et des autres carbures, $C^{2n}H^{2n}$, engendrés par la réunion de plusieurs molécules de formène naissant :

$$3(C^2H^4 - H^2) = C^6H^6.$$

$$nC^2H^4 - nH^2 = C^{2n}H^{2n}.$$

J'ai constaté en effet, à côté du propylène, qui est le principal des produits secondaires, certaine dose d'éthylène, C^4H^4, de butylène, C^8H^8, d'amylène, $C^{10}H^{10}$, etc.

Observons encore que ces carbures divers prennent ainsi naissance à une température très supérieure à celle dont l'action prolongée suffirait pour détruire la plupart d'entre eux; ils subsistent cependant pendant quelques instants, et leur formation peut être manifestée, à la condition de les entraîner à mesure par le courant gazeux; c'est-à-dire à la condition de les soustraire par un refroidissement brusque à l'action lentement décomposante de la haute température à laquelle ils ont pris naissance.

Les composés organiques échauffés se détruisent presque toujours par condensation moléculaire. Ce phénomène est d'ailleurs une véritable combinaison (tome Ier, p. 548), accomplie avec dégagement de chaleur, et qui s'effectue dans les conditions d'une action brusque suivant plusieurs sens simultanément.

6. Voici un dernier exemple de la multiplicité des modes de décomposition d'un composé, formé de trois éléments et soumis à un échauffement brusque. Il s'agit de l'azotate d'ammoniaque. Ce corps, fondu et chauffé rapidement, peut se décomposer de cinq manières différentes, savoir :

1°	AzO^6H, AzH^3 fondu	$= Az^2O^2 + 2H^2O^2$ gaz	$+ 25$	env.
2°	— id.	$= Az^2 + O^2 + 2H^2O^2$ gaz	$+ 43$	
3°	— id.	$= Az + AzO^2 + 2H^2O^2$ gaz	$+ 0$	
4°	— id.	$= 1\frac{1}{2} Az + \frac{1}{2} AzO^4 + 2H^2O^2$ gaz ..	$+ 31$	
5°	— id.	$= AzO^6H$ gaz $+ AzH^3$ gaz	$- 38$	

Quatre de ces réactions sont exothermiques, et répondent à un phénomène explosif, comme on l'observe lors de la combustion spontanée et avec flamme de l'azotate d'ammoniaque (*nitrum flammans*), projeté dans un tube de verre que l'on a échauffé d'avance vers le rouge sombre.

Mais la chaleur dégagée est très inégale suivant les cas; elle peut varier de 0 à 43 Calories, même sans faire intervenir la cinquième décomposition, réaction endothermique et qui a toujours lieu sur une partie de la matière pendant un échauffement lent. En raison de cette diversité, les effets mécaniques produits par l'explosion de l'azotate d'ammoniaque seront extrêmement différents, suivant la réaction effectuée.

Ajoutons enfin que la réaction véritable, lorsqu'elle est accomplie brusquement, est presque toujours la somme d'un certain nombre des réactions précédentes, assemblées en proportions inégales et effectuées sur des fragments différents de matière en réalité. L'azotate d'ammoniaque peut donc se décomposer suivant une infinité de manières distinctes.

7. Insistons sur ces phénomènes, parce qu'ils sont les types des décompositions multiples des matières explosives.

Parmi ces décompositions, celles qui développent le plus de chaleur sont celles qui donnent lieu aux effets explosifs les plus violents. Mais, par contre, ce ne sont pas, en général, les réactions qui se produisent à la plus basse température possible. Si donc le corps explosif ne reçoit dans un temps donné qu'une quantité de chaleur insuffisante pour en élever la température jusqu'au degré correspondant aux réactions les plus violentes, il pourra éprouver une décomposition capable de dégager moins de chaleur, et même d'en absorber. Si l'on reste constamment au-dessous d'une certaine limite de température, le corps pourra se détruire complètement, sans développer ses effets explosifs les plus énergiques. Le contraire se produira, si le corps est brusquement échauffé jusqu'à la température qui correspond aux réactions les plus énergiques.

Enfin, la multiplicité des réactions possibles entraîne toute une série d'effets intermédiaires, et cela d'autant mieux que, suivant le mode d'échauffement, il pourra arriver que plusieurs décompositions se succèdent progressivement. Cette succession de décompositions entraîne même des effets plus compliqués, comme l'a fait observer M. Jungfleisch, lorsque la première décomposition, au lieu de produire une élimination totale de la partie décomposée (changée en matières gazeuses ou volatiles), donne lieu à un partage de la substance primitive en deux parties : l'une gazeuse, qui s'élimine ; l'autre solide ou liquide, qui reste exposée à l'action consécutive de l'échauffement. La composition de ce résidu n'étant plus la même, ce qui arrive, par exemple, avec de la nitroglycérine qui aurait dégagé d'abord une portion de son oxygène sous forme de vapeurs nitreuses, les effets de sa destruction consécutive pourront être complètement changés.

Telles sont les causes pour lesquelles les matières explosives, et spécialement la nitroglycérine et la poudre-coton comprimée, produisent chacune des effets si dissemblables, tels qu'une inflammation simple; ou une *explosion* dite *du premier ordre;* ou une *explosion du second ordre* (Sarrau) : selon qu'on enflamme ces composés à l'aide d'un corps en ignition faible, ou bien d'une flamme, ou d'une fusée ordinaire, ou bien encore à l'aide d'une amorce détonante chargée de fulminate de mercure.

M. Abel a publié à cet égard, sur la nitroglycérine et sur la poudre-coton comprimée, des expériences très curieuses, et qui tendent à établir une grande diversité entre les conditions de déflagration de ces substances, suivant la manière de les faire détoner (1).

La diversité des effets est moins marquée avec la poudre-coton non comprimée, parce que l'influence du choc initial s'exerçant sur une moindre quantité de matière, la propagation des réactions successives dans la masse y développe des pressions initiales plus faibles et une transformation moins directe de la force vive en chaleur transmise au corps explosif, à cause de l'air interposé.

8. Quelque étrange que cette diversité des effets produits par le mode d'inflammation puisse sembler à première vue, je crois cependant que les théories thermodynamiques sont capables d'en rendre compte, par une analyse convenable des phénomènes du choc. Je crois utile d'entrer à cet égard dans quelques détails, à cause de l'importance pratique de la question.

Soit le cas le plus simple, celui d'une explosion déterminée par la chute d'un poids qui tombe d'une certaine hauteur. Tout d'abord on est porté à attribuer les effets à la chaleur dégagée par la compression due au choc du poids brusquement arrêté. Ceci est vrai en principe; mais pour l'établir, il faut analyser en détail les effets du choc. En effet, le calcul montre que l'arrêt d'un poids de quelques kilogrammes, tombant de $0^m,25$ ou de $0^m,50$ de hauteur, ne pourrait élever que d'une fraction de degré la température de la masse explosive, si la chaleur résultante était répartie uniformément dans la masse entière : celle-ci ne saurait donc atteindre ainsi la température voisine de 200 à 250 degrés, à laquelle il paraît nécessaire de porter subitement toute la masse pour en provoquer l'explosion.

C'est par un autre mécanisme que la force vive du poids, transformée en chaleur, devient l'origine des effets observés. Il suffit d'admettre que, les pressions qui résultent du choc exercé à la surface de la nitroglycérine étant trop subites pour se répartir uniformément dans toute la masse, la transformation de la force vive en chaleur a lieu surtout dans les premières couches

(1) *Comptes rendus de l'Académie des sciences*, t. LXIX, p. 105-112; 1869.

atteintes par le choc; celles-ci pourront être portées ainsi subitement au-dessus de 250 degrés, et elles se décomposeront en produisant une grande quantité de gaz. La production des gaz est à son tour si brusque, que le corps choquant n'a pas le temps de se déplacer, et que la détente soudaine des gaz de l'explosion produit un nouveau choc, plus violent sans doute que le premier, sur les couches de matière situées au-dessous. La force vive de ce nouveau choc se change de même en chaleur, dans les couches qu'il atteint d'abord. Elle en détermine l'explosion, et cette alternative entre un choc développant une force vive, qui se change en chaleur, et une production de chaleur, qui élève la température des couches échauffées jusqu'au degré d'une explosion nouvelle, capable de reproduire un choc; cette alternative, dis-je, propage la réaction de couche en couche dans la masse entière. La propagation de la déflagration a lieu ainsi avec une vitesse incomparablement plus grande que celle d'une simple inflammation, provoquée par le contact d'un corps en ignition et opérée dans des conditions où les gaz se détendent librement, au fur et à mesure de leur production.

Ce n'est pas tout : la réaction provoquée par un premier choc, dans une matière explosive donnée, se propage avec une vitesse qui dépend de l'intensité du premier choc; attendu que la force vive de celui-ci transformée en chaleur détermine l'intensité de la première explosion, et par suite celle de la série entière des effets consécutifs. Il résulte de là que l'explosion d'une masse solide ou liquide peut se développer suivant une infinité de lois différentes, dont chacune est déterminée, toutes choses égales d'ailleurs, par l'impulsion originelle. Plus le choc initial sera violent, plus la décomposition qu'il provoque sera brusque, et plus les pressions exercées pendant le cours entier de cette décomposition seront considérables. Une seule et même substance explosive pourra donc donner lieu aux effets les plus divers, suivant le procédé d'inflammation.

§ 6. — **De la réciprocité entre la combinaison et la décomposition.**

1. La multiplicité des décompositions dont une même sub-

stance, un composé ternaire ou quaternaire en particulier, est susceptible, soulève une question nouvelle et fort intéressante, celle de la réciprocité entre les conditions de la combinaison et celles de la décomposition. Toute combinaison binaire qui se décompose avec dégagement de chaleur a été nécessairement formée avec absorption de chaleur; c'est-à-dire par voie indirecte ou sous l'influence d'énergies étrangères, d'après ce que nous avons exposé jusqu'ici : tel est le cas des oxydes de l'azote et du chlore. Mais il n'en est pas nécessairement de même pour tout composé ternaire ou quaternaire, décomposable avec dégagement de chaleur et explosion.

Ainsi, l'azotite d'ammoniaque, AzO^4H,AzH^3, est formé depuis ses éléments, $Az^2+2H^2+2O^2$, avec un dégagement de $+ 57^c,6$.

L'azotate d'ammoniaque, AzO^6H,AzH^3, est formé depuis ses éléments, $Az^2+2H^2+O^6$, avec un dégagement de $+ 80^{Cal},7$.

L'éther azotique, $C^4H^4(AzO^6H)$, est formé depuis le carbone, l'hydrogène, l'oxygène et l'azote, avec dégagement de $+ 30^{Cal},7$.

De même la nitro-glycérine, la poudre-coton, les picrates.

De même encore la formation de l'oxalate d'argent, $C^4Ag^2O^8$, depuis le carbone, l'oxygène et l'argent, dégage $+ 158^{Cal},5$.

Cependant tous ces corps peuvent être détruits avec explosion. C'est que la décomposition de telles combinaisons n'est pas réciproque avec leur formation; contrairement à ce qui arrive d'ordinaire pour les composés binaires. En effet, la destruction d'un composé binaire ne saurait reproduire que ses éléments : soit libres (chlorure d'azote, acide hypochloreux); soit engagés en partie dans d'autres combinaisons telles que la proportion des éléments y soit différente (eau oxygénée, oxydes de l'azote). Au contraire, un composé ternaire peut donner naissance à des dérivés qui ne sont pas réciproques avec ses composants.

2. C'est ainsi que la décomposition explosive de l'azotite d'ammoniaque développe de l'eau et de l'azote :

$$AzO^4H,AzH^3 = Az^2 + 2H^2O^2.$$

Elle n'est donc pas réciproque avec la synthèse de ce composé par ses éléments libres, azote, hydrogène et oxygène. Mais elle représente une véritable *combustion interne* de l'hydrogène de l'ammoniaque par l'oxygène de l'acide azoteux, combustion opérée au sein même du composé, et avec dégagement de $+50^{Cal},4$.

La synthèse de l'azotite d'ammoniaque, depuis ses éléments, dégage d'ailleurs aussi de la chaleur, soit $+57^{Cal},6$. Mais ce premier composé ne représente pas l'état le plus stable de combinaison entre ces éléments, c'est-à-dire l'état vers lequel le système devra tendre, d'après les principes de la thermo-chimie. C'est là ce qui explique le caractère explosif du système.

3. Mettons en évidence ce dernier point par l'étude approfondie d'un nouvel exemple, celui de l'oxalate d'argent. Ce corps est formé par l'union de l'acide oxalique et de l'oxyde d'argent; il se décompose brusquement et avec explosion lorsqu'on le porte vers 120 degrés; enfin l'acide carbonique et l'argent sont les seuls produits de la réaction :

$$C^4Ag^2O^8 = 2C^2O^4 + Ag^2.$$

Or, je vais montrer que les propriétés de l'oxalate d'argent peuvent être expliquées par le jeu normal des affinités, agissant à partir des éléments; sans qu'il soit besoin de faire intervenir aucun phénomène exceptionnel, et même sans recourir à la formation de quelque composé simultané, pour constituer le composé explosif. En un mot, la formation de l'oxalate d'argent est exothermique (+158,5) aussi bien que sa décomposition.

Soit, en effet, le système initial suivant :

$$C^4 + H^2 + Ag^2 + O^{10},$$

et le système final que voici :

$$2C^2O^4 + H^2O^2 + Ag^2.$$

On peut passer de l'un à l'autre, en suivant deux marches différentes :

Première marche.

$C^4 + 2O^4 = 2C^2O^4$	+ 188 Calories.
$H^2 + O^2 = H^2O^2$	+ 69
	+ 257

Deuxième marche.

$C^4 + H^2 + O^8 = C^4H^2O^8$	+ 197
$C^4H^2O^8$, en se dissolvant, absorbe......	— 2,3

Cette formation de l'acide oxalique dissous depuis les éléments ne représente pas un phénomène fictif, mais une réaction réelle : en effet l'hydrogène peut être uni à l'oxygène de façon à former de l'eau, et le carbone (carbone amorphe pur, dérivé du ligneux) peut être oxydé à froid, avec formation d'acide oxalique, comme je l'ai établi par l'acide chromique étendu : or ce dernier composé est facile à obtenir par des réactions successives, à partir de l'oxygène libre.

L'oxyde d'argent peut être aussi engendré, depuis ses éléments libres, par voie soit indirecte, soit même directe :

$$2\,Ag + 2\,O = 2\,AgO, \text{ dégage} : + 7{,}0.$$

Enfin, l'acide oxalique et l'oxyde d'argent s'unissent directement pour produire l'oxalate d'argent :

$$2\,AgO + C^4H^2O^8 = C^4Ag^2O^8 + H^2O^2; \text{ ce qui dégage} : + 25{,}8.$$

Soit maintenant la décomposition spontanée de l'oxalate d'argent, porté à 120 degrés ou au-dessus :

$$C^4Ag^2O^8 = 2\,C^2O^4 + Ag^2, \text{ dégage } X.$$

Mais la somme thermique de toutes ces transformations est 227,5 + X. En l'égalant à la somme précédente, on tire :

$$X = 257 - 227{,}5 = + 29{,}5.$$

Telle est la quantité de chaleur dégagée dans la décomposition de l'oxalate d'argent, en supposant que la réaction ait lieu à la température ordinaire. A la température véritable à laquelle elle s'opère, c'est-à-dire vers 120 degrés, il faudrait ajouter à la quantité précédente la différence entre la quantité de chaleur nécessaire pour porter l'oxalate d'argent à cette température, et la quantité de chaleur nécessaire pour y porter l'argent et l'acide carbonique; mais cette différence, qui dépend des chaleurs spécifiques, est assez petite pour être négligée.

En résumé, la décomposition de l'oxalate d'argent doit être considérée comme le résultat d'une véritable *combustion interne*, l'oxygène de l'oxyde d'argent se portant sur l'acide oxalique; de là résulte la transformation de ce dernier composé en acide carbonique. Le système final obtenu dans cette circonstance n'est pas identique avec le système initial ; en effet, nous partons du carbone, de l'hydrogène, de l'argent et de l'oxygène, et nous arrivons à l'eau, à l'acide carbonique et à l'argent.

4. Les mêmes conclusions s'appliquent aux composés nitrés et nitriques, formés par l'association des composés hydrocarbonés avec l'acide azotique, tels que l'acide picrique, le picrate de potasse, la poudre-coton, la nitroglycérine, etc. La destruction explosive de tous ces corps s'opère aussi par une sorte de combustion interne ; ou plus exactement en vertu de l'énergie des composants, subsistante en grande partie dans le composé. Cette énergie conservée est d'autant plus grande, que la chaleur dégagée dans la formation du composé nitrique a été moindre (voy. tome Ier, page 550).

Observons encore qu'une portion de l'énergie des éléments azotiques et des éléments hydrocarbonés peut subsister dans certains composés exempts d'oxygène, comme le prouvent les propriétés détonantes du composé $C^{12}H^4Az^2$ et des corps azoïques analogues, obtenus par M. Griess, dans la réaction de l'acide azoteux sur les alcalis organiques.

Quoi qu'il en soit, il importe de remarquer que tous ces corps sont formés par une suite de réactions régulières, et sans qu'il soit besoin de faire intervenir une énergie auxiliaire, tirée de la formation de quelque composé intermédiaire qui s'élimine ensuite.

5. Des considérations analogues s'appliquent aux fermentations, envisagées comme réciproques avec la formation des sucres, c'est-à-dire à la formation et à la décomposition des corps fermentescibles. C'est là un sujet trop intéressant dans l'étude de la chaleur des êtres vivants pour qu'il ne soit pas opportun d'entrer dans quelques détails.

§ 7. — Corps fermentescibles (1).

1. On a remarqué de tout temps que les fermentations donnent lieu à un développement de chaleur plus ou moins considérable. Le fait est bien connu des vignerons et de tous ceux qui ont assisté à la fabrication des liqueurs alcooliques. Il en est de même dans les fermentations butyrique et lactique (2). Il résulte de là que les sucres, en se changeant directement en eau et en acide carbonique, doivent dégager plus de chaleur que les produits combustibles de leur décomposition successive.

J'ai calculé, par exemple, que la chaleur de combustion du sucre de raisin pouvait être évaluée à 713 Calories environ (3); quantité qui surpasse de 71 Calories la chaleur de combustion de l'alcool engendré par la fermentation.

De là résultent diverses conséquences intéressantes, relativement au mode de formation encore inconnu de la molécule des sucres.

2. Envisageons en effet la formation du sucre de raisin ou glucose en elle-même et indépendamment des autres réactions qui peuvent l'accompagner. A cette fin, groupons les éléments de diverses manières :

Glucose, $C^{12}H^{12}O^{12}$...... 180 grammes.
Chaleur de combustion.. 713 Calories.

	Groupement des éléments.	Chaleur de combustion correspondante.
Carbone et eau.....................	$C^{12} + H^{12}O^{12}$	564^{Cal}
Acide carbonique et gaz des marais....	$3C^2O^4 + 3C^2H^4$	630
Acide carbonique et alcool.............	$6C^2O^4 + 2C^4H^6O^2$ liquide	652
Oxyde de carbone et hydrogène.......	$6C^2O^2 + 6H^2$	817
Acide formique et hydrogène.........	$6C^2H^2O^4 + 6H^2 - 6H^2O^2$	836,4

Il s'agit maintenant de savoir :

(1) Extrait en partie des *Comptes rendus des séances de l'Academie des sciences*, t. LX, p. 30 (janvier 1865).

(2) *Annales de chimie et de physique*, 4e série, t. VI, p. 399.

(3) Même recueil, 4e série, t. VI, p. 398.

1° Si le sucre résulte de l'association du carbone avec les éléments de l'eau. Une telle association impliquerait une absorption de 140 Calories. Elle ne pourrait donc avoir lieu que dans des conditions exceptionnelles.

2° Si le sucre résulte de l'association des éléments de l'alcool avec ceux de l'acide carbonique : auquel cas la fermentation alcoolique serait comparable à la destruction de l'eau oxygénée et de l'acide formique. Elle donne lieu en effet à un dégagement de 71 Calories.

Dès lors il n'est pas vraisemblable que l'acide carbonique et l'alcool puissent reproduire le sucre, par leur union directe et immédiate ; car de telles unions ne s'accomplissent pas avec absorption de chaleur. On voit aussi que cette même réunion ne saurait être réalisée par une suite de réactions, effectuées toutes avec dégagement de chaleur.

3° Autre hypothèse : le sucre résulte de l'association du gaz des marais et de l'acide carbonique :

$$3\,C^2O^4 + 3\,C^2H^4 = C^{12}H^{12}O^{12}.$$

Döbereiner prétendait en effet, il y a cinquante ans, avoir obtenu du sucre en comprimant un tel mélange dans un système de tubes capillaires ; mais il est reconnu aujourd'hui que son expérience est fausse.

Or nous pouvons comprendre pourquoi elle est irréalisable : en effet, il n'y a que 630 Calories dégagées dans la combustion du système ci-dessus, au lieu de 713, qui répondent au sucre. La quantité de chaleur dégagée par la combustion du gaz des marais et de l'acide carbonique étant moindre que celle dégagée par la combustion du sucre, on peut en conclure que les premiers corps sont incapables de donner naissance directement au second, au moins dans les conditions ordinaires.

4° Mais le sucre pourrait également dériver de l'association de l'hydrogène avec les éléments de l'oxyde de carbone :

$$6\,C^2O^2 + 6\,H^2 = C^{12}H^{12}O^{12}.$$

Or la combustion de ces éléments donne

$$2 \times 6 \times 68200 = 817 \text{ Calories.}$$

On conçoit donc la possibilité de fabriquer du sucre avec un tel mélange.

Ce résultat est d'autant plus curieux, que la nature végétale semble employer quelque moyen analogue pour produire le sucre. En effet, elle opère sur l'acide carbonique et l'eau, ces corps étant désoxydés sous l'influence de la lumière dans les plantes. Or on peut admettre que le premier composé se résout d'abord en oxyde de carbone et oxygène, et le second composé en oxygène et hydrogène; l'oxyde de carbone et l'hydrogène, réagissant ensuite à l'état naissant, développeraient une nouvelle combinaison, qui peut être, soit le sucre, soit un hydrate de carbone, tel que le ligneux ou l'amidon (1).

5° On peut encore arriver au même résultat théorique, c'est-à-dire à la possibilité de faire la synthèse du sucre, en partant de l'acide formique et de l'hydrogène :

$$6\,C^2H^2O^4 + 6\,H^2 - 6\,H^2O^2 = C^{12}H^{12}O^{12}.$$

Ce système, en effet, dégage $836^{\text{Cal}},4$.

3. Quoi qu'il en soit de cette discussion, il n'en demeure pas moins établi que le chiffre 713 mesure (en sens inverse) le travail dépensé par la lumière solaire pour transformer l'eau et l'acide carbonique en sucre. Ce travail équivaut à celui que produirait la combustion d'un poids de carbone égal à la moitié du poids du sucre.

4. La différence entre ce même chiffre et la chaleur de combustion de l'alcool, c'est-à-dire le nombre 71, donne la mesure approchée du travail qu'il faudrait dépenser pour reconstituer le sucre

(1) J'ai présenté ces rapprochements en 1864 (*Leçons sur les méthodes générales de synthèse*, p. 181, chez Gauthier-Villars). L'importance même du système constitué par l'oxyde de carbone et l'hydrogène dans la synthèse a été signalée dès 1858 dans mes recherches sur la formation des carbures d'hydrogène (*Chimie organique fondée sur la synthèse*, t. I, p. 13; *Annales de chimie et de physique*, 3e série, t. LIII, p. 76). Ce même système, $C^2O^2 + H^2$, représente précisément l'aldéhyde méthylique, composé auquel M. Baeyer a attribué depuis un rôle analogue dans la formation des sucres.

en réunissant l'acide carbonique et l'alcool; ou plus exactement, en réunissant les produits de la fermentation alcoolique.

5. La fermentation alcoolique peut être comparée à une combustion véritable, donnant naissance à l'acide carbonique en vertu d'une réaction interne, qui serait comparable à la combustion du carbone libre par l'oxygène libre. D'après les nombres cités plus haut, la quantité de chaleur dégagée, au moment de la formation de l'acide carbonique aux dépens du carbone et de l'oxygène combinés dans le sucre, est égale aux deux cinquièmes environ de la chaleur que produirait la formation de la même quantité d'acide carbonique aux dépens de l'oxygène libre : résultat qu'il paraît utile de mettre en évidence pour la théorie de la chaleur animale (tome Ier, page 100).

Mais il convient d'aborder maintenant un autre sujet.

§ 8. — Vitesse des décompositions sans limites.

1. Tout corps composé, porté et maintenu à la température à laquelle il commence à se décomposer, ne se détruit pas en général instantanément : la vitesse de sa décomposition varie avec la température, la pression et diverses autres circonstances.

Nous distinguerons dans ce qui va suivre les décompositions endothermiques et les décompositions exothermiques; mais nous nous occuperons seulement des réactions sans limites : les réactions limitées devant être étudiées dans un chapitre particulier.

2. Soit d'abord *la vitesse d'une décomposition sans limites et endothermique*; prenons comme exemple celle de l'acide formique gazeux, lorsqu'il se résout en oxyde de carbone et eau gazeuse.

Dans mes expériences, l'acide formique était maintenu dans des tubes fermés à la lampe, à une température fixe de 260 degrés. En outre, on opérait sur des proportions telles que la totalité de l'acide formique prit l'état gazeux, et qu'il en fut de même des produits de sa décomposition. Il est facile d'atteindre ce résultat, en plaçant $0^{gr},100$ d'acide formique dans une capacité de 40 centimètres cubes.

Au bout de huit heures, un tiers de l'acide formique était décomposé en eau et en oxyde de carbone :

$$C^2H^2O^4 = C^2O^2 + H^2O^2 \text{ gaz ;}$$

réaction qui absorbe à peu près $-2^{Cal},6$, tous les corps étant supposés gazeux (1). En même temps la pression s'était élevée graduellement jusqu'à 2 atmosphères et demie.

Au bout de vingt-cinq heures, la destruction était complète; mais il s'était formé, simultanément aux produits primitifs, de l'hydrogène et de l'acide carbonique :

$$C^2H^2O^4 \text{ gaz} = C^2O^4 + H^2 \text{ gaz.}$$

La décomposition avait changé par là de caractère thermique, cette dernière réaction dégageant de la chaleur, soit $+6^{Cal},4$. Pendant cette seconde période, la pression s'est trouvée portée de $2\frac{1}{2}$ à 5 atmosphères.

On observe ici une décomposition sans limite, produite sur un corps gazeux et qui fournit des produits gazeux, à la température et dans les conditions de l'expérience. Ainsi le système reste homogène, et les produits de la décomposition demeurent continuellement en présence; tandis que la pression va toujours en augmentant dans le tube. Cependant les produits changent de nature pendant la dernière période de l'échauffement : l'oxyde de carbone et l'eau se formant au début, l'acide carbonique et l'hydrogène à la fin. En raison de cette circonstance, la réaction, endothermique au début, devient exothermique en se terminant.

3. En résumé, la décomposition de l'acide formique gazeux s'accomplit en totalité à 260 degrés; mais elle s'effectue avec une grande lenteur. Elle aurait lieu plus lentement encore, si l'on opérait à des températures plus basses, telles que 200 degrés, 150 degrés et même 120 degrés.

Réciproquement, l'acide formique gazeux peut traverser sans

(1) Si l'acide formique et l'eau étaient liquides, il y aurait au contraire dégagement de $+ 1^{Cal},4$ dans cette décomposition.

décomposition appréciable un serpentin maintenu dans un bain d'huile, à la température fixe de 300 degrés. J'ai reconnu que cet acide n'est même pas décomposé en totalité, lorsqu'il est porté pendant quelques secondes à 500 ou 600 degrés ; il subsisterait sans doute encore pendant une fraction de seconde jusqu'à des températures beaucoup plus élevées (voy. page 41).

On voit par là qu'une décomposition non limitée peut s'effectuer entre des limites de température très différentes, quoique avec une vitesse propre à chaque température, vitesse d'autant plus grande que la température est plus élevée.

4. Existe-t-il une température fixe que l'on ne peut dépasser dans ce genre de décomposition? C'est ce que nous allons examiner. En général, lorsqu'un corps se décompose en absorbant de la chaleur, l'acte de l'échauffement produit deux effets : d'une part, l'élévation physique de la température; d'autre part, la décomposition chimique. Or la vitesse de cette dernière croît d'ordinaire, comme on vient de le dire, avec la température. Il en résulte que, si nous supposons la chaleur fournie par une source en quantité constante dans un temps donné, la répartition de cette chaleur entre les deux effets variera sans cesse, la proportion employée à produire la décomposition étant toujours plus grande à mesure que la température s'élève; tandis que la proportion relative employée à produire l'élévation de température diminue sans cesse. Comme il existe des causes extérieures de refroidissement dans toutes nos expériences, il doit arriver un terme où le refroidissement absorbe une portion de chaleur égale à celle qui serait employée à produire une élévation de température. A partir de ce terme, et pourvu que le refroidissement s'exerce d'une manière uniforme, la température demeurera constante. Il résulte d'ailleurs de ces explications que le degré constant remarqué dans certaines décompositions ne présente rien d'absolu, étant tout à fait subordonné aux conditions spéciales des expériences et à la disposition des appareils.

Dans la plupart des cas, on ne réussit même pas à l'observer, le corps se trouvant entièrement décomposé avant qu'on ait réalisé une température fixe.

5. Revenons sur une autre circonstance des plus capitales, qui s'observe dans cet ordre de phénomènes. Quand l'échauffement est très rapide, le composé peut être porté à des températures très supérieures à celles qui le détruiraient complètement si elles étaient maintenues pendant un temps suffisant. J'ai cité tout à l'heure des faits décisifs à cet égard. Or, ces observations font concevoir comment un composé peut non-seulement subsister lorsqu'il est déjà formé, mais même prendre naissance à une température bien plus haute que celle qui serait capable de le détruire complètement, au bout d'un temps suffisamment long. C'est ce qu'on observe, par exemple, lorsque l'acide azotique prend naissance pendant la combustion du gaz hydrogène mêlé d'azote; l'oxyde d'argent dans la flamme oxyhydrique; les carbures d'hydrogène condensés, benzine, $C^{12}H^{6}$, styrolène, $C^{16}H^{8}$, anthracène, $C^{28}H^{10}$, à la température de fusion de la porcelaine. Mais si l'on veut isoler ces corps, il convient de les soustraire aussitôt par un refroidissement brusque à l'action de la chaleur, qui les détruirait peu à peu, même à des températures beaucoup plus basses (voy. aussi pages 11, 26, 33, 45).

6. La loi précise qui règle la vitesse des décompositions endothermiques non limitées n'a pas été étudiée jusqu'ici avec assez de détail pour être complètement établie. Cependant les essais que j'ai faits sur cette question conduisent à admettre comme probable une relation extrêmement simple. En effet, la quantité de matière décomposée à une température donnée et dans un temps donné a été trouvée proportionnelle à la masse du corps mis en expérience. En outre, elle ne paraît pas influencée sensiblement, dans la plupart des cas, par la présence des produits de la décomposition; toutes les fois du moins que ces produits n'exercent point d'action chimique sur le corps qui les fournit. Enfin la quantité de matière décomposée pendant un temps très court, supposé insuffisant pour modifier sensiblement la composition de la masse totale, est à peu près proportionnelle à la durée de ce temps. Ces relations admises, elles conduisent à une expression théorique très simple. Soit A la masse primitive, et soit x la quantité

décomposée au bout d'un certain temps ; la quantité dx qui se décompose ensuite pendant le temps dt sera donnée par la relation

$$dx = (A - x)\, mdt.$$

m est un coefficient caractéristique de la vitesse de la réaction, indépendant du temps et de la quantité de matière, mais croissant avec la température. suivant une loi spéciale pour chaque composé. On tire de là :

$$\log\left(1 - \frac{A}{x}\right) = 1 - mt.$$

D'après cette expression, la quantité de matière décomposée, à une température déterminée et dans un temps donné, va sans cesse en diminuant ; de sorte que la réaction doit durer un temps théoriquement infini. Ainsi, quelle que soit la grandeur du coefficient m, c'est-à-dire quelle que soit la température à laquelle on opère, il devrait subsister une dose finie du composé au bout d'un temps fini : circonstance qui paraît s'accorder avec un grand nombre des résultats fournis par les expériences de refroidissement brusque (voy. aussi page 38).

Cependant, en fait, il convient d'observer que la quantité subsistante finit toujours par devenir inappréciable à l'observation, au bout d'un temps suffisamment long.

La formule précédente montre encore que la vitesse de la décomposition décroît à mesure que la quantité du composé contenue dans un espace donné diminue : ce qui autorise à penser que les décompositions doivent être d'autant plus lentes que la pression sous laquelle on opère est plus faible.

En fait, la poudre et les matières explosives se décomposent dans le vide plus lentement et avec moins de violence que sous la pression atmosphérique, et surtout dans un espace limité par un bourrage (voy. page 49). Ajoutons d'ailleurs que ces observations et ces formules concordent avec la théorie mécanique des décompositions gazeuses, les chocs étant moins nombreux entre des molécules plus disséminées.

7. *La vitesse des décompositions exothermiques non limitées*

donne lieu à des considérations spéciales. En effet, toutes les fois qu'une réaction exothermique n'est point limitée par la réaction inverse, on conçoit *à priori* qu'elle doive tendre à devenir explosive. Il en serait même nécessairement ainsi, si les corps mis en expérience pouvaient être soustraits d'une manière absolue à l'influence du refroidissement. Dans une telle condition, la chaleur dégagée par la réaction tendrait sans cesse à élever davantage la température du système, et par suite la vitesse de la décomposition elle-même, jusqu'à ce que celle-ci prît le caractère d'une explosion proprement dite : phénomène qui ne se présente jamais dans une réaction endothermique. Au contraire cette circonstance se réalise dans un grand nombre de réactions exothermiques, sur lesquelles je reviendrai bientôt.

Mais il n'en est pas toujours ainsi, parce que la condition d'un refroidissement nul étant impossible à remplir, les réactions exothermiques et non limitées ne deviendront pas explosives, toutes les fois que la chaleur dégagée dans un temps donné sera insuffisante pour compenser les effets du refroidissement. Ces derniers effets d'ailleurs dépendent de la masse des corps mis en expérience, de la masse et de la nature des corps avec lesquels ils sont en contact, de la quantité de chaleur fournie par la source, de l'excès de la température de la source sur la température ambiante, etc., etc.

8. Quand les décompositions exothermiques sont assez lentes pour que la température du système puisse être maintenue constante, l'observation prouve que leur vitesse est réglée à peu près par les mêmes lois que les décompositions endothermiques.

Soit, par exemple, la décomposition du formiate de baryte, réaction exothermique que j'ai spécialement étudiée.

Lorsqu'on échauffe ce sel vers la température de 260 degrés, il éprouve une décomposition graduelle. La décomposition commence même vers 230 degrés et plus bas encore.

En opérant sur 1 gramme de formiate de baryte contenu dans un tube scellé de capacité égale à 40 centimètres cubes, et maintenu à 260 degrés, il s'est produit :

4 centimètres cubes de gaz, au bout de deux heures ;

Au bout de dix-huit heures, 23 centimètres cubes;

Au bout de quarante heures, le gaz développé s'élève à 57 centimètres cubes;

Enfin la décomposition se trouve terminée au bout de cent vingt heures environ.

L'expérience offre à peu près les mêmes caractères généraux et fournit les mêmes produits: soit lorsqu'on opère sur 1 gramme de formiate de baryte et dans un tube scellé, c'est-à-dire le sel se trouvant en présence de tous les produits de la décomposition.

Ou bien lorsqu'on opère sur 100 grammes de sel, et dans un ballon muni d'un tube à dégagement, par lequel les produits gazeux (oxyde de carbone, hydrogène, acide carbonique, gaz des marais) s'échappent au dehors. J'ai signalé ces produits et les réactions qui leur donnent naissance dans ma *Chimie organique fondée sur la synthèse* (t. Ier, p. 26). Ces diverses réactions ont toutes lieu avec dégagement de chaleur; mais j'en supprime le calcul détaillé pour abréger.

Si l'on élève la température, la décomposition devient de plus en plus rapide, sans pourtant changer d'abord de nature; au moins jusque vers 330 degrés. Vers cette température, la vitesse de la réaction est à peu près double de ce qu'elle était à 250 degrés. Cependant, même à 330 degrés, la proportion du formiate de baryte décomposé au bout d'une heure s'élève à peine à quelques centièmes; le reste du sel demeure inaltéré, comme je m'en suis assuré en le faisant recristalliser jusqu'à la dernière goutte de sa dissolution.

J'ai vérifié que cette résistance relative du formiate de baryte à l'influence d'une température de 330 degrés ne résulte pas d'un accroissement de stabilité dû à la présence des produits fixes de sa décomposition (carbonate de baryte et traces de charbon); les produits volatils étant d'ailleurs éliminés au fur et à mesure. En effet, le sel qui avait résisté ainsi à 330 degrés, ayant été ramené à 250 degrés, sans être séparé desdits produits fixes, il a continué de se décomposer, et cela avec la même vitesse qui présidait à la décomposition initiale du sel pur, maintenu séparément à cette température.

Le formiate de baryte peut même supporter la température réelle du rouge sombre (500 à 600 degrés environ), pendant plusieurs minutes, sans se détruire en totalité.

La décomposition du formiate de baryte est exothermique, et la vitesse en est régie, je le répète, par les mêmes lois que la vitesse des décompositions endothermiques, au moins jusqu'à 300 degrés. Cependant il ne saurait en être de même quand une décomposition exothermique s'accomplit rapidement (voy. p. 63).

9. Voici des exemples moins précis, mais qui présentent les types de variations plus étendues dans la vitesse des réactions exothermiques.

Ainsi le protoxyde d'azote, composé dont la destruction en ses éléments dégage de la chaleur (+ 9,0 pour 22 grammes), ne se décompose que très lentement à 520 degrés. En le maintenant à cette température, dans un tube de verre de Bohême scellé à la lampe, c'est à peine si 1,5 centième se trouvent décomposés en azote et oxygène au bout d'une demi-heure. La décomposition est beaucoup plus rapide vers 700 à 800 degrés. Elle peut devenir presque instantanée dans d'autres conditions : par exemple, en comprimant brusquement le protoxyde d'azote dans un cylindre d'acier, au moyen d'un piston, sur la tête duquel on fait tomber un mouton de 500 kilogrammes (1). Le gaz est ainsi porté à une très haute température, par la transformation brusque de la force vive du choc en chaleur, résultat d'une compression subite qui s'élève à 500 atmosphères. J'ai observé que le protoxyde d'azote pouvait être ainsi complètement décomposé dans un intervalle de temps inférieur à une seconde.

L'oxalate d'argent, composé solide, se décompose lentemen à 100 degrés en acide carbonique et oxygène :

$$C^4Ag^2O^8 = C^2O^4 + Ag^2,$$

réaction qui dégage $+ 29^{Cal},5$. Mais si l'on porte le sel un peu au-dessus de cette température, sa décomposition devient

(1) *Annales de chimie et de physique*, 5e série, t. I. V, pl. 45 ; 1875.

brusque et explosive. Cependant la quantité de chaleur dégagée dans les deux circonstances est à peu près la même.

Les faits que je viens de signaler s'appliquent probablement à toutes les réactions rapides : au-dessous de la température à laquelle elles deviennent explosives, et pendant un intervalle de température plus ou moins étendu, toutes ces actions doivent se produire d'une manière progressive, circonstance dont il est essentiel de tenir compte dans l'emploi des poudres de guerre et autres matière détonantes (voy. page 47).

10. Les effets se compliquent d'ailleurs avec ces matières, à cause de la multiplicité de leurs modes de décomposition, attestée par l'étude de l'azotate d'ammoniaque. Ce corps, en effet, comme je l'ai dit ailleurs (page 47), est susceptible de se détruire, suivant cinq réactions différentes, dont quatre sont exothermiques et capables de devenir explosives. On a montré plus haut que les corps explosifs peuvent ainsi donner lieu à des effets thermiques et mécaniques extrêmement divers, et qui dépendent du procédé d'échauffement, de choc ou d'inflammation, etc.

11. Une même réaction étant accomplie, sa vitesse joue un grand rôle dans l'emploi des matières explosives. Par exemple, si l'on détermine l'explosion dans une arme, de telle sorte que les gaz formés se détendent à mesure, par suite du changement de la capacité que la fuite du projectile agrandit, ou bien encore par suite du refroidissement dû au contact des parois; dans ces circonstances, dis-je, les pressions initiales seront d'autant moindres que la transformation d'un poids donné de matière explosive durera plus longtemps.

Au contraire, lorsqu'une transformation extrêmement rapide de toute la masse détonante permet aux pressions initiales d'atteindre l'immensité de leurs limites théoriques, ou d'en approcher, il arrive souvent que nulle résistance ne puisse contenir dans une capacité close les gaz de l'explosion.

12. Il en est ainsi, non-seulement pour une substance explosive placée dans une capacité fixe et résistante, mais pour certaines matières placées dans une mince enveloppe, ou sous une couche d'eau, ou même à l'air libre. En effet, quand la durée des réactions

décroît outre mesure, les gaz dégagés développent des pressions qui augmentent avec une extrême rapidité ; si rapidement même, que les corps environnants, solides, liquides ou même gazeux, n'ont pas le temps de se mettre en mouvement pour y obéir graduellement ; ils opposent à la détente des gaz des résistances comparables à celle d'une paroi fixe. On sait qu'il suffit d'une pellicule d'eau à la surface du chlorure d'azote pour donner lieu à de tels effets. Plus la durée de la réaction approche d'être instantanée, plus la pression initiale, même dans un vase ouvert, devient voisine de la pression théorique ; celle-ci étant calculée pour le cas d'une décomposition opérée dans une capacité constante, entièrement remplie par la matière explosive. C'est ainsi qu'on peut rendre compte des effets extraordinaires de destruction produits par la nitroglycérine et par la poudre-coton comprimée, ces corps étant appliqués sans bourrage dans des trous de même librement ouverts, ou même simplement déposés à la surface d'un rocher ou d'une plaque de fer.

Ce n'est pas tout : dans une réaction extrêmement rapide, la commotion due au développement subit de ces pressions presque théoriques peut se propager à travers l'air lui-même, projeté en masse, comme l'ont montré les explosions de certaines poudrières et les expériences de M. Abel sur une série de blocs de poudre-coton comprimée. Le choc, *propagé* ainsi *par influence*, soit au moyen d'une colonne d'air, soit d'une masse liquide ou solide, varie avec la nature du corps explosif et son mode d'inflammation ; il paraît obéir d'ailleurs aux lois de propagation des mouvements vibratoires. Dans tous les cas, le choc direct ou transmis est d'autant plus violent que la durée de la réaction chimique est plus courte et qu'elle développe à la fois plus de gaz, c'est-à-dire une pression initiale plus forte, et plus de chaleur, c'est-à-dire un travail plus considérable, pour le même poids de matière explosive.

13. *Agents de contact.* — C'est surtout dans les décompositions et réactions exothermiques que s'exerce l'influence des agents dits de contact. Ce n'est pas que ces agents ne changent la quantité de chaleur dégagée dans la réaction qu'ils déter-

minent; mais ils en modifient la vitesse, la température initiale et parfois même le caractère. Sous le premier rapport, on peut dire qu'il n'existe pour ainsi dire aucun corps qui n'ait la faculté de modifier plus ou moins par son contact la vitesse des actions exothermiques: c'est ce qui résulte des anciennes expériences de Thenard sur l'eau oxygénée. Tantôt le corps mis en présence accélère la réaction; tantôt, au contraire, il la ralentit, en donnant de la stabilité au composé. Ce sont les corps poreux, et spécialement le platine, qui possèdent à ces égards les propriétés les mieux caractérisées. C'est ainsi que nous pouvons produire certaines oxydations et autres décompositions, dès la température ordinaire, ou tout au moins à une température inférieure à celle qui les provoquerait spontanément (voy. p. 22).

Enfin, les agents de contact modifient souvent la nature même des produits, lorsque le corps est susceptible de plusieurs modes de décomposition. Tel est le cas de l'acide formique. La vapeur de ce corps, dirigée rapidement à travers un serpentin maintenu à 170 degrés ou à 260 degrés, n'est pas décomposée d'une manière appréciable. Mais si l'on place à l'issue du serpentin un paquet de mousse de platine, la décomposition s'opère aussitôt. Elle a lieu d'ailleurs plus rapidement à 260 degrés qu'à 170 degrés. En outre cette décomposition, au lieu de fournir d'abord de l'eau et de l'oxyde de carbone, comme il arrive avec l'acide formique pris isolément, fournit en présence du platine, et dès le début, de l'acide carbonique et de l'hydrogène; ces deux gaz étant produits à volumes égaux, avec un dégagement de chaleur considérable,

$$C^2H^2O^4 \text{ gaz} = C^2O^4 + H^2\text{; dégage : } + 6^{Cal},4.$$

La vitesse de la réaction est telle, dans ces conditions, que la moitié environ de l'acide formique se trouve détruite en quelques secondes à 267 degrés; température à laquelle il faudrait au moins douze heures pour atteindre le même résultat, si l'on opérait sur l'acide pur et contenu dans un tube de verre scellé à la lampe.

CHAPITRE IV

DÉCOMPOSITIONS LIMITÉES ET ÉQUILIBRES CHIMIQUES. — SYSTÈMES HOMOGÈNES

§ 1er. — **Des équilibres chimiques en général.**

1. Il existe une multitude de décompositions limitées par l'existence d'une réaction inverse, celle-ci étant déterminée en vertu d'un changement dans la température, dans la pression, ou bien encore dans les proportions relatives des corps réagissants. Nous avons signalé le fait dans le chapitre précédent, et nous en avons présenté l'explication générale (voy. page 37). Cette question étant d'une haute importance dans la mécanique chimique, nous allons l'examiner avec plus de détails.

2. Citons d'abord quelques exemples fondamentaux. Telles sont :

Les décompositions des composés binaires (eau, acide chlorhydrique, acide iodhydrique, etc.) en leurs éléments;

Celles des carbures pyrogénés changés en carbures plus simples (styrolène transformé en benzine et acétylène); ou bien encore en hydrogène et carbures moins hydrogénés (hydrure d'éthylène transformé en éthylène et hydrogène);

Les décompositions des sels anhydres en acide et base (carbonate de chaux); celles des sels acides en sel neutre et acide libre; celles des hydrates acides, basiques ou salins, en eau ou acide, base ou sel anhydre;

La décomposition des éthers en carbures et acides (éthers chlorhydriques); ou bien encore la décomposition des éthers sous l'influence de l'eau en acide et alcool, etc., etc.

3. Dans ces diverses classes de décompositions, l'acte de l'échauffement développe deux réactions inverses et qui aboutissent toutes deux à la même limite. Entre les deux réactions,

il y a cependant une différence capitale : l'une d'elles dégage de la chaleur, tandis que l'action contraire en absorbe. En d'autres termes, l'une des deux réactions résulte du travail des affinités chimiques ; tandis que la réaction inverse est accompagnée par un travail contraire, dû à l'acte de l'échauffement.

En général, c'est la combinaison proprement dite qui est exothermique, la décomposition étant endothermique : tel est le cas de la réaction entre l'oxyde de carbone et l'oxygène, entre l'hydrogène et l'oxygène, entre l'hydrogène et l'éthylène, etc. Cependant on peut citer certains cas d'équilibre, tels que la formation du sulfure de carbone, celle des éthers (au moyen de l'alcool), celle de l'acide iodhydrique, où la combinaison est endothermique et la décomposition exothermique.

4. L'étude de ces réactions donne lieu tout d'abord à une distinction essentielle. Tantôt les systèmes sont homogènes, c'est-à-dire que les produits et les corps primitifs demeurent à l'état de contact réciproque et de mélange intime, soit dans l'état gazeux, soit dans l'état liquide, pendant toute la durée de l'expérience.

Tantôt, au contraire, les systèmes sont hétérogènes, ou le deviennent par le fait même de la transformation ; c'est-à-dire que les produits se séparent en tout ou en partie des corps primitifs, les uns étant gazeux et les autres solides ou liquides ; ou bien, les uns étant liquides et les autres solides ; ou bien encore, les uns et les autres étant liquides, mais non susceptibles de se mélanger en toutes proportions.

Or c'est dans les systèmes homogènes que les lois propres aux équilibres chimiques peuvent être établies avec le plus de netteté : ce sont de tels systèmes que nous examinerons d'abord.

5. J'ai fait une étude approfondie des équilibres dans mes recherches sur les réactions éthérées, sur les réactions pyrogénées, et enfin sur les réactions des sels et des composés analogues, ces dernières étant opérées au sein d'un dissolvant, tel que l'eau, laquelle intervient chimiquement dans la réaction. Je vais résumer les résultats observés sous les chefs suivants :

1° Équilibres simples dans les systèmes homogènes, entre

trois ou quatre corps: tels que les composés binaires, opposés à leurs éléments; ou bien encore les éthers et l'eau, opposés à l'alcool et à l'acide, éthers qui ont été l'objet d'expériences plus multipliées qu'aucun autre système.

2° Équilibres simples dans les systèmes hétérogènes.

3° Équilibres complexes, avec formation de produits successifs, tels que les carbures pyrogénés. Cette formation se rattache aux lois des équilibres simples; mais elle résulte de la superposition de plusieurs équilibres simultanés.

4° Équilibres produits au sein d'un dissolvant et avec le concours de son influence chimique : ces équilibres se rattachent aux mêmes lois que les précédents; mais ils offrent certains caractères spéciaux, attribuables à l'intervention du dissolvant.

Nous consacrerons le présent chapitre à l'*étude des équilibres simples dans les systèmes homogènes*.

§ 2. — Équilibres simples dans les systèmes homogènes. Division du sujet.

L'étude des équilibres simples donne lieu aux questions suivantes :

1° Existence d'une limite fixe;

2° Influence de la température sur la limite;

3° Influence de la pression sur la limite;

4° Influence d'un dissolvant, sans action chimique proprement dite, sur la limite;

5° Influence des actions de contact sur la limite;

6° Influence des proportions relatives sur la limite;

7° Influence de la fonction chimique sur la limite;

8° Travail préliminaire;

9° Vitesse de la réaction, c'est-à-dire temps nécessaire pour que les phases successives en soient parcourues et la limite d'équilibre atteinte.

Chacune de ces questions sera traitée dans un paragraphe séparé.

§ 3. — Existence d'une limite fixe.

1. L'existence même d'*une décomposition limitée* se démontre par l'étude simultanée des deux réactions inverses, effectuées, dans des conditions de pression et de température identiques, sur les mêmes éléments, pris sous des états de combinaison différente.

Par exemple, on a pris d'une part 1 équivalent d'éther benzoïque et 1 double équivalent d'eau :

$$C^4H^4(C^{14}H^6O^4) + H^2O^2,$$

ces deux corps étant chauffés ensemble dans l'état liquide, à 200 degrés, pendant vingt-quatre heures, au sein d'un tube scellé que le mélange remplissait presque entièrement. On a trouvé qu'il subsistait au bout de ce temps les 66,4 centièmes du poids de l'éther non décomposé.

Réciproquement, 1 équivalent d'alcool et 1 équivalent d'acide benzoïque :

$$C^{14}H^6O^4 + C^4H^6O^2$$

formant un mélange qui renfermait les mêmes éléments que le précédent, ont été chauffés ensemble dans l'état liquide, toujours à 200 degrés, pendant vingt-quatre heures et dans un tube scellé presque entièrement rempli. Au bout de ce temps, les 66,5 centièmes du poids de l'acide se sont trouvés changés en éther benzoïque : proportion qui peut être regardée comme identique à la précédente.

2. De même dans l'état gazeux : 1 équivalent d'alcool et 1 équivalent d'acide acétique étant chauffés ensemble à 195 degrés pendant soixante-dix-sept heures, dans des conditions telles que 1 gramme du mélange occupât 37 centimètres cubes, la proportion d'acide éthérifié s'est élevée à 72,3 centièmes.

Tandis que 1 équivalent d'acide acétique étant décomposé par 1 double équivalent d'eau, dans les mêmes conditions de volume, de température et de durée, il subsistait 72,7 centièmes d'éther acétique : nombre sensiblement identique au précédent.

3. Ces résultats se retrouvent dans l'étude des composés

binaires. Ainsi l'acide iodhydrique gazeux, maintenu à une haute température dans des tubes scellés, se résout partiellement en iode gazeux et hydrogène, réaction qui paraît être exothermique (+ 0,8).

Réciproquement, l'iode et l'hydrogène, maintenus à la même température, se recombinent partiellement, et les deux phénomènes inverses tendent vers une limite identique, dans les mêmes conditions de température et de pression.

4. Le cas d'une limite d'équilibre fixe entre deux actions contraires est évidemment le plus facile à concevoir, surtout pour un système soumis à des influences qui s'exercent d'une manière continue. Cependant on conçoit *à priori* que certains composés puissent se défaire et se refaire sans cesse dans des conditions en apparence identiques, *sans tendre cependant vers aucune limite;* ceci arrivera surtout lorsque les conditions varieront d'une manière brusque et discontinue. Il en est ainsi, par exemple, lorsqu'on décompose un gaz, tel que l'eau ou l'acide carbonique, par une série d'étincelles électriques (voy. plus loin): mais une semblable discontinuité n'existe pas dans les actions calorifiques proprement dites.

§ 4. — Influence de la température sur la limite.

Deux cas sont possibles : la limite peut être indépendante de la température ; ou bien elle peut varier avec la température.

1° *Limite indépendante de la température.*

1. On observe ce phénomène dans la formation des éthers, opérée au sein des systèmes liquides. Par exemple, j'ai trouvé que l'acide acétique et l'alcool étant mêlés à équivalents égaux, la proportion centésimale d'acide éthérifié atteint :

A la température ordinaire, au bout de seize années.	65,2
A 100 degrés, après un temps très long.........	65,6
A 170 degrés, après quarante-deux heures.........	66,5
A 200 degrés, après vingt-quatre heures...........	67,3
A 220 degrés, après trente-huit heures.............	66,5

nombres qui peuvent être regardés comme presque identiques.

2. De même la glycérine et l'acide acétique, pris à équivalents égaux, se sont combinés dans la proportion centésimale suivante :

A la température ordinaire, après sept cent trente-cinq jours. .	69,9
A 170 degrés, après vingt-quatre heures....................	68,7

De même encore, l'alcool et l'acide succinique :

A 100 degrés, après quatre-vingt-dix heures...	65,2
A 180 degrés, après cinq heures..............	65,2
A 210 degrés, après vingt-huit heures........	66,0

3. Cette limite se maintient constante jusque vers 280 à 300 degrés ; terme au-dessus duquel les acides, les alcools et les éthers commencent à éprouver des décompositions toutes différentes.

4. Les équilibres pyrogénés qui s'établissent entre les carbures d'hydrogène à la température rouge, semblent obéir à une loi analogue. En étudiant, par exemple, la décomposition de la benzine, soit au rouge ordinaire, soit au rouge vif, soit au rouge blanc, c'est-à-dire depuis 500 degrés jusqu'à 1500 degrés environ, je n'ai pas observé de différence bien marquée entre les proportions relatives des produits de la réaction, tels que le phényle, $2\,C^{12}H^{6} = C^{24}H^{10} + H^{2}$; le triphénylène, $C^{36}H^{12}$, et son hydrure : $C^{36}H^{14}$, etc. Mais il est difficile de préciser suffisamment ces derniers résultats, l'équilibre mobile qui tend d'abord à s'établir entre les carbures pyrogénés ne tardant pas à être troublé par le progrès plus lent des condensations moléculaires.

2° *Limite variable avec la température.*

1. D'après la théorie des décompositions gazeuses, ce cas semblerait devoir être le plus fréquent, la décomposition croissant en même temps que le nombre des chocs des molécules et l'accroissement des forces vives de rotation et de vibration de ces mêmes molécules. Cependant les expériences précises sont fort difficiles, à cause de la lenteur des réactions. D'après M. Lemoine (1), le gaz iodhydrique étant maintenu à 350 degrés

(1) *Annales de chimie et de physique*, 5e série, t. XII, p. 204.

sous une pression de 2 atmosphères, la quantité décomposée serait de 18,6 centièmes; tandis qu'à 440 degrés, elle s'élèverait à 25 ou 26 centièmes.

2. Dans l'étude des réactions limitées, il convient en outre de tenir compte de cette circonstance, que la température qui provoque la combinaison diffère souvent beaucoup de celle qui provoque la décomposition. Il en résulte que la combinaison peut être totale pendant un certain intervalle de température (de 400 à 800 degrés environ pour l'eau), puis limitée pendant un second intervalle (de 800 à 3000 ou 4000 degrés pour l'eau); la décomposition pouvant à son tour devenir totale au-dessus de la température extrême.

3. Ce n'est pas tout : les corps qui interviennent dans un tel équilibre peuvent ne pas rester identiques à eux-mêmes, par suite de certaines modifications lentes, changements isomériques ou décompositions spéciales. Cette difficulté est mise en évidence par l'étude du chlorhydrate d'essence de térébenthine, véritable éther bien défini et cristallisé :

$$C^{20}H^{16}HCl.$$

Ce corps distille à 208 degrés. Mais en même temps il dégage de l'acide chlorhydrique, ce qui annonce une décomposition partielle. L'acide ainsi mis à nu tend à se recombiner avec le carbure pendant le refroidissement. Néanmoins il ne se recombine jamais complètement, alors même que l'on maintient les produits en contact dans un vase scellé, et pendant un temps considérable. On se rend compte de cette impossibilité par un examen plus approfondi des produits : on reconnaît ainsi que, dans les conditions précédentes, une partie du carbure d'hydrogène mis à nu se modifie lentement, en formant du ditérébène, 2 ($C^{20}H^{16}$). Or le ditérébène ne régénère plus le chlorhydrate primitif.

§ 5. — Influence de la pression sur la limite.

1. Distinguons toujours les systèmes liquides et les systèmes gazeux. Dans un système liquide et maintenu tel, la pression

n'exerce pas d'influence appréciable sur la limite de combinaison, alors même qu'elle s'élève à 50 atmosphères : je m'en suis assuré par des expériences précises. La chose se comprend d'ailleurs, parce que dans ces conditions la quantité de matière comprises sous un même volume demeure sensiblement la même.

2. Dans un système gazeux au contraire, la pression exerce une influence capitale ; attendu qu'elle fait varier l'état de condensation de la matière contenue au sein d'un espace déterminé.

Ainsi, par exemple, l'alcool et l'acide acétique étant mélangés à équivalents égaux, la proportion limite d'acide éthérifié sur 100 parties, a été trouvée la suivante, à 200 degrés :

1 gramme de matière	occupant	$2^{atm.},6$	(état liquide) :	66,2,
—	—	36	(état gazeux) :	72,5,
—	—	58	(état gazeux) :	77,2.

3. Dans les systèmes gazeux, tels que les précédents, il y a proportionnalité approchée entre les variations de la condensation et les variations de la limite. En outre, dans le cas cité, c'est la réaction qui absorbe de la chaleur qui se poursuit le plus loin quand le système est plus dilaté, c'est-à-dire à mesure que le volume occupé par un poids donné de matière devient plus considérable.

M. Lemoine est arrivé à des résultats analogues pour la décomposition du gaz iodhydrique, la fraction décomposée étant la suivante :

Sous une pression	de $4^{atm},5$	24 centièmes,
Id.	de 1^{atm}	26 centièmes,
Id.	de $0^{atm},2$	29 centièmes.

La décomposition, qui est ici la réaction exothermique, semble donc croître à mesure que la pression diminue, précisément comme pour les éthers.

Dans les expériences qui viennent d'être rappelées, l'influence de la pression sur la limite s'exerce d'une manière continue. Cependant il ne paraît pas en être ainsi toujours et d'une manière nécessaire.

4. En effet, j'ai observé des phénomènes de discontinuité, en étudiant les *variations que la pression détermine dans la limite de certaines combinaisons* provoquées par l'électricité. Telle est la combinaison entre le carbone et l'hydrogène, c'est-à-dire la formation de l'acétylène, dans les conditions que voici.

Lorsqu'on décompose un gaz hydrocarburé quelconque, sous la pression normale, par un flux d'étincelles électriques prolongé pendant plusieurs heures, il se produit finalement, quel que soit le point de départ, un mélange constant : formé de 7 volumes d'hydrogène et de 1 volume d'acétylène. Ce mélange demeure désormais invariable, quelle que soit la durée ultérieure de l'électrisation. Il y a donc équilibre entre l'acétylène, le carbone et l'hydrogène, sur le trajet de l'étincelle.

Or, d'après l'observation, la limite de cet équilibre demeure la même, lorsque la pression change au contraire de $3^m,46$ à $0^m,41$.

Vers $0^m,31$, la proportion relative d'acétylène diminue subitement, et elle tombe à moitié de la valeur précédente.

Vers $0^m,23$, elle est réduite de nouveau subitement, et elle tombe cette fois au quart de la valeur primitive. Elle conserve ensuite cette valeur nouvelle jusqu'à $0^m,10$ et même à des pressions beaucoup plus faibles.

Ainsi, la pression variant d'une manière continue, l'équilibre entre l'acétylène, l'hydrogène et le carbone change par sauts brusques et suivant des rapports multiples les uns des autres. Mais il convient d'observer que l'action décomposante employée ici, c'est-à-dire l'action de l'étincelle électrique, s'exerce elle-même d'une manière brusque et discontinue.

§ 6. — Influence de l'état de dissolution (sans réaction chimique du dissolvant) sur la limite.

1. Les expériences relatives à l'éthérification tendent à prouver que les dissolvants simples, employés en proportion modérée, ne modifient pas sensiblement la limite ; il en est ainsi du moins *toutes les fois que le dissolvant n'exerce pas une action chimique proprement dite*. L'acide acétique et l'alcool, étant pris à équi-

valents égaux, dissous dans leur volume d'acétone, puis chauffés à 180 degrés, pendant cent quatre-vingt-trois heures consécutives, la proportion d'acide éthérifié s'est élevée à 65,4.

Le même mélange étant dissous dans son volume d'éther anhydre et chauffé de même, on a trouvé : 66,8.

Or, avec l'acide et l'alcool pris isolément, on obtient : 66,5. Tous ces nombres peuvent être regardés comme identiques, malgré la raréfaction plus grande de la matière.

2. Cependant il convient d'observer que, d'après les valeurs citées plus haut sur les systèmes gazeux, la limite changerait à peine, si l'on se bornait à doubler le volume occupé par un liquide. Il conviendrait donc d'étudier la raréfaction de la matière produite par un dissolvant, en employant ce dernier en proportion plus considérable, de façon à y diminuer davantage la densité de la matière active.

3. Il en serait autrement, si le dissolvant intervenait chimiquement : comme il arrive pour l'eau qui forme avec les sels, avec les bases, avec les acides, avec les alcools et même avec les éthers, etc., certains hydrates définis. Dans de telles circonstances, l'équilibre chimique ne s'établit pas seulement entre les composants des corps dissous ; mais il se produit aussi entre l'eau, le composé et chacun des composants, envisagés séparément. On reviendra sur ce sujet.

§ 7. — Influence des actions de contact.

1. Certains corps solides déterminent parfois une réaction limitée dans un système gazeux, en agissant par leur simple contact sur un point du système, sans entrer eux-mêmes dans le cercle des combinaisons chimiques. Dans ces conditions, ils ne sauraient influer sur la limite définitive, telle qu'elle est réalisée dans la masse gazeuse tout entière.

C'est ce qu'il est facile d'établir *à priori*. En effet, l'agent auxiliaire existant seulement sur un point, les réactions dans le reste du système en sont indépendantes. Cependant on conçoit en même temps qu'un agent de contact, capable de déterminer celle des deux réactions inverses qui est exothermique, puisse quelquefois la développer très-rapidement et même au delà de sa limite définitive; surtout dans le cas où une élévation de température, produite par une réaction rapide, aurait pour effet d'augmenter la dose du composé formé. Mais, dans tout cas de ce genre, la réaction devra revenir ensuite à sa limite normale, au bout d'un temps plus ou moins long.

La conclusion principale de ce raisonnement est conforme aux expériences de M. Lemoine sur l'acide iodhydrique (Mémoire déjà cité, page 244.) En effet, ce savant a trouvé que le platine amène presque immédiatement les deux systèmes inverses (iode et hydrogène, acide iodhydrique) à un état tel que la proportion combinée sous cette influence devienne égale à 19 centièmes, à la température de 350 degrés : limite identique à celle que réaliserait la chaleur seule, au bout d'un temps beaucoup plus long.

2. Il pourrait en être autrement, si l'agent de contact était représenté par un gaz, ou par un liquide uniformément réparti dans le système. Cependant mes expériences sur l'éthérification de l'acide acétique, provoquée au moyen d'une trace d'acide chlorhydrique ou d'acide sulfurique, prouvent que la limite n'est pas modifiée sensiblement; du moins, tant que la dose de l'acide auxiliaire n'est pas assez considérable pour que ce corps intervienne par lui-même d'une manière appréciable dans la réaction chimique.

§ 8. — **Influence des proportions relatives.**

1. L'équilibre qui s'établit entre les deux actions contraires, c'est-à-dire entre la décomposition et la combinaison, varie suivant les masses relatives des composants : toutes les fois que l'une d'entre elles augmente, elle produit l'accroissement de la réaction correspondante, et par conséquent la diminution de la réaction inverse. Les variations ont lieu, dans la plupart des cas, d'une manière continue.

Ajoutons encore ce résultat général : toutes les fois que la masse d'un des composants est notablement plus petite que celle des autres, si elle varie seule, les réactions tendront à devenir proportionnelles à la plus petite masse. Ce résultat s'explique, parce que la plus petite masse est la seule qui puisse tendre vers une combinaison complète.

2. Précisons ces énoncés abstraits par des observations.

Examinons d'abord les conditions d'équilibre qui déterminent la formation et la décomposition des éthers, selon les proportions de l'acide, de l'alcool, de l'eau et de l'éther neutre. Ce sont là des conditions d'autant plus caractéristiques, qu'elles s'appliquent à un partage opéré dans des systèmes homogènes et qui demeurent tels pendant toute la durée des réactions.

3. *Si l'on met en présence de 1 équivalent d'acide plusieurs équivalents d'alcool*, la quantité d'éther s'accroît avec le nombre d'équivalents d'alcool, bien qu'un seul équivalent puisse entrer en réaction (1). L'alcool agit ici tout autrement que ne pourrait le faire un dissolvant étranger, puisque ce dernier corps ne modifierait pas sensiblement la limite (page 77).

L'accroissement qui résulte de la prédominance de l'alcool s'opère d'une manière continue et sans sauts brusques. L'acide se rapproche ainsi indéfiniment de l'état de combinaison totale, parce que l'excès d'alcool tend à atténuer l'influence antagoniste de l'eau. Enfin l'expérience prouve que la quantité d'acide qui ne se combine pas, en présence d'un excès d'alcool, est à peu près en raison inverse de la quantité totale d'alcool.

Si, au contraire, la quantité d'alcool est inférieure à 1 équivalent, la quantité absolue d'éther formé diminue nécessairement. Cette dernière quantité tend alors à demeurer proportionnelle au poids de l'alcool employé, dès que ce poids est suffisamment petit, par exemple depuis un demi équivalent d'alcool jusqu'à une quantité très faible. Cependant la proportion n'est pas

(1) Sur la courbe qui exprime cette relation, voy. *Annales de chimie et de physique*, 3e série, t. LXVIII, p. 276 et la formule page 289. — MM. Guldberg et Waage ont donné depuis des formules analogues fort intéressantes, fondées sur les mêmes principes généraux, c'est-à-dire sur la proportionnalité des effets aux masses réagissantes.

absolument rigoureuse, car le système se rapproche peu à peu d'un état d'éthérification complète de l'alcool, à mesure que celui-ci tend vers une quantité nulle dans le système. En d'autres termes, une trace d'alcool, en présence d'un acide, s'éthérifie pour ainsi dire entièrement.

Les acides polybasiques et les alcools polyatomiques se comportent, sous ces divers points de vue, exactement comme les alcools monoatomiques.

Les énoncés précédents s'appliquent à tous les mélanges possibles d'alcool pur et d'acide pur; mais ils sont destinés surtout à mettre en évidence l'influence de l'alcool sur l'éthérification. Pour manifester l'influence de l'acide sur la même série de réactions, il est nécessaire de se placer au point de vue inverse.

4. *Un équivalent d'alcool étant mis en présence de plusieurs équivalents d'acide*, la quantité d'alcool éthérifié s'accroît avec la proportion d'acide (1). Les systèmes tendent ainsi d'une manière continue et sans sauts brusques vers une éthérification complète, parce que l'influence antagoniste de l'eau est de plus en plus détruite par la présence d'un excès d'acide. L'influence de l'acide s'exprime en disant que: la quantité d'alcool qui ne se combine pas, en présence d'un excès d'acide, est à peu près en raison inverse de la quantité totale d'acide.

En envisageant, d'autre part, les systèmes dans lesquels 1 équivalent d'alcool se trouve en présence d'une proportion d'acide inférieure à 1 équivalent, on reconnaît que la quantité d'éther formé doit décroître, et elle décroît en effet de plus en plus. Au-dessous de $\frac{1}{2}$ équivalent d'acide, et jusqu'à une proportion d'acide très faible, le poids de l'éther demeure pour ainsi dire proportionnel au poids de l'acide : ce qui exprime encore que, dans cet intervalle, les effets des affinités tendent à demeurer proportionnels à la plus petite des masses chimiques réagissantes. Mais cette proportionnalité n'est pas absolument rigoureuse, l'acide tendant

(1) La courbe empirique qui exprime cette relation est donnée *loc. cit.*, page. 286, et la formule, page 291.

lentement vers une combinaison totale, à mesure que son poids se rapproche de zéro. Autrement dit, une trace d'acide en présence d'un alcool se combine à peu près complètement.

5. Si l'on compare les systèmes dans lesquels 1 équivalent d'alcool se trouve en présence de 1 ou de plusieurs équivalents d'acide, à ceux dans lesquels 1 équivalent d'acide se trouve en présence de 1 ou plusieurs équivalents d'alcool, on reconnaît d'abord que le système formé à équivalents égaux est celui qui fournit le moins d'éther neutre, c'est-à-dire celui dans lequel l'influence décomposante de l'eau s'exerce avec le plus d'énergie : résultat facile à prévoir, puisque cette influence ne se trouve atténuée, ni par la présence d'un excès d'acide, ni par la présence d'un excès d'alcool.

Ce n'est pas tout : l'accroissement dans la quantité d'éther formé est un peu plus rapide pour un certain excès d'acide que pour un excès équivalent d'alcool; ce qui accuse l'influence prépondérante de l'acide sur l'éthérification. Cependant cette prépondérance n'est pas très prononcée, c'est-à-dire que l'influence chimique d'une certaine masse d'alcool sur la formation d'un éther neutre est à peu près la même que l'influence chimique d'une masse équivalente d'acide. Des relations semblables s'appliquent également aux acides monobasiques et polybasiques, agissant sur les alcools monoatomiques.

6. Au contraire, un alcool polyatomique, mis en présence de plusieurs équivalents d'acide, se comporte autrement qu'un alcool monoatomique. En effet, la quantité d'acide éthérifié continue à augmenter, même au delà de 1 équivalent, et pendant un certain intervalle. Ce résultat pouvait être prévu, puisque l'affinité d'un alcool triatomique, tel que la glycérine par exemple, pour un acide, exige 3 équivalents d'acide, au lieu d'un seul, pour être satisfaite. Mais il est à peu près certain, d'après les faits observés, que l'on trouverait dans la réaction de la glycérine sur les acides des relations comparables à celles de la réaction de l'alcool ordinaire sur les mêmes acides, si l'on prenait comme unité de comparaison 3 équivalents d'acide, au lieu d'un seul équivalent.

7. Les généralités précédentes expriment le rôle de l'acide et de l'alcool, c'est-à-dire le rôle des deux composants primitifs, sur l'éthérification : tous deux tendent à la rendre plus facile. Nous allons maintenant examiner séparément le rôle des deux produits de la réaction, c'est-à-dire celui de l'eau et de l'éther neutre : tous deux tendent à entraver l'éthérification.

Commençons par l'éther neutre, envisagé indépendamment de l'autre produit de la réaction, autrement dit indépendamment de l'eau. Dans cette circonstance, l'éther neutre intervient par sa présence, et non par les produits possibles de sa décomposition.

En faisant agir 1 équivalent d'acide sur 1 équivalent d'alcool, en présence d'un excès d'éther neutre rigoureusement anhydre, la proportion d'acide éthérifié diminue, et cette diminution s'accroît d'une manière continue avec la proportion d'éther neutre. Si la proportion d'éther est très grande, la combinaison de l'acide avec l'alcool tend à devenir nulle. Ces faits signifient que la préexistence de l'éther neutre diminue de plus en plus l'influence des affinités qui déterminent la formation d'une nouvelle proportion de ce même éther neutre. Ajoutons dès à présent que l'influence d'un certain excès d'éther neutre (jusqu'à $\frac{1}{2}$ équivalent), pour diminuer la quantité d'acide éthérifié, ne diffère pas beaucoup de l'influence de l'excès d'eau équivalent (jusqu'à $\frac{1}{2}$ H^2O^2).

8. Indiquons maintenant *le rôle de l'eau dans la formation des éthers*. Soit 1 équivalent d'alcool et 1 équivalent d'acide, en présence d'une certaine quantité d'eau. La combinaison s'opère; mais la proportion d'éther diminue, à mesure que l'eau augmente; sans cependant jamais devenir nulle, quel que soit l'excès d'eau employée (1). Ce décroissement a lieu d'une manière continue, et sans sauts brusques, suivant une progression qui varie beaucoup plus lentement que le nombre d'équivalents d'eau introduits dans le système. L'influence de la masse chi-

(1) La loi empirique de ce décroissement est donnée *Annales de chimie et de physique*, 3e série, t. LXVIII, p. 322.

mique de l'eau en excès sur les 2 équivalents nécessaires à la réaction est ici manifeste. On signalera plus loin quelques autres caractères généraux de cette même réaction, en parlant des phénomènes réciproques, c'est-à-dire de la décomposition des éthers par l'eau.

Lorsqu'on fait réagir : soit 1 équivalent d'alcool sur plusieurs équivalents d'acide, en présence de l'eau; soit 1 équivalent d'acide sur plusieurs équivalents d'alcool, toujours en présence de l'eau, les phénomènes conservent dans les deux cas la même signification générale; c'est-à-dire que si l'on envisage une série de systèmes, dans lesquels l'acide et l'alcool sont en rapport constant, tandis que l'eau varie, la quantité d'éther formé diminue d'une manière continue, à mesure que l'eau augmente.

9. Supposons un équivalent d'acide ou d'alcool mélangé avec une certaine quantité d'eau, puis mis en présence de diverses proportions de l'autre composant, c'est-à-dire de l'alcool dans un cas, de l'acide dans l'autre cas : ici la quantité d'éther formé s'accroît avec le nombre d'équivalents d'acide ou d'alcool excédant. Dans tous les cas, la proportion d'éther formé est la plus petite possible, quand on opère à équivalents égaux.

Les systèmes qui renferment un excédant d'alcool donnent des limites constamment plus faibles que les systèmes qui renferment un excès équivalent d'acide : la différence augmente, à mesure que la proportion d'eau devient plus considérable. L'influence prépondérante de l'acide sur l'éthérification s'accuse ainsi de plus en plus.

10. Jusqu'ici on retrouve dans l'éthérification, opérée en présence de l'eau, les mêmes caractères généraux qui ont été signalés ci-dessus dans la réaction opérée en l'absence de l'eau; mais voici des particularités nouvelles et caractéristiques.

Si la proportion de l'un des deux corps, acide ou alcool, décroît indéfiniment, la quantité de ce corps qui s'éthérifie sous l'influence d'un équivalent d'alcool (ou d'acide) tend vers une limite qui ne répond pas à la combinaison totale, mais qui dépend de la proportion constante d'eau, en présence de laquelle la réaction s'opère.

11. En examinant divers systèmes dans lesquels le rapport entre l'alcool et l'eau est maintenu constant, tandis que l'acide varie, nous trouvons que les quantités relatives d'acide éthérifiées (la proportion d'acide demeurant inférieure à celle qui répond à l'alcool équivalent) diffèrent moins les unes des autres que dans les systèmes où l'eau n'existe pas tout d'abord. Plus la proportion d'eau est considérable, plus l'écart entre les quantités extrêmes d'éther formé diminue.

A partir de 8 doubles équivalents d'eau environ pour 1 équivalent d'alcool, la proportion relative d'éther formé devient presque constante; en d'autres termes, *le poids de l'éther formé est à peu près proportionnel au poids de l'acide dans les systèmes dilués.* La proportionnalité devient sensiblement rigoureuse dans les systèmes très étendus, tels que ceux qui renferment 23 à 48 doubles équivalents d'eau (H^2O^2) pour un équivalent d'alcool. C'est là une relation extrêmement simple; elle signifie que dans une liqueur diluée la masse chimique de l'éther, c'est-à-dire du produit de la réaction, devient proportionnelle à la masse de l'acide qui lui donne naissance. La relation est d'autant plus manifeste, que les liqueurs sont plus étendues, parce que la quantité d'éther formée dans ces circonstances n'est pas assez considérable pour modifier sensiblement la composition initiale des systèmes.

Tels sont les principaux phénomènes qui peuvent être observés lorsque l'on étudie l'équilibre de combinaison dans des systèmes formés à l'origine d'alcool, d'acide et d'eau.

12. Pour compléter ces généralités, nous allons énoncer en peu de mots les phénomènes qui règlent l'équilibre de décomposition, dans les systèmes formés à l'origine d'éther neutre et d'eau. Ces phénomènes sont compris implicitement dans les énoncés précédents; mais il ne paraît pas inutile de les formuler expressément.

La décomposition d'un éther neutre par l'eau et la combinaison d'un alcool avec un acide sont deux phénomènes réciproques : si deux systèmes, l'un formé d'éther et d'eau, l'autre formé d'acide, d'alcool et d'eau, sont équivalents, les deux systèmes doivent tendre et tendent, en effet, vers deux limites complémentaires. Par exemple, le système formé par un acide et un alcool, à équivalents égaux, tendant vers une limite telle que les *deux tiers* de chacun de ces corps demeurent combinés, le système équivalent formé par 1 équivalent d'éther neutre et un double équivalent d'eau, H^2O^2, tendra nécessairement vers une limite telle qu'*un tiers* de l'éther et un tiers de l'eau disparaissent, avec formation d'alcool et d'acide. Cela étant posé, il est évident que la décomposition des éthers par l'eau obéit précisément aux lois réciproques de la combinaison des acides avec les alcools.

Rappelons d'abord que cette décomposition se produit suivant des proportions équivalentes sensiblement constantes, quels que soient les éthers mis en jeu ; proportions déterminées presque exclusivement par les quantités équivalentes de ces éthers, de l'eau, de l'alcool et de l'acide.

Si l'on fait agir sur 1 équivalent d'éther neutre des proportions d'eau croissantes, la quantité d'éther décomposé augmente sans cesse et d'une manière continue, sans cependant devenir égale à l'éther total, même en présence d'une très grande quantité d'eau. Lorsque cette dernière quantité est suffisamment considérable, la masse de l'eau qui disparaît, par suite de la décomposition, tend à devenir proportionnelle à la masse de l'éther mis en réaction, c'est-à-dire à la plus petite des masses chimiques mises en réaction. Cette proportionnalité, d'ailleurs, n'est point tout à fait rigoureuse, car elle tend vers l'égalité, c'est-à-dire vers une décomposition complète, pour une quantité d'eau infinie : en d'autres termes, une trace d'éther neutre se détruit à peu près complètement en présence de l'eau.

Si nous envisageons maintenant les systèmes dans lesquels la proportion d'eau est peu considérable et inférieure à la proportion H^2O^2 qui équivaut à 1 équivalent d'éther, nous trouverons que la quantité d'éther décomposé est sensiblement proportionnelle à celle de l'eau mise en réaction. Cette proportionnalité n'est point absolue d'ailleurs, et elle se rapproche de plus en plus d'une combinaison totale de l'eau avec l'éther mis en présence : en d'autres termes, l'eau, en présence d'un éther neutre, est sollicitée de plus en plus à entrer en réaction, à mesure que la masse de l'éther augmente. Une trace d'eau décompose une quantité pour ainsi dire équivalente d'éther en acide et en alcool. Ici encore la plus petite des masses chimiques exerce une réaction d'abord proportionnelle à son poids, mais qui tend à devenir complète, à mesure que cette masse elle-même devient moins considérable.

La réaction de l'eau sur un éther est diminuée, soit par la présence d'un excès d'alcool, soit par la présence d'un excès d'acide, sans cesser toutefois d'obéir aux relations générales qui viennent d'être signalées. La décomposition la plus grande possible s'observe lorsqu'il n'y a ni excès d'acide, ni excès d'alcool.

13. L'étude des réactions éthérées présente l'ensemble le plus complet de recherches qui ait été exécuté sur l'influence des proportions relatives. Les résultats en sont confirmés par les travaux des autres observateurs. Par exemple, M. Lemoine a reconnu que la quantité d'acide iodhydrique qui subsiste, à une température et sous une pression donnée, est d'autant plus grande que la proportion d'hydrogène est plus considérable, le phénomène variant d'ailleurs d'une manière continue (1).

Les expériences de M. Wurtz sur la densité du perchlorure de phosphore gazeux et les expériences de M. Friedel sur celle du chlorhydrate d'oxyde de méthyle conduisent à la même conclusion; autant du moins qu'il est permis de conclure la composition d'un mélange d'après les densités des gaz, qui ne suivent pas exactement les lois de Mariotte et de Gay-Lussac.

14. La continuité de la limite dans ces diverses circonstances est pour ainsi dire une conséquence nécessaire de la continuité dans l'action décomposante exercée par la chaleur. Mais il ne paraît pas en être toujours de même, lorsqu'il s'agit des cas où l'action décomposante agit d'une manière brusque et discontinue; ce qui arrive, par exemple, dans la réaction de l'étincelle

(1) M. Lemoine pense en outre que, lorsqu'on augmente indéfiniment la quantité d'hydrogène dans un mélange donné de ce gaz avec l'acide iodhydrique, on ne diminue pas indéfiniment la fraction d'acide iodhydrique décomposé. Mais ses expériences ne me paraissent pas avoir été poussées assez loin pour autoriser une telle conclusion, qui semble peu vraisemblable.

électrique sur les gaz. En effet, les expériences de M. Bunsen (1) sur la combustion de deux gaz, tels que l'hydrogène et l'oxyde de carbone, par une proportion d'oxygène insuffisante, paraissent montrer que dans cette condition l'oxygène se partage entre les deux gaz suivant un rapport simple. Si l'on fait varier d'une manière continue la proportion relative des deux gaz combustibles, le partage s'opère encore suivant le même rapport pendant quelque temps; puis il éprouve une variation brusque : d'où résulte un nouveau rapport, simple comme le premier. Bref, la composition du mélange combustible variant d'une manière continue, le partage de l'oxygène s'opérerait suivant des rapports simples et discontinus. Toutefois cette question est encore controversée.

J'ai confirmé moi-même quelques-uns de ces résultats, en décomposant l'acide carbonique par l'hydrogène mêlé d'oxyde de carbone (2) au moyen d'une série prolongée d'étincelles : condition dans laquelle il ne se produit pas de combustion subite et explosive.

§ 9. — Influence de la fonction chimique.

1. L'influence de la fonction chimique des corps sur les limites d'équilibre n'a guère été étudiée que dans la formation des éthers. Elle est des plus remarquables et des plus propres à faire réfléchir sur la généralité des conditions mécaniques qui déterminent les phénomènes chimiques. D'après les idées répandues sur l'éthérification, avant mes recherches, on était porté à admettre une extrême diversité dans ces phénomènes. J'ai reconnu au contraire que les affinités entre les divers acides et les divers alcools s'exercent à peu près de la même manière et arrivent à des limites très voisines. Il en est ainsi du moins dans l'étude des alcools primaires, principaux objets de mes études. Les alcools secondaires, et surtout les alcools tertiaires et les phénols, se comportent différemment, ainsi que je l'avais déjà observé pour les phénols, et comme M. Menschutkine l'a décou-

(1) *Annales de chimie et de physique*, 3e série, t. XXXVIII, p. 344.
(2) Même recueil, 4e série, t. XVIII, p. 186.

vert récemment pour les alcools tertiaires et secondaires, classes de corps inconnus à l'époque de mes travaux.

2. Exposons d'abord les faits relatifs aux alcools primaires. Dans cette étude, un premier point s'offre tout d'abord à notre observation. Si l'on fait réagir à équivalents égaux divers acides monobasiques et divers alcools monoatomiques, on trouve que la quantité d'éther neutre formé, c'est-à dire la limite, varie très peu, quelles que soient les diversités d'équivalents, de volatilité, de solubilité, bref, de propriétés physiques et chimiques, entre ces acides et ces alcools. Cette proportion demeure comprise entre 60 et 70 centièmes; elle oscille autour des deux tiers d'un équivalent.

3. La même relation s'étend aux corps polyatomiques, acides et alcools proprement dits. En effet, la quantité d'acide neutralisée dans la réaction de 1 équivalent d'acide monobasique sur 1 équivalent d'un alcool polyatomique (glycérine, glycol, érythrite) demeure comprise dans les mêmes limites que s'il s'agissait d'un alcool monoatomique. Il en est encore de même de la proportion d'acide organique bibasique ou tribasique, neutralisée par un alcool monoatomique ou polyatomique.

En résumé : *les proportions équivalentes d'un acide et d'un alcool primaire qui entrent en combinaison, ces deux corps étant mis en présence à équivalents égaux, sont presque indépendantes de la nature spéciale de l'acide et de l'alcool.*

4. Nous disons *presque* et non *absolument*, parce que les expériences comparatives faites sur des systèmes métamères, c'est-à-dire sur des systèmes pondéralement identiques et dont les propriétés physiques sont aussi comparables que possibles, ne conduisent pas exactement à la même limite, mais seulement à des valeurs très voisines les unes des autres (1).

5. La relation ainsi entendue est tout à fait générale : non-seulement elle s'applique au cas où l'acide et l'alcool sont à équivalents égaux; mais elle se vérifie, d'après nos expériences, quelles que soient les proportions relatives d'acide et d'alcool

(1) *Annales de chimie et de physique*, 3e série, t. LXVIII, p. 270; 1863.

mis en présence et quelles que soient les propriétés physiques de ces acides et de ces alcools. Elle est également vraie, quelles que soient les quantités d'eau ou d'éther neutre ajoutées au système.

En général, *dans un système homogène formé d'acide, d'alcool primaire, d'éther neutre et d'eau, suivant des proportions quelconques, la limite de la réaction dépend presque exclusivement des rapports qui existent entre les équivalents de ces divers corps : elle est à peu près indépendante de leur nature individuelle.*

Il en serait autrement si le système cessait d'être homogène pendant le cours de la réaction ; par exemple s'il se séparait de l'eau, ce qui tendrait à élever la limite de la réaction.

6. La même relation générale détermine la limite totale de la réaction, non-seulement dans un système qui renferme un acide et un alcool, mais encore dans un système qui renferme plusieurs acides et plusieurs alcools. Dans ce cas, on compare la somme des équivalents des acides à la somme des équivalents des alcools d'une part, et, d'autre part, à la quantité totale ou limite d'acide neutralisé au moment de l'équilibre.

C'est là une loi fondamentale qui tend à ramener la statique des réactions éthérées de la chimie organique aux équivalents, en écartant toute idée d'affinité particulière ou individuelle.

7. Mais ces relations, je le répète, s'appliquent seulement aux alcools primaires, les seuls qui jouissent de toutes les propriétés des alcools. Avec les alcools secondaires, la limite est plus basse et différente ; elle est surtout bien moins élevée pour les alcools tertiaires et pour les phénols (1).

8. L'étude des réactions limitées, opérées au sein des dissolvants, manifeste des résultats analogues pour certains groupes particuliers de composés : c'est ainsi que la décomposition par l'eau des sels acides formés par la potasse et par la soude, unies avec un même acide, donne lieu à des absorptions de chaleur presque identiques. Il en est de même des sels formés par ces deux bases unies avec un même acide faible (voy. le chap. VIII).

Les combinaisons que la baryte, la chaux et la strontiane

(1). Menschutkine, *Mém. de l'Acad. de Saint-Pétersb.*, t. XXVI, n° 9; 1879.

forment avec un même alcool, sont également décomposées par l'eau d'une manière semblable.

Dans l'ordre des acides, les acides chlorhydrique et azotique forment, avec certaines bases faibles, telles que les oxydes métalliques, des sels solubles, décomposables par l'eau d'une façon analogue, etc. Bref, la similitude de la fonction chimique donne lieu, dans un grand nombre de circonstances, à des équilibres pareils.

§ 10. — **Du travail préliminaire dans les actions limitées.**

1. Nous avons vu que les réactions sans limite ne se produisent point en général au-dessous d'une certaine température; c'est-à-dire qu'un certain travail préliminaire est nécessaire pour les déterminer. La nécessité de ce travail se manifeste aussi dans un grand nombre de réactions limitées, spécialement dans celles où la limite dépend de la température.

C'est ainsi que la décomposition de la vapeur d'eau en hydrogène et oxygène commence seulement à partir de 800 à 900 degrés environ : les considérations développées plus haut (page 74) trouvent donc ici leur place.

Au contraire, la réaction des acides sur les alcools pour former les éthers s'effectue à froid et tout d'abord; il en est de même de la réaction du bioxyde d'azote sur l'oxygène, pour former des mélanges renfermant les acides azoteux et hypoazotique, etc.

2. Cependant, dans le cas même des décompositions limitées dont la limite est indépendante de la température, on trouve parfois certains indices de ce travail préliminaire, lorsqu'on étudie la vitesse des réactions. Par exemple, l'éthérification de l'acide acétique et surtout celle de l'acide valérique par l'alcool, commencent d'abord avec une certaine lenteur; puis elles s'accélèrent, malgré la diminution progressive du poids de la matière active contenue sous l'unité de volume. Mais l'influence de cette dernière condition ne tarde pas à produire, dans ce cas comme dans tous les autres, le ralentissement graduel de la combinaison prévu par la théorie.

§ 11. — Vitesse des réactions limitées.

1. Les réactions limitées ne sont pas d'ordinaire instantanées. Ainsi l'acide azoteux et l'oxygène ne s'unissent pas subitement de façon à former tout d'abord les systèmes en équilibre qui se manifestent au bout de quelques instants, lesquels renferment à la fois les trois gaz : bioxyde d'azote, gaz azoteux, gaz hypoazotique. Ce qui le prouve, c'est que l'oxygène et le bioxyde d'azote, mêlés à froid en proportions quelconques, et agités dans l'instant même de leur mélange avec une solution alcaline concentrée, fournissent un azotite exempt d'azotate : ce résultat prouve que l'acide azoteux seul avait pris naissance, à l'exclusion du gaz hypoazotique.

Mais un tel état de choses ne dure qu'un moment.

Pour peu que la réaction ait lieu, sans qu'on absorbe à mesure l'acide azoteux, l'acide hypoazotique apparaît bientôt, et l'analyse indique alors, dans tous les cas où l'oxygène fait défaut, un mélange de ces trois gaz: AzO^2, AzO^3, AzO^4. Il en est ainsi, quel que soit l'excès relatif du bioxyde d'azote; c'est-à-dire que l acide azoteux ne saurait subsister quelque temps sous la forme gazeuse, à l'état pur, et autrement qu'en présence des produits de sa décomposition. C'est ce mélange complexe et variable avec les circonstances qui constitue le corps appelé *vapeur nitreuse*. Mais si l'on opère, au contraire, en présence d'un excès d'oxygène, il est clair qu'au bout de quelque temps il subsistera uniquement du gaz hypoazotique. Tous ces effets sont extrêmement remarquables; mais ils se succèdent trop rapidement, pour qu'on puisse faire autre chose que les constater, sans les soumettre à des mesures quantitatives.

2. Il n'en est pas de même de la réaction des acides sur les alcools : ici les actions sont lentes et susceptibles d'être mesurées avec précision.

Je rappellerai encore les résultats auxquels j'ai été conduit par mes recherches sur la formation des éthers (1). En admettant

(1) *Annales de chimie et de physique*, 3e série, t. LXVI, p. 110; 1862.

ce principe presque évident que : *les quantités d'acide et d'alcool qui se combinent à chaque instant sont proportionnelles au produit des masses réagissantes*, lesquelles diminuent sans cesse par le double fait de la combinaison et de l'équilibre qui en résulte entre certaines portions des matières non combinées ; ceci étant admis, dis-je, on trouve une formule très simple et conforme à l'expérience pour représenter la vitesse de la réaction entre un acide et un alcool mélangés à équivalents égaux, dans l'état liquide, à une température fixe. En effet, le phénomène est alors exprimé par une hyperbole équilatère, dont les abscisses, T, représentent les temps, et les ordonnées, y, les quantités qui se combinent :

$$1 = (k\mathrm{T} + 1)\left(1 - \frac{y}{l}\right).$$

l désigne ici la limite vers laquelle tend la combinaison, laquelle ne dépend pas sensiblement de la température, dans le cas des éthers.

Le coefficient k caractérise la vitesse. Il varie avec la température suivant une progression extrêmement rapide, étant 22 000 fois aussi grand à 200 degrés que vers 7 degrés. D'ailleurs les expériences peuvent être représentées en remplaçant le coefficient k par une fonction exponentielle de la température, t, telle que

$$n\mathrm{A}^t.$$

3. Les divers alcools homologues (alcools normaux) se combinent à un même acide, sensiblement avec une même vitesse.

Au contraire, les divers acides homologues se combinent à un même alcool avec une vitesse d'autant plus grande que leur équivalent est plus faible. Mais nous devons renvoyer au mémoire original et aux travaux plus récents de M. Menschutkine, qui a étudié plus spécialement l'influence de l'isomérie (1), pour l'étude de ces points et de divers autres, trop spéciaux pour être développés ici.

(1) On peut voir aussi les calculs tirés des principes analogues aux miens par MM. Guldberg et Waage, *Journal für praktische Chemie*, N. F., t. XIX, p. 79 ; 1879.

4. Signalons cependant une relation remarquable, que j'ai établie par l'étude des réactions éthérées, et qui s'applique probablement aussi à une multitude d'autres réactions. Il s'agit de l'influence de la *condensation de la matière* sur la vitesse des réactions : c'est ce que l'on désigne sous le nom impropre de *pression*, dans l'étude des systèmes gazeux. J'ai fait diverses expériences sur la formation comparée des éthers, à une même température, dans des systèmes liquides et dans des systèmes gazeux, ces derniers étant tels que la matière occupait des volumes 50, 100, 500, 1000 fois aussi considérables que dans les systèmes liquides. Or j'ai trouvé que la vitesse des réactions est d'autant moindre, que l'état de dilatation de la matière augmente davantage. L'état gazeux, loin d'accélérer les réactions éthérées, les ralentit ; contrairement à ce que l'on aurait pu penser d'après l'homogénéité parfaite que les mouvements continuels des particules gazeuses tendent à établir dans les systèmes (1).

Soit, par exemple, un système gazeux formé d'alcool et d'acide acétique, pris à équivalents égaux et dans lequel 1 gramme de matière occupe 1560 centimètres cubes : j'ai trouvé que la combinaison, au bout de quatre cent cinquante-huit heures de séjour dans un bain maintenu à la température fixe de 200 degrés, avait atteint tout au plus les deux tiers de sa limite.

Au contraire, le même système étant maintenu entièrement liquide à 200 degrés, sous une densité 1000 à 1200 fois plus considérable, il a suffi d'un séjour de vingt heures dans le même bain pour amener la réaction jusqu'à une limite sensiblement invariable.

5. C'est, je crois, en raison de ce changement incessant dans la condensation de la matière, que les réactions limitées, même de nature exothermique, ne peuvent guère devenir explosives : la vitesse de la réaction diminue sans cesse, par suite de la raréfaction, à mesure que l'on approche de la limite.

L'observation confirme cette déduction dans l'étude de di-

(1) L'influence d'un mouvement produisant le mélange incessant des particules ne se manifeste pas davantage dans les liquides, comme le prouve l'expérience citée à la page 17.

verses décompositions exothermiques et limitées, provoquées soit par la chaleur, soit par l'électricité. Telles sont, par exemple, la décomposition directe du sulfure de carbone sous l'influence de l'échauffement; la décomposition de l'acétylène et celle de l'acide cyanhydrique sous l'influence de l'étincelle électrique, etc. Toutes ces décompositions, je le répète, dégagent de la chaleur. Cependant le sulfure de carbone, l'acétylène l'acide cyanhydrique, ne sauraient être ainsi décomposés complètement; attendu que tous ces corps se reforment partiellement, dans les mêmes conditions, par la synthèse directe de leurs éléments. On voit par là qu'on ne saurait appliquer sans confusion le nom de *corps explosifs* à de semblables composés.

CHAPITRE V

ÉQUILIBRES SIMPLES DANS LES SYSTÈMES HÉTÉROGÈNES

§ 1er. — Principe des surfaces de séparation.

1. Jusqu'ici nous avons étudié seulement les cas où la transformation chimique s'opère dans un système gazeux ou liquide homogène, et qui demeure tel pendant toute la durée de la décomposition. Mais il peut arriver aussi que le système soit à l'origine ou devienne, pendant le cours de la réaction, hétérogène, c'est-à-dire composé de parties physiquement dissemblables. Telles sont :

1° La transformation partielle d'un solide, donnant naissance soit à des gaz (paracyanogène changé en cyanogène, chlorhydrate d'ammoniaque changé en gaz chlorhydrique et gaz ammoniac), soit à des liquides;

2° La transformation partielle d'un solide, produisant à la fois un gaz et un solide (carbonate de chaux changé en gaz carbonique et chaux vive; hydrate salin changé en sel anhydre et vapeur d'eau, par efflorescence; combinaison cristallisée d'oxyde de carbone et de chlorure cuivreux régénérant l'oxyde de carbone, etc.); ou bien un gaz et un liquide; ou bien encore un liquide et un solide;

3° La transformation partielle d'un liquide, produisant soit un gaz, soit un solide, soit un autre liquide insoluble dans le premier, etc.

En de telles circonstances, le composé et ses produits ne demeurent pas intimement mélangés, comme dans les systèmes homogènes. De là une différence capitale pour l'exercice de l'affinité chimique. En effet, dans les systèmes homogènes, les actions qui ont provoqué la décomposition continuent à s'exercer incessamment et simultanément entre toutes les parties, tant combinées que dissociées. Dans les systèmes hétérogènes, au contraire, c'est seulement à la surface de séparation existant entre le solide et le liquide ou le gaz, ou bien entre le liquide et le gaz, ou bien encore entre les deux liquides non miscibles, que l'action chimique peut se manifester.

2. En raison de cette condition, l'action chimique dans les systèmes hétérogènes obéit à des lois fort différentes de celles qui président aux systèmes homogènes, et les proportions relatives n'exercent plus leur influence de la même manière. Ici intervient, en effet, un principe général de mécanique moléculaire, également applicable aux gaz, aux liquides et aux solides, et que j'appellerai le *principe des surfaces de séparation* (1). Ce principe est le suivant :

Toutes les fois qu'un seul et même corps se trouve distribué d'une manière stable, à l'état de mélange ou de combinaison, entre deux portions hétérogènes d'un même système, séparées par une surface définie : il existe un rapport constant entre les poids de ce corps renfermés dans l'unité de volume de chacune de ces deux portions, de part et d'autre de la surface de séparation. Ce qui caractérise le rapport, c'est qu'il est indépendant des volumes absolus de chacune des deux portions du système total. Mais il peut varier avec la température; il peut varier aussi avec la concentration ou la condensation, c'est-à-dire avec la quantité absolue du corps contenue dans l'unité de volume.

3. Ce principe s'applique à une multitude de phénomènes, tels que :

Le partage d'un corps entre deux dissolvants non miscibles l'un à l'autre (coefficient de partage);

Le partage d'un gaz entre un liquide et l'espace vide superposé (coefficient de solubilité des gaz);

La formation d'une vapeur saturée en présence d'un excès de liquide (tension *maxima* de la vapeur);

La dissolution d'un corps solide, pris en excès, dans un liquide (coefficient de solubilité des solides);

(1) *Annales de chimie et de physique*, 4e série, t. XXVI, p. 408; 1872.

La décomposition limitée d'un corps solide ou liquide qui dégage des gaz (tension de dissociation).

4. Toutes ces répartitions obéissent à des lois analogues, parce qu'elles sont déterminées uniquement par les actions qui s'exercent à la surface de séparation des deux portions distinctes d'une masse hétérogène.

En effet, pour que l'équilibre subsiste, il faut et il suffit qu'il se maintienne à la surface de séparation; car là seulement s'exercent les actions qui tendent à faire passer le corps de l'une des régions dans l'autre. On démontre qu'il doit en être ainsi, en observant qu'à l'une quelconque des deux portions du système en équilibre on peut ajouter un volume arbitraire d'une matière identique, sans troubler l'équilibre : ce qui prouve que le coefficient de partage est indépendant des volumes absolus de chacune des deux portions du système total. Il dépend uniquement du rapport qui existe à la surface de contact.

5. On voit par là quel est le sens précis des mots : *tension de dissociation*, et comment cette tension est assimilable à la tension maxima d'une vapeur; comment aussi une assimilation de ce genre est applicable seulement aux systèmes hétérogènes, au sein desquels il existe une surface de séparation, tels qu'un liquide ou un solide dégageant un gaz, ou bien formant un nouveau liquide qui ne se mélange pas avec le premier corps, ou bien encore tels qu'un liquide donnant naissance à un solide. Dans les conditions ainsi définies, les lois qui président à la formation d'une vapeur saturée, en présence d'un excès de liquide, sont applicables d'une manière générale à la décomposition limitée d'un corps solide ou liquide : résultat capital, établi par les expériences de MM. H. Sainte-Claire Deville, Debray, Troost, Isambert, Ditte et autres savants de la même école.

Entrons maintenant dans des détails plus circonstanciés, en étudiant la séparation des corps gazeux ou solides par dissociation; ainsi que l'influence exercée par la température, la pression, les proportions relatives sur la limite et sur la vitesse de cet ordre de décompositions.

§ 2. — Tension de dissociation dans les systèmes hétérogènes renfermant un corps gazeux.

1. L'étude de la tension de dissociation dans les systèmes hétérogènes donne lieu aux mêmes problèmes que nous avons discutés plus haut dans les systèmes homogènes ; nous allons les rappeler et les résoudre, en prenant comme base de la discussion les expériences des savants cités plus haut.

2. *Tension fixe.* — MM. Deville et Debray (1) ont mesuré la tension de dissociation de l'oxygène dégagé par l'oxyde d'iridium : soit, à 825 degrés, 5 millimètres ; à 1003 degrés, 203 millimètres; à 1112 degrés, 711 millimètres; à 1139 degrés, 745 millimètres.

D'après M. Debray, le carbonate de chaux chauffé à 860 degrés se décompose, jusqu'à ce que l'acide carbonique ait acquis une tension de 85 millimètres.

Réciproquement, la chaux vive absorbe l'acide carbonique libre, à la même température, et jusqu'à la même limite de tension.

A 1040 degrés, la tension de dissociation de l'acide carbonique fourni par le carbonate de chaux s'élève à 520 millimètres.

M. Troost a fait des observations analogues sur la transformation du paracyanogène solide en gaz cyanogène, de la cyamélide en acide cyanique (changements isomériques), et sur la dissociation des hydrures de palladium et de potassium. Ces hydrures émettent de l'hydrogène à une température donnée jusqu'à ce que le gaz ait acquis une tension déterminée.

Réciproquement, le palladium et le potassium (ce dernier étant légèrement chauffé) absorbent l'hydrogène, jusqu'à réduire ce gaz à la même tension.

Il en est de même, d'après mes observations, du composé cristallisé, mais dissociable, formé entre le chlorure cuivreux et l'oxyde de carbone.

(1) *Comptes rendus*, t. LXXVII, p. 441 ; 1878.

D'après M. A. Gautier (*Comptes rendus*, t. LXXXIII, p. 276), les bicarbonates alcalins solides sont aussi dissociables; réaction qui existe également, d'après le même auteur et d'après M. Dibbits (*Jahresbericht der Chemie von Naumann für* 1874, p. 97), pour les bicarbonates en dissolution; etc., etc.

Enfin, l'absorption de l'oxygène par les globules du sang, et le dégagement de l'acide carbonique de ce liquide, sont réglés, chacun de son côté, par une relation complexe, dans laquelle interviennent à la fois le coefficient de solubilité des deux gaz et la tension de dissociation des composés qu'ils forment, savoir : l'oxygène, avec l'hémoglobine; l'acide carbonique, avec les carbonates et autres sels. Ces tensions sont surtout intéressantes quand elles s'exercent à la température du corps humain (1).

MM. Debray et G. Wiedemann ont donné la même démonstration pour les sels efflorescents. Ils ont établi qu'un sel est efflorescent, lorsqu'il émet à la température ordinaire de la vapeur d'eau, dont la tension surpasse celle de la vapeur que l'air ambiant contient à la même température.

L'identité de la tension de dissociation qui se développe à partir de deux états initials contraires, c'est-à-dire soit que les composants du système soient libres au début, ou bien qu'ils soient d'abord combinés; cette identité, dis-je, demeure donc établie, et elle est incontestable; dans tous les cas du moins où quelque transformation, isomérique ou autre, ne vient pas modifier la nature chimique des corps réagissants.

3. Voilà ce qui se passe, lorsque tous les produits de la réaction demeurent en présence. Mais on peut éliminer à mesure les gaz qui se produisent : soit en les enlevant au moyen d'un agent chimique placé au voisinage; soit en les éliminant par l'action du vide; ou bien encore en les condensant par le froid, dans le cas où il s'agit d'une vapeur. Il est clair que, dans ces conditions, la décomposition devra se poursuivre et devenir totale au bout d'un temps suffisant, si le gaz ou la vapeur

(1) Voy. Bert, *la Pression barométrique*, p. 613; 1878. Chez Masson.

n'atteint jamais sa tension limite de dissociation. C'est ce qui arrive, par exemple, pour l'oxyde de mercure chauffé dans un vase qui communique avec un espace plus froid. L'oxyde de mercure se décompose partiellement en oxygène et mercure ; mais, ce dernier étant condensé à mesure dans les parties froides de l'appareil, la décomposition se poursuit sans limites, et la tension de l'oxygène croît indéfiniment.

De même les bicarbonates, soit pris secs à 100 degrés, maintenus au contact d'une atmosphère illimitée ou sans cesse renouvelée, ou les mêmes sels humides à la température de nos laboratoires, se changent lentement en carbonates ordinaires. Une multitude de phénomènes chimiques d'observation courante et jusque-là mal compris ont ainsi tiré leur interprétation de la connaissance des lois qui précèdent.

4. En définitive, la notion de la limite d'équilibre dans les systèmes homogènes, limite qui exprime un rapport fixe entre les poids absolus du composé et ceux des produits de sa transformation ; cette notion, dis-je, est remplacée dans les systèmes hétérogènes par celle de la tension de dissociation, rapport pour lequel les poids absolus n'interviennent plus.

§ 3. — **Tension de dissociation dans les systèmes formés d'un solide et d'un liquide.**

1. Des lois analogues régissent la production d'un solide formé au sein d'un liquide par quelque réaction réversible ; c'est-à-dire susceptible de donner naissance à des équilibres chimiques, les corps primitifs se décomposant ou se régénérant, suivant que l'on modifie dans un sens ou dans l'autre la composition du liquide. Ces lois ont été établies principalement par les travaux de M. Ditte (*Comptes rendus*, t. LXXIX, p. 915, 956, 1254), sur la décomposition par l'eau du sulfate de mercure, du nitrate de bismuth, du chlorure d'antimoine et du sulfate double de chaux et de potasse. Elles sont les conséquences du principe général des surfaces de séparation.

C'est ce que montre l'analyse approfondie des phénomènes.

2. Soit, par exemple, la réaction de l'eau pure sur le sulfate de mercure. Cette réaction décompose aussitôt le sulfate neutre : SO^3,HgO, en sel basique, $SO^3,3HgO$, et acide sulfurique libre :

$$3(SO^3,HgO) + (n + 2)HO = SO^3,3HgO + 2(SO^3,HO) + nHO$$

Le sel basique se dépose en partie, et une autre portion demeure en dissolution dans la liqueur acide. L'eau renfermant de l'acide sulfurique agit de la même manière, tant que l'acide ne surpasse pas 82 grammes au litre.

Les phénomènes qui se produisent ici dépendent uniquement du rapport existant entre l'acide sulfurique libre et l'eau, dans la liqueur qui se trouve en contact avec le précipité lorsque l'équilibre est établi.

Pour les analyser plus nettement, opérons avec des dissolutions aqueuses d'acide sulfurique, prises à une température fixe de 12 degrés et sous des concentrations diverses, mais telles que la liqueur ne contienne pas plus de 82 grammes d'acide sulfurique (SO^4H) par litre. Une liqueur de ce genre, mise en présence du sulfate tribasique, en dissout une certaine quantité, conformément aux lois connues des coefficients de solubilité; le coefficient varie avec le degré d'acidité de la liqueur et avec la température.

Si on la met, au contraire, en présence du sulfate neutre, SO^3,HgO, celui-ci sera décomposé en général en acide libre et sulfate tribasique. L'acide libre ainsi produit accroît la dose d'acide sulfurique déjà dissoute, et il se dissout une quantité de sulfate tribasique proportionnelle au coefficient de solubilité de ce sel dans la liqueur acide, renfermant à la fois l'acide initial et l'acide additionnel produit par la décomposition. Les phénomènes, je le répète, dépendent uniquement du rapport qui existe entre l'acide sulfurique et l'eau.

Ils sont modifiés, si le poids de l'acide (SO^4H), contenu dans un litre, vient à surpasser 82 grammes; qu'il s'agisse de l'acide initial, dans le cas où l'on opère sur le sulfate tribasique, ou de l'acide total, dans le cas où il résulte à la fois de l'acide initial et de l'acide additionnel produit par la décomposition du sulfate neutre. Dans ces conditions, à la température de 12 degrés, le sulfate neutre cesse d'être décomposé par la liqueur; il se dissout à son tour intégralement, ou du moins jusqu'à une certaine limite marquée par des coefficients spéciaux de solubilité, qui dépendent de la composition de la liqueur acide. Réciproquement, une telle liqueur acide renfermant plus de 82 grammes d'acide sulfurique au litre, dissout le sulfate basique en formant un sulfate neutre : ce qui diminue la dose de l'acide libre, jusqu'à ce que la composition de la liqueur ait été ramenée à ne plus renfermer que 82 grammes d'acide libre par litre.

Ce poids d'acide dissous marque donc la limite d'équilibre qui sépare les deux réactions inverses, réactions capables : l'une de transformer le sulfate basique en sulfate neutre soluble, par addition d'acide sulfurique; l'autre, au contraire, de transformer le sulfate neutre en sulfate basique insoluble, par perte d'acide sulfurique. Cette limite est indépendante des poids de sulfate basique ou neutre excédants, que ces sels soient dissous dans la liqueur, ou demeurent insolubles : ce qui est une conséquence du principe des surfaces de séparation. La limite n'est pas non plus influencée sensiblement par les corps étrangers, je dis par ceux qui n'exercent pas d'action chimique propre sur les sulfates de mercure, tels que les acides chlorhydrique, azotique, acétique. Mais elle varie avec la température : la quantité d'acide sulfurique libre qui définit cette limite étant d'autant plus grande, c'est-à-dire la décomposition du sel neutre par l'eau d'autant plus avancée, que la température est plus élevée (1).

3. Les mêmes lois s'appliquent à la décomposition de l'azotate de bismuth par l'eau : la proportion d'acide azotique (AzO^6H) libre qui règle l'équilibre s'élève à 87 grammes par litre (2). Une liqueur plus acide dissout l'azotate normal, $3AzO^5,Bi^2O^3$, sans le décomposer; tandis qu'une liqueur moins acide trans-

(1) *Comptes rendus*, t. LXXIX, p. 915; 1874.

(2) Même recueil, p. 956; 1874.

forme ce sel en azotate basique cristallisé, AzO^5,Bi^2O^3,HO, jusqu'à l'établissement de l'acidité ci-dessus définie. Cette proportion d'acide croît d'ailleurs avec la température.

A une haute température, à 100 degrés, par exemple, le phénomène chimique change de caractère, parce que l'azotate précédent est changé, à son tour, en un sel plus basique, $AzO^5,2Bi^2O^3$; sel amorphe, inaltérable, et que l'eau tend à former, tant qu'elle contient moins de 5gr,2 d'acide azotique par litre; tandis qu'elle régénère l'azotate, AzO^5,Bi^2O^3, dès qu'elle renferme une plus forte dose d'acide. C'est donc là une seconde limite d'équilibre, relative à un autre azotate basique.

4. Le chlorure d'antimoine se comporte de même avec l'eau : la limite répond à froid à une liqueur qui contient 159 grammes d'acide chlorhydrique au litre. Il se forme ainsi un oxychlorure SbO^2Cl. A 100 degrés, il existe une deuxième limite qui répond à la production de l'oxyde lui-même : SbO^3.

5. Les mêmes lois s'appliquent encore aux sels doubles formés (1) d'un composant soluble associé à un corps peu soluble, tels que le sulfate de potasse et de chaux : $SO^4K,2SO^4Ca,3HO$. Pour ce composé, la proportion de 25 grammes de sulfate de potasse par litre représente la limite d'équilibre qui règle les phénomènes.

6. Ainsi, dans toutes les circonstances examinées, il se forme un sel peu soluble, tandis que la liqueur se charge d'acide libre (ou de sulfate de potasse). Pour chaque température, il existe une liqueur de composition telle que, sa concentration variant dans un sens ou l'autre, il y a décomposition ou reconstitution du sel primitif. Quel que soit le point de départ, la liqueur tend à prendre cette composition limite, laquelle est indépendante des quantités non dissoutes des sels composants, ainsi que des acides ou sels étrangers qui n'interviennent pas par une action chimique proprement dite.

(1) *Comptes rendus*, t. LXXIX, p. 1254.

§ 4. — Influence de la température sur la tension de dissociation.

1. D'après les expériences de MM. Debray, Troost, Isambert, Naumann et autres, la tension de dissociation des gaz dégagés par un système solide ou liquide croît avec la température. M. Ditte a présenté une démonstration analogue pour les systèmes liquides qui donnent lieu à la séparation d'un solide. Mais les rapports de ces accroissements sont propres à chaque système, et jusqu'ici on ne saurait signaler avec certitude l'existence de quelque loi numérique générale.

2. Une remarque essentielle trouve ici sa place : il convient de distinguer soigneusement la tension de dissociation d'une vapeur émise par un corps en transformation chimique, et la tension *maxima* de cette vapeur, à la même température. En effet, ces deux quantités n'offrent aucune relation nécessaire, ainsi que MM. Troost et Hautefeuille l'ont établi dans un grand travail sur la transformation du phosphore ordinaire en phosphore rouge (1). Cependant elles obéissent, chacune pour son propre compte, à des lois analogues.

3. L'assimilation entre la tension *maxima* d'une vapeur et la tension de dissociation d'un gaz a été poursuivie, jusqu'à calculer la chaleur absorbée dans une décomposition chimique, d'après la connaissance empirique de la relation observée entre la température et la tension de dissociation. Voici le principe de ce calcul.

La théorie mécanique de la chaleur établit que la chaleur de vaporisation, absorbée dans la transformation d'un certain poids de liquide en vapeur, peut être calculée par la formule suivante (2) :

$$\frac{L}{T} = \frac{1}{E}(u' - u)\frac{df}{dT}.$$

E étant l'équivalent mécanique de la chaleur, soit : $\frac{1}{E} = \frac{1}{425}$;

(1) *Comptes rendus*, t. LXXVI, p. 1175 ; 1873.

(2) Voy. tome Ier, p. 416.

T étant la température absolue (c'est-à-dire $273 + t$) à laquelle s'opère la vaporisation ; f, la tension de la vapeur saturée à la température T ; u et u' étant les volumes respectifs occupés par un même poids de liquide et enfin de sa vapeur ; $\frac{df}{dt}$ étant la dérivée de la fonction qui exprime la tension *maxima*, par rapport à la température.

On a essayé de transporter cette formule à la dissociation, en attribuant à L la signification de la quantité de chaleur absorbée dans la décomposition ; tandis que u et u' exprimeraient les volumes du corps primitif et du même corps dissocié ; enfin f, la tension de dissociation en fonction de la température. Mais ce sujet est trop obscur encore pour qu'il convienne d'insister davantage.

§ 5. — Influence de la pression sur la tension de dissociation dans les systèmes renfermant un gaz.

1. Il convient de distinguer ici la pression exercée par un gaz étranger à la réaction et incapable d'exercer une action propre, et la pression exercée par les gaz mêmes qui doivent se produire.

2. La *pression d'un gaz étranger à la réaction* n'empêche la décomposition, ni de se produire, ni d'atteindre sa limite ; celle-ci étant déterminée seulement par la température.

Cependant, en général, la présence d'un gaz étranger augmente le temps nécessaire pour que la tension limite soit atteinte ; précisément comme il arrive pour la vaporisation des liquides.

La théorie mécanique des gaz rend compte de ce ralentissement ; car elle montre que les molécules émanées de la surface en décomposition (ou en vaporisation) seront arrêtées dans leur course à une distance plus courte par les chocs des molécules étrangères. Cependant la même théorie montre aussi qu'à la longue la tension maxima deviendra identique.

3. Si la *pression* est *développée par le gaz même qui tend à se produire dans la réaction*, deux cas peuvent se présenter :

1° Cette pression est égale ou supérieure à la tension de dissociation; auquel cas aucune décomposition ne peut avoir lieu. C'est ainsi qu'un sel efflorescent se conserve indéfiniment dans une atmosphère saturée de vapeur d'eau (pourvu qu'il ne tende pas à former avec celle-ci un nouveau composé).

2° La pression initiale est moindre que la tension de dissociation; auquel cas la décomposition tend à commencer et se poursuit ensuite progressivement jusqu'à sa limite régulière.

4. On voit par là quelles sont les réactions chimiques susceptibles d'être arrêtées à un certain terme par l'accroissement de la pression.

Pour que cet arrêt puisse avoir lieu, il faut d'abord que la réaction dégage un gaz; il faut en outre que le dégagement soit accompagné d'un phénomène de dissociation.

Au contraire, si les composés formés prennent naissance en vertu de réactions sans limite et non reversibles, ce qui arrive en général dans les décompositions exothermiques; dans ce cas, dis-je, aucun des composés n'étant dissocié, l'accroissement de pression des gaz présents dans le système ne saurait en arrêter la formation. C'est ce que l'on observe, en effet, dans la décomposition du chlorate de potasse, avec dégagement d'oxygène.

Telle aussi est la décomposition du formiate de potasse mêlé d'hydrate de potasse, avec dégagement d'hydrogène.

Telles sont l'attaque des carbonates par les acides forts, celle du zinc et des métaux analogues par l'acide sulfurique étendu.

Toutes ces réactions se développent sans limite, même sous des pressions atteignant plusieurs centaines d'atmosphères.

Dans les cas de ce genre, une illusion peut se produire; car il arrive parfois que l'accumulation des gaz condensés à la surface des corps solides, ou bien encore la formation de certains précipités ou corps insolubles qui protègent les métaux contre le contact des acides, ralentissent les réactions jusqu'à faire croire à leur suppression totale. Mais ce sont là des circonstances accessoires; il suffit de les écarter par des dispositions convenables, pour voir la réaction recommencer et se poursuivre jusqu'au bout, même sous les pressions les plus considérables (1).

§ 6. — **Influence des proportions relatives sur la tension de dissociation.**

1. Toutes les fois que les composants d'un système ne peuvent donner naissance qu'à un seul composé, la proportion relative des produits solides, aussi bien que leur quantité absolue, n'a pas d'influence sur la tension de dissociation des gaz qui se dégagent. Par exemple, d'après M. Debray, le carbonate de chaux, soit pur, soit mêlé de chaux caustique en proportions quelconques, puis chauffé à 860 degrés, émet toujours de l'acide carbonique jusqu'à la même tension limite, celle de 85 millimètres.

De même la proportion des sels basiques mis en présence d'une liqueur acide demeure sans influence, dès que la liqueur a atteint sa limite de saturation : cela résulte des expériences de M. Ditte.

2. Il en est autrement si les corps composants peuvent donner naissance à plusieurs composés. M. Debray a observé, par exemple, que le phosphate de soude ordinaire :

$$PhO^5,2NaO,HO + 24HO,$$

émet de la vapeur d'eau dont la tension reste constante, tant que la proportion d'eau perdue demeure inférieure à 10 HO. Mais ce terme une fois dépassé, la tension de la vapeur d'eau devient plus faible, le composé dissocié n'étant plus le même. On a affaire alors à un nouvel hydrate :

$$PhO^5,2NaO,HO + 14\,HO\,;$$

lequel possède aussi une tension hygrométrique fixe, au moins jusqu'à une autre limite de décomposition (2). M. Isambert a fait

(1) Berthelot, *Annales de physique et de chimie*, 4e série, t. XVIII, p. 95, 1869 ; — même recueil, 5e série, t. XII, p. 310 ; 1877 ; — t. XV, p. 149 ; 1878.

(2) *Comptes rendus*, t. LXIV, p. 603 ; 1867.

des études analogues sur diverses combinaisons formées entre le gaz ammoniac et les chlorures métalliques (1).

3. Les observations de M. Ditte sur les sels basiques de mercure, de bismuth, d'antimoine, etc., observations exposées plus haut (page 101), conduisent à une conclusion pareille pour les systèmes formés d'un solide et d'un liquide.

4. On remarquera que la tension de dissociation varie brusquement au moment où l'on passe d'un composé à l'autre : on trouve donc là un nouveau signe, propre à caractériser l'existence des composés définis, et notamment celle des divers hydrates formés par un même corps (voy. tome Ier, pages 463 et 518; tome II, pages 149 à 155).

§ 7. — Vitesse de la dissociation et travail préliminaire.

1. La vitesse de la dissociation d'un corps solide qui émet un gaz, ou d'un liquide qui laisse séparer un précipité basique ; cette vitesse, dis-je, va nécessairement en décroissant, à mesure que l'on approche du terme; c'est-à-dire qu'il faut un temps souvent fort long pour atteindre la limite. La durée de ce temps dépend évidemment de la nature de la surface en décomposition. Peu d'expériences précises ont été faites à cet égard ; mais la loi qui règle cette vitesse doit être exprimée par des relations analogues à celles de la page 93; c'est-à-dire en admettant que les masses qui se combinent à chaque instant sont proportionnelles au produit des masses réagissantes, celles-ci étant évaluées toute déduction faite des quantités de matière tenues en équilibre par les quantités déjà combinées.

2. Disons enfin, pour ne rien omettre, que la dissociation d'un corps solide exige, au même titre que la plupart des actions chimiques, un certain travail préliminaire pour s'accomplir. En effet, elle commence à se produire seulement à partir d'une certaine température, au-dessous de laquelle la tension de dissociation est absolument nulle.

(1) *Comptes rendus*, t. LXVI, p. 1259 ; 1868.

CHAPITRE VI

ÉQUILIBRES COMPLEXES ET FORMATION DE PRODUITS SUCCESSIFS

§ 1er. — Généralités.

1. Les équilibres chimiques, développés soit dans les systèmes homogènes, soit dans les systèmes hétérogènes, n'existent pas seulement dans le cas où un système simple de composants est opposé directement à un système simple de produits : comme il arrive dans la formation des éthers, dans la décomposition des composés binaires, dans les transformations polymériques du cyanogène ou du phosphore. Mais les phénomènes sont souvent plus compliqués : soit que les produits éprouvent à leur tour de nouvelles réactions, tantôt attribuables à quelque décomposition, tantôt indépendantes de la réaction primitive, tantôt développées en vertu des actions réciproques des produits initials ; soit encore parce que les composants sont susceptibles de plusieurs réactions simultanées.

Or chacune de ces réactions successives ou simultanées donne lieu aux mêmes considérations que la réaction primitive; c'est-à-dire que chacune d'elles doit être examinée sous les rapports suivants : homogénéité des systèmes; existence d'une limite fixe d'équilibre ou d'une tension déterminée de dissociation; influence de la température, de la pression, des proportions relatives, de la fonction chimique ; existence d'un travail préliminaire; enfin vitesse de la réaction. Sans vouloir discuter toutes ces questions, dont le détail est indéfini, il paraît cependant nécessaire de signaler quelques types fondamentaux, propres à caractériser les équilibres complexes par l'étude des composés binaires, ternaires et des carbures pyrogénés.

§ 2. — Combinaisons successives. — Composés binaires.

1. Deux éléments, et plus généralement deux composants, peuvent former plusieurs combinaisons successives, susceptibles chacune de décompositions limitées. Citons divers exemples, en commençant par les systèmes gazeux et homogènes.

2. Tel est le cas de la décomposition limitée du gaz azoteux. Envisageons ce gaz comme dissociable partiellement, et à la température ordinaire, en bioxyde d'azote et oxygène : $AzO^3 = AzO^2 + O$, et nous serons conduits aux conséquences suivantes, que l'expérience vérifie exactement.

L'oxygène et une partie de l'acide azoteux non décomposé s'unissent, d'une part, pour donner naissance à un composé plus oxydé, le gaz hypoazotique, $AzO^3 + O = AzO^4$; réaction qui serait sans limite, si un excès de bioxyde d'azote n'était produit simultanément aux dépens d'une partie de l'acide azoteux. Mais cet excès de bioxyde d'azote, se trouvant en présence du gaz hypoazotique formé d'autre part, tend à régénérer une certaine dose de gaz azoteux : $AzO^2 + AzO^4 = 2\,AzO^3$. De là résultent des phénomènes d'équilibre.

Ces phénomènes sont produits en définitive par le jeu de deux systèmes de réactions, limitées chacune pour son propre compte, et d'une réaction qui serait sans limites, si elle s'exerçait seule : le tout forme une chaîne définie de réactions corrélatives.

3. Voici maintenant un système gazeux au début, mais qui devient hétérogène, par suite de sa transformation.

Il s'agit de l'acide carbonique. Ce gaz, chauffé vers le rouge vif, se décompose d'abord en oxyde de carbone et oxygène :

$$C^2O^4 = C^2O^2 + O^2.$$

Entre ces trois corps gazeux, lesquels constituent encore un système homogène, il existe un certain équilibre.

Mais cet équilibre se complique, parce que l'oxyde de carbone se décompose partiellement en carbone solide et oxygène gazeux :

$$C^2O^2 = C^2 + O^2;$$

élément et composé, entre lesquels se produit aussi un équilibre :

cet équilibre est de nature différente du premier, à cause du défaut d'homogénéité du système résultant.

Ce n'est pas tout : le carbone ainsi mis à nu, est susceptible de réagir sur l'acide carbonique non décomposé, pour régénérer de l'oxyde de carbone, toujours avec équilibre reversible dans un système hétérogène :

$$C^2 + C^2O^4 = 2\,C^2O^2.$$

En définitive, l'équilibre résultant s'exerce en vertu de trois réactions, limitées chacune par son inverse. Cet équilibre total se développe entre quatre corps : l'un solide, le carbone; les trois autres gazeux, savoir : l'oxyde de carbone, l'oxygène et l'acide carbonique. Les conditions d'un semblable équilibre doivent être, je le répète, assez compliquées, parce que la résolution de l'acide carbonique en oxyde de carbone et oxygène donne lieu à un système homogène gazeux, régi par la loi des masses relatives; tandis que les deux autres réactions, dans chacune desquelles interviennent à la fois un solide, le carbone, et deux gaz (soit l'oxyde de carbone et l'oxygène, soit l'oxyde de carbone et l'acide carbonique), donnent lieu à deux systèmes hétérogènes, régis par la loi des surfaces de séparation.

4. Développons maintenant un équilibre plus complexe encore, mais fort intéressant, celui qui existe vers la température du rouge sombre entre l'hydrogène et les quatre carbures d'hydrogène les plus simples, savoir : le formène, C^2H^4, ou quadrihydrure de carbone; le méthyle, $(C^2H^3)^2$, ou trihydrure de carbone; l'éthylène, $(C^2H^2)^2$, ou bihydrure de carbone ; enfin l'acétylène, $(C^2H)^2$, ou protohydrure de carbone. Cet équilibre complexe, constaté par mes observations, est la résultante d'un certain système d'équilibres plus simples et que je vais développer. En effet, j'ai établi par des expériences directes que :

1° L'éthylène (bihydrure), chauffé au rouge, se décompose partiellement en acétylène (protohydrure) et hydrogène :

$$(C^2H^2)^2 = (C^2H)^2 + H^2.$$

Les gaz résultants sont, d'autre part, susceptibles de se recombiner partiellement, à la même température et dans les mêmes conditions, de façon à reproduire une certaine dose d'éthylène.

2° Le méthyle (trihydrure), chauffé au rouge sombre, se décompose partiellement en hydrogène et éthylène (bihydrure) :

$$(C^2H^3)^2 = (C^2H^2)^2 + H^2.$$

Les gaz résultants sont, d'autre part, susceptibles de se recombiner partiellement, à la même température et dans les mêmes conditions. Les deux réactions inverses sont des plus nettes et faciles à constater, en chauffant les gaz dans des cloches courbes. Cette réaction a lieu dès le rouge sombre, c'est-à-dire qu'elle commence à se développer à une température plus basse que la réaction qui précède et que celle qui suit.

Ainsi, à la température rouge, on observe deux groupes de réactions inverses, dont la superposition donne lieu à des équilibres, régis par la loi des masses relatives et s'exerçant entre quatre corps, savoir : l'acétylène, l'éthylène, le méthyle, c'est-à-dire le protohydrure, le bihydrure, le trihydrure d'hydrogène, et l'hydrogène libre.

3° Ces équilibres s'étendent jusqu'au quadrihydrure d'hydrogène, autrement dit formène; mais suivant un mécanisme spécial et distinct des précédents. Vers la température rouge, le formène se change partiellement en méthyle et hydrogène :

$$(2\,C^2H^4) = (C^2H^3)^2 + H^2;$$

tandis que la réaction inverse n'existe pas, du moins d'une façon directe : mais elle s'effectue par voie médiate. En effet, le méthyle pur (trihydrure) se décompose à son tour et d'un seul coup en formène (quadrihydrure), qu'il régénère ainsi, en même temps que de l'acétylène (protohydrure) et de l'hydrogène :

$$2\,(C^2H^3)^2 = 2\,C^2H^4 + (C^2H)^2 + H^2.$$

D'autre part, l'acétylène ainsi produit rentre dans le cycle des métamorphoses; car ce corps (protohydrure) reforme avec l'hydrogène libre de l'éthylène (bihydrure) d'abord, puis du méthyle (trihydrure) : de là résultent deux réactions et leurs réciproques définies plus haut.

Cela fait en somme un *système cyclique de six réactions simultanées, opérées entre cinq corps*, savoir : l'hydrogène et les quatre hydrures de carbone fondamentaux (proto, bi, tri, quadrihydrure); c'est-à-dire acétylène, éthylène, méthyle, formène). En vertu de ce cycle de réactions, l'existence simultanée de l'hydrogène et de l'un quelconque des quatre carbures précédents a pour conséquence nécessaire la formation de tous les autres (1).

J'ai établi en outre que ce système cyclique de réactions est le type de la transformation pyrogénée des carbures d'hydrogène dans leurs homologues, soit inférieurs, soit supérieurs (2).

Cette chaîne de réactions montre comment on peut expliquer, par des jeux directs d'affinité, les équilibres complexes qui se manifestent dans les gaz et vapeurs organiques, sous l'influence d'une haute température.

§ 3. — Combinaisons successives. — Composés ternaires et autres.

1. Des considérations analogues sont applicables aux composés ternaires. Je vais montrer par divers exemples toute l'importance de cet ordre de réactions.

2. *Synthèse de l'acide cyanhydrique.* — Je citerai d'abord comme exemple applicable aux systèmes gazeux, la synthèse de l'acide cyanhydrique, au moyen de l'azote libre et de l'acétylène; synthèse accomplie avec le concours de l'énergie électrique. Sous l'influence d'une série d'étincelles, l'azote gazeux se combine en effet directement avec l'acétylène (3) :

$$(C^2H)^2 + Az^2 = 2\,C^2AzH.$$

Mais cette réaction est limitée par son inverse, le gaz cyanhydrique, d'autre part, étant décomposé partiellement par l'étincelle en acétylène et azote: il y a donc équilibre entre les deux actions contraires.

Ce n'est pas tout: l'acétylène lui-même est décomposé partiel-

(1) *Annales de chimie et de physique*, 4e série, t. XII, p. 147, 153; 1869. — t. XVI, p. 155 et 172; 1869.

(2) Même recueil, 4e série, t. XVI, p. 152; 1869.

(3) Berthelot, *Annales de chimie et de physique*, 4e série, t. XVIII, p. 162; 1869.

lement par l'étincelle en carbone et hydrogène, la réaction s'arrêtant lorsque le rapport de volume entre les deux gaz, acétylène, $(C^2H)^2$, et hydrogène, H^2, est devenu celui de 1 : 7. Ainsi ce dernier terme représente un état d'équilibre, où les doses d'acétylène, détruites et régénérées à chaque instant, sont précisément égales.

On voit que l'équilibre qui préside à la formation de l'acide cyanhydrique, sous l'influence de l'étincelle électrique, est en réalité la résultante de deux équilibres plus simples : l'un exercé entre le carbone, l'hydrogène et l'acétylène, l'autre entre l'azote, l'acétylène et l'acide cyanhydrique. Ce mécanisme rappelle celui de la décomposition limitée de l'acide carbonique.

3. *Formation des alcalis éthyliques et autres.* — Voici un cas plus compliqué, qui joue un rôle important dans la fabrication industrielle des matières colorantes.

Le chlorhydrate d'ammoniaque éprouve par la chaleur une décomposition partielle, donnant naissance à du gaz chlorhydrique et à du gaz ammoniac. Or l'état de décomposition partielle du sel ammoniac explique certaines observations que j'ai faites, il y a vingt-six ans, relativement à la formation des alcalis éthyliques (1). Lorsqu'on chauffe à 400 degrés, dans un tube scellé, l'alcool, l'éther, ou même le gaz oléfiant, avec du chlorhydrate d'ammoniaque, on obtient du chlorhydrate d'éthylammine :

$$HCl,C^4H^7Az.$$

Cette réaction s'explique, si l'on admet qu'à une haute température, il y a décomposition partielle du sel ammoniac en ammoniaque et acide chlorhydrique :

[1] $$AzH^3,HCl = AzH^3 + HCl.$$

Ces deux composants agissent à leur tour, chacun pour leur propre compte, sur les corps mis en présence. Ainsi l'acide chlorhydrique, devenu libre, forme d'abord avec l'alcool de l'éther chlorhydrique :

[2] $$HCl + C^4H^6O^2 = C^4H^5Cl + H^2O^2.$$

(1) *Ann. de phys. et de chim.*, 3e série, t. XXXVIII, p. 63; 1852; et 4e série, t. XVIII, p. 135; 1869.

L'ammoniaque, mise en liberté au même moment, réagit sur cet éther chlorhydrique ; de là résulte une production d'éthylammine :

[3] $$C^4H^5Cl + AzH^3 = HCl,C^4H^7Az.$$

L'action va même plus loin. En effet, j'ai observé que la diéthylammine, la triéthylammine, etc., prennent aussi naissance ; sans aucun doute par une suite de réactions fondées sur la décomposition partielle des chlorhydrates de l'éthylammine et des bases supérieures.

Les mêmes chaînes de réactions, appliquées à l'aniline et à l'alcool méthylique, ont permis depuis de préparer les méthylanilines par la réaction des deux corps précédents, mis en présence de l'acide chlorhydrique vers 200 degrés.

4. *Formation de l'éther ordinaire.* — C'est encore par un équilibre analogue à celui des réactions éthérées proprement dites, quoique plus compliqué, que j'explique la formation de l'éther, dans la réaction de l'acide sulfurique sur l'alcool (1).

Ces deux corps réagissent dès la température ordinaire, avec formation d'eau et d'acide éthylsulfurique :

[1] $$C^4H^4(H^2O^2) + S^2H^2O^8 = C^4H^4(S^2H^2O^8) + H^2O^2;$$

mais cette action est limitée, parce que l'eau redécompose en sens inverse l'acide éthylsulfurique et régénère l'acide sulfurique, ou plutôt quelqu'un de ses hydrates définis :

[2] $$C^4H^4(S^2H^2O^8) + n\,H^2O^2 = C^4H^4(H^2O^2) + S^2H^2O^8 \text{ hydraté.}$$

Sans insister davantage sur ces deux réactions contraires, je me bornerai à rappeler que l'acide sulfurique et l'alcool ne produisent, à la température ordinaire, aucune trace d'éther ordinaire ni d'éthylène, même au bout d'un contact prolongé pendant plusieurs années : je m'en suis spécialement assuré.

Cependant, à une température voisine de 100 degrés, la réaction change de nature et l'éther ordinaire apparaît. Il ré-

(1) *Annales de chimie et de physique*, 4e série, t. XVIII, p. 135 ; 1869.

sulte de l'action de l'acide éthylsulfurique sur une nouvelle dose d'alcool, en présence de l'eau qui forme un hydrate sulfurique :

[3] $C^4H^4(S^2H^2O^8) + C^4H^6O^2 + n\,H^2O^2 = C^4H^4(C^4H^6O^2) + S^2H^2O^8$ hydraté.

La nouvelle réaction n'est pas limitée directement par sa réciproque; mais elle est limitée, à cause de la dissociation propre de l'hydrate sulfurique et de la réaction de l'acide sulfurique monohydraté ainsi régénéré sur l'éther ordinaire. En effet, ces deux composés, pris à l'état de liberté, réagissent aussi pour produire de l'acide éthylsulfurique et de l'eau :

[4] $C^4H^4(C^4H^6O^2) + 2\,S^2H^2O^8 = 2\,C^4H^4(S^2H^2O^8) + H^2O^2.$

Or l'eau ainsi produite tend à décomposer inversement une portion de l'acide éthylsulfurique, en reproduisant de l'acide sulfurique hydraté et de l'alcool.

Par là le cycle des réactions se trouve fermé, attendu qu'on est revenu au point de départ. C'est donc entre les produits exprimés par les quatre équations ci-dessus, c'est-à-dire entre l'alcool, l'acide sulfurique, ses hydrates, l'acide éthylsulfurique, l'eau et l'éther ordinaire, que l'équilibre tend à se produire, et peut en effet être réalisé effectivement, lorsqu'on opère dans des tubes scellés à la lampe, de façon à maintenir tous les produits en contact réciproque.

Au contraire, dans les cas où l'on ouvre une issue aux produits volatils, comme il arrive dans les conditions où la distillation est possible, ces produits, c'est-à-dire l'éther, l'alcool et l'eau, sont éliminés, et se rendent vers les parties froides de l'appareil ; tandis qu'il ne reste dans les vases échauffés que des produits fixes, c'est-à-dire l'acide éthylsulfurique et l'acide sulfurique, mêlés ou plutôt combinés avec une certaine quantité d'eau. A ce moment, si l'on introduit une nouvelle dose d'alcool, cet alcool réagit d'abord sur l'acide sulfurique libre, pour engendrer une nouvelle proportion d'eau libre, qui distille, et d'acide éthylsulfurique, qui reste dans la cornue. En même temps une portion de l'alcool additionnel, se trouvant en présence de l'acide éthylsulfurique et de l'eau, reproduit de nouveau de l'éther, qui distille, et de l'acide sulfurique hydraté, qui demeure. On conçoit d'ailleurs que les proportions relatives d'acide sulfurique, d'eau et d'acide éthylsulfurique étant convenablement choisies, tout l'alcool additionnel doive s'éliminer sous forme d'éther et d'eau, sans altérer la composition du mélange non volatil contenu dans la cornue. La théorie de l'éthérification ordinaire se trouve ainsi ramenée à celle des équilibres pyrogénés.

Tels sont les phénomènes qui se produisent, tant que l'on reste entre certaines limites de température, inférieures à 130 ou 140 degrés. Mais, dès que l'on atteint une température comprise entre 150 et 170 degrés, température qui est celle de la formation de l'éthylène, la réaction de l'alcool sur l'acide sulfurique change de nouveau de caractère. En effet, l'acide éthylsulfurique commence alors à se partager en éthylène et acide sulfurique :

[5] $$C^4H^4(S^2H^2O^8) = C^4H^4 + S^2H^2O^8.$$

Cependant, dans des vases scellés, c'est-à-dire dans un espace limité, où tous les produits demeurent en présence, cette dernière décomposition ne saurait devenir complète, pas plus que les précédentes et pour des raisons analogues. En effet, l'acide sulfurique, d'autre part, a la propriété de se combiner directement avec l'éthylène, ce qui engendre l'acide éthylsulfurique :

[6] $$C^4H^4 + S^2H^2O^8 = C^4H^4(S^2H^2O^8).$$

J'ai établi que cette combinaison avait lieu dans des conditions spéciales et dès la température ordinaire : c'est le point de départ de la synthèse de l'alcool (1).

Or, à une température voisine de 150 degrés, il y a équilibre entre les deux réactions [5] et [6] : l'une tendant à décomposer l'acide éthylsulfurique en éthylène et acide sulfurique, l'autre tendant à recombiner ces deux corps. Toutefois il est difficile de constater simplement cet équilibre, en dehors de toute compli-

(1) *Annales de chimie et de physique*, 3e série, t. XLIII, p. 385; 1855.

cation étrangère, attendu qu'à cette température il se développe aussi un équilibre complexe entre l'acide éthylsulfurique, l'acide sulfurique, l'eau, l'alcool et l'éther ordinaire.

Une autre complication, étrangère aux phénomènes d'équilibre, ne tarde pas d'ailleurs à en troubler l'accomplissement. En effet, vers 150 degrés, l'acide sulfurique commence déjà à attaquer l'alcool, en vertu d'une tout autre réaction, de nature oxydante, avec formation d'acide sulfureux, d'eau, d'oxyde de carbone et d'acide carbonique : circonstance qui ne permet pas de prolonger indéfiniment les réactions actuelles d'éthérification pour les soumettre à une étude numérique.

Les formations successives de l'acide éthylsulfurique, de l'éther ordinaire et de l'éthylène sont surtout remarquables, parce que chacune d'elles commence seulement au-dessus d'une température déterminée, sans avoir donné auparavant aucun indice de son existence.

Disons encore que l'équilibre le plus simple, celui qui s'établit au-dessous de 100 degrés entre l'acide éthylsulfurique, l'eau, l'alcool et l'acide sulfurique, est indépendant de la température, durant un certain intervalle, et au même titre que les réactions éthérées proprement dites. En est-il de même des équilibres complexes qui président à la formation de l'éther ordinaire et de l'éthylène? C'est un point fort difficile à éclaircir et que je ne prétends pas décider ici.

§ 4. — **Synthèse et réactions des carbures pyrogénés.**

1. Voici maintenant un ensemble de phénomènes plus compliqués, de la plus haute importance pour la théorie comme pour les applications, et qui est régi par les mêmes lois fondamentales que les équilibres chimiques entre les composés binaires les plus simples. Je veux parler de la formation des carbures pyrogénés. Entrons à cet égard dans quelques développements.

2. La formation synthétique des carbures d'hydrogène peut être effectuée suivant deux modes généraux, savoir : la conden-

sation de plusieurs molécules d'un carbure unique, réunies en une seule; ou la combinaison réciproque de plusieurs carbures différents. Chacune de ces deux réactions générales peut d'ailleurs s'accomplir : soit par l'addition pure et simple de la totalité des éléments, carbone et hydrogène, renfermés dans les générateurs plus simples mis en expérience; soit par l'addition de leur carbone, avec élimination partielle de l'hydrogène. Donnons des exemples de ces diverses réactions, puis de leurs inverses.

1° La *benzine* se forme directement par la condensation de trois molécules d'acétylène réunies en une seule, avec *addition pure et simple de la totalité des éléments* (1) :

$$3C^4H^2 = C^{12}H^6.$$

2° Le *phényle* prend naissance par la condensation de deux molécules de benzine réunies en une seule, c'est-à-dire par l'*addition de leur carbone avec élimination partielle de l'hydrogène* (2) :

$$2C^{12}H^6 = C^{24}H^{10} + H^2.$$

3° Le *styrolène* peut être obtenu directement par la combinaison réciproque de la benzine et de l'acétylène, réunis en un seul composé, c'est-à-dire par l'*addition pure et simple de la totalité des éléments de deux carbures différents* (3) :

$$C^{12}H^6 + C^4H^2 = C^{16}H^8.$$

Le styrolène peut encore être produit par la combinaison réciproque de la benzine et de l'éthylène, c'est-à-dire par la *réunion du carbone de deux carbures différents, avec élimination partielle de l'hydrogène* (4) :

$$C^{12}H^6 + C^4H^4 = C^{16}H^8 + H^2.$$

4° La *naphtaline* est engendrée par la combinaison immé-

(1) *Comptes rendus des séances de l'Académie des sciences*, t. LXIII, p. 479 ; (1866) Voy. surtout mon Mémoire sur les polymères de l'acétylène (*Annales de chimie et de physique*, 4e série, t. XII, p. 52).
(2) Même recueil, t. IX, p. 454; 1866.
(3) Même recueil, t. IX, p. 467.
(4) Même recueil, t. XII, p. 7; 1867.

diate de deux carbures différents, le styrolène et l'acétylène (1):

$$C^{16}H^8 + C^4H^2 = C^{20}H^8 + H^2;$$

ou bien encore par le styrolène et l'éthylène, lesquels réunissent leur carbone, avec élimination partielle de l'hydrogène (2):

$$C^{16}H^8 + C^4H^4 = C^{20}H^8 + 2H^2.$$

5° De même l'*anthracène* résulte de la réaction directe du styrolène et de la benzine (3), avec perte d'hydrogène :

$$C^{16}H^8 + C^{12}H^6 = C^{28}H^{10} + 2H^2.$$

3. Ce qui donne un caractère particulier aux synthèses que je viens d'énumérer, c'est qu'elles sont obtenues par la réaction directe des corps qui y figurent, et par le seul jeu des affinités réciproques des carbures d'hydrogène, ces derniers étant mis en contact à l'état de liberté : il n'est point nécessaire de faire intervenir dans ces synthèses des réactions indirectes, ou fondées sur les doubles décompositions.

4. La naphtaline et l'anthracène d'ailleurs, en raison de leur grande stabilité, paraissent propres à fournir de nouveaux points de départ, ou plutôt de nouveaux relais, à la condensation progressive des molécules hydrocarbonées. En effet, l'éthylène réagit au rouge sur la naphtaline d'une façon très nette, et l'acénaphtène est le premier produit de cette réaction (4) :

$$C^{20}H^8 + C^4H^2 = C^{24}H^{10}.$$

L'anthracène est de même le point de départ d'une série de carbures homologues, tels que la paranaphtaline ou méthylanthracène, le rétène, etc. On prévoit ainsi tout un nouvel ordre de transformations, comparables à celles que j'expose en ce moment, et dont la progression se développe indéfiniment,

(1) *Annales de chimie et de physique*, t. XII, p. 22.
(2) Même recueil, t. XII, p. 20.
(3) Même recueil, t. XII, p. 27.
(4) Même recueil, t. XII, p. 228.

en engendrant des carbures d'hydrogène toujours plus compliqués, mais toujours produits en vertu des mêmes lois générales.

5. Cependant les réactions des carbures pyrogénés offrent un caractère extrêmement remarquable, celui de se limiter les unes les autres, en vertu d'une théorie analogue à la statique des réactions éthérées et à celle des dissociations. En effet, la décomposition des carbures primitifs n'est jamais complète dans ces expériences; résultat qui s'explique par la possibilité de régénérer les mêmes carbures, au moyen des produits directs ou médiats de leur décomposition. Ceci demande à être développé.

En effet, plusieurs cas se présentent ici.

6. Tantôt *les deux réactions inverses sont également possibles*, à la même température; sous la seule condition de modifier les proportions relatives des corps réagissants.

Ainsi la réaction de l'éthylène libre sur la benzine à la température rouge forme de l'hydrogène et du styrolène :

$$\underbrace{C^{12}H^{6}}_{\text{Benzine.}} + \underbrace{C^{4}H^{4}}_{\text{Éthylène.}} = \underbrace{C^{16}H^{8}}_{\text{Styrolène.}} + \underbrace{H^{2}}_{\text{Hydrogène.}};$$

tandis que l'hydrogène et le styrolène reproduisent en sens inverse de l'éthylène et de la benzine :

$$\underbrace{C^{16}H^{8}}_{\text{Styrolène.}} + \underbrace{H^{2}}_{\text{Hydrogène.}} = \underbrace{C^{12}H^{6}}_{\text{Benzine.}} + \underbrace{C^{4}H^{4}}_{\text{Éthylène.}}.$$

De même la benzine, se substituant à l'hydrogène dans le phényle, engendre le triphénylène, ($C^{36}H^{12}$), et son hydrure (diphénylbenzine), $C^{36}H^{14}$:

$$C^{24}H^{10} + C^{12}H^{6} = C^{36}H^{12} + 2H^{2};$$

$$C^{24}H^{10} + C^{12}H^{6} = C^{36}H^{14} + H^{2};$$

tandis que le triphénylène (et son hydrure), traités par l'hydrogène au rouge vif, reproduisent le phényle et la benzine :

$$\underbrace{C^{36}H^{12}}_{\text{Triphénylène.}} + \underbrace{2\,H^{2}}_{\text{Hydrogène.}} = \underbrace{C^{24}H^{10}}_{\text{Phényle.}} + \underbrace{C^{12}H^{6}}_{\text{Benzine.}}.$$

De même encore, l'anthracène et l'hydrogène fournissent au rouge vif de la benzine et de l'acétylène :

$$\underbrace{C^{28}H^{10}}_{\text{Anthracène.}} + \underbrace{2\,H^2}_{\text{Hydrogène.}} = \underbrace{2\,C^{12}H^6}_{\text{Benzine.}} + \underbrace{C^4H^2}_{\text{Acétylène.}},$$

carbures dont la réaction inverse reproduit l'anthracène :

$$\underbrace{2\,C^{12}H^6}_{\text{Benzine.}} + \underbrace{C^4H^2}_{\text{Acétylène.}} = \underbrace{C^{28}H^{10}}_{\text{Anthracène.}} + \underbrace{2\,H^2}_{\text{Hydrogène.}}.$$

Dans ces divers couples de réactions, développées chacune entre quatre corps, il y a réciprocité exacte : par conséquent aucune d'elles ne pourra s'accomplir jusqu'au bout, se trouvant arrêtée à un certain terme par la réaction inverse des produits auxquels elle donne naissance. Ces phénomènes sont tout à fait comparables à l'équilibre des réactions éthérées.

7. Un tel équilibre peut être plus simple encore et se développer entre trois corps seulement : par exemple entre la benzine, l'acétylène et le styrolène, les deux premiers corps formant par simple addition le styrolène

$$\underbrace{C^{12}H^6}_{\text{Benzine.}} + \underbrace{C^4H^2}_{\text{Acétylène.}} = \underbrace{C^{16}H^8}_{\text{Styrolène.}};$$

lequel se décompose d'autre part en benzine et acétylène :

$$\underbrace{C^{16}H^8}_{\text{Styrolène.}} = \underbrace{C^{12}H^6}_{\text{Benzine.}} + \underbrace{C^4H^2}_{\text{Acétylène.}}.$$

C'est là un phénomène analogue à la dissociation d'un composé binaire.

8. Tels sont les cas les plus nets qui puissent se présenter. Mais l'équilibre réel des réactions pyrogénées est parfois plus compliqué, quoique relevant toujours des mêmes principes généraux. Au lieu de se développer entre les substances primitives et les corps qu'elles engendrent directement, l'équilibre exige souvent le concours des produits de la décomposition de ces derniers corps. Ceci mérite quelque attention, comme étant plus général. En effet, sur les neuf couples de réactions que

l'on peut imaginer *à priori* et que j'ai réalisés par expérience, entre les principaux carbures pyrogénés, il en est six qui ne sont pas susceptibles de réciprocité directe, et qui cependant sont limités par des conditions statiques nettement définies. Quelques exemples vont mettre ces conditions en lumière.

1° La benzine engendre du phényle et de l'hydrogène :

$$\underbrace{2\,C^{12}H^{6}}_{\text{Benzine.}} = \underbrace{C^{24}H^{10}}_{\text{Phényle.}} + \underbrace{H^{2}}_{\text{Hydrogène.}};$$

lesquels, étant mis en présence, n'ont pas donné lieu à une réaction inverse. Mais le phényle, d'un côté, s'est décomposé en partie en benzine et triphénylène (1) :

$$\underbrace{3\,C^{24}H^{10}}_{\text{Phényle.}} = \underbrace{3\,C^{12}H^{6}}_{\text{Benzine.}} + \underbrace{C^{36}H^{12}}_{\text{Triphénylène.}},$$

Le triphénylène, d'autre part, traité par l'hydrogène, a reproduit le phényle et la benzine :

$$\underbrace{C^{36}H^{12}}_{\text{Triphénylène.}} + \underbrace{2\,H^{2}}_{\text{Hydrogène.}} = \underbrace{C^{24}H^{10}}_{\text{Phényle.}} + \underbrace{C^{12}H^{6}}_{\text{Benzine.}}.$$

Or c'est l'ensemble de ces deux dernières réactions qui limite la transformation de la benzine en phényle et hydrogène. L'*équilibre* existe ici *entre quatre corps* (2), savoir : la benzine, le phényle, le triphénylène et l'hydrogène, liés par un système cyclique de trois réactions.

2° Autre exemple. La benzine, en réagissant sur le styrolène au rouge naissant, engendre de l'anthracène et de l'hydrogène :

$$\underbrace{C^{16}H^{8}}_{\text{Styrolène.}} + \underbrace{C^{12}H^{6}}_{\text{Benzine.}} = \underbrace{C^{28}H^{10}}_{\text{Anthracène.}} + \underbrace{2\,H^{2}}_{\text{Hydrogène.}};$$

(1) Il se forme aussi de l'hydrure de triphénylène, $C^{36}H^{14}$, lequel entre dans un cycle analogue, mais que j'ai supprimé pour simplifier l'explication.

(2) Ou plutôt entre cinq corps, l'hydrure de triphénylène concordant aux réactions.

tandis que l'anthracène, traité par l'hydrogène au rouge blanc, ne reproduit guère que de la benzine et de l'acétylène :

$$\underbrace{C^{28}H^{10}}_{\text{Anthracène.}} + \underbrace{2H^2}_{\text{Hydrogène.}} = \underbrace{2C^{12}H^6}_{\text{Benzine.}} + \underbrace{C^4H^2}_{\text{Acétylène.}}.$$

Néanmoins la première réaction est limitée, parce que la benzine et l'acétylène ont la propriété de s'unir directement en formant du styrolène :

$$\underbrace{C^{12}H^6}_{\text{Benzine.}} + \underbrace{C^4H^2}_{\text{Acétylène.}} = \underbrace{C^{16}H^8}_{\text{Styrolène.}}.$$

L'*équilibre* existe ici *entre cinq corps*, savoir : la benzine, le styrolène, l'anthracène, l'hydrogène et l'acétylène, liés par un système cyclique de trois réactions.

3° Citons un dernier résultat. La benzine réagit sur la naphtaline, avec formation d'anthracène et d'hydrogène :

$$\underbrace{3C^{12}H^6}_{\text{Benzine.}} + \underbrace{C^{20}H^8}_{\text{Naphtaline.}} = \underbrace{2C^{28}H^{10}}_{\text{Anthracène.}} + \underbrace{3H^2}_{\text{Hydrogène.}};$$

tandis que l'anthracène, traité par l'hydrogène, reproduit surtout de la benzine et de l'acétylène :

$$\underbrace{C^{28}H^{10}}_{\text{Anthracène.}} + \underbrace{2H^2}_{\text{Hydrogène.}} = \underbrace{2C^{12}H^6}_{\text{Benzine.}} + \underbrace{C^4H^2}_{\text{Acétylène.}}.$$

Il n'y a pas réciprocité entre les deux réactions. Toutefois la nécessité d'une limite apparaît, si l'on tient compte des faits observés dans la condensation de l'acétylène. En effet, la benzine et l'acétylène peuvent reproduire d'abord, par simple combinaison de l'hydrure de naphtaline, $C^{20}H^{10}$, puis, par la décomposition de ce dernier carbure, une certaine proportion de naphtaline :

$$\underbrace{C^{12}H^6}_{\text{Benzine.}} + \underbrace{2C^4H^2}_{\text{Acétylène.}} = \underbrace{C^{20}H^8}_{\text{Naphtaline.}} + \underbrace{H^2}_{\text{Hydrogène.}}.$$

On peut encore faire intervenir l'éthylène : ce gaz se forme en effet dans la réaction de l'acétylène sur l'hydrogène :

$$\underbrace{C^4H^2}_{\text{Acétylène.}} + \underbrace{H^2}_{\text{Hydrogène.}} = \underbrace{C^4H^4}_{\text{Éthylène.}},$$

et j'ai constaté qu'il engendre la naphtaline par sa réaction sur la benzine :

$$\underbrace{C^{12}H^6}_{\text{Benzine.}} + \underbrace{2\,C^4H^4}_{\text{Éthylène.}} = \underbrace{C^{20}H^8}_{\text{Naphtaline.}} + \underbrace{3\,H^2}_{\text{Hydrogène.}}.$$

En définitive, on envisage ici un *équilibre* développé *entre six corps*, savoir : la benzine, la naphtaline, l'anthracène, l'hydrogène, l'acétylène et l'éthylène, liés par un système cyclique de quatre réactions.

9. Ainsi donc, dans toutes les combinaisons et décompositions de carbures pyrogénés que j'étudie en ce moment, il existe un *cycle fermé de réactions observables*, lesquelles établissent entre les phénomènes une réciprocité directe ou médiate, et par conséquent une limitation réciproque.

Pour mieux définir cette limitation, entrons dans quelques détails nouveaux sur les caractères généraux des réactions.

10. Dans les conditions où ces réactions se développent, on observe constamment une circonstance caractéristique, à savoir, que chacun des carbures réagissants éprouverait, s'il était isolé, un commencement de décomposition. Il y a plus : mes observations relatives à la décomposition propre de l'hydrure d'éthylène (1), à celle du styrolène (2), etc., établissent que les produits résultant de la décomposition d'un tel carbure, mis en présence à l'état isolé, possèdent une certaine tendance à se recombiner.

Or, étant réalisée cette circonstance d'une décomposition commençante et limitée par la tendance inverse des produits à se recombiner, il est facile de comprendre comment l'in-

(1) *Annales*, 4e série, t. IX, p. 435.
(2) Même recueil, t. IX, p. 463 et 467.

troduction d'un nouveau corps, hydrogène ou carbure, dans le système, change les conditions d'équilibre et détermine au sein du carbure primitif la substitution partielle du nouveau corps à quelqu'un des produits qui résulteraient de la décomposition spontanée du même carbure primitif.

11. La liaison qui existe entre la décomposition spontanée d'un carbure et les substitutions qu'il peut éprouver, lorsqu'il est soumis à l'action directe de l'hydrogène ou des autres carbures, est surtout mise en évidence par la diversité des températures nécessaires pour provoquer les réactions.

Par exemple, les réactions de l'éthylène sur la benzine, sur le styrolène, sur le phényle, ont lieu au rouge vif : ce qui s'explique, attendu que ces divers carbures, pris à l'état isolé, sont décomposés en partie à ladite température.

Au contraire, la réaction de la benzine sur la naphtaline, carbure plus stable que les précédents, ne s'est exercée qu'au rouge blanc, dans mes expériences.

Le formène, plus stable encore, n'a commencé à être attaqué par la benzine d'une manière sensible, que vers la température du ramollissement de la porcelaine.

L'anthracène résiste également aux réactions pyrogénées jusqu'à de très hautes températures.

Or l'expérience prouve que la naphtaline et l'anthracène sont plus stables que les autres carbures envisagés ici : éthylène, styrolène, phényle, benzine. En effet, la naphtaline et l'anthracène peuvent être chauffés au rouge sombre, dans des tubes de verre scellés, sans éprouver d'altération sensible ; tandis que le phényle, l'éthylène, le styrolène et même la benzine commencent à se décomposer dans cette condition. On s'explique par là pourquoi les déplacements qui donnent naissance à la naphtaline et à l'anthracène, c'est-à-dire les déplacements de la benzine et de l'hydrogène par l'éthylène ou l'acétylène, sont beaucoup plus faciles à réaliser que les déplacements inverses : circonstance qui paraît expliquer la faible proportion relative du styrolène et du phényle dans les huiles du goudron de houille.

12. Cependant le phényle et le styrolène, bien qu'ils commencent à se décomposer dès la température rouge, peuvent subsister et même prendre naissance, soit au rouge blanc, soit même au point du ramollissement de la porcelaine, comme je l'ai reconnu, et sans doute plus haut encore. Par exemple, l'action de la chaleur sur la benzine fournit également le phényle, le triphénylène et les autres carbures pyrobenzéniques, depuis le rouge naissant jusqu'au blanc éblouissant.

Observons toutefois que ces carbures ne peuvent être obtenus que sous la double condition : de se trouver en présence d'un excès des produits qui résultent de leur décomposition, et d'être entraînés à mesure dans une région plus froide (voy. pages 26, 33, 41, 46, 61).

13. J'ai même observé dans mes expériences que les proportions relatives des divers produits volatils ainsi obtenus ne semblent guère modifiées par une variation aussi énorme de température : constance comparable peut-être à celle qui caractérise les réactions éthérées (voy. page 73).

Elle se vérifie également lorsqu'on fait varier la durée des réactions, et spécialement la vitesse avec laquelle les gaz ou vapeurs traversent les tubes de porcelaine dans lesquels s'opèrent les transformations. Il y a plus : les produits volatils fournis par la benzine, sous l'influence de la température rouge, ne sont que peu modifiés dans leurs proportions relatives par la présence de la limaille de fer, de la vapeur d'eau (1), du formène, de l'oxyde de carbone, de l'acide carbonique, etc.

14. Ceci s'applique seulement aux proportions relatives. Au contraire, la quantité absolue des carbures volatils change beaucoup, lorsqu'on fait varier, soit la température, soit la durée des réactions, soit la nature des corps en présence desquels on opère. Cette variation même ne semble guère résulter d'un changement dans la nature des réactions; mais elle est due à la décomposition totale en charbon et hydrogène

(1) Cependant la vapeur d'eau et, jusqu'à un certain point, l'acide carbonique, tendent à faire disparaître les produits noirs et charbonneux.

d'une certaine proportion des carbures, proportion qui est modifiée par la présence des corps étrangers, et qui va croissant, soit avec la température, soit avec le temps pendant lequel les corps sont soumis à l'influence des températures très élevées.

J'insisterai plus loin sur cette séparation du charbon, envisagée comme le produit ultime des condensations successives; considération d'autant plus essentielle, que c'est à ce titre que la séparation du charbon n'intervient pas en chimie organique pour troubler les réactions les plus simples.

15. Jusqu'ici, et pour plus de simplicité, j'ai envisagé les équilibres pyrogénés, en les distribuant par couples réciproques, ou par cycles simples de réactions : j'ai mis ainsi en évidence les règles générales auxquelles ils obéissent. Cependant, en réalité, ces équilibres sont presque toujours plus compliqués, tout en demeurant soumis aux mêmes règles générales, attendu qu'ils résultent de la superposition de plusieurs réactions simples.

Il ne saurait en être autrement. En effet, dès que ces trois corps, hydrogène, acétylène et benzine, sont en présence, toutes leurs combinaisons tendent à prendre naissance : l'équilibre réel se produit donc entre ces trois corps et l'ensemble des carbures dérivés, éthylène, phényle, styrolène, triphénylène, naphtaline, anthracène, et leurs hydrures respectifs, etc.; chacun de ces carbures intervenant avec un coefficient relatif à sa masse et qui dépend en outre de la température et de la durée des réactions.

16. Il y a plus : on peut concevoir toute cette statique d'une façon plus générale encore, et comme rapportée au seul acétylène, générateur commun de tous les autres carbures. J'ai montré, en effet, que la simple et directe condensation de l'acétylène engendre la benzine, le styrolène, la naphtaline, l'anthracène : ce qui s'explique par le développement successif ou simultané des réactions exposées dans ce chapitre. En effet, l'acétylène condensé engendre la benzine; uni à la benzine, il produit le styrolène; uni au styrolène, l'hydrure de naphta-

line, et, par suite, la naphtaline elle-même; enfin, le styrolène et la benzine engendrent l'anthracène; etc., etc.

J'ai montré encore (page 112) que l'acétylène, $(C^2H)^2$, mis en présence de l'hydrogène, engendre, toujours en vertu de phénomènes d'équilibre, l'éthylène, $(C^2H^2)^2$, le méthyle, $(C^2H^3)^2$, et le formène, C^2H^4. Or ces quatre carbures fondamentaux étant ainsi formés et coexistant, les produits de leurs condensations et de leurs actions réciproques se développent dès lors nécessairement.

Toutes les fois que l'acétylène prend naissance à une haute température, et l'on sait combien sa production est générale, tous les carbures d'hydrogène tendent donc à apparaître. S'il est plus clair d'envisager séparément la formation graduelle de chacun des carbures pyrogénés et leurs actions réciproques, cependant il est utile de rappeler que l'acétylène est leur générateur universel, et qu'il reparaît dans toutes leurs décompositions par la chaleur; ses transformations ayant lieu conformément aux principes généraux de réciprocité qui caractérisent les méthodes d'analyse et les méthodes de synthèse.

Ainsi s'explique la formation de la benzine, de la naphtaline, de l'anthracène, etc., dans tant de réactions pyrogénées. Néanmoins, et bien que ces carbures se produisent d'une manière nécessaire, leur proportion sera très faible dans la plupart des réactions; attendu que leurs générateurs mêmes, acétylène ou benzine, ne prennent naissance qu'en petite proportion dans la plupart des cas, et comme produits secondaires ou tertiaires, dérivés des réactions principales, lesquelles se développent d'abord et régulièrement, aux dépens des principes définis soumis aux actions décomposantes.

17. Le moment est venu de signaler les relations thermochimiques qui existent entre l'acétylène, ses polymères et les divers carbures qui en dérivent.

Toute condensation polymérique étant une vraie combinaison (1), la condensation de l'acétylène en polymères est ac-

(1) Voyez mes *Recherches sur les quantités de chaleur dégagées dans la formation des composés organiques* (*Annales de chimie et de physique*, 4e série, t. VI, p. 350; 1865), et ma *Leçon sur l'isomérie*, page 33. Voy. aussi le présent ouvrage, t. Ier, p. 548.

compagnée par un dégagement de chaleur. Ce dégagement doit être d'autant plus considérable, que le polymère a perdu en grande partie les propriétés des carbures incomplets, pour se rapprocher de celles des corps saturés (1). A la vérité, l'expérience directe ne peut guère être faite dans des conditions de mesure calorimétrique immédiate. Mais on y parvient par voie indirecte : j'ai trouvé ainsi qu'il se dégage + 180 Calories dans la transformation de l'acétylène en benzine gazeuse (voy. t. Ier, p. 406, 411 et 548).

Ce grand dégagement de chaleur résulte de ce que l'acétylène est formé depuis ses éléments avec une très grande absorption de chaleur (voy. p. 406), ainsi que je l'ai reconnu dès 1866. Or un tel caractère explique fort bien l'aptitude exceptionnelle à entrer en réaction que le carbure présente, sa tendance aux condensations polymériques et la plasticité extraordinaire de sa molécule (voy. ce volume, page 19). En effet, l'acétylène, en raison de ce caractère exceptionnel, devra donner lieu à un dégagement de chaleur dans la plupart de ses réactions.

Dans ce carbure et même, quoique à un moindre degré, dans dans l'éthylène, l'énergie calorifique des éléments subsiste et se trouve accrue ; ces composés sont par là devenus en quelque sorte comparables à des corps simples, à des radicaux véritables. Tandis que, dans le formène et les carbures analogues, formés avec dégagement de chaleur depuis leurs éléments, l'énergie des éléments a subi une diminution considérable. En raison de cette circonstance, les carbures tels que l'éthylène et l'acétylène pourront se combiner avec l'hydrogène, avec les carbures et les autres corps, en donnant lieu à un dégagement de chaleur; c'est-à-dire que la combinaison pourra avoir lieu directement et par le seul jeu des affinités directes.

Au contraire, le formène, l'ammoniaque, et les corps analogues, formés avec dégagement de chaleur depuis leurs éléments, ne sauraient s'unir que plus difficilement à d'autres

(1) *Recherches sur les quantités de chaleur dégagées dans la formation des composés organiques*, page 355, et *Leçon sur l'isomérie*, page 123

principes avec élimination d'hydrogène, parce que la formation des nouveaux composés exigerait en général une absorption de chaleur correspondante à cette mise en liberté d'hydrogène; c'est-à-dire qu'elle répond à un travail négatif des affinités directes. Si l'on veut obtenir de tels composés, il faut donc faire intervenir simultanément d'autres forces, telles que les affinités propres de certains corps plus actifs, de façon à effectuer un travail positif, capable de compenser et au delà le travail négatif qui répondrait au jeu direct des premières affinités; principe sur lequel repose toute l'efficacité des méthodes indirectes, fondées sur les doubles décompositions et sur l'état naissant (voy. ce volume, page 28).

§ 5. — **Théorie des corps pyrogénés.**

1. D'après les faits que je viens d'exposer et qu'il me semble utile de résumer par quelques énoncés généraux, la formation des carbures pyrogénés, et plus généralement celle des corps qui prennent naissance sous l'influence de l'échauffement, peuvent être ramenées à un petit nombre de mécanismes, savoir :

1° La *condensation moléculaire* et la *décomposition inverse.*

En vertu de la condensation, un carbure engendre des polymères, et plus généralement des carbures nouveaux, formés par la réunion de plusieurs molécules du carbure primitif. Telle est la transformation de l'acétylène, C^4H^2, en benzine, $C^{12}H^6$, et en styrolène, $C^{16}H^8$.

Les condensations ainsi produites sont réciproques avec la décomposition des carbures complexes en carbures plus simples (reproduction de l'acétylène avec le styrolène et avec la benzine).

2° La *combinaison directe des carbures avec l'hydrogène* (formation de l'hydrure d'éthylène avec l'hydrogène et l'éthylène);

Et la *décomposition inverse* des carbures en hydrogène et carbures moins hydrogénés (décomposition de l'hydrure d'éthylène en hydrogène et éthylène, de l'éthylène en acétylène et hydrogène).

3° La *combinaison directe des carbures les uns avec les autres* (union de l'éthylène, du propylène avec l'acétylène ; union de la benzine avec l'acétylène) ;

Et la *décomposition inverse* (styrolène décomposé en benzine et acétylène).

Les trois premiers mécanismes représentent la *synthèse pyrogénée;* les trois mécanismes inverses, l'*analyse pyrogénée.*

2. Ces mécanismes se réunissent souvent deux à deux pour produire des effets plus compliqués. Ainsi la condensation moléculaire peut être simultanée avec la décomposition en hydrogène et carbures moins hydrogénés (benzine changée en phényle et hydrogène; formène changé en acétylène et hydrogène; acétylène changé en naphtaline et hydrogène); c'est même là une des réactions pyrogénées les plus fréquentes. Elle est assimilable à la *substitution* d'une partie de l'hydrogène du carbure par une autre molécule du carbure lui-même.

Cette même élimination d'hydrogène peut également coïncider avec la combinaison réciproque des carbures (formation du styrolène par la réaction de la benzine sur l'éthylène, formation de la naphtaline par la réaction du styrolène sur l'éthylène), phénomène qui représente la substitution d'un carbure à une partie de l'hydrogène d'un autre carbure.

La condensation moléculaire peut aussi s'accomplir, en même temps qu'un carbure se dédouble en carbures plus simples (phényle décomposé en benzine et triphénylène, etc.). Mais je n'insiste pas sur ces diverses réactions, dérivées des mécanismes généraux, et qu'il est facile d'énumérer.

3. J'insiste au contraire sur ce point, que la décomposition immédiate d'un carbure d'hydrogène ne répond pas à sa résolution en éléments, mais à sa transformation en polymères, ou bien en carbures plus condensés avec perte d'hydrogène. Cette transformation ne s'effectue point d'ailleurs à une température absolument fixe et comparable à celle de l'ébullition d'un liquide; mais elle s'opère pendant un vaste intervalle de température, compris entre le rouge sombre et le rouge blanc : durant tout cet intervalle le carbure est décomposé, en proportion d'autant

plus forte et avec une vitesse d'autant plus grande, que la température est plus élevée.

4. Entre chaque réaction et la réaction réciproque, il s'établit fréquemment une sorte d'équilibre mobile, variable avec la température et les corps qui se trouvent en présence : équilibre analogue à celui qui se produit lors de la dissociation des composés binaires. En vertu de cet équilibre, les deux actions opposées se limitent l'une l'autre, en se manifestant simultanément (voy. page 126).

Ajoutons enfin que ces transformations diverses ne sont pas en général instantanées en chimie organique; mais elles exigent pour se développer un certain temps, variable pour chacune d'elles. Ce rôle du temps est capital; car il explique comment certains corps peuvent subsister momentanément, voire même prendre naissance dans une réaction, à une température qui serait capable de les détruire complètement, si son influence se prolongeait : j'ai déjà insisté à plusieurs reprises sur ce point.

Telles sont les conditions qui président à la formation des carbures pyrogénés et qui permettent de rendre compte de tous les phénomènes.

5. Des conditions analogues président à la formation des principes pyrogénés qui renferment de l'oxygène ou de l'azote. Mais la présence d'un élément de plus complique les résultats, comme il était facile de le prévoir, en donnant lieu à des éliminations régulières d'eau, d'acide carbonique, d'ammoniaque, et à la réaction de ces composés sur les principes organiques produits simultanément.

Quoi qu'il en soit, on voit, par les faits et les considérations qui précèdent, comment une variété de produits, pour ainsi dire illimitée, peut être engendrée par l'application méthodique de quelques lois très simples et très générales.

6. Les relations calorimétriques qui président aux trois ordres de réactions que je viens de signaler méritent d'être développées.

1° Dans la condensation polymérique, il y a, en général, dégagement de chaleur; c'est-à-dire que le travail de cette réaction est accompli par les énergies chimiques proprement dites : l'élévation de température exigée pour provoquer la réaction est la condition déterminante du phénomène, mais non sa cause efficiente.

Aussi les condensations moléculaires peuvent-elles être le plus souvent provoquées à une température moins haute, et parfois dès la température ordinaire, par le contact de divers agents (chlorure de zinc, acide sulfurique, etc.), qui déterminent la direction des phénomènes, sans exécuter pour leur propre compte aucun travail sensible.

La décomposition inverse, c'est-à-dire la régénération du corps non condensé au moyen de ses polymères, répond au contraire à une absorption de chaleur : ce sont les énergies thermiques qui accomplissent le travail de la réaction.

Je ne connais aucun exemple d'une métamorphose de ce genre effectuée par des agents de contact. Mais ceux-ci peuvent en changer le caractère, toutes les fois qu'un état d'équilibre différent, tel que le retour aux éléments, ou la formation de composés caractérisés par un nouveau rapport entre ces mêmes éléments, sera possible avec une moindre absorption de chaleur, c'est-à-dire avec un moindre travail. L'acétylène, par exemple, pour être régénéré en partant de la benzine gazeuse, son polymère, exige une absorption de chaleur égale à — 180 Calories, quantité bien plus grande que celle qui répond à la reproduction du carbone et de l'hydrogène, soit — 12 Calories seulement. On conçoit dès lors pourquoi l'acétylène se reproduit si difficilement et en si petite quantité par l'échauffement de la benzine. On obtient à sa place, soit de l'hydrogène et du phényle, corps plus riche en carbone que l'acétylène et la benzine ; soit des carbures encore plus condensés.

2° La combinaison directe des carbures avec l'hydrogène donne lieu à un dégagement de chaleur. La décomposition inverse répond dès lors à une absorption de chaleur. La combinaison est donc effectuée, en général, par les énergies chimiques, et la décomposition par les énergies thermiques, conformément aux notions ordinaires.

Cependant il est digne d'intérêt que l'élévation de température nécessaire pour provoquer l'un ou l'autre des deux phénomènes réciproques sur les carbures d'hydrogène soit à peu près la même : de telle façon que l'on ne saurait citer aucun exemple d'une fixation directe d'hydrogène libre sur un carbure qui soit complète, et qui demeure en dehors des limites de l'état de dissociation.

3° La combinaison directe des carbures les uns avec les autres et la décomposition inverse donnent lieu à des considérations toutes semblables et sur lesquelles je crois superflu d'insister.

Voilà ce qui arrive lorsqu'une réaction simple, comprise dans l'un des trois ordres précédents, donne naissance uniquement à un carbure d'hydrogène.

7. Les effets calorimétriques sont plus compliqués lorsque deux mécanismes fonctionnent à la fois. Par exemple, s'il y a formation d'un carbure condensé avec élimination d'hydrogène (acétylène produit avec le formène, phényle avec la benzine, naphtaline avec l'acétylène); ou bien encore s'il y a réunion de deux carbures avec perte d'hydrogène (styrolène produit avec la benzine et l'éthylène). Dans ces divers cas, deux phénomènes inverses peuvent se développer, savoir : la condensation moléculaire, donnant lieu à un dégagement de chaleur, et la séparation de l'hydrogène, donnant lieu à une absorption de chaleur.

L'effet résultant est cependant une absorption considérable de chaleur, dans tous les cas où le calcul peut être exécuté avec quelque probabilité au moyen des données actuelles (1). Il paraît donc que ce sont ici les énergies thermiques, et non les énergies chimiques, qui accomplissent le travail de la transformation.

8. Voilà pourquoi les combinaisons de cette nature entre carbures d'hydrogène ne paraissent pas pouvoir être réalisées; si ce n'est dans les limites de température où l'un des carbures

(1) Par exemple, l'acétylène et l'hydrogène, en se produisant au moyen du formène, absorbent 108 Calories :

$$2C^2H^4 = C^4H^2 + 3H^2.$$

isolé, voire même tous les deux, commence à se dédoubler avec séparation d'hydrogène et production d'un état comparable à la dissociation (voy. page 126). Tous les faits que j'ai observés relativement aux actions réciproques entre les carbures, tels que éthylène, benzine, styrolène, naphtaline, concourent à cette conclusion.

9. La *formation du carbone*, comme produit final de ces condensations opérées avec perte d'hydrogène, mérite une attention toute particulière. En effet, l'action de la chaleur sur le formène et sur la benzine montre que l'influence d'une température très élevée engendre successivement des carbures de plus en plus riches en carbone, de moins en moins volatils, et dont l'équivalent et le poids moléculaire vont sans cesse en augmentant (voy. page 45). Ces condensations successives finissent par développer des carbures goudronneux et bitumineux, et elles aboutissent aux charbons : produits encore hydrogénés et dans lesquels la proportion d'hydrogène est même d'autant plus notable, que les charbons se sont formés à une température moins haute.

En réalité, les charbons ne sont pas comparables à l'état normal d'un corps simple véritable; ils sont au contraire assimilables à des carbures extrêmement condensés, extrêmement pauvres en hydrogène et à équivalent extrêmement élevé. Dès lors le carbone pur lui-même représente un état limite et qui peut à peine être réalisé, sous l'influence de la température la plus élevée que nous sachions produire. Tel qu'il nous est connu à l'état de liberté, *le carbone est le terme extrême des condensations moléculaires*. Son état actuel est donc aussi éloigné que possible de l'état théorique du véritable élément carbone, conçu comme ramené à la condition d'un gaz parfait, comparable à l'hydrogène. Ceci explique pourquoi le carbone ne se sépare jamais en nature dans les réactions simples, opérées à basse température; contrairement à ce qui arrive pour l'hydrogène et la plupart des éléments chimiques.

10. Ces faits et ces remarques sur l'origine du carbone rendent compte de ses états isomériques multiples et des anomalies

singulières qu'il présente dans ses chaleurs spécifiques et dans ses propriétés physiques et chimiques, comparées à celles de ses combinaisons.

Commençons par les états isomériques multiples du carbone. Ils s'expliquent aisément, si l'on admet que le carbone, représentant la limite des carbures d'hydrogène condensés, partage avec eux la propriété de se combiner avec les autres carbures; par exemple avec l'acétylène, en éliminant de l'hydrogène :

$$C^{2n} + C^4H^2 = C^{2n+4} + H^2.$$

En d'autres termes, $C^4(H^2)$ engendre $C^4(C^{2n})$ par substitution. Cette séparation de l'hydrogène de l'acétylène, au contact du charbon, est d'ailleurs un fait d'expérience, qui se comprend fort bien dans la théorie actuelle. De là résultent une suite d'états isomériques du carbone, en nombre pour ainsi dire illimité, et qui tendent, comme on sait, à le rapprocher de plus en plus des propriétés des corps métalliques.

Les diversités de la chaleur spécifique du carbone se conçoivent également. En effet, j'ai dit ailleurs (tome Ier, p. 451) que la chaleur spécifique d'un corps deux fois condensé diffère peu de celle du corps primitif; cependant il y a une certaine différence. Or cette différence doit s'accroître, à mesure que le degré de la condensation s'élève, et l'exemple du carbone prouve que la divergence, au bout d'un nombre considérable de condensations successives, peut devenir extrêmement grande. On sait, en effet, que la chaleur spécifique du carbone, sous ses divers états, peut diminuer jusqu'au quart et même au delà du nombre qui résulterait de la loi de Dulong, relative aux éléments solides (tome Ier, p. 469).

Enfin, la différence profonde qui existe entre les propriétés du carbone libre, sa volatilité spécialement, et les propriétés correspondantes des combinaisons carbonées, peut encore être interprétée par la considération des états condensés de cet élément.

En effet, dans un grand nombre de combinaisons chimiques, il existe une certaine corrélation entre les propriétés des éléments et celles de leurs composés : l'histoire des sulfures métalliques en offre de nombreux exemples. En ce qui touche la volatilité particulièrement, les corps composés sont d'ordinaire plus fixes que la moyenne de leurs éléments : comme le prouvent l'eau, comparée à l'hydrogène et à l'oxygène; l'ammoniaque, comparée à l'azote et à l'hydrogène, etc. Or les combinaisons les plus simples du carbone et de l'hydrogène, celle du carbone avec le soufre, etc., font au plus haut degré exception à cette généralisation.

Les analogies ordinaires se retrouvent au contraire, si l'on compare le carbone, dans son état actuel, non plus aux carbures gazeux et aux composés peu condensés, mais aux carbures solides ou liquides et aux corps très condensés, tels que les carbures goudronneux et bitumineux, les composés ulmiques, etc. : composés que leur état physique, la couleur, l'insolubilité, l'absence de volatilité, etc., rapprochent de plus en plus des propriétés générales du carbone ordinaire. En un mot, les relations physiques entre ce corps simple et les combinaisons qui en dérivent sont surtout marquées dans l'étude des composés très condensés; comme il convient pour un élément qui est le produit limite des condensations.

11. Ces considérations ne me paraissent pas seulement applicables au carbone, mais aussi à beaucoup d'autres éléments. Ainsi je crois superflu d'insister sur leur application aux états multiples du bore et du silicium, états évidemment analogues à ceux du carbone; mais il me paraît utile de les étendre à l'étude des métaux.

On sait, en effet, que les oxydes normaux d'un grand nombre de métaux, le peroxyde de fer et le bioxyde de manganèse, par exemple, soumis à l'action d'une température croissante, perdent peu à peu leur oxygène et se changent en sous-oxydes, de formule compliquée et dont la complication croît, à mesure que l'élévation de la température détermine le départ d'une plus forte proportion d'oxygène. Ces sous-oxydes, de moins en moins oxydés, me semblent comparables aux carbures de moins en moins hydrogénés qui prennent naissance sous l'influence d'une température croissante. En poursuivant ces analogies, on est conduit à penser que certains métaux, dans leur état actuel, représentent, comme le carbone, les produits limites d'une suite de condensations moléculaires progressives (1).

Cette manière de voir est appuyée par la tendance du carbone fortement calciné à se rapprocher de l'état métallique, tendance dont on retrouve quelques indices dans l'étude des carbures condensés, et spécialement dans l'action que ces corps exercent sur la lumière. Elle est corroborée par les variations correspondantes qu'une forte calcination apporte aux propriétés de la plupart des oxydes, et même de certains métaux. Il y a là tout un ordre d'idées nouvelles, qui rappellent involontairement les tentatives des alchimistes pour *fixer* les corps et changer la nature des métaux sous l'influence d'une calcination prolongée (2).

12. Exprimons en quelques mots la théorie générale de la décomposition chimique des corps par voie d'échauffement, telle qu'elle résulte des faits et des considérations précédentes.

Tout corps composé, avons-nous dit, soumis à l'action d'une température indéfiniment croissante, finit par se résoudre en ses éléments. Mais cette résolution s'opère suivant deux modes très généraux et essentiellement distincts, suivant que les éléments reparaissent sous la forme de gaz parfaits, ou bien sous la forme de corps solides.

1° Lorsque les éléments reparaissent à l'état de gaz parfaits, comme il arrive lors de la décomposition de l'eau, du gaz chlorhydrique, etc., ils se séparent directement et du premier coup; la décomposition commence à une certaine température, et, dans la plupart des cas, elle est complète à une température plus élevée. Le plus souvent, il existe un certain intervalle de température, pendant lequel il se produit un équilibre variable entre les énergies thermiques, qui tendent à résoudre le composé en éléments, et les énergies chimiques, qui tendent à recombiner ces mêmes éléments.

2° Lorsque les éléments, ou l'un d'entre eux, sont solides à la

(1) *Annales de chimie et de physique*, 4e série, t. IX, p. 418; 1866.
(2) Macquer, *Dictionnaire de chimie*, t. III, p. 75, article MÉTAUX; 1778.

température de la décomposition, ce qui arrive pour les carbures d'hydrogène et pour beaucoup d'oxydes métalliques, alors la décomposition s'opère le plus souvent d'une manière médiate et par la voie des condensations successives. Une partie de l'un des éléments se trouve mise à nu; tandis qu'une autre partie demeure unie à l'autre élément, en formant un composé nouveau, plus condensé que le premier, c'est-à-dire dont l'équivalent renferme un plus grand nombre de fois celui de l'élément invariable. Cet accroissement d'équivalent se traduit par un accroissement correspondant dans la densité de la vapeur, toutes les fois que le composé peut être amené à l'état gazeux.

Sous l'influence d'une température toujours plus élevée, le premier élément continue à se séparer en proportion croissante; tandis que la condensation du second élément va toujours en augmentant dans le composé résidu.

Enfin, lorsque la décomposition tend à devenir complète, l'élément solide se sépare dans un état extrêmement condensé et qui représente la limite des condensations que cet élément peut affecter dans ses combinaisons.

L'équilibre qui s'établit entre les énergies thermiques et les énergies chimiques dans le second mode général de décomposition est d'une nature toute différente de celui qui caractérise le premier mode. Ce n'est pas que l'état de dissociation ne puisse exister également dans ce second mode de décomposition; mais un tel état ne se produit pas alors entre les éléments eux-mêmes. Quand il a lieu, c'est de deux façons : d'une part, entre les composés condensés (tels que les carbures d'hydrogène ou les oxydes métalliques) et l'élément qui devient libre (tel que l'hydrogène dans le cas des carbures, ou l'oxygène dans le cas des oxydes), et d'autre part, entre les composés condensés eux-mêmes. Chacun de ces composés, tels que les carbures d'hydrogène, joue donc en réalité, dans le second procédé de décomposition, le même rôle que remplissent les éléments dans le premier procédé.

CHAPITRE VII

ÉQUILIBRES CHIMIQUES DANS LES DISSOLUTIONS

§ 1er. — Caractères généraux des dissolutions.

1. Lorsqu'on met un corps liquide en présence d'un autre corps solide, liquide, ou gazeux, il arrive fréquemment que les deux corps s'unissent, de façon à former un système liquide et homogène. Plusieurs cas se présentent alors.

Tantôt le système se comporte comme une combinaison véritable, unique, formée en proportions définies, et incapable de s'unir avec une nouvelle dose de l'un des composants.

Tantôt, au contraire, et ce cas est le plus fréquent, on peut ajouter au système formé tout d'abord plusieurs doses nouvelles de l'un ou de l'autre des composants, voire même de tous les deux, de façon à constituer une série de systèmes, liquides et homogènes, dans lesquels la proportion relative des composants varie d'une manière continue et indéfinie : c'est ce que l'on appelle une *dissolution*.

2. Quelle est la nature véritable de cet état des corps? Quel rôle physique et chimique remplit le dissolvant, l'eau en particulier, à laquelle on a le plus communément recours? Les particules du corps dissous sont-elles simplement mélangées au dissolvant, c'est-à-dire écartées les unes des autres, sans changement dans leur nature chimique, à la façon d'une poussière impalpable, répartie uniformément dans le liquide; ou tout au plus modifiées dans leurs arrangements physiques relatifs, ainsi qu'il arrive lors de la fusion d'un corps solide? Ou bien le dissolvant exerce-t-il une action propre : soit en se combinant intégralement avec le corps dissous pour former un nouveau composé, lequel se distinguerait des combinaisons chimiques par le caractère indéfini de ses proportions; soit en se combinant en

partie avec la totalité du corps dissous, pour former un véritable composé défini, lequel se dissémine ensuite physiquement au sein du dissolvant? Enfin le dissolvant est susceptible d'opérer une décomposition chimique véritable, en séparant tout ou partie du corps primitif dans ses composants; ces derniers d'ailleurs pouvant demeurer libres au sein du liquide, avec lequel ils sont mêlés et confondus; ou se combiner, à leur tour et séparément, avec le dissolvant, chacun d'eux formant avec ce dernier soit une combinaison indéfinie, soit une combinaison définie, disséminée dans la totalité du liquide?

3. Telles sont les principales manières d'envisager les dissolutions. La variété des phénomènes naturels est si grande, que chacune de ces hypothèses semble réalisée et applicable dans un certain ordre de dissolutions. En tout cas, ces diverses questions se présentent à chaque instant dans nos études; par exemple, lorsqu'il s'agit de décider :

Quelle est l'action réciproque de deux corps réunis dans le même dissolvant ;

Comment une base se répartit entre deux acides ;

Comment un acide se répartit entre deux bases ;

Ce qui arrive lors du mélange de deux sels dissous ;

En vertu de quels principes se forment les précipités.

Bref, quels équilibres chimiques président aux réactions qui s'opèrent en présence de l'eau.

On voit par ces exemples combien le problème de l'état des corps dans les dissolutions importe à la mécanique moléculaire.

4. Ce problème n'offre pas moins d'intérêt dans les applications. Citons-en quelques-unes, choisies parmi les plus caractéristiques.

Ainsi l'étude des eaux minérales et des réactions qu'elles exercent sur l'organisation humaine dépend de la nature des sels que ces eaux renferment. Par exemple, la théorie des actions exercées par les eaux sulfureuses sera bien différente, selon que l'on y admettra l'existence réelle des sulfures alcalins complètement formés; ou bien la séparation, totale ou partielle, des sulfures dissous en hydrogène sulfuré et alcali libre, capables d'exercer séparément les actions propres à chacun de ces deux composants.

De même l'état réel des sels ferriques dissous est d'une haute importance pour la connaissance de leurs effets médicamenteux. Ceux-ci ne seront pas les mêmes, si le fer est à l'état de sel stable et actif par ses propriétés d'ensemble; ou bien si le sel dissous se trouve décomposé par l'eau en sel acide et en sel basique, ce dernier facilement attaquable par les principes immédiats de l'économie; ou bien au contraire si le sel dissous est décomposé par l'eau en acide libre et oxyde de fer soluble, privé de toute réaction basique et peut-être même devenu inactif, parce qu'il est coagulable par les moindres traces de matières étrangères.

Dans la théorie de la respiration, il est essentiel de savoir quels sont les sels alcalins contenus dans le sang, et quel est l'état réel de dissolution ou de combinaison de l'acide carbonique et de l'oxygène qui s'y trouvent renfermés.

L'état réel des corps dissous n'importe pas moins dans l'étude des conditions qui règlent certaines fabrications, spécialement celles qui déterminent la fixation des couleurs sur les étoffes : ainsi les phénomènes de la teinture en rouge d'aniline ne seront pas les mêmes, si les sels de rosaniline sont stables en présence de l'eau, ou bien s'ils sont décomposés par ce dissolvant; etc., etc.

Bref, la constitution chimique des corps dissous dans les principaux liquides physiologiques, celle de nos boissons et de nos médicaments, aussi bien que celle des dissolutions que nous employons dans l'industrie, importent extrêmement à connaître.

5. Pour prendre une idée plus complète de cet ordre de phénomènes, nous examinerons successivement la dissolution des corps sous leurs trois états, gazeux, liquide et solide; puis nous parlerons d'un phénomène inverse, la formation des précipités.

§ 2. — Dissolution des gaz.

1. L'observation montre que tout gaz mis en présence d'un liquide s'y dissout en certaine proportion, tantôt en vertu de lois purement physiques, ce qui arrive avec les gaz peu solubles,

tantôt en vertu d'une réaction chimique, jointe à un phénomène d'ordre physique, ce qui est le cas des gaz très solubles.

2. Nous examinerons d'abord les gaz peu solubles.

Pour de tels gaz, la quantité dissoute est proportionnelle à la pression qu'ils exercent (loi de Dalton). En d'autres termes, le rapport entre le volume du liquide et celui du gaz dissous, sous la pression normale, est exprimé par un nombre constant, que l'on appelle *coefficient de solubilité*. Ce coefficient varie avec la température; il diminue en général à mesure qu'elle devient plus élevée.

Il résulte de cette loi que si l'on fait le vide sur un liquide renfermant un gaz simplement dissous, le gaz se dégagera entièrement.

Il en sera de même, si l'on met le liquide en présence d'une atmosphère illimitée d'un gaz étranger, le gaz primitif se trouvant alors soumis aux mêmes conditions que s'il était en présence d'un espace vide. Mais, dans ce cas une complication intervient; en effet, le nouveau gaz prend la place du premier dans la dissolution, suivant son propre coefficient de solubilité.

Il en est encore de même, si l'on fait traverser le liquide qui renferme le premier gaz par un courant prolongé du second gaz.

A fortiori le gaz dissous se dégage-t-il si l'on porte le liquide à l'ébullition et si on le distille en partie, la vapeur du liquide entraînant avec elle le gaz dissous, comme le ferait un gaz étranger.

3. Ces lois ont été vérifiées sur les gaz peu solubles dans l'eau, tels que l'oxygène, l'hydrogène, l'azote, l'oxyde de carbone et même l'acide carbonique, etc... Lorsqu'elles sont observées, on regarde la dissolution d'un gaz comme un phénomène purement physique, résultant de l'interposition des molécules gazeuses disséminées au sein des molécules liquides.

4. Cependant ce n'est pas là un simple mélange mécanique. En effet la dissolution des gaz donne toujours lieu à un dégagement de chaleur considérable. C'est ce que montrent les tableaux LXXIV (tome Ier, p. 511) et XLIX (p. 418). Tous les gaz étant pris sous un même volume, tel que $22^{\text{lit}},3\ (1+t)$, et à la pression

normale, la dissolution du chlore dans l'eau dégage $+ 3^{Cal},0$; celle de l'acide sulfhydrique $+ 4,75$; celle de l'acide sulfureux $+ 7,7$ etc.

5. La chaleur de dissolution d'un gaz est du même ordre de grandeur que la chaleur de vaporisation du gaz liquéfié, sans lui être cependant identique.

Par exemple, la liquéfaction du gaz sulfureux à basse température, pour le poids $S^2O^4 = 64^{gr}$, dégage: $+ 6^{Cal},2$; et sa dissolution dans l'eau, à la température ordinaire : $+ 7^{Cal},7$.

La liquéfaction du gaz cyanhydrique, sous faible tension vers 15° dégage : $+ 5^{Cal},7$; la dissolution de ce gaz à la même température : $+ 6^{Cal},1$.

Dans presque tous les cas connus, la chaleur de dissolution des gaz surpasse sensiblement leur chaleur de liquéfaction; comme s'il y avait en général quelque part du phénomène thermique attribuable à une combinaison commençante, ou plutôt partielle, entre le gaz et l'eau. En effet, l'écart des deux nombres représente précisément la chaleur qui serait dégagée par la réaction de l'eau sur le liquide résultant de la condensation du gaz : chaleur faible dans un grand nombre de cas, tels que ceux du brome gazeux, des acides formique et acétique gazeux. Mais elle est déjà notable pour la dissolution des vapeurs d'éther ordinaire, de chloroforme, d'alcool, d'aldéhyde, etc. Ajoutons d'ailleurs que l'existence d'une combinaison réelle entre l'eau et de tels gaz peut souvent être constatée à l'aide du refroidissement, lequel en détermine la cristallisation, ainsi qu'il va être dit. Mais ces faits s'appliquent surtout aux dissolutions des gaz très solubles, dissolutions dont il va être question maintenant.

6. Quand la solubilité d'un gaz dans un liquide est considérable, le caractère chimique du phénomène s'accentue davantage : par suite la solubilité croît en général avec la pression suivant des lois différentes de celles de Dalton et qui varient d'après la nature individuelle du gaz. Trois cas généraux peuvent alors se présenter.

7. *Premier cas. — La dissolution du gaz est détruite complètement par l'action du vide*, ou par la présence d'une quantité,

soit illimitée, soit incessamment renouvelée, d'un gaz étranger. Les solutions aqueuses du gaz ammoniac, du gaz sulfureux, du gaz cyanhydrique et de beaucoup d'autres sont dans ce cas.

Cependant les solutions aqueuses de ces mêmes gaz renferment souvent de véritables combinaisons définies. Par exemple, la solution du gaz ammoniac, saturée à basse température se trouve contenir l'eau et le gaz suivant des proportions définies : soit $AzH^3 + H^2O^2$, très sensiblement. Cet hydrate cristallise d'ailleurs dans un mélange réfrigérant.

Le gaz sulfureux forme aussi des hydrates cristallisables; de même la vapeur d'éther et l'eau, etc. C'est là un ordre de composés extrêmement répandus et faciles à préparer avec la plupart des gaz ou vapeurs, soumis à l'action d'un mélange réfrigérant. Mais tous ces composés sont peu stables, et susceptibles de subsister seulement en présence des produits de leur décomposition; c'est-à-dire que le gaz dissous, le liquide dissolvant et leur combinaison forment un système en équilibre, équilibre dont les conditions varient avec la température et la pression. Si l'un des composants vient à être éliminé, par suite de sa vaporisation dans un espace vide, ou bien au sein d'un gaz étranger, une portion correspondante du composé se détruit aussitôt, de façon à reproduire un nouvel état d'équilibre. A mesure que l'élimination du composant gazeux se poursuit, les mêmes phénomènes se reproduisent, et il continue à être éliminé jusqu'à la destruction totale de la combinaison; c'est-à-dire jusqu'à ce que le gaz dissous soit complètement dégagé.

8. Les relations qui existent entre la proportion des gaz dissous dans ces conditions et les quantités de chaleur dégagées n'ont guère été jusqu'ici l'objet de mesures exactes. On ne connaît qu'une seule étude de ce genre, relative au gaz ammoniac, en présence de l'eau. En voici les résultats.

La chaleur dégagée par la dissolution du gaz ammoniac dans l'eau en surpasse toujours notablement la chaleur de liquéfaction : $+4,4$. En effet, la dissolution de ce gaz dégage, vers 14 degrés, de $7^{Cal},6$ à $8^{Cal},8$; selon qu'elle a lieu en présence de H^2O^2 (hydrate cristallisable), ou d'une très grande quantité d'eau. En général on a : $8^{Cal},82 - \frac{1,27}{n}$ pour l'union de AzH^3 avec nH^2O^2 (tome Ier, p. 394, tableau XXXV). Il est possible d'ailleurs qu'il se produise alors, suivant les proportions d'eau mises en présence, plusieurs hydrates définis, distincts du premier hydrate cristallisable $AzH^3 + H^2O^2$ que je viens de signaler; mais tous sont dissociables.

9. Citons encore l'exemple suivant : la liquéfaction de l'éther gazeux dégage $+ 6^{Cal},7$; la dissolution du même gaz dans une grande quantité d'eau dégage $+ 12^{Cal},6$: excès de chaleur attribuable également à la formation d'un hydrate. En fait, il existe un tel hydrate défini, $C^8H^{10}O^2 + 2H^2O^2$, cristallisable à basse température, d'après M. Tanret.

10. 2e *cas. — La dissolution du gaz, faite suivant certaines proportions, résiste complètement à l'action du vide;* soit qu'elle demeure privée de volatilité, soit qu'elle distille sans changer de composition. Dans ce dernier cas, elle distille de même, lorsqu'on essaye de vaporiser le corps dissous dans un courant de gaz étranger, privé d'action chimique proprement dite sur le gaz primitif, ou sur le dissolvant. Cet ordre de dissolution se manifeste seulement, je le répète, pour certaines proportions définies du gaz et du dissolvant. Elle résulte alors d'un phénomène exclusivement chimique et la pression n'y exerce aucune influence.

Telle est, par exemple, la combinaison formée entre les vapeurs d'acide sulfurique anhydre et l'eau : $S^2O^6 + H^2O^2$; ou bien encore la combinaison entre les vapeurs d'acide azotique anhydre et l'eau : $AzO^5 + HO$. Il est clair que nous avons affaire ici à de véritables composés chimiques, privés de toute tension de dissociation ; du moins à la température ordinaire.

Or la chaleur dégagée dans la formation de ces composés surpasse de beaucoup, comme on devait s'y attendre, la chaleur de liquéfaction du gaz (ou de la vapeur) qui s'unit à l'eau. Par exemple, la transformation du gaz azotique anhydre en liquide dégage $+ 2^{Cal},4$ (pour 54 grammes) ; tandis que son union avec un équivalent d'eau dégage $+ 7^{Cal},7$.

11. On peut rapprocher de ces composés stables et définis certains hydrates stables presque au même degré, formés par les gaz chlorhydrique, bromhydrique, iodhydrique.

En effet, il existe certaines limites de composition au-dessous desquelles les hydracides dissous dans l'eau cessent d'être entraînés en proportion sensible dans un courant gazeux. Pour s'en assurer, il suffit de diriger un courant lent d'acide carbonique à travers les solutions aqueuses des hydracides faites en diverses proportions; puis on fait passer le gaz dans une solution d'azotate d'argent. On vérifie ainsi le terme auquel la proportion d'hydracide entraîné devient extrêmement faible et attribuable sans doute à la vaporisation très intégrale de l'hydrate. La limite trouvée répond à peu près, vers 12 degrés, aux compositions suivantes :

$$HCl + 6{,}5\,H^2O^2;\quad HBr + 4{,}2\,H^2O;\quad HI + 4{,}7\,H^2O^2.$$

Ces compositions concordent avec les essais antérieurs de M. Bineau et avec les expériences précises de MM. Roscoë et Dittmar.

Cependant elles ne présentent pas encore la fixité absolue d'une combinaison définie, les hydracides continuant encore à être entraînés au delà de ces proportions, bien qu'en faible quantité. C'est seulement lorsque l'eau surpasse 8 à $9H^2O^2$ que l'acide chlorhydrique volatilisé dans le courant gazeux cesse d'agir d'une manière appréciable sur l'azotate d'argent. Avec les deux autres hydracides, la limite qui sépare un entraînement faible d'un entraînement insensible est beaucoup plus resserrée.

Avant de discuter la signification de ces faits, complétons-en l'étude.

Les limites précédentes changent un peu avec la température et la pression, d'après les expériences de MM. Roscoë et Dittmar (1). La pression étant modifiée depuis $0^m,05$ jusqu'à $2^m,50$, la composition du mélange invariable qui distille à tem-

(1) *Quarterly Journal of the Chem. Soc.*, t. XII, p. 128, et t. XIII, p. 156 et suiv.

pérature fixe, sous une pression donnée, change seulement de

$$HCl + 6{,}7 H^2O^2 \text{ jusqu'à } HCl\, 9{,}3 H^2O^2.$$

Des remarques analogues s'appliquent aux autres hydracides. Ainsi les mélanges bromhydriques qui bouillent de 16 à 153 degrés, chacun à une température fixe mais sous une pression différente, changent seulement de $HBr + 4{,}2 H^2O^2$ à $HBr + 5 H^2O^2$. De même les mélanges iodhydriques qui bouillent de 15 à 127 degrés changent seulement de $HI + 4{,}7 H^2O^2$ à $HI + 5{,}5 H^2O^2$.

Or des variations aussi peu étendues peuvent fort bien s'interpréter, en admettant pour chaque hydracide l'existence de certains hydrates définis : deux au moins, trois peut-être, dont un seul serait stable : c'est celui dont nous parlons en ce moment.

Ces composés, signalés par l'étude des tensions des hydracides dissous, se manifestent encore par les points saillants des courbes thermiques de dissolutions (tome Ier, page 518) et par divers autres caractères, d'un ordre plus spécialement chimique. Ainsi ils répondent à peu près à la limite vers laquelle se produit la précipitation des chlorures alcalins dissous par l'hydracide concentré.

Des hydrates pareils sont encore signalés par certaines réactions chimiques, dont le signe change avec la concentration. De là résulte par exemple la limite vers laquelle se renverse la réaction de l'acide chlorhydrique sur les sulfures d'antimoine et d'argent, etc. (1); telle est encore la limite d'inversion des réactions de l'acide iodhydrique sur l'acide sulfureux gazeux, ou de l'hydrogène sulfuré sur le même hydracide mêlé d'iode.

Si j'insiste sur ces hydrates divers, c'est qu'ils jouent, comme je viens de le rappeler et comme je le montrerai ailleurs, un rôle capital dans la statique chimique des dissolutions.

12. Il serait intéressant de pouvoir comparer la chaleur de formation des hydrates définis des hydracides avec la chaleur de liquéfaction des hydracides gazeux eux-mêmes. La première

(1) *Annales de chimie et de physique*, 5e série, t. IV, p. 463.

quantité est connue. En effet, nous avons trouvé (tome Ier, p. 393) que la chaleur de formation des hydrates d'hydracides présente les valeurs suivantes :

$$+ 16,5 \text{ pour } HCl + 6,5\,H^2O^2,$$
$$+ 17,5 \text{ pour } HBr + 4,5\,H^2O^2,$$
$$+ 17,0 \text{ pour } HI + 4,5\,H^2O^2$$

Ces nombres surpassent toute valeur vraisemblable des chaleurs de liquéfaction des gaz chlorhydrique, bromhydrique, iodhydrique. En fait, celles-ci ne sont malheureusement pas connues ; mais elles sont probablement voisines de 5 à 7 Calories, d'après les analogies (voy. le tableau XLIX, t. Ier, p. 418).

C'est encore là un caractère essentiel ; car il est propre à établir l'existence d'une combinaison proprement dite entre le gaz dissous et l'eau.

13. 3e *cas.* — La *dissolution du gaz soumise à l'action du vide perd d'abord une portion de l'un de ses composants*, soit le gaz dissous, soit l'eau, *en proportion plus forte que l'autre, jusqu'à ce que la liqueur ait été ramenée à une composition fixe*, telle que l'une des compositions définies précédemment. A partir de ce moment, nous rentrons dans le 2e cas, c'est-à-dire que le corps distille avec des propriétés invariables et à une température déterminée.

Nous avons affaire ici à un mélange de deux composés définis (ou davantage), l'un stable, l'autre à l'état de dissociation. Exposons les faits qui établissent cette relation.

Nous citerons les dissolutions formées par les hydracides, suivant des proportions autres que celles des hydrates stables.

Ainsi, pour toute dissolution dont la composition est comprise entre $HCl + 2H^2O^2$ et $HCl + 6,5\,H^2O^2$, l'action du vide dégage à froid du gaz chlorhydrique.

De même toute dissolution comprise entre $HBr + 2H^2O^2$ et $HBr + 4,5H^2O^2$, dégage à froid du gaz bromhydrique.

De même enfin toute dissolution comprise entre $HI + 3H^2O$ et $HI + 4,5H^2O^2$, dégage à froid du gaz iodhydrique.

Toutes ces dissolutions intermédiaires fument à l'air, à cause de la réaction de la vapeur d'eau atmosphérique sur l'hydracide gazeux qui se dégage.

Inversement, toute dissolution contenant une dose d'eau notablement supérieure à $6,5\,H^2O^2$ pour HCl, à $4,5\,H^2O^2$ pour HBr et HI, laisse d'abord distiller de l'eau, lorsqu'on la distille dans le vide à la température ordinaire. Cette eau renferme seulement une très petite dose d'hydracide, attribuable à l'existence d'une tension de vapeur sensible dans l'hydrate défini qui ne distille pas en masse et pour son propre compte (1).

Signalons encore les relations thermiques qui caractérisent ce troisième ordre de dissolutions. D'après l'observation, la chaleur dégagée par l'union de l'eau et des hydracides varie suivant les proportions relatives, dans des limites considérables et telles que les suivantes :

$HCl + 2H^2O^2$, dégage : $+ 11,62$,
$HCl + 200\,H^2O^2$ dégage : $+ 17,43$.

En général, l'union de HCl avec nH^2O^2, vers 17 degrés, dégage à très peu près : $17^{Cal},43 - \frac{11,62}{n}$.

De même

$\begin{cases} HBr + 2\,H^2O^2, \text{ dégage : } + 14,2, \\ HBr + 200\,H^2O^2, \text{ dégage : } + 20,0, \end{cases}$

$\begin{cases} HI + 3\,H^2O^2, \text{ dégage : } + 15,6, \\ HI + 200\,H^2O^2 : + 19,6. \end{cases}$

Les hydrates stables produisent des quantités de chaleur intermédiaires et données à la page précédente.

Des variations thermiques aussi considérables fournissent une nouvelle preuve de l'existence des hydrates définis multiples dans les dissolutions.

14. D'après les faits qui viennent d'être cités, les hydracides forment des dissolutions bien plus concentrées que celles qui répondent à la composition des limites assignées plus haut, limites pour lesquelles les mêmes hydracides unis à l'eau ont cessé de manifester une tension sensible. Or ces dissolutions concen-

(1) Peut-être aussi un hydrate intermédiaire, déjà signalé plus haut, joue-t-il ici quelque rôle.

trées répondent elles-mêmes à des hydrates définis spéciaux, plus simples que les hydrates stables, et qui sont surtout caractérisés parce qu'ils sont cristallisables à basse température : tels sont l'hydrate $HCl + 2H^2O^2$ découvert par MM. I. Pierre et Puchot, et l'hydrate $HBr + 2H^2O^2$ que j'ai observé moi-même. Cependant ces nouveaux hydrates définis entrent en dissociation, dès que la température s'élève; ils forment ainsi, d'une part, de l'hydracide anhydre qui se dégage; et, d'autre part, un hydrate stable à froid, et défini plus haut, tel que :

$$HCl + 6{,}5\,H^2O^2,$$
$$HBr + 4{,}5\,H^2O^2,$$
$$HI + 4{,}5\,H^2O^2.$$

La transformation de l'hydrate dissociable dans l'hydrate stable dégage les quantités de chaleur suivantes, les deux corps étant pris dans l'état liquide :

$$(HCl + 2\,H^2O^2) + 4{,}5\,H^2O^2 : + 2{,}3,$$
$$(HBr + 2\,H^2O^2) + 2{,}5\,H^2O^2 : + 3{,}3,$$
$$(HI + 3\,H^2O^2) + 1{,}5\,H^2O^2 : + 1{,}4.$$

15. En résumé, nous pouvons constater pour chacun des acides chlorhydrique, bromhydrique, iodhydrique, l'existence de deux hydrates distincts au moins; et il semble qu'il en existe encore d'autres, quoique la réalité de ces derniers soit plus difficile à établir.

16. En résumé, les dissolutions étendues des hydracides renferment seulement des hydrates définis et stables, associés avec un excès d'eau; tandis que les solutions très concentrées contiennent, en même temps que les corps précédents, des hydrates à l'état de dissociation et une certaine proportion d'acide anhydre.

De là résultent les réactions chimiques contraires, produites par ces deux ordres de solutions, et que j'ai déjà citées plus haut. Les hydracides anhydres effectuent certaines réactions, telles que l'attaque du sulfure d'antimoine, l'hydrogénation des composés organiques, du soufre, de l'acide sulfureux, etc.; tandis que les hydrates stables des hydracides sont sans efficacité, ou même produisent les actions inverses. Ce renversement des réactions correspond en principe avec le renversement de leur signe thermique véritable; attendu que les hydrates stables des hydracides développent en moins dans les réactions la chaleur qui a été dégagée au moment de la combinaison réelle entre l'eau et l'hydracide anhydre. Mais, lors de la discussion des observations, il convient de tenir compte des complications qui peuvent résulter de la dissociation des hydrates instables, ou des changements d'état. On reviendra sur ce point.

17. Dans ce qui précède nous avons envisagé seulement les combinaisons que l'eau forme avec les gaz qu'elle dissout; mais il est clair que la dissolution des gaz dans les autres liquides doit obéir aux mêmes principes généraux. Rappelons brièvement les expériences faites sur cette question :

1° Tantôt un gaz se dissout dans un liquide en faible proportion et suivant la loi de Dalton : ce qui arrive pour l'hydrogène ou le gaz des marais, dissous dans l'alcool. La chaleur dégagée dans ces conditions n'a pas été mesurée.

2° Tantôt le gaz est très soluble et forme avec le liquide des composés entièrement dissociables par le vide ; ce qui arrive pour l'acide chlorhydrique dissous dans l'acide acétique pur, d'après mes observations. Or, j'ai trouvé que la chaleur dégagée par une telle dissolution varie peu avec les proportions relatives; soit à 13 degrés : $+ 6^{Cal},2$ pour $HCl + 5,8\, C^4H^4O^4$ et $+ 7^{Cal},1$ pour $HCl + 200 C^4H^4O^4$. Ces nombres doivent être fort voisins de la chaleur de liquéfaction de l'acide chlorhydrique.

3° Tantôt enfin le gaz est très soluble et forme avec le liquide divers composés, les uns stables, les autres dissociables. L'alcool et le gaz chlorhydrique forment ainsi :

Un composé volatilisable à froid, sans changement sensible de composition, tel $HCl + 3C^4H^6O^2$, et divers autres composés, caractérisés,

Les uns par la tension propre que l'hydracide anhydre y conserve; tel paraît être le chlorhydrate : $HCl + C^4H^6O^2$;

Les autres, au contraire, par la tension propre de l'alcool :

telles sont les dissolutions chlorhydriques d'alcool renfermant plus de $3C^4H^6O^2$.

Ces faits indiquent l'existence de certains alcoolates définis d'hydracides, les uns stables, les autres dissociables en hydracide et alcoolate stable, d'autres enfin dissociables en alcool et alcoolate stable. Ces divers alcoolates sont analogues aux hydrates d'hydracides que nous avons signalés plus haut, et ils offrent les mêmes propriétés générales.

La grandeur absolue et l'étendue des variations des chaleurs de dissolution de l'hydracide dans l'alcool concordent avec ces conclusions. En effet :

		Cal
$HCl + C^4H^6O^2$	à basse température, dégage :	+ 10,6,
$HCl + 3C^4H^6O^2$	»	+ 13,8,
$HCl + 300C^4H^6O^2$	»	+ 17,35.

18. Je me suis étendu sur ces résultats, parce que l'étude de la dissolution des gaz fournit des données précieuses dans la recherche des combinaisons que les corps dissous peuvent contracter avec le dissolvant; il en est ainsi à cause de la tension que conservent les gaz non combinés. Les résultats auxquels on est conduit par cette étude sont d'autant plus importants qu'ils s'appliquent également aux dissolutions formées par les corps non volatils, tels que les alcalis, les sels et les composés chimiques en général, mis en présence d'un liquide quelconque. Dans tous les cas, je le répète, les liqueurs obtenues peuvent être regardées comme renfermant des combinaisons définies, formées par l'union du corps dissous avec le dissolvant : les unes stables, les autres dissociées, suivant deux sens opposés qui correspondent à la concentration.

C'est ce que nous allons développer davantage.

§ 3. — Mélange et dissolution réciproque des liquides.

1. Deux liquides mis en présence peuvent : soit demeurer sans action réciproque (eau et mercure); soit se mêler en toute proportion (eau et acide azotique); soit se dissoudre récipro-

quement, mais de façon à former, d'après les proportions relatives, tantôt un mélange homogène, tantôt deux couches distinctes, renfermant chacune une certaine dose des deux liquides composants (éther et eau).

Dans le premier cas, l'absence d'action réciproque est confirmée par ces faits : qu'il n'y a point de dégagement de chaleur au contact des deux corps, et que la tension de vapeur du mélange est précisément la somme des tensions des deux liquides séparés.

Au contraire, dans les deux autres cas, il y a toujours une diminution de tension, dont l'étendue indique la grandeur des actions réciproques.

2. Celles-ci sont encore attestées par les variations des diverses propriétés physiques (densité, point de fusion, point d'ébullition, chaleurs spécifiques, etc.), et surtout par la formation de certains composés cristallisables. Elles le sont aussi par l'existence et la grandeur des dégagements ou des absorptions de chaleur.

Par exemple, l'éther ordinaire, mis en présence de 200 fois son poids d'eau à 13 degrés, se dissout entièrement en dégageant, pour le poids $C^4H^4(C^4H^6O^2) = 74$ grammes : $+5^{Cal},9$.

L'éther acétique, en présence de la même proportion d'eau, se dissout aussi et dégage, pour le poids $C^4H^4(C^4H^4O^4)$: $+3^{Cal},1$, etc.

Si l'on opère avec des liquides miscibles en toutes proportions, la chaleur dégagée varie de grandeur ; suivant les proportions relatives.

Soit, par exemple, l'alcool et l'eau :

$C^4H^6O^2 + \frac{1}{2}HO$ dégage à 17 degrés : $+0^{Cal},07$
$C^4H^6O^2 + 250H^2O^2$ .... $+2^{Cal},54$

Le signe même du phénomène thermique peut changer suivant les proportions relatives et la température. Ainsi l'acide cyanhydrique, mêlé avec une petite quantité d'eau, absorbe de la chaleur ; tandis qu'il en dégage, si la dose d'eau est très grande.

3. Quand les quantités de chaleur produites par le mélange de deux liquides sont considérables, il est licite et conforme aux analogies d'admettre l'existence de composés définis entre le

dissolvant et le corps dissous. Mais l'interprétation est plus douteuse, lorsqu'il s'agit de quantités de chaleur faibles ou négatives; les travaux purement physiques, accomplis par le simple mélange des liquides et par la désagrégation des particules complexes qui constituaient chacun d'eux avant le mélange, se trouvant confondus avec les effets des combinaisons proprement dites.

4. Au contraire, comme je viens de le rappeler, l'existence de combinaisons véritables formées entre un dissolvant et le corps dissous se manifeste très nettement dans l'étude de la réaction de l'eau sur les acides et sur les alcalis (voy. tome Ier, p. 393). Nous allons résumer, à ce point de vue, les résultats observés sur les deux acides liquides les plus importants, je veux dire les acides azotique et sulfurique.

5. Les mélanges d'eau et d'acide azotique dégagent à +9°,7 des quantités de chaleur dont le détail a été donné ailleurs (tome Ier, p. 397); elles varient entre les proportions suivantes :

$$AzO^6H + 200\,H^2O^2: \quad +7{,}15$$
$$AzO^6H + H^2O^2\ldots\ldots \quad +3{,}31$$

Il est nécessaire de rappeler ici les résultats fournis par l'étude thermique de ce phénomène, au point de vue de l'existence des hydrates définis. Ceux-ci, comme nous l'avons dit ailleurs (tome Ier, p. 518), peuvent être établis par l'examen de la courbe des chaleurs d'hydratation. En effet, si l'on trace une courbe ayant pour abscisses les nombres d'équivalents d'eau, et pour ordonnées les quantités de chaleur dégagées, cette courbe exprime d'une manière générale que la chaleur de dilution décroît en sens inverse de la proportion d'eau déjà unie à l'acide. Étudions-en la marche de plus près. Au voisinage de $2H^2O^2$, la courbe est presque rectiligne; un nouvel arc suit, avec une très faible courbure, jusque vers $5H^2O^2$; puis la courbure se prononce et tend à devenir asymptotique. Ces phénomènes semblent répondre d'abord à la formation d'un hydrate défini, $AzO^6H + 2H^2O^2$, les premières additions d'eau dégageant des quantités de chaleur à peu près proportionnelles à la formation d'un tel hydrate.

Or cet hydrate est précisément celui qui se vaporise avec une composition identique à celle de la liqueur, lorsqu'on dirige dans celle-ci un courant gazeux, soit à froid, soit jusque vers 60 degrés. Au-dessus de cette température, la dissociation s'accentue peu à peu; de telle sorte qu'à 120°,5 l'acide distillé sous la pression normale renferme jusqu'à 68 pour 100 d'acide réel.

Les liqueurs plus concentrées se comportent comme un mélange de cet hydrate défini avec l'acide normal AzO^6H.

Enfin la formation de cet hydrate défini dégage à 10 degrés : $+ 4^{Cal},82$.

Un second hydrate défini, dont l'existence est moins nettement établie, semble situé, d'après la courbe, vers 5 à $6H^2O^2$. L'eau-forte des graveurs, laquelle répond à la limite de certaines réactions d'oxydation à l'égard des métaux, a une composition analogue. Celle-ci représente encore le degré de concentration de l'acide azotique qui commence à précipiter l'azotate de baryte dans ses solutions aqueuses saturées; sans doute en enlevant au sel dissous l'eau qui est nécessaire pour constituer un hydrate azotique défini.

La transformation du premier hydrate, $AzO^6H + 2H^2O^2$, dans le second, $AzO^6H + 6H^2O^2$, dégage à 10 degrés : $+ 2^{Cal},12$.

On remarquera la grande analogie de ces faits et de ces déductions avec les observations relatives aux hydracides (pages 149 à 153). Si l'on envisageait une pression assez faible pour que l'acide azotique normal acquît l'état gazeux, la ressemblance deviendrait presque complète.

6. Les mélanges d'eau et d'acide sulfurique donnent lieu à des considérations analogues. En effet, l'acide sulfurique normal, SO^4H, s'unit avec un équivalent d'eau pour former un hydrate défini et cristallisable : SO^4H,HO.

La formation de cet hydrate, dans l'état liquide et avec ses composants liquides, dégage : $+ 3^{Cal},06$.

Dans l'état solide, les deux composants solides : $+ 3^{Cal},75$.

L'étude des propriétés physiques de cet hydrate en confirme l'existence dans l'état liquide. Soit, en particulier, la tension de la vapeur d'eau émise par cet hydrate; elle est excessivement faible et varie à peine, entre 8 et 50 degrés, soit de $0^{mm},1$ à $0^{mm},6$; tandis que la tension des mélanges plus hydratés, faible également vers zéro, croît rapidement avec la température :

	Millim.		Millim.
$SO^4H + 2HO$, à 7°.....	0,4;	à 45°.....	3,5
$SO^4H + 3HO$, à 8°.....	1,1;	à 47°.....	10,8
$SO^4H + 4HO$, à 7°.....	1,5;	à 41°.....	13,7
Eau pure, à 7°.........	7,5;	à 45°.....	71,4

Ces faits attestent dans les derniers mélanges une tendance bien plus marquée à la dissociation que dans le premier hydrate ; la tension étant attribuable en tout ou en partie à la séparation de la vapeur d'eau.

Il existe probablement d'autres hydrates sulfuriques plus riches en eau ; mais leur existence n'est pas aussi bien établie.

§ 4. — Dissolution d'un solide dans un liquide.

1. Un solide étant mis en présence d'un liquide, plusieurs cas se présentent à l'observateur :

1° Les deux corps peuvent demeurer sans action apparente, le liquide ne mouillant pas le solide.

2° Le liquide et le solide peuvent réagir, sans donner naissance à un mélange réellement homogène. Ainsi le liquide peut mouiller le solide et l'imbiber, en vertu d'une action purement capillaire, sans s'y combiner pourtant et sans le dissoudre. Il arrive même parfois que le liquide imprègne le solide et le gonfle; ce qui se présente avec les corps colloïdes, par exemple.

3° Le solide et le liquide se combinent, en formant un composé défini cristallisable. Tantôt ce composé est insoluble dans un excès de liquide, comme le sulfate de chaux, $SO^4Ca + 2HO$.

Tantôt il est soluble dans un excès de liquide, comme les hydrates définis des acides solides (acide oxalique : $C^4H^2O^8 + 2H^2O^2$); les hydrates des bases solides ($KHO^2 + 4HO$); enfin les hydrates des sels ($SO^4Na + 10HO$).

4° Le liquide et le solide peuvent aussi se mélanger et constituer une masse transparente, d'apparence homogène, mais formée suivant des proportions indéfinies et sans limite fixe. Cette masse est en outre incapable de résister à la dialyse : c'est ce que l'on appelle la *pseudo-solution*. L'addition de quelques traces d'un sel quelconque à la liqueur suffit souvent pour faire cesser cet état et pour précipiter le corps pseudo-soluble. Il existe même des cas de ce genre pour le mélange de deux liquides (Livache, *Comptes rendus*, tome LXXXVII, p. 249 ; 1878).

5° Le liquide et le solide peuvent se mélanger, en formant une dissolution véritable, caractérisée par cette circonstance : qu'il existe un rapport constant et défini pour chaque température entre le poids du corps dissous et celui du dissolvant (coefficient de solubilité). Ce rapport n'est pas modifié d'une manière appréciable par la présence d'une petite quantité d'un sel étranger, dénué d'action chimique sur le corps dissous. Le coefficient de solubilité change avec la température ; il croît généralement, à mesure que celle-ci s'élève.

Réciproquement, si la température s'abaisse, le solide se dépose et la liqueur en retient précisément la même proportion, qui l'avait saturée pendant l'opération inverse.

2. On voit par là que la définition complète de la dissolution normale exige l'accomplissement d'un cycle complet, dans lequel les corps soient ramenés à leur état initial.

A ce point de vue, la dissolution n'offre un sens véritablement précis et caractérisé par des phénomènes invariables que pour les corps cristallisés ; les corps amorphes revenant rarement à leur état primitif, après qu'ils ont traversé une série de transformations.

3. Les phénomènes de la dissolution normale sont en quelque sorte intermédiaires entre le simple mélange et la combinaison véritable. En effet, d'une part, l'aptitude à s'unir pour former un système homogène indique une affinité réelle entre le solide et le dissolvant ; mais, d'autre part, cette union cesse sous l'influence d'une simple évaporation, et elle se produit, en apparence du moins, suivant des proportions qui varient d'une manière continue avec la température.

4. Cependant il me paraît probable que le point de départ de la dissolution proprement dite réside dans la formation de certaines combinaisons définies entre le dissolvant et le corps dissous. Tels seraient les hydrates définis formés au sein de la liqueur même, entre les sels et l'eau existant dans cette liqueur; hydrates analogues ou identiques aux hydrates définis des mêmes composants, connus sous l'état cristallisé.

Insistons sur ce point, qui est capital dans la statique chimique.

5. Qu'il existe réellement des hydrates définis, formés par l'union de l'eau avec les acides, les bases, les sels et autres corps qu'elle est susceptible de dissoudre, c'est ce qui est absolument démontré, toutes les fois que ces hydrates peuvent être isolés sous forme de cristaux, comme il arrive pour l'acide sulfurique : $S^2H^2O^8 + H^2O^2$; pour l'acide oxalique : $C^4H^2O^8 + 2H^2O^2$; pour l'hydrate de potasse : $KHO^2 + 2H^2O^2$; pour les hydrates de baryte et de strontiane : $BaHO^2 + 9HO$; $SrHO^2 + 9HO$, etc. Les exemples relatifs aux hydrates salins sont trop nombreux pour être cités ici en détail. Nous avons donné ailleurs la chaleur de formation de tous ceux qui ont été l'objet d'études thermiques (tome Ier, p. 359 à 363, tableaux VIII, IX, X et XI).

On est donc conduit tout naturellement à se demander si ces hydrates ne subsisteraient pas jusque dans les dissolutions, et s'il ne s'en formerait pas d'analogues, dans les cas mêmes où l'on ne saurait pas les isoler par cristallisation.

Je pense en effet qu'il en est ainsi, et que chaque dissolution est réellement formée par le mélange d'une partie du dissolvant libre, avec une partie du corps dissous, combinée au dissolvant suivant la loi des proportions définies. Tantôt cette combinaison se formerait intégralement et d'une façon exclusive; ce qui me paraît être sensiblement le cas pour les premières limites d'équilibre entre l'eau et les acides forts (voy. p. 144). Tantôt, au contraire, cette combinaison ne se formerait qu'en partie, le tout constituant un système dissocié, dans lequel le corps anhydre coexiste avec l'eau et son hydrate; ce qui me paraît être le cas pour les dissolutions formées par l'acétate de soude, le sulfate de soude et la plupart des sels alcalins. Plusieurs hydrates définis d'un même corps dissous, les uns stables, les autres dissociés, peuvent exister à la fois au sein d'une dissolution. Ils constituent alors un système en équilibre, dans lequel les proportions relatives de chaque hydrate varient avec la quantité d'eau, la température, ainsi qu'avec la présence des autres corps, acides, bases ou sels, capables de s'unir pour leur propre compte, soit à l'eau, soit au corps primitivement dissous. Ce serait le degré inégal de cette dissociation des hydrates, variable avec la température, qui ferait varier le coefficient de solubilité du corps dissous lui-même.

6. Les composés existant dans les dissolutions peuvent être conçus : tantôt comme liquides, lorsque la dissolution s'opère au voisinage de leur point de fusion; tantôt aussi comme solides, c'est-à-dire comme formés par certains assemblages de particules, dont les distances relatives seraient invariables dans chaque assemblage individuel, du moins tant que la dissolution s'opère à une température suffisamment éloignée de la fusion. Les composés ainsi formés pourraient être imaginés comme simplement mélangés, à la façon de deux poudres impalpables, dont les particules seraient assez voisines pour être sensibles au jeu de leurs attractions réciproques.

7. Cette conception, d'après laquelle l'eau, qui s'unit aux sels anhydres pendant leur dissolution, formerait des hydrates salins, subsistant à l'état dissous, et au sein desquels l'eau combinée posséderait souvent l'état solide; cette conception, dis-je, s'accorde avec un certain nombre de phénomènes, et spécialement avec les chaleurs spécifiques des dissolutions des sels minéraux; lesquelles sont inférieures, dans la plupart des cas, à la somme des chaleurs de l'eau et du sel dissous (voy. t. Ier, p. 125).

8. On peut même préciser davantage, en admettant que le sel dissous acquiert un état spécial, état dans lequel il subsiste, séparé en tout ou en partie de l'eau à laquelle il était uni dans l'état solide. Imaginons, par exemple, chaque particule physique d'un hydrate salin solide, comme constituée par l'as-

semblage de plusieurs molécules chimiques du même composé anhydre, unies entre elles et avec un certain nombre de molécules d'eau. Dans cette hypothèse, il est facile de concevoir l'écartement progressif des portions constituantes de l'édifice solide par le dissolvant, puis la transformation partielle ou totale du corps au sein du liquide dans de nouveaux groupements de plus en plus simples, parmi lesquels figurent, soit le sel anhydre, soit ses hydrates.

9. Or la statique chimique des dissolutions dépend de l'état actuel de ces divers composés, hydrates ou corps anhydres, existant réellement dans les liqueurs. Il importerait donc extrêmement de pouvoir définir cet état actuel. La supposition la plus vraisemblable et la plus précise que l'on puisse faire à cet égard consisterait à admettre que l'existence et la grandeur de la tension de dissociation de l'eau contenue dans les hydrates salins cristallisés, accusent et mesurent jusqu'à un certain point la tension de dissociation des mêmes hydrates dissous. Ainsi les hydrates stables, c'est-à-dire ceux qui n'offrent pas de tension sensible de dissociation dans l'état cristallisé, semblent également stables dans l'état dissous; tandis que les hydrates dissociables en raison de leur tension propre dans l'état cristallisé, paraissent également détruits, en tout ou en partie, par l'action de l'eau. Sans dissimuler ce que cette supposition offre d'incertain, nous l'adopterons à titre provisoire, et en attendant que l'on ait réussi à traduire la tension de dissociation des hydrates dissous par des caractères plus exacts.

Il est clair que l'ensemble de ces conceptions ramène toute dissolution à la notion de la combinaison chimique proprement dite, et par suite à la notion des rapports équivalents qui la caractérisent.

10. Quoi qu'il en soit des hypothèses relatives à l'état des corps dissous, l'existence réelle de certains hydrates définis dans les dissolutions formées par les acides, les alcalis et les sels, en est indépendante. Elle peut être établie par des démonstrations multiples, tirées les unes des propriétés physiques, les autres

des propriétés chimiques des dissolutions. Voici les principales, entre celles que l'on peut invoquer :

1° La *tension de vapeur des hydrates liquides*, lorsqu'ils sont volatils, *comparée avec la somme des tensions de l'eau et des corps anhydres* à la même température (voy. page 156).

2° La *diminution de tension de la vapeur d'eau* émise par les dissolutions salines, diminution qui a pour effet d'élever la *température d'ébullition* des liqueurs.

Il y a plus : la diminution de tension étant sensiblement proportionnelle au poids du corps dissous, on peut employer ce caractère pour juger si le corps dissous est lui-même un sel anhydre, ou bien un hydrate stable. En effet, le calcul montre que les poids relatifs du sel et de l'eau libre, contenus dans les liqueurs concentrées, sont fort différents d'après les deux hypothèses. L'expérience permet donc de prononcer entre elles. Or on est ainsi conduit à confirmer la supposition faite plus haut : à savoir, que les hydrates stables dans l'état cristallisé, c'est-à-dire les hydrates qui n'émettent point de vapeur d'eau sensible à la température ordinaire (hydrates de chlorures et d'azotates métalliques), sont également stables dans leurs dissolutions.

3° Le *phénomène thermique qui accompagne l'acte de la dissolution :* ce caractère indique l'existence des combinaisons, mais sans en spécifier les proportions.

4° Le *changement des chaleurs spécifiques :* en effet, la chaleur spécifique de la dissolution n'est pas en général la moyenne de celle de l'eau et du corps dissous (voy. t. Ier, p. 125, 498, 507). Mais ce caractère ne spécifie pas davantage les proportions du composé; il s'applique d'ailleurs aussi bien aux hydrates dissociés qu'aux hydrates stables

5° Un argument plus décisif, relativement à l'existence des hydrates stables dans les dissolutions, me paraît devoir être tiré des réactions chimiques dont le signe change avec la concentration, et surtout de la limite exacte à laquelle se produit l'inversion : phénomène dont j'ai rappelé plus haut (page 153) divers exemples, en parlant des hydrates d'hydracides.

11. Je crois le moment venu de préciser davantage ce dernier caractère, dont l'importance est grande dans la statique chimique. Le renversement de la réaction est dû à l'excès d'énergie que le corps anhydre possède, par rapport à son hydrate. J'insiste sur ce point, afin d'éviter une confusion qui a été faite plus d'une fois à cet égard entre la chaleur de formation des hydrates définis et la chaleur de dilution proprement dite des acides ou des alcalis diversement concentrés. En effet, les conclusions tirées de la simple chaleur de dilution ne sauraient ni expliquer les réactions inverses, ni surtout en assigner la limite, en conformité avec les observations.

Citons quelques exemples, pour bien manifester la différence entre les déductions tirées des chaleurs de dilution estimées en bloc et celles qui résultent des chaleurs de formation des hydrates définis proprement dits. Soit la réaction de l'hydrogène sulfuré sur l'iode, avec formation d'acide iodhydrique et de soufre : cette réaction, opérée au moyen de l'acide sulfhydrique dissous dans une grande quantité d'eau, dégage environ + 8,0 Calories, en donnant naissance à de l'acide iodhydrique étendu. Or, si l'on transformait ce dernier en acide iodhydrique concentré, il y aurait une absorption de chaleur qui ne surpasserait jamais 4,0 Calories; car la dilution de l'acide iodhydrique le plus concentré que l'on puisse préparer, $HI + 3H^2O^2$, dégage seulement + 4,0 Calories. Cette quantité demeure fort inférieure aux 8 Calories qui viennent d'être signalées. Il résulte de ces chiffres que la simple dilution de l'acide iodhydrique, même le plus concentré, ne saurait fournir, si on la prend en bloc, l'énergie nécessaire pour renverser la réaction. Mais cette énergie se trouve aisément, si l'on admet que la réaction inverse exige le concours de l'acide anhydre, corps dont la combinaison avec l'eau dégage + 19,6 dans l'état gazeux de l'acide. Cette quantité de chaleur demeurerait supérieure à 8 Calories, même si l'on en retranchait la chaleur de liquéfaction probable de l'hydracide (page 151).

En fait, l'attaque du soufre par l'acide iodhydrique, avec formation d'hydrogène sulfuré, se produit immédiatement : avec l'acide gazeux, avec l'acide concentré, et tant que les liqueurs renferment des hydrates dissociables, c'est-à-dire de l'acide iodhydrique, intervenant avec la totalité de sa chaleur d'hydratation.

Les décompositions inverses du chlorure d'argent par la potasse concentrée et du chlorure de potassium étendu par l'oxyde d'argent ne s'expliquent pas davantage par la chaleur de dilution de la potasse prise en bloc, laquelle ne fournit pas une énergie suffisante (+ 2,4 au plus, au lieu de + 6,3). Mais elles s'expliquent, comme je le montre plus loin (page 170), par l'énergie qui répond à la formation des hydrates de potasse les plus saturés d'eau ; formation qui ne devient complète qu'à partir d'une certaine dilution. Tant que ces hydrates ne sont pas complètement formés, l'excès d'énergie répondant à leur formation (+ 9,6 environ) concourt aux réactions. Je pourrais citer une multitude d'exemples analogues et non moins concluants, en comparant les réactions des acides et des bases, pris sous divers degrés de concentration.

12. Entrons dans des détails plus circonstanciés, afin d'achever de définir pour chaque groupe de corps la formation des hydrate définis que forment les acides, les bases et les sels, tant dans l'état solide que dans l'état de dissolution. Nous rappellerons dans cette discussion divers faits déjà signalés dans le tome Ier, mais qu'il paraît utile de citer de nouveau, pour bien caractériser la question des hydrates formés par les corps solides.

13. *Dissolution des acides solides.* — Les acides sulfurique et azotique peuvent être obtenus dans l'état cristallisé, et leur dissolution, par conséquent, peut être étudiée à la fois pour l'état solide et pour l'état liquide. Or, nous avons vu que l'acide sulfurique forme au moins un hydrate cristallisable : $SO^4H + HO$, subsistant très probablement sous la forme liquide et sous la forme dissoute. On a signalé de même un hydrate azotique liquide, $AzO^6H + 2H^2O^2$ (page 158), subsistant dans les dissolutions.

14. On peut citer même les combinaisons que l'eau forme avec les acides anhydres, tels que :

SO^3; AzO^5; PhO^5; AsO^5; IO^5; BO^3; $C^4H^3O^3$; etc.

Plusieurs de ces combinaisons sont très stables, et résistent à l'échauffement, jusqu'à la température de la décomposition totale de l'acide.

Cependant un grand nombre de ces hydrates peuvent être privés d'eau et ramenés à l'état anhydre par la simple action de la chaleur : ce qu'il est facile de réaliser, par exemple, avec les acides iodique et borique. En raison de ce fait, il existe certaines températures auxquelles les dissolutions de tels acides doivent être regardées comme renfermant à la fois un acide anhydre et un acide hydraté, le tout formant un système en dissociation. Cette manière de voir est applicable à l'acide sulfurique lui-même, pris vers 300 degrés; attendu que l'acide cristallisé, SO^4H, émet à cette température des vapeurs d'acide anhydre.

15. Si j'insiste sur ces faits et sur cette conception, c'est qu'elle est applicable en sens inverse aux dissolutions des divers acides qui se séparent sous la forme anhydre des liqueurs : soit dans l'état gazeux, comme les acides carboniques, CO^2, ou sulfureux, SO^2; soit dans l'état solide, comme les acides arsénieux, AsO^3, chromique, CrO^3, sélénieux, SeO^2. Je pense que les dissolutions de tels acides doivent être envisagées comme contenant à la fois l'acide anhydre et quelque dose d'acide hydraté, c'est-à-dire : $CO^2 + HO$, $SO^2 + HO$, $SeO^2 + HO$, etc., $CrO^3 + HO$, etc.; relation fort importante pour la statique chimique des sels.

Ainsi les dissolutions des acides renferment, tantôt l'acide anhydre et son hydrate, tantôt plusieurs hydrates distincts; enfin, la proportion relative des hydrates divers varie probablement avec la température et la quantité d'eau.

16. *Bases solides.* — Les bases forment également divers hydrates cristallisables, susceptibles de subsister dans leurs dissolutions. Tel est l'hydrate de potasse normal : KHO^2 ou KO,HO;

Un second hydrate, $KHO^2 + H^2O^2$, dont l'existence est rendue probable par la progression des quantités de chaleur dégagées lors de la dissolution de la potasse solide, prise à divers états d'hydratation (1);

Enfin un troisième hydrate, $KHO^2 + 2H^2O^2$, bien défini et connu de tous les chimistes.

La chaleur dégagée par la formation de ces composés diminue avec la proportion d'eau déjà combinée, précisément comme il arrive pour les hydracides :

$KHO^2 + H^2O^2$ solide, dégage : $+ 7,5$; si H^2O^2 était liq. : $+ 8,9$;
$KHO^2 + 2H^2O^2$ solide, dégage : $+ 9,6$; si H^2O^2 était liq. : $+ 12,5$.

Ce qui fait pour la deuxième molécule d'eau, H^2O^2 : $+ 2,1$ dans l'état liquide; et $+ 3,6$ dans l'état solide.

Ce n'est pas tout : l'étude thermique de la dilution des dissolutions de potasse, aussi bien que l'examen des propriétés physiques de ces solutions et des réactions chimiques qu'elles exercent, conduisent à admettre des combinaisons plus hydratées encore dans les dissolutions.

17. Avec la soude les résultats sont analogues, à cela près que la formation des hydrates solides dégage bien moins de chaleur :

$NaHO^2 + 3HO$ solide, dégage : $+ 2,7$; si l'eau était liquide, $+ 4,85$.

Rappelons encore qu'une même formule empirique représente les chaleurs de dilution, q, des solutions saturées de potasse et de soude, auxquelles on ajoute de l'eau (nH^2O^2) jusqu'à ramener les liqueurs vers une composition commune et répondant à $KHO^2 + 6H^2O^2$: soit $q = \frac{23}{n^2}$. Ce qui signifie que les premiers travaux accomplis dans la dilution des dissolutions saturées des deux bases sont pareils.

18. Avec la chaux, la baryte, la strontiane, on arrive à des conclusions analogues :

$CaO + HO$ sol.,	dégage :	$+ 6,85$;	liq. :	$+ 7,55$	$BaHO^2 + 9HO$ sol. :	$+ 5,7$
$BaO + HO$	id.	$+ 8,1$;	id.	$+ 8,8$	$SrHO^2 + 9HO$ id.	$+ 5,9$
$CrO + HO$	id.	$+ 7,9$;	id.	$+ 8,6$		

(1) *Ann. de chim. et de phys.*, 5e série, t. IV.

Observons encore que les nombres thermiques relatifs à la baryte et à la strontiane sont extrêmement voisins. Ce parallélisme, qui se retrouve dans bien d'autres réactions, atteste : l'*extrême similitude des travaux développés dans les réactions semblables que ces deux terres alcalines peuvent exercer, soit dans l'état anhydre, soit dans l'état dissous.*

19. Les faits que je viens d'exposer concourent à établir que les liqueurs alcalines ne renferment pas les alcalis anhydres à l'état de simple solution, ni même les monohydrates alcalins. Elles contiennent, en réalité, et au même titre que les hydracides. divers hydrates définis, formés par l'association de plusieurs équivalents d'eau avec une seule molécule d'hydrate alcalin, MHO^2. Certains de ces hydrates ne sont pas complètement formés dans les liqueurs concentrées ; mais leur formation s'achève peu à peu par l'addition de l'eau. Énumérons les preuves à l'appui de cette dernière opinion.

1° L'existence des hydrates dissous trouve un premier appui dans la formation des *hydrates cristallisés*, cités tout à l'heure, tels que ceux de potasse, $KHO^2 + 4HO$; de soude, $NaHO^2 + 3HO$ et $7HO$; de baryte, $BaHO^2 + 9HO$, et de strontiane, $SrHO^2 + 9HO$, etc.

2° Les épreuves physiques concourent à la même démonstration. Par exemple, M. Wüllner a reconnu, par l'étude de beaucoup de sels, que la *tension de la vapeur d'eau émise par une solution saline* éprouve une diminution proportionnelle au poids du sel dissous. En appliquant la même règle aux solutions alcalines concentrées, elle ne se vérifie, d'après le même auteur (voy. *Pogg. Annalen*, t. CX, p. 564, et *Annales de chimie et de physique*, 3e série, t. LX, p. 245), que si l'on admet pour le corps dissous la composition même des hydrates cristallisés : $KHO^2,4HO$ et $NaHO^2,3HO$.

3° MM. Rudorff et Coppet, ayant déterminé le *point de congélation* des solutions alcalines, ont été conduits à la même opinion (*Annales de chimie et de physique*, 4e sér., t. XXV, p. 550). Le dernier savant admet même l'existence de plusieurs hydrates dans les liqueurs.

4° Telle est aussi la conclusion à laquelle je suis conduit par les études thermiques. En effet, la chaleur dégagée indique l'existence et la formation de plusieurs hydrates successifs, sous forme solide et sous forme dissoute. Mais ces hydrates, ou pour mieux dire la composition des liqueurs limites dans lesquelles la combinaison entre l'eau et l'alcali tend à devenir complète, paraissent assez compliqués.

En effet, c'est au voisinage des compositions suivantes : $KHO^2 + 7\,H^2O^2$ et $NaHO^2 + 6\,H^2O^2$, que le *changement de courbure* des lignes thermiques indique quelque chose de spécial : correspondant, soit aux hydrates définis eux-mêmes, soit plutôt au terme d'équilibre auquel la formation des hydrates véritables demeure accomplie, sous l'influence d'un excès d'eau convenable.

5° La même opinion peut être appuyée par les épreuves de *précipitation des sels par déshydratation.*

En effet, les solutions concentrées de potasse enlèvent de l'eau à une solution saturée de chlorure de potassium, et elles en précipitent le sel vers 12 degrés : ce phénomène a lieu, tant que les solutions alcalines renferment une proportion d'eau moindre que $6\,H^2O^2$ par équivalent d'alcali, KHO^2. Au delà, c'est-à-dire dès que la potasse devient un peu plus étendue, le phénomène cesse complètement.

De même la solution saturée de chlorure de sodium est précipitée à froid par les solutions de soude, jusque vers la composition $NaHO^2 + 4H^2O^2$. Ce seraient donc là, vers la température ordinaire, les limites d'équilibre entre l'eau et les hydrates alcalins, limites voisines de celles qui résultent de l'étude des lignes de courbure.

6° L'existence des hydrates alcalins, incomplètement formés dans des liqueurs concentrées et qui se complètent progressivement par le fait des additions d'eau, explique, comme je l'ai dit plus haut (page 165), le changement de signe de certaines *réactions qui se renversent avec la concentration.*

Tels sont la métamorphose de l'oxyde d'argent en chlorure d'argent, par le contact d'une solution étendue de chlorure de potassium, et le changement inverse du chlorure d'argent en oxyde d'argent, par le contact d'une solution concentrée de potasse (Gregory). La première réaction répond à un dégagement de + 6^{Cal},3 environ, nombre trop fort pour être compensé par la simple chaleur de dilution des solutions de potasse. En effet, cette chaleur de dilution ne surpasse pas + 2,4, et elle est même bien moindre, soit + 0^{Cal},5 environ, pour les liqueurs limites qui produisent encore la réaction, telles que $KHO^2 + 8 H^2O^2$. On est conduit par là à admettre que la réaction inverse s'effectue en principe entre des composés moins hydratés que celui qui résulterait de la combinaison intégrale de l'eau additionnelle avec les solutions alcalines les plus concentrées.

Cependant l'observation, je le répète, a prouvé que le changement de signe de la réaction répond à peu près à la composition d'une liqueur renfermant $KHO^2 + 8 H^2O^2$. Or ce terme est voisin de celui ($6 H^2O^2$), vers lequel la formation des hydrates alcalins stables deviendrait complète, d'après ce qui précède. Ceci nous autorise à penser que les liqueurs plus concentrées renferment deux hydrates, l'un complètement formé et saturé d'eau, l'autre incomplètement formé, faute de l'eau nécessaire pour le saturer. C'est l'énergie exprimée par la chaleur d'hydratation correspondant à cette dernière portion de potasse qui intervient pour le travail nécessaire à l'accomplissement de la réaction inverse : on aurait, par exemple, + 9,6 dans l'hypothèse où ce serait l'hydrate non saturé, KHO^2, qui se changerait en $KHO^2 + 2 H^2O^2$ dans la liqueur.

La même interprétation me paraît rendre compte des actions réciproques qui président à la préparation des *lessives caustiques*; c'est-à-dire à la décomposition du carbonate de potasse étendu par l'hydrate de chaux, décomposition inverse de la réaction de la potasse concentrée sur le carbonate de chaux.

20. *Sels solides.* — Parlons d'abord des hydrates salins cristallisés, avant d'étudier leurs dissolutions. On sait que la plupart des sels solides forment avec l'eau des combinaisons définies et cristallisées, telles que :

$$NaBr + 4 HO;\quad SO^4Na + 10 HO;$$
$$CaCl + 6 HO;\quad PhO^8Na^2H + 24 HO,\ \text{etc.}$$

La formation de ces hydrates dégage en général des quantités de chaleur, d'autant plus grandes pour un équivalent de sel que le nombre d'équivalents d'eau combinés est plus considérable.

Cependant, dans les cas où il se forme plusieurs hydrates, les premiers dégagent plus de chaleur que les seconds, pour chaque équivalent d'eau combiné; précisément comme nous l'avons vu pour les hydrates successifs des acides et des bases. La chaleur de formation des hydrates les plus avancés se rapproche ainsi de plus en plus de la chaleur de fusion de l'eau; c'est-à-dire qu'elle devient très petite ou nulle, quand on rapporte les réactions à l'état solide (voy. tableaux VIII, IX, X, t. Ier, p. 359 à 362).

Enfin la formation des hydrates des sels métalliques à acides minéraux dégage en général plus de chaleur que la formation des sels alcalins correspondants : mais cette relation s'observe seulement avec les sels formés par les acides forts, tels que les chlorures, azotates, sulfates.

Ces diverses remarques sont mises en évidence par les chiffres suivants, tirés des tableaux X et XI (tome Ier, p. 361 et 362), chiffres que je demande la permission de rappeler ici. La formation des hydrates a été rapportée d'ailleurs à l'état solide, afin d'éviter toute complication due aux changements d'état des corps.

CHLORURES.

BaCl + 2HO solide, dégage.........	+ 2,0
CaCl + 6HO solide.................	+ 6,4
MgCl + 6HO solide.................	+12,1
MnCl + 4HO solide.................	+ 4,3
CuCl + 2HO solide.................	+ 6,3

SULFATES.

SO^4Na + 10HO solide, dégage......	+ 2,3
{ SO^4Mg + HO solide..............	+ 2,8
{ — + 7HO solide..............	+ 7,0
{ SO^4Zn + HO solide..............	+ 3,1
{ — + 7HO solide..............	+ 6,2

ACÉTATES.

$C^4H^3NaO^4$ + 6 HO solide, dégage......	+ 4,4
$C^4H^3BaO^4$ + 3 HO solide.............	+ 0,9
$C^4H^3MnO^4$ + 4 HO solide............	+ 1,5
$C^4H^3ZnO^4$ + 2 HO solide............	+ 2,0

SELS DIVERS.

CO^3Na + 10 HO solide, dégage.......	+ 3,8
{ CrO^4Na + 10 HO solide.............	+ 2,0
{ CrO^4Na + 4 HO solide..............	+ 1,9
{ PhO^8Na^2H + 24 HO solide...........	+11,0
{ PhO^8Na^2H + 14 HO solide...........	+ 6,1

21. Pour donner une idée plus complète de la grandeur des travaux accomplis dans la formation des hydrates salins, dans l'état solide, comparons les nombres précédents avec la chaleur dégagée dans la formation des sels solides eux-mêmes, toujours dans l'état solide, et d'après la réaction suivante :

Acide solide + Base solide hydratée = Sel solide anhydre + eau solide ; soit :

$$C^4H^4O^4 + CaO,HO = C^4H^3CaO^4 + H^2O^2.$$

Nous trouvons ainsi (tome Ier, page 365) :

Pour les azotates, sels comparables aux chlorures :

AzO^6K, + 41,2 ; AzO^6Na, + 36,4 ; AzO^6Ba, + 29,6 ; AzO^6Pb, + 19,7.

De même pour les sulfates :

SO^4K, + 40,7 ; SO^4Na, + 34,7 ; SO^4Ba, + 33,0 ; SO^4Ca, + 24,7 ; SO^4Mn, + 15,6 ; SO^4Zn, + 11,9 ; SO^4Cu, + 10,5, etc.

Ces chiffres l'emportent de beaucoup sur la chaleur de formation des hydrates formés par les mêmes sels.

Mais l'écart diminue pour les sels des acides faibles. Ainsi il est bien moindre entre les acétates métalliques et leurs hydrates :

$C^4H^3NaO^4$, + 18,3 ; $C^4H^3BaO^4$, + 15,2 ; $C^4H^3MnO^4$, + 4,5 ; $C^4H^3ZnO^4$, + 3,3 ; etc.

C'est là un rapprochement fort important et sur lequel nous reviendrons tout à l'heure.

22. Les hydrates salins ainsi formés manifestent, soit à froid, soit à une température plus ou moins élevée, des phénomènes de dissociation entre l'eau et le sel anhydre. Il y a plus, certains sels hydratés à base métallique, les acétates, par exemple, perdent à la fois de l'eau et de l'acide acétique par la dissociation : c'est-à-dire qu'il existe un équilibre complexe, d'une part, entre le sel hydraté, l'eau et le sel anhydre; d'autre part, entre le même sel hydraté, l'acétate basique, qui prend naissance, l'eau et l'acide acétique qui s'éliminent.

Des phénomènes analogues se produisent à une température supérieure à 100 degrés entre l'eau et les chlorures terreux ou métalliques (magnésium, zinc, cuivre, etc.) : le chlorure hydraté perdant à la fois de l'eau et de l'acide chlorhydrique, en donnant naissance à un chlorure basique; mais on reviendra sur cette séparation entre l'acide et la base, plus spécialement étudiée dans le chapitre suivant.

23. Les combinaisons cristallisées que les sels forment avec l'eau étant ainsi définies, ainsi que les équilibres et dissociations développés par l'action de la chaleur sur ces hydrates salins envisagés isolément, nous pouvons aborder maintenant l'étude de leurs dissolutions.

D'après les analogies, nous sommes conduits à admettre que les dissolutions salines renferment : tantôt des sels anhydres, tantôt des sels hydratés, la molécule saline demeurant unie avec une ou plusieurs molécules d'eau au sein du dissolvant. Une seule molécule d'eau peut aussi être unie avec plusieurs molécules du sel. Ce n'est pas tout : l'union du sel et de l'eau, sous la forme d'un hydrate défini subsistant au sein de la liqueur, peut n'être que partielle; c'est-à-dire l'hydrate dissocié en partie en eau et sel anhydre, ou bien en eau et hydrate moins hydraté, au sein du dissolvant lui-même : une telle dissociation serait, comme on l'a dit plus haut, comparable en principe à celle des hydrates salins solides. Non-seulement cette conception est confirmée par la discussion approfondie des réactions exercées par les sels dissous; mais certaines preuves directes de l'union de l'eau avec les sels et de la constitution des hydrates dissous peuvent être tirées des phénomènes physiques déjà invoqués dans les pages précédentes (pages 158, 164, 169, etc.).

Rappelons quelques-uns des faits connus à cet égard.

1° On cite depuis longtemps les changements de coloration des chlorures de cuivre, suivant la concentration : les liqueurs étendues étant bleues, parce qu'elles renferment le chlorure hydraté, tandis que les liqueurs concentrées sont jaune verdâtre, à cause de la présence du chlorure anhydre. De même les sels de cobalt, certains persels de fer, les chromates, etc.

2° Les expériences de M. Wüllner sur la tension de la vapeur d'eau, émise par une solution concentrée de chlorure de calcium, conduisent à y admettre la présence de l'hydrate $CaCl + 6HO$: nous avons déjà rappelé ces expériences (p. 164 et 169).

3° La même conclusion a été tirée par M. Coppet de ses expériences sur le point de congélation des dissolutions salines, également signalées plus haut (page 169).

24. Les observations thermiques nous obligent dans certains cas à des conclusions analogues. Ce sont ceux où la réaction chimique de l'eau sur les sels présente divers degrés et se poursuit, même après le phénomène de la dissolution initiale. Entrons dans quelques détails.

La formation des hydrates salins dissous semble d'ordinaire subite, dès les premiers moments de la dissolution, et aussi complète que le comportent les équilibres qui doivent se produire entre l'eau, les sels anhydres et les sels hydratés. Mais on conçoit qu'il ne doive pas en être toujours ainsi, et que certains hydrates puissent se former peu à peu. Or, cette formation lente des hydrates se traduit par les variations de la chaleur de dissolution de certains sels. Par exemple le bisulfate de potasse anhydre, S^2O^7K, se dissout d'abord dans l'eau avec absorption de chaleur; mais cette absorption est bientôt suivie par un dégagement plus lent, correspondant à la formation du bisulfate hydraté S^2O^7K,HO, au sein de la liqueur même.

Les premiers effets sont ici mesurables directement : mais il n'en est pas toujours ainsi. Même avec le bisulfate de potasse l'accomplissement de la réaction exige un certain nombre d'heures. Cependant il est toujours facile d'en suivre la marche et de constater l'état actuel de la liqueur, à l'aide d'une transformation chimique convenable : par exemple, en mêlant la liqueur avec une nouvelle proportion de base (ou d'acide, suivant les cas), capable de la ramener subitement à un état final identique.

J'ai rencontré plusieurs autres observations de ce genre : notamment en étudiant la dissolution du formiate de chaux, celle du formiate de strontiane anhydre, etc.

M. Marignac a fait des observations analogues sur le sulfate de chaux.

Ainsi la constitution d'un sel récemment dissous n'est pas nécessairement la même que celle qu'il acquiert dans la dissolution, au bout d'un certain temps.

On s'explique encore par là pourquoi certaines sursaturations exigent un temps plus ou moins considérable pour cesser d'exister ; il doit en être ainsi lorsque la sursaturation ne peut cesser que par la formation lente d'un nouvel hydrate. Peut-être même l'existence et la disparition d'un grand nombre de sursaturations salines expriment-elles uniquement l'existence d'un certain état d'hydratation (ou de combinaison) définie et son passage à un autre état défini, qui répondrait à une moindre solubilité.

25. En résumé, les dissolutions salines doivent être envisagées comme renfermant fréquemment des hydrates salins, tantôt stables, tantôt dissociés. Souvent plusieurs de ces hydrates coexistent au sein d'une même liqueur ; parfois même ils coexistent avec le sel anhydre, le tout formant un système en équilibre, régi par les mêmes lois générales que les systèmes homogènes (chap. IV, page 69).

Cet ordre de considérations suffit à la rigueur pour la connaissance de la constitution des sels formés par l'union de bases fortes et d'acides forts : dans de tels cas, je le répète, il convient surtout d'envisager les équilibres produits entre le sel anhydre et ses divers hydrates. Mais quand il s'agit d'acides faibles ou de bases faibles, les effets sont plus compliqués, parce que le sel dissous tend à se séparer partiellement en acide et base. La base et l'acide ainsi séparés sont : tantôt capables de subsister à l'état libre, au sein de la liqueur; tantôt susceptibles d'y former pour leur propre compte de nouveaux composés, tels que des hydrates primaires et secondaires, des sels acides et des sels basiques; chacun de ces hydrates et de ces sels nouveaux étant susceptible encore de dissociation. Cette question de la séparation des composants mêmes des sels sera traitée plus amplement dans le chapitre VIII; mais nous avons dû la signaler ici, parce qu'elle est inséparable de l'étude du sujet examiné dans le paragraphe suivant.

§ 5. — **Des précipités.**

1. L'étude de la constitution des corps dissous et des équilibres existant dans les liqueurs se rattache intimement à celle des précipités qui peuvent se séparer des mêmes liqueurs, en y déterminant de nouveaux états d'équilibres. Dans ce cas, des considérations nouvelles interviennent, parce que les équilibres ne résultent plus de la loi des masses, comme ceux des corps dissous, mais de la loi des surfaces de séparation (voy. p. 96).

Pour s'en former une idée exacte, il convient de préciser les diverses actions moléculaires, les unes d'ordre physique, les autres d'ordre chimique, qui se manifestent pendant la formation et la conservation des précipités.

2. Rappelons d'abord que la séparation d'un corps solide, au sein d'un liquide, a été regardée jusqu'à présent comme équivalente à la solidification d'un corps fondu : dans un cas comme dans l'autre, disait-on, la chaleur dégagée représente le travail qu'il faudrait dépenser en sens inverse pour détruire l'agrégation des particules.

Quelque évidente que semble à première vue cette manière

de voir, cependant une vue plus profonde du phénomène conduit à la modifier.

3. En réalité, la formation d'un précipité est une opération plus complexe qu'une simple solidification; car il s'y produit diverses autres actions, fort importantes au point de vue de la mécanique chimique, et que nous allons énumérer.

1° *Phénomènes d'ordre physique.* — Ce sont : la séparation immédiate des corps solides sous une forme précise et définitive, telle que la forme cristallisée ;

La métamorphose ultérieure d'un corps amorphe en cristaux; ou bien encore le changement dimorphique du système cristallin du corps formé au début;

Le changement d'agrégation du corps et l'accroissement de sa cohésion dans l'état amorphe, peut-être même aussi dans l'état cristallisé.

2° *Phénomènes d'ordre chimique.* — Tels sont : la condensation polymérique des précipités formés tout d'abord, effet qui explique souvent le précédent ;

L'hydratation et la déshydratation des composés séparés au début, effet qui se rattache intimement à celui qui vient d'être signalé ;

Enfin la séparation entre l'acide et la base des sels; ou bien la décomposition des sels acides et des sels doubles : résultats qui sont de nature à jeter quelque lumière sur les questions traitées dans le chapitre suivant.

Tous ces changements méritent une étude d'autant plus sérieuse, qu'ils altèrent les conditions de l'équilibre primitif, lesquelles avaient déterminé le commencement de la précipitation.

Examinons plus en détail ces diverses circonstances et les manifestations thermiques qui les accompagnent.

4. *Séparation physique des corps solides.* — La chaleur mise en jeu par la séparation physique d'un corps solide, envisagée en soi et indépendamment de tout autre changement, est égale et de signe contraire à la chaleur de dissolution du corps précipité, toutes les fois que ce dernier n'est pas absolument inso-

luble. On peut donc l'évaluer en sens inverse, toutes les fois que la chaleur de dissolution du corps précipité peut être mesurée dans son état initial. C'est cette quantité réciproque et définissable par expérience que nous allons étudier.

Mais la chaleur de dissolution proprement dite ne saurait être ni définie théoriquement, ni mesurée pratiquement, lorsque le corps est tout à fait insoluble, ou si peu soluble qu'aucune expérience thermique directe ne peut être faite sur sa dissolution proprement dite. En effet, la formation d'un précipité comprend divers ordres de travaux qui se succèdent rapidement : tels que les travaux chimiques, accomplis dans la réunion des composants, acide et base du sel, etc. ; et les travaux physiques, qui résultent de la séparation du nouveau corps sous la forme solide. C'est là une somme d'effets complexes, que l'on ne saurait évaluer séparément les uns des autres, en évaluant les premiers par analogie; en se fondant, par exemple, sur le principe supposé de la thermoneutralité, ainsi que MM. Favre et Thomsen avaient cru pouvoir le faire d'une manière générale. L'étude des sels métalliques en particulier est contraire à cette supposition; car la chaleur dégagée dans la réunion chimique d'une base métallique et d'un acide, surtout d'un acide faible, varie beaucoup avec la concentration; même entre les limites assez resserrées qui sont accessibles à nos expériences (*Annales de chimie et de physique*, 4e série, t. XXIX, p. 294; t. XXX, p. 149, 154, 190). Qu'arriverait-il pour ces grandes dilutions, qui répondent à la faible solubilité de certains précipités?

Les changements successifs de cohésion des précipités une fois formés, changements accompagnés par des dégagements de chaleur qui s'élèvent parfois à plus de 4 Calories, comme dans le cas de l'iodure d'argent, font également obstacle à ce mode d'évaluation; car la chaleur dégagée au moment de la précipitation n'est point celle qui répondrait à la dissolution du corps insoluble, après quelque temps de conservation.

5. C'est pourquoi il convient, à mon avis, de limiter le problème aux corps cristallisés, et même à ceux-là seulement qui

offrent une solubilité sensible (acides salicylique ou benzoïque, picrate de potasse, sulfate de chaux, etc.); sauf à recourir à des procédés spéciaux pour mesurer directement le travail effectué dans l'acte réel de leur dissolution. Observons que tous ces procédés doivent être subordonnés à la méthode générale, tant de fois employée dans le présent ouvrage, et qui consiste à partir d'un état initial défini pour arriver à un état final également défini, en parcourant deux cycles *complets* de transformations différentes. J'insiste sur ce point, parce que l'ignorance ou l'oubli de cette méthode rigoureuse peut conduire à des erreurs considérables. Bornons-nous à énumérer les procédés qui y sont conformes :

1° Le procédé direct consiste à dissoudre, comme à l'ordinaire, le corps solide (chlorure de plomb, perchlorate de potasse, etc.) dans un excès d'eau convenable. Ce procédé est applicable encore à des corps sensiblement solubles, tels que les précédents; mais il manque de sensibilité et il est impraticable pour les corps extrêmement peu solubles.

2° On peut produire une réaction chimique identique; sur le corps solide et sur le corps dissous; bien entendu, à la condition de compléter ensuite le cycle, en étendant d'eau la première solution jusqu'au même degré de dilution que la seconde. C'est ainsi que j'ai agi avec les acides salicylique et benzoïque, mis en présence d'une solution de soude;

3° On peut procéder par précipitation fractionnée, procédé qui donne lieu à des discussions délicates, trop longues pour être exposées ici et pour lesquelles je renvoie au mémoire cité dans la note (1).

4° On peut employer la double décomposition (2), opérée sous des dilutions différentes (chlorure de plomb, picrate de potasse), mais toujours moyennant une discussion convenable relative à l'identité de l'état final.

5° On opère par sursaturation (3), c'est-à-dire qu'on mélange

(1) *Annales de chimie et de physique*, 5e série, t. VIII, p. 46 et suiv. : ACIDE BENZOÏQUE.
(2) *Loc. cit.*, p. 47.
(3) *Annales de chimie et de physique*, 5e série, t. IV, p. 107; et t. VIII, p. 48.

deux liqueurs qui ne fournissent d'abord aucun précipité; puis on détermine la formation du précipité, au moyen d'une trace du sel solide; procédé fort élégant que j'ai appliqué aux sulfates de chaux, de strontiane, au tartrate de chaux, etc.

6. D'après l'ensemble de mes expériences sur les corps cristallisés peu solubles, leur chaleur de dissolution offre les mêmes variations de signe et de grandeur que celle des corps très solubles, aucune relation simple ne semblant exister d'ailleurs entre la solubilité d'un corps et la chaleur dégagée par sa dissolution. Voici des chiffres :

	Cal.
L'hydrate de chaux, CaO,HO, dégage en se dissolvant, vers 15 degrés environ	+ 1,5
Le chlorure de plomb, PbCl, au contraire, a absorbé	— 3,0
Le picrate de potasse, $C^{12}H^{2}K(AzO^{4})^{3}O^{2}$	— 10,0
Et le perchlorate de potasse, $ClO^{8}K$, jusqu'à	— 12,0

Le sulfate de strontiane, corps anhydre : $SO^{4}Sr$, et le sulfate de chaux, corps hydraté : $SO^{4}Ca, 2HO$, dégagent, en se dissolvant dans l'eau, des quantités de chaleur variables avec la température. En effet, elles sont presque nulles à la température ordinaire et elles ont des valeurs positives croissantes, à mesure que la température s'abaisse au-dessous de 15 degrés; au contraire, les chaleurs de dissolution de ces deux sels sont négatives au-dessus de 25 degrés.

Il n'y a là rien qui doive nous surprendre, si nous nous rappelons que la chaleur de dissolution, pour un seul et même corps, varie en général de grandeur, et même de signe, avec la température (tome Ier, page 127).

Il n'est donc pas exact de dire en général, comme on l'avait fait à l'origine, que la précipitation, c'est-à-dire la solidification d'un corps dissous, répond nécessairement à un dégagement de chaleur, comparable à la solidification d'un corps fondu.

Dans ce qui précède, nous avons parlé seulement des précipités cristallisés qui se présentent tout d'abord dans le même état qu'ils conserveront pendant toute la durée de leur existence. Ce sont les seuls, je le répète, pour lesquels il convienne de parler d'une chaleur de dissolution, définie par la seule connaissance de la formule du corps. Nous allons maintenant étudier les effets thermiques produits par les changements successifs que la plupart des précipités manifestent.

7. *Changement d'un corps amorphe en cristaux.* — Les précipités sont d'ordinaire amorphes dans les premiers moments; puis leurs particules s'agrègent en masses de plus en plus cohérentes, c'est-à-dire mieux débarrassées de l'eau mère interposée, parfois même plus denses; elles finissent d'ordinaire par se disposer en cristaux. Ces changements successifs peuvent être observés sous le microscope, et ils sont traduits par le thermomètre, soit directement toutes les fois qu'ils ne sont pas trop lents; soit indirectement et à l'aide d'une transformation chimique déterminant un état final identique, dans le cas où les changements se succèdent pendant un temps considérable. En général lorsqu'un corps amorphe cristallise, le signe thermique du changement est le même que celui de la solidification; il est au contraire opposé à celui des déshydratations et décompositions simultanées (voy. page 188). Voici quelques-uns des faits observés.

1° Le *soufre amorphe insoluble*, lorsqu'il se change en *soufre octaédrique*, vers 100 degrés, dégage de la chaleur. Mais vers 18 degrés, il n'y a ni dégagement ni absorption de chaleur. Au-dessous de cette température, il y aurait probablement absorption (1).

2° Le *soufre amorphe soluble* devient lentement soufre octaédrique, à 18 degrés, et il absorbe, à cette température : — $0^{Cal},04$ (2).

3° Le soufre mou, l'hydrate de chloral récemment fondu, et les corps analogues, dégagent aussi de la chaleur, en reprenant leur état cristallisé initial; mais le phénomène se complique ici, à cause de l'intervention de la chaleur de fusion (3).

(1) *Annales de chimie et de physique*, 4e série, t. XXVI, p. 468; 1872.
(2) Même recueil, p. 468.
(3) Tome Ier, page 283.

Citons encore quelques exemples, relatifs à la formation des sels précipités (1).

4° *Carbonate de strontiane.* — Ce corps étant obtenu par la réaction suivante :

$$SrCl(1 \text{ équiv.} = 2 \text{ lit.}) + CO^3Na(1 \text{ équiv.} = 2 \text{ lit.}) \text{ à } 16 \text{ degrés},$$

deux actions se succèdent, de signe contraire :

[1] Formation d'un précipité amorphe, avec absorption de chaleur : — 0,40;

[2] Le précipité cristallise en développant une quantité de chaleur égale ou supérieure à la précédente : + 0,40 à + 0,56.

On tire de là la chaleur de formation du carbonate de strontiane sous ses deux états :

$$CO^2 \text{ dissous} + SrO \text{ dissoute} = CO^3Sr \text{ amorphe} + 9{,}9; \text{ cristallisé}, + 10{,}5.$$

5° *Carbonate de baryte.* — Ce corps étant obtenu par une réaction semblable, c'est-à-dire par le mélange des deux dissolutions analogues, j'ai observé, pour les mêmes dilutions et la même température :

$BaCl + CO^3K$:	1re action, environ.........	+ 0,66
»	2e action, + 0,19; en tout :	+ 0,85
$BaCl + CO^3Na$:	1re action, environ.........	+ 0,48
»	2e action, + 0,24; en tout :	+ 0,72

On voit par là que la chaleur de formation du carbonate de baryte cristallisé surpasse de + 0,2 celle du même corps amorphe.

La démarcation entre les deux actions successives est bien moins tranchée qu'avec le carbonate de strontiane.

6° *Carbonate de manganèse.* — A 16 degrés, le mélange de deux dissolutions analogues aux précédentes, sous les mêmes dilutions, telles que

$$CO^3K + MnCl = CO^3Mn + KCl$$

absorbe — 2,01 au moment du mélange, avec formation d'un carbonate *amorphe*. Au bout de quelques minutes, ce corps se

(1) Tome Ier, page 130.

change rapidement en carbonate *cristallisé*, avec un dégagement de + 0,81. La somme des deux effets reste négative : — 1,20.

De même avec le carbonate de soude : le mélange des dissolutions analogues, sous les mêmes dilutions

$$CO^3Na + MnCl = CO^3Mn + NaCl$$

absorbe — 1,87 environ; puis le précipité cristallise et dégage + 0,69. La somme des deux effets est négative soit : — 1,18 environ.

On déduit de ces chiffres la chaleur de formation du carbonate de manganèse sous ses deux états :

CO^2 dissous + MnO = CO^3Mn	amorphe.....	+ 6,0
» » »	cristallisé....	+ 6,8

7° *Carbonate de plomb.* — On a préparé, comme ci-dessus, ce corps par double décomposition, à 16 degrés :

AzO^6Pb(1 équiv. = 2 lit.) versé dans CO^3Na(1 équiv. = 2 lit.).

Plusieurs effets thermiques se succèdent; leur constatation est très intéressante, quoique leurs limites soient difficiles à distinguer.

Le précipité étant immédiat, au bout du temps strictement nécessaire pour constater la température avec les instruments employés (dix à douze secondes), il s'est dégagé + 0^{Cal},40. Mais le thermomètre monte rapidement; au bout d'une demi-minute, il y a un ralentissement très marqué, la chaleur totale dégagée étant + 2,11.

Après cinq minutes, le maximum est atteint; il répond à un dégagement total de + 2,52, avec cristallisation.

Les mêmes observations ont été reproduites au moyen du carbonate de potasse dissous, dans les mêmes conditions :

$AzO^6Pb + CO^3K$:	1re et 2e phase..........	+ 2,38
	3e phase, chaleur totale :	+ 2,86

D'où l'on tire la chaleur de formation du carbonate de plomb dans ses divers états :

CO^2 dissous + PbO (hydraté). .... = CO^3Pb
1er état, + 4,5; 2e état, + 6,3; 3e état (final) + 6,7.

J'ai observé des résultats analogues, mais se succédant plus rapidement encore, avec l'acétate de plomb.

Ces chiffres montrent quelles variations subit la constitution d'un corps insoluble, à partir du moment de sa précipitation.

8. *Dimorphisme cristallin.* — Le passage d'un corps solide d'une forme cristalline à une autre donne lieu aussi à des dégagements de chaleur. Ainsi, d'après Mitscherlich, le soufre prismatique, en devenant soufre octaédrique, dégage, pour 16 grammes de soufre : $+ 0^{Cal},040$.

9. *Changements d'agrégation dans un corps amorphe.* — Les changements successifs dans la constitution des corps amorphes eux-mêmes sont souvent très marqués dans l'étude des précipités, étude où le thermomètre fournit un moyen de recherche qu'il serait difficile de remplacer. Exposons les faits, puis nous en chercherons l'interprétation.

La précipitation de l'iodure d'argent, opérée par double décomposition entre l'azotate d'argent et l'iodure de potassium, ne fournit pas tout d'abord la totalité de la chaleur dégagée pendant la formation du corps solide sous son état définitif. Les changements progressifs dans l'état du précipité sont très nettement manifestés par le thermomètre, quoiqu'ils se succèdent parfois si rapidement, qu'on ne puisse guère assigner de mesure séparée à chacun d'eux. Par exemple, dans une expérience exécutée à 13 degrés, et où les phases du phénomène ont été très marquées, expérience faite avec les proportions suivantes :

KI (1 équiv. = 8 lit.) + AzO^6Ag (1 équiv. = 2 lit.),

j'ai observé que la chaleur dégagée pendant la première minute (intervalle de temps plus que suffisant pour établir l'équilibre de température entre la liqueur et le thermomètre convenablement agités) s'élevait seulement à $+ 23^{Cal},1$. Il a fallu trois à quatre minutes pour atteindre $+26^{Cal},4$. Au delà de ce temps, le thermomètre cesse de rien indiquer avec certitude : soit que les variations d'état aient cessé, soit plutôt qu'elles continuent à s'effectuer, mais avec trop de lenteur.

On observe les mêmes effets dans la précipitation du carbonate d'argent, des sulfures métalliques, du peroxyde de fer, etc., etc.

Je citerai encore le fait suivant comme très caractéristique, parce qu'il s'agit d'un corps simple. Le *soufre amorphe insoluble*, mis en contact avec l'hydrogène sulfuré dissous, se change aussitôt en *soufre amorphe soluble* (dans le sulfure de carbone) avec dégagement de $+0^{Cal},040$ pour 16 grammes de soufre.

10. L'ancienne notion de la *cohésion* reparaît ici avec des caractères plus précis. On voit, en même temps, que la formation thermique d'un corps solide ne saurait être représentée, en général, par des *modules* ou coefficients constants; toutes les fois, du moins, qu'il ne s'agit pas d'un corps cristallisé, tel que les sels alcalins solubles, ou bien encore le picrate de potasse et l'iodure de mercure. Cette remarque est fort importante dans la discussion des problèmes de mécanique chimique où interviennent des précipités. En effet, il est probable que l'état correspondant aux premiers dégagements de chaleur est plus voisin que l'état définitif, de cet état initial que le corps insoluble possédait au moment où il a commencé à se précipiter. Or c'est cet état initial qui répond aux conditions déterminantes du début de la réaction. Ce ne serait donc pas la cohésion finale du corps solide qui pourrait être invoquée comme susceptible de produire le commencement de la réaction. Au contraire, les accroissements successifs de la cohésion peuvent jouer un rôle prépondérant dans l'accomplissement des phénomènes, en s'opposant à la permanence de tout équilibre intermédiaire entre les composés produits tout d'abord.

11. *Divers genres de cohésion.* — Tâchons d'approfondir davantage cette notion même de la cohésion, qui intervient si souvent dans l'étude des précipités et autres corps solides. Il y

a là deux idées distinctes. On peut concevoir, en effet, la cohésion au point de vue physique et au point de vue chimique.

1° *Au point de vue physique*, la cohésion est la résultante des actions qui tiennent assemblées, sous la forme d'une masse continue, diverses particules absolument identiques entre elles, mais inégalement rapprochées. Plus ces particules sont voisines, plus leurs attractions réciproques augmentent, plus la résistance à la séparation de la masse devient considérable. Il suffit de mouiller la poussière de la plupart des corps solides, de la rapprocher, et de laisser le système se dessécher pour réaliser des effets de ce genre. Ils sont surtout marqués avec les matières dites plastiques (argiles, corps colloïdes, etc.). Toutefois il est digne de remarque que les poussières cristallines manifestent ces effets plus difficilement et avec moins d'intensité que les poussières amorphes; comme si celles-ci, par l'effet du rapprochement, éprouvaient quelque changement spécial dans l'arrangement même de chacune des particules intégrantes. Dans tous les cas où il s'agit de cohésion purement physique, la poussière reproduite par l'attrition et la porphyrisation de la masse est identique avec celle que l'on obtient par la porphyrisation des particules primitives : caractère essentiel et seul susceptible d'être invoqué pour prouver qu'il s'agissait seulement d'un rapprochement physique. Ce genre de rapprochement ne saurait d'ailleurs donner lieu qu'à des effets thermiques très faibles;

2° *Au point de vue chimique*, deux ordres de changements peuvent résulter du rapprochement mécanique des particules solides. L'arrangement intérieur de chacune des molécules chimiques qui forment ces particules peut être changé, sans que l'équivalent demeure altéré : ce qui est le cas des oxydes métalliques, des carbonates et de la plupart des autres précipités. C'est là une véritable modification isomérique, qui peut être accompagnée par un notable dégagement de chaleur. La masse nouvelle ne saurait dès lors reproduire par une simple attrition mécanique la poussière primitive; remarque qui s'applique *à fortiori* aux autres changements qui vont être signalés.

12. *Condensations polymériques des précipités.* — Mais il arrive aussi que les molécules rapprochées s'unissent les unes aux autres, tantôt brusquement, tantôt peu à peu, en formant une substance nouvelle, douée d'un équivalent multiple de celui de la première; c'est-à-dire que chacune de ses molécules est formée par l'assemblage de plusieurs molécules primitives. En général, il y a dans ce cas dégagement de chaleur. Cet ordre de phénomènes ne semble pas très rare en chimie, quoiqu'il soit difficile de le caractériser nettement dans la plupart des cas. L'histoire des précipités fournis par les acides résineux, par l'alumine, par l'oxyde de chrome et autres sesquioxydes, fournit cependant des faits qu'il est légitime d'expliquer par une telle interprétation.

13. *Hydratation variable des précipités.* — Souvent un précipité fixe tout d'abord une certaine dose d'eau, en prenant l'état amorphe; puis il se déshydrate peu à peu, pendant sa conservation, et même au sein de la liqueur où il s'est formé. Le sulfate de strontiane semble offrir quelques effets de cette nature, lorsqu'on le précipite à basse température.

Peut-être y a-t-il là, dans certains cas, des effets dus aux changements isomériques ou polymériques du corps formé tout d'abord.

Dans d'autres cas, au contraire, le sel précipité, étant d'abord anhydre ou hydraté à un certain degré, fixe ensuite une nouvelle proportion d'eau, et il se change en de nouveaux hydrates définis, avec dégagements de chaleur. L'oxalate de chaux, par exemple, donne lieu à des observations de cette espèce : spécialement lorsqu'on le forme par la réaction de l'acide oxalique étendu sur l'hydrate de chaux délayé dans l'eau.

14. Ces changements d'hydratation demandent une attention particulière, à cause de leur importance dans la statique saline. En effet, diverses observations semblent indiquer que les absorptions de chaleur observées au moment des précipitations pourraient répondre, dans certains cas, à la déshydratation rapide du composé insoluble, qui se sépare de la liqueur dans l'état définitivement anhydre, le corps dans ce dernier état n'étant pas formé suivant le même type que le composé soluble et hydraté qu'il remplace.

Ainsi les carbonates de potasse et de soude paraissent exister dans l'eau à l'état d'hydrates définis, analogues à leurs hydrates cristallisés : diverses considérations physico-chimiques semblent l'établir. Or la double décomposition, opérée entre les dissolutions de ces corps et celles des chlorures alcalino-terreux, tendrait à produire des carbonates terreux de même type, c'est-à-dire également hydratés. Mais ces derniers composés se sépareraient aussitôt, dans les conditions ordinaires, en eau libre et carbonates anhydres, séparation accomplie avec absorption de chaleur.

Je n'insiste pas davantage sur cette interprétation. Elle est d'autant plus vraisemblable, que l'intervention incontestable de certains phénomènes de décomposition, plus avancés qu'une simple déshydratation, se manifeste dans l'étude des autres carbonates.

Quoique ce nouveau sujet se rattache en principe au chapitre suivant, il me paraît cependant utile de l'exposer dès à présent, afin de présenter en un seul corps de doctrine tous les faits relatifs aux précipités.

15. *Séparation entre l'acide et la base des sels précipités et autres décompositions chimiques.* — Non-seulement les hydrates salins, qui existent dans les dissolutions, peuvent être transformés par double décomposition en des hydrates précipités, d'un type différent, et parfois même en corps anhydres; mais la destruction progressive du système peut être poussée jusqu'à une séparation, totale ou partielle, entre l'acide et la base du sel précipité. Cette séparation est d'ailleurs accompagnée, comme la déshydratation, par une absorption de chaleur.

En général, la séparation observée ne représente pas une décomposition simple en acide et base libres; mais le composé normal se partage en deux autres, tels qu'un sel basique et hydraté, qui se précipite; et un sel acide, qui demeure dissous. La quantité de chacun de ces sels et sa composition dépendent des proportions relatives entre l'acide, la base et l'eau.

Il s'agit donc encore de certains équilibres, déterminés par la présence et la proportion de l'eau; précisément comme ceux que nous définirons plus loin pour les alcoolates, les éthers, les sels ammoniacaux et métalliques, les sels acides et doubles.

Par exemple, le carbonate de zinc normal, qui devrait se produire dans certaines réactions, se partage presque aussitôt en un sel acide et en un sel neutre, ce dernier mélangé ou combiné avec un excès de base; le partage est semblable à celui des composants du carbonate d'ammoniaque dans ses dissolutions. Seulement le partage des composants du carbonate d'ammoniaque se développe dans une liqueur homogène, et les conditions qui l'ont déterminé le maintiennent, parce qu'elles subsistent indéfiniment.

Au contraire, le partage initial des composants du carbonate de zinc, déterminé par les conditions premières de la réaction, se modifie presque aussitôt; parce que le précipité, une fois isolé et rassemblé, ne se trouve plus dans les mêmes conditions qu'au moment de sa formation : il n'agit plus que sur la portion de liqueur avec laquelle il est en contact, et il agit seulement par la surface des masses solides formées par l'agrégation des particules séparées d'abord (voy. page 96). Au centre de chacune de ces masses, aussi bien que dans la liqueur claire, il peut se développer de nouvelles transformations : les phénomènes thermiques traduisent ces changements successifs.

Voici les faits dont l'observation, toujours vers 15 à 16 degrés, m'a conduit à la théorie précédente.

1° *Carbonates de zinc.* — La composition du carbonate de zinc précipité varie suivant les proportions d'eau, de base et d'acide carbonique et suivant la température; sa formation répond d'ailleurs, dans tous les cas, à une absorption de chaleur.

Soit d'abord la réaction normale, à équivalents égaux :

SO^4Zn (1 éq. = 2 lit.) versé dans CO^3Na (1 équiv. = 2 lit. absorbe : — $2^{Cal},39$)

1re réaction immédiate...........	— 2,15
2e réaction durant dix minutes...	— 0,24

SO^4Zn (1 équiv. = 2 lit.) versé dans CO^3K (1 équiv. = 2 lit.) absorbe — $2^{Cal},19$

1re réaction immédiate (précipité) :	— 1,95
2e réaction, plus lente...........	— 0,24

La dilution accroît surtout la deuxième réaction :

SO^4Zn (1 équiv. = 6 lit.) versé dans CO^3K (1 équiv. = 6 lit.) : — 2,77

1re réaction immédiate : — 2,11; 2e réaction lente : — 0,66.

Ces phénomènes thermiques correspondent à la formation d'un hydrocarbonate basique, mêlé de sels doubles, dont la composition varie. Mais cet hydrocarbonate ne se forme pas du premier coup; il semble que sa formation soit traduite surtout par la deuxième action, laquelle répond probablement à la décomposition du sel neutre, produit tout d'abord, en sel basique et sel acide : cette dernière décomposition étant accrue par la proportion de l'eau.

Dans aucun cas, il ne se dégage de gaz; ce qui prouve que la liqueur finale renferme un carbonate avec excès d'acide. En effet, le calcul montre que le volume des liqueurs précédentes est incapable de dissoudre la totalité du gaz acide carbonique non combiné qui devrait se produire, s'il se formait uniquement un carbonate basique, de l'ordre des composés $CO^2 2ZnO$ ou $3CO^2 5ZnO$, signalés par les auteurs.

Cependant le carbonate neutre de zinc existe dans la nature, et les faits ci-dessus indiquent qu'on doit pouvoir l'obtenir par le concours d'un excès d'acide carbonique. On y réussit, en effet, comme on sait, au moyen des bicarbonates alcalins; j'ai constaté, en outre, que la formation de ce carbonate neutre répond à une moindre absorption de chaleur :

SO^4Zn (1 équiv. = 4 lit.) versé dans C^2O^4,NaO,HO (1 équiv. = 4 lit.) absorbe $-0,96$.

L'action se fait encore en plusieurs temps :

[1] Action immédiate, avec formation d'un précipité amorphe et absorption de chaleur : $-0,50$;

[2] Le précipité augmente pendant quelques minutes, avec une nouvelle absorption de chaleur : $-0,46$;

[3] Alors commence une troisième action, manifestée par une très faible évolution de gaz et une lente absorption de chaleur; absorption dont je ne donne pas les chiffres, parce qu'ils ne sont pas susceptibles d'être précisés suffisamment.

Voici une expérience semblable avec le bicarbonate de potasse :

SO^4Zn (1 éq. = 4 lit.) versé dans C^2O^4,KO,HO (1 éq. = 4 lit.) absorbe : $-0,78$

1re action, immédiate : $-0,36$,

2e action............ $-0,42$, avant toute effervescence.

3e action, avec absorption lente de chaleur et effervescence.

Ces phénomènes thermiques peuvent être traduits comme il suit : il se forme d'abord du bicarbonate de zinc, aussitôt décomposé en partie en carbonate neutre, qui se précipite (mélangé avec un sel double); et acide carbonique, qui demeure dissous dans la proportion d'eau employée : de là une première absorption de chaleur. La décomposition se poursuit rapidement, à mesure que le précipité se dépose et qu'il détruit, par sa séparation, l'équilibre qui tendait d'abord à se produire au sein de la liqueur. On atteint ainsi en quelques minutes un terme défini. La proportion du carbonate neutre précipité, dans ces conditions, répond à peu près aux deux tiers d'une réaction totale, limite assignée par l'absence de dégagement du gaz carbonique. Au delà de cette limite, l'action se complète plus lentement, comme l'atteste le dégagement du gaz carbonique, lequel est corrélatif avec une quantité proportionnelle de carbonate neutre précipité.

L'absorption de chaleur observée avec le bicarbonate de soude (—0,96) est plus faible qu'avec le carbonate neutre de soude (—2,39), parce qu'elle représente seulement la décomposition du bicarbonate de zinc en carbonate neutre et acide carbonique dissous. En l'attribuant uniquement à une formation de carbonate neutre, on trouve que

$$CO^2 \text{ dissous} + ZnO \text{ (hydraté)} = CO^3Zn, \text{ dégagerait : } + 5{,}5.$$

2° *Carbonates de cuivre.*

J'ai trouvé :

SO^4Cu (1 équiv. = 2 lit.) versé dans	CO^3K (1 équiv. = 2 lit.) :	— 0,87
SO^4Cu (») »	CO^3Na (») :	— 1,06

Cette absorption de chaleur est immédiate, aussi bien que la formation du précipité; elle précède l'effervescence qui se développe quelques instants après, avec un nouveau refroidissement.

En opérant avec des liqueurs trois fois aussi étendues, il ne se dégage aucun gaz, et l'on observe deux phases successives :

Première absorption (— 1,08) égale à la précédente;

Puis, deuxième action plus lente et plus faible (—0,24), qui traduit une décomposition consécutive et se prolonge jusqu'à devenir inappréciable au thermomètre.

La première absorption de chaleur ne surpasse pas celle qui répond à la précipitation du carbonate de magnésie et des carbonates analogues (1). Ce fait, joint à l'absence d'un dégagement immédiat d'acide carbonique, semble indiquer que le carbonate de cuivre normal jouit d'une existence réelle, quoique éphémère : le carbonate de cuivre existe sans doute, en partie associé aux carbonates alcalins pour former le sel double décrit par M. H. Sainte-Claire Deville (2). Dans cette hypothèse, la formation du carbonate neutre

CO^2 dissous + CuO (hydraté) = CO^3Cu, dégage au plus : + 2,4

nombre dont la petitesse fait pressentir l'instabilité du carbonate de cuivre.

La réaction des bicarbonates alcalins sur les sels de cuivre est conforme à ces inductions :

SO^4Cu (1 équiv. = 4 lit.) versé dans C^2O^4,KO,HO (1 équiv. = 4 lit.) : − 1,31
SO^4Cu (») » C^2O^4,NaO,HO (») : − 1,23

Cette absorption de chaleur représente l'effet immédiat du mélange et de la précipitation ; elle précède le dégagement du gaz carbonique, qui ne tarde pas à se produire, non sans nouveau refroidissement.

3° Les *carbonates des sesquioxydes de fer et de chrome et celui d'alumine* ont donné lieu à des observations analogues, avec certaines complications, qui semblent dues à des changements moléculaires spéciaux dans les oxydes de chrome, de fer, d'alumine ; changements comparables à la formation des corps polymères (3).

4° J'ai observé des complications du même genre dans la for-

(1) *Annales de chimie et de physique*, 5° série, t. IV, p. 167.

(2) La formation de ces sels doubles donne lieu à des équilibres spéciaux plus compliqués, mais régis par les mêmes lois que celles que je discute ici. Ils sont comparables aux équilibres entre le carbonate d'ammoniaque et les carbonates alcalins, sauf les complications introduites par l'état solide.

(3) *Annales de chimie et de physique*, 5e série, t. IV, p. 176.

mation de certains *sulfures métalliques* en présence de l'eau, spécialement celle des sulfures de manganèse et de zinc. Ces sulfures paraissent coexister dans certains cas avec les sulfhydrates de sulfures des mêmes métaux : MS, HS; sulfhydrates de sulfures qui se décomposent peu à peu en sulfures précipités et hydrogène sulfuré dissous (voy. *Annales de chimie et de physique*, 5e série, t. IV, p. 205 à 208).

16. En résumé, plusieurs effets, attestés par les phénomènes thermiques, et qu'il est nécessaire de discuter avec soin dans la statique chimique, se succèdent pendant la formation des précipités qui résultent des doubles décompositions salines.

1° Au moment du mélange des dissolutions, il se produit un certain équilibre entre l'eau, les sels primitifs et les sels de nouvelle formation, solubles ou insolubles. Cet équilibre, qui sera défini plus amplement dans le chapitre suivant, est bien distinct du *pêle-mêle entre les acides et les bases*, supposé autrefois par divers auteurs. C'est au contraire un état parfaitement défini, réglé par les proportions relatives de l'eau et des sels, et tout à fait comparable à l'équilibre des réactions éthérées. Il est déterminé par la nature et la proportion des sels, partiellement décomposés en acide et base hydratés, et des hydrates salins diversement dissociés; le tout conformément aux principes développés dans le présent chapitre et dans le suivant.

2° Un tel état subsiste, lorsque le système reste homogène, par suite de la formation exclusive de composés solubles. Mais les sels insolubles et précipités se comportent différemment. Non-seulement leur existence en présence d'un liquide constitue un système hétérogène, dans lequel les conditions de l'équilibre sont toutes différentes, étant régies par les lois propres des actions exercées à la surface de séparation de deux milieux dissemblables (voy. p. 96); mais encore les sels insolubles ne demeurent pas dans leur constitution première, de façon à pouvoir se maintenir indéfiniment, dans les circonstances de l'équilibre initial. Loin de là : ils éprouvent presque aussitôt de nouveaux changements, les uns chimiques, tels que la déshydratation, la séparation entre les acides et les bases, les changements isomériques et polymériques; les autres physiques, tels que la cristallisation et la formation de masses plus compactes et plus agrégées.

Ces changements se produisent après coup : d'où il suit que la formation primitive du précipité ne saurait être expliquée d'une manière générale par la densité et la cohésion finales, telles qu'on les constate après coup sur le corps isolé et modifié à la fois par la durée de la conservation, par les lavages, par la dessiccation; lavages et dessiccation effectués le plus souvent à une température plus élevée que celle de la réaction primitive.

L'état final du précipité, conservé dans la liqueur même, n'est pas toujours, nous l'avons vu, identique avec son état initial; cet état final joue un rôle essentiel dans la statique chimique, car il trouble le jeu réciproque des actions contraires qui ont produit l'équilibre initial et qui tendent à le maintenir. Certains des corps, entre lesquels cet équilibre avait eu lieu d'abord, ayant changé d'état, ne peuvent plus y être ramenés, sans le concours de travaux spéciaux, qu'une simple modification dans les proportions relatives ne suffit pas à rendre possibles. Observons d'ailleurs que la chaleur dégagée ne mesure la grandeur de ces travaux que dans les cas où ils sont tous de même sens.

En général, les circonstances qui viennent d'être signalées sont telles qu'elles permettent à la réaction de se développer dans un sens exclusif, jusqu'à l'élimination totale de l'un des composants.

CHAPITRE VIII

SUR LA CONSTITUTION DES SELS DISSOUS. — ACIDES FORTS ET ACIDES FAIBLES

§ 1er. — Généralités.

1. La constitution des sels dissous peut être étudiée à deux points distincts et qui se complètent l'un l'autre, je veux dire, la dissolution du sel et son union intégrale avec le dissolvant pour former des combinaisons définies : sujet traité dans le chapitre précédent; et la décomposition partielle ou totale du sel par le dissolvant en ses composants fondamentaux, l'acide et la base : ce sera le sujet du présent chapitre et de ceux qui vont suivre. — Résumons d'abord les questions générales qui s'y trouvent traitées, afin de montrer la portée et l'étendue du sujet.

2. Depuis longtemps les chimistes ont été conduits à distinguer les *acides* appelés *faibles* et les bases *faibles*, des *acides* réputés *forts* et des *bases fortes*, d'après une certaine appréciation et un sentiment général des réactions; mais ces mots n'avaient guère pu être définis, avant l'époque de mes recherches, par des caractères précis. La méthode thermique fournit ces caractères.

En effet, l'énergie relative des acides peut être appréciée, d'après la chaleur de formation de leurs sels dans l'état solide et même dissous; et d'après le degré inégal de la décomposition de ces mêmes sels mis en présence de l'eau, à dose progressivement croissante; décomposition qui se traduit, soit par des dégagements ou des absorptions de chaleur, observables pendant la dilution, soit par la variation des quantités de chaleur dégagées pendant la formation même du sel, sous divers états de concentration.

3. Commençons par définir d'une façon plus expresse les *acides forts* et les *bases fortes*. Ces corps antagonistes, dissous à l'avance

et séparément dans une proportion d'eau suffisamment grande et unis à équivalents égaux, forment des sels neutres stables, en dégageant une quantité de chaleur à peu près constante pour les divers acides et bases de cette catégorie. Cette quantité ne varie guère par l'addition d'une nouvelle proportion d'eau, ou d'une base, soit identique, soit différente de celle qui est déjà entrée en combinaison. D'où il est permis de conclure que l'eau ne tend pas à séparer un tel acide et une telle base ; au moins d'une manière appréciable et à la température ordinaire. Tels sont les chlorures, les azotates, les sulfates neutres formés par les alcalis fixes, sels que nous étudierons plus en détail dans le § 2.

4. Les sels formés par l'union des acides forts et des bases fortes sont d'ailleurs ceux dont la formation dans l'état anhydre, depuis l'acide hydraté et la base hydratée solides,

$$\text{Acide} + \text{Base} = \text{Sel} + H^2O^2,$$

dégage le plus de chaleur (voy. tome Ier, p. 365, tabl. XIV), soit :

AzO^6K, + 41,2 ; SO^4K, + 40,7
AzO^6Na, + 36,4 ; SO^4Na, + 34,7
AzO^6Ba, + 29,6 ; SO^4Ba, + 33,0, etc.

5. La chaleur de formation des sels alcalins des acides forts dans l'état dissous, comparée à celle des sels que les bases alcalines forment avec les acides faibles, marque également jusqu'à un certain point la différence de ces deux groupes d'acides.

Un équivalent des acides sulfurique, fluorhydrique, phosphorique, oxalique étendus, dégage de + 14 Calories à + 16 Calories, en s'unissant avec un équivalent de soude étendue;

Un équivalent des acides azotique, chlorhydrique, chlorique, etc., dégage de + 13 Calories à + $13^{Cal},7$.

6. Opposons à ces caractères ceux des sels formés par les *acides faibles*.

Dans l'état dissous, la chaleur de formation des sels des acides faibles et des corps mal caractérisés comme acides est bien inférieure à celle des sels des acides forts. Ainsi :

Un équivalent des acides carbonique dissous, hypochloreux dissous, borique, azoteux dissous, dégage + 10 Calories environ;

Un équivalent des acides phénique, arsénieux, sulfhydrique dissous, dégage + 7,9 à + 7,7;

Un équivalent d'acide cyanhydrique, de glycocolle, d'alanine, etc., etc., dégage + 2,5 à + 2,9.

Les dernières valeurs sont tout à fait de l'ordre de grandeur des chaleurs de formation des alcoolates proprement dits, comme on le montrera plus loin (voy. aussi tome Ier, page 387).

Cependant il ne faudrait pas tirer des conclusions trop absolues d'une comparaison minutieuse des chaleurs de formation dans l'état dissous; car l'ordre de grandeur de ces quantités peut être interverti, lorsqu'on rapporte les actions à l'état solide.

7. La formation des sels des acides faibles, rapportée à l'état solide, dégage beaucoup moins de chaleur que celle des sels des acides forts. Ce caractère est déjà marqué dans l'étude des acétates, sels qui forment la transition entre les deux groupes :

$$C^4H^3KO^4, +21,9$$
$$C^4H^3CaO^4, +18,3$$
$$C^4H^3BaO^4, +15,2$$

Tous ces chiffres sont fort inférieurs aux précédents.

Ce sont cependant là des sels assez stables. Dans l'état dissous, leur chaleur de formation est voisine de 13,0, c'est-à-dire peu éloignée de celle des chlorures ou des azotates. Mais les différences s'accusent davantage dans l'étude des acides plus faibles. Par exemple, la formation du phénate de potasse dans l'état solide dégage encore moins :

$$C^{12}H^5KO^2 : +17,7, \text{ etc.}$$

8. Les acides faibles se distinguent surtout parce qu'ils forment dans leur union avec les bases, même avec les bases fortes, des sels décomposables par l'eau; je dis décomposables d'une façon progressive, croissante avec la proportion d'eau, mais décroissante avec la proportion de base ou d'acide excédant.

9. La marche de la décomposition par l'eau des sels des acides faibles n'est pas toujours la même.

Tantôt elle augmente peu à peu : soit indéfiniment avec la dose de l'eau, soit en tendant vers une certaine limite. Voilà ce que j'ai observé dans l'étude des borates, des carbonates, des cyanures, des sulfures, des phénates alcalins, et même dans l'étude des sels des acides gras : acétates, butyrates, valérianates, lesquels forment le passage entre les sels des acides forts et ceux des acides faibles.

Tantôt, au contraire, la décomposition du sel neutre est accomplie presque intégralement par les premières additions d'eau ; de telle façon que le thermomètre signale aussitôt une absorption de chaleur, à peu près égale au dégagement accompli dans la formation initiale du sel alcalin.

10. Les *alcoolates alcalins*, c'est-à-dire les combinaisons alcalines dérivées de l'alcool ordinaire, de la mannite, de la glycérine, etc. (1), se comportent comme les sels des acides et des bases faibles. Ils ne subsistent pas intégralement lorsqu'on les dissout dans l'eau. Mais ils éprouvent une décomposition partielle, avec formations de systèmes divers où quatre corps distincts se font équilibre.

Ainsi, dans la réaction des alcools sur les bases, comme dans la réaction des mêmes alcools sur les acides, il existe un équilibre déterminé entre quatre substances : l'alcool et la base d'une part, l'alcoolate alcalin et l'eau, d'autre part.

Ces systèmes obéissent aux lois d'une statique chimique pareille, avec cette différence pourtant que les réactions éthérées sont lentes et les réactions des alcoolates alcalins immédiates, et que leurs décompositions croissent en général avec la température. Mais les notions relatives à l'influence des proportions relatives sont tout à fait pareilles (voy. page 79).

11. J'ajouterai, et cette remarque est d'une haute importance, que les acides faibles, doués de la fonction acide pro-

(1) *Annales de chimie et de physique*, 4e série, t. XXIX, p. 291 et 461 ; 5e série, t. VI, p. 33.

prement dite, sont en général des *acides à fonction complexe.* Tantôt la fonction acide véritable de ces corps est mal caractérisée, comme dans les phénols, qui sont, à proprement parler, les congénères des alcools; tantôt elle se trouve ajoutée avec une seconde fonction, telle que celle d'acide-alcool, acide-aldéhyde, comme dans les acides carbonique, lactique, etc.

En raison de cette complexité, il existe dans l'énergie des acides faibles des degrés très divers, que les expériences thermiques relatives à l'influence de l'eau sur leurs sels et à l'action progressive de plusieurs équivalents d'ammoniaque, enfin l'étude des doubles décompositions salines, permettent de définir avec exactitude.

12. L'étude des acides à fonction mixte présente une complication plus grande, en raison de la réunion de caractères distincts sur un seul et même corps. En effet, les épreuves thermiques conduisent à établir l'existence de certains acides à caractères mixtes, qui forment avec les alcalis plusieurs séries de sels : les uns stables, à la façon des sels des acides forts; les autres qui contiennent un excès de base et qui sont décomposables par l'eau jusqu'à la limite de cet excès de base, à la façon des sels des acides faibles : tels sont les phosphates, les carbonates, les salicylates (1), les lactates, les sulfhydrates, les sulfites, etc. Cette distinction répond à l'existence des acides à fonction mixte, établie en chimie organique par de tout autres méthodes, c'est-à-dire par l'étude des fonctions et des réactions génératrices.

13. Nous avons parlé jusqu'à présent des sels formés par les bases fortes : potasse, soude, baryte, strontiane, etc. ; mais il convient de dire aussi quelques mots des sels formés par les autres bases. Soient d'abord les *sels ammoniacaux.*

14. Les sels ammoniacaux formés par les acides forts donnent quelques indices d'une décomposition, manifestée par les pertes légères d'ammoniaque que leur fait subir l'évaporation et par divers autres caractères.

(1) *Annales de chimie et de physique*, 4e série, t. XXIX, p. 319, 480 et 489.

Mais cette décomposition partielle des sels ammoniacaux devient plus manifeste avec les sels des acides faibles : le carbonate neutre d'ammoniaque et le phénate de la même base, par exemple, étant décomposés bien plus rapidement par l'eau que les carbonates et les phénates des alcalis fixes. J'ai tiré parti de cette circonstance pour constater la formation du carbonate d'ammoniaque, par voie de double décomposition entre les carbonates alcalins et les azotate, chlorhydrate, sulfate d'ammoniaque dissous, et j'ai démontré (1) que la base forte et l'acide fort s'unissent de préférence, pour former le sel le plus stable dans les dissolutions; en laissant l'acide faible à la base faible : ce qui est une conséquence nécessaire de l'état de décomposition nul ou moins avancé du sel formé par l'acide fort et la base forte. On reviendra sur ce point.

15. L'action décomposante de l'eau sur les sels est plus marquée, comme on devait s'y attendre, quand les sels sont formés par les bases faibles, telles que les *oxydes métalliques*. Pour de tels sels dissous, la décomposition est évidente, même lorsqu'ils sont formés par des acides forts, et mieux encore par des acides faibles (2).

La formation des sels métalliques, rapportée à l'état solide, dégage d'ailleurs bien moins de chaleur que la formation des sels alcalins des mêmes acides. Par exemple :

$AzO^6Pb, +19,7$; $SO^4Pb, +19,9$;
$SO^4Cu, +10,5$; $SO^4Zn, +11,9$;
$C^4H^3PbO^4, +5,1$; $C^4H^3CuO^4, +4,3$.

16. Les phénomènes thermiques qui accompagnent la réaction de l'eau sur les sels des acides faibles, et la séparation partielle de ces sels en acide et base libre, méritent une attention particulière. En effet, la décomposition par l'eau des sels formés par les acides faibles, aussi bien que celle des alcoolates alcalins, réclame le concours d'une énergie étrangère, empruntée au milieu ambiant. Or on retrouve ici la condition fondamentale

(1) *Annales de chimie et de physique*, 4e série, t. XXIX, p. 503.
(2) Même recueil, 4e série, t. XXIX, p. 458, 467.

qui préside en général à l'intervention d'une énergie étrangère, capable d'effectuer un travail de signe contraire à celui des affinités; je veux dire la formation, transitoire ou permanente, d'un système chimique en équilibre entre deux réactions opposées, dont l'une dégage de la chaleur, tandis que l'autre en absorbe. Cette condition est commune aux dissolutions des alcoolates alcalins, des sels ammoniacaux et métalliques, enfin des sels acides et des sels doubles, aussi bien qu'aux mélanges éthérés, aux mélanges gazeux des carbures pyrogénés diversement condensés, et aux composés binaires à l'état de dissociation (voy. pages 70 et 134).

L'ensemble de ces effets exercés dans les dissolutions peut être exprimé, pour abréger, par le mot *énergie* de *désagrégation*. En réalité, ce sont des équilibres dans lesquels l'énergie calorifique exécute le travail nécessaire pour opérer la décomposition partielle des combinaisons. Mais cette décomposition ne paraît pas être produite, en général, par une action simple et directe, comme dans le cas des combinaisons binaires.

17. Tâchons de préciser davantage les conditions théoriques qui la déterminent, en signalant les hypothèses à l'aide desquelles on peut rendre compte de l'action inégale de l'eau sur les sels des acides forts et sur les sels des acides faibles et autres corps analogues. Il ne serait pas impossible que la stabilité des sels alcalins des acides forts fût due à la circonstance suivante : la formation du sel neutre lui-même dégagerait une quantité de chaleur supérieure à la somme de celles qui répondent à la formation des hydrates définis, résultant de l'union de l'eau avec l'acide et la base, pris séparément et dans les conditions des expériences. Par conséquent, l'eau ne pourrait décomposer les sels de cette espèce.

Réciproquement, si les sels alcalins des acides faibles sont décomposés par l'eau, ce serait à cause de la prépondérance de la somme des effets thermiques, dus à la formation réunie de certains des hydrates de l'acide et de la base, sur les effets qui résultent de la formation du sel neutre. La chose n'est même pas contestable, dans le cas des alcoolates alcalins proprement dits.

A la vérité, la décomposition demeure incomplète pour les sels véritables. Mais cette circonstance s'explique aisément, dès que l'on admet que les hydrates les plus avancés de l'acide et de la base ont seuls dégagé assez de chaleur pour exercer cette prépondérance thermique, ces mêmes hydrates étant en partie dissociés. Dès lors la réaction de l'eau sur les sels ne peut former en général une dose de ces hydrates, supérieure à celle qui subsisterait à l'état isolé dans les dissolutions aqueuses, à la température et dans les conditions des expériences.

Une telle interprétation, que je donne d'ailleurs avec réserve, parce qu'elle ne saurait être complètement établie dans l'état présent de nos connaissances, ramènerait toute la statique des sels dissous au troisième principe de la thermochimie, je veux dire au principe du travail maximum.

18. Les notions acquises ou précisées par la thermochimie sur la nature différente et sur la force inégale des acides peuvent être vérifiées par diverses épreuves, tirées des caractères physiques des dissolutions. Je rappellerai spécialement les épreuves fondées sur l'évaporation, qui ont été employées par plusieurs savants dans ces derniers temps. Toutes les fois que l'acide d'un sel est volatil, on peut mettre en évidence la décomposition partielle du sel, et même la mesurer jusqu'à un certain point, en évaporant ses dissolutions.

La même épreuve s'applique aux sels ammoniacaux, par suite de la volatilité de l'ammoniaque. La quantité de cet alcali, demeurée libre dans la liqueur ou susceptible de le devenir, peut même être déterminée dès la température ordinaire, au moyen d'une solution titrée d'acide sulfurique placée à côté et dans une même enceinte.

A l'aide de ces épreuves, on arrive ainsi à des conclusions tout à fait analogues à celles qui résultent de l'étude thermométrique : les alcoolates, formés par l'alcool ordinaire, étant complètement décomposés par l'eau ; les acétates manifestant une certaine décomposition, ainsi que les sels ammoniacaux en général ; tandis que les chlorures et les azotates des bases alcalines fixes ne perdent aucune trace d'acide pendant l'évaporation. Si l'on insiste ici sur ces expériences, c'est qu'elles fournissent une contre-épreuve très nette et très sensible de nos conclusions. Cependant elles sont moins décisives pour la théorie, à mon avis, que les résultats thermiques, parce que ces derniers sont obtenus dès la température ordinaire, et, ce qui est capital, sans aucune séparation des composants du système, lequel demeure homogène pendant toute la durée des réactions.

19. Contrôlons encore par une autre voie les conclusions déduites de ces observations, en montrant qu'elles sont conformes aux connaissances générales, mais mal définies, que les chimistes avaient déjà acquises par l'étude des réactions réciproques entre les sels et les acides; et, spécialement, par la réaction des divers acides sur la teinture de tournesol. Quelques observations ne paraîtront peut-être pas superflues, pour manifester l'origine et la valeur de cette concordance.

On peut établir, en effet, les raisons théoriques en vertu desquelles les acides forts sont reconnus par leur réaction sur la *teinture de tournesol*. Cette réaction n'exprime autre chose que le déplacement d'un acide faible et coloré en rouge, déplacement qui s'opère jusqu'à la dernière trace de l'acide fort, sans qu'un phénomène de partage appréciable intervienne pour le limiter. Les procédés usités dans le dosage alcalimétrique des acides sulfurique, azotique, chlorhydrique, mettent en évidence ce déplacement total. Mais il n'a lieu que pour les acides et les sels incapables d'être décomposés par l'eau d'une manière sensible. Dès qu'un sel alcalin éprouve un commencement de décomposition sous l'influence de l'eau, le dosage alcalimétrique de l'acide correspondant devient moins net, parce que la portion de base libre dans les liqueurs forme quelque dose de sel bleu avec l'acide du tournesol; ce qui réclame un excès plus ou moins grand de l'acide soumis au dosage, pour compléter la mise en liberté de l'acide du tournesol, ou plus exactement pour réduire graduellement la dose du sel bleu que forme l'alcali à une proportion telle, que ses effets tinctoriaux ne soient plus manifestes. De tels effets sont déjà très sensibles avec les acétates et autres sels alcalins formés par les acides gras; ils le sont également, quoique en sens inverse, dans le dosage de l'ammoniaque. Ils le deviennent davantage, à mesure que croît la dose de base mise en liberté par la réaction de l'eau sur les sels neutres; de telle façon que l'acide phosphorique, l'acide borique, l'acide phénique, les alcools susceptibles de donner naissance à des sels alcalins, ne peuvent pas être dosés par les procédés alcalimétriques ordinaires.

20. Entrons maintenant dans des détails plus circonstanciés sur l'étude des sels formés par les acides forts et par les acides faibles, ainsi que par les acides gras volatils, sur les alcoolates alcalins, enfin sur les sels des acides à fonction mixte.

§ 2. — **Acides forts, acides faibles et leurs sels alcalins. — Énoncé des problèmes.**

1. Cette étude sera partagée en trois parties, comprenant :

1° L'énoncé des questions relatives aux réactions des sels dissous;

2° L'examen des sels alcalins formés par les acides forts;

3° L'examen des sels alcalins formés par les acides faibles.

2. Nous allons préciser, par des expériences thermiques, les notions d'*acides forts* et d'*acides faibles*, de *bases fortes* et de *bases faibles*, demeurées jusqu'ici assez vagues dans l'esprit des chimistes, bien qu'elles reposent sur les observations de déplacement réciproque et de double décomposition, dont il est impossible de méconnaître l'importance.

Ce qui jette quelque trouble dans l'esprit, c'est que, dans les cas où l'action réciproque est incontestable, elle se traduit en général par la séparation physique de l'un des composants du système : c'est-à-dire que l'un des acides se précipite sous forme peu soluble (acides borique, benzoïque, déplacés par l'acide sulfurique);

Ou bien l'un des acides surnage à l'état liquide (acide butyrique);

Ou bien il se dégage à l'état gazeux (acide carbonique à froid; acide acétique à 120 degrés, etc.).

Tel est encore le déplacement de l'ammoniaque, corps gazeux, par la potasse, substance fixe;

Le déplacement des oxydes métalliques insolubles par les alcalis dissous.

Telles sont aussi les formations des sels volatils (chlorhydrate ou carbonate d'ammoniaque), ou insolubles (sulfate de baryte), que l'on peut isoler par double décomposition.

Dans toutes ces circonstances, il semble que l'action chimique soit déterminée par les caractères physiques du produit qui s'élimine (lois de Berthollet), et spécialement par sa cohésion, c'est-à-dire par une propriété indépendante de la force prétendue des acides et des bases.

3. Cependant, dès l'époque de Berthollet, les avis des savants sont demeurés partagés sur la véritable cause de ces phénomènes. En effet on conçoit très bien que la séparation physique de l'un des composants du système, par volatilité ou insolubilité, du moment qu'elle commence à s'effectuer, dirige la réaction dans un sens donné et l'oblige à se poursuivre jusqu'à l'élimination totale dudit composant. Mais le début même de la réaction et la cause qui la détermine demeurent inexpliqués.

4. Les uns, tels que Gay-Lussac (1), ont supposé qu'il existe dans les liqueurs un véritable *pêle-mêle*, une sorte d'*indifférence de permutation* ou *équipollence chimique* entre les acides et les bases, l'état de combinaison ne devenant déterminé qu'au moment même où la précipitation s'effectue.

Mais il est difficile de concevoir que les acides et les bases puissent coexister, tout en étant séparés au sein d'une même liqueur. S'il en était ainsi d'ailleurs, et c'est là un argument capital, le mélange d'une base dissoute avec un acide dissous ne devrait pas dégager de chaleur : la chaleur se produirait seulement au moment de la constitution du composé salin, sous forme solide ou volatile.

(1) *Annales de chimie et de physique*, 2e série, t. LXX, p. 431.

5. D'autres savants, guidés plutôt par un certain sentiment des analogies que par des preuves certaines, ont pensé que les acides forts devaient prendre les bases fortes de préférence, même au sein des dissolutions; mais ils n'ont jamais pu réussir à indiquer d'une manière précise quels caractères définissent la force relative des acides et des bases.

D'autres enfin ont admis, d'après divers indices de coloration et autres signes analogues, que les bases et les acides se partagent réellement dans les dissolutions, suivant de certains rapports, mal connus d'ailleurs : mais on n'a pu jusqu'à présent fournir à l'appui de cette opinion de preuves bien catégoriques.

6. En résumé, l'état réel de distribution des acides et des bases dans une dissolution demeure inconnu et mal défini. Or tel est le problème que je me suis trouvé conduit à aborder, au début de mes recherches sur la statique chimique.

7. Plus d'une tentative a déjà été faite dans cette direction par l'emploi des méthodes thermiques, lesquelles sont très propres à ce genre de discussion, parce qu'elles permettent de suivre les phénomènes des dissolutions sans en troubler l'état; tandis que l'on redoute toujours une semblable perturbation lorsqu'on recourt à quelque procédé d'élimination. Dès l'origine, les expérimentateurs, tels que Hess, Andrews, Graham, se sont aperçus que, dans l'état de dissolution, les acides faibles, en général, dégagent moins de chaleur que les acides forts, par leur union avec une même base; et qu'un même acide dégage plus de chaleur en se combinant avec une base réputée forte, telle que la potasse, qu'avec une base réputée faible, telle que les oxydes métalliques.

8. Mais, lorsqu'on a voulu pousser plus loin ces premiers aperçus, on a rencontré des difficultés singulières et en apparence insolubles. Par exemple, les acides qui dégagent le plus de chaleur en s'unissant avec un alcali peuvent être déplacés par des acides qui en dégagent moins. C'est ce qui arrive pour les acides sulfureux et hypophosphoreux, comparés aux acides chlorhydrique et azotique, lesquels les déplacent réellement,

bien qu'ils dégagent moins de chaleur. L'acide sulfurique lui-même semble être déplacé dans ses dissolutions par les acides chlorhydrique et azotique.

M. Thomsen a effectué sur cette dernière réaction toute une série d'expériences fort exactes (1), et il a exprimé ses résultats par une théorie, dans laquelle les déplacements réciproques des acides sont expliqués à l'aide d'un coefficient spécial, qu'il appelle *avidité* : coefficient tout à fait indépendant de la grandeur relative des chaleurs de combinaison et même de toutes les propriétés connues des acides. Autrement dit, le rapport entre les affinités de deux acides pour une même base serait quelque chose de spécial et d'individuel, qui ne dépendrait nullement des quantités de chaleur dégagées; car un acide peut être déplacé par un autre, qui dégage moins de chaleur en s'unissant avec la même base dans la dissolution.

9. Cependant je pense, contrairement aux opinions que je viens de rappeler, que la considération des quantités de chaleur dégagées suffit pour tout expliquer, et j'exposerai dans le cours du présent ouvrage les preuves expérimentales à l'appui de mon opinion. Tout dépend, à mon avis, de la formation des sels acides, négligée par M. Thomsen, et de l'action de l'eau, qui ne joue pas le rôle d'une matière inerte, simplement interposée entre les molécules des sels, mais qui intervient chimiquement par sa masse.

10. J'ai constaté en effet que l'eau décompose les sels acides, les sels doubles, les sels formés par l'union d'un acide faible et d'une base faible, etc., d'une façon progressive et qui dépend des proportions relatives des divers composants du système. Au contraire, l'eau est à peu près sans action sensible sur les vrais sels neutres, formés par la saturation exacte d'un acide fort et d'une base forte. Tous ces faits peuvent être vérifiés à l'aide du thermomètre, et ils conduisent à l'interprétation précise et complète des effets observés.

(1) *Annales de Poggendorff*, t. CXXXVIII, p. 90.

En effet, l'état de combinaison des sels dissous étant ainsi défini, au moins d'une manière comparative, pour chaque sel pris isolément, il détermine ce qui se passe lorsqu'on mélange les solutions de deux sels différents : circonstance dans laquelle le thermomètre fournit encore les indications les plus précieuses et les plus décisives, surtout quand il s'agit des doubles décompositions où figurent les acides forts et les acides faibles. Ajoutons ici que j'ai été mis sur la voie de ces recherches par une observation faite dans le cours de mes expériences sur la nitrification, à savoir la réaction du carbonate de potasse dissous sur les sels ammoniacaux dissous, laquelle donne lieu à une absorption de chaleur considérable, plus de 3 Calories par équivalent : phénomène singulier et qui contraste avec l'absence de tout changement thermique notable, pendant les mélanges des solutions des sels neutres ordinaires.

11. Commençons donc par étudier l'action de l'eau sur chaque sel pris isolément : c'est la donnée fondamentale de la question. Quant à l'étude des actions réciproques entre les sels, à base et à acide différents, elle en est, je le répète, la conséquence : on le montrera dans le Livre V du présent ouvrage.

§ 3. — **Sels formés par les acides forts et les bases alcalines.**

1. Donnons d'abord la chaleur dégagée par la formation des sels de cet ordre, dans l'état dissous, puis dans l'état anhydre. Nous ferons ensuite varier les proportions relatives de l'acide, de la base et de l'eau dans les dissolutions.

2. *Dans l'état dissous*, la chaleur dégagée par la réaction des bases alcalines sur les acides sulfurique, chlorhydrique, azotique, ayant été déterminée pour une certaine dilution, telle par exemple que chaque équivalent d'acide et de base soit dissous séparément dans 2 litres d'eau, j'ai obtenu les résultats suivants, vers 16 à 18 degrés :

SO^4H (1 éq. = 2 lit.) + KO (1 éq. = 2 lit.)			+ 15,71
SO^4H (») + NaO (»)			+ 15,87
SO^4H (») + AzH^3 (»)	1re série + 14,75	2e série + 14,32	+ 14,53

HCl (1 éq. = 2 lit.) + KO (1 éq. = 2 lit.)		+ 13,59
HCl (») + NaO (»)		+ 13,69
HCl (») + AzH^3 (»)	1re série + 12,63 2e série + 12,27	+ 12,45
AzO^6H (1 éq. = 2 lit.) + KO (1 éq. = 2 lit.)		+ 13,83
AzO^6H (») + NaO (»)		+ 13,72
AzO^6H (») + AzH^3 (»)	1re série 12,53 2e série 12,62	+ 12,57

Tels sont les nombres que j'emploierai dans mes raisonnements et dans le calcul de mes autres expériences. Ils offrent d'ailleurs une concordance très grande avec ceux qui ont été déterminés par M. Thomsen (1), lequel a opéré vers 18 degrés, sur des liqueurs à peu près de même concentration.

3. *Dans l'état solide*, les nombres obtenus en l'absence d'un dissolvant ne sont strictement comparables que pour les sulfates et azotates de potasse et de soude ; l'acide chlorhydrique, non plus que l'ammoniaque n'ayant donné lieu à aucune mesure thermique sous la forme solide.

Soit donc la réaction que voici :

Acide solide + base hydratée solide = sel + H^2O^2 solide,

SO^4K dégage + 40,7; SO^4Na : + 34,7.
AzO^6K dégage + 41,2; AzO^6Na : + 36,4.

4. Cependant on peut rendre les chlorures comparables aux azotates, en calculant la réaction depuis l'acide gazeux :

Acide gazeux + base hydratée solide = sel + H^2O^2 solide.

D'après ce mode de calcul,

AzO^6K dégage + 49,0; AzO^6Na : + 44,3.
KCl... dégage + 48,0; NaCl ... + 41,8.

De même, les sels ammoniacaux solides peuvent être rendus comparables deux à deux, en en calculant la formation, soit depuis l'acide hydraté solide et la base gazeuse :

AzO^6H,AzH^3 : + 34,0; SO^4H,AzH^3 : + 33,8;

soit depuis l'acide gazeux et la base gazeuse :

AzO^6H,AzH^3 : + 41,9; HCl,AzH^3 : + 42,5.

(1) *Annales de Poggendorff*, t. CXXXVIII, p. 68; et t. CXLIII, p. 355 et 521.

On voit par là que les trois acides azotique, chlorhydrique, sulfurique, sont réellement comparables entre eux, au point de vue de la chaleur développée dans la formation de leurs sels neutres à base alcaline.

5. Mais revenons à la formation des sels dissous. Le premier point que je vais chercher à préciser, c'est l'influence des *proportions relatives* des corps mis en présence. Ces corps sont au nombre de quatre, savoir : l'acide, la base, le sel et l'eau.

Soit donc un sel neutre, formé par l'union d'un acide fort avec une base forte, le sel étant dissous dans une quantité d'eau considérable : 1 équivalent dans 2 ou 4 litres de liqueur, par exemple.

1° *Excès de base.* — L'influence d'un excès de base sur les sels neutres des acides forts à fonction simple est nulle ou sensiblement. Par exemple :

SO^4K (1 équiv. = 2 lit.) + KO (1 équiv. = 2 lit.), dégage : + 0,04.

De même pour l'azotate de potasse, pour le chlorure de potassium et pour les trois sels de soude correspondants; je crois inutile de reproduire les chiffres des expériences relatives à ces corps.

Ces faits sont d'ailleurs connus depuis longtemps, et je me suis borné à les vérifier. Mais j'ai cru nécessaire de contrôler plus spécialement les sels ammoniacaux, l'ammoniaque dégageant moins de chaleur que la potasse et la soude : 1^{Cal},3 environ de moins vers 18 degrés, en s'unissant aux mêmes acides; ce qui peut faire soupçonner une combinaison moins complète. On a trouvé :

AzH^3,HCl (1 équiv. = 2 lit.) + AzH^3 (1 équiv. = 2 lit.) : + 0,008
AzH^3,SO^4H » + AzH^3 » — 0,20.

Ces nombres, qui ne s'écartent point des limites d'erreur des expériences, montrent que l'état d'un sel ammoniacal neutre, formé par un acide fort, ne paraît pas être modifié notablement dans ses dissolutions par l'influence d'un excès d'ammoniaque; pas plus que l'état des sels neutres correspondants de potasse et de soude dissous dans l'eau n'est modifié par l'influence d'un excès des alcalis qui ont concouru à les former.

Il en serait autrement si l'acide était un acide à fonction mixte, un acide alcool (voy. plus loin), et je compte montrer ailleurs et plus amplement les applications de cette notion à certains acides minéraux. Mais les acides chlorhydrique, azotique, sulfurique peuvent être regardés comme les types des acides à fonction simple, et ils n'ont aucune tendance à engendrer des combinaisons basiques avec les alcalis proprement dits.

2° *Excès d'acide.* — L'influence d'un excès d'acide est à peu près nulle pour les acides forts monobasiques, tels que les acides chlorhydrique et azotique. Voici des nombres à l'appui de cette proposition :

AzO^6K	(1 équiv. = 2 lit.)	+ AzO^6H	(1 équiv. = 2 lit.) :	+ 0,01
AzO^6Na	»	+ AzO^6H	»	+ 0,04
KCl	»	+ HCl	»	— 0,03
NaCl	»	+ HCl	»	— 0,03

Les sels ammoniacaux se comportent de même :

AzO^6Am	(1 équiv. = 2 lit.)	+ AzO^6H	(1 équiv. = 2 lit.) :	+ 0,02
AmCl	»	+ HCl	»	+ 0,04

Ces chiffres prouvent que l'état de combinaison des sels neutres ci-dessus n'est pas modifié sensiblement par la présence d'un excès d'acide.

Il en est autrement de l'acide sulfurique, lequel est, comme on sait, un acide bibasique et forme avec les bases fortes deux sulfates : l'un neutre, l'autre acide, tous deux cristallisables. Aussi les sulfates neutres dissous sont-ils affectés d'une manière très marquée par la présence d'une nouvelle proportion d'acide sulfurique :

SO^4K	(1 équiv. = 2 lit.)	+ SO^4H	(1 équiv. = 2 lit.)	— 1,02
SO^4Na	»	+ SO^4H	»	— 1,05
SO^4Am	»	+ SO^4H	»	— 0,93

Je n'insiste pas pour le moment sur cet ordre de faits, me proposant d'y revenir plus loin.

3° *Excès de sel neutre.* — La présence d'un excès de sel neutre, préexistant et pris à l'état d'une solution étendue au même degré que le sel que l'on va former, c'est-à-dire constituant une liqueur au sein de laquelle on verserait à la fois l'acide et la base étendus, n'exerce absolument aucune influence thermique sur la nouvelle combinaison. — Si l'on versait d'abord la base dans la première liqueur, l'effet thermique résultant serait à peu près négligeable, d'après ce qui précède; par suite, la chaleur dégagée ensuite par l'addition de l'acide n'en serait pas modifiée. Mais, au contraire, si l'on versait d'abord certains acides, tels que l'acide sulfurique dans la première liqueur renfermant le sulfate neutre, il se produirait une absorption de chaleur, laquelle serait exactement compensée par l'excès de chaleur dégagé lors de l'addition ultérieure de la base, la somme totale demeurant invariable.

4° *Proportion relative de l'eau.* — La chaleur dégagée dans l'action réciproque des acides et des bases très concentrés est beaucoup plus considérable que lorsque la même réaction a lieu entre les acides et les bases dilués. Par exemple, l'acide sulfurique monohydraté liquide et l'hydrate de potasse solide dégagent $+ 39^{Cal},7$ en s'unissant à équivalents égaux, pour former du sulfate de potasse solide. Tandis que si l'on opère avec les mêmes corps préalablement dissous, chacun d'eux occupant, par exemple, 2 litres sous le poids d'un équivalent, leur réaction dégage seulement $+ 15^{Cal},7$, moins de moitié. On sait, en outre, depuis Hess et Andrews, que la chaleur dégagée dans la formation des sulfates alcalins ne change guère, à partir du moment où la dilution des deux liqueurs primitives, acide et alcaline, est devenue un peu considérable.

6. Précisons davantage *la chaleur de formation des sels neutres formés par les acides forts, en présence de diverses quantités d'eau*. On y parvient par deux méthodes :

1° La première repose sur les mesures directes que l'on peut exécuter en faisant réagir l'acide sur la base, dans des états divers de concentration. On obtient ainsi les valeurs N et N′ des chaleurs de neutralisation qui répondent à ces concentrations.

Cette méthode est d'une exécution facile; mais elle fournit des résultats incertains, à partir du moment où les liqueurs sont un peu diluées, parce que l'influence de la dilution s'y trouve mise en évidence seulement par la différence N — N', entre deux nombres considérables et tels que la quantité cherchée surpasse à peine, et dans les cas les plus favorables, la grandeur des erreurs d'expériences.

2° La seconde méthode repose sur la connaissance de la chaleur dégagée, lorsqu'on étend d'eau séparément la dissolution de l'acide (δ), celle de la base (δ') et la dissolution du sel résultant (Δ). J'en ai déjà exposé le principe dans le tome Ier (p. 55); mais il paraît opportun de le reproduire ici.

Si l'on représente par N la chaleur dégagée lorsqu'on fait réagir les solutions acide et alcaline primitives; par N', la chaleur dégagée lorsqu'on fait réagir les mêmes solutions après les avoir étendues d'eau; on aura, en général :

$$\delta + \delta' + N' = N + \Delta;$$

ou, ce qui est la même chose,

$$N' - N = \Delta - (\delta + \delta').$$

Cette équation représente la *variation de la chaleur de neutralisation* avec la dilution.

Telle est la seconde méthode, moins directe, mais plus précise que la première; parce qu'on y mesure des quantités dont l'ordre de grandeur est le même que celui de la différence que l'on se propose d'apprécier.

Je vais appliquer ce procédé pour calculer l'influence de la dilution sur la formation des principaux sels alcalins, en m'appuyant sur les données suivantes, que j'ai déterminées et que je donne pour fixer les idées sur l'étendue possible des variations, plutôt que comme valeurs absolues; car elles sont trop petites pour que je prétende en répondre rigoureusement.

Sulfate de potasse.

		Cal.
SO^4H (49,0 gr. = 1 lit.) + son volume d'eau...		+ 0,12
SO^4H (24,5 = 1 lit.)	»	+ 0,17
KO (47,1 = 1 lit.)	»	— 0,025
KO (23,6 = 1 lit.)	»	— 0,00
		Cal.
SO^4K (87,1 gr. = 1 lit.) + son volume d'eau...		— 0,11
SO^4K (43,6 = 1 lit.)	»	— 0,07
SO^4K (21,8 = 1 lit.)	»	— 0,03

Soit N = 15,71, chiffre obtenu avec les liqueurs qui renfermaient : l'une, un demi-équivalent d'acide ; l'autre, un demi-équivalent de base par litre. Si l'on avait opéré avec des liqueurs qui fussent toutes deux d'une dilution double (1 équivalent = 4 litres), on aurait obtenu :

$$N' = N + \Delta - \delta - \delta' = N - 0{,}03 - 0{,}00 - 0{,}17 = N - 0{,}20.$$

Avec des liqueurs renfermant, l'une, 1 équivalent d'acide, l'autre, 1 équivalent de base, par litre :

$$N' = N + 0{,}17.$$

Chlorure de potassium.

HCl (36,5 = 1 lit.) + son volume d'eau.....		+ 0,13
HCl ($\frac{1}{2}$ éq. = 1 lit.)	»	+ 0,05
KCl (74,6 = 1 lit)	»	— 0,07
KCl ($\frac{1}{2}$ éq. = 1 lit.)	»	— 0,01
KCl ($\frac{1}{4}$ éq. = 1 lit.)	»	— 0,01

Soit N = 13,59, chiffre obtenu avec les liqueurs acide et alcaline qui contiennent chacune un demi-équivalent par litre. Pour une dilution double,

$$N' = N - 0{,}01 + 0{,}05 = N + 0{,}04.$$

Azotate de potasse.

AzO^6K (101 gr. = 1 lit.) + son volume d'eau.		— 0,38
AzO^6K ($\frac{1}{2}$ équiv. = 1 lit.)	»	— 0,16
AzO^6K ($\frac{1}{4}$ équiv. = 1 lit.)	»	— 0,07
AzO^6H (1 équiv. = 1 lit.)	»	+ 0,00
AzO^6H ($\frac{1}{2}$ équiv. = 1 lit.)	»	+ 0,00

Soit N = 13,83, valeur obtenue avec des liqueurs acide et

alcaline qui contiennent chacune un demi-équivalent par litre. Avec des liqueurs renfermant chacune 1 équivalent d'acide et 1 équivalent de base par litre,

$$N' = N + 0{,}18.$$

Pour des liqueurs, au contraire, moitié plus diluées,

$$N' = N + \Delta - \delta - \delta' = N - 0{,}07.$$

La variation se réduit ici à la chaleur absorbée dans la dilution du sel,

$$N' - N = \Delta,$$

parce que la dilution de la potasse et celle de l'acide azotique ne produisent que des effets insignifiants.

Sulfate de soude.

SO^4Na ($\frac{1}{2}$ équiv., soit $35^{gr},5$ = 1 lit.) + son volume d'eau...		— 0,07
SO^4Na ($\frac{1}{4}$ équivalent = 1 lit.)	»	— 0,03
NaO ($\frac{1}{4}$ équivalent = 1 lit.)	»	— 0,06

Soit N = 15,87 pour les liquides renfermant un demi-équivalent d'acide et de base par litre; pour des liqueurs moitié plus diluées :

$$N' = N - 0{,}03 + 0{,}06 - 0{,}17 = N - 0{,}12.$$

Chlorure de sodium.

NaCl ($\frac{1}{2}$ équiv. = 1 lit.) + son volume d'eau..............		— 0,02
NaCl ($\frac{1}{4}$ équiv. = 1 lit.)	»	— 0,00

Soit N = 13,69 pour la concentration normale; pour des liqueurs moitié plus diluées :

$$N' = N + 0{,}00 - 0{,}05 + 0{,}06 = N + 0{,}1.$$

Azotate de soude.

AzO^6Na ($\frac{1}{2}$ équiv. = 1 lit.) + son volume d'eau...........		— 0,11
AzO^6Na ($\frac{1}{4}$ équiv. = 1 lit.)	»	— 0,04

Soit N = 13,72 pour des liquides renfermant 1 demi-équivalent d'acide et de base par litre; pour des liqueurs moitié plus diluées,

$$N' = N - 0{,}04 - 0{,}05 + 0{,}06 = N - 0{,}03.$$

On voit que la dilution modifie très peu la chaleur dégagée par la combinaison, lorsque les acides et la base sont dissous déjà dans 1 litre de liqueur et surtout dans 2 litres de liqueur par équivalent ($110\,H^2O^2$ pour 1 équivalent environ).

On peut conclure de là que l'eau n'exerce pas une action décomposante sensible sur les sels neutres formés par l'union des bases fortes et des acides forts : conclusion qui ressortira tout à l'heure avec plus d'évidence, en raison de l'opposition des réactions thermiques exercées par les acides faibles.

7. *Chaleur de formation des sels ammoniacaux en présence de diverses quantités d'eau.* — Il convient d'indiquer maintenant l'étendue des variations que la dilution produit dans la quantité de chaleur dégagée par la combinaison de l'ammoniaque avec les acides forts.

Sulfate d'ammoniaque.

SO^4Am ($\frac{1}{2}$ équiv. = 1 lit.)	+ son volume d'eau....	+ 0,02
SO^4Am ($\frac{1}{4}$ équiv. = 1 lit.)	»	+ 0,00
AzH^3 (1 équiv. = 1 lit.)	»	+ 0,00
AzH^3 ($\frac{1}{2}$ équiv. = 1 lit.)	»	+ 0,00

Soit $N = 14{,}53$ pour les liqueurs qui renferment un demi-équivalent d'acide et un demi-équivalent d'ammoniaque au litre, on aura :

Pour des liqueurs deux fois aussi plus diluées,

$$N' = N - 0{,}17;$$

Pour des liqueurs plus concentrées, renfermant chacune 1 équivalent de base et d'acide par litre,

$$N' = N + 0{,}10.$$

La variation se réduit ici *à peu près à la chaleur dégagée par la dilution de l'acide,*

$$N' - N = +\delta,$$

attendu que la dilution de la base et celle du sel produisent des effets insignifiants.

Chlorhydrate d'ammoniaque.

AmCl ($\frac{1}{2}$ équiv. = 1 lit.) + son volume d'eau. . . .		+ 0,015
AmCl ($\frac{1}{4}$ équiv. = 1 lit.)	»	+ 0,00

Soit N = 12,45 pour les liqueurs qui renferment séparément un demi-équivalent d'acide et un demi-équivalent de base par litre ; pour des liqueurs deux fois aussi diluées, N′ = N — 0,05.

Pour des liqueurs plus concentrées et renfermant séparément 1 équivalent de base et 1 équivalent d'acide par litre :

$$N' = N + 0,12.$$

Même observation finale que pour le sulfate.

Azotate d'ammoniaque.

AzO^6Am ($\frac{1}{2}$ équiv. = 1 lit.) + son volume d'eau. .		— 0,10
AzO^6Am ($\frac{1}{4}$ équiv. = 1 lit.)	»	— 0,04

Soit N = 12,57 pour les liqueurs à un demi-équivalent d'acide et de base séparés ; pour des liqueurs deux fois aussi diluées, N′ = N — 0,04.

Pour des liqueurs plus concentrées, renfermant chacune 1 équivalent de base et 1 équivalent d'acide par litre :

$$N' = N - 0,10.$$

La variation se réduit ici à peu près *à la dilution du sel.*

$$N' - N = \Delta,$$

contrairement à ce qui arrive pour le chlorhydrate et le sulfate.

Il résulte de ces faits que la dilution, à partir d'un terme convenable, ne change guère la chaleur dégagée dans la formation des sels ammoniacaux neutres formés par les acides forts : sulfate, chlorhydrate, azotate ; pas plus qu'elle ne change la chaleur dégagée dans la formation des sels analogues de potasse et de soude. On peut en conclure que ces divers sels ne sont pas décomposés par l'eau à la température ordinaire d'une manière notable.

8. Cependant il ne faudrait pas étendre trop loin cette conclusion. Si la décomposition des sels ammoniacaux formés par les acides forts n'est pas sensible au thermomètre, c'est en raison de sa petitesse ; car elle existe réellement, et l'on peut la manifester par d'autres épreuves. On sait, en effet, que les dissolutions du sulfate, de l'azotate et du chlorhydrate d'ammoniaque offrent une légère réaction acide, indice d'une décomposition commencée sous l'influence de l'eau; mais elle ne surpasse pas un à deux dix-millièmes du poids du sel. — Elle peut être rendue plus manifeste par la distillation. L'azotate d'ammoniaque, spécialement, passe avec l'eau en proportion sensible lorsqu'on distille ses dissolutions concentrées : phénomène qu'on peut expliquer à la rigueur par la volatilité intégrale du sel intact, mais qui me semble plutôt dû à sa décomposition partielle en acide et base; ceux-ci, étant tous deux volatils, distillent avec l'eau. Mais ils se recombinent dès qu'ils se trouvent en présence et en dehors de l'action exercée par l'excès d'azotate neutre, au contact duquel avait eu lieu ce commencement de séparation entre l'ammoniaque et l'acide. Le phénomène est mis en évidence d'une manière plus nette, lorsqu'on évapore les dissolutions étendues des sels ammoniacaux, parce que l'ammoniaque passe à la distillation de préférence à l'acide, retenu par l'eau à l'état de combinaison peu volatile. En opérant sur 10 grammes de sel dissous dans 250 centimètres cubes d'eau, et en recueillant l'eau qui distille jusqu'à réduction à moitié, les essais alcalimétriques de la liqueur distillée, qui est alcaline, et de la portion fixe, qui est acide, permettent de mesurer la décomposition; en même temps, les deux essais se contrôlent l'un l'autre, dans la limite d'erreur que comportent des mesures aussi délicates. J'ai trouvé que la décomposition s'élève, dans ces circonstances :

Pour le chlorhydrate, à........... 1 millième;
Pour l'azotate, à................ 2 millièmes environ;
Pour le sulfate, à............... 5 millièmes;

Elle est bien plus notable pour le benzoate et pour les sels organiques analogues, comme je l'ai vérifié.

A la vérité, ces chiffres s'appliquent à une température de 100 degrés; mais la réaction acide des sels ammoniacaux ne permet guère de douter que la décomposition n'ait déjà lieu à la température ordinaire. On peut même en observer quelques indices en faisant barboter un courant d'air prolongé à travers la dissolution de ces sels, leur réaction acide augmentant d'une façon très-appréciable, tandis que l'ammoniaque déplacée va troubler légèrement un réactif approprié, celui de Nessler, par exemple.

9. En résumé, à la température ordinaire, les sulfates, chlorures, azotates de potasse et de soude offrent les caractères de sels complètement combinés et stables dans leurs dissolutions étendues. En effet, la chaleur dégagée pendant la combinaison de l'acide avec la base n'est pas modifiée d'une manière sensible, soit par l'addition d'un excès d'eau, soit par l'addition d'un excès d'alcali, soit enfin, dans le cas des acides monobasiques, par l'addition d'un excès d'acide.

Les sels ammoniacaux, formés par les mêmes acides, offrent des caractères thermiques semblables; cependant on peut manifester dans ces derniers sels, par d'autres épreuves, quelques indices d'une décomposition commençante sous l'influence de l'eau.

Les acides forts sont donc caractérisés par la stabilité de leurs sels alcalins en présence de l'eau. J'ai tenu à établir cette propriété fondamentale d'une façon rigoureuse, afin de caractériser les acides faibles par opposition.

§ 4. — Sels formés par les acides faibles et les bases alcalines.

1. La formation des sels des acides faibles dégage moins de chaleur que celle des acides forts, toutes choses égales d'ailleurs. On peut manifester cette inégalité, soit dans la formation des sels anhydres, ramenée à des termes comparables, soit dans la formation des sels dissous, pris à divers degrés de concentration.

2. Commençons par les *sels anhydres*.

Voici quelques exemples où l'on compare les sels d'un acide

fort, tel que l'acide azotique, d'abord aux sels d'un acide moins énergique, mais encore assez puissant, tel que l'acide acétique, puis aux sels des acides faibles proprement dits, tels que les acides phénique, cyanhydrique, carbonique, borique, etc.

1° *Tous les corps étant solides* (acide et base hydratés solides, ainsi que le sel et l'eau formée) :

Azotate : AzO^6K : + 41,2; Acétate : $C^4H^3KO^4$: + 21,9.
Phénate : $C^{12}H^5KO^2$: + 17,7.

2° L'acide étant gazeux (hydracide ou oxacide hydraté), les autres corps solides :

Chlorure : KCl : + 48,0; Acétate : $C^4H^3KO^4$: + 31,6;
Cyanure : KCy : + 24,4.

3° L'acide étant pris anhydre et gazeux, et la base anhydre et solide, condition dans laquelle il ne se produit pas d'eau :

Azotate : AzO^6,Ba : + 47,3; Acétate : C^4H^3,BaO^4 : + 35,5.
Carbonate : CO^2,BaO : + 28.

4° L'acide hydraté étant pris gazeux, et la base gazeuse, toujours sans production d'eau :

Azotate : AzO^6H,AzH^3 : + 41,9; Acétate : $C^4H^4O^4,AzH^3$: + 28,2.
Sulfhydrate : H^2S^2,AzH^3 : + 23,0; Cyanhydrate : CyH,AzH^3 : + 20,5.

3. Venons aux *sels dissous*. — Soit la formation d'un sel dissous, d'après la réaction suivante : acide étendu + base étendue = sel dissous. Citons encore des sels de potasse :

Azotate : + 13,8; Chlorure : + 13,7; Acétate : + 13,3;
Borate : + 9,9; Carbonate : + 10,1; Phénate : + 7,4.
Sulfhydrate (H^2S^2) : + 7,7; Cyanure : + 3,0.

On voit que la chaleur de formation des sels formés par les acides forts surpasse celle des sels acides faibles, non-seulement à l'état solide, mais aussi à l'état dissous. Ces derniers résultats demandent à être développés, en faisant varier la concentration.

4. En effet, d'après mes expériences, les acides faibles peuvent être définis par la variation des quantités de chaleur dégagées, lorsque ces acides s'unissent avec les bases en présence

de quantités d'eau différentes. Tantôt cette variation a lieu, quelle que soit la base; tantôt, au contraire, elle n'est pas sensible avec les bases très fortes, telles que la potasse et la soude; tandis qu'elle se manifeste avec l'ammoniaque. Je montrerai dans une autre partie du présent ouvrage que ce dernier cas est très intéressant pour l'étude des doubles décompositions opérées dans les systèmes liquides; c'est-à-dire pour l'étude de l'état réel de combinaison qui se produit, lorsqu'on mélange deux dissolutions salines.

Quoi qu'il en soit, le fait même de la variation thermique n'est pas douteux, et il s'explique si l'on remarque que les effets observés résultent du concours de deux énergies, savoir : l'union de l'acide de la base et la décomposition du sel par le dissolvant. L'effet thermique total est donc la résultante de deux phénomènes, qui sont : un dégagement de chaleur, dû à la combinaison de l'acide avec la base libre (énergie chimique), et une absorption de la chaleur, due à la décomposition produite par le dissolvant.

5. *Methodes*. — Dans le but de déterminer la variation de la chaleur de combinaison des acides faibles avec les bases, sous l'état de dissolution, j'ai employé plusieurs méthodes :

1° L'une consiste à opérer la neutralisation de l'acide par la base, en changeant les proportions relatives des trois composants : acide, base, eau. C'est le procédé le plus direct.

2° Une autre méthode consiste à étendre d'eau la dissolution qui renferme l'acide et la base, employés dans des rapports définis, et à mesurer la chaleur dégagée ou absorbée dans l'acte de la dilution. On a vu plus haut (page 214) que la chaleur de combinaison dans ces nouvelles conditions se déduit de la chaleur observée avec des liqueurs plus concentrées, d'après la formule

$$N' - N = \Delta - \delta - \delta',$$

Δ étant la chaleur de dilution du sel; δ et δ' celles de l'acide et de la base correspondants. Or δ et δ' sont négligeables pour les solutions étendues de potasse, de soude et d'ammoniaque, comme je l'ai établi précédemment (p. 215, 216, 217); je montrerai qu'il en est de même pour les solutions étendues des acides faibles employés dans mes essais.

C'est pourquoi, *pour les acides faibles, la chaleur de dilution du sel représente la variation de la chaleur de combinaison :*

$$\Delta = N' - N.$$

Cette conclusion n'est légitime que dans les conditions qui viennent d'être définies, c'est-à-dire, je le répète, dans les cas où δ et δ' sont négligeables.

3° Enfin, une troisième méthode, aussi intéressante qu'inattendue, est applicable à tout acide qui forme avec une même base deux composés salins définis. Elle consiste à *mélanger les dissolutions de deux sels du même acide formés par des bases différentes;* ou bien encore à mélanger *deux sels d'une même base formés par des acides différents.* Ces mélanges ne donnent lieu à aucun effet thermique marqué avec les sels formés par les acides forts; tandis qu'ils donnent lieu à des effets notables avec les sels formés par les acides faibles. Je vais établir d'abord la première proposition pour les acides forts.

Mélange de deux sels formés par un même acide fort, la base étant différente :

			Cal.
AzO^6K (1 équiv. = 1 lit.).	+	AzO^6Am	— 0,02
AzO^6Na	+	AzO^6Am	— 0,03
AzO^6K	+	AzO^6Na	+ 0,01
SO^4 (1 équiv. = 2 lit.).	+	SO^4Am (1 équiv. = 2 lit.)	+ 0,00
SO^4Na	+	SO^4Am	— 0,02
SO^4K	+	SO^4Na	+ 0,00
KClK (1 équiv. = 2 lit.).	+	AmCl (1 équiv. = 2 lit)	— 0,04
NaCl	+	AmCl	négligeable,
KCl	+	NaCl	+ 0,00

Mélange de deux sels formés par une même base, les acides forts étant différents (même dilution) :

			Cal.
AzO^6K	+	KCl	— 0,02
AzO^6K	+	SO^4K	— 0,01
KCl	+	SO^4K	+ 0,01

	Cal.
$AzO^6Na + NaCl$	+ 0,01
$AzO^6Na + SO^4Na$	— 0,01
$NaCl + SO^4Na$	— 0,02
$AzO^6Am + AmCl$	— 0,02
$AzO^6Am + SO^4Am$	— 0,06
$AmCl + SO^4Am$	+ 0,00

Aucun de ces nombres ne surpasse les erreurs d'expériences ; ce qui est conforme aux observations des expérimentateurs qui m'ont précédé. Cependant il est digne de remarque qu'ils sont tous moindres que la somme des effets observés sur chacun des sels isolés, remarque déjà faite par M. Marignac. Mais je n'insiste pas.

On obtient au contraire des effets très caractéristiques, lorsqu'on mélange deux sels formés par des bases différentes unies avec un même acide faible, l'ammoniaque spécialement étant l'une de ces bases. Ces effets, qui seront développés tout à l'heure avec un grand détail, sont dus à l'inégale stabilité des sels mélangés, c'est-à-dire à leur état inégal de décomposition en présence de l'eau.

Les trois méthodes qui viennent d'être définies devront être employées concurremment pour étudier l'état réel de combinaison de divers acides faibles, et de force inégale, tels que l'acide borique, l'acide carbonique et les acides gras volatils, soit avec les alcalis fixes, soit avec l'ammoniaque, en présence de l'eau.

I. — *Acide borique.*

6. *Borates de soude.* — J'ai déterminé la chaleur dégagée pendant l'union de l'acide borique avec la soude :

	Cal.	
B^2O^6 [2 équiv. (1) dans 4 lit.] + NaO (1 équiv. = 2 lit.) dégage	+ 11,56	19,82
» + 2^e équiv. NaO	+ 8,26	
» + 3^e équiv. NaO	— 0,17.	

Ces nombres prouvent d'abord que la chaleur de neutralisation de l'acide borique par la soude est inférieure à celle des

(1) 70 grammes d'acide anhydre.

acides forts, lesquels dégagent $13^{Cal},7$ à $15^{Cal},7$ pour chaque équivalent de soude saturé : soit 27,4 à 31,4 pour 2 équivalents.

Ils montrent aussi que la chaleur dégagée par les premières portions d'alcali, en présence d'un excès d'acide borique, est plus grande que la chaleur dégagée par les dernières portions. Une telle différence distingue l'acide borique des acides monobasiques énergiques, tels que les acides chlorhydrique et azotique (voy. p. 212), mais elle n'offre rien de caractéristique pour les acides polybasiques, ceux-ci étant susceptibles de former des sels acides.

Dans le cas de l'acide borique, j'attribue la diminution de la chaleur de combinaison à une décomposition partielle du borate bisodique par l'eau, en soude libre (ou sel basique) et borate monosodique. En raison de cette décomposition, le deuxième équivalent de soude est saturé moins complètement que le premier par l'acide borique.

Le troisième équivalent de soude exerce peu d'influence; sans doute parce que l'action de l'alcali, qui tendrait à compléter la saturation, se trouve compensée par l'influence inverse de l'eau dans laquelle il est dissous.

7. L'influence décomposante de l'eau sur les borates alcalins est mise en évidence par les expériences suivantes :

1° *Borate monosodique :*

B^2O^6 (1 double éq. = 4 lit.) + NaO (1 éq. = 4 lit.) dégage...	+ 11,13
B^2O^6,NaO (1 équiv. = 4 lit.) + son volume d'eau, absorbe.	— 0,56
+ 5 volumes d'eau, absorbe...	— 0,78

D'ailleurs

NaO (1 équiv. = 2 lit.) + 1 à 3 volumes d'eau, absorbe, à la même température..........	— 0,06 à — 0,08
B^2O^6 (1 double équiv. = 2 lit.) + 3 volumes d'eau, ne produit qu'une variation thermique très petite et très incertaine.	

En négligeant cette variation douteuse, on en conclut que :

B^2O^6 + NaO, en présence de	220 H^2O^2,	dégage :	11,75
»	330 H^2O^2	»	11,56
»	440 H^2O^2	»	11,13
»	1320 H^2O^2	»	10,91

Il y a donc décomposition progressive du borate monosodique par l'eau en acide libre (ou sel acide) et alcali libre. En effet, la chaleur de formation du sel varie d'un douzième environ par la dilution du composé ; sans que cette variation s'explique par la dilution des composants séparés.

2° *Borates bi- et trisodique.* — L'action de l'eau est plus marquée sur les borates bi- et trisodique :

Le borate bisodique (liqueur ci-dessus : $B^2O^6,2NaO$), étendu avec 5 volumes d'eau, absorbe............	— 1,45
Le borate trisodique (liqueur ci-dessus), étendu avec 5 volumes d'eau, absorbe......................	— 1,66

Ces faits expliquent certains phénomènes singuliers que l'on observe lorsque l'on précipite un sel métallique par le borate de soude : tels que la formation de sels basiques, dont la composition change avec les proportions relatives des sels et de l'eau mis en présence. On sait que l'on peut même, en opérant avec des liqueurs extrêmement étendues, précipiter certains oxydes, par exemple celui d'argent ; résultat qui s'explique par la présence d'une certaine proportion d'alcali libre au sein des dissolutions étendues des borates.

Il y a là toute une variété de conséquences faciles à prévoir par la théorie, comme à vérifier par l'expérience.

8. *Borates d'ammoniaque.* — Voici les résultats que j'ai observés :

B^2O^6 (Acide cristallisé ; 1 double équivalent, c'est-à-dire 70 grammes d'acide anhydre, dans 4 litres de liqueur) :

	Cal.	
+ AzH^3 (1 équiv. = 2 lit.), dégage.....	+ 8,93	} 11,55
+ 2e équivalent AzH^3...............	+ 2,62	
+ 3e équivalent AzH^3...............	+ 1,05	
	+ 12,62	

La combinaison est donc progressive ; elle ne s'arrête point aux proportions qui répondent à la formation d'un sel défini, monobasique ou bibasique.

Enfin, la chaleur dégagée ne varie proportionnellement, ni au poids de l'acide, ni au poids de l'alcali ; mais elle croît avec la quantité d'ammoniaque jusqu'à 3 équivalents, et sans doute au delà.

Ce sont là des caractères tout différents de ceux qui appartiennent à la formation des sels ammoniacaux formés par les acides forts (page 211); mais ils sont analogues à ceux que nous décrirons plus loin pour le phénate d'ammoniaque et les alcoolates alcalins.

9. De tels phénomènes sont dus à l'action décomposante de l'eau, progressivement accrue avec la proportion de ce liquide. C'est ce que montrent les expériences suivantes :

B^2O^6 (2 équiv. = 4 lit.) + AzH^3 (1 équiv. = 4 lit.), dégage : + $8^{Cal},44$

chiffre qui répond à une liqueur une fois et demie aussi diluée que la précédente. D'autre part :

B^2O^6AmO (1 équiv. = 4 lit.) + 1 volume d'eau, absorbe : — 1,00
B^2O^6AmO (1 équiv. = 4 lit.) + 5 »

D'où l'on conclut que :

			Cal.
$B^2O^6 + AzH^3$, en présence de	220 H^2O^2	environ, dégage :	+ 9,44
»	330 H^2O^2	»	+ 8,93
»	440 H^2O^2	»	+ 8,44
»	1320 H^2O^2	»	+ 7,27

La chaleur dégagée diminue d'un huitième environ, lorsque la quantité d'eau devient six fois aussi considérable, et ce n'est pas là évidemment le terme de la diminution; mais une dilution plus grande ne se prête plus à des mesures exactes. Cette diminution représente une décomposition progressive du borate d'ammoniaque; car elle ne s'explique point par la dilution des composants, laquelle produit seulement des effets thermiques négligeables.

10. Le tableau suivant permet de comparer la formation des borates de soude et d'ammoniaque, en présence de quantités d'eau croissantes :

	$B^2O^6 + NaO$.	$B^2O^6 + AzH^3$.	Différence.
220 H^2O^2.	11,75	9,44	2,31
330 H^2O^2.	11,50	8,93	2,63
440 H^2O^2.	11,13	8,44	2,69
1320 H^2O^2.	10,91	7,27	3,64

Ce tableau établit d'abord que la chaleur dégagée dans la réaction de 1 double équivalent d'acide borique sur 1 équivalent de soude est inférieure à la chaleur dégagée dans la réaction des acides forts sur le même alcali (13,7 à 15,8). Il en est de même pour la chaleur de neutralisation de l'acide borique par l'ammoniaque (9,4 à 7,3), comparée à celle des acides forts (12,4 à 14,5).

Ce n'est pas tout. Dans des liqueurs étendues, la différence entre la chaleur de neutralisation des acides forts, par la soude et par l'ammoniaque respectivement, est voisine de $1^{Cal},30$ (voy. tome Ier, page 384); elle est en outre, à peu près constante pour les divers acides forts, et pour ainsi dire indépendante de la proportion d'eau, à partir d'une certaine dilution, telle que celle de 1 équivalent de sel dans 2 ou 4 litres d'eau.

Au contraire, cette même différence s'élève à $2^{Cal},25$ et même à 3,64 pour l'acide borique; en outre, elle va croissant avec la proportion de l'eau, toujours à la température ordinaire.

Ce sont là encore des faits qui traduisent la décomposition progressivement croissante du borate monobasique d'ammoniaque par l'eau. Ils indiquent enfin que la décomposition du borate d'ammoniaque par l'eau est à la fois plus profonde et plus rapide que celle du borate de soude.

L'écart est plus grand encore lorsqu'on compare la formation du borate bisodique à celle du borate biammoniacal, en présence de l'eau. En effet, la différence des chaleurs dégagées

$$19,82 - 11,55 = 8,27 \times 2 = 4,13$$

représente la substitution de $2NaO$ à $2AzH^3$; or ce chiffre l'emporte de beaucoup sur le double de 1,30, qui répond aux acides forts, et sur 2,69, valeur qui répond aux borates monobasiques, en présence de la même quantité d'eau ($440\,H^2O^2$).

11. Comme contre-épreuve, je me suis assuré que le borate de soude et le borate d'ammoniaque dissous exercent l'un sur l'autre une action réciproque, attestée par un phénomène thermique sensible : caractère qui convient à des sels en partie décomposés par l'eau. En effet,

B^2O^6NaO (1 équiv. = 4 lit.) + B^2O^6AmO (1 équiv. = 4 lit.) absorbent — 0,26;

tandis que le mélange de l'un ou de l'autre de ces sels avec son volume d'eau pure absorbe beaucoup plus :

Pour le borate de soude.................... — 0,56

et

Pour le borate d'ammoniaque................. — 1,00

La différence entre ces nombres et — 0,28 paraît, je le répète, indiquer une certaine action réciproque entre les deux sels; contrairement à ce qui arrive pour le simple mélange des sels neutres et stables formés par deux bases unies avec le même acide fort (page 223).

12. On voit par ces observations que l'étude thermique de la formation des sels ammoniacaux, en présence de proportions diverses d'acide, de base et d'eau, est très-propre à caractériser l'acide borique, et plus généralement les acides faibles.

Nous allons poursuivre cette étude des sels alcalins et ammoniacaux sur l'acide carbonique, acide dont la fonction chimique, mieux connue, nous permettra de préciser davantage les faits et, par suite, d'arriver à des notions théoriques plus nettes.

II. — *Acide carbonique.*

13. J'ai employé diverses solutions d'acide carbonique, dont la richesse a varié entre 1gr,820 et 1gr,250 par litre. La dilution de semblables liqueurs ne donne lieu à aucun effet thermique appréciable, comme je m'en suis assuré.

Je les ai fait agir d'abord sur des solutions de potasse et de soude, telles que 1 équivalent de base occupait 2 litres de liqueur; la dissolution de l'acide et celle de la base étaient d'ailleurs employées sous des volumes strictement équivalents. Enfin, j'ai opéré successivement sur 1 équivalent d'acide et sur

2 équivalents d'acide pour 1 équivalent de base. Voici les nombres observés :

CO^2 dissous	+ KO	(1 équiv. = 2 lit.)........	+ 10,10
$2CO^2$ »	+ KO	»	+ 11,00
CO^2 »	+ NaO	»	+ 10,25
$2CO^2$ »	+ NaO	»	+ 11,10

J'ai trouvé encore que la dissolution de CO^2 (22 grammes) dans l'eau dégage + 2,80 ; chiffre qu'il conviendrait d'ajouter aux précédents, si l'on opérait les réactions au moyen de l'acide gazeux.

14. Examinons les effets produits par diverses proportions de ces quatre composants : l'acide, la base, le sel et l'eau.

1° Un excès d'acide carbonique dissous demeure sans influence thermique appréciable sur un bicarbonate dissous.

2° L'influence d'un excès d'alcali libre sur les carbonates neutres, pris au degré de dilution précédent, est également négligeable. Cependant elle ne l'est pas absolument dans des liqueurs concentrées, quoiqu'elle demeure toujours faible.

3° De même, j'ai trouvé que le carbonate de potasse dissous n'éprouve aucune réaction notable de la part d'une seconde base, telle que la soude ou l'ammoniaque :

$$CO^3K \text{ (1 équiv. = 2 lit.)} + AzH^3 \text{ (1 équiv. = 2 lit.)} : + 0{,}02,$$

résultat qui contraste avec la réaction thermique de l'ammoniaque sur les carbonates d'ammoniaque (voy. plus loin).

4° L'influence variable de l'eau, c'est-à-dire de la dilution, sur la formation des carbonates neutres de potasse et de soude, est peu sensible et difficile à apprécier. Avec des liqueurs aussi étendues que les précédentes, elle ne donne pas lieu à des effets thermiques appréciables.

Pour des liqueurs plus concentrées, il en est encore de même avec les bicarbonates, sels peu solubles, que je n'ai pas réussi à employer dissous dans une proportion plus forte que celle de 1 équivalent dans 4 litres de liqueur : leur dilution ultérieure n'a donné lieu à aucun effet thermique mesurable.

Avec les carbonates neutres dissous, dans la proportion de

1 équivalent pour 2 litres, la dilution produit des effets un peu plus sensibles :

CO^3K (1 équiv. = 2 lit.) + son volume d'eau..... — 0,10
CO^3Na » + 5 volumes d'eau...... — 0,09

15. D'après ces résultats, on voit que les carbonates neutres de potasse et de soude, et surtout les bicarbonates des mêmes bases, se comportent comme des sels assez stables à l'égard de l'eau. Cependant certains indices montrent que les dissolutions de ces divers sels, spécialement celles des carbonates neutres, renferment une dose sensible d'alcali libre; mais cette dose est assez faible pour que les carbonates dissous puissent être mêlés, soit avec les solutions d'autres sels alcalins neutres et stables, soit entre eux, sans donner lieu à un phénomène thermique notable. Je me bornerai à citer à cet égard l'expérience suivante, comme se rapportant à l'union de l'acide carbonique avec deux bases différentes :

CO^3Na (1 équiv. = 2 lit.). + CO^3K (1 équiv. = 2 lit.) : + 0,04.

Les dissolutions des bicarbonates de potasse et de soude se comportent de la même manière. En effet, je me suis assuré que leurs solutions peuvent être mélangées, soit entre elles, soit avec celles des sels alcalins neutres et stables, soit même avec celles des carbonates neutres de potasse ou de soude, sans variation notable de température. Je citerai seulement l'expérience suivante, comme caractéristique :

C^2O^4,KO,HO (1 équiv. = 4 lit.) + CO^3Na (1 équiv. = 4 lit.) : + 0,00.

Nous allons trouver des résultats bien différents et bien plus caractéristiques, en étudiant les carbonates d'ammoniaque.

16. *Carbonates d'ammoniaque.* — Étudions, en effet, l'influence exercée par les proportions relatives d'acide carbonique, d'ammoniaque et d'eau sur l'union de l'acide carbonique avec l'ammoniaque, en présence de l'eau et avec formation de sels dissous.

1° L'acide carbonique dissous ne développe pas de chaleur sensible en agissant sur la solution du bicarbonate d'ammoniaque.

2° Au contraire, l'ammoniaque exerce une grande influence.

$2CO^2$	$+ AzH^3$,	en présence de	$110H^2O^2$,	dégage :	9,73 (1)
»	$+ 1\frac{1}{2}AzH^3$	»	$146H^2O^2$	»	10,94
»	$+ 2AzH^3$	»	$220H^2O^2$	»	12,35
»	$+ 3AzH^3$	»	$330H^2O^2$	»	13,24
»	$+ 4AzH^3$	»	$440H^2O^2$	»	13,62
»	$+ 5AzH^3$	»	$550H^2O^2$	»	13,92
»	$+ 6AzH^3$	»	$660H^2O^2$	»	14,04
»	$+ 7AzH^3$	»	$770H^2O^2$	»	14,07

On voit que l'action de l'ammoniaque sur l'acide carbonique en présence de l'eau s'exerce d'une manière progressive, aussi bien que l'action de la même base sur l'acide borique ; c'est-à-dire qu'il existe un certain équilibre entre l'acide carbonique, l'ammoniaque et l'eau : équilibre déterminé par les proportions relatives des trois composants.

3° L'influence de l'eau est encore mise en évidence par les chiffres suivants, relatifs au carbonate d'ammoniaque :

$CO^2 + AzH^3$ en présence de $110H^2O^2$: $+ 6,17$
» » $1100H^2O^2$: $+ 5,35$

La variation est d'un huitième, à peu près comme pour le borate d'ammoniaque. Avec le phénate d'ammoniaque (voy. plus loin), la variation ne paraît guère plus considérable, s'élevant au quart environ, quand le volume de l'eau varie de 1 à 5.

Mais il convient d'approfondir davantage, en distinguant les deux combinaisons définies que l'ammoniaque forme avec l'acide carbonique : carbonate neutre et bicarbonate.

17. *Constitution du bicarbonate d'ammoniaque dissous.* — On sait que le bicarbonate d'ammoniaque cristallisé est un composé assez stable : tous les carbonates d'ammoniaque, expo-

(1) Ces nombres devraient être tous augmentés d'une valeur constante égale à + 5,60 pour être rapportés à l'acide gazeux C^2O^4 ; ce qui traduirait plus étroitement l'expérience même, telle qu'elle a été réalisée. Mais sous cette forme les résultats sont moins comparables avec ceux qui ont été fournis par les acides dissous.

sés à l'air, ou recristallisés dans l'eau chaude, ou précipités par l'alcool de leur situation aqueuse, sont ramenés à la composition du bicarbonate. On retrouve des caractères analogues dans ses dissolutions. En effet, d'après les expériences thermiques que je vais citer, ce sel représente l'une des limites de la réaction entre l'acide et la base; il est stable en présence de l'eau, à peu près au même titre que les bicarbonates de potasse et de soude. C'est ce qui résulte des faits suivants :

1° La dissolution du bicarbonate d'ammoniaque n'absorbe que peu de chaleur lorsqu'on l'étend avec son volume d'eau.

2° La dissolution du bicarbonate d'ammoniaque n'exerce point une action thermique notable sur les sels neutres formés par les acides forts; réciproquement, les bicarbonates alcalins dissous sont sans action thermique notable sur les sels ammoniacaux formés par les mêmes acides.

Or il en est tout autrement, comme nous le montrerons ailleurs, du système des réactions réciproques produites par le carbonate neutre d'ammoniaque; en effet, les azotates, chlorures et sulfates d'ammoniaque donnent lieu avec les carbonates neutres des alcalis fixes à une absorption de chaleur considérable (plus de 3 Calories), phénomène qui atteste une transformation chimique profonde des sels mélangés. Cette propriété est la conséquence de la décomposition partielle du carbonate neutre d'ammoniaque en présence de l'eau.

3° Les solutions du bicarbonate d'ammoniaque n'agissent point thermiquement sur celles des bicarbonates alcalins fixes :

$$C^2O^4, AmO, HO\ (1\ \text{éq.}=4\ \text{lit.}) + C^2O^4, KO,HO\ (1\ \text{éq.}=4\ \text{lit.}) : +0{,}00.$$

C'est encore là une nouvelle preuve de la stabilité relative du bicarbonate d'ammoniaque ; car le carbonate neutre d'ammoniaque réagit au contraire sur le bicarbonate de potasse, comme je le montrerai tout à l'heure, et il en est de même de tout sel ammoniacal formé par un acide faible, mis en présence du bicarbonate de potasse : résultat qui s'explique, parce que la décomposition partielle d'un semblable sel sous l'influence de l'eau met en liberté de l'ammoniaque, corps susceptible de se combiner avec le second équivalent d'acide carbonique du bicarbonate de potasse. Ce genre de réactions est très-précieux pour distinguer les acides faibles.

4° Donnons encore la preuve suivante, à l'appui de la stabilité du bicarbonate d'ammoniaque. Soit l'écart thermique entre la formation des bicarbonates de potasse et d'ammoniaque

$$11,00 - 9,70 = 1^{Cal},30;$$

ce nombre ne varie notablement ni avec les températures voisines de celles du milieu ambiant (15 à 20 degrés), ni avec la dilution. Or la même différence constante (1,30), à peu près indépendante des températures ambiantes (1) et de la dilution, existe entre les sels ammoniacaux et les sels de potasse ou de soude formés par les acides forts.

Il résulte de ces faits que le bicarbonate d'ammoniaque est stable à froid en présence de l'eau; à peu près au même titre que les bicarbonates de potasse et de soude, et plus généralement que les sulfate, chlorure, azotate d'ammoniaque.

18. *Constitution du carbonate neutre d'ammoniaque dissous.* — Le carbonate neutre d'ammoniaque peut être obtenu cristallisé, en opérant à une basse température, dans des liqueurs très concentrées et en présence d'un excès d'ammoniaque. Mais il se décompose rapidement en présence de l'air, ou sous l'influence d'une douce chaleur, et l'on ne peut plus le faire recristalliser de ses dissolutions. Ce sont là les propriétés d'un composé peu stable.

La même instabilité se retrouve dans ses dissolutions. En effet, la formation du carbonate neutre d'ammoniaque, ou plus exactement, la réaction entre 1 équivalent d'acide carbonique et 1 équivalent d'ammoniaque, en présence de l'eau, dégage des quantités de chaleur qui varient :

1° Avec la concentration.

(1) Si l'on envisageait un intervalle de température plus étendu, l'écart entre les chaleurs de formation des sels ammoniacaux et celles des sels alcalins pourrait varier bien davantage (voy. tome Ier, page 123) : par exemple, entre le chlorure de sodium et le chlorhydrate d'ammoniaque, l'écart est $+ 2^{Cal},3$ à zéro ; $+ 1^{Cal},3$ vers 20 degrés ; nul vers 50 degrés ; $- 2^{Cal},0$ vers 100 degrés.

J'ai trouvé de $+ 6^{Cal},2$ à $+ 5^{Cal},3$,

l'eau variant de 110 H^2O^2 à 1100 H^2O^2, vers 20 degrés.

2° Avec la température.

J'ai trouvé de + 6,1 à + 6,4 environ,

la température variant de 22° à 15°, en présence de 118H^2O^2.

3° Les quantités de chaleur dégagées sont accrues par la présence d'un excès de base, contrairement à ce qui arrive pour les sels neutres à base alcaline fixe (page 211) :

				Cal.
$CO^2 + AzH^3$,	en présence de	110 H^2O^2,	dégage :	+ 6,17
$CO^2 + 2AzH^3$,	»	220 H^2O^2,	»	+ 6,81
$CO^2 + \frac{1}{2}AzH^3$,	»	385 H^2O^2,	»	+ 7,03

et ces valeurs s'accroissent encore par la concentration :

$CO^2 + AzH^3$,	en présence de	$63\frac{1}{2}$ H^2O^2,	dégage :	+ 6,40
$CO^2 + \frac{1}{2} AzH^3$,	»	72 H^2O^2,	»	+ 6,95
$CO^2 + 2 AzH^3$,	»	$80\frac{1}{2}$ K^2O^2,	»	+ 7,19
$CO^2 + 2\frac{1}{2} AzH^3$,	»	89 H^2O^2,	»	+ 7,29
$CO^2 + 3 AzH^3$,	»	$97\frac{1}{2}$ H^2O^2,	»	+ 7,35
$CO^2 + 3\frac{1}{2} AzH^3$,	»	106 H^2O^2,	»	+ 7,39

Ainsi la chaleur dégagée par la réaction d'un équivalent d'acide carbonique sur un excès d'ammoniaque a varié de + 5,3 à + 7,4 environ dans mes expériences.

La première quantité, observée en présence d'un grand excès d'eau, se rapproche beaucoup de la formation du bicarbonate; laquelle dégagerait + 4,6 environ, dans une liqueur de même concentration. Il est donc probable que : *le bicarbonate représente la limite extrême de la réaction* entre l'acide carbonique et l'ammoniaque, employés à équivalents égaux, *en présence d'une très grande proportion d'eau.*

Au contraire, la chaleur dégagée par un excès croissant d'ammoniaque se rapproche de plus en plus d'une valeur limite, supérieure à + 7,4. On peut regarder cette limite comme voisine de $8^{Cal},8$, en remarquant que telle est la valeur normale que l'on devrait obtenir, si l'écart entre la chaleur de formation du carbonate neutre d'ammoniaque et celle du carbonate neutre de potasse était égal à + 1,3; c'est-à-dire égal à la différence sensiblement constante à la température ordinaire qui a été trouvée plus haut entre les sels stables de ces deux bases, tels que les chlorures, azotates, sulfates, acétates (tome Ier, p. 384), etc.

D'après ces faits, il ne semble pas permis de supposer que 1 équivalent d'acide carbonique et 1 équivalent d'ammoniaque, dissous dans l'eau et mis en présence, s'unissent intégralement, avec formation de 1 équivalent de carbonate neutre d'ammoniaque, *réellement existant en totalité* et uniformément réparti dans la liqueur. Toutes ces observations, je le répète, aussi bien que les réactions spéciales que je décrirai tout à l'heure entre les carbonates d'ammoniaque et les carbonates alcalins fixes, concourent à faire admettre qu'une portion seulement de l'ammoniaque et de l'acide carbonique sont à l'état de carbonate neutre *véritable* au sein des liqueurs, le surplus formant du bicarbonate et de l'ammoniaque libre. L'état de séparation des composants ne me paraît pas cependant aller jusqu'à la régénération d'une dose notable d'acide carbonique libre, en présence d'un excès d'ammoniaque; attendu que le bicarbonate d'ammoniaque a été reconnu relativement stable en présence de l'eau, par des épreuves de diverse nature (page 233).

Citons encore, à l'appui de cette théorie, le résultat suivant, qui est des plus caractéristiques : le bicarbonate d'ammoniaque dissous est attaqué par la solution du carbonate neutre, avec dégagement de chaleur :

$$C^2O^4AmOHO\ (1\ \text{éq.} = 2\ \text{lit.}) + CO^3Am\ (1\ \text{éq.} = 2\ \text{lit.}) : +0{,}62;$$

résultat inexplicable, si les deux carbonates existaient réellement et intégralement dans la liqueur.

19. Cela posé, nous observerons, en général, un certain *équilibre entre quatre composants :* d'une part, le bicarbonate d'ammoniaque et l'ammoniaque, lesquels tendent à former du carbonate neutre et de l'eau; et, d'autre part, le carbonate neutre d'ammoniaque et l'eau, lesquels tendent à régénérer du bicarbonate et de l'ammoniaque libre. En augmentant la proportion de l'un des quatre composants dans le système, on diminue celle

du corps auquel il tend à s'unir, et l'on accroît celle des deux corps opposés, précisément comme dans l'équilibre des réactions éthérées (voy. page 79).

20. Si l'on voulait définir plus exactement l'équilibre de semblables systèmes, il faudrait connaître la chaleur de formation du carbonate neutre d'ammoniaque *réellement* existant dans les liqueurs. Une hypothèse est ici nécessaire. Pour préciser les idées et sans attacher à cette supposition une signification trop absolue, j'admettrai que la chaleur de formation du vrai carbonate d'ammoniaque serait égale au chiffre théorique + 8,8 signalé plus haut; j'admettrai en outre que ce chiffre ne varie pas avec la concentration, pas plus du moins que la chaleur de formation des sels stables. On arrive ainsi aux résultats suivants, qui représentent divers systèmes en équilibre :

1° $CO^2 + AzH^3$,

En présence de :

Proportion d'eau.	Chaleur dégagée. (Cal)	État réel du système.
$63 H^2O^2$:	+ 6,40...	$0,30\ C^2O^4AmOHO + 0,40\ CO^3Am + 0,30\ AzH^3$
$110 H^2O^2$:	+ 6,17...	$0,333\ C^2O^4AmOHO + 0,333\ CO^3Am + 0,333\ AzH^3$
$220 H^2O^2$:	+ 5,80...	$0,38\ C^2O^4AmOHO + 0,24\ CO^3Am + 0,38\ AzH^3$
$1100 H^2O^2$:	+ 5,30...	$0,44\ C^2O^4AmOHO + 0,12\ CO^3Am + 0,44\ AzH^3$

Si l'on prend pour ordonnées les nombres d'équivalents d'eau et pour abscisses les quantités de carbonate neutre réel, ces résultats sont représentés par une courbe hyperbolique, dont l'asymptote figure l'axe des y.

Ces mêmes équilibres représentent aussi la réaction du bicarbonate d'ammoniaque et de l'ammoniaque à équivalents égaux. Ils changent un peu avec la température.

2° $CO^2 + 3\frac{1}{2} AzH^3$ (excès d'alcali).

En présence de :

Proportion d'eau.	Chaleur dégagée. (Cal)	État réel du système.
$106 H^2O^2$:	+ 7,39...	$0,18\ C^2O^4AmOHO + 0,64\ CO^3Am + 2,68\ AzH^3$
$385 H^2O^2$:	+ 7,03...	$0,22\ C^2O^4AmOHO + 0,56\ CO^3Am + 2,72\ AzH^3$

L'influence décomposante de l'eau s'exerce moins rapidement que dans la série précédente, un excès d'ammoniaque donnant de la stabilité au carbonate neutre.

3° $3\,CO^2 + 2\,AzH^3$ (sesquicarbonate).

En présence de :

$220\,H^2O^2 : +16^{Cal},41..\ 1,25\,C^2O^4AmOHO + 0,50\,CO^3Am + 0,25\,AzH^3$,

Ce dernier système se rapproche de plus en plus du bicarbonate pur, à mesure qu'on l'étend d'eau.

Ainsi, je le répète, tout système formé par un mélange d'ammoniaque, d'acide carbonique et d'eau, tend vers un équilibre qui se produit entre le bicarbonate et le carbonate neutre, l'ammoniaque et l'eau: cet équilibre est déterminé par les proportions relatives et par la température; il est atteint immédiatement au moment où l'on mélange les composants du système; enfin il est toujours le même, quel que soit l'état initial du système, lequel peut varier d'une infinité de manières.

21. De là découlent des conséquences thermiques intéressantes, analogues à celles que j'ai signalées plus haut (p. 70, 135, 201, 202, etc.). Si l'état initial des composants répond à une combinaison moins avancée que l'état d'équilibre, le mélange donnera lieu à un dégagement de chaleur : la réaction sera exothermique. Elle sera endothermique, au contraire, si l'état initial des composants répond à une combinaison plus avancée que l'état d'équilibre. Ce sont des conséquences nécessaires de l'existence des équilibres qui correspondent à une combinaison incomplète.

Qu'il s'agisse des mélanges éthérés ou des carbures pyrogénés, des alcoolates alcalins dissous, ou des carbonates ammoniacaux; bref, dans toutes les conditions où ces équilibres se produisent, les réactions ne dépendent pas seulement du jeu normal des forces chimiques proprement dites, comme dans le cas des réactions totales; mais elles sont assujetties à l'intervention d'une énergie étrangère, empruntée au milieu ambiant; la dilution favorise cette dernière, comme on devait s'y attendre. Le rôle de l'eau dans les dissolutions salines n'est donc pas simplement celui d'un acide proprement dit, qui déplacerait chimiquement l'acide combiné avec la base, comme on le supposait autrefois. En réalité, l'eau intervient comme je l'ai expliqué ailleurs, par la formation de certaines combinaisons propres ou hydrates, dérivés les uns de l'acide, d'autres de la base, les autres enfin des sels formés par l'acide et la base ; chacun de ces hydrates pouvant être lui-même, soit stable, soit dissocié (pages 147, 158, 161, etc.).

22. *Actions réciproques entre les carbonates d'ammoniaque et les carbonates de potasse ou de soude dans les dissolutions.* — Voici une série de faits qui attestent, d'une manière non moins décisive que les précédentes, l'état de combinaison incomplète du carbonate neutre d'ammoniaque, en présence de l'eau ; opposé à la stabilité relative des carbonates et bicarbonates de potasse et de soude. Je cite ces faits d'autant plus volontiers qu'ils sont en contradiction formelle avec les idées reçues jusqu'ici sur les effets thermiques produits par le mélange des solutions salines : mélange auquel on n'attribuait que des résultats presque insensibles.

Lorsqu'on mélange entre elles, deux à deux, ou trois à trois, les solutions des sels neutres formés par les acides forts (p. 223) ; ou bien les solutions des carbonates de potasse ou de soude ; ou bien encore les solutions des bicarbonates des mêmes bases (page 230), on n'observe aucun effet thermique bien sensible. Il n'y a point davantage action entre les bicarbonates de soude et d'ammoniaque dissous (page 232).

Le carbonate neutre d'ammoniaque offre des réactions bien différentes. Sa dissolution (1), mélangée avec celle du carbonate neutre de potasse ou de soude, donne lieu à une absorption de chaleur considérable et qui s'accroît avec la proportion du sel alcalin :

				Cal.
CO^3Am (1 éq. = 4 lit.)		$+\frac{1}{2}\ CO^3K$ (1 éq. = 2 lit.) :		— 0,86
CO^3Am	»	$+ 1\ CO^3K$	»	— 1,29
CO^3Am	»	$+ 1\frac{1}{2}\ CO^3K$	»	— 1,54
CO^3Am	»	$+ 2\ CO^3K$	»	— 1,66

(1) Préparée par la réaction de 1 équivalent de bicarbonate dissous sur 1 équivalent d'ammoniaque dissoute.

La dissolution du carbonate neutre d'ammoniaque réagit également sur celles des bicarbonates de potasse et de soude, en donnant lieu à un dégagement de chaleur progressif; lequel contraste avec l'absence d'action réciproque entre les carbonates neutres des alcalis fixes et leurs bicarbonates :

			Cal.
C^2O^4,KO,HO (1 éq. = 4 lit.)	$+ \frac{1}{2} CO^3Am$ (1 éq. = 2 lit.) :		+ 0,56
»	+ 1	»	+ 0,80
»	$+ 1\frac{1}{2}$	»	+ 0,98
»	+	»	+ 1,06

Réciproquement, le bicarbonate d'ammoniaque est décomposé par les carbonates de potasse et de soude, avec une absorption de chaleur, qui va croissant en raison de l'excès du sel neutre :

C^2O^4,AmO,HO (1 éq. = 4 lit.)	$+ \frac{1}{2} CO^3K$ (1 éq. = 2 lit.) :		— 0,94
»	+ 1	»	— 1,70
»	$+ 1\frac{1}{2}$	»	— 2,29
»	+ 1	»	— 2,69

Je rappellerai encore la chaleur dégagée, lorsqu'on fait agir le bicarbonate d'ammoniaque sur le carbonate neutre (p. 236); ou l'ammoniaque sur le carbonate neutre d'ammoniaque (p. 232); caractères opposés à l'absence de réaction thermique entre l'ammoniaque et le carbonate neutre de potasse (page 230).

Tous ces faits s'expliquent, en admettant que la dissolution du carbonate neutre d'ammoniaque se distingue de la dissolution des carbonates alcalins fixes, parce que le carbonate neutre d'ammoniaque n'existe pas intégralement formé dans les liqueurs qui en renferment les éléments. En réalité, celle-ci, je le répète, doit être envisagée comme contenant un mélange de bicarbonate d'ammoniaque, de carbonate neutre et d'ammoniaque libre : or c'est l'ammoniaque libre qui agit sur les bicarbonates de potasse, de soude et même d'ammoniaque, pour former une certaine proportion de carbonate neutre.

Quant à la réaction du bicarbonate d'ammoniaque sur le carbonate neutre de potasse, elle est la conséquence d'une double décomposition : laquelle fournit d'abord une certaine proportion de bicarbonate de potasse et de carbonate neutre d'ammoniaque, entre lesquels s'exerce ensuite la réaction signalée plus haut.

L'existence de cette double décomposition peut être confirmée par celle qui a lieu entre le carbonate de potasse et les sels ammoniacaux stables (voy. page 233), réaction importante et que j'exposerai ailleurs plus en détail.

De même la réaction du carbonate neutre de potasse sur la solution du carbonate neutre d'ammoniaque s'explique par l'existence du bicarbonate d'ammoniaque dans la liqueur : d'où résulte du bicarbonate de potasse, etc.

Bref, dans ces divers systèmes liquides, il se produit un équilibre toujours identique, quel que soit le point de départ, et qui donne naissance à cinq composés simultanés, savoir : les bicarbonates de potasse et d'ammoniaque, les carbonates neutres de ces deux bases, enfin l'ammoniaque libre.

Le sens des phénomènes thermiques peut être prévu d'après les doubles décompositions qui doivent se produire entre le carbonate d'une base et le bicarbonate de l'autre.

Par exemple, le carbonate de potasse et le bicarbonate d'ammoniaque doivent former du bicarbonate de potasse et du carbonate neutre d'ammoniaque; ce dernier, se décomposant aussitôt en présence de l'eau, donne lieu à une absorption de chaleur. Si la décomposition était totale, comme il arrive entre le carbonate de potasse et les sulfate, azotate ou chlorhydrate d'ammoniaque, la chaleur absorbée par la réaction du carbonate de potasse sur le bicarbonate d'ammoniaque s'élèverait environ à $-2^{\text{Cal.}},60$.

Or, dans les conditions des expériences, le bicarbonate d'ammoniaque a fourni seulement $-1^{\text{Cal.}},70$; ce qui est la preuve d'une transformation incomplète. Mais en présence de 2 équivalents de carbonate de potasse, on a obtenu — 2,7 ; chiffre qui indique une réaction totale ou sensiblement.

Réciproquement, le bicarbonate de potasse et le carbonate d'ammoniaque dégagent de la chaleur : $+0^{\text{Cal.}},80$; les sels étant mélangés par équivalents égaux. Cette réaction est complémentaire d'une transformation incomplète, c'est-à-dire qu'elle amène un accroissement dans l'état de combinaison des composés primitifs.

Le carbonate neutre de potasse réagit aussi avec absorption de chaleur, soit — 1,29, sur une liqueur qui contient les éléments du carbonate neutre d'ammoniaque ; le tout conformément aux faits et aux explications présentés plus haut. En effet, la réaction ne peut avoir lieu qu'entre la portion de bicarbonate d'ammoniaque contenu réellement dans la dissolution et le carbonate neutre de potasse additionnel; les effets thermiques seraient insignifiants, s'il se produisait seulement du bicarbonate de potasse et du carbonate neutre d'ammoniaque réellement subsistant en totalité. Mais la nouvelle proportion du dernier sel ainsi régénérée est décomposée en partie sous l'influence de l'eau, avec une absorption de chaleur, qui résulte de la décomposition accomplie. On pourrait étudier de plus près encore ces phénomènes, et établir le calcul numérique des équilibres compliqués auxquels ils donnent naissance ; mais le détail des calculs offre peu d'intérêt.

23. *Sur la caractéristique réelle des sels formés par l'acide carbonique.* — On remarquera ici que les bicarbonates alcalins, spécialement le bicarbonate d'ammoniaque, sont beaucoup plus stables que les carbonates neutres en présence de l'eau. Ce résultat est conforme aux analogies tirées de la chimie organique, d'après laquelle le type des carbonates, C^2HMO^6, représenterait le premier terme de la série des acides homologues de l'acide lactique $C^{2n}H^{2n}O^6$, acides à fonction mixte, jouant à la fois le rôle d'acide et le rôle d'alcool. Cela admis, les bicarbonates seraient les sels normaux, répondant aux lactates ordinaires ; tandis que dans les carbonates neutres, représentés par la formule $C^2M^2O^6$, le deuxième équivalent de base répondrait non plus à la fonction acide, mais à la fonction alcoolique. Or je montrerai tout à l'heure que les alcoolates sont décomposables par l'eau, beaucoup plus nettement que les sels des acides proprement dits.

A cet égard, les sels ammoniacaux fournissent des résultats décisifs, dans l'étude des alcoolates aussi bien que celle des carbonates. Par exemple, la chaleur de formation du phénate d'ammoniaque diminue à mesure que la quantité d'eau augmente, et cela d'une manière progressive; tandis qu'elle s'accroît de près de moitié sous l'influence d'un excès d'ammoniaque. Le caractère instable des combinaisons que les alcools forment avec les bases se trouve donc manifesté surtout dans le phénate d'ammoniaque, à un plus haut degré que dans les phénates alcalins fixes.

Or, tel est précisément le caractère que nous observons dans l'étude du carbonate d'ammoniaque prétendu neutre, lequel est en réalité un véritable composé bibasique, $C^2Am^2O^6$ analogue à $C^2K^2O^6$, et formé entre l'ammoniaque et l'acide carbonique. On a vu comment la chaleur dégagée par la formation de ce prétendu carbonate neutre d'ammoniaque diminue avec la dilution (page 232). Au contraire, cette quantité de chaleur s'accroît sous l'influence d'un excès d'ammoniaque.

D'après ces faits, le second équivalent d'ammoniaque, combiné dans le carbonate prétendu neutre, $C^2Am^2O^6$, répond aux caractères instables du phénate d'ammoniaque, c'est-à-dire à ceux d'un alcoolate alcalin ; tandis que le premier équivalent d'ammoniaque, combiné dans le bicarbonate, C^2HAmO^6, possède les propriétés stables, ou sensiblement, d'un sel alcalin normal.

Cette opposition entre les réactions thermiques des deux équivalents d'ammoniaque, successivement combinés avec l'acide carbonique, est parfaitement conforme à la théorie qui déduit la fonction chimique des acides $C^{2n}H^{2n}O^6$ de leur mode de génération : on y reviendra.

§ 5. — Distinction entre les équilibres des sels dissous et la tension de la dissociation.

1. C'est ici le lieu d'aborder un autre ordre de considérations, très intéressantes pour l'interprétation du mécanisme général des actions chimiques. En effet, les phénomènes exposés plus haut, et spécialement la stabilité que l'expérience nous oblige à attribuer au bicarbonate d'ammoniaque dissous et aux autres bicarbonates alcalins, montrent que la tension propre du gaz ammoniac et du gaz carbonique dans le bicarbonate cristallisé, tension faible d'ailleurs, n'influe guère sur l'équilibre qui se produit dans les dissolutions de ce sel entre l'eau, l'ammo-

niaque et l'acide carbonique. La tension propre du gaz carbonique, dans les bicarbonates de potasse et de soude cristallisés, ne détermine pas davantage une décomposition notable desdits sels dans leurs dissolutions. On prouve cette assertion pour les bicarbonates de potasse et de soude, principalement par le fait que leurs dissolutions ne sont pas influencées thermiquement par l'addition d'un carbonate neutre de la même base.

2. La tension propre des gaz ammoniac et carbonique dans les sels solides qu'ils concourent à former est donc un phénomène d'un autre ordre que l'équilibre qui règle l'état du sel dissous. On le comprendra mieux, en envisageant les faits observés dans la réaction de l'eau sur le mannitate de soude, sur les alcoolates alcalins, ou sur le borate de soude (page 224 et suivantes). En effet, ladite réaction ne détermine point une séparation pure et simple du corps dans ses composants, mais la formation d'un acide *hydraté*, d'une base *hydratée*, ou d'un alcool, c'est-à-dire qu'*elle exige la fixation des éléments de l'eau.* Or ceux-ci ne préexistent ni dans les borates anhydres, ni dans les mannitates et autres alcoolates alcalins : l'équilibre qui se produit alors est donc réellement comparable à la décomposition progressive et limitée des éthers par l'eau (pages 71, 79, etc.).

3. Cet équilibre est le même, d'après mes expériences :

Soit que les corps régénérés aient une tension de vapeur propre, telle que la tension de l'alcool ordinaire et de l'acide acétique, en présence de l'éther acétique ; ou bien la tension de l'ammoniaque et de l'acide carbonique, en présence du bicarbonate d'ammoniaque ;

Soit que les corps régénérés demeurent absolument fixes et stables à la température ordinaire, tels que la soude, la mannite ou l'acide borique, en présence du borate et du mannitate de soude ; ou bien encore l'éthal et l'acide stéarique, en présence de leur éther.

Les éthers composés, les borates alcalins dissous, les alcoolates dissous, envisagés en soi, *ne sont donc pas*, en général, *à l'état de dissociation*, c'est-à-dire de décomposition propre.

4. Ce serait enlever au mot *dissociation* toute signification

nouvelle et originale que de l'appliquer d'une manière vague à des corps parfaitement stables en soi, tels que les éthers et les alcoolates, et que de l'étendre aux équilibres divers, qui peuvent être observés dans les systèmes complexes, formés par un alcool, un acide, un éther et l'eau; ou bien encore aux systèmes formés par une dissolution renfermant un alcool ou un acide faible, en présence d'une base avec laquelle il demeure partiellement combiné.

5. Les mêmes considérations sont applicables aux carbonates dissous, sauf une complication de plus, à savoir le dédoublement au sein des liqueurs de l'acide véritable, qui est l'hydrate carbonique : C^2O^4,H^2O^2 : ce corps se détruit en effet aussitôt en acide carbonique anhydre, C^2O^4, et en eau. Une telle complication introduit un terme de plus dans les équilibres, mais sans en troubler la signification générale; du moins tant que l'on opère au sein d'un espace entièrement rempli par le liquide. Sous cette réserve, les équilibres relatifs aux carbonates dissous, aussi bien que les équilibres relatifs aux borates et aux alcoolates, se produiront également dans des systèmes homogènes; ils seront régis dès lors par les lois de masse relative (pages 79 à 87).

6. Il en serait autrement s'il existait un espace vide, au sein duquel les corps volatils, tels que l'alcool, ou l'acide carbonique, ou l'ammoniaque, pussent se répartir. En effet, à la surface de séparation du liquide et de l'espace vide, la loi des systèmes hétérogènes (pages 97 et 99), c'est-à-dire la tension de dissociation, entrerait en jeu. Trois cas peuvent alors se produire :

1° Si l'espace vide est peu considérable et si l'on n'enlève pas à mesure le gaz (ou vapeur) qui s'y forme, la proportion de ce gaz est très faible, et elle exerce peu d'influence sur l'équilibre intérieur de la liqueur.

2° Si l'on élimine à mesure et indéfiniment le gaz, il se reproduira sans cesse, jusqu'à la destruction totale du composé qui le fournit. C'est ainsi que les bicarbonates finissent par être changés en carbonates.

Si le gaz n'est pas éliminé, il acquiert dans l'espace vide une certaine tension de dissociation. Mais alors c'est la proportion de ce gaz demeuré dissous dans la liqueur qui y règle l'équilibre, conformément à la loi des masses.

On voit ici comment se combinent la loi des masses, relative aux systèmes homogènes, et la loi des tensions, relative aux systèmes hétérogènes.

7. Dans le cas où l'un des composants du sel serait éliminé par insolubilité (décomposition du stéarate de potasse par l'eau, avec formation d'un stéarate acide; décomposition de l'azotate de bismuth, avec formation d'un azotate basique, etc.), on devra invoquer des considérations analogues : la tension de dissociation s'exerçant seulement au contact de la liqueur et du précipité (page 101); tandis que la loi des masses intervient seule dans la liqueur.

§ 6. — **Sels des acides gras volatils.**

1. Les sels des acides gras volatils sont remarquables comme formant la transition entre les acides forts bien définis et les acides faibles nettement caractérisés. Les recherches que je vais exposer ont porté sur les cinq premiers acides de la série grasse : formique, $C^2H^2O^4$; acétique, $C^4H^4O^4$; propionique, $C^6H^6O^4$; butyrique, $C^8H^8O^4$, valérianique, $C^{10}H^{10}O^4$. Je me suis attaché à opérer sur des acides et sur des sels parfaitement purs et définis : condition facile à réaliser pour les acides formique et acétique, mais qui présente beaucoup plus de difficultés pour les trois autres acides.

Comparons la formation de ces sels, dans l'état dissous et dans l'état solide; puis examinons la constitution réelle des sels gras dans leurs dissolutions.

2. *Formation des sels gras dans l'état dissous.* — Je comparerai les sels de soude, de baryte et d'ammoniaque.

J'ai trouvé, entre 8 et 10 degrés :

		al.
Acide formique.	$C^2H^2O^4$ (1 éq. = 2 lit.) + NaO (1 éq. = 2 lit.) dégage :	+ 13,38
—	$C^2H^2O^4$ (1 éq. = 2 lit.) + BaO étendue...........	+ 13,43
—	$C^2H^2O^4$ (1 éq. = 2 lit.) + AzH^3 (1 éq. = 2 lit.).....	+ 11,90

		Cal.
Acide acétique.	$C^4H^4O^4$ (1 éq. = 2 lit.) + NaO(1 éq. = 2 lit.) dégage :	+ 11,33
—	$C^4H^4O^4$ (1 éq. = 2 lit.) + BaO étendue...........	+ 13,40
—	$C^4H^4O^4$ (1 éq. = 2 lit.) + AzH³(1 éq. = 2 lit.).....	+ 11,90
Acide propioniq.	$C^6H^6O^4$ (1 éq. = 4 lit.) + BaO étendue..........	+ 13,40
Acide butyrique.	$C^8H^8O^4$ (1 éq. = 4 lit.) + NaO(1 éq. = 4 lit.).....	+ 13,66
Acide valériq. (1).	$C^{10}H^{10}O^4$ (1 éq. = 5 lit.) + NaO(1 éq. = 5 lit.).....	+ 13,98
—	$C^{10}H^{10}O^4$ (1 éq. = 5 lit.) + AzH³(1 éq. = 2 lit.).....	+ 12,7
Acide de la valér.	$C^{10}H^{10}O^4$ (1 éq. = 4 lit.) + AzH³(1 éq. = 2 lit.).....	+ 12,6

Il résulte de ces nombres que la formation des sels neutres des acides gras, depuis l'acide formique jusqu'à l'acide valérique, ces sels étant formés avec une même base et dans l'état de dissolution étendue, dégage des quantités de chaleur très voisines. Ces quantités sont à peu près identiques pour les trois acides formique, acétique et propionique; l'acide butyrique dégage un peu plus de chaleur (+0,3 environ) et l'acide valérique encore davantage (+ 0,6). Cette remarque est conforme aux résultats généraux obtenus par M. Louguinine.

Cependant les écarts thermiques que j'ai observés entre le butyrate ou le valérate et les sels des acides acétique ou formique varient beaucoup avec la concentration, la chaleur de dilution des premiers sels étant plus grande que celle des autres. Par exemple, la formation du butyrate de soude, rapportée à 2 litres de liqueur pour 1 équivalent $C^8H^7NaO^4$ dégage + 13,4; tandis que cette même formation, rapportée à 12 litres, dégage + 13,75, d'après mes expériences.

3. La *formation thermique des sels gras dans l'état solide* fournit des termes de comparaison plus assurés. Soit la réaction :

$$\text{Acide} + \text{Base} = \text{Sel} + H^2O^2.$$

Voici les résultats observés sur les sels de soude :

	Tous les corps solides.	Acide liquide et eau liquide.
Formiate, C^2HNaO^4............	+ 22,6	+ 23,5
Acétate, $C^4H^3NaO^4$.............	+ 18,3	+ 19,0
Butyrate, $C^8H^7NaO^4$............	»	+ 18,3
Valérianate (ferm.), $C^{10}H^9NaO^4$..	»	+ 15,9

(1) Dérivé de l'alcool amylique de fermentation.

On peut remarquer que la chaleur de formation des sels solides diminue, en général, à mesure que l'équivalent de l'acide organique s'élève. Cette diminution dans la chaleur de formation est corrélative avec une diminution de stabilité.

4. On sait, en effet, que les sels des acides gras, à mesure que l'équivalent de l'acide s'élève, éprouvent plus facilement un commencement de décomposition sous l'influence de l'eau qui les dissout; surtout si l'on y ajoute le concours d'un acide faible, tel que l'acide carbonique : l'odeur que les butyrates, et surtout les valérianates, exhalent au contact de l'air, est due à cette cause. L'élévation de température l'exalte, et la distillation en manifeste les effets, en donnant lieu à de légères séparations d'acide volatilisé, telles que celles de l'acide acétique que M. Dibbits a étudiées avec soin dans ces derniers temps.

C'est à la même cause, se prononçant de plus en plus avec l'accroissement de l'équivalent, que j'attribue la décomposition facile subie sous l'influence de l'eau par les savons, c'est-à-dire par les sels de potasse et de soude formés dérivés des acides gras. Il suffit de rappeler à cet égard les travaux, classiques depuis tant d'années, de M. Chevreul, sur la formation des bistéarates et des bimargarates alcalins.

5. Examinons maintenant la *constitution véritable des dissolutions des sels alcalins des acides gras.*

Les sels alcalins des acides gras, mis en présence de l'eau, se comportent comme des composés intermédiaires entre les sels des acides forts, tels que les chlorures et les azotates alcalins, que l'eau ne décompose pas d'une manière appréciable, et les sels des acides faibles, tels que les carbonates, les sulfures, les borates, que l'eau décompose partiellement, en raison de sa masse, et avec tendance à la formation simultanée d'un sel acide (bicarbonate, sulfhydrate, etc.) et de base libre.

Ce rapprochement entre les acides gras et les acides faibles s'accentue davantage, à mesure que leur équivalent s'élève; depuis l'acide formique, presque aussi énergique que les acides minéraux puissants, jusqu'à l'acide valérianique, dont les sels neutres se changent aisément en sels acides par l'évaporation;

et jusqu'aux acides stéarique et margarique, dont les sels alcalins (savons) sont si facilement décomposés par l'eau froide en base libre et bisels.

Voici mes expériences, faites entre 7 et 10 degrés, expériences dans lesquelles j'ai étudié l'influence exercée sur les sels gras dissous par un excès des divers composants de la liqueur, savoir : l'eau, le sel, la base et enfin l'acide libre.

1° *Influence de l'eau* (dilution).

Sels.	Chaleur mise en jeu = Δ.	Acide.	Chaleur mise en jeu = δ.
C^2HNaO^4 (1 éq. = 2 lit.) + 2 lit. eau...........	+ 0,03	$C^2H^2O^4$ liq. + eau = 1 lit...............	+ 0,08
Dilution plus grande......	insensib.	$C^2H^2O^4$ (1 éq. = 1 lit.) + 1 lit. eau...........	+ 0,02
		$C^2H^2O^4$ (1 éq. = 2 lit.) + 2 lit. eau...........	+ 0,01
		Dilution plus grande......	insensib.
$C^4H^3NaO^4$ (1 éq. = 2 lit.) + 2 lit. eau..........	+ 0,03	$C^4H^4O^4$ liq. + eau = 1 lit...............	+ 0,38
Dilution plus grande.....	insensib.	$C^4H^4O^4$ (1 éq. = 1 lit.) + 1 lit. eau............	+ 0,03
		$C^4H^4O^4$ (1 éq. = 2 lit.) + 2 lit. eau............	+ 0,01
		Dilution plus grande.....	insensib.
$C^8H^7NaO^4$ (1 éq. = 1,6 lit.) + 1,6 lit. eau.........	+ 0,19	$C^8H^8O^4$ liq. + eau = 1 lit...............	+ 0,58
$C^8H^7NaO^4$ (1 éq. = 2 lit.) + 2 lit. eau...........	+ 0,16	$C^8H^8O^4$ (1 éq. = 1 lit.) + 1 lit. eau...........	+ 0,19
$C^8H^7NaO^4$ (1 éq. = 4 lit.) + 2 lit. eau..........	+ 0,11	$C^8H^8O^4$ (1 éq. = 2 lit.) + 2 lit...............	+ 0,10
$C^8H^7NaO^4$ (1 éq. = 6 lit.) + 6 lit. eau...........	+ 0,08	$C^8H^8O^4$ (1 éq. = 4 lit.) + 4 lit. eau...........	+ 0,08
Au delà, non mesurable.		$C^8H^8O^4$ (1 éq. = 8 lit.) + 4 lit. eau...........	+ 0,05
		Au delà, non mesurable.	
$C^{10}H^9NaO^4$ (1 éq. = 4 lit.) + 4 lit. eau...........	+ 0,18	$C^{10}H^{10}O^4$ liq. + eau = 4 litres.............	+ 0,67
$C^{10}H^9NaO^4$ (1 éq. = 6 lit.) + 6 lit. eau...........	+ 0,04	$C^{10}H^{10}O^4$ (1 éq. = 4 lit.) + 4 lit. eau...........	+ 0,13
Au delà, non mesurable.			

Base.	Chaleur mise en jeu $= \delta'$.
NaO (1 équiv. = 1 lit.) + 1 lit. eau	— 0,14
NaO (1 équiv. = 2 lit.) + 2 lit. eau	— 0,04
NaO (1 équiv. = 4 lit.) + 4 lit. eau	— 0,02
Dilution plus grande	insensib.

Sels de baryte.

C^2HBaO^4 (1 équiv. = 2 lit.) + 4 lit. eau	+ 0,07
$C^4H^3BaO^4$ (1 équiv. = 2 lit.) + 2 lit. eau	+ 0,15

D'après ces nombres, la dilution de tous les sels alcalins des acides gras dégage de la chaleur; il en est surtout ainsi pour le butyrate et le valérate de soude, même déjà fort étendus. La chaleur de combinaison, N, de l'acide et de la base, dissous à volumes et à équivalents égaux, peut être calculée, si elle est supposée connue pour une certaine concentration, pour toute autre concentration, d'après la formule rigoureuse :

$$N - N_1 = \Delta - (\delta + \delta').$$

Elle ne varie pas sensiblement pour le formiate et l'acétate, au moins depuis 1 équivalent de sel dissous dans 4 litres; mais elle varie notablement pour le valérate et le butyrate. Quand on passe d'un équivalent de butyrate de soude dissous dans 2 litres à 1 équivalent dissous dans 4 litres, N augmente de 0,15; pour 8 litres, nouvel accroissement de 0,12; pour 12 litres, 0,08; soit en tout + 0,35 depuis 2 litres. Ce sont là des variations bien plus grandes que pour les sels formés par les acides forts.

2° L'*influence d'un excès de sel neutre* se déduit aisément de celle de l'eau. En effet, la préexistence de ce sel dans les liqueurs auxquelles on ajoute l'acide et la base *simultanément*, ne change rien à la chaleur dégagée, si la concentration de la liqueur finale est la même que celle de la liqueur initiale. Dans le cas contraire, la variation de la chaleur dégagée résulte uniquement du changement de concentration et se calcule d'après ce qui précède.

Précisons ce calcul par un exemple numérique. Soient 2 équivalents de butyrate de soude dissous à l'avance, de façon à former 4 litres de liqueur. Si nous y versons à la fois 1 litre d'une solution d'acide butyrique renfermant 1 équivalent de ce corps et 1 litre d'une solution de soude équivalente, la chaleur dégagée par la formation du butyrate de soude ne sera pas modifiée. Mais si l'acide butyrique était dissous dans 4 litres de liqueur et la soude de même, il faudrait ajouter à la chaleur de formation de butyrate dans ces conditions $+0^{Cal},32$; pour tenir compte du changement de concentration du butyrate de soude préexistant.

3° *Influence d'un excès de base.*

Action de la base sur le sel dissous.	Chaleur dégagée.	Action de l'eau pure.
C^2HNaO^4 (1 éq. = 4 lit.) + $\frac{1}{6}$NaO (1 éq. = 2 lit.) :	+0,035	+0,00
$C^4H^3NaO^4$ (1 éq. = 2 lit.) + $\frac{1}{6}$NaO (1 éq. = 2 lit.) :	+0,07	+0,00
$C^4H^3NaO^4$ (1 éq. = 2 lit.) + NaO (1 éq. = 2 lit.) :	+0,10	+0,03 − 0,04 = −0,01
$C^8H^7NaO^4$ (1 éq. = 4 lit.) + $\frac{1}{4}$NaO (1 éq. = 4 lit.) :	+0,27	+0,04 − 0,01 = +0,03
$C^8H^7NaO^4$ (1 éq. = 4 lit.) + NaO (1 éq. = 4 lit.) :	+0,28	+0,16 − 0,07 = +0,12
$C^{10}H^9NaO^4$ (1 éq. = 4 lit.) + $\frac{1}{4}$NaO (1 éq. = 4 lit.) :	+0.20	+0,02 − 0,01 = +0,01
$C^{10}H^9NaO^4$ (1 éq. = 4 lit.) + NaO (1 éq. = 4 lit.) :	+0,20	+0,10 − 0,04 = +0,06

On voit que tous les sels neutres de soude mis en présence d'un excès de base dégagent une nouvelle quantité de chaleur. Cette quantité est peu considérable, comme on devait s'y attendre, la décomposition du sel neutre par l'eau étant évidemment très faible; mais elle surpasse notablement les erreurs d'expérience. Elle surpasse aussi l'action de l'eau pure, c'est-à-dire la somme des deux quantités de chaleur qui se dégageraient, si l'on étendait d'une part la solution du sel avec 1 volume d'eau pure égal à celui de la solution alcaline; et, d'autre part, la solution alcaline avec 1 volume d'eau pure égal à celui de la solution alcaline : ce que montre la dernière colonne du tableau (action de l'eau pure).

Ce qui vient surtout appuyer mon interprétation, c'est que la chaleur dégagée se développe tout d'abord par l'addition d'une petite quantité de base, condition dans laquelle la petite quantité de sel neutre que l'eau avait pu séparer en acide et base tend à se reconstituer presque intégralement. Une plus grande quantité de base ne produit pas d'effet ultérieur très appréciable; elle offre d'ailleurs l'inconvénient de modifier bien davantage la nature physique du dissolvant.

J'ajouterai enfin que la chaleur dégagée par un excès de base est notablement plus grande pour le butyrate et le valérate que pour l'acétate et le formiate; ce qui montre que la décomposition du sel neutre augmente avec l'équivalent de l'acide gras qui le constitue.

4° Influence d'un excès d'acide.

	Pour un équivalent.			Action de l'eau pure.
C^2HNaO^4 (1 éq. = 4 lit.) + $\frac{1}{6}C^2H^2O^4$ (1 éq. = 2 lit.)..	+0,13	$C^2H^2O^4$...	+0,78	+0,00
C^2HNaO^4 (1 éq. = 2 lit.) + $\frac{1}{2}C^2H^2O^4$ (1 éq. = 2 lit.).	+0,12	»	+0,24	+0,02
C^2HNaO^4 (1 éq. = 2 lit.) —1 $C^2H^2O^4$ (1 éq. = 2 lit)..	+0,125	»	+0,125	+0,04
$C^4H^3NaO^4$ (1 éq. = 4 lit.) + $\frac{1}{4}C^4H^4O^4$ (1 éq. = 2 lit.).	+0,04	$C^4H^4O^4$...	+0,24	+0,00
$C^4H^3NaO^4$ (1 éq. = 2 lit.) + 1 $C^4H^4O^4$ (1 éq. = 2 lit.).	+0,08	»	+0,08	+0,03+0,01=+0,04
$C^8H^7NaO^4$ (1 éq. = 4 lit.) + $\frac{1}{4}C^8H^8O^4$ (1 éq. = 4 lit.).	+0,19	$C^8H^8O^4$...	+0,76	+0,05+0,03=+0,08
$C^8H^7NaO^4$ (1 éq. = 4 lit.) + $\frac{3}{4}C^8H^8O^4$ (1 éq. = 4 lit.).	+0,31	»	+0,41	+0,12+0,06=+0,18
$C^8H^7NaO^4$ (1 éq. = 4 lit.) + $\frac{1}{2}C^8H^8O^4$ (1 éq. = 4 lit.).	+0,36	»		+0,19+0,06=+0,25
$C^{10}H^9NaO^4$ (1 éq. = 6 lit.) + $\frac{1}{4}C^{10}H^{10}O^4$ (1 éq. = 5 lit.)	+0,57	$C^{10}H^{10}O^4$.	+2,32	+0,01+0,03=+0,04
$C^{10}H^9NaO^4$ (1 éq. = 10 lit.) + $\frac{1}{4}C^{10}H^{10}O^4$ (1 éq. = 5 lit.)	+0,59			
$C^{10}H^9NaO^4$ (1 éq. = 4 lit.) + $C^{10}H^{10}O^4$ (1 éq. = 5 lit.).	+0,29	»	+0,29	+0,11+0,10=+0,21

A l'inspection de ces nombres, on voit aussitôt que l'addition d'un excès d'acide à un sel gras alcalin a pour effet d'accroître la chaleur dégagée; précisément comme pour les acides faibles en général. Cet accroissement surpasse dans tous les cas les erreurs d'expérience, aussi bien que l'action de l'eau seule sur les deux dissolutions employées. La chaleur dégagée est surtout sensible et décisive lorsqu'on ajoute un petit excès d'acide; une plus grande quantité de la liqueur modifiant davantage le dissolvant.

Elle va en augmentant depuis le formiate et l'acétate jusqu'au butyrate et au valérianate, précisément comme avec un excès de base.

Enfin, et cette remarque est très importante, la chaleur dégagée par l'addition d'un faible et même excès d'acide ou de base, tel que 1/6 d'équivalent, n'est pas la même, l'acide dégageant en général plus de chaleur que la base. Cet excès est surtout marqué pour le valérate, dont l'équivalent est le plus élevé.

Il y a là, ce me semble, l'indice de quelque chose de plus que la simple décomposition d'un sel neutre en base et acide libre par l'action de l'eau; car un même excès d'acide ou de base devrait produire à peu près le même effet pour compléter la régénération du sel neutre. Je pense que ce nouveau phénomène traduit la formation d'une certaine dose d'un sel acide, de l'ordre de ces formiates, acétates ou valérates acides, qui peuvent être, en effet, isolés par l'évaporation : soit en présence d'un excès d'acide (préparation industrielle de l'acide acétique cristallisable), soit même avec les sels neutres (valérates, acides d'ammoniaque et autres). J'aurai l'occasion d'invoquer ailleurs la formation de ces sels acides, pour expliquer le déplacement d'une petite quantité d'acide chlorhydrique dans la réaction de l'acide acétique sur le chlorure de sodium (*Annales de chimie*, 4e série, t. XXX, p. 482). Elle joue également un rôle dans les difficultés que l'on rencontre si l'on veut décomposer entièrement un équivalent d'acétate de soude par un équivalent d'acide sulfurique; à moins d'élever la température jusqu'au degré de dissociation de l'acétate acide.

En présence de beaucoup d'eau, ce sel acide se forme en dose sensible, mais considérable, comme le prouvent les résultats négatifs obtenus par la méthode des deux dissolvants, et aussi le peu d'influence thermique exercée par un grand excès d'acide.

Ici encore une petite quantité d'acide, agissant sur un grand excès relatif de sel neutre, donne tout d'abord naissance à la dose presque entière de sel acide qui peut subsister en présence de la masse d'eau qui le dissout ; de même que, dans le cas des équilibres éthérés, l'action chimique tend à devenir proportionnelle à la plus petite des masses mises en présence, lorsque cette masse est très petite par rapport à toutes les autres (voyez pages 80, 87, etc.)

6. Tous ces résultats se rapportent aux sels gras dissous dans un espace complètement rempli par la liqueur. Mais s'il existait en dehors de la liqueur un espace vide, où la vapeur de l'acide volatil pût se répandre et même être éliminée à mesure, les choses pourraient se passer autrement. En effet, ce serait alors la loi des tensions de dissociation qui réglerait l'équilibre à la surface de séparation entre le liquide et l'espace vide ; tandis que la loi des masses interviendrait dans l'intérieur même du liquide. Le jeu simultané de ces deux lois et la nature générale des systèmes résultants ont été étudiés plus haut à l'occasion des carbonates (page 245). On a dit également comment le jeu complexe des deux mêmes lois, l'une relative aux systèmes homogènes, l'autre aux systèmes hétérogènes, règle l'équilibre dans les cas où il se forme un composé insoluble (voy. pages 246 et 101).

7. Terminons par quelques observations sur l'*influence des substitutions sur le caractère acide.*

En général, la substitution de l'hydrogène par le chlore, par la vapeur nitreuse ou par tout autre élément électro-négatif, accroît la force des acides et la stabilité de leurs sels, sans pourtant en changer la basicité.

Voici, par exemple, la chaleur de formation de divers sels solides, dérivés les uns des autres par substitution ; cette chaleur étant calculée depuis l'acide et la base hydratée solides, engendrant le sel et l'eau (H^2O^2) également solides :

Acétate.......	$C^4H^3NaO^4$ dégage................	+ 18,3
— trichloré.	$C^4Cl^3NaO^4$....................	+ 26,6
Benzoate......	$C^{14}H^5NaO^4$....................	+ 17,4
— nitré.	$C^{14}H^4(AzO^4)NaO^4$...............	+ 20,1

La substitution de H^2 par AzH^3 diminue au contraire la force de l'acide, et par suite la chaleur de formation de ses sels sous la forme solide. Ainsi

$C^{14}H^3(AzH^3)NaO^4$ dégage seulement : + 13,5.

Dans l'état dissous, les différences des chaleurs de neutralisation sont moins sensibles entre les acides engendrés par substitutions chlorées ou nitrées. Mais elles demeurent considérables pour la substitution de AzH^3 à H^2. En effet (tome Ier, page 387) :

	Cal.
$C^4H^4O^4$ étendu + NaO dissoute, dégage	+ 13,3
$C^4H^3ClO^4$	+ 14,4
$C^4HCl^3O^4$	+ 14,1
$C^4H^2(AzH^3)O^4$ (glycocolle)	+ 2,9
$C^{14}H^6O^4$ étendu	+ 13,5
$C^{14}H^5(AzO^4)O^4$	+ 12,8
$C^{14}H^4(AzH^3)O^4$	+ 9,3

§ 7. — **Alcoolates alcalins. — Alcools proprement dits.**

Nous avons établi que la formation des sels neutres dissous, par l'union d'une base forte dissoute avec divers acides forts étendus d'eau, dégage à peu près la même quantité de chaleur (sous des poids équivalents). Cette quantité ne varie guère avec la dilution, dès que celle-ci est un peu notable. Enfin elle est à peu près la même pour les diverses bases solubles, unies avec un même acide.

Les mêmes lois s'appliquent-elles aux combinaisons que les bases forment avec les alcools, les phénols? Quelle est la caractéristique véritable de ces combinaisons, au point de vue thermique? Se rapproche-t-elle de la caractéristique des composés salins neutres, que l'eau ne décompose guère? ou bien de celle des composés éthérés, dont la statique plus compliquée est réglée par la quantité d'eau mise en présence du composé?

Telles sont les questions examinées dans le présent paragraphe.

1. Commençons par les alcools proprement dits.

J'entends par là les alcools à fonction simple, tels que l'alcool ordinaire, type de la classe elle-même; tels aussi que la glycérine et la mannite, types des alcools polyatomiques, dont la découverte est due à l'étude de ces deux corps. J'ai examiné la réaction de ces trois alcools fondamentaux sur les bases alcalines.

2. *Alcool ordinaire :* $C^4H^6O^2$. — Que l'alcool s'unisse aux bases, c'est un fait connu de tous les chimistes qui ont mis du sodium en présence de ce corps, ou qui ont dissous de la potasse dans l'alcool; j'ai isolé moi-même un alcoolate de baryte, $C^4H^5BaO^2$, parfaitement défini (1). Mais la moindre trace d'eau détruit cet alcoolate, en formant de l'hydrate de baryte, qui se précipite aussitôt, parce qu'il est insoluble dans l'alcool concentré. L'eau décompose également les alcoolates de potasse et de soude, non pas d'une manière intégrale et complète, mais progressive : c'est ce que montrent les phénomènes observés pendant la préparation de la potasse à l'alcool, et surtout la séparation d'un mélange de potasse et d'alcool en deux couches, l'une aqueuse, l'autre alcoolique, entre lesquelles la potasse se trouve partagée.

Cependant les mesures thermiques prouvent que la présence d'une quantité d'eau suffisante (160 H^2O^2 environ pour $C^4H^6O^2$, après mélange) empêche à peu près complètement l'union de l'alcool ordinaire avec la potasse; celle-ci demeurant entièrement combinée avec l'eau, sans partage sensible.

Les phénomènes sont plus nets avec les alcools polyatomiques, lesquels manifestent encore leur affinité pour les alcalis, même en présence d'une grande quantité d'eau.

3. *Glycérine :* $C^6H^8O^6$. — J'ai préparé une dissolution aqueuse normale, renfermant 46 grammes de glycérine, $C^6H^8O^6$ (un demi-équivalent), dans 1 litre de liqueur. J'ai mélangé cette dissolution, à volumes égaux, avec une solution renfermant par litre un demi-équivalent ($15^{gr},5$) de soude, NaO. Dans ces conditions :

$$(C^6H^8O^6 + Aq) + (NaO + Aq) \text{ dégage : } + 0^{Cal},372.$$

(1) *Annales de chimie et de physique*, 3e série, t. XLVI, p. 180, et surtout *Bulletin de la Société chimique*, 2e série, t. VIII, p. 389.

Il y a donc combinaison, au moins partielle, en présence de $200 H^2O^2$ environ.

J'ai étendu cette dissolution avec 5 fois son volume d'eau, ce qui a donné lieu à une absorption de chaleur : soit — $0^{Cal},384$.

Cette absorption étant sensiblement égale au dégagement précédent, on peut en conclure que la dilution, dans le rapport de 200 à 1200 H^2O^2, détruit complètement, ou à peu près, la combinaison de la glycérine avec la soude.

Ainsi la chaleur dégagée *varie avec la proportion d'eau*. Cette variation est encore mise en évidence par les chiffres suivants. Une solution renfermant 100 grammes de glycérine par litre, c'est-à-dire 2 fois aussi concentrée que la précédente, a été mêlée avec la solution normale de soude, dans le rapport des équivalents :

$$(C^6H^8O^6 + Aq') + (NaO + Aq), \text{ a dégagé : } + 0^{Cal},529,$$

près de moitié plus que ci-dessus.

4. Un deuxième équivalent de glycérine (même solution), ajouté à la liqueur précédente, a dégagé : $+ 0^{Cal},131$; une nouvelle proportion de glycérine a dégagé encore de la chaleur, en quantité à peu près égale : soit $+ 0,078$ pour un demi-équivalent.

On voit, par ces nombres, que la chaleur dégagée *s'accroît avec la quantité de glycérine*, mise en présence d'un seul équivalent de soude ; mais sans être proportionnelle au poids de la glycérine.

La présence d'un *excès de soude* paraît également donner lieu à un accroissement de chaleur. En effet, la solution de glycérine ci-dessus (au dixième), mêlée avec un volume double de la même solution de soude,

$$(C^6H^8O^6 + Aq') + 2\,(NaO + Aq), \text{ a dégagé : } + 0^{Cal},593,$$

au lieu de $+ 0^{Cal},529$.

Comme contrôle, j'ai examiné l'action séparée de l'eau pure sur les mêmes solutions de glycérine et de soude. Or l'action séparée de la même quantité d'eau pure, sur la solution de soude, produirait une quantité de chaleur nulle ou négative, en tout cas négligeable.

Réciproquement, l'action séparée de l'eau, qui tient en dissolution la soude, sur la solution de glycérine, produirait seulement + 0,040 ou des valeurs voisines. La somme de ces deux actions n'explique point la chaleur dégagée dans le mélange de deux dissolutions, puisque cette chaleur s'élève à + 0,372 et même à + 0^{Cal},738 suivant les proportions relatives. Celle-ci est donc attribuable, à juste titre et presque en totalité, à la réaction propre de la glycérine sur la soude.

En résumé :

1° La réaction de la glycérine sur les alcalis donne lieu à un dégagement de chaleur; avec des solutions renfermant un demi-équivalent par litre, ce dégagement ne surpasse pas le quarantième de la chaleur dégagée par l'union d'un acide fort avec la même base.

2° Il croît, soit avec le nombre d'équivalents de glycérine pour 1 équivalent de soude, soit avec le nombre d'équivalents de soude pour 1 équivalent de glycérine; mais sans être proportionnel ni à la soude, ni à la glycérine.

3° Au contraire il diminue à mesure que la dilution s'accroît, et il finit par s'annuler en présence de $1200 H^2O^2$. En effet, la combinaison opérée dans une liqueur plus concentrée se détruit par une addition d'eau convenable, avec absorption de chaleur.

Ces divers phénomènes, ce partage continu de la base entre la glycérine et l'eau mises en opposition, peuvent être regardés comme caractérisant en général, et aux valeurs numériques près, la combinaison des bases avec les alcools. Ils contrastent avec les caractères de la combinaison des bases fortes et des acides forts proprement dits; car les sels neutres véritables qui résultent de cette dernière union sont constitués dans des proportions fixes et ils subsistent sensiblement, quelle que soit la quantité d'eau mise en présence.

5. *Mannite*, $C^{12}H^{14}O^{12}$. — Il m'a paru intéressant de soumettre à une étude pareille la mannite, en raison de son caractère d'alcool hexatomique et de son analogie avec les sucres proprement dits. J'ai préparé une solution demi-normale de mannite (91^{gr} par litre). Quoique fort concentrée, cette solution, étendue

avec 5 fois son volume d'eau, ne donne lieu à aucun phénomène thermique appréciable : ce qui exclut l'influence de sa dilution dans les expériences suivantes. La dilution de la soude n'entre pas davantage en ligne, comme on l'a montré plus haut.

1° En mêlant à volumes égaux les solutions normales de mannite et de soude (1 équiv. de chacune dans 2 litres), on trouve que la réaction

$$(C^{12}H^{14}O^{12} + Aq) + (NaO + Aq), \text{ dégage} : + 1^{Cal},107.$$

Ce nombre est triple du chiffre relatif à la glycérine, pour le même état de dilution ; mais il n'est que la douzième partie des chiffres relatifs aux acides véritables.

2° Une différence non moins marquée s'observe en ajoutant l'alcali par fractions successives :

$(C^{12}H^{14}O^{12} + Aq) + \frac{1}{2}(NaO + Aq)$, dégage.....	+ 0,696
$\frac{1}{2}(NaO + Aq)$.............	+ 0,372
Soit pour..... $(NaO + Aq)$..............	+ 1,058

valeur concordante avec la précédente.

L'addition de $\frac{1}{2}(NaO + Aq)$, dégage..........	+ 0,151
En tout............	+ 1,209

Ces nombres montrent que la chaleur dégagée ne croît pas proportionnellement au poids de la soude, même pour les fractions successives du premier équivalent : résultat opposé à celui que l'on observe avec un acide fort monobasique.

L'accroissement graduel de la masse de l'eau par rapport à celle de la mannite doit jouer un certain rôle dans ces variations.

3° En effet, la combinaison de la mannite avec la soude est détruite par l'addition d'une grande quantité d'eau. La liqueur précédente, laquelle renferme 1 équivalent de mannite pour $1\frac{1}{2}$ NaO, ayant été additionnée de 5 fois son volume d'eau, a donné lieu à une absorption de — 1,430.

Ce chiffre peut être regardé comme identique avec +1,209, dans les limites d'erreur des expériences (1).

4° La potasse et la soude, en s'unissant avec 1 équivalent d'un même acide, donnent lieu à peu près au même dégagement de chaleur : en est-il de même avec les alcools? Voici la réponse expérimentale pour la mannite.

La solution renfermant un demi-équivalent de mannite par litre a été mêlée, à volume égal, avec une solution semblable de potasse :

$$(C^{12}H^{14}O^{12} + Aq) + (KO + Aq).$$

Cette réaction a dégagé $+ 1^{Cal},145$. C'est le même chiffre sensiblement que la soude, au même degré de concentration.

Comme contrôle, j'ai étendu la solution de potasse employée avec 5 volumes d'eau : je n'ai pas observé de variation thermique appréciable ; ce qui montre que la dilution de la potasse ne saurait donner lieu à aucune compensation, capable d'infirmer notre conclusion.

Réciproquement, la solution du mannitate de potasse précédent, étendue de 5 volumes d'eau, a donné lieu à une absorption de $- 0^{Cal},950$; c'est-à-dire que la combinaison de mannite et de potasse a été décomposée presque complètement.

5° J'ai également étudié l'union de la mannite avec la chaux. La solution demi-normale de mannite (91 grammes par litre) a été étendue avec son volume d'eau, de façon à ramener la mannite et l'eau au même rapport final d'équivalents que dans la réaction de la soude ; puis j'ai agité la liqueur avec un excès d'hydrate de chaux. Il s'est dissous un peu plus d'un tiers d'équivalent de chaux par équivalent de mannite ($10^{gr},8$ pour 182) ; et la chaleur dégagée a été, pour 1 équivalent de mannite : $+ 1^{Cal},239$.

Mais, pour que la comparaison avec les alcalis proprement dits soit correcte, il faut déduire la chaleur dégagée par la dissolution du poids de chaux intervenant dans l'expérience ; cette chaleur

(1) Les variations thermométriques observées dans une expérience de dilution, telle que celle-ci, sont multipliées par un coefficient 6 fois aussi grand que les variations obtenues dans l'expérience faite avec une solution normale ; ce qui porte l'erreur probable de 0,050 à 0,300.

étant calculée d'après le chiffre $+ 1^{Cal},5$ par équivalent d'hydrate de chaux. En effet, la potasse et la soude étaient dissoutes dans les essais parallèles.

On trouve ainsi que 1 équivalent de chaux, supposée dissoute à l'avance, dégagerait, par son union avec une proportion convenable de mannite : $+ 1^{Cal},467$; valeur qui ne diffère guère des nombres 1,107 et 1,145, trouvés respectivement pour la soude et la potasse, en présence de la même quantité d'eau. La différence peut être regardée comme négligeable, à cause des erreurs d'expérience que l'on commet en opérant avec des liqueurs aussi étendues.

Or les mannitates de soude et de potasse, dissous dans la même quantité d'eau, doivent posséder, suivant toute vraisemblance, une constitution pareille à celle du mannitate de chaux. S'il en est réellement ainsi, on est conduit à admettre qu'un tiers environ de chacun de ces alcalis doit demeurer combiné avec la mannite dans la liqueur, les deux autres tiers en étant séparés par l'action décomposante de l'eau. La seule différence entre les trois alcalis envisagés serait donc que la potasse et la soude non combinées, étant solubles, demeurent dissoutes en présence de leur mannitate; tandis que l'hydrate de chaux non combiné, étant insoluble, se sépare du mannitate correspondant. La presque identité des trois dégagements de chaleur vient à l'appui de ces interprétations.

De même que les mannitates alcalins, le mannitate de chaux absorbe de la chaleur, c'est-à-dire se décompose graduellement, lorsqu'on l'étend d'eau, d'après mes observations. Aussi la réaction de l'eau de chaux sur la mannite dégage-t-elle, tout calcul fait, bien moins de chaleur que celle de l'hydrate de chaux; l'eau de chaux apportant avec elle un volume d'eau beaucoup plus considérable. Ce sont là des conséquences des relations générales que j'expose dans ce paragraphe : je les ai vérifiées par l'expérience.

6. En résumé, le résultat essentiel de mes observations sur la mannite, c'est l'équivalence thermique des diverses bases solubles à l'égard d'un même alcool, aussi bien qu'à l'égard d'un

même acide. Mais pour s'en assurer, il convient d'écarter la complication qui naît de la décomposition partielle exercée par l'eau sur les alcoolates ; ce à quoi on parvient aisément par l'emploi de proportions d'eau équivalentes.

En d'autres termes : *un même travail, traduit par le dégagement d'une même quantité de chaleur, paraît être accompli, et un même équilibre tend à s'établir, lorsqu'on met en présence un nombre déterminé de molécules d'eau, de molécules d'un alcool normal donné et de molécules d'une base alcaline quelconque.*

7. Ces lois, aussi bien que celles énoncées plus haut en parlant de la glycérine (page 258), sont analogues de tout point avec les lois que j'ai observées dans la combinaison des divers acides normaux avec un même alcool normal, et des divers alcools normaux avec un même acide (p. 88). Que les alcools normaux s'unissent aux acides pour former des éthers, ou bien qu'ils s'associent aux bases pour former des alcoolates : dans un cas comme dans l'autre, la proportion qui règle la combinaison dépend de la masse chimique de l'eau mise en présence, laquelle tend à entrer en réaction pour son propre compte, d'une part avec l'alcool, et d'autre part avec l'acide ou l'alcali. Résultats d'autant plus importants qu'ils contrastent avec ceux que l'on observe, lors de la combinaison réciproque des acides forts et des bases alcalines pour former des sels neutres : combinaison qui n'est guère influencée par la quantité d'eau. Mais ils se retrouvent au contraire dans l'étude des sels formés par les acides faibles et les bases faibles. Ce sont là des faits d'un haut intérêt pour la mécanique chimique ; sans le secours des méthodes thermiques, ils ne pourraient guère être étudiés dans l'état de dissolution.

A la vérité, l'équilibre des réactions éthérées n'atteint sa limite définitive qu'au bout d'un temps plus ou moins considérable ; tandis que la formation et la décomposition des alcoolates s'opèrent presque instantanément en présence de l'eau. Malgré cette différence, la combinaison des alcools soit avec les acides, soit avec les bases, en présence de l'eau, obéit, je le répète, aux lois d'une statique chimique pareille, toute semblable d'ailleurs à celle qui préside à la formation des sels neutres des acides faibles, des sels acides; des sels doubles et probablement aussi des hydrates acides, basiques ou salins. C'est assez dire l'importance et la généralité des relations que nous exposons en ce moment.

§ 8. — Phénates.

1. J'ai établi en 1860 (1) une nouvelle classe d'alcools, les *phénols*, distincts des anciens alcools par diverses propriétés fondamentales, et spécialement par leur faculté de s'unir aux bases, même en présence de l'eau; ils forment ainsi des combinaisons, assez analogues aux sels pour avoir fait attribuer parfois au phénol ordinaire le nom d'*acide phénique*. Cependant les propriétés alcooliques de ce dernier corps, et spécialement son aptitude à former des éthers par combinaison directe, ne sont pas douteuses; c'est, en réalité, le type d'une classe spéciale, qui est aujourd'hui reconnue par tous les chimistes.

Il m'a paru intéressant de définir les relations thermiques entre le phénol et les bases; c'est-à-dire de déterminer la chaleur dégagée dans la formation des phénates alcalins, en présence de diverses proportions d'eau.

2. Soit d'abord le *phénate de soude*.

Le phénol étant dissous dans la proportion d'un dixième d'équivalent environ par litre de liqueur, et la soude dans la proportion d'un demi-équivalent par litre, j'ai trouvé, vers 18°, en faisant varier les proportions relatives des divers composants :

1° A équivalents égaux,

$$(C^{12}H^6O^2 + Aq) + NaO + Aq), \text{ dégage : } +7,34.$$

2° Avec un excès de phénol,

$$2(C^{12}H^6O^2 + Aq) + (NaO + Aq), \text{ dégage : } +7,42.$$

3° Avec un excès d'alcali,

$$(C^{12}H^6O^2 + Aq) + 1\tfrac{1}{2}(NaO + Aq), \text{ dégage : } +7,46.$$

(1) *Chimie organique fondée sur la synthèse*, t. I, p. 466.

4° Avec des dissolutions 4 fois aussi étendues,

$$(C^{12}H^6O^2 + Aq) + (NaO + Aq) : + 7,39.$$

Ces nombres montrent que le phénol ne produit ni composé acide, ni composé surbasique, et qu'il se comporte à la façon d'un acide réel vis-à-vis de la soude.

De même la formation du *phénate de potasse* dissous,

$$(C^{12}H^6O^2 + Aq) + (KO + Aq), \text{ dégage} : + 7^{Cal},60.$$

La formation du même phénate sec, tous les corps composants et composés étant supposés solides.

$$C^{12}H^6O^2 \text{solide} + KHO^2 = C^{12}H^5KO^2 + H^2O^2 \text{ solide, dégage} : + 17,7;$$

d'après des essais qui laissent à désirer, à cause de la difficulté des expériences, mais qui suffisent cependant pour indiquer le sens du phénomène. Ils montrent en effet que la chaleur de formation du phénate solide est fort inférieure à la chaleur de formation des sels alcalins proprement dits, dans l'état solide : non-seulement à celle des sulfates et des azotates, mais même à celle des acétate et benzoate de potasse (+ 21,9 et + 22,5).

Phénate de chaux. — L'union du phénol dissous avec la chaux dissoute dégage : + 7^{Cal},4.

Phénate de baryte. — L'union du phénol dissous avec la baryte dissoute dégage : + 7^{Cal},5.

Le rapprochement de ces chiffres avec la chaleur de formation des phénates de potasse et de soude fournit une nouvelle preuve de l'analogie des réactions que les alcalis et les terres alcalines exercent sur un même composé dissous, de nature acide ou alcoolique.

En résumé, le phénol s'écarte des alcools et se comporte comme un acide véritable à l'égard des alcalis fixes; à cela près que la chaleur dégagée est moitié moindre avec le phénol qu'avec les acides forts. Elle est au contraire voisine de la chaleur de formation des sulfhydrates, arsénites, carbonates, etc.

3. *Phénate d'ammoniaque.* — Les analogies du phénol avec les acides faibles se manifestent plus nettement encore, lors-

qu'on oppose le phénol à une base plus faible que les alcalis proprement dits, telle que l'ammoniaque (1 équiv. = 2 litres). En effet,

$$(C^{12}H^{6}O^{2} + Aq) + (Az\,H^{3} + Aq), \text{ a dégagé : } + 2^{Cal},0;$$

c'est-à-dire moins du tiers de la chaleur de neutralisation qui correspond aux alcalis fixes.

La dissolution du phénate d'ammoniaque absorbe de la chaleur, c'est-à-dire se décompose, lorsqu'on l'étend d'eau; mais la décomposition totale de ce composé exigerait une masse d'eau extrêmement considérable.

Ce n'est pas tout : le dégagement de chaleur produit par la réaction du phénol sur l'ammoniaque n'a pas lieu proportionnellement au poids de l'ammoniaque employée; contrairement à ce qui a été trouvé pour la soude, la potasse et la baryte. En effet, les premières portions d'ammoniaque dégagent plus de chaleur que les dernières, et le dégagement se poursuit bien au delà de 1 équivalent, comme le montre la série suivante :

			Cal
$(C^{12}H^{6}O^{2} + Aq)$	+ 0,4	$(AzH^{3} + Aq)$, dégage :	+ 1,27
»	+ 0,4	»	+ 0,53
»	+ 0,4	»	+ 0,38
»	+ 0,4	»	+ 0,34
»	+ 0,4	»	+ 0,18
	+ 2,0 équivalents.		+ 2,70

Ces phénomènes ne résultent pas d'ailleurs de la formation de quelque combinaison spéciale entre le phénol et l'ammoniaque; combinaison qui se compléterait sous l'influence du temps, à la façon des amides. Je m'en suis assuré, en traitant par l'acide chlorhydrique la dissolution précédente de phénate d'ammoniaque, après six semaines de conservation. La quantité de chaleur dégagée, étant retranchée de la chaleur de formation du chlorhydrate d'ammoniaque, a donné le nombre $+ 2^{Cal},66$, lequel est identique, ou sensiblement, avec 2,70.

L'état de combinaison du phénol et de l'ammoniaque, en présence de l'eau, ne s'était donc pas modifié sensiblement avec le temps; quoique la liqueur se fût colorée en bleu, par suite d'une légère altération des produits.

Les anomalies thermiques que l'on observe dans la formation du phénate d'ammoniaque paraissent dues à ce fait, que le sel est décomposé partiellement en présence de l'eau : elles reproduisent celles qui ont été signalées plus haut dans l'histoire du carbonate d'ammoniaque et de divers autres sels ammoniacaux, formés par les acides faibles.

4. *Substituteurs.* — Les caractères thermiques du phénol se rapprochent de ceux des acides véritables, si l'on remplace l'hydrogène par le chlore ou la vapeur nitreuse. Par exemple, d'après M. Louguinine (1) :

Le phénol monochloré (méta) dissous dégage, en s'unissant avec la soude dissoute	+ 7,8
Le phénol bichloré dissous	+ 9,1
Le phénol mononitré (ortho) dissous	+ 9,3
— — (para) dissous	+ 8,9

J'ai trouvé moi-même que le phénol trinitré (acide picrique) dissous dégage :

Avec la soude	+ 13,8
Avec l'ammoniaque	+ 12,7

En outre, l'union du phénol trinitré avec l'ammoniaque n'offre pas ces variations progressives, manifestées par le phénate d'ammoniaque.

La formation des picrates alcalins, rapportée à l'état solide, dégage aussi bien plus de chaleur que celle du phénate de potasse solide (+ 17,7) ou celle du phénate de soude mononitré (+ 17,4), soit :

Pour le picrate de potasse solide	+ 30,5
Pour le picrate de soude	+ 24,3

Ces valeurs sont même supérieures à celles des acétates et formiates, mais comparables à celles des oxalates. Bref, le phénol trinitré se comporte, au point de vue thermique, comme un acide énergique, fort voisin des acides minéraux puissants.

(1) *Ann. de chimie et de physique*, 5e sér., t. XVI, p. 262; 1879.

§ 9. — **Aldéhydates alcalins.**

1. Les aldéhydes représentent, comme on sait, le premier terme de l'oxydation des alcools, le second constituant les acides :

$$C^4H^6O^2 + O^2 = C^4H^4O^2 + H^2O^2 \text{(Aldéhyde)}.$$
$$C^4H^6O^2 + O^4 = C^4H^4O^2 + H^2O^2 \text{(Acide)}.$$

Aussi les aldéhydes doivent-ils manifester des réactions intermédiaires, et il est facile de pressentir que les aldéhydes formeront avec les bases des combinaisons analogues aux alcoolates alcalins; combinaisons connues en effet, mais que l'on a très peu étudiées jusqu'ici, à cause de leur extrême altérabilité. C'est ce que confirme l'étude thermique de l'action de la soude sur l'aldéhyde ordinaire.

2. L'aldéhyde, en se dissolvant dans l'eau, dégage une grande quantité de chaleur, soit vers 23° pour 44 grammes d'aldéhyde :

$$C^4H^4O^2 + Aq \text{ (1 partie d'aldéhyde et 50 parties d'eau environ)} : + 3^{Cal},62.$$

Il y a sans doute formation d'un hydrate d'aldéhyde, analogue à l'hydrate de chloral.

3. La solution de soude (1 équiv. = 2 litres) dégage ensuite, avec la dissolution précédente d'aldéhyde,

$$(C^4H^4O^2 + Aq) + (NaO + Aq) : + 4,33.$$

On voit que l'action de l'aldéhyde sur la soude donne lieu à un dégagement de chaleur très notable, le tiers environ de celui qui répond à l'action des acides forts; plus de moitié de la chaleur de formation du phénate de soude. Ce chiffre surpasse la chaleur de formation des cyanures alcalins (+3,0), et il l'emporte de beaucoup sur la chaleur dégagée par les alcools proprement dits, dans leur réaction sur le même alcali, en présence de la même quantité d'eau (pages 156, 259).

4. L'aldéhydate de soude présente ce caractère commun avec les alcoolates, d'être défait, au moins en partie, par la dilution.

En effet, la dissolution précédente, étant étendue avec cinq fois son volume d'eau, absorbe

$$- 1^{Cal},51 \text{ pour } C^4H^4O^2 = 44 \text{ gram.}$$

5. D'après ces faits, l'aldéhyde participe à la fois des alcools et des acides dans sa réaction sur les alcalis. Ce corps donne lieu à des phénomènes tout à fait spéciaux, au point de vue de sa combinaison avec l'eau et de la succession des dégagements de chaleur (1); je n'ai pas cru devoir poursuivre l'étude de ces réactions, qui m'eût entraîné trop loin de mon objet principal. Mais elle mérite évidemment d'être reprise au point de vue de la chimie pure.

§ 10. — **Sels des acides à fonction mixte.**

1. Les acides à fonction mixte fournissent l'un des sujets les plus féconds pour les recherches thermiques. En effet, les alcools polyatomiques engendrent une multitude de corps à fonction complexe, en raison de l'aptitude qu'ils présentent à subir, simultanément ou successivement, plusieurs des réactions isolées qui caractérisent les alcools proprement dits. Qu'il me soit permis de rappeler ici que j'ai signalé le premier le principe général de ces réactions accumulées, dès le début de mes travaux sur les alcools polyatomiques (2); poursuivant le développement de la même théorie, je l'ai formulée bientôt dans toute sa généralité et en dehors de toute hypothèse (3), en même temps que je proposais les noms précis des nouvelles fonctions complexes : alcools-éthers, alcools-acides, alcools-aldéhydes (4), etc., noms qui n'ont pas tardé à être adoptés par la plupart des chimistes. Ces fonctions ont pris en Chimie organique une importance extrême et qui s'accroît tous les jours.

Parmi les conséquences de ce principe général, l'une des

(1) Pour plus de détails, voy. *Ann. de chim. et de phys.*, 4ᵉ série, t. XXIX, p. 315.

(2) *Annales de chimie et de physique*, 3ᵉ série, t. XLVII, p. 351 (1856), et t. LII, p. 431 (1858).

(3) *Chimie organique fondée sur la synthèse*, t. I, p. 444 et 445; t. II, p. 25, 134, 163 (1859-1860). — *Leçons professées en 1862 devant la Société chimique de Paris, sur les principes sucrés*, p. 214.

(4) Voyez surtout *Leçons professées, etc.*, en 1862, p. 224 et suiv.

plus intéressantes est l'existence des acides à fonction mixte : acides-alcools (1), acides-éthers, acides-aldéhydes, et même acides-alcalis (2). Il y a là une mine inépuisable de découvertes, soit pour la chimie pure, soit pour la thermochimie. C'est même, à mon avis, l'intervention de ces notions qui permettra d'expliquer les nombreuses anomalies thermiques que présente aujourd'hui l'histoire des acides minéraux. Je me propose d'établir par quelques exemples les principes et les méthodes qui me semblent devoir présider à ce nouvel ordre de recherches. Je prendrai comme principaux sujets d'étude les acides salicylique et phosphorique, m'en référant à ce qui a été dit plus haut sur l'acide carbonique (page 249).

2. *Acide salicylique*, $C^{14}H^{6}O^{6}$. — Cet acide peut être regardé comme un type : c'est à la fois un acide monobasique, analogue à l'acide acétique, $C^{4}H^{4}(O^{4})$, et un alcool, analogue à l'alcool ordinaire, $C^{4}H^{4}(H^{2}O^{2})$. La formule rationnelle de l'acide salicylique

$$C^{14}H^{4}(H^{2}O^{2})(O^{4})$$

exprime cette double fonction d'acide-alcool (3).

A ce double titre, l'acide salicylique donne naissance à deux séries de composés, et notamment à deux séries de sels, les uns monobasiques, les autres bibasiques. Étudions la formation de ces sels, au point de vue thermique.

La formation des salicylates alcalins monobasiques, tels que le salicylate de soude, $C^{14}H^{5}NaO^{6}$, dans l'état de dissolution étendue, dégage : $+ 14,0$; c'est-à-dire sensiblement la même quantité de chaleur que la formation des acétates, benzoates, et autres sels monobasiques. Cette quantité est à peu près indépendante de la proportion d'eau; du moins à partir du moment où cette dernière est considérable.

(1) Il est juste de dire ici que les premières expériences qui aient signalé la fonction complexe de certains acides, tels que l'acide lactique, sont dues à M. Wurtz (1858-1859); il les a formulées en distinguant l'atomicité de la basicité dans ce groupe d'acides, mais sans leur donner un nom particulier.

(2) Voyez mon *Traité élémentaire de chimie organique*, p. 251.

(3) Sauf cette réserve que la fonction alcoolique de l'acide salicylique doit se rapprocher un peu plus de celle du groupe spécial d'alcools que l'on appelle phénols, que de celle des alcools proprement dits.

Mais si l'on ajoute à la dissolution suffisamment concentrée du sel monobasique un deuxième équivalent de soude, il se produit un nouveau dégagement de chaleur, dégagement qui varie au contraire avec la quantité d'eau :

$$(C^{14}H^5NaO^6 + 110H^2O^2) \text{ uni à } (NaO + 110H^2O^2), \text{ dégage : } +2,0.$$

Cependant la liqueur précédente, étendue avec 4 fois son volume d'eau, absorbe — $2^{Cal},05$; c'est-à-dire à peu près la même quantité de chaleur qui avait été dégagée dans la combinaison du second équivalent de soude. Résultat qui prouve que l'eau décompose le salicylate bibasique.

3. Ainsi l'union successive des 2 équivalents de soude avec 1 équivalent d'acide salicylique a lieu à des titres bien différents : l'un des équivalents d'alcali est combiné comme il pourrait l'être avec un acide fort, c'est-à-dire d'une manière à peu près indépendante de la quantité d'eau mise en présence; tandis que l'autre équivalent d'alcali est combiné avec un corps qui joue le rôle d'alcool, c'est-à-dire que la nouvelle combinaison est décomposée par la présence d'un excès d'eau.

Les caractères prévus d'un acide-alcool se retrouvent donc dans l'étude thermique de l'acide salicylique.

4. L'*acide lactique* se comporte d'une manière analogue; avec cette différence pourtant que les lactates bibasiques existent seulement dans les liqueurs très concentrées : c'est ce que prouve l'étude thermochimique de cet ordre de composés, étude que je supprime pour abréger.

5. Les mêmes phénomènes, la même diversité, se retrouvent jusqu'à un certain point dans l'étude des acides minéraux : j'ai montré plus haut qu'il en est ainsi (p. 242) en étudiant les *carbonates*, sels assimilables à certains égards aux lactates. Les 2 équivalents de base se trouvent combinés dans les carbonates réputés neutres $C^2M^2O^6$, à deux titres différents : ce que manifeste surtout l'examen des carbonates ammoniacaux.

6. De même l'*acide sulfhydrique* se comporte, en présence de l'eau et des bases, comme une sorte d'acide monobasique, H^2S^2, dont les sels neutres seraient représentés dans les dissolutions

par les sulfhydrates de sulfures, HMS^2. Cette relation intéressante a été établie par M. Thomsen (1), au moyen de la discussion des phénomènes thermiques développés dans la réaction des bases sur l'acide sulfhydrique. La soude, par exemple, dégage à peu près toute la chaleur dont elle est susceptible dans l'union de son premier équivalent d'alcali étendu avec 2 équivalents d'acide sulfhydrique dissous :

$$NaO\ (1\ \text{équiv.} = 2\ \text{lit.}) + H^2S^2\ \text{dissous, dégage} : +\ 7{,}7.$$

Tandis qu'un second équivalent d'alcali ne dégage pour ainsi dire pas de chaleur en agissant sur le sulfhydrate de sulfure de sodium étendu. Elle n'en dégage pas plus dans cette circonstance, qu'en agissant sur le salicylate de soude étendu. Cependant on peut obtenir un sulfure bibasique, Na^2S^2, lequel cristallise sous forme d'hydrate dans des liqueurs suffisamment concentrées; précisément comme on obtient un salicylate bibasique, $C^{14}H^4Na^2O^6$. On ne saurait contester, à mon avis, qu'il y ait parallélisme entre ces deux ordres de réactions, c'est-à-dire que l'acide sulfhydrique ne se comporte comme un acide à fonction mixte, au même titre que l'acide salicylique, caractère complexe que M. Thomsen n'avait pas aperçu.

Cette relation donne lieu à des explications fort intéressantes. En effet, les eaux thermales des Pyrénées, si bien étudiées par M. Filhol, renferment des sulfures alcalins : or, d'après les faits précédents, nous devons envisager les sulfures neutres prétendus dissous comme décomposés presque entièrement par une grande quantité d'eau en sulfhydrates et alcalis libres.

Ce n'est pas tout : l'acide sulfhydrique, même dans les sulfhydrates de sulfures, se comporte comme un acide faible. On est dès lors autorisé à admettre que les derniers sels sont en partie décomposés par l'eau en base libre et acide libre; décomposition d'autant plus notable, que la dose d'eau devient plus grande, ou que l'atmosphère gazeuse dans laquelle l'acide sulfhydrique peut s'évaporer est plus étendue, ou plus fréquemment renouvelée. Il est facile d'apercevoir toute l'importance

(1) *Annales de Poggendorff*, t. CXL, p. 522.

de ces propriétés des sulfures dans les applications physiologiques des eaux minérales.

7. *Acide phosphorique.* — Nous avons fait, M. Louguinine et moi, l'application des mêmes notions à l'étude de l'acide phosphorique. A la suite d'un examen approfondi, nous sommes arrivés à cette conclusion, que *les trois équivalents de base, successivement unis avec l'acide phosphorique, le sont à des titres différents :* le premier étant comparable à la base des azotates ou des chlorures alcalins; le deuxième à celle des carbonates et des borates; le troisième enfin à la base des alcoolates alcalins. Mais nous nous bornerons à cet énoncé, ne pouvant entrer ici dans le détail des expériences, détail que l'on trouvera aux *Annales de phys. et de chim.*, 5ᵉ série, t. VIII, p. 23.

Ces expériences montrent que : l'*acide phosphorique n'est pas un acide tribasique normal;* nous disons un acide tribasique, au même titre que l'acide citrique. En effet, le troisième équivalent d'une base soluble est séparé de l'acide phosphorique dans les sels dissous par les actions les plus faibles, et même par la simple dilution. Avec l'ammoniaque, il y a plus : tantôt le troisième équivalent basique ne se combine pas à l'acide phosphorique; ou bien, s'il est combiné dans les premiers moments, ce troisième équivalent ne demeure pas uni indéfiniment à l'acide ; mais il se sépare peu à peu, de lui-même et complètement, dans les dissolutions : c'est ce que montrent avec évidence les mesures thermiques. Il résulte de là que le troisième degré d'acidité de l'acide phosphorique dans les sels solubles est comparable à celui qui détermine la formation des alcoolates alcalins.

L'*acide phosphorique n'est pas non plus un acide bibasique normal.* Je dis un acide bibasique, au même titre que les acides sulfurique, oxalique ou tartrique. En effet, le deuxième équivalent de base n'est pas neutralisé complètement par l'acide phosphorique, comme le montrent les essais alcalimétriques fondés sur l'emploi du tournesol; en outre, ce second équivalent est séparable entièrement dans les dissolutions par les acides chlorhydrique et azotique, d'après les mesures thermiques. Au contraire, le second équivalent se partage, toujours dans les dissolutions, entre l'acide phosphorique et l'acide acétique; ce qui montre que le second degré d'acidité de l'acide phosphorique, si l'on peut s'exprimer ainsi, est moins bien caractérisé que l'acidité des acides puissants, chlorhydrique et azotique; mais il demeure comparable à l'acidité des acides gras volatils.

Au contraire, le premier degré d'acidité de l'acide phosphorique correspond à celle des acides les plus énergiques; les acides faibles, et même l'acide acétique étant déplacés aussitôt en totalité dans leurs sels alcalins dissous, comme le prouve le thermomètre, lorsqu'on opère à équivalents égaux avec l'acide phosphorique, précisément comme avec les acides chlorhydrique, azotique, sulfurique.

Il résulte de l'ensemble de ces observations que les 3 équivalents de base unis dans les phosphates solubles réputés jusqu'ici normaux sont combinés en réalité à des titres différents et inégaux.

Ajoutons enfin que l'aptitude à former des combinaisons basiques paraît même s'étendre au delà de 3 équivalents, d'après quelques observations sur les terres alcalines.

8. S'il fallait définir l'acide phosphorique par ces caractères précis, qui appartiennent à la fonction acide en chimie organique, il conviendrait donc de le regarder comme *un acide monobasique à fonction mixte.*

Le caractère d'acide monobasique, que nos expériences conduisent à attribuer à l'acide phosphorique, est conforme d'ailleurs aux analogies entre le phosphore et l'azote, l'acide azotique étant nettement monobasique. Les formules suivantes expriment ces relations :

$$AzO^6M. \quad PhO^6M + 2MO \text{ et même } PhO^6M + 2MO + nMO.$$

Ces analogies s'étendent jusqu'au chlore et à l'iode, dont la série oxydée est parallèle à celle de l'azote :

$$ClO^6M \text{ et } IO^6M.$$

De même l'acide perchlorique fournit des sels monobasiques,

ClO^8M; tandis que son analogue, l'acide periodique, prend 1, 2, 3 et jusqu'à 4 équivalents de base additionnelle:

$$IO^8M; \quad IO^8M + MO; \quad IO^8M + 4MO.$$

Ce sont là des équivalents successifs et ajoutés conformément aux anciennes idées sur la constitution des sels. On peut, nous le répétons, se rendre compte de ces diversités en invoquant la théorie des fonctions mixtes, révélées par les études de chimie organique.

Il est essentiel de signaler ces diversités dans les propriétés des acides et dans celles des diverses séries salines qui dérivent de chacun d'eux; car elles résultent de l'étude immédiate des phénomènes. Mais leur interprétation ne présente pas tout à fait la même certitude; et il convient de ne pas serrer, plus que de raison, ces rapprochements entre les acides organiques, auxquels le carbone imprime un caractère spécial, et les acides minéraux, qui offrent aussi dans leur constitution quelque chose de propre, à cause des éléments différents : phosphore, azote, chlore, concourant à les former.

9. En résumé, les *acides à fonction mixte* peuvent manifester leur double fonction par les caractères thermiques de leur réaction sur les bases.

Le *caractère acide normal* se montre, dans tous les cas, par un dégagement de chaleur, sensiblement proportionnel au nombre d'équivalents de base qui forment le véritable sel neutre, et indépendant de la quantité d'eau mise en présence.

Au contraire, le *caractère alcoolique normal* se manifeste surtout par la réaction des bases dans les liqueurs très concentrées, réaction dont les effets thermiques décroissent rapidement, à mesure qu'on étend d'eau les liqueurs; ils cessent de se manifester, dès que la dilution est un peu considérable. Le caractère progressif de la réaction est encore plus sensible avec les bases plus faibles, telles que l'ammoniaque.

On peut pousser plus loin l'étude des sels des acides polybasiques et celle des fonctions mixtes dont ils sont l'expression : soit en examinant l'action de divers groupes d'acides, forts ou faibles, sur les sels renfermant un ou plusieurs équivalents de base associés à l'acide polybasique, comme il a été dit plus haut pour les phosphates ; soit même en étudiant la progression qui s'observe dans l'action de l'eau sur de tels sels.

En effet, tantôt l'action décomposante de l'eau sur cet ordre de sels s'exerce peu à peu et croît lentement avec le dissolvant : ce qui arrive pour les carbonates, les sulfites, les borates, par exemple. Quelle que soit la cause de ce phénomène (1), il en résulte que de tels acides ne peuvent être dosés par les méthodes alcalimétriques ordinaires. Tantôt, au contraire, la décomposition du sel alcalin par l'eau croît assez vite pour ne laisser subsister dans une liqueur un peu étendue que des traces négligeables des sels basiques, à côté des sels normaux correspondant à la fonction acide proprement dite. Tel est, en effet, le cas de l'acide lactique, qui tend à se réduire au rôle monobasique; tel est aussi celui des acides tartrique et malique, qui sont ramenés au rôle bibasique, etc. En présence de beaucoup d'eau, les corps de ce dernier groupe se réduisent donc à la fonction acide pure et simple : c'est ce que prouve la mesure des quantités de chaleur, dégagées dans ces conditions, ainsi que la possibilité de doser ces acides par les méthodes alcalimétriques ordinaires,en présence du tournesol.

On conçoit comment l'application de ces notions générales doit conduire à des méthodes spéciales pour étudier et définir la constitution des acides, en même temps qu'elle soulève des questions nouvelles relatives à cette constitution. Si l'on y joint l'étude thermique des sels acides et de leur décomposition progressive par l'eau, étude dont je présenterai bientôt les résultats détaillés, on aura une idée des caractères et des problèmes introduits par les méthodes thermiques; caractères et problèmes dont il convient désormais de tenir compte dans la théorie générale des acides minéraux et organiques.

(1) Formation graduelle d'hydrates plus avancés?

CHAPITRE IX

CONSTITUTION DES SELS DISSOUS. — BASES FAIBLES ET OXYDES MÉTALLIQUES

§ 1er. — Notions générales.

1. De même qu'il existe des acides forts et des acides faibles, caractérisés par la différence entre les quantités de chaleur dégagées par la formation des sels des bases alcalines, dans l'état anhydre et dans l'état dissous, ainsi que par le degré de décomposition de ces mêmes sels dans l'état dissous; il existe aussi des bases fortes et des bases faibles, caractérisées par des différences analogues à celles qui ont été observées dans l'étude des sels formés par les acides forts et par les acides faibles. Le degré inégal de la décomposition par l'eau des sels des diverses bases métalliques, en particulier, donne lieu à des équilibres multiples, qui jouent un rôle fondamental dans la statique saline et dans les doubles décompositions.

En effet, les sels métalliques sont décomposés par l'eau d'une façon partielle et progressive, l'eau tendant à les résoudre en base et acide libre; en outre, la base et l'acide, ainsi mis à nu, contractent combinaison avec le surplus du sel neutre, de façon à former de nouveaux sels acides et basiques.

2. Cette réaction est manifeste lorsque le sel basique se précipite, comme il arrive pour les sels d'antimoine et de bismuth, à la température ordinaire; pour les sels de peroxyde de fer, et même de cuivre, de zinc, de magnésie, à 100 ou 150 degrés, etc. Mais elle n'est pas moins certaine pour les autres sels métalliques, alors même que ceux-ci fournissent seulement des produits solubles à la température ordinaire.

3. Comparons d'abord en général la formation thermique des divers sels formés par l'union d'un même acide avec les alcalis, les oxydes métalliques et les autres bases faibles, dans l'état anhydre, afin d'écarter l'influence du dissolvant; puis dans l'état dissous, ce qui nous conduira à dire quelques mots des sels formés par précipitation, du caractère relatif des affinités, enfin des équilibres chimiques qui peuvent se développer, soit dans les liqueurs mêmes, soit entre les corps demeurés dissous et les précipités. Ces notions générales seront précisées ensuite par une étude plus détaillée des sels métalliques dissous, spécialement des sels ferriques et zinciques.

4. Soit *la chaleur de formation des sels anhydres* rapportée à l'état solide :

Acide hydraté + Base hydratée = Sel + H^2O^2 solide.

Envisageons trois séries de sels, les formiates, les oxalates, les sulfates, en rapportant les calculs à un seul équivalent de métal, afin de rendre les résultats comparables. On trouve :

	Formiates.	Oxalates.	Sulfates.
Sel K :	+ 25,5	+ 29,4	+ 40,7
Sel Ca :	+ 13,5	+ 18,9	+ 24,7
Sel Mn :	+ 7,6	+ 13,2	+ 15,6
Sel Zn :	+ 6,2	+ 11,5	+ 11,9
Sel Cu :	+ 5,4	+ »,»	+ 10,5
Sel Pb :	+ 9,1	+ 13,1	+ 19,9

Ces résultats indiquent que la perte d'énergie opérée dans l'acte de la combinaison, et par conséquent la difficulté d'opérer la décomposition inverse, sont les plus grandes possibles pour les sels des alcalis fixes. Elles sont bien moindres pour les alcalis terreux; l'oxyde de plomb vient ensuite; puis les sels de manganèse, de zinc et de cuivre.

5. La *chaleur de formation des sels dissous* donne lieu à des comparaisons analogues; avec cette différence pourtant que la chaleur dégagée par l'union des acides et des bases alcalines

ne diffère guère de celle qui répond aux bases alcalino-terreuses dissoutes et même à l'hydrate de magnésie solide.

HCl étendu	+ KO étendue	= KCl	dissous :	+ 13,7
»	+ NaO »	= NaCl	»	+ 13,7
»	+ CaO »	= CaCl	»	+ 14,0
»	+ BaO »	= BaCl	»	+ 13,9
»	+ MgO hydratée solide	= MgCl	»	+ 13,8
»	+ MnO »	= MnCl	»	+ 11,8
»	+ FeO »	= FeCl	»	+ 10,7
»	+ NiO »	= NiCl	»	+ 11,3
»	+ ZnO »	= ZnCl	»	+ 9,8
»	+ PbO »	= PbCl	»	+ 7,7
»	+ HgO »	= HgCl	»	+ 9,5
»	+ CuO »	= CuCl	»	+ 7,5
»	+ $\frac{1}{3}Al^2O^3$ »	= $\frac{1}{3}Al^2Cl^3$	»	+ 9,3
»	+ $\frac{1}{3}Fe^2O^3$ »	= $\frac{1}{3}Fe^2Cl^3$	»	+ 5,9

Ces rapprochements subsistent, avec des valeurs numériques peu différentes, pour les azotates, acétates, sulfates et autres sels solubles.

6. La presque identité des chaleurs de formation des sels alcalins, alcalino-terreux et magnésiens dans l'état dissous, contraste avec les différences relatives à l'état solide. Ce rapprochement résulte de ce que les chaleurs de dissolution des bases alcalines sont bien plus grandes que celles des bases terreuses, et sans doute aussi, de la magnésie. La remarque s'étend même aux bases anhydres, les chaleurs d'hydratation de la baryte et de la chaux ayant des valeurs voisines de + 8 à + 9, tandis que celle des oxydes métalliques ne surpasse guère + 1^{Cal},5. Ce sont là des observations importantes, au point de vue de la stabilité des sels en présence de l'eau ; c'est-à-dire au point de vue de la dépense d'énergie nécessaire pour décomposer les sels dissous.

7. Les *bases faibles non métalliques* donnent lieu à des remarques thermiques analogues, comme le montre le tableau suivant :

HCl étendu	+ Ammoniaque étendue.....	= AzH^3,HCl	étendu :	+ 12,45
»	+ Triéthylammine étendue..	= $C^{12}H^{15}Az$,HCl	»	+ 12,5
»	+ Oxyammoniaque étendue..	= AzH^3O^2,HCl	»	+ 9,2

HCl étendu + Aniline dissoute....... = $C^{12}H^7Az,HCl$ étendu. + 7,4
» + Oxybenzamine dissoute (acide amido-benzoïque).. + 2,8
» + Oxyacétamine (glycocolle ou acide amido-acétiq.). + 1,1

Des valeurs analogues ont été obtenues avec les autres acides, dans la formation des sels solubles qu'ils produisent avec les mêmes bases. Ces nombres donnent une idée des affinités relatives des bases pour les acides; mais sans les mesurer exactement, à cause de la décomposition partielle des sels dissous par le dissolvant.

8. *Sels précipités.* — Dans ce qui précède, il s'agit seulement des sels solubles; mais nous devons comparer ainsi la chaleur dégagée dans la formation des sels insolubles par voie de précipitation : circonstance dans laquelle il se manifeste parfois des affinités toutes spéciales. Quoique cette comparaison semble se rapporter plus naturellement à celle de la formation des sels anhydres, cependant elle mérite d'être examinée séparément; attendu que la perte d'énergie développée dans la formation des sels insolubles est parfois très grande et capable de renverser l'ordre relatif des déplacements des bases.

Telle est la formation des sels d'argent, que nous prendrons comme exemple. Dans la plupart des cas, la chaleur de la formation des sels d'argent solubles, rapportée à l'état solide : soit l'azotate (+ 19,8), l'acétate (+ 7,6), le sulfate (+ 17,9), etc.; ne s'écarte guère de celle des sels de plomb correspondants; elle en est même surpassée dans l'état dissous (azotate d'argent + 5,2, au lieu de + 7,7, observée avec l'azotate de plomb; acétate d'argent + 4,7, au lieu de + 6, 5, avec l'acétate de plomb, etc.).

Or, il en est tout autrement des sels d'argent formés par les hydracides. L'hydracide étant dissous, on observe, en effet, les dégagements de chaleur suivants :

HCl dissous	+ AgO	hydraté :	+ 20,6
HBr »	+ AgO	»	+ 25,1
HI »	+ AgO	»	+ 31,8
HCy »	+ AgO	»	+ 20,9

On aurait, d'autre part, sous une forme comparable :

HCl dissous	+ KO	étendue	= KCl solide	: + 17,9
HBr »	+ KO	»	= KBr »	: + 19,1
HI »	+ KO	»	= KI »	: + 19,0
HCy »	+ KO	»	= KCy »	: + 5,9

La chaleur de formation des sels haloïdes d'argent surpasse donc celle des sels alcalins, et même de presque tous les autres sels formés par d'autres bases unies aux hydracides.

Une opposition du même ordre est marquée d'une façon plus nette encore, entre les sulfures alcalins et les sulfures métalliques insolubles, comme le montre le tableau que voici :

HS dissous	+ NaO	dissoute	= NaS dissous :	+ 3,85;	anhydre : — 3,3
»	+ CaO	»	= CaS dissous :	+ 3,9;	anhydre : + 1,9
»	+ MnO	»	= MnS précip. :	+ 5,1	
»	+ FeO	»	= FeS précip. :	+ 7,3	
»	+ ZnO	»	= ZnS »	+ 9,6	
»	+ PbO	»	= PbS »	+ 13,3	
»	+ CuO	»	= CuS »	+ 15,8	
»	+ AgO	»	= AgS »	+ 27,9	

Ici, la chaleur de formation des sulfures métalliques surpasse dans la plupart des cas celle des sulfures alcalins, tant dans l'état dissous que dans l'état anhydre; circonstance qui joue un rôle capital lors de la formation des sulfures par précipitation.

9. On peut même observer une interversion analogue dans la formation de certains sels solubles : le cyanure de mercure, par exemple, est formé avec un dégagement de chaleur bien plus grand que le cyanure de potassium :

CyH dissous	+ KO étendue	= CyK étendu	: + 3,0
CyH »	+ HgO précip.	= HgCy étendu	: + 15,5

Ce dégagement de chaleur plus considérable répond à une stabilité bien plus grande en présence de l'eau, et il explique une multitude de réactions, en apparence anormales, du cyanure de mercure.

10. Ces faits mettent en évidence le caractère relatif des affinités chimiques. Ils montrent, en effet, que l'on ne saurait dire d'une manière absolue qu'un acide ou une base est un acide fort ou faible, une base forte ou faible. Mais il faut toujours concevoir à la fois les deux corps antagonistes, l'acide et la base, dans l'acte de la combinaison ou de la séparation ; et cela en présence de l'eau, lorsque les produits résultants sont dissolubles ou décomposables par ce liquide. La mécanique moléculaire envisage seulement les actions réciproques et les travaux accomplis, c'est-à-dire la chaleur dégagée, dans l'acte réciproque de cette réunion et de cette séparation : chaleur dégagée, travaux accomplis qui n'offriraient aucune signification, si l'on voulait les rapporter à quelqu'un des composants du système *envisagé séparément :* c'est là une des notions fondamentales de la thermochimie.

11. Le moment est venu d'envisager de plus près l'action propre de l'eau, c'est-à-dire du dissolvant, sur les sels qu'engendrent les diverses bases fortes ou faibles, alcalines ou métalliques. En effet, les sels métalliques, aussi bien que les sels alcalins des acides étudiés dans le chapitre précédent, ne demeurent pas inertes en présence de l'eau. Au contact de ce liquide, d'une part, ils forment divers hydrates, les uns stables, les autres dissociés (voy. pages 161, à 163, et 174). D'autre part, ils tendent, nous l'avons dit, à être séparés en acide libre et base ; probablement à cause de la formation de certains hydrates acides et basiques (voy. p. 202). Ce n'est pas tout ; l'un ou l'autre de ces deux composants est apte, d'autre part, à contracter combinaison avec le sel neutre non décomposé : de là résultent des sels acides, souvent difficiles à mettre en évidence, à cause de leur solubilité ; et des sels basiques, dont on peut au contraire constater la formation par divers caractères, et notamment par leur précipitation lorsqu'ils sont insolubles. Chacun de ces sels, tant acides que basiques, s'unit à son tour avec le dissolvant, pour former des hydrates, stables ou dissociés. On voit par là quelle est la complexité du phénomène résultant. Pour pouvoir le discuter d'une façon complète, il faudrait connaître

individuellement chacun des composés neutres, acides, basiques, hydratés, qui viennent d'être signalés.

Nous venons de préciser la chaleur de formation des sels neutres à l'état anhydre ou dissous; nous avons déjà signalé plus haut celle des hydrates acides, basiques ou salins; nous donnerons plus loin la chaleur de formation des sels acides. Bornons-nous donc, pour le moment, aux sels basiques.

12. Or, c'est une circonstance très digne d'intérêt que la *chaleur de formation des sels basiques*, tant dans l'état soluble que dans l'état insoluble et sous la forme hydratée, est d'ordinaire très faible.

Par exemple, le sulfate ferrique : $3SO^3,Fe^2O^3$, dissous et décomposé par $3KO$ dissoute, dégage : $+ 10^{Cal},0 \times 3$;

Tandis que le sulfate basique soluble : $3SO^3,2Fe^2O^3$, dissous et décomposé de même par $3KO$ dissoute, dégage : $+ 10,4 \times 3$; ce qui est sensiblement la même valeur.

Ce rapprochement prouve que l'union du second équivalent d'oxyde ferrique avec l'acide sulfurique, déjà uni au premier dans l'état de dissolution, ne produit qu'un phénomène thermique très faible.

L'observation montre qu'il en est de même pour les acétates ferriques basiques.

De même l'union du premier équivalent d'oxyde de plomb hydraté avec l'acide acétique étendu, pour former un sel dissous, dégage : $+ 6,5$; l'union du deuxième équivalent : $+ 2,2$; celle du troisième : $+ 0,2$ seulement.

Ces faits montrent quel est l'ordre de grandeur de la chaleur dégagée par la formation des sels basiques solubles, dans l'état dissous; mais la formation thermique de ces mêmes sels dans l'état solide n'a pas encore été étudiée.

La nature des divers corps qui peuvent se former par l'action de l'eau sur les sels métalliques, ainsi que leur chaleur de formation, étant signalées d'une façon générale, abordons le problème de plus près. Deux cas fondamentaux peuvent se présenter : ou bien le sel se dissout intégralement, et le système demeure homogène; ou bien il se sépare une nouvelle substance soit gazeuse, soit solide : acide ou base; ou bien encore un sel basique précipité.

13. Or les équilibres qui se développent dans les dissolutions des sels métalliques obéissent aux lois de masse relative, tant que le système reste homogène (page 71); c'est-à-dire que l'équilibre dépend essentiellement des poids absolus d'acide, de base, de sel neutre et d'eau qui se trouvent en présence.

Mais il n'en est plus de même dans un grand nombre de cas, où il se forme un sel basique insoluble : tels sont les sels de bismuth, de mercure, d'antimoine, etc. Au contact du précipité, le système étant hétérogène, l'équilibre dépend de la proportion absolue d'acide libre contenue dans la liqueur, et il se ramène aux mêmes lois que la tension de dissociation (voy. page 96). Le phénomène est donc régi par ces lois, à la surface de séparation du liquide et du précipité; tandis que dans l'intérieur de la liqueur même il obéit à la loi des masses relatives.

La même remarque s'applique aux sels décomposables avec dégagement gazeux, tels que certains carbonates métalliques (voy. page 189). Ce qui règle alors l'équilibre, c'est le rapport qui existe sur chaque élément de la surface de séparation entre le poids du gaz qui se dégage et le poids qui demeure dissous.

Nous avons traité ce point avec détail, tant à l'occasion des précipités (page 189) qu'en résumant les travaux importants de M. Ditte (page 101) : nous n'y reviendrons donc pas ici, nous bornant à examiner ici les systèmes solubles et homogènes.

14. Nous allons préciser cet exposé général par quelques observations spéciales, relatives aux sels de zinc et de fer; les derniers, surtout, offrent les résultats les plus variés et les plus intéressants. Je m'étendrai sur leur étude, envisagée comme typique des circonstances diverses qui caractérisent la séparation entre l'acide et la base, pendant la réaction de l'eau sur les sels métalliques et dans les systèmes homogènes.

§ 2. — **Sels de peroxyde de fer. — Constitution des dissolutions.**

1. On sait quels singuliers phénomènes offrent les dissolu-

tions ferriques; comment l'acétate ferrique, d'après Péan de Saint-Gilles (1), le chlorure ferrique, d'après MM. Debray (2), Krecke (3), Tichborne (4) et divers autres, sont décomposés par la chaleur dans leurs dissolutions, en acide libre et oxyde de fer, ce dernier étant précipitable en nature par divers réactifs. On connaît aussi les expériences de Graham sur l'oxyde de fer colloïdal (5), qui existe dans les dissolutions des sels basiques, et qui peut être isolé par dialyse.

2. J'ai fait de nouvelles études sur ce sujet (6), en opérant sur le sulfate, l'azotate, l'acétate ferrique; j'ai étudié la constitution de ces sels, dans leurs dissolutions, sous les points de vue que voici : influence de la dilution, du temps, de la chaleur, de la proportion relative d'acide ou de base, enfin de la présence d'un autre sel de même base ou de même acide (7). Les résultats obtenus doivent être présentés avec quelque détail, afin d'en faire comprendre la signification.

3. *Sulfate ferrique* (8).

1° *Influence de la dilution* (proportion de l'eau). — La dilution ne modifie pas, d'une manière appréciable au thermomètre, la nature du sulfate ferrique dissous dans une proportion d'eau qui n'est pas très considérable :

SO^4fe (1 équiv. = 2 lit.) + eau (2 lit.), a dégagé : + 0,03
SO^4fe (1 équiv. = 2 lit.) + eau (8 lit.), a dégagé : + 0,10

Ce sont là des valeurs trop petites pour être garanties; disons seulement qu'elles indiquent une réaction très faible, ou compensée par des actions contraires.

(1) *Annales de chimie et de physique*, 3e série, t. XLVI, p. 47.

(2) *Comptes rendus de l'Académie des sciences*, t. LXVIII, p. 913.

(3) *Archives Néerlandaises*, t. VI; 1871.

(4) *Proceedings of the Royal Irish Academy*, 1871.

(5) *Annales de chimie et de physique*, 3e série, t. LXV, p. 177.

(6) Sur la préparation des sels employés et sur les contrôles de leur pureté, voyez *Annales de chimie et de physique*, 4e série, t. XXX, p. 152; 1873.

(7) Voyez aussi les expériences de M. G. Wiedemann sur le même sujet, exécutées par une tout autre méthode, fondée sur l'étude des propriétés magnétiques (*Ann. der Physick und Chemie*, N. F., V, 45; 1878). Les résultats généraux concordent avec ceux obtenus par la voie thermique.

(8) J'écrirai pour abréger : $fe = \frac{2}{3} Fe = 18^{gr},7$ dans les formules des sels ferriques.

L'action décomposante de l'eau sur le sulfate ferrique n'est cependant pas douteuse. On sait, en effet, qu'une solution étendue laisse précipiter à 100 degrés un sel basique ; cette précipitation a lieu à une température d'autant plus basse, que la solution est plus diluée. En présence de dix mille parties d'eau, elle se manifeste déjà à la température ordinaire (1). On est donc autorisé à admettre que, dans les solutions plus concentrées, il y a déjà quelque séparation entre l'acide et la base. La chaleur absorbée dans cette séparation, pour chaque équivalent de sel détruit, serait à peu près la moitié de la chaleur dégagée dans la formation du sulfate ferrique neutre proprement dit, d'après des nombres que je donnerai plus loin. Or il suffit que les quantités d'eau additionnelles, employées dans les expériences ci-dessus, ne décomposent pas plus de 4 à 5 pour 100 du poids du sel dissous, pour que la réaction cesse d'être sensible au thermomètre.

Je crois essentiel de remarquer ici que le mot *dissociation*, appliqué parfois à la décomposition des sels ferriques par l'eau, est impropre, aussi bien que dans toutes les circonstances où un sel n'est pas séparé en acide anhydre et base anhydre (voy. aussi page 243). En effet, dans la décomposition des solutions salines, comme dans celle des éthers, le corps composé ne se résout pas simplement dans ses composants, ce qui serait une dissociation véritable; mais il y a reproduction des deux corps *hydratés*, acide et base, ou acide et alcool, avec fixation des éléments de l'eau. Celle-ci intervient chimiquement, et donne naissance à un certain équilibre, déterminé par la masse relative de l'eau aussi bien que par celle des trois autres composants. J'insiste d'autant plus fortement sur ce point, qu'il tend à s'établir dans le langage des chimistes une certaine confusion entre deux idées très différentes, confusion préjudiciable à la claire notion des lois de la Mécanique chimique.

2° *Influence du temps.* — L'action de l'eau n'est pas accrue d'une manière notable sous l'influence du temps,

(1) Berzelius, *Traité de chimie*, t. III, p. 586, édit. franç.; 1847.

au moins dans l'espace de trois semaines. Pour m'en assurer, j'ai examiné l'action de la potasse sur diverses solutions de sulfate ferrique, au moment même de leur préparation et au bout de quelque temps. J'ai trouvé, toujours au voisinage de 15° :

	Cal.
SO^4fe (1 éq. = 2 lit.) + KO (1 éq. = 2 lit.), solution récente.......	+ 10,01
SO^4fe (1 éq. = 2 lit.) + KO (1 éq. = 2 lit.), après quelques semaines	+ 10,10
SO^4fe (1 éq. = 2 lit.) + KO (1 éq. = 2 lit.), après 18 mois........	+ 9,90
SO^4fe (1 éq. = 10 lit.) + KO (1 éq. = 2 lit.), solution récente......	+ 9,90
SO^4fe (1 éq. = 10 lit.) + KO (1 éq. = 2 lit.), après 3 semaines......	+ 9,80

Les déterminations précédentes ont été faites chacune par la méthode des observations alternées, c'est-à-dire en versant tantôt la potasse dans le sel ferrique, tantôt le sel ferrique sur la potasse ; les résultats obtenus par ces deux procédés concordent exactement.

La stabilité relative du sulfate ferrique, attestée par ces essais, contraste avec la décomposition graduelle de l'acétate ; laquelle est bien plus considérable, comme on le verra, dans les mêmes limites de concentration.

On conclut encore des nombres ci-dessus :

$$SO^4H \text{ dilué} + \frac{1}{3} Fe^2O^3 \text{ pp.} = SO^4fe \text{ diss., dégage (en présence de 4 lit.) : } +5,7.$$

3° *Influence de la chaleur.* — J'ai cherché si l'action de l'eau, développée sous l'influence de la chaleur, donnait lieu à une modification permanente dans les solutions du sulfate ferrique.

On sait qu'une solution de ce sel dans 200 parties d'eau laisse précipiter par ébullition la moitié de l'oxyde ; et cette proportion croît avec la quantité d'eau. Il s'agit de savoir si les liqueurs mêmes sont déjà modifiées, même sans qu'il y ait formation de précipité.

Or, j'ai trouvé que les liqueurs concentrées ne paraissent pas éprouver, sous l'influence d'une ébullition de courte durée, de modification qui subsiste après refroidissement. En effet, j'ai pris une solution normale (1 équiv. = 2 lit.) ; la liqueur, exposée pendant quelques minutes à une température de 100 degrés, puis refroidie, a été traitée par KO (1 équiv. = 2 lit.). Elle a dégagé + 10,15; c'est-à-dire sensiblement la même quantité de chaleur qu'avant l'échauffement.

Au contraire, le précipité qui se forme sous l'influence d'une ébullition plus prolongée, maintenu en contact avec la liqueur après refroidissement, ne s'est pas redissous, même au bout de dix-sept mois; ceci prouve que la réaction qui lui donne naissance n'est pas réversible. Elle n'appartient donc ni à la classe des dissociations, ni à la classe plus générale des équilibres, contrairement à l'interprétation que plusieurs auteurs ont donnée de cette décomposition.

4° *Influence d'un excès d'acide.* — Au lieu de faire varier la proportion d'eau, de façon à déterminer dans les liqueurs la formation de l'oxyde ferrique libre (ou d'un sel basique), on peut faire varier les autres composants du sel, l'acide sulfurique par exemple :

SO^4fe (1 équiv. = 2 lit.) + SO^4H (1 équiv. = 2 lit.), dégage : + 0,46.

Cette quantité de chaleur l'emporte de beaucoup sur celle que dégagent les dilutions séparées de l'acide ou du sel, par la même quantité d'eau et dans les mêmes conditions :

SO^4fe (1 équiv. = 2 lit.) + eau (2 lit.) : + 0,03
SO^4H (1 équiv. = 2 lit.) + eau (2 lit.) : + 0,18

Il y a donc une réaction propre de l'acide sulfurique dissous sur le sulfate ferrique; mais elle peut représenter, soit un accroissement de combinaison entre l'acide et la base, avec formation plus avancée du sel neutre; soit la formation d'un sel acide. A la vérité, cette dernière formation dans les dissolutions donne lieu à une absorption de chaleur, quand on la réalise avec les autres sulfates neutres alcalins ou métalliques, tels que ceux qui ont été étudiés. D'après ces analogies, le dégagement de chaleur observé plus haut traduirait donc une combinaison rendue plus complète, sous l'influence d'un excès d'acide, entre l'oxyde ferrique et l'acide sulfurique. Ce serait là un nouvel indice de l'équilibre qui existe entre l'eau et les composants du sulfate ferrique dans les dissolutions.

5° *Influence d'un excès de base.* — Il n'est guère possible d'étudier directement la réaction de plusieurs équivalents d'oxyde de fer sur l'acide sulfurique, à cause des changements rapides que le peroxyde de fer précipité éprouve dans sa constitution; mais on connaît divers sels basiques solubles dans l'eau, qui sont formés par cet oxyde, et il est facile de mesurer la chaleur dégagée lorsqu'on en sépare l'oxyde au moyen d'une solution de potasse. J'ai examiné l'un de ces sels,

$$SO^4fe + feO \text{ (ou } 3\,SO^3, 2\,Fe^2O^3).$$

Ce sel se dissout dans l'eau, et la solution est stable à froid. Or la décomposition de cette liqueur par la potasse dégage à peu près la même quantité de chaleur que celle du sulfate ferrique proprement dit; ce qui prouve que la combinaison du second équivalent d'oxyde ferrique avec le sulfate normal ne donne pas lieu à un dégagement de chaleur bien appréciable (voy. p. 282).

La transformation du sulfate ferrique neutre en sulfate basique, sous l'influence d'un excès d'oxyde, répond donc à un phénomène thermique très faible : conclusion qui s'applique à la plupart également des autres sels basiques à base métallique (voy. page 282).

Réciproquement, la séparation d'un sel neutre dissous en sel basique dissous et acide libre, sous l'influence de l'eau qui sert de dissolvant, a pour effet une absorption de chaleur; laquelle est voisine de la chaleur dégagée dans la réaction de l'acide sur la base libre elle-même. Pour le sulfate ferrique notamment, on peut calculer la réaction

$$2\,[3\,SO^3, Fe^2O^3] + n\,HO = 3\,SO^4H + (3\,SO^3, 2\,Fe^2O^3) + (n\text{-}3)HO,$$

réaction par laquelle $2SO^4fe$ devient $SO^9fe, feO + SO^4H$. Cette réaction, rapportée à la dernière formule, absorberait

$$+ 5{,}3 - 5.7 \times 2 = - 6{,}1,$$

valeur qui diffère peu de la quantité de chaleur 5,3, dégagée par l'entière séparation d'un équivalent de sulfate ferrique en acide sulfurique libre et oxyde ferrique.

Ces chiffres permettent de rendre compte des effets thermiques produits par l'action décomposante de l'eau; pourvu que l'on admette que celle-ci sépare d'abord une certaine proportion de sulfate ferrique normal en acide libre et sulfate bibasique, également soluble. Dans cette circonstance il se produit un équilibre entre l'eau et le sulfate ferrique normal d'une part, opposés à l'acide sulfurique *hydraté* et au sulfate basique, d'autre part.

La formation ultérieure, sous l'influence de la chaleur d'un sulfate plus basique, insoluble, lequel ne se redissout pas pendant le refroidissement, ni même à la longue, répondrait à des effets plus compliqués : l'état moléculaire de l'oxyde ferrique lui-même étant modifié par la chaleur, comme nous le verrons tout à l'heure pour les dissolutions d'acétate ferrique.

6° *Influence d'un autre sel du même acide.* — La constitution réelle d'un sel dissous, à l'état de décomposition partielle, peut être manifestée par un autre ordre d'épreuves, que j'ai développées surtout à l'occasion des carbonates d'ammoniaque (voy. p. 239). En effet, dans le cas actuel, l'acide libre qui existe dans la dissolution d'un sel ferrique doit pouvoir réagir : soit sur le sel neutre formé par une autre base unie au même acide, soit sur un sel ferrique formé par un autre acide, et ces réactions doivent se traduire par des effets thermiques plus ou moins considérables.

Ces inductions sont confirmées par mes expériences sur le mélange des sels ferriques et des sels alcalins formés par le même acide, comme par le mélange de deux sels ferriques à acides différents.

Soit d'abord le mélange du sulfate ferrique et des sulfates alcalins :

SO^4fe (1 équiv. = 2 lit.) + SO^4Na (1 équiv. = 2 lit.)..... — 0,52

De même

SO^4fe (1 équiv. = 2 lit.) + SO^4K (1 équiv. = 2 lit.)...... — 0,45

De même encore,

$3SO^4fe$ (1 équiv. = 2 lit.) + SO^4Am (1 équiv. = 2 lit.) absorbe — 0,20.

Les dernières proportions répondent à la composition de l'alun ammoniacal.

On voit que ces absorptions de chaleur offrent à peu près la même valeur pour les deux sulfates de potasse et de soude. Elles ne résultent pas d'ailleurs de l'action simple de l'eau sur les deux sels séparés ; car :

SO^4fe (1 équiv. = 2 lit.) + eau (2 lit.)........ + 0,03
SO^4Na (1 équiv. = 2 lit.) + eau (2 lit.)........ + 0,07
SO^4K (1 équiv. = 2 lit.) + eau (2 lit.)........ + 0,07
SO^4Am (1 équiv. = 2 lit.) + eau (2 lit.)........ + 0,02

Mais le phénomène me paraît dû à la réaction propre de l'acide sulfurique libre, contenu dans une solution ferrique, sur le sulfate alcalin. En effet, cette réaction absorbe de la chaleur en produisant un bisulfate dissous (voy. page 212 et chap. X). Si l'on opère à équivalents égaux, l'absorption s'élève à peu près à — 1,00; si l'acide est en présence d'un grand excès du sulfate alcalin, l'absorption s'élève jusqu'à un chiffre voisin de — 2,0 pour chaque équivalent d'acide sulfurique.

En adoptant ce dernier chiffre comme mesure de la réaction opérée entre le sulfate ferrique et le sulfate de potasse, on voit qu'il accuserait 20 à 25 pour 100 d'acide sulfurique libre dans les liqueurs.

Toutefois cette évaluation me semble exagérée, parce que le bisulfate alcalin tend à se former, non-seulement aux dépens de l'acide libre préexistant, mais aussi aux dépens du sulfate ferrique dissous; l'équilibre entre le sel et l'eau étant troublé par la tendance à la formation d'un nouveau composé. Or chaque équivalent d'acide sulfurique engendré par la décomposition du sulfate ferrique, avec formation d'oxyde ou de sel basique, absorbe en se produisant — 6,0 environ; ce qui fait — $8^{Cal},0$ pour chaque équivalent de bisulfate de potasse ou de soude provenant de cette origine (en présence d'un excès du sulfate alcalin).

L'absorption de — 0,5 constatée par expérience représenterait seulement $\frac{1}{16}$ d'équivalent, c'est-à-dire 6 pour 100 d'acide sulfurique développé sous l'influence du sulfate alcalin.

Le phénomène réel doit résulter du concours simultané des deux actions précédentes, c'est-à-dire de l'action de l'acide sulfurique préexistant sur le sel alcalin, et de la formation aux dépens du sel ferrique d'une nouvelle proportion du même acide, lequel attaque également le sulfate alcalin dissous.

Pour étudier de plus près ces réactions intéressantes, j'ai fait varier les proportions relatives des deux sels réagissants, sulfate alcalin et sulfate ferrique :

SO^4fe (1 équiv. = 2 lit.) + SO^4K (1 équiv. = 2 lit.)...	— 0,45
$5SO^4fe$ (1 équiv. = 2 lit.) + SO^4K (1 équiv. = 2 lit.)...	— 0,78
$5SO^4K$ (1 équiv. = 2 lit.) + SO^4fe (1 équiv. = 2 lit.)...	— 0,72

On voit que la réaction est accrue par la présence de l'un ou de l'autre des composants, sulfate de potasse ou sulfate ferrique. Dans le cas où l'on opère en présence d'un excès de sel alcalin, on peut admettre que la réaction répond à la proportion maximum de bisulfate, c'est-à-dire à une absorption qui serait à peu près — 2,0 pour chaque équivalent de bisulfate formé aux dépens de l'acide préexistant dans les liqueurs; ou — 8,0 pour chaque équivalent d'acide formé par la décomposition immédiate du sulfate ferrique sous l'influence du sulfate alcalin.

Dans la première hypothèse, la solution ferrique contiendrait 36 pour 100 d'acide libre, quantité beaucoup plus forte que celle qui résulte des premières expériences.

Mais dans la seconde hypothèse, il suffirait d'admettre dix centièmes d'acide, développés sous l'influence du sulfate alcalin. Ainsi l'addition de 4 équivalents de SO^4K aurait accru de $\frac{3}{100}$ environ (10 au lieu de 7) la proportion d'acide sulfurique libre enlevé au sulfate ferrique. Ce résultat, plus vraisemblable que le premier, tend à établir que l'absorption de chaleur observée est due surtout à la transformation partielle du sulfate ferrique et du sulfate de potasse préexistants en bisulfate de potasse.

L'action exercée par un excès de sulfate ferrique est conforme à cette opinion. En effet, si la solution ferrique contenait 36 pour 100 d'acide libre, $5SO^4fe$ fourniraient $0,36 \times 5 = 1,8$ équivalent d'acide libre, dont la réaction sur SO^4K absorberait $1^{Cal},7$, c'est-à-dire (1) plus du double de l'absorption constatée par expérience. Dans l'hypothèse contraire, le sulfate alcalin doit tendre à se changer entièrement en bisulfate, ou plus exactement à produire la dose maxima de ce sel qui puisse exister en présence de la proportion d'eau employée; ce qui donnerait lieu à une absorption de — 0,9 environ (2), au lieu de — 0,78 qui ont été observés. L'accord peut être regardé comme suffisant, d'autant plus qu'il s'agit d'un équilibre complexe.

En résumé, le mélange du sulfate ferrique dissous avec la dissolution d'un sulfate alcalin donne lieu à des phénomènes thermiques spéciaux, que l'on peut expliquer par la formation d'un bisulfate dans les liqueurs, aux dépens du sulfate alcalin et de l'acide sulfurique : ce dernier dérive lui-même de la décomposition partielle du sulfate ferrique.

Il résulte, en outre, de la discussion précédente que :

1° L'acide sulfurique préexiste pour quelque petite portion dans la liqueur, car autrement la réaction ne pourrait pas commencer.

2° Mais la majeure partie de cet acide est engendrée par le progrès de la réaction elle-même; car la proportion d'acide qui intervient est trop forte pour qu'on puisse en supposer la préexistence intégrale.

Tous ces phénomènes attestent divers équilibres spéciaux entre l'eau, le sel ferrique et le sulfate alcalin, équilibres variables comme toujours avec les proportions relatives des composants : leur constatation est très propre à mettre en évidence la préexistence d'une petite quantité d'acide sulfurique libre dans la solution du sulfate ferrique.

Je n'ai pas négligé d'examiner l'influence du temps sur ces équilibres complexes ; mais elle a été trouvée très faible et

(1) *Comptes rendus de l'Académie des sciences*, t. LXXV, p. 208.
(2) Même recueil, t. LXXV, p. 209.

négligeable, du moins pour une solution d'alun ferrique ammoniacal conservée pendant dix-huit mois.

Le temps ne modifie donc pas, dans les conditions de mes premiers essais, c'est-à-dire au bout de quelques heures, l'équilibre entre les sulfates alcalins, le sulfate ferrique et l'eau. Cependant son influence n'est pas absolument nulle : en effet, si l'on conserve les liqueurs pendant plusieurs mois, il s'y manifeste quelque trace de précipité, c'est-à-dire l'indice d'une transformation non réversible, due sans doute à une modification moléculaire lente de l'oxyde ferrique.

Toutes ces indications, quelque minutieuses qu'elles paraissent, sont indispensables pour préciser la constitution réelle des sels métalliques dissous.

4. *Azotate ferrique.*

1° *Influence de la dilution (proportion de l'eau).*

AzO^6fe (1 équiv. = 2 lit.) + eau (10 lit.), au 1er moment : — 0,36.

C'est là une valeur très faible et à peine supérieure aux erreurs d'expériences. Elle a été trouvée la même pour un sel dissous récemment et pour un sel dissous depuis six semaines.

Cependant l'action décomposante de l'eau peut être manifestée, sous les influences simultanées de la dilution et de la chaleur; ou bien encore par la dialyse, qui met en évidence l'oxyde de fer libre et pseudo-soluble contenu dans les liqueurs. On en citera tout à l'heure d'autres preuves, fondées sur ce fait que la réaction décomposante de l'eau n'est pas instantanée.

Les mêmes remarques s'appliquent, de tout point, d'après mes observations, aux solutions de *chlorure ferrique*, exemptes d'acide en excès.

2° *Influence du temps.* — L'action de l'eau sur l'azotate ferrique n'est pas instantanée ; cependant elle produit une décomposition lente, qui s'accroît avec le temps, tout en demeurant assez faible d'ailleurs. On peut la rendre manifeste en mesurant la chaleur dégagée par la potasse.

3° *Influence de la chaleur.* — Il est facile de reconnaître que l'eau décompose l'azotate ferrique à la température de 100 degrés. En effet, la solution laisse distiller de l'acide azotique et il se dépose un sel basique, ou même de l'oxyde de fer. Deux choses sont à distinguer ici, la séparation entre l'acide et la base dans la liqueur même et la formation du précipité. La séparation qui tend ainsi à s'effectuer au sein de la liqueur même entre l'acide et la base, à 100 degrés, dans une expérience de courte durée, ne subsiste point dans cette liqueur après le refroidissement, comme le prouve l'action thermique de la potasse.

Au contraire le précipité, une fois formé, ne se redissout plus dans la liqueur après refroidissement, même au bout de dix-huit mois de conservation : ce qui prouve que l'oxyde ferrique a éprouvé en se précipitant une modification moléculaire permanente et non réversible. Il ne s'agit donc ici ni de dissociation, ni d'équilibre; bien que l'existence temporaire d'un certain équilibre entre l'eau, l'azotate, l'*hydrate* ferrique soluble et non modifié (en un sel basique soluble) et l'acide azotique *hydraté*, ait sans doute précédé la modification permanente de l'oxyde ferrique.

4° *Influence d'un excès d'acide.*

AzO^6fe (1 équiv. = 2 lit.) + AzO^6H (1 équiv. = 2 lit.), dégage : + 0,45.

Ce dégagement ne s'explique point par l'action séparée de l'eau sur les deux corps, laquelle ne produit que des effets thermiques nuls ou négligeables, comme je m'en suis assuré.

Il y a donc une action propre de l'acide azotique sur l'azotate ferrique dissous, c'est-à-dire un accroissement de combinaison, et cela malgré l'influence inverse de la dilution. Cet accroissement répond à un treizième environ de la quantité exprimée par la chaleur de neutralisation (+ 5,9).

Le nombre précédent, qui est à peu près le même pour l'acide sulfurique, donne quelque idée du degré de décomposition de l'azotate ferrique dissous; c'est-à-dire de l'équilibre qui existe entre l'eau et l'azotate ferrique, d'une part, l'acide azotique et l'oxyde ferrique soluble et *hydraté* (ou un sel basique soluble), d'autre part, dans les dissolutions. Cet équilibre, dans lequel interviennent d'une manière nécessaire les éléments de l'eau, ne doit pas être confondu avec la dissociation.

5° *Influence d'un excès de base.* — Pour déterminer cette influence, j'ai mesuré la chaleur dégagée lorsqu'on précipite l'azotate ferrique à l'aide de la potasse, ajoutée par fractions successives d'équivalent :

AzO^6fe (1 équiv. = 2 lit.)] + $\frac{1}{2}$ KO (1 équiv. = 2 lit.) :	+ 4,13
+ $\frac{1}{2}$ KO................	+ 3,74
Total..........	+ 7,87

Les deux actions successives dégagent des quantités de chaleur peu différentes. Cependant la première surpasse de + 0,2 la moyenne, faible excès qui répond à la formation d'un sel basique.

Cette dernière formation dégage donc fort peu de chaleur, précisément comme pour les sulfates ferriques.

Réciproquement, la séparation de l'azotate ferrique dissous, en acide libre et sel basique ou base libre, sous l'influence du dissolvant, doit avoir pour effet une absorption de chaleur, très voisine de la chaleur dégagée dans la réaction de l'acide sur la base libre elle-même,

2 AzO^6fe en produisant AzO^6H + AzO^6fe + feO, par exemple, en présence de l'eau, absorberait + 6,3 — 5,9 × 2 = — 5,5;
soit — 5,5 au lieu de — 5,9.

6° *Influence d'un sel alcalin du même acide.*

AzO^6fe (1 équiv. = 2 lit.) + AzO^6Na (1 équiv. = 2 lit.)... — 0,03.

Cette réaction ne produit que des effets négligeables.

Il était facile de le prévoir. En effet, l'acide azotique libre, acide monobasique, ne fait éprouver aucun changement chimique à l'azotate de soude dissous (p. 212); par opposition avec l'acide sulfurique, qui change les sulfates alcalins dissous en bisulfates. De là le contraste observé entre la réaction thermique d'une solution d'azotate de soude sur l'azotate ferrique, et la réaction semblable d'une solution de sulfate de soude sur le sulfate ferrique. Les deux solutions ferriques contiennent de l'acide libre; mais l'acide azotique n'agit pas sur l'azotate de soude, tandis que l'acide sulfurique attaque le sulfate avec absorption de chaleur (page 212).

7° *Influence réciproque de deux sels ferriques.* — Cette réaction est des plus singulières. Au lieu de donner lieu à des effets insignifiants, comme le fait (page 223) le mélange de deux sels alcalins de même base dont l'acide diffère (1), le mélange de deux sels ferriques, au contraire, absorbe une proportion notable de chaleur :

	Cal.
SO^4fe (1 équiv. = 2 lit.) + AzO^6fe (1 équiv. = 2 lit.).........	—0,32
SO^4fe (1 équiv. = 2 lit.) + 5 AzO^6fe (1 équiv. = 2 lit.).........	— 0,32
5 SO^4fe (1 équiv. = 2 lit.) + AzO^6fe (1 équiv. = 2 lit.).........	— 0,50

Le mélange de deux sels ferriques dissous donne donc lieu à un accroissement de décomposition, faible d'ailleurs.

Cet accroissement s'explique par l'action propre de l'eau, qui dissout chacun des sels ferriques, sur l'autre sel ; pourvu que l'on admette qu'une telle action, dans ces circonstances, atteigne immédiatement un terme de stabilité relative qui exigerait plusieurs semaines pour être réalisé avec la dissolution des sels isolés. Par exemple :

	Cal.
AzO^6fe (1 équiv. = 2 lit.) + eau (8 lit.) absorbe immédiatement...	— 0,36
et de plus, au bout de trois semaines.....	— 0,35
En tout..................	— 0,71
5 SO^4fe (1 équiv. = 2 lit.) + eau (2 lit.) dégage environ...........	+ 0,10
La somme................	— 0,61
ne diffère guère du chiffre trouvé plus haut..................	— 0,50

La différence, qui ne surpasse pas les erreurs d'expériences, est d'ailleurs dans un sens facile à prévoir; chacune des liqueurs renfermant une certaine proportion d'acide libre, qui tend à restreindre la décomposition de l'autre sel.

L'explication précédente suppose que l'action décomposante de l'eau se produit immédiatement, en totalité ou à peu près, sur le mélange des deux sels; tandis qu'elle aurait lieu très lentement sur les sels isolés. J'ai cru nécessaire de vérifier cette

(1) *Annales de chimie et de physique*, 4e série, t. XXIX, p. 462.

supposition, en abandonnant à elles-mêmes pendant un mois les liqueurs mélangées puis en déterminant la chaleur qu'elles dégagent alors par l'action de la potasse :

2KO (1 équiv. = 2 lit.) + SO^4fe (1 équiv. = 1 lit.) + AzO^6fe (1 équiv. = 1 lit.) immédiat.	
Action calculée...........	+ 10,01 + 7,87 + 0,32 = + 18,20.
Même réaction observée sur le mélange abandonné à lui-même pendant un mois......................	+ 18,11.

Ces chiffres, dont la concordance surpasse ce que j'aurais osé espérer, démontrent que l'action de l'eau est immédiate sur les sels mélangés. C'est là encore, je pense, une conséquence de la réaction exercée par l'acide libre contenu dans chacune des solutions séparées sur le sel renfermé dans l'autre solution : l'acide sulfurique libre contenu dans la solution du sulfate ferrique, par exemple, agit aussitôt sur l'azotate ferrique basique de l'autre solution, et réciproquement. Les acides libres tendent à se saturer ainsi aux dépens des sels basiques antagonistes, et ils déterminent un nouvel équilibre, dans un temps beaucoup plus court que le temps nécessaire pour la décomposition propre des sels isolés.

Au bout de dix-huit mois, les liqueurs précédentes étaient restées limpides.

5. *Acétate ferrique.*

1° *Influence de la dilution simple.*

	Cal.
$C^4H^3feO^4$ (1 équiv. = 2 lit.) + eau (2 lit.)......	— 0,10
$C^4H^3feO^4$ (1 équiv. = 2 lit.) + eau (10 lit.)......	— 0,56

Ces résultats s'appliquent à des solutions d'acétate ferrique qui viennent d'être obtenues par double décomposition, au moyen du sulfate ferrique et de l'acétate de plomb, mêlés en proportions équivalentes.

2° *Influence du temps.* — L'influence décomposante de l'eau, quoique déjà sensible dans les essais précédents, le devient bien davantage sous l'influence du temps : précisément comme il arrive dans la réaction de l'eau sur les éthers.

Cherchons d'abord si cette influence s'exerce sur la solution d'acétate ferrique, telle qu'on l'obtient par double décomposition.

$C^4H^3feO^4$ (1 équiv. = 2 lit.) + KO (1 équiv. = 2 lit.) dégage :

Sel récemment préparé (après quelques heures).................	+ 8,87
Ce qui fait, pour $C^4H^4O^4$ étendu + $\frac{1}{3}$ Fe^2O^3 hydraté..........	+ 4,5

valeur inférieure de + 1,2 à la chaleur de combinaison de l'acide sulfurique avec le même oxyde; elle est inférieure de + 1,4 à la chaleur de combinaison des acides azotique et chlorhydrique.

Cet écart existe-t-il avec la même valeur numérique, dès le premier moment de la préparation de l'acétate ferrique? Pour m'en assurer, j'ai déterminé la chaleur dégagée lorsqu'on précipite l'acétate de plomb, d'une part par le sulfate sodique, d'autre part par le sulfate ferrique, en présence de la même quantité d'eau :

	Cal.
$C^4H^3PbO^4$ (1 équiv. = 2 lit.) + SO^4Na (1 équiv. = 2 lit.)....	+ 1,57
$C^4H^3PbO^4$ (1 équiv. = 2 lit.) + SO^4 *fe* (1 équiv. = 2 lit.)....	+ 2,77

La différence de ces deux nombres 2,77 — 1,57 = 1,20 représente l'écart entre la différence des chaleurs de combinaison des deux acides avec les deux bases (soude et oxyde ferrique) prises successivement. Or cet écart peut être calculé par des expériences directes, faites pour déterminer chacune de ces chaleurs de neutralisation. J'ai trouvé :

$$(15,87 - 13,30) - (5,70 - 4,50) = 1,37.$$

Les valeurs 1,20 et 1,37 sont aussi voisines qu'on peut l'attendre dans des calculs de ce genre, où interviennent six valeurs numériques distinctes.

L'acétate ferrique n'éprouve donc aucun changement sensible, depuis l'instant même de sa formation par double décomposition, jusqu'à l'instant où l'on en précipite l'oxyde de fer par la potasse.

Au bout de trois semaines de conservation, l'altération n'est pas encore sensible; car

Solution conserv. 3 sem. (1 équiv. = 2 lit.) + KO (1 équiv. = 2 lit.): + 8,76

chiffre qui se confond avec + 8,87 trouvé immédiatement.

Cependant on ne saurait douter que l'état de décomposition de l'acétate ferrique dissous ne soit plus avancé, dès les premiers moments de sa préparation, que celui du sulfate ou de l'azotate. L'odeur seule indique déjà la présence d'une certaine dose d'acide acétique libre; et l'oxyde de fer corrélatif peut être isolé par dialyse. Cette induction est confirmée par l'écart entre les chaleurs de combinaison des deux acides acétique et azotique avec le peroxyde de fer, soit

$$5,9 - 4,5 = 1,4$$

écart triple environ de celui que présentent les combinaisons des deux mêmes acides avec la soude :

$$13,72 - 13,30 = 0,42.$$

Ce dernier chiffre se retrouve d'ailleurs, à peu près avec la même valeur, pour les autres alcalis et terres alcalines. Pour les protoxydes métalliques, l'écart s'élève à 0,9 ou 1,0 environ, valeur intermédiaire, comme on aurait pu le supposer *à priori*.

Ajoutons enfin que la stabilité d'une solution d'acétate ferrique n'est pas définitive, l'oxyde de fer libre qu'elle renferme ne tardant pas à prendre un état moléculaire nouveau, qui lui enlève la faculté de se combiner avec les acides. De là résulte une décomposition progressive, et qui finit par devenir presque totale.

En effet, une liqueur renfermant un demi-équivalent d'acétate ferrique par litre, au bout de deux mois de conservation, avait déposé un précipité jaune abondant, et elle dégageait par la potasse + 10,39, au lieu de + 8,76; ce qui indique que la moitié au moins de l'oxyde ferrique s'était séparée de l'acide acétique.

La liqueur même des expériences primitives (1 équiv. = 2 lit.) citées à la page 298 a été conservée dix-huit mois : au bout de ce temps, il s'était aussi formé un précipité jaune. La liqueur filtrée demeure opalescente, ce qui indique la présence de l'oxyde ferrique en pseudo-solution. Traitée par la potasse, cette liqueur dégage + 12,81 ; un autre échantillon, après dix-sept mois, + 12,80.

Ces chiffres accusent une décomposition lente et presque complète ; car l'acide acétique libre et la potasse dégagent + 13,30.

Il résulte de là que l'acétate ferrique manifeste d'une façon très nette deux ordres de phénomènes :

1° Sa dissolution récente constitue un système en équilibre, renfermant de l'acétate ferrique et de l'eau, opposés à l'acide acétique hydraté et à l'oxyde ferrique hydraté.

2° Sous l'influence du temps, et sans qu'on ajoute de l'eau, l'oxyde ferrique éprouve une modification moléculaire non réversible, tout en demeurant en suspension ou pseudo-solution dans la liqueur. Il y coexiste avec l'acide acétique, auquel il a perdu la propriété de se recombiner : de telle sorte que la séparation des deux composants du sel dissous se poursuit et tend à devenir totale au sein de la liqueur.

Examinons maintenant les effets simultanés du temps et de la dilution. Dans les premiers moments, le changement est peu sensible, bien qu'il semble réel pour les dilutions notables. Soit d'abord une dilution faible,

$C^4H^3feO^4$ (1 équiv. = 2 lit.) + eau (2 lit.) ; on ajoute alors + KO (2 lit.), ce qui dégage : + 8,70 ;

nombre qui ne diffère guère des chiffres obtenus avec une solution récente et non diluée.

Mais la liqueur, étant conservée, se transforme comme les précédentes, et plus rapidement. Au bout de trois semaines, elle avait déposé de l'oxyde de fer gélatineux, en proportion notable. Elle dégageait alors avec la potasse + 10,42, ce qui indique une absorption lente de — 1,72 ; c'est-à-dire une décomposition de près de moitié de l'acétate ferrique en acide et oxyde (modifié), sous les influences réunies de l'eau et du temps.

Une autre liqueur de même dilution, après dix-huit mois, était devenue brune, opalescente, sans qu'il y eût formation d'un dépôt. Elle dégageait alors par la potasse + 12,90 ; ce qui indiquait une séparation presque complète entre l'acide acétique et l'oxyde ferrique modifié.

Soit maintenant une dilution notablement plus forte dès l'origine :

$C^4H^3feO^4$ (1 équiv. = 2 lit.) a été étendu avec 10 litres d'eau, ce qui a absorbé aussitôt................ — 0,56.

La liqueur diluée a été traitée presque immédiatement par la potasse :

+ KO (1 équiv. = 2 lit.) dégage : + 9,76
au lieu de 8,87 + 0,56 = 9,43.

Il y aurait donc eu une quantité de chaleur — 0,33 absorbée lentement pendant les manipulations. Ce qui tend à confirmer la réalité de cette première absorption de chaleur, c'est l'expérience suivante, faite dans un autre but, mais que je cite ici à l'appui de la précédente :

La même liqueur récemment diluée : $C^4H^3feO^4$ (1 équiv. = 12 lit.), traitée par SO^4H (1 équiv. = 2 lit.), a dégagé..... + 2,41.

Or, avant la dilution,

$C^4H^3feO^4$ (1 équiv. = 2 lit.) + SO^4H (1 équiv. = 2 lit.), dégageait :	+ 1,36
Mais 1,36 + 0,56 (chaleur simple de dilution)...............	= 1,92
chiffre inférieur de 0,49 à...............	+ 2,41

L'écart observé est d'autant plus concluant, qu'il ne se forme ici aucun précipité, à la différence d'état duquel on pourrait attribuer la variation thermique.

L'action de KO indiquerait donc une absorption.....	— 0,33
Celle de SO^4H...............................	— 0,49
La moyenne, soit environ...............	— 0,41

représente la chaleur absorbée pendant les manipulations, la dilution étant portée de 2 litres à 12 litres.

Mais la décomposition devient plus manifeste au bout de trois semaines. J'ai obtenu en effet, en poursuivant l'expérience précédente, et la solution étant demeurée limpide,

$C^4H^3feO^4$ (1 équiv. = 12 lit.) + KO (1 équiv. = 2 lit.)
dégage + 11,32 au premier moment.

Puis l'oxyde de fer précipité se transforme peu à peu, avec de nouveaux dégagements de chaleur, qui donnent un total de + 12,82 au bout de quelques minutes ; l'action, se prolongeant, finit par devenir trop lente pour se prêter à la suite des mesures calorimétriques.

Au bout de dix-huit mois, les résultats étaient analogues ; mais l'oxyde de fer demeurait suspendu dans la liqueur opalescente, sans qu'il y eût de précipité proprement dit.

Ces nombres prouvent d'abord que la dilution et le temps ont séparé en grande partie l'oxyde de fer de l'acide acétique, même dans une liqueur demeurée limpide.

En effet, l'action de la potasse sur 1 équivalent d'acide acétique libre dégage + 13,3. En agissant sur 1 équivalent d'acétate ferrique dissous, récemment préparé et récemment dilué, elle dégage + 9,43 et + 9,76, suivant le temps écoulé depuis la dilution.

Mais, en agissant sur la même solution au bout de quelques mois, le dégagement de chaleur s'élève à + 12,80 et au delà ; valeurs très voisines de + 13,30.

L'oxyde de fer ainsi séparé est modifié et ne joue plus aucun rôle appréciable dans l'équilibre chimique des dissolutions ; car il a perdu tout à fait la propriété de se combiner avec l'acide acétique. Son état même varie. En effet, dans une liqueur ancienne, l'oxyde de fer libre se sépare parfois sous forme jaune et ocreuse (probablement sous l'influence de quelque trace de sels étrangers) ; mais il demeure en partie, et souvent en totalité, sous un état spécial de solution ou de pseudo-solution, remarqué par tous les auteurs qui se sont occupés des sels ferriques. Le temps l'en sépare quelquefois à la longue, mais pas toujours, même au bout de dix-huit mois. On peut le précipiter aussitôt, en ajoutant à la liqueur, soit de la potasse, soit un sel soluble, soit même de l'acide sulfurique libre.

Dans tous les cas, l'oxyde de fer ainsi précipité, ou plutôt *coagulé* (tome Ier, page 133), ne demeure pas dans son état premier; mais il éprouve une suite nouvelle de transformations, de déshydratations et de condensations, traduites par des dégagements de chaleur qui se prolongent indéfiniment. Ces changements sont surtout sensibles, lorsque la précipitation est produite par l'acide sulfurique ou par un sulfate alcalin. Si l'on opère avec la potasse, ils offrent des variations singulières, l'oxyde de fer se transformant parfois en quelques minutes. Parfois, au contraire, il demeure d'abord suspendu dans la liqueur et ne change d'état qu'au bout de quelques heures, de façon à rendre presque impraticable l'observation thermique des dégagements de chaleur qui accompagnent ces changements graduels.

3° *Influence de la chaleur.* — La séparation entre l'acide acétique et l'oxyde de fer peut être accrue, et même rendue à peu près totale, sous l'influence de la chaleur. On sait, en effet, qu'en opérant avec ménagement, on peut chasser tout l'acide acétique par évaporation, et obtenir l'oxyde ferrique dans un état particulier : c'est l'oxyde soluble ou pseudo-soluble.

Cette séparation, circonstance remarquable, est déjà accomplie au sein de la liqueur, même sans qu'il soit besoin de chasser l'acide par distillation; et elle persiste, au moins pendant un certain temps après refroidissement, d'après les expériences de Péan de Saint-Gilles (1).

Les expériences thermiques confirment l'opinion précédente, et précisent le degré ainsi que la permanence de la décomposition. Soit, en effet :

$C^4H fe^4$ (1 équiv. = 2 lit.) porté à 100 degrés pendant quelques minutes, puis ramené à la température ordinaire.

Cette liqueur, traitée par KO (1 équiv. = 2 lit.), dégage : + 12,72.

Un tel chiffre accuse une séparation à peu près complète entre l'acide acétique et l'oxyde de fer; car l'acide acétique pur et la

(1) *Annales de chimie et de physique*, 3e série, t. XLVI, p. 54.

potasse dégagent + 13,30 ; tandis que l'acétate ferrique récent et la potasse dégagent + 8,87.

La présence d'un peu de sel ferrique subsistant est d'ailleurs facile à constater dans les liqueurs chauffées, puis refroidies après en avoir précipité l'oxyde ferrique libre par le sulfate de potasse.

Cependant, sous l'influence du temps, l'acide acétique et l'oxyde ferrique tendent à se recombiner ; mais cette réaction est très lente. En effet, j'ai trouvé, au lieu de + 8,87 :

Après trois heures	+ 12,72
Après quatre jours	+ 12,56
Après dix-huit jours	+ 12,13

J'ajouterai que l'état primitif, une fois changé, ne se reproduit plus exactement. En effet, sous l'influence du temps, la solution froide d'acétate ferrique éprouve la décomposition lente, due à une modification moléculaire de l'oxyde et décrite précédemment. Ainsi la liqueur ci-dessus, au bout de dix-sept mois de conservation, dégageait par la potasse : + 12,80 ; précisément comme la liqueur simplement conservée sans avoir subi aucun échauffement.

La dissolution d'acétate de fer chauffée d'abord à 100 degrés est précipitable, après refroidissement, par le sulfate de potasse, par l'acide sulfurique, etc., qui en séparent l'oxyde de fer, selon les observations de Péan de Saint-Gilles que j'ai citées tout à l'heure.

J'ai cru utile de mesurer la chaleur mise en jeu dans ces dernières réactions opérées à froid :

$C^4H^3\mathit{fe}O^4$ (chauffé) + SO^4K (1 équiv. = 2 lit.), dégage : — 0,16.

Cette quantité répond à peu près à la réaction de $C^4H^4O^4$ sur SO^4K. D'où il suit que *la coagulation de l'oxyde de fer pseudo-soluble*, qui se produit au même moment, *répond à un phénomène thermique très faible, sinon nul :* résultat fort important pour la théorie de la solidification des corps non cristallisés.

Soit encore la coagulation de l'acétate ferrique chauffé, telle qu'on l'exécute par le concours de l'acide sulfurique étendu. Les effets sont ici plus compliqués :

$C^4H^3feO^4$ (1 éq. = 2 lit.) chauffé ; puis traité après refroidissement par + SO^4H (1 éq. = 2 lit.), dégage : + 0,46 au moment du mélange.

Mais cette première action est suivie d'une réaction plus lente, qui dégage une nouvelle quantité de chaleur plus grande que la première, comme je m'en suis assuré ; bien que la lenteur du phénomène ne m'ait pas permis de mesurer cette quantité avec exactitude.

Le premier dégagement de chaleur peut être attribué, au moins en partie, à la coagulation du précipité. Mais le dégagement consécutif semble traduire une *condensation moléculaire*, qui se poursuit lentement (voy. page 188) ; en effet, l'oxyde, lavé ensuite par décantation, ne retient pas la plus légère trace d'acide sulfurique.

Cet oxyde lavé est devenu d'ailleurs insoluble dans l'eau. Les acides étendus ne le dissolvent pas immédiatement à froid, si ce n'est l'acide chlorhydrique.

L'oxyde ferrique ainsi précipité ne se redissout pas d'une manière appréciable dans l'acide sulfurique, même lorsque l'on conserve pendant dix-sept mois la liqueur et le précipité en contact l'un avec l'autre.

L'acide sulfurique provoque également la coagulation de l'oxyde de fer pseudo-soluble, séparé de l'acétate ferrique sous l'influence du temps et de la dilution. Au contraire l'acide sulfurique s'unit à l'oxyde ferrique dans la solution récente d'acétate ferrique, même dans la solution diluée, sans en rien séparer.

Voici les phénomènes thermiques développés dans ces diverses circonstances ; je les donne comme termes de comparaison :

$C^4H^3feO^4$ (1 éq. = 12 lit.) récent + SO^4H (1 éq. = 2 lit.), dégage : + 2,41 ;

$C^4H^3feO^4$ (1 éq. = 12 lit.), après trois semaines de conservation, a été mélangé avec + SO^4H (1 éq. = 2 lit.), et il a dégagé :

	Cal
Au premier moment..........	+ 1,34
Après quelques minutes.......	+ 3,68 et davantage

le dégagement de chaleur se poursuivant d'une manière progressive et indéfinie.

Le premier de ces chiffres indique une séparation presque complète entre l'acide acétique et l'oxyde de fer, conformément à ce qui a été dit tout à l'heure. Cet oxyde se trouve en pseudo-solution, et l'acide sulfurique le précipite, sans que l'oxyde retienne trace de l'acide précipitant; ainsi que je l'ai vérifié.

Dans ce cas, comme dans le précédent, l'oxyde de fer, maintenu en contact avec la liqueur acide pendant dix-huit mois, ne s'est pas redissous d'une manière notable; il avait donc acquis un état moléculaire nouveau, non réversible, et très distinct de celui qui existe dans les sels ferriques dissous.

Citons d'autres faits sur lesquels je veux appeler l'attention. L'oxyde de fer précipité par l'acide sulfurique dans une solution d'acétate ferrique, qui a été décomposée sous l'influence du temps et de la dilution, n'est pas identique avec l'oxyde séparé de l'acide acétique par la chaleur dans la même solution d'acétate ferrique, ce dernier oxyde étant plus rouge, plus contracté, moins gélatineux. Je rappellerai d'ailleurs que l'oxyde précipité au sein de l'acétate décomposé par dilution, qu'il soit séparé par l'acide sulfurique, ou par la potasse, ne demeure pas dans son état premier; mais il éprouve dans les deux cas une suite de transformations, traduites par des dégagements de chaleur qui se prolongent indéfiniment.

Toutes ces circonstances nous expliquent pourquoi l'action décomposante de la chaleur ou du temps sur l'acétate ferrique n'est pas réversible et ne donne pas lieu à des phénomènes nets d'équilibre proprement dits.

4° *Influence d'un excès d'acide acétique.*

$$C^4H^3feO^4\ (1\ \text{éq.} = 2\ \text{lit.}) + C^4H^4O^4\ (1\ \text{éq.} = 2\ \text{lit.}) : +\ 0{,}04.$$

Ainsi l'acide acétique ne semble pas modifier notablement l'état de combinaison de l'acétate ferrique dissous, contrairement à ce qui arrive pour le sulfate et l'azotate; soit parce que l'effet thermique est compensé par la dilution, soit encore parce que la transformation de l'acétate ferrique exige un temps beaucoup plus long que celle des deux autres sels.

5° *Influence d'un excès de base.* — J'ai examiné cette influence par le procédé de la saturation fractionnée, au moyen de la soude :

$C^4H^3feO^4$ (1 équiv. = 2 lit.) récemment préparé

+ un tiers NaO (1 équiv. = 2 lit.) :	+ 2,86
+ un second tiers NaO............	+ 3,08
+ un dernier tiers NaO...........	+ 2,98
Total..............	+ 8,82

La somme + 8,82 concorde suffisamment avec + 8,87 trouvé plus haut (page 298).

On voit que la saturation du premier tiers dégage un peu moins de chaleur que celle des deux autres ; ce qui tient sans doute à quelque redissolution partielle du précipité. En tout cas, la formation d'un acétate basique, au moyen de l'acétate normal et de l'oxyde ferrique en excès, dégagerait fort peu de chaleur, d'après les chiffres ci-dessus.

Réciproquement, la séparation de l'acétate ferrique dissous en acide libre et oxyde ferrique libre, ou acétate basique dans les liqueurs, produira une absorption de chaleur voisine de la chaleur dégagée par l'union de l'acide sur la base elle-même, et même un peu plus forte. En effet, d'après les nombres précédents :

$3\,C^4H^3feO^4$ dissous, en produisant $2\,C^4H^3feO^4 + feO + C^4H^4O^4$ par exemple, absorberait — 4,7,

au lieu de — 4,6 qui répond à la séparation du sel neutre en ses composants : $C^4H^4O^4 + feO$.

De même, $3\,C^4H^3feO^4$ dissous, en produisant $C^4H^3feO^4$, $2\,feO + 2\,C^4H^4O^4$, absorberait — 8,8,

au lieu de — 9,2 qui répond à la décomposition de 2 équivalents de sel neutre en leurs composants : $2\,C^4H^4O^4 + 2\,feO$.

Cette conclusion est toute semblable à celle qui a été présentée plus haut pour le sulfate et l'azotate ferriques.

6° *Influence d'un sel alcalin du même acide.*

$C^4H^3feO^4$ (1 éq. = 2 lit.) + $C^4H^3NaO^4$ (1 éq. = 2 lit.) : — 0,50.

Ce chiffre est notable et il ne s'explique pas par l'action immédiate de l'eau, qui a dissous chacun des deux sels, sur le sel antagoniste. En effet,

$C^4H^3feO^4$ (1 éq. = 2 lit.) + eau (2 lit.) immédiatement: — 0,10
$C^4H^3NaO^4$ (1 éq. = 2 lit.) + eau (2 lit.)............. + 0,02

Mais j'ai montré (page 300) que l'influence de l'eau s'exerce peu à peu : de telle façon qu'au bout de quelques semaines, une grande partie de l'acétate ferrique dilué est résolue en acide et oxyde modifié, avec absorption de — 1,72. C'est le même phénomène qui se développe plus rapidement ici, sous l'influence de l'acétate alcalin ; ce dernier sel détermine d'ailleurs, au bout de quelque temps, comme le ferait un sel quelconque, la séparation de l'oxyde de fer modifié, sous forme rougeâtre et contractée : preuve irrécusable de la décomposition accomplie.

Cependant cette décomposition, quoique plus rapide que pour l'acétate ferrique pur, n'est cependant pas accomplie dès les premiers moments : elle se poursuit sous l'influence du temps. En effet, la liqueur récemment préparée

$C^4H^3feO^4$ (1 éq. = 2 lit.) + $C^4H^3NaO^4$ (2 lit.), mêlé avec KO (1 éq. = 2 lit.), dégage : + 9,37.
$C^4H^3feO^4$ (1 éq. = 2 lit.) + $C^4H^3NaO^4$ (2 lit.), après un mois, mêlée avec KO (1 éq. = 2 lit.), dégage : + 9,91.

L'écart : + 0,54, représente une séparation plus avancée entre l'oxyde et l'acide.

La réaction immédiate de l'acétate de soude ayant absorbé 0,50; la somme des deux chiffres + 0,54 + 0,50 = + 1,04 exprime la décomposition effectuée sous l'influence de l'acétate de soude. Ce chiffre étant moindre que + 1,72 obtenu sous l'influence de l'eau seule dans les mêmes conditions, on voit qu'en définitive la présence de l'acétate de soude a agi à la fois dans cette circonstance pour diminuer la quantité d'acétate ferrique décomposée, et pour en accélérer la décomposition. Il modifie la vitesse de la réaction et les limites qui la caractérisent, toutes choses égales d'ailleurs.

Cependant cette conclusion est relative aux conditions de

l'expérience citée, l'acétate ferrique dissous finissant par se décomposer presque complètement en présence de l'eau pure. Or, au bout de dix-huit mois, la décomposition des deux acétates mélangés est arrivée au même terme que s'il n'y avait pas d'acétate alcalin. En effet, la solution mixte, traitée par la potasse, a dégagé $+ 12^{Cal},90$; ce qui indique une séparation presque accomplie entre l'acide acétique et l'oxyde modifié.

Les réactions des acétates de manganèse et de zinc sur les sels ferriques mettent en évidence, par des preuves non moins catégoriques, une progression spontanée des décompositions toute semblable à celles qui peuvent être opérées sur l'acétate ferrique. (*Annales de chimie et de physique*, 4e sér., tome XXX, p. 201 à 203 ; 1873.)

7° *Influence réciproque de l'acétate ferrique et d'un autre sel ferrique.* — Le mélange des deux sels ferriques dissous donne lieu à une absorption de chaleur, et cette absorption surpasse de beaucoup les effets thermiques immédiats qui résulteraient de l'action de la même quantité d'eau sur les deux sels pris isolément : ces derniers effets d'ailleurs ne dépassent guère la limite d'erreur des expériences (1). Voici les nombres observés :

$SO^4fe + C^4H^3feO^4$:	$-0,91$		$AzO^6fe + C^4H^3feO^4$:	$-1,08$
1 » + 5 »	$-0,77$		1 » + 5 »	$-1,36$
5 » + 1 »	$-1,75$		5 » + 1 »	$-2,00$

Le mélange de deux sels ferriques dissous donne donc lieu à un accroissement de décomposition ; lequel est le plus grand possible, quand le sel le moins stable, l'acétate, par exemple, est en présence du plus grand volume de la solution inverse.

Ce résultat singulier s'explique, je crois, par l'action propre de l'eau, qui dissout chacun des sels ferriques, sur l'autre sel et spécialement sur l'acétate. En effet, l'acétate ferrique (1 éq. = 2 lit.), étendu avec son volume d'eau, absorbe immédiatement $-0,10$; en quelques semaines, il absorbe $-1^{Cal.},55$

(1) Tous les sels sont dissous séparément, de façon que 1 équivalent occupe 2 litres.

en éprouvant une décomposition progressive. Or ce dernier chiffre surpasse comme valeur absolue — 0,91 et — 1,08.

Le même sel, étendu avec 5 volumes d'eau, absorbe en quelques minutes — 1,00, et en trois semaines, — 3,95; or ce dernier chiffre surpasse — 1,75 et — 2,00.

On peut expliquer cet écart, en remarquant que le mélange de deux sels ferriques doit diminuer un peu l'action décomposante de l'eau sur chacun d'eux, parce que chacune des liqueurs renferme en réalité une certaine proportion d'acide libre, qui tend à restreindre la décomposition de l'autre sel : les chiffres ci-dessus sont conformes à cette déduction.

Cependant l'explication précédente suppose que la première action décomposante de l'eau se produit immédiatement, en totalité ou à peu près, sur le mélange des deux sels; tandis qu'elle a lieu très lentement sur les sels isolés, surtout sur l'acétate, d'après mes expériences. J'ai cru nécessaire de vérifier cette supposition, en abandonnant les dissolutions mélangées à elles-mêmes pendant un mois; puis en déterminant la chaleur qu'elles dégagent alors par l'action de la potasse.

$\{$ $(2KO) + SO^4fe + C^4H^3feO^4$ immédiatement (calculé) : $10,01 + 8,87 + 0,91 = 19,79$
» $SO^4fe + C^4H^3feO^4$ après un mois (trouvé) : » $= 19,73$

$\{$ $(2KO) + AzO^6fe + C^4H^3feO^4$ immédiatement (calculé) : $7,87 + 8,87 + 1,08 = 17,82$
» $AzO^2fe + C^4H^3feO^4$ après un mois (trouvé) : » $= 17,84$

Ces chiffres, dont la concordance surpasse ce que j'avais espéré, prouvent que la première action de l'eau est immédiate sur les sels mélangés : résultat remarquable, et qui me paraît dû, d'une part, au caractère presque immédiat de l'action de l'eau sur le sulfate et sur l'azotate ferriques, opposé à l'action bien plus lente de l'eau sur l'acétate; et, d'autre part, à l'action propre exercée par l'acide libre contenu dans chacune des solutions séparées sur le sel renfermé dans l'autre solution. L'acide sulfurique libre contenu dans la solution du sulfate de fer, par exemple, agit aussitôt sur l'acétate de fer, et se sature à ses dépens, dans un temps beaucoup plus court que le temps nécessaire pour la décomposition propre de l'acétate isolé.

Au bout de dix-huit mois, les deux liqueurs contiennent des précipités, et l'action thermique de la potasse accuse une décomposition presque complète de l'acétate ferrique; précisément comme s'il avait été dissous séparément.

Quelque longues et minutieuses que soient ces expériences, j'ai cru devoir les poursuivre jusqu'au bout, comme très propres à mettre en lumière la constitution véritable des sels métalliques dissous; l'oxyde de fer présentant le type exagéré, en quelque sorte, des phénomènes qui s'observent avec les autres oxydes sur une moindre échelle.

6. En résumé, l'oxyde de fer et les acides ne sont unis que d'une manière incomplète dans les dissolutions des sels ferriques : l'eau intervient dans les équilibres qui caractérisent cet ordre de combinaisons; équilibres qui ne doivent pas être confondus avec la dissociation (voy. pages 243 et 285), attendu que les corps produits par l'action de l'eau (*acide hydraté* et *oxyde hydraté*) ne préexistent pas dans le sel décomposé. Le rôle chimique de l'eau est surtout manifeste lorsqu'elle décompose les sels formés par les acides faibles, tels que l'acétate ferrique; il s'exerce en raison des proportions relatives; il est accru par l'élévation de la température.

Ce n'est pas tout : la réaction de l'eau sur les sels ferriques n'est pas instantanée, mais progressive, précisément comme la décomposition des éthers par l'eau.

Enfin les effets ne sont pas toujours réversibles, par le seul fait d'un changement réciproque dans les conditions de température ou de proportions relatives; attendu que l'oxyde de fer, une fois séparé des acides, prend certains états moléculaires nouveaux, comparables à une condensation polymérique (voy. pages 305 et 188), et qui le rendent incapable de régénérer les combinaisons primitives.

Les autres sels métalliques éprouvent de la part de l'eau une réaction analogue, à cela près que le rôle du temps et des changements moléculaires ne s'y manifeste pas toujours avec la même évidence.

§ 3. — Sels de zinc.

1. *Constitution des dissolutions des sels de zinc. — Dilution.* J'ai étudié cette constitution, en faisant varier les proportions relatives de l'eau et celles de la base.

L'influence de la dilution est surtout intéressante, parce qu'elle est le point de départ des études thermiques relatives aux doubles décompositions. Je me suis attaché particulièrement aux sulfates et aux acétates métalliques, ayant reconnu que la plupart de ces derniers éprouvent l'action de l'eau d'une manière plus marquée que les sels minéraux; cela signifie que l'acide acétique est plus faible que les acides sulfurique ou chlorhydrique (voy. page 246). J'ai trouvé :

1° *Sulfate de zinc.*

	Cal.
SO^4Zn (1 éq. = 2 lit.) + eau (2 lit.) :	+ 0,10
SO^4Zn (1 éq. = 2 lit.) + eau (8 lit.) :	+ 0,12

La formation thermique du sulfate de zinc n'est donc affectée que d'une manière très faible et pour ainsi dire négligeable, par une telle dilution, à peu près comme celle des sulfates alcalins.

2° *Acétate de zinc.* — La dilution des solutions de ce sel dégage au contraire des quantités notables de chaleur :

	Cal.
$C^4H^3ZnO^4$ (1 éq. = 2 lit.) + eau (2 lit.) :	+ 0,50
$C^4H^3ZnO^4$ (1 éq. = 10 lit.) + eau (8 lit.) :	+ 1,01

Comme contrôle, j'ai fait agir 1 équivalent de potasse sur 1 équivalent d'acétate de zinc, dissous dans diverses proportions d'eau. La chaleur dégagée varie, comme on devait s'y attendre, même lorsque l'oxyde est précipité en présence d'une quantité d'eau identique :

	Cal.
$C^4H^3ZnO^4$ (1 éq. = 2 lit.) + KO (1 éq. = 10 lit.) :	+ 5,40
$C^4H^3ZnO^4$ (1 éq. = 2 lit.) + KO (1 éq. = 2 lit.) :	+ 4,40

Ce résultat est dû, en totalité ou à peu près, à la dilution inégale de l'acétate de zinc; car la dilution de la potasse déjà dissoute, depuis 2 litres jusqu'à 10 litres par équivalent, ne donne pas lieu à un effet thermique bien appréciable. L'effet de la dilution semblable de l'acétate alcalin ou de l'acide acétique n'est guère moins petit. Au contraire, la dilution semblable de l'acétate de zinc dégage + 1,01 ; ce qui représente exactement la différence : + 5,40 — 4,40 = 1,00 entre les quantités de chaleurs développées par la réaction de la potasse.

La réaction de la potasse sur l'acide acétique libre dégage d'ailleurs

$$C^4H^4O^4 \text{ (1 éq. = 2 lit.)} + KO \text{ (1 éq. = 2 lit.)} : \quad +13{,}33.$$

En admettant que 1 équivalent de potasse précipite exactement 1 équivalent d'oxyde de zinc dans une solution d'acétate de zinc, ce qui est sensiblement vrai quand on opère à équivalents rigoureusement égaux, on conclut des chiffres ci-dessus :

ZnO (hydraté) + $C^4H^4O^4$, en prés. de $110 H^2O^2$, dégage : + 7,93
ZnO (hydraté) + $C^4H^4O^4$, en prés. de $220 H^2O^2$, dégage : + 8,43
ZnO (hydraté) + $C^4H^4O^4$, en prés. de $550 H^2O^2$, dégage : + 8,93

Ce changement se poursuit sans doute plus loin encore ; mais la grandeur des variations thermométriques, décroissant avec la dilution, ne permet guère de suivre au delà le phénomène avec précision.

Il y a ici quelque chose de très remarquable : en effet, *la chaleur dégagée par l'union de l'acide acétique et de l'oxyde métallique s'accroît avec la quantité d'eau ;* laquelle semblerait, au contraire, devoir décomposer l'acétate de zinc. Un tel accroissement répond à la chaleur dégagée dans la dilution ; il se retrouve dans l'étude de beaucoup d'autres acétates. Dépend-il de la formation des hydrates salins, devenue plus complète à mesure que la proportion d'eau est plus considérable ? ou bien doit-on le rapporter simplement aux changements des chaleurs spécifiques, changements déterminés par quelque circonstance physique demeuré eobscure (voy. tome Ier, p. 125, et t. II, p. 162) ? Je ne saurais, quant à présent, décider cette question ; mais le fait, quelle qu'en soit la cause, est réel (1), et il est susceptible d'être utilisé dans l'étude des doubles décompositions.

Poursuivons l'étude de la réaction exercée par l'eau sur l'acétate de zinc, au point de vue de l'influence du temps ou de la chaleur.

2. *Chaleur.*

Les solutions d'acétate de zinc, portées à l'ébullition, perdent de l'acide acétique et tendent à devenir basique; un sel basique finit même par s'y déposer. Le même phénomène se produit lorsqu'on chasse l'eau de cristallisation de l'acétate de zinc dans une étuve. Il résulte de là que l'eau met en liberté une petite quantité d'acide acétique dans les solutions d'acétate de zinc, à 100 degrés et même au-dessous.

Ce phénomène est-il précédé par une séparation considérable entre l'acide et l'oxyde au sein des liqueurs, séparation qui serait analogue à la décomposition de l'acétate ferrique (p. 300)? Elle serait telle que les deux corps demeureraient en présence pendant quelque temps, sans se recombiner après le refroidissement. Pour m'en assurer, j'ai porté à 100 degrés une solution d'acétate de zinc pendant un quart d'heure, en évitant toute évaporation. Puis je l'ai refroidie rapidement et j'ai mesuré la chaleur dégagée par la réaction de la potasse sur la dissolution ramenée à la température ordinaire. J'ai trouvé

$$C^4H^3ZnO^4 \text{ (2 lit.)} + KO \text{ (10 lit.)} : +5,44,$$

chiffre qui coïncide avec + 5,40 trouvé plus haut.

Il ne se produit donc là aucune séparation *permanente*, qui soit comparable à celle de l'oxyde de fer pseudo-soluble et de l'acide acétique, dans une solution chauffée d'acétate ferrique.

3. *Temps.*

Sous l'influence du temps, la solution d'acétate de zinc ne tarde pas à se troubler et à laisser déposer un sel basique, en petite quantité d'ailleurs : résultat qui accuse l'action décomposante de l'eau, lentement exercée. Pour la mettre en pleine évidence,

(1) Voy. aussi Favre, *Comptes rendus*, t. LXXIII, p. 719.

j'ai traité par la potasse une solution d'acétate de zinc préparée un an auparavant. J'avais le soin de remettre le précipité en suspension, avant d'ajouter la potasse, et d'opérer sur la totalité de la liqueur, afin que le résultat demeurât comparable avec la réaction primitive : en effet, dans ces conditions, la potasse change en acétate alcalin le précipité aussi bien que le sel dissous.

J'ai trouvé :

$$C^4H^3ZnO^4 \text{ (1 éq.} = 2 \text{ lit.)} + KO \text{ (2 lit.)} : \quad + 4{,}99,$$

au lieu de + 5,44.

Il y a donc eu + 0,45 absorbés pendant la conservation d'une année et par le fait de la séparation du sel basique. Ce chiffre répondrait à peu près à un dixième de sel décomposé, d'après la valeur donnée plus bas pour les sels basiques.

4. *Mélange de deux sels zinciques.*

$$SO^4Zn \text{ (1 éq.} = 2 \text{ lit.)} + C^4H^3ZnO^4 \text{ (1 éq.} = 2 \text{ lit.)} : \quad + 0{,}20.$$

Ce dégagement est moindre que la chaleur produite par la réaction de la quantité d'eau, qui dissout chaque sel, sur le sel antagoniste ; soit :

$$(+ 0{,}51 + 0{,}10) = + 0{,}60.$$

J'ai dit ailleurs qu'il en était ainsi dans la plupart des cas, la présence d'un sel dissous atténuant l'action propre du dissolvant sur l'autre sel (*Annales de chimie et de physique*, 4e série, t. XXIX, p. 462 ; le présent volume, page 224).

5. *Formation des sels basiques.*

Pour achever de définir l'état de combinaison entre l'oxyde de zinc et les acides, j'ai étudié la formation thermique des sels basiques, en opérant par précipitation successive sur des dissolutions récemment préparées à la température ordinaire.

	Cal.
$C^4H^3ZnO^4$ (1 éq. = 2 lit.) sol. réc. + $\frac{1}{3}$ NaO (1 éq. = 2 lit.) :	+ 1,97
$C^4H^3ZnO^4$ (1 éq. = 2 lit.) sol. réc. + 2e $\frac{1}{3}$ NaO (1 éq. = 2 lit.) :	+ 1,86
$C^4H^3ZnO^4$ (1 éq. = 2 lit.) sol. réc. + 3e $\frac{1}{3}$ NaO (1 éq. = 2 lit.) :	+ 1,465
Total.........	+ 5,30

	Cal.
$C^4H^3ZnO^4$ (1 éq. = 2 lit.) sol. réc. + $\frac{1}{3}$ KO (1 éq. = 2 lit.) :	+ 1,97
$C^4H^3ZnO^4$ (1 éq. = 2 lit.) sol. réc. + 2e $\frac{1}{3}$ KO (1 éq. = 2 lit.) :	+ 1,87
$C^4H^3ZnO^4$ (1 éq. = 2 lit.) sol. réc. + 3e $\frac{1}{3}$ KO (1 éq. = 2 lit.) :	+ 1,48
	+ 5,32

	Cal.
$C^4H^3ZnO^4$ (1 éq. = 2 lit.) sol. réc. + 4e $\frac{1}{3}$ KO (1 éq. = 2 lit.) :	— 0,02
$C^4H^3ZnO^4$ (1 éq. = 2 lit.) sol. réc. + 5e $\frac{1}{3}$ KO (1 éq. = 2 lit.) :	— 0,02
$C^4H^3ZnO^4$ (1 éq. = 2 lit.) sol. réc. + 6e $\frac{1}{3}$ KO (1 éq. = 2 lit.) :	— 0,00
$C^4H^3ZnO^4$ (1 éq. = 2 lit.) sol. réc. + 7e $\frac{1}{3}$ KO (1 éq. = 2 lit.) :	— 0,00

Il ressort de ces chiffres que :

1° L'action des premières fractions de potasse (ou de soude) dégage plus de chaleur que les dernières; ce qui se comprend, parce que la potasse sature d'abord l'acide libre des liqueurs, et, en outre, parce que l'oxyde de zinc, séparé immédiatement après cette saturation, se recombine avec une portion du sel neutre (sans préjudice de la formation d'un sel double).

2° L'action d'un excès de potasse, action qui est accompagnée par une dissolution partielle de l'oxyde de zinc dans l'alcali, ne donne lieu à aucun effet thermique bien sensible; résultat remarquable et qui résulte d'une compensation entre deux effets contraires, savoir : la combinaison de la potasse avec l'oxyde de zinc, phénomène exothermique, et la dissolution de l'oxyde de zinc solide, phénomène endothermique.

Je me suis assuré tout à fait de cette compensation, en poussant l'expérience thermique jusqu'à la redissolution totale de l'oxyde de zinc, en présence d'une quantité d'eau constante :

SO^4Zn (1 éq. = 2 lit. + KO (1 éq. = 20 lit.) :	+ 3,3
SO^4Zn (1 éq. = 2 lit. + 10KO (1 éq. = 2 lit.) :	+ 3,3

L'étude des sels de cuivre donne lieu à des observations analogues et parallèles à l'étude des sels de zinc (1); mais je crois inutile de m'étendre davantage sur ce sujet.

(1) *Annales de chimie et de physique*, 4e série, t. XXX, p. 96; 1873.

CHAPITRE X

CONSTITUTION DES SELS DISSOUS. — SELS ACIDES ET SELS DOUBLES.

§ 1er. — Sels acides.

1. Les acides s'unissent aux sels neutres pour former des sels acides, composés définis dont la *formation dans l'état solide* est accompagnée par des dégagements de chaleur plus ou moins considérables.

Par exemple, les bisulfates :

SO^3 solide + SO^4K solide = S^2O^7K, dégage : + 13,1
SO^4H id. + SO^4K id. = S^2O^8KH id. + 7,5
SO^4H id. + SO^4Na id. = S^2O^8NaH id. + 8,1

L'iodate acide et le bichromate dégagent beaucoup moins de chaleur :

$IO^6H + IO^6K = IO^6K,IO^6H$.................. + 3,1
CrO^3 solide + $CrO^4K = Cr^2O^7K$, environ...... + 1,9

Les bioxalates :

$C^4H^2O^8 + C^4Na^2O^8$.... = $2\,C^4HNaO^8$, dégage : + 1,9 × 2

Les bitartrates :

$C^8H^6O^{12} + C^8H^4Na^2O^{12} = 2\,C^8H^5NaO^{12}$, dégage : + 3,3 × 2

Les acétates acides :

$C^4H^4O^4$ solide (1) + $C^4H^3NaO^4$.... = biacétate cubique, dégage : + 0,1
$2\,C^4H^4O^4$ solide (2) + $C^4H^3NaO^4$.... = triacétate solide...... + 5,5
$2\,C^{10}H^{10}O^4$ liquide + $C^{10}H^{10}O^4,AzH^3$ = trivalérate solide....... + 6,3

2. *Sels acides dissous.* — Que deviennent les sels acides lorsqu'on les dissout dans l'eau ?

(1) Si l'acide était liquide, on aurait : + 2,6.
(2) Si l'acide était liquide, on aurait : + 9,7.

A l'origine, MM. Andrews (1), Favre et Silbermann (2) avaient admis que les sels acides étaient détruits complètement par l'action de l'eau ; de telle sorte qu'une liqueur étendue renfermerait un sel neutre juxtaposé avec un acide.

J'ai été conduit à reprendre cette question par des recherches nouvelles sur l'état des sels dissous, exécutées à l'aide d'une méthode fondée sur le partage des corps entre deux dissolvants (3). Ces recherches tendent à établir une différence marquée entre les sels acides, suivant qu'ils sont formés par les acides monobasiques ou par les acides bibasiques : les premiers sels acides sont détruits en majeure partie dans l'acte de la dissolution, tandis que les seconds éprouvent une décomposition partielle beaucoup moins avancée, variable d'ailleurs avec les proportions relatives d'eau, d'acide et de sel neutre mis en présence ; le tout conformément aux lois qui règlent la statique des réactions éthérées.

Ces mêmes relations peuvent être établies par les méthodes thermiques.

3. Soient d'abord les acides monobasiques, l'acide chlorhydrique ou l'acide azotique, par exemple. 1 équivalent de chacun d'eux étant dissous dans 2 litres de liqueur, ainsi que 1 équivalent des sels correspondants, séparément, on trouve :

	Cal.		Cal.
KCl + HCl..........	— 0,03	$AzO^6K + AzO^6H$.....	+ 0,01
NaCl + HCl..........	— 0,03	$AzO^6Na + AzO^6H$......	— 0,04
AmCl + HCl..........	— 0,03	$AzO^6Am + AzO^6H$......	+ 0,02

Ces nombres sont du même ordre de grandeur que l'action de l'eau sur les acides ou sur les sels isolés, et ne surpassent guère les erreurs des expériences. Il n'existe donc aucun indice thermique de l'existence des sels acides dissous que pourraient former les acides chlorhydrique et azotique avec les chlorures

(1) *Annales de chimie et de physique*, 3e série, t. IV, p. 324, 327.
(2) Même recueil, 3e sér., t. XXXVII, p. 418, 424, 427.
(3) Même recueil, 4e sér., t. XXVI, p. 433; 1872.

alcalins, pas plus d'ailleurs que de l'existence de sels analogues dans l'état solide (1).

4. Mais il en est autrement des acides gras : formique, acétique, butyrique, etc. Les sels acides de ces corps se forment d'une manière très manifeste dans les dissolutions, d'après les valeurs thermiques que j'ai présentées plus haut (voy. page 253).

5. Les effets thermiques sont bien plus sensibles dans l'étude des acides bibasiques, tels que les acides sulfurique et oxalique :

	Cal.	
$SO^4K + SO^4H$ . .	— 1,04	Résultats conformes aux observations de Graham (2) et à celles de M. Thomsen (3).
$SO^4Na + SO^4H$. . .	— 1,05	
$SO^4Am + SO^4H$. . .	— 0,93	
$\frac{1}{2}C^4Na^2O^8 + \frac{1}{2}C^4H^2O^8$.	— 0,42	

Ces chiffres, et surtout la presque identité des nombres obtenus avec trois bases différentes, indiquent l'existence d'une réaction spéciale entre les acides bibasiques et leurs sels neutres, dans les dissolutions. Pour l'étudier de plus près, faisons varier les proportions relatives des composants.

1° *Proportion d'acide.* — Soit un bisulfate alcalin dissous (1 équiv. = 2 lit.); ajoutons à la liqueur plusieurs équivalents successifs d'acide sulfurique étendu (1 équiv. = 1 lit.), nous obtenons :

SO^4K (87^{gr} = 1 lit.)	+ SO^4H (49^{gr} = 1 lit.)	dégage :	— 1,23
Id.	+ $2SO^4H$	id.	— 1,59
Id.	+ $5SO^4H$	id.	— 1,84
Id.	+ $10SO^4H$	id.	— 1,90

On voit qu'il se produit de nouvelles absorptions de chaleur, croissant avec la proportion d'acide, et qui tendent vers une limite voisine de — 2,0 pour la réaction rapportée au sulfate neutre. Ce chiffre peut être regardé comme correspondant à une transformation presque intégrale du sulfate neutre en bisulfate réel dans la liqueur.

(1) Cependant il existe un iodhydrate d'iodure d'argent cristallisé et divers composés analogues, sans parler des fluorhydrates de fluorures alcalins.

(2) *Annales de chimie et de physique*, 3e série, t. XIII, p. 199.

(3) *Pogg. Ann.*, t. CXXXVIII, p. 75. Cet auteur n'a donné aucune interprétation théorique de ses observations sur ce point.

Mêmes conclusions pour le bioxalate de soude :

$C^4Na^2O^8$ ($33^{gr},5$ = 1 lit.)	+ $C^4H^2O^8$	($22^{gr},5$ = 1 lit.)	....	— 0,39 × 2
Id.	+ $2\,C^4H^2O^8$	id.	....	— 0,49 × 2
Id.	+ $4\,C^4H^2O^8$	id.	....	— 0,57 × 2

La transformation de l'oxalate neutre en bioxalate dans les dissolutions tend vers la limite — 0,6.

2° *Proportion du sel neutre.* — Au bisulfate dissous ajoutons plusieurs équivalents successifs du sulfate neutre, également dissous (1 équiv. = 1 lit.) :

SO^4H (49^{gr} = 1 lit.)	+ SO^4	(87^{gr} = 1 lit.)	....	— 1,26
Id.	+ $2\,SO^4K$	id.	....	— 1,70
Id.	+ $5\,SO^4K$	id.	....	— 1,99
Id.	+ $10\,SO^4K$	id.	....	— 2,20

On voit qu'il se produit encore de nouvelles absorptions de chaleur, croissant avec la proportion du sel neutre, à peu près suivant la même progression que dans la série précédente, et qui tendent également vers une limite voisine de — 2,0 pour la réaction rapportée à 1 équivalent d'acide sulfurique. C'est donc encore le même chiffre approximatif qui représente la transformation intégrale de cet acide en bisulfate réel dans la liqueur.

Mêmes conclusions pour le bioxalate de soude :

$C^4H^2O^8$ ($22^{gr},5$ = 1 lit.)	+ $C^4Na^2O^8$	($33^{gr},5$ = 1 lit.)	....	— 0,44 × 2
Id.	+ $2\,C^4Na^2O^8$	id.	....	— 0,53 × 2
Id.	+ $4\,C^4Na^2O^8$	id.	....	— 0,62 × 2

La transformation intégrale de l'acide oxalique en bioxalate tend encore vers la limite — 0,6.

La méthode des deux dissolvants confirme cette conclusion par des expériences d'une nature toute différente (1).

Remarquons enfin que ces valeurs limites sont telles, que la

(1) *Annales de chimie et de physique*, 4ᵉ série, t. XXVI, p. 156.

combinaison de 1 équivalent de potasse avec un grand nombre d'équivalents d'acide sulfurique dégage 15,7 — 2,0 = 13,7; c'est-à-dire la même quantité de chaleur que 1 équivalent de la même base unie avec les acides monobasiques, chlorhydrique et azotique, à la même température. Le même rapprochement se présente pour l'acide oxalique; car 1 équivalent de soude uni avec un grand nombre d'équivalents d'acide oxalique dégage : 14,3 — 0,6 = 13,7.

3° Faisons varier maintenant la *proportion de l'eau*.

			Cal.
SO^4K(1 éq. = 1 lit.) +	SO^4H	(1 éq. = 1 lit.)...	— 1,23
» (1 éq. = 2 lit.) +	»	(1 éq. = 2 lit.)...	— 1,04
» (1 éq. = 4 lit.) +	»	(1 éq. = 4 lit.)...	— 0,98
» (1 éq. = 10 lit.) +	»	(1 éq. = 10 lit.)...	— 0,80 environ.

L'absorption de chaleur est d'autant moindre que la liqueur est plus étendue. En admettant que cette absorption réponde à la formation d'une certaine quantité de bisulfate, on voit par là que la proportion de ce sel est d'autant moindre que la quantité d'eau est plus considérable; tandis que la proportion de l'acide libre et celle du sel neutre croissent en sens inverse. Si l'on admet le chiffre — 2,0 comme représentant une combinaison intégrale, 1 équivalent de bisulfate dissous dans deux litres de liqueur serait décomposé au tiers environ; dans 20 litres, un peu plus de moitié.

C'est en raison de cette décomposition progressive que la solution de bisulfate de potasse dégage de la chaleur lorsqu'on l'étend d'eau, contrairement à ce qui se passe d'ordinaire pour les solutions des sels neutres et stables (1). Par exemple, une solution renfermant 40 grammes de sel au litre, lorsqu'on l'étend avec son volume d'eau, dégage, pour 1 équivalent : + 0,33; tandis que la dilution semblable des solutions équivalentes de sulfate de potasse et d'acide sulfurique, prises séparément, ne dégage qu'une quantité totale voisine de + 0,06.

La décomposition partielle du bisulfate de potasse dissous en

(1) M. Marignac a observé le même fait pour les solutions de bisulfate de soude.

acide libre et sulfate de potasse est encore attestée par cette circonstance que les solutions de bisulfate, faites à chaud, déposent pendant le refroidissement du sulfate neutre cristallisé ; dépôt qui peut être prévenu, sans autre changement que l'addition d'un excès d'acide sulfurique. Ce fait prouve que la formation du sel déposé n'est pas déterminée uniquement par le fait que le sulfate de potasse est le moins soluble, entre les corps dont la formation est possible *à priori*.

On peut se demander pourquoi la formation d'un bisulfate en dissolution se traduit par une absorption de chaleur. Or cette explication est facile à donner, si l'on observe que la réaction est la résultante de plusieurs effets, à savoir : la combinaison proprement dite et la dissolution des divers corps mis en jeu dans la réaction. La combinaison dégage de la chaleur : + 7,92; tandis que la différence entre la chaleur de dissolution du composé et des composants (en présence de 4 litres d'eau) en absorbe, soit dans les mêmes conditions :

$$-3,48-(+8,46-2,98)=-8,96.$$

L'effet résultant, soit — 8,96 + 7,92, égale — 1,04.

On voit ici la nécessité de distinguer nettement les effets dus à l'action chimique véritable de ceux qui sont dus à l'intervention du dissolvant.

6. Tous ces faits concourent à établir qu'il existe, entre l'eau et le sel acide formé par un acide bibasique, d'une part, opposés à l'acide lui-même, et le sel neutre, d'autre part, un certain équilibre, en vertu duquel les quatre corps coexistent dans les dissolutions.

Il est probable que c'est la formation des hydrates salins et des hydrates acides dans les liqueurs qui détermine ces phénomènes (voy. pages 161 à 163 et 202).

Quoi qu'il en soit, la nature de l'équilibre dépend des proportions relatives des quatre composants : tout accroissement dans la proportion de l'un d'eux ayant pour effet d'accroître le produit qui lui correspond. Ainsi l'acide et le sel étant envisagés à équivalents égaux, la quantité du sel acide dans une dissolution deviendra d'autant plus considérable que l'on ajoutera plus d'acide ou plus de sel neutre en excès.

L'influence exercée par un excès d'acide ne diffère pas beaucoup de l'influence exercée par un excès équivalent de sel neutre. Une très petite quantité d'acide étant ajoutée à un sel neutre exerce une action proportionnelle à son poids, et elle paraît même tendre vers une combinaison complète sous la forme de sel acide. Il en est de même d'une très petite quantité de sel neutre, ajoutée à un acide, etc. Enfin toutes ces variations s'opèrent d'une manière continue.

Bref, ce sont toujours les mêmes lois de statique chimique qui ont été développées pour les éthers (pages 79 à 87). Elles s'appliquent également aux alcoolates alcalins (pages 255, 262), aux sels formés par les acides faibles, aux sels acides, etc.

§ 2. — **Sels doubles.**

1. Les lois qui précèdent sont également applicables à la décomposition des sels doubles, par l'action de l'eau qui les dissout.

2. Tantôt, en effet, les sels doubles sont formés avec un dégagement de chaleur considérable, soit qu'on les étudie à l'état anhydre, soit qu'on l'étudie à l'état dissous. C'est ce qui arrive, par exemple, pour les cyanures doubles.

A l'état anhydre :

HgCy + KCy = HgCy,KCy, tous corps solides, dégage : + 8,3.

A l'état dissous :

HgCy (1 éq. = 16 lit.) + KCy (1 éq. = 4 lit.), le sel étant dissous: + 5,8.

Le dégagement de chaleur observé ici est considérable, et il répond à la formation d'un sel stable dans les dissolutions.

De même, le cyanure d'argent et de potassium, dans l'état anhydre :

$$AgCy + KCy = AgCy,KCy, \text{ sel solide : } + 11,2.$$

Ce composé joue un rôle important dans l'argenture galvanoplastique.

Mais la plupart des sels doubles sont formés avec des dégagements de chaleur bien moindre. Ainsi (tome Ier, p. 366) :

$SO^4K + SO^4Mg = SO^4K,SO^4Mg$,	sels solides :	+ 1,65
$SO^4K + SO^4Zn = SO^4K,SO^4Zn$	id.	+ 2,1
$SO^4K + SO^4Cu = SO^4K,SO^4Cu$	id.	+ 0,3

Le mélange des dissolutions des sels séparés donne lieu seulement à des effets thermiques très petits, et dont la discussion méthodique n'a pas encore été faite. Mais tout nous indique que les sels doubles formés avec de faibles dégagements de chaleur doivent être regardés comme séparés en majeure partie dans leurs composants par l'action de l'eau. Nous ne nous étendrons pas davantage sur ce sujet, dans lequel il conviendrait de faire intervenir l'existence des hydrates du sel double, opposés aux hydrates des sels composants, tels qu'ils peuvent exister dans les liqueurs.

CHAPITRE XI

RÉACTIONS CHIMIQUES PRODUITES PAR LES ÉNERGIES ÉLECTRIQUES

DIVISION DU SUJET

Les énergies électriques sont, après les énergies calorifiques, celles que l'on emploie le plus fréquemment pour produire les décompositions chimiques; le mécanisme de leurs actions et la nature spéciale des effets qu'elles déterminent méritent au plus haut degré notre attention.

Sans chercher à pénétrer la nature intime et jusqu'ici fort obscure du mouvement électrique, mouvement auquel semblent participer à la fois la matière pondérable et le fluide éthéré, nous distinguerons quatre modes principaux suivant lesquels l'électricité intervient en chimie, savoir :

1° L'électrolyse;

2° L'action de l'arc électrique;

3° L'action de l'étincelle électrique;

4° Les réactions exercées par influence, autrement dit l'effluve électrique (1).

(1) Je crois utile de donner ici la liste des *Mémoires* et *Notes* que j'ai publiés sur les actions électrochimiques :

Synthèse de l'acétylène par la combinaison directe du carbone et de l'hydrogène (*Annales de chimie et de phys.*, 3e série, t. LXVII, p. 67; 1863). — *Formation de l'acétylène par l'action de l'étincelle électrique sur le gaz des marais, et sur les autres composés hydrocarbonés* (même recueil, p. 59; même recueil, 4e série, t. XVIII, p. 156). — *Action de l'étincelle électrique sur l'hydrogène mêlé de cyanogène, de sulfure de carbone, d'oxyde de carbone* (même recueil, 4e série, t. IX, p. 418; 1866). — *Synthèse de l'acide cyanhydrique avec l'azote libre et l'acétylène* (t. XVIII, p. 162; 1869); — *Equilibres chimiques entre le carbone, l'hydrogène et l'oxygène, sous l'influence de l'étincelle* (*décomposition de l'acide carbonique, de la vapeur d'eau, etc.*), p. 178; — *Influence de la pression sur la réaction entre le carbone et l'hydrogène* (*sous l'influence de l'étincelle*), p. 196; — *Action de l'étincelle électrique sur les mélanges gazeux*, p. 188; — *Spectre électrique de l'acétylène*, p. 191. — *Sur le graphite électrique* (t. XIX, p. 406, 419, 421; 1870). — *Electrolyse de l'aconitate et*

PREMIÈRE SECTION. — ÉLECTROLYSE.

1. Un courant électrique traversant un corps composé binaire, liquide et doué de conductibilité, tel qu'un chlorure métallique ou un sulfure métallique fondu, le résout en ses deux éléments. L'un de ceux-ci, soufre, chlore, oxygène, se rend au pôle positif : c'est l'élément électro-négatif; tandis que l'autre élément, ordinairement métallique, se rend au pôle négatif : c'est l'élément électro-positif. Tel est le type le plus simple de la décomposition électrolytique. Elle est effectuée en vertu d'un certain travail chimique, travail mesuré précisément par la chaleur de combinaison de l'élément négatif avec le métal.

2. L'électrolyse, dans ces circonstances, se produit tout d'abord et sans nécessiter l'intervention de quelque travail préliminaire, capable de provoquer la réaction. Cependant nous devons observer que la totalité de l'énergie électrique n'est pas dépensée dans l'électrolyse : une portion plus ou moins notable servant à échauffer le liquide, et une autre portion y produisant le transport des éléments jusqu'au pôle où ils se manifestent. Cette dernière fraction d'énergie est très faible; mais il n'en est pas de même de celle qui détermine l'échauffement du corps traversé par le courant. La proportion relative entre

du benzoate de potasse, avec formation d'acétylène (*Bull. de la Soc. chim.*, 2e série, t. IX, p. 27; 1868). — *Electrolyse des malonates* (*Annales de physique et de chimie*, 4e série, t. XIX, p. 432; 1870). — *Formation de l'acétylène par la décharge obscure* (*Annales de chimie et de physique*, 4e série, t. XXX, p. 431; 1873). — *Action de l'étincelle électrique sur l'acide hypoazotique, sur l'air, sur le protoxyde d'azote et sur le bioxyde* (*Annales de chimie et de physique*, 5e série, t. VI, p. 191, 196, 198; 1875). — *Actions chimiques de l'effluve électrique* (même recueil, t. X, p. 51; 1877). — *Absorption de l'azote libre par les matières organiques à la température ordinaire*, p. 51; — *Absorption de l'azote libre par les principes immédiats des végétaux sous l'influence de l'électricité atmosphérique*, p. 55; — *Absorption de l'hydrogène libre par les composés organiques*, p. 66; — *Formation et décomposition des composés binaires*, p. 69; — *Appareils*, p. 75; — *Formation thermique de l'ozone*, p. 162. — *Réaction entre l'ozone et l'eau* (t. XII, p. 445); — *Formation de l'ozone par induction électrique*, p. 446; — *Composés nitreux, acétylène, etc.*, p. 448; — *Fixation de l'azote et formation de l'ozone par l'influence des faibles tensions électriques*, p. 453; — *Appareils pour l'effluve et pour l'étincelle*, p. 463. — *Acide persulfurique* (t. XIV, p. 345, 364; 1878); — *Formation de l'eau oxygénée, de l'ozone et de l'acide persulfurique pendant l'électrolyse*, p. 354; — *Stabilité de l'ozone*, p. 361; — *Equilibres développés par l'effluve*, p. 365; — *Formation de l'alcool par l'électrolyse du sucre* (t. XVI, p. 450; 1879). — *Recherches sur l'ozone et sur l'effluve* (t. XVII, p. 142).

l'énergie consommée par la décomposition chimique et l'énergie consommée par l'échauffement dépend de la résistance du liquide, de l'intensité du courant et de certaines autres circonstances.

Quoi qu'il en soit, il est certain que dans cette condition, comme il arrive dans la plupart des transformations des forces naturelles, l'énergie électrique ne se change que partiellement en énergie chimique. De là diverses interprétations, sur lesquelles je ne crois pas utile de m'arrêter.

3. *Forces électromotrices.* — Pour électrolyser un composé donné, il faut employer une force électromotrice déterminée, laquelle est proportionnelle à la chaleur consommée; c'est-à-dire, en principe, proportionnelle à la chaleur dégagée par la formation inverse du composé.

Réciproquement, si le courant électrique est développé au moyen d'une pile, la force électromotrice de celle-ci sera proportionnelle à la chaleur dégagée par l'action chimique qui y produit l'électricité (l'action du zinc sur l'acide sulfurique étendu, par exemple) : ce résultat fondamental a été établi par Joule.

4. Il en résulte qu'un élément de pile pourra produire seulement des décompositions telles, qu'elles absorbent moins de chaleur que la réaction originelle qui développe le courant.

Par exemple, l'électricité développée par un élément Daniell, laquelle résulte de la substitution du zinc au cuivre dans le sulfate de cuivre dissous, ne saurait décomposer l'eau. En effet, cette substitution, opérée à équivalents égaux, dégage + 26,2; tandis que la décomposition de l'eau absorbe + 34,5 (1). C'est ce que les expériences de M. Favre ont vérifié. Mais le courant de deux éléments Daniell, mis bout à bout, décompose l'eau; il est capable de la décomposer, parce que la force électromotrice de ces deux éléments supérieurs fournit une somme + 52,4, supérieure à 34,5. En un mot, la réaction chimique ne commence que lorsque l'électricité atteint un certain potentiel dans la pile.

(1) Ou plutôt un chiffre voisin de + 30, en rendant tous les corps comparables; c'est-à-dire en déduisant la chaleur physiquement absorbée par la formation de l'hydrogène gazeux, lequel n'est pas comparable aux métaux solides.

5. C'est là d'ailleurs une loi fondamentale que les forces électromotrices des éléments de pile mis bout à bout s'ajoutent : par l'effet de cette addition progressive, le travail chimique effectué par la pile peut devenir capable de décomposer toutes les combinaisons binaires conductrices, quelle que grande qu'ait été la chaleur dégagée par leur formation.

6. *Loi des équivalents.* — D'après une loi découverte par Faraday : un même courant électrique traversant successivement plusieurs corps composés, formés par l'union d'un même élément électro-négatif avec divers métaux, et contenus dans des vases distincts ; le courant, dis-je, sépare à chacun des pôles positifs le même poids de l'élément négatif ; en même temps qu'il amène à chacun des pôles négatifs un poids correspondant des divers métaux, poids nécessairement proportionnel à l'équivalent du métal précipité.

Le travail chimique total effectué par le courant dans cette circonstance est représenté par la somme des quantités de chaleur consommées par l'ensemble des décompositions. Mais ce travail ne se répartit pas également entre les divers composés détruits ; chacun d'eux se bornant à consommer dans cet acte une dose d'énergie électrique proportionnelle à son équivalent.

7. Les lois précédentes s'appliquent essentiellement aux composés binaires liquides et bons conducteurs, tels que les sels haloïdes métalliques et analogues. Dans les composés mauvais conducteurs, qui comprennent la plupart des autres corps, les phénomènes deviennent plus compliqués ; la transmission de l'électricité exige des tensions beaucoup plus fortes, et elle ne se fait pas seulement par un courant électrolytique proprement dit. Ses effets chimiques se rapprochent alors des réactions exercées par influence.

8. Les lois de l'électrolyse sont encore vraies d'une manière générale pour les sels métalliques dissous, tant composés binaires que composés ternaires et autres. Dans cette circonstance seulement, les effets se compliquent de réactions secondaires, dues soit à l'intervention du dissolvant, soit à celle des électrodes, effets sur lesquels nous reviendrons tout à l'heure.

Développons d'abord l'électrolyse des composés ternaires. Soit un sulfate métallique dissous, par exemple le sulfate de cuivre : faisons-le traverser par un courant à peine suffisant pour le décomposer, en évitant toute élévation de température. Au pôle négatif se dépose un équivalent de cuivre, tandis qu'au pôle positif se rendent les autres composants, savoir, l'oxygène, qui se dégage, et l'acide sulfurique étendu, qui s'accumule. La réaction, au lieu de mettre en liberté les corps élémentaires, comme elle l'aurait fait avec le chlorure de cuivre,

$$CuCl = \overset{+}{Cu} + \overline{Cl},$$

met en liberté le métal, d'une part, et le système SO^4 de l'autre :

$$SO^4Cu = \overset{+}{Cu} + (O + \overline{SO^3}.$$

SO^4 se résout à mesure en oxygène, qui se dégage, et en acide sulfurique, qui demeure dissous dans l'excès d'eau.

Tel est le type normal de toute décomposition d'un sel ternaire, ou même d'un sel plus compliqué.

Le travail chimique accompli dans cette décomposition est mesuré par la somme des quantités de chaleur dégagées lorsque le cuivre s'unit d'abord avec l'oxygène, puis l'oxyde de cuivre avec l'acide sulfurique étendu, soit :

$$+ 18,6 + 9,2 = + 27^{Cal},8.$$

Le courant électrique produit en outre un certain échauffement des liqueurs et un certain transport de matière, comprenant non-seulement de l'acide sulfurique, de l'oxygène et du cuivre, mais aussi une portion du sulfate de cuivre pris en masse : travaux accessoires dont la proportion relative et les lois ne sont pas bien connues.

9. *Actions secondaires.* — Le cas type que nous venons d'examiner ne peut être réalisé que dans des conditions spéciales; en général il se produit en même temps des réactions chimiques secondaires, que nous allons énumérer brièvement.

10. *Intervention des dissolvants.* — Ainsi les éléments du dissolvant peuvent intervenir de diverses manières :

1° Si l'on électrolyse un sel alcalin, le sulfate de potasse par exemple, ce sel tend à fournir du potassium au pôle négatif:

$$SO^4K = \overset{+}{K} + (\overset{-}{SO^3} + O).$$

Mais le potassium décompose aussitôt l'eau, avec production d'hydrogène, qui se dégage, et d'hydrate de potasse, qui demeure dissous :

$$K + H^2O^2 = KO,HO + H;$$

de telle sorte qu'en définitive on obtient de l'hydrogène, au lieu de potassium, au pôle négatif.

Il en est de même avec tout métal capable de décomposer l'eau à froid ; à moins que l'on ne recourre à quelque artifice pour soustraire le métal à l'action du dissolvant, à mesure qu'il arrive au pôle négatif; en l'amalgamant par exemple, circonstance dans laquelle la chaleur propre de combinaison du métal avec le mercure joue un rôle mal défini.

D'après ces principes, il devrait se dégager, dans l'intérieur d'une dissolution de sulfate de potasse électrolysée, une quantité de chaleur égale à $+ 47^{Cal},8$. Mais l'expérience a donné la moitié environ de cette quantité ; ce qui prouve que la réaction réputée secondaire intervient dans l'électrolyse proprement dite.

2° Dans l'électrolyse du sulfate de cuivre lui-même, les choses se passent comme il a été dit plus haut, au début de la réaction ; mais, dès que celle-ci a commencé, la liqueur contient une certaine dose d'acide sulfurique étendu, surtout au voisinage du pôle positif. A partir de ce moment, l'acide s'électrolyse en même temps que le sulfate de cuivre, c'est-à-dire qu'il se dégage de l'hydrogène au pôle négatif. Une portion de cet hydrogène devient libre, et peut être recueillie ; une autre portion réduit quelque dose de sulfate de cuivre, avec précipitation de cuivre métallique.

Pour éviter ces complications, on emploie un électrode de cuivre, qui s'oxyde et se change à mesure en sulfate au pôle positif; de façon à maintenir la neutralité chimique des liqueurs.

Mais la composition de la liqueur n'en change pas moins peu à peu; en ce sens que le sulfate de cuivre diminue de plus en plus autour du pôle négatif, tandis qu'il se concentre autour du pôle positif.

La complication qui vient d'être décrite se produit dans la plupart des électrolyses de sels métalliques. *A fortiori* se développe-t-elle, si l'on opère sur une liqueur primitivement acide, ou renfermant divers sels mélangés.

11. *Action des électrolytes sur les corps dissous.* — Les corps élémentaires ou composés qui se rendent aux pôles y donnent lieu à certaines réactions secondaires, très importantes.

Par exemple, l'oxygène oxyde autour du pôle positif tout corps oxydable qui peut s'y rencontrer. Il précipite l'iode des iodures, le soufre de l'hydrogène sulfuré, soufre qui peut même être changé ultérieurement en acide sulfureux et autres composés oxydés. L'oxygène change également l'ammoniaque étendue en acide azotique, l'acide sulfurique concentré en acide persulfurique, les sels ferreux en sels ferriques, etc.

L'hydrogène, de son côté, exerce autour du pôle négatif des réactions inverses : telles que la précipitation des métaux, la transformation des chlorates en chlorures, des sulfites en sulfures, des acides azotique et azoteux en ammoniaque, des sels ferriques en sels ferreux, etc., etc.

La plupart de ces réactions sont accompagnées par des dégagements de chaleur correspondants : je ne connais guère que la formation de l'acide persulfurique qui paraisse répondre à une absorption de chaleur, c'est-à-dire dans laquelle la pile doive fournir une dose d'énergie complémentaire.

12. *Action des électrolytes sur les électrodes.* — Les électrodes eux-mêmes sont attaqués par les composés que fournit l'électrolyse. Ainsi l'oxygène forme sur un pôle d'argent du bioxyde d'argent, AgO^2; l'hydrogène dégagé sur un pôle de palladium y forme un hydrure spécial. Les phénomènes dits de polarisation des électrodes, phénomènes observés surtout avec le platine, paraissent aussi dus à la formation de composés spéciaux : oxydes et hydrures, capables de céder aisément l'hydrogène ou

l'oxygène aux autres corps mis en présence. Ces composés forment à la surface de l'électrode une sorte de revêtement superficiel, de vernis, qui arrête le passage du courant. Mais ce n'est pas ici le lieu de s'étendre sur ce sujet.

13. *Transformations propres des électrolytes.* — Les électrolytes peuvent éprouver des transformations spéciales, telles que des modifications isomériques : le changement de l'oxygène ordinaire en ozone, par exemple, et peut-être la production de modifications spéciales des métaux. On discute encore la question de savoir si ces modifications sont primitives : c'est-à-dire si l'ozone et les métaux modifiés sont les produits directs de l'électrolyse; ou bien si ce sont là des actions secondaires et accessoires, produites après coup, soit aux dépens de l'énergie de la pile elle-même, soit autrement.

Je citerai encore les changements chimiques en vertu desquels l'oxygène, au lieu de devenir libre, oxyde le composé électrolytique complémentaire. Par exemple, l'électrolyse d'un sulfite produit au pôle positif le système ($SO^2 + O$), lequel se change à mesure en acide sulfurique. De même l'électrolyse d'un acétate produit le système ($C^4H^3O^3 + O$), lequel se résout en méthyle et acide carbonique : $C^2O^4 + C^2H^3$.

Ce nouvel ordre de changements paraît s'effectuer en général avec dégagement de chaleur, soit + 35,7 pour l'oxydation de l'acide sulfureux; + 32 environ pour la formation du méthyle, etc.; c'est-à-dire que l'énergie de la pile ne semble pas y concourir.

On voit par ces détails combien les phénomènes d'électrolyse, quoique simples en principe et soumis à des lois régulières, se compliquent cependant, dans la plupart des circonstances réelles où ils se manifestent. Sans s'arrêter à de telles complications, on conçoit en général comment l'énergie électrique intervient pour produire les décompositions chimiques par électrolyse.

DEUXIÈME SECTION. — ACTIONS CHIMIQUES DE L'ARC VOLTAIQUE.

1. Le potentiel croît indéfiniment dans une pile, avec le nombre des éléments; lorsqu'il surpasse une certaine grandeur, il

communique au courant électrique des propriétés remarquables, telles que celle de donner naissance à l'arc voltaïque. Ce dernier exige au moins quarante éléments Bunsen mis bout à bout, pour se manifester avec netteté. Dans cette condition, les deux pôles de la pile étant terminés par des crayons de charbon de cornue, ou par toute autre matière conductrice et peu fusible; si on les amène un instant en contact, de façon à fermer le courant, puis si on les éloigne de quelques millimètres, il se produit entre eux un vif courant de vapeurs et particules incandescentes, avec transport de matière du pôle positif au pôle négatif. Le courant voltaïque d'ailleurs demeure ainsi fermé, c'est-à-dire continu.

2. Les effets chimiques produits par l'arc électrique sont dus à la fois au courant voltaïque et à la température excessive qui se développe dans l'arc lui-même : température plus élevée qu'aucune de celles que nous savons produire, et à laquelle tous les corps simples, le carbone lui-même, sont réduits en vapeur; l'acide carbonique s'y résout en oxygène et oxyde de carbone, l'eau en hydrogène et oxygène, etc.

3. Parmi ces effets chimiques, la plupart sont analogues à ceux que produit l'étincelle. Nous parlerons seulement ici de ceux que l'arc seul est apte à réaliser, tels que les changements isomériques du carbone et sa combinaison directe avec l'hydrogène.

4. *Changements isomériques du carbone.* — Le carbone des crayons qui servent à développer l'arc électrique résulte de la décomposition pyrogénée des carbures d'hydrogène; il a été appelé quelquefois graphite artificiel, mais à tort, car il ne renferme pas la moindre trace de graphite véritable : ce dernier étant défini par son aptitude à fournir sous certaines influences oxydantes un composé spécial et explosif, l'oxyde graphitique (1). Or le charbon de cornue, oxydé de la même manière, ne produit pas ce composé caractéristique. Au contraire, quand le charbon de cornue a servi à transmettre pendant quelque temps l'arc électrique et éprouvé l'échauffement excessif que cet arc

(1) *Annales de chimie et de phys.*, 4e série, t. XIX, p. 399, 405; 1870.

développe, le charbon, dis-je, se trouve changé en un graphite véritable, doué de propriétés spécifiques (1).

Le carbone extrait du charbon de bois, aussi bien que les carbones pyrogénés et le diamant lui-même, se change pareillement en graphite sous l'influence de l'arc voltaïque.

Cet effet paraît dû principalement à la température excessive de l'arc, plutôt qu'à l'action électrique proprement dite. En effet, s'il est vrai qu'un changement analogue ne puisse être réalisé aux températures ordinaires de nos fourneaux, cependant il commence déjà à se développer sous l'influence du grand échauffement que subit le charbon de cornue enflammé dans un courant d'oxygène; à la vérité, la transformation est bien moins avancée que dans l'arc électrique.

5. *Combinaison directe du carbone pur avec l'hydrogène libre.* — Cette combinaison engendre le protohydrure de carbone, autrement dit acétylène :

$$2\,(C^2 + H) = (C^2H)^2.$$

Elle se réalise dans l'arc électrique.

C'est là une réaction fondamentale et le point de départ de la synthèse organique. Elle paraît due à l'union du carbone gazeux sur l'hydrogène libre, la réaction étant accomplie à une température assez élevée pour réduire le carbone à l'état de gaz.

Ce dernier phénomène mérite quelque attention; surtout si l'on remarque qu'il a déjà été précédé par un certain changement isomérique, attesté par les observations que l'on vient de rappeler. Nous avons ici l'exemple d'une combinaison directe, accomplie avec une absorption de chaleur considérable : — 32 × 2 Calories, d'après mes mesures. Une telle absorption est due nécessairement au travail accompli par l'arc électrique. Mais, deux effets distincts sont produits ici : la vaporisation du carbone et la combinaison proprement dite.

Or la vaporisation du carbone ne paraît pas pouvoir être assimilée à la vaporisation d'un élément solide ordinaire, tel

(1) *Annales de chimie et de phys.*, 4e série, t. XIX, p. 419.

que l'iode ou le mercure ; elle représente en outre toute la série des travaux nécessaires pour détruire l'effet des condensations et polymérisations successives qui ont amené le carbone à son état actuel : j'ai insisté ailleurs sur les différences qui existent à cet égard entre le carbone et les autres éléments (voy. p. 137). Il est permis de supposer que l'électrisation, ou plutôt l'échauffement que l'arc électrique détermine, a pour résultat de changer l'état isomérique du corps simple, en le ramenant à un état comparable à celui d'un gaz non condensé, tel que l'hydrogène. On réaliserait ainsi tout d'abord un travail supérieur à l'absorption totale de chaleur observée dans la combinaison. Puis, la combinaison elle-même, devenue possible, s'effectuerait directement et avec ses caractères ordinaires, c'est-à-dire avec dégagement de chaleur, entre le carbone gazeux et l'hydrogène gazeux.

Précisons davantage cette hypothèse. Il s'agit de déterminer par induction la quantité de chaleur que le carbone devrait absorber pour acquérir cet état nouveau, gazeux et non condensé, que nous supposons précéder la combinaison directe du carbone avec l'hydrogène. Voici le point de départ de ces inductions, destinées à préciser les idées plutôt qu'à fournir une valeur absolue.

Lorsque deux éléments se combinent directement en proportions multiples, le premier composé est en général celui qui dégage le plus de chaleur (tome Ier, p. 345, 358, 363), toutes choses égales d'ailleurs.

Cependant les formations de l'oxyde de carbone et de l'acide carbonique, au moyen du carbone pris sous sa forme actuelle, font exception à la loi. En effet, l'union du carbone avec l'oxygène pour former l'oxyde de carbone,

$$C^2 + O^2 = C^2O^2,$$

dégage seulement + 25,8 Calories. Tandis que l'union de l'oxyde de carbone avec la même quantité d'oxygène, pour former l'acide carbonique,

$$C^2O^2 + O^2 = C^2O^4,$$

dégage 68,2 Calories.

Supposons que ces deux réactions soient réellement comparables, lorsque le carbone est amené à un état moléculaire nouveau, répondant à la forme gazeuse. Admettons encore, pour simplifier, qu'à partir de cet état hypothétique, la formation de l'oxyde de carbone dégage la même quantité de chaleur que celle de l'acide carbonique, soit 68,2 Calories. Il y aurait alors — 42,4 Calories absorbées, par le double fait de la volatilisation et du changement isomérique de 12 grammes de carbone, changement que nous supposons précéder la combinaison.

Or ce chiffre suffit pour que la formation directe de l'acétylène puisse avoir lieu avec dégagement de chaleur, à la façon de toutes les autres combinaisons directes.

En effet, la formation directe de l'acétylène avec le carbone et l'hydrogène, pris dans leur état actuel,

$$C^2 + H = C^2H,$$

absorbe — 32^{Cal} d'après mes expériences, chiffre inférieur à 42,4.

Ainsi il y aurait au moins $+ 10^{Cal},4$ dégagées dans la combinaison du carbone gazeux et de l'hydrogène gazeux, avec formation de protohydrure de carbone. Pour la formation d'un volume moléculaire de ce dernier, renfermant des poids doubles :

$$C^4H^2 = 26^{gr}, \text{ on aurait } + 20^{Cal},8 ;$$

dégagement de chaleur comparable à celui qui se développe dans la formation du même volume de gaz chlorhydrique.

L'influence spéciale de l'arc électrique pour provoquer cette synthèse exceptionnelle se trouverait ainsi ramenée à la simple action de l'échauffement.

TROISIÈME SECTION. — ACTIONS CHIMIQUES DE L'ÉTINCELLE ÉLECTRIQUE.

§ 1er. — Effets généraux.

1. L'étincelle électrique résulte, comme on sait, de la recombinaison instantanée des deux électricités de signe contraire, amenées à une tension excessive. Cette tension l'emporte géné-

ralement de beaucoup sur celle qui produit l'arc. Avec les fortes et longues étincelles, la tension s'élève souvent jusqu'à un potentiel égal à celui de 50000 ou 100000 éléments Daniell.

L'étincelle sur son trajet développe à la fois une température excessive et des effets électrolytiques. De là résultent divers phénomènes chimiques, tels que : la combinaison des gaz combustibles avec l'oxygène; la décomposition totale ou partielle de tous les corps composés; la formation partielle de quelques-uns (acétylène, acide cyanhydrique, bioxyde d'azote); la transformation isomérique permanente (oxygène en ozone), ou momentanée (carbone solide en carbone gazeux), de certains corps simples.

Il convient de distinguer ici entre les effets d'une seule étincelle ou ceux d'une série d'étincelles. Supposons d'abord qu'il s'agisse d'un *mélange non explosif*, afin d'écarter les complications dues à la propagation de la réaction.

2. Chaque étincelle ne transforme sur son trajet qu'une petite quantité de matière ; mais les effets s'accumulent sous l'influence d'une série prolongée d'étincelles; de telle sorte que, si aucune complication n'intervient, le système tend vers un état final déterminé, qui est précisément l'état d'équilibre développé sur le trajet même de l'étincelle.

3. Tantôt cet état répond à une *réaction unique*, telle que l'élimination totale de l'un des composants primitifs. C'est ainsi que le cyanogène, l'hydrogène phosphoré, l'hydrure de silicium et les hydrures métalliques sont complètement décomposés en leurs éléments. Inversement, l'oxyde de carbone ou l'hydrogène, mis en présence d'un excès quelconque d'oxygène, se combinent entièrement pour former : l'un, de l'acide carbonique; l'autre, de l'eau. La réaction qui s'accomplit ainsi jusqu'au bout peut être exothermique (décomposition du cyanogène, union de l'oxyde de carbone et de l'oxygène); ou endothermique (décomposition de l'hydrogène phosphoré ou de l'hydrogène silicé).

4. Tantôt l'état final résulte de *deux réactions contraires*, qui se limitent l'une l'autre : ce qui arrive pour les mélanges binaires d'acétylène et d'hydrogène, et pour les mélanges plus complexes d'acétylène, d'azote, d'hydrogène et d'acide cyanhy-

drique; ou bien encore pour les mélanges d'acide carbonique, d'oxyde de carbone, d'hydrogène et de vapeur d'eau. L'une des deux réactions contraires que nous envisageons dégage en général de la chaleur; tandis que l'autre action, qui est souvent une combinaison (acétylène, acide cyanhydrique), absorbe de la chaleur (1) : le travail nécessaire pour accomplir cette dernière réaction étant continuellement fourni par l'étincelle.

5. Mais il peut arriver que l'une des actions chimiques provoquées par l'étincelle le soit également par une simple élévation de température. Or l'étincelle agit de deux manières : sur son trajet même, elle développe un certain équilibre chimique; mais elle élève en même temps la température des portions voisines de son trajet.

Si l'élévation de température est suffisante, celle-ci pourra provoquer par elle-même une nouvelle réaction dans les portions voisines. Admettons maintenant que cette dernière réaction dégage une grande quantité de chaleur et qu'elle se produise dans un temps très court, elle élèvera à son tour la température des régions environnantes : à un certain degré, l'*action* se propagera de proche en proche et deviendra *explosive*.

Une seule étincelle développera de tels effets, et ses effets chimiques directs, produits sur une très petite quantité de matière, s'effaceront devant les effets secondaires produits par l'élévation de température qu'elle a provoquée autour d'elle.

On conçoit d'ailleurs que la présence d'un grand excès de l'un des composants, ou bien encore celle d'un gaz inerte, puisse empêcher le mélange d'être porté par les réactions exercées au voisinage de l'étincelle jusqu'à la température qui provoque la combinaison. Le mélange cesse alors d'être explosif sous l'influence d'une seule étincelle.

Mais alors, sous l'influence d'une série prolongée d'étincelles, on voit apparaître l'action propre de l'étincelle. Si cette action

(1) Les systèmes formés d'acide carbonique, de vapeur d'eau, d'oxyde de carbone et d'hydrogène n'échappent pas à cette relation. En effet, la transformation de l'oxyde de carbone en acide carbonique dégage 10 Calories de plus que la transformation inverse de l'hydrogène en *gaz aqueux*.

détermine une décomposition, comme il arrive avec l'acide carbonique ou la vapeur d'eau, la proportion des gaz décomposés ira sans cesse en croissant, et jusqu'à reconstituer un mélange explosif. Cependant, avant que ce terme soit atteint par la masse entière, il arrive en général qu'il se trouve réalisé au voisinage du trajet de l'étincelle, par suite du mélange immédiat des gaz formés à l'instant même avec ceux qui résultent des étincelles antérieures. De là une recombinaison partielle, irrégulière, variable avec l'intensité des étincelles.

Tels sont les divers phénomènes que l'étincelle électrique provoque dans les mélanges gazeux.

Je vais les préciser, en exposant mes expériences relatives à l'action de l'étincelle électrique sur l'acide carbonique et sur la vapeur d'eau, sur les carbures d'hydrogène, et spécialement sur l'acétylène, sur l'acide cyanhydrique, enfin sur les composés hydrogénés et oxydés de l'azote. Ces expériences ont eu pour objet principal l'étude des équilibres chimiques développés par l'étincelle.

§ 2. — Formation et décomposition de l'acide carbonique par l'étincelle.

1. La décomposition de l'acide carbonique par l'étincelle fut d'abord observée au moment des discussions que souleva la chimie pneumatique, à la fin du dix-huitième siècle, et invoquée comme une preuve de l'existence de l'hydrogène (alors confondu avec l'oxyde de carbone) dans le charbon (1). Elle a été souvent citée à cause de l'opposition singulière qui existe entre la combinaison de l'oxyde de carbone avec l'oxygène et la régénération de ces mêmes gaz, sous une influence en apparence identique, celle de l'étincelle. J'ai été conduit à reprendre l'étude de ces phénomènes, dans le cours de recherches entreprises pour vérifier par une méthode nouvelle les lois de rapports simples

(1) Voy. les expériences de Monge et de Van Marum à l'article AIR de la *Chymie*, dans l'*Encyclopédie méthodique*, p. 750; 1789. — W. Henry, *Philosophical Transactions*, p. 202; 1800. — Buff et Hoffmann, *Quarterly Journal of the Chemical Society* t. XII, p. 282; 1859.

et discontinus observés par M. Bunsen, lors du partage de l'oxygène entre deux gaz combustibles. J'ai étudié la formation et la décomposition inverse de l'acide carbonique, celles de la vapeur d'eau, enfin la répartition de l'oxygène entre l'hydrogène et l'oxyde de carbone, par suite de la réaction prolongée de l'étincelle sur divers mélanges d'hydrogène, d'oxyde de carbone, d'oxygène, de vapeur d'eau et d'acide carbonique. Voici d'abord les faits; puis j'exposerai les conséquences théoriques qui me semblent en découler.

2. L'appareil employé dans ces expériences, comme dans toutes celles qui ne donnent pas lieu à l'attaque du mercure, est formé par une éprouvette renfermant le gaz et placée sur une petite cuve à mercure (fig. 45).

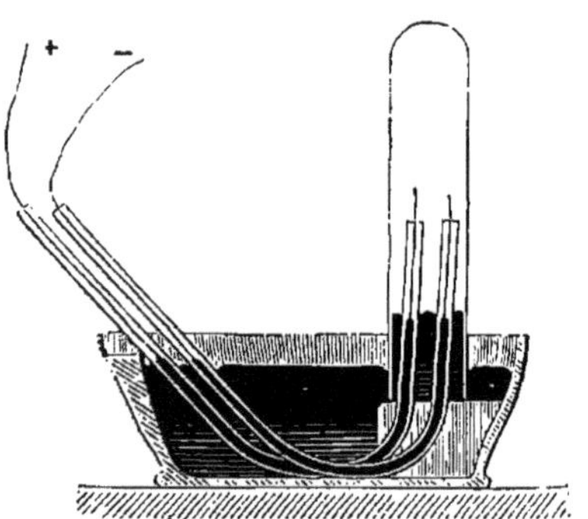

Fig. 45.

On y introduit, à l'aide d'un tour de main facile à concevoir, deux tubes de verre, ouverts aux deux bouts et deux fois recourbés (fig. 46). Puis on insinue dans chacun de ces tubes un long fil de platine, jusqu'à ce que la pointe du fil ressorte dans l'éprouvette, l'autre extrémité demeurant en dehors du tube. Les deux tubes sont alors fixés ; de façon à établir une distance déterminée entre les deux pointes de platine intérieures, distance susceptible d'ailleurs d'être modifiée à volonté. Il ne reste plus qu'à mettre les extrémités extérieures des fils en rapport avec les deux pôles d'une bobine d'induction, pour disposer d'un appareil maniable et commode, à l'aide duquel on peut faire passer indéfiniment des étincelles électriques d'une longueur et d'une intensité quelconques, à travers un volume de gaz parfaitement défini. Pour analyser les gaz, il suffit de retirer les fils, puis les tubes de verre, et de transporter l'éprouvette sur une grande cuve à mercure.

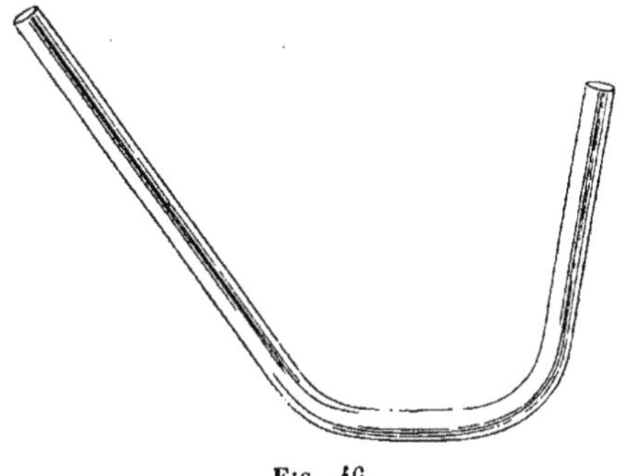

Fig. 46.

Tel est le dispositif employé dans les études suivantes.

3. *Décomposition.* — Le gaz acide carbonique, traversé par une série d'étincelles d'induction, se décompose rapidement : la décomposition atteint un certain terme; puis elle rétrograde, augmente de nouveau, diminue, et ainsi de suite, sans tendre vers aucune limite fixe. C'est ce que montre le tableau suivant, qui exprime le volume des gaz non absorbables par la potasse (oxyde de carbone et oxygène) contenus dans 100 volumes du mélange analysé. J'opérais sur 200 centimètres cubes de gaz, avec de fortes et longues étincelles, développées par une bobine de Ruhmkorff alimentée par 6 éléments Bunsen; les échantillons étaient prélevés de temps en temps et analysés :

Après	5	minutes...	13,0	Après	99	minutes...	12,5
	12	id.	10,0		110	id.	6,0
	14	id.	9,5		128	id.	6,0
	24	id.	7,5		143	id.	5,0
	39	id.	5,5		153	id.	7,0
	54	id.	10,0		163	id.	10,0
	84	id.	7,0				

Le rapport 2 : 1 entre l'oxyde de carbone et l'oxygène produits a été vérifié chaque fois. Il ne subsiste que si l'étincelle jaillit entre des fils de platine placés à une grande distance du mercure; autrement une partie de l'oxygène est absorbée par le mercure, phénomène que l'on peut manifester dès les premières étincelles, en faisant jaillir celles-ci entre la surface du mercure et un fil de platine.

Ainsi, l'acide carbonique est décomposé par l'étincelle; mais la décomposition ne dépasse pas un certain terme, parce que l'oxyde de carbone et l'oxygène tendent à se recombiner. Les essais précédents établissent en outre ce résultat très important, à savoir : que *la décomposition de l'acide carbonique ne tend vers aucune limite fixe*, contrairement à ce qui arrive dans la décomposition de l'acétylène et dans diverses autres réactions (p. 73). Cette absence de limite fixe résulte de la discontinuité de l'action décomposante; elle indique l'existence simultanée de deux actions contraires, mais indépendantes : j'y reviendrai plus loin.

Les termes extrêmes contre lesquels oscille la décomposition ne présentent eux-mêmes rien de constant; ils dépendent de la longueur et de l'intensité des étincelles, comme le montre le tableau suivant, comparé à celui qui précède :

	Courtes étincelles.	Étincelles très courtes et faibles (1).
Après 10 minutes...............	14,0	»
15 id.	»	6,0
25 id.	18,0	»
35 id.	19,0	13,5
60 id.	1,5	29,0
82 id.	24,0	2,0

Ces chiffres mettent en évidence une décomposition progressive, suivie d'une recombinaison. Le chiffre de 29 centièmes même est très voisin de la limite de combustion explosive. On approche d'autant plus de cette limite que la masse du gaz échauffé par l'étincelle est moins considérable, et par suite la propagation de la combinaison par simple action calorifique plus difficile.

(1) Deux éléments Bunsen.

4. *Combinaison*. — On sait en effet qu'un mélange de 2 volumes d'oxyde de carbone et de 1 volume d'oxygène, ajouté avec un excès convenable d'acide carbonique, cesse de faire explosion : il suffit que l'acide carbonique forme plus des 60 ou 65 centièmes du volume total. La limite oscille d'ailleurs un peu, suivant l'intensité des étincelles : ce qui coïncide avec les remarques précédentes relatives à la décomposition inverse; car l'oxyde de carbone et l'oxygène réunis forment ici 35 à 40 centièmes du mélange total, chiffre voisin du nombre 29 signalé plus haut.

Ces observations m'ont ramené à l'étude de la limite de composition des mélanges explosifs formés d'oxyde de carbone et d'oxygène, étude indispensable pour achever de définir les équilibres qui se produisent entre le carbone et l'oxygène.

5. J'ai d'abord vérifié les indications de Dalton, d'après lequel l'explosion cesse d'avoir lieu dans un mélange des deux gaz, renfermant moins du cinquième ou plus des 14 quinzièmes de son volume d'oxyde de carbone. Ces limites varient un peu avec l'intensité de l'étincelle. En outre, et pour un même mélange limite, la combustion est tantôt complète, tantôt plus ou moins incomplète. Par exemple, un mélange formé de :

Oxyde de carbone	18,6
Oxygène	81,4

a brûlé avec flamme, tout l'oxyde de carbone étant changé en acide carbonique, dans une expérience; tandis que, dans une autre, il s'est formé seulement 10,0 d'acide carbonique. Mêmes résultats avec les mélanges limites, où l'oxyde de carbone domine; ou bien encore, l'oxyde de carbone et l'oxygène étant en présence d'un excès d'acide carbonique. Ces variations sont dues à l'action réfrigérante du gaz excédant.

6. Mais la combinaison peut-elle être produite sans explosion, par une série prolongée d'étincelles, même au-dessous de la limite de combustion explosive, et jusqu'à quel terme? C'est ce qui n'avait pas encore été examiné. On sait seulement qu'à une certaine distance en deçà de cette limite, la combinaison est

explosive et totale; tandis qu'à une certaine distance au delà, il n'y a pas de combinaison appréciable sous l'influence d'une seule étincelle.

Or, j'ai reconnu que, dans tous les mélanges d'oxyde de carbone et d'oxygène situés au delà ou en deçà de la limite d'explosion, la combinaison a lieu sous l'influence d'un courant prolongé d'étincelles; elle s'opère complètement, quel que soit l'excès relatif de l'oxygène ou de l'oxyde de carbone. Par exemple, dans un mélange formé de :

Oxyde de carbone	13,0
Oxygène	87,0

il a suffi d'un courant de fortes étincelles prolongé pendant une minute pour former 6,5 d'acide carbonique. En cinq minutes, ce chiffre s'est élevé à 13,0, c'est-à-dire que la totalité de l'oxyde de carbone a été transformée.

Mêmes résultats avec divers mélanges renfermant 8,0 et 5,0 d'oxyde de carbone.

Il en est de même pour les mélanges situés vers la limite opposée, ceux dans lesquels l'oxyde de carbone domine : par exemple, l'oxygène formant 3,3 et 1,0 centième du gaz total; seulement, dans ces derniers mélanges, il faut plus de temps pour compléter l'action.

Ces divers résultats fournissent les types d'*une action progressive qui tend vers une combinaison totale, dans des systèmes homogènes* (voy. pages 36 et 58).

7. Pour établir le fait d'une manière plus complète, j'ai opéré aussi sur les systèmes réciproques qui résultent d'une réaction accomplie, tels que les mélanges d'acide carbonique et d'oxygène, ou d'acide carbonique et d'oxyde de carbone, dont la composition est voisine de celle des systèmes correspondant à la limite de combustion explosive. Tels sont les suivants :

Acide carbonique	16,6	Acide carbonique	13,0
Oxygène	83,4	Oxyde de carbone	87,0

Après une heure d'étincelles, j'ai retrouvé exactement le même volume d'acide carbonique.

La présence d'un excès convenable d'oxygène ou d'oxyde de carbone empêche donc complètement la décomposition produite par l'étincelle.

8. Cependant il n'en est pas de même, comme on pouvait le prévoir, dans les cas où l'oxygène ou l'oxyde de carbone ne sont contenus dans le mélange qu'en faible proportion. Par exemple, un mélange formé de :

Acide carbonique	96,5
Oxyde de carbone	3,5

soumis à une série d'étincelles pendant un quart d'heure, a augmenté de 5,1 ; par suite de la formation de 3,4 d'oxyde de carbone et de 1,7 d'oxygène.

9. Enfin les mélanges dans lesquels l'acide carbonique est mêlé à la fois avec l'oxyde de carbone et l'oxygène, dans le rapport de 2 volumes de l'un pour 1 volume de l'autre, se comportent d'une manière spéciale. Ces mélanges sont réciproques avec ceux qui résultent de la décomposition de l'acide carbonique; ils fournissent en effet les mêmes résultats pour une composition équivalente. Ainsi, l'acide carbonique formant moins de 60 centièmes, il y a combinaison explosive et totale, comme il a déjà été dit. Au-dessus de 60 centièmes, il y a recombinaison partielle, toujours incomplète, et qui varie avec la durée de l'expérience, sans tendre vers aucune limite fixe. C'étaient là des résultats faciles à prévoir, mais que j'ai cru utile de constater, pour définir tout à fait et par expérience l'équilibre entre le carbone et l'oxygène.

Avant de discuter la signification théorique de ces phénomènes, il est nécessaire d'exposer les faits observés dans la formation et la décomposition de la vapeur d'eau.

§ 3. — Formation et décomposition de la vapeur d'eau par l'étincelle.

1. *Décomposition.* — On sait que l'étincelle électrique décompose l'eau, sous forme liquide et sous forme gazeuse. J'ai

repris l'étude de cette décomposition, en opérant dans une éprouvette graduée et entourée d'un manchon de verre, au sein duquel circulait un courant de vapeur d'eau; de façon à maintenir à l'état gazeux, sous une pression de 60 à 65 centimètres de mercure, l'eau contenue dans l'éprouvette. Le gaz aqueux occupait environ 110 centimètres cubes, dans les conditions de l'expérience. Après la réaction, on laissait refroidir le système jusqu'à condensation de l'eau; puis on transvasait le résidu gazeux dans un tube gradué, de façon à le mesurer avec exactitude.

J'ai trouvé que la décomposition de la vapeur d'eau par l'étincelle offre les mêmes caractères généraux que la décomposition de l'acide carbonique. C'est ce que montrent les détails suivants.

2. *La décomposition de l'eau gazeuse par une série d'étincelles ne tend vers aucune limite fixe*, pas plus que celle de l'acide carbonique : elle ne peut pas d'ailleurs être poussée aussi loin. C'est ce que montre le tableau suivant, dans lequel j'ai rapporté les résultats à 100 volumes du gaz aqueux initial :

	Fortes étincelles.	Courtes et faibles étincelles.
Volume des gaz formés après 10 minutes...	1,9	1,5
— — 25 minutes...	1,1	0,5

Il y a ici, comme avec l'acide carbonique, une décomposition partielle, suivie de recomposition.

3. *Combinaison.* — Il résulte encore de ces faits que la présence d'un excès convenable d'eau gazeuse empêche l'explosion d'un mélange d'hydrogène et d'oxygène; précisément comme celle d'un excès d'hydrogène et d'oxygène, dans les expériences de Dalton.

4. Je me suis demandé si la combinaison entre l'oxygène et l'hydrogène cesse absolument de se produire, lorsqu'elle n'a plus lieu avec explosion. J'ai reconnu au contraire que, sous l'influence d'une série d'étincelles prolongée pendant quelques minutes, une petite quantité d'hydrogène ou d'oxygène, en présence d'un grand excès du gaz antagoniste, se change entière-

ment en eau. C'est ce qui arrive, par exemple, avec les mélanges suivants :

Hydrogène	95,8	2,4
Oxygène	4,2	97,6

En résumé, la réaction de l'oxygène sous l'influence de l'étincelle manifeste les mêmes phénomènes généraux que celle de l'oxygène sur l'oxyde de carbone.

§ 4. — Équilibres entre l'hydrogène, l'oxygène et le carbone développés sous l'influence des étincelles électriques.

1. L'équilibre entre l'oxygène et l'hydrogène d'une part, entre l'oxygène et le carbone d'autre part, se trouve défini dans les systèmes gazeux par ce qui précède; je définirai tout à l'heure l'équilibre entre le carbone et l'hydrogène. Il reste à faire concourir dans un même système gazeux le carbone, l'hydrogène et l'oxygène.

Deux cas généraux se présentent, à savoir : la réaction de l'hydrogène sur l'oxyde de carbone pur, et la réaction de l'hydrogène sur les systèmes qui renferment de l'acide carbonique, ou la réaction équivalente de la vapeur d'eau sur les systèmes contenant de l'oxyde de carbone.

La réaction de l'hydrogène sur l'oxyde de carbone (1), sous l'influence d'une série prolongée d'étincelles, donne naissance à de l'acétylène en petite quantité, en même temps qu'à de l'eau et à de l'acide carbonique : ce sont là des produits trop nombreux pour qu'il soit opportun d'aborder l'étude numérique des équilibres qui président à leur formation.

2. Au contraire, la présence d'une quantité notable de vapeur d'eau, ou d'acide carbonique, s'oppose à la formation de l'acétylène; ce qui simplifie les systèmes correspondants. La réaction de l'hydrogène sur l'acide carbonique offre d'ailleurs un intérêt théorique tout spécial; car son étude permet de vérifier par une

(1) *Annales de chimie et de physique*, 4e série, t. IX, p. 420; 1866

méthode nouvelle les résultats que M. Bunsen a annoncés, relativement au partage de l'oxygène suivant des rapports simples et par sauts brusques entre deux gaz combustibles, tels que l'hydrogène et l'oxyde de carbone. Or, à tout mélange explosif, formé d'hydrogène, d'oxyde de carbone et d'oxygène, répondent une infinité de systèmes équivalents et non explosifs, formés de vapeur d'eau, d'acide carbonique, d'hydrogène et d'oxyde de carbone. Au lieu d'opérer par réaction brusque et avec explosion, comme M. Bunsen, on peut donc opérer par réaction progressive.

3. J'ai pris les mélanges suivants :

Hydrogène	20,0	Hydrogène	20,0
Acide carbonique	20,0	Acide carbonique	20,0
Oxyde de carbone	40,8	Oxyde de carbone	21,5

Ces deux mélanges offrent une composition équivalente aux deux systèmes explosifs que voici :

Hydrogène	20,0	Hydrogène	20,0
Oxygène	10,0	Oxygène	10,0
Oxyde de carbone	60,8	Oxyde de carbone	41,5

systèmes très voisins de ceux pour lesquels le partage de l'oxygène entre les deux gaz combustibles a lieu par portions égales, dans les expériences de M. Bunsen.

Or, en opérant sur les mélanges ci-dessus, maintenus à 100 degrés, afin d'éviter la condensation de la vapeur d'eau, et traités à l'aide d'une série d'étincelles prolongée pendant une demi-heure, j'ai trouvé que la moitié de l'acide carbonique, très exactement et dans les deux cas, s'est décomposée, avec formation d'un volume de vapeur d'eau égal à celui du gaz non décomposé.

4. L'équilibre produit sous l'influence d'une série prolongée d'étincelles est donc précisément le même que l'équilibre produit dans un système équivalent, sous l'influence d'une combustion subite et explosive. D'après M. Bunsen, ce rapport s'établirait par sauts brusques et suivant des rapports simples; relation

qui a été contestée dans ces derniers temps. Mais je n'ai pas à discuter ici ce point, autrement que pour vérifier l'identité des résultats obtenus, soit par explosion brusque, soit par action lente, dans les mélanges réciproques.

5. On peut concevoir cette identité, en supposant l'acide carbonique décomposé en oxyde de carbone et oxygène sur le trajet de l'étincelle, ce qui fournira la composition du mélange explosif formé d'hydrogène, d'oxyde de carbone et d'oxygène; seulement cette composition ne saurait exister que sur le trajet même de l'étincelle. Il faut donc que les gaz se recombinent à mesure et d'une manière presque instantanée, avant d'avoir eu le temps de se mélanger sensiblement avec la masse environnante.

S'il en était autrement, ce dernier mélange, une fois réalisé, changerait complètement les conditions de l'expérience.

6. Cependant je dois dire que l'hypothèse qui précède soulève une difficulté. Si l'oxyde de carbone et l'oxygène, mis en liberté sur le trajet de l'étincelle dans un système formé d'acide carbonique et d'hydrogène, réagissent presque immédiatement entre eux et avec l'hydrogène, à la façon d'un mélange explosif préexistant; comment se fait-il que les mêmes gaz, oxyde de carbone et oxygène, mis en liberté sur le trajet de l'étincelle dans l'acide carbonique pur, ne se recombinent pas immédiatement entre eux? Cette différence me paraît due à deux causes principales, savoir :

1° L'inégalité dans les proportions d'oxygène qui demeurent combinées à une même température, soit avec l'oxyde de carbone, soit avec l'hydrogène, pendant les périodes de dissociation de l'acide carbonique et de la vapeur d'eau.

2° La diversité des limites de combustion explosive, dans les mélanges que l'oxygène forme, soit avec l'hydrogène, soit avec l'oxyde de carbone.

Mais la discussion complète de ces circonstances nous conduirait trop loin.

§ 5. — Équilibres entre l'hydrogène et le carbone. — Décomposition des carbures d'hydrogène par l'étincelle.

1. On avait admis jusqu'à ces dernières années que l'étincelle électrique décompose complètement les carbures d'hydrogène et les résout en leurs éléments. S'il en était ainsi, le volume du formène (gaz des marais), décomposé par cette voie, devrait doubler, parce qu'il se résoudrait en carbone et hydrogène :

$$C^2H^4 = C^2 + 2H^2.$$

L'expérience n'est pas conforme à ces théories : car 100 volumes de gaz des marais ont fourni seulement 181 volumes, dans deux essais concordants faits avec le concours d'une série prolongée d'étincelles. Cet écart est dû à la formation des polymères de l'acétylène.

2. L'acétylène, en effet, se trouve contenu en proportion surprenante dans les gaz obtenus par la transformation du gaz des marais. Quand on est parvenu à la limite de la réaction, l'acétylène forme les 13 centièmes du volume final : quantité très supérieure à celle qui se manifeste dans les réactions pyrogénées.

Si l'on prolonge encore pendant plusieurs heures les étincelles électriques, il ne se produit plus de dépôt appréciable de charbon, et la proportion de l'acétylène n'éprouve qu'une diminution insignifiante (0,5 pour 100). Ces chiffres indiquent que la moitié environ du gaz des marais est transformée en acétylène par l'action de l'étincelle :

$$2C^2H^4 = C^4H^2 + 3H^2.$$

3. La proportion peut encore en être accrue. En effet, la quantité d'acétylène formée au début de l'expérience répond à une transformation presque totale du gaz des marais; mais le rapport du gaz transformé à l'acétylène produit diminue à mesure, en raison de la présence de l'acétylène préexistant. Si donc on arrête l'expérience au bout de quelques instants, pour

absorber l'acétylène par le chlorure cuivreux ammoniacal (1), on doit pouvoir renouveler l'action et la pousser plus loin. En opérant ainsi, j'ai en effet réussi à former, avec 100 volumes de gaz des marais, jusqu'à 39 volumes d'acétylène; ce qui répond à une transformation des 4 cinquièmes du gaz des marais en acétylène.

4. La transformation du gaz des marais en acétylène n'explique pas immédiatement pourquoi le volume du gaz ne double point sous l'influence de l'étincelle. En effet, la formation exclusive de l'acétylène, aussi bien que celle du carbone, répondrait à un volume doublé, l'acétylène renfermant son propre volume d'hydrogène. Mais l'acétylène possède une faculté spéciale qui explique la contraction ; il se change en carbures condensés sous l'influence de la chaleur. Or il est facile de vérifier la présence du triacétylène ou benzine en vapeur, dans les produits gazeux de la réaction; pour peu qu'on les agite avec l'acide nitrique fumant (2). La matière charbonneuse qui se précipite sur les parois de l'éprouvette renferme également des carbures goudronneux et condensés. Par suite de ces condensations, attribuables à l'influence secondaire de l'échauffement (voy. p. 120), une partie de l'hydrogène demeure combinée dans des vapeurs lourdes ou des composés fixes : ce qui diminue d'autant le volume de l'hydrogène libre.

En se fondant sur les nombres obtenus plus haut, et en supposant que les carbures condensés soient de simples polymères de l'acétylène $(C^4H^2)^n$, on trouve que, dans la réaction prolongée des étincelles, la moitié du gaz des marais se change en acétylène, les 3 huitièmes en carbures condensés, et un huitième seulement en carbone et en hydrogène.

Ces résultats tendraient donc à assimiler l'action de l'étincelle sur le gaz des marais à celle de l'échauffement, lequel change également ce gaz en acétylène. La diversité des effets

(1) Avec la précaution de purifier ensuite les gaz non absorbés de l'ammoniaque et de la vapeur d'eau introduites par le réactif cuivreux, avant de les soumettre de nouveau à l'action de l'étincelle.

(2) *Annales de chimie et de physique*, 4e série, t. XII, p. 167.

est due sans doute aux grandes différences qui existent entre la durée et la température des réactions.

5. L'étincelle électrique agit également sur l'acétylène pur, et elle en précipite du carbone, jusqu'à ce que ce gaz soit mêlé de sept fois son volume d'hydrogène. Au delà de cette proportion, réalisée soit à l'avance, soit par suite de la décomposition même, l'action de l'étincelle demeure presque insensible; elle ne donne lieu, ni à un dépôt de charbon sur les fils de platine, ni à une diminution appréciable du volume de l'acétylène.

Cependant, en refroidissant brusquement l'étincelle sur son trajet, à l'aide d'un corps solide interposé, tel qu'une tige de verre, ou bien en la brisant sur les parois mêmes de l'éprouvette, on peut faire apparaître un peu de charbon. Ce dernier est dû sans doute à la condensation de la vapeur du carbone, qui se produit par le trajet de l'étincelle, et qui se trouve précipitée, avant qu'elle ait le temps de se recombiner avec l'hydrogène.

6. Il résulte de ces faits qu'*il y a équilibre entre l'acétylène, l'hydrogène et la vapeur de carbone*, sur le trajet de l'étincelle. Cet équilibre pouvait être prévu, puisque l'acétylène se forme au moyen du carbone et de l'hydrogène, sous l'influence de l'arc électrique, et que, d'autre part, l'acétylène pur commence à être décomposé en carbone et hydrogène, sous l'influence de l'étincelle.

7. Les autres carbures d'hydrogène interviennent-ils dans ledit équilibre? ou bien est-il spécial à l'acétylène? Je crois pouvoir répondre que les autres carbures n'y interviennent point, sauf peut-être les polymères de l'acétylène. En effet, le formène et l'éthylène lui-même se décomposent entièrement sous l'influence de l'étincelle, en produisant le même mélange final de 1 volume d'acétylène et de 7 volumes d'hydrogène, mélange que l'étincelle n'attaque plus. En outre, les carbures autres que l'acétylène paraissent être détruits par la chaleur; longtemps avant la température à laquelle la vapeur de carbone, l'hydrogène et l'acétylène sont en équilibre. Si l'on mélange le gaz des marais avec 2, 4, 9 fois son volume d'hydro-

gène, et malgré la présence de ce dernier, le gaz des marais est toujours décomposé par l'étincelle, avec dépôt de charbon; tandis que le volume de l'acétylène produit lors de la décomposition totale ne dépasse pas les deux tiers de l'acétylène correspondant à une transformation intégrale.

L'équilibre entre le carbone, l'hydrogène et l'acétylène ne semble donc se produire que sur le trajet de l'étincelle, et à la condition que le carbone soit réduit en vapeur.

On comprend que rien de semblable ne puisse se manifester sous l'influence de la chaleur seule; au moins dans l'intervalle des températures que nous savons communiquer aux corps échauffés, températures fort éloignées de la vaporisation du carbone. Dans ces conditions si différentes, j'ai établi que les carbures d'hydrogène se décomposent suivant une progression régulière de condensations moléculaires, progression dont le carbone représente la limite extrême. Il se produit encore des équilibres temporaires entre chacun de ces carbures et les produits de sa transformation, comme j'en ai démontré de nombreux exemples, par mes expériences sur l'acétylène, l'éthylène, la benzine, le styrolène, la naphtaline, l'anthracène et les autres carbures pyrogénés (1). Mais le carbone lui-même n'intervient jamais dans ces équilibres. Pour qu'il intervienne, je le répète, il faut qu'il soit réduit en vapeur, ainsi qu'il l'est en effet sous l'influence de l'électricité, et probablement aussi dans l'acte de la combustion. Je dis dans l'acte de la combustion, parce que l'analyse spectrale révèle la présence du carbone en vapeur dans la flamme; tandis que mes expériences sur la combustion incomplète y manifestent l'existence constante de l'acétylène. La vapeur de carbone, l'hydrogène et l'acétylène semblent donc coexister dans l'acte de la combustion, comme dans l'acte de la décharge électrique.

8. J'ai étudié l'influence de la pression sur ces équilibres, et j'ai recherché la proportion limite d'acétylène, mêlé d'hydrogène, qui constitue un mélange inaltérable, en faisant varier

(1) *Ann. de chim. et de phys.*, 4e série, t. IX, XII et XVI. — Le présent volume, p. 112; 119 à 137.

la pression entre des limites fort étendues, je veux dire depuis quelques centimètres jusque près de 5 atmosphères.

J'ai obtenu les résultats suivants :

Pressions.	Proportion limite d'acétylène sur 100 volumes.
$3^m,46$	11,9
$0^m,76$	12,0 à 12,5 (dans plusieurs essais).
$0^m,42$	11,9
$0^m,41$	12,0
$0^m,31$	6,5
$0^m,23$	3,5
$0^m,18$	3,1
$0^m,10$	3,1

Je n'ai pas réduit la pression davantage, parce que le volume du gaz mis en expérience serait devenu trop petit pour des analyses exactes.

Il résulte de ces nombres que l'équilibre entre le carbone, l'hydrogène et l'acétylène est demeuré fixé à la même limite (12,0) pour des pressions qui ont varié au moins de $0^m,41$ à $3^m,46$, c'est-à-dire comme 1 est à 8 1/2.

L'accroissement de pression n'a eu d'autre effet que d'accroître extrêmement la résistance au passage de l'étincelle et l'éclat de cette dernière, conformément aux observations de M. Frankland. Cet accroissement d'éclat, dans mes expériences, ne correspond d'ailleurs à aucun changement dans la composition du gaz traversé par l'étincelle.

La vitesse même de la décomposition qui fait disparaître l'excès d'acétylène mis en expérience ne paraît pas varier beaucoup avec la pression ; autant qu'il était permis d'en juger dans les conditions où j'opérais, lesquelles se trouvaient imparfaitement comparables à ce point de vue.

Au-dessous de $0^m,41$, c'est-à-dire vers $0^m,31$, la limite s'est trouvée subitement amenée à 6,5, c'est-à-dire à la moitié de la précédente.

Vers $0^m,23$, la limite est réduite subitement au quart, et elle conserve cette valeur constante jusqu'à $0^m,10$, et même jusqu'à quelques millimètres, comme je l'ai vérifié approximativement.

Ainsi, la *pression variant d'une manière continue*, l'équilibre entre l'acétylène, le carbone et l'hydrogène change par *sauts brusques* et suivant des rapports multiples les uns des autres. La loi de ces phénomènes est donc bien différente de celle qui préside à la tension des vapeurs.

§ 6. — **Equilibres entre l'azote et l'acétylène. — Synthèse de l'acide cyanhydrique par l'azote libre.**

1. *Combinaison de l'azote libre avec l'acétylène.* — L'azote libre se distingue par son indifférence à l'égard de la plupart des autres corps; ce n'est que sous l'influence de l'étincelle électrique que l'on réussit à faire cesser cette indifférence, soit à l'égard de l'oxygène, dans la célèbre expérience de Cavendish, soit à l'égard de l'hydrogène, ce qui fournit des traces d'ammoniaque. J'ai observé une nouvelle réaction du même ordre, à savoir : l'union directe de l'azote libre avec l'acétylène, laquelle donne naissance à l'acide cyanhydrique.

En effet, si, dans un mélange des deux gaz purs, on fait passer une série de fortes étincelles, à l'aide de l'appareil de Ruhmkorff, les gaz prennent presque aussitôt l'odeur caractéristique de l'acide cyanhydrique. Au bout d'un quart d'heure de réaction, et même après un temps plus court, si les étincelles sont longues et fortes, la réaction est déjà fort avancée : il suffit alors d'agiter le gaz avec de la potasse, pour changer l'acide en cyanure alcalin et manifester les réactions qui le caractérisent (bleu de Prusse, etc.). On peut aussi le doser par les moyens connus.

2. Dans les circonstances que je viens de décrire, la formation de l'acide cyanhydrique est accompagnée de celle du charbon et de l'hydrogène, engendrés par une décomposition distincte, mais simultanée, de l'acétylène. Cette complication peut être évitée, en ajoutant à l'avance au mélange un volume d'hydrogène convenable, par exemple 10 fois le volume de l'acétylène.

On n'observe plus alors aucun dépôt de charbon, et la réaction répond absolument à l'équation suivante :

$$C^4H^2 + Az^2 = 2\,C^2HAz.$$

En d'autres termes, l'*acétylène et l'azote libres se combinent à volumes égaux et sans condensation.*

Ce sont là précisément les mêmes rapports qui président à la combinaison du cyanogène avec l'hydrogène :

$$C^4Az^2 + H^2 = 2\,C^2HAz.$$

3. La formation de l'acide cyanhydrique, dans la réaction de l'azote sur l'acétylène, commence assez rapidement ; mais elle ne tarde pas à se ralentir. Dans une expérience faite sur 160 centimètres cubes d'un mélange formé de 10 volumes d'acétylène, 14,5 d'azote et 75,5 d'hydrogène, j'ai trouvé, au bout d'une heure et demie d'étincelles, 8 centimètres cubes (10 milligrammes) d'acide cyanhydrique, sans dépôt de charbon ; ce qui représentait près du tiers de l'azote transformé et près de moitié de l'acétylène.

Quand l'action est arrêtée, on peut la manifester de nouveau, en enlevant l'acide cyanhydrique à l'aide d'un fragment de potasse humectée, puis en exposant le gaz purifié à l'influence des étincelles. Mais l'action finit toujours par se ralentir, par suite de la dilution croissante de l'acétylène.

On peut cependant la pousser jusqu'au bout et faire disparaître complètement un volume déterminé d'acétylène, en plaçant à l'avance dans l'éprouvette une goutte de potasse très concentrée, destinée à absorber l'acide cyanhydrique au fur et à mesure de sa formation, sans introduire de vapeur d'eau dans les gaz en proportion notable. J'ai ainsi changé en acide cyanhydrique jusqu'aux cinq sixièmes d'un volume connu d'acétylène ; le sixième manquant s'explique par la réaction inévitable de la vapeur d'eau, laquelle forme de l'oxyde de carbone et de l'acide carbonique, comme je m'en suis assuré. Cette expérience a exigé douze à quinze heures d'étincelles.

Réciproquement, en présence d'un excès d'acétylène, j'ai réussi à changer en acide cyanhydrique plus de la moitié d'un volume donné d'azote. Le reste aurait disparu, sans aucun doute, sous l'influence d'un temps beaucoup plus long.

4. *Décomposition de l'acide cyanhydrique.* — La présence de l'acide cyanhydrique déjà formé arrête la réaction, comme je viens de le dire. Cette circonstance s'explique parce que le mélange d'acide cyanhydrique et d'hydrogène, traversé par une série d'étincelles, ne tarde pas à fournir de l'acétylène : réaction inverse de la précédente et qui ne peut pas davantage être poussée jusqu'au bout. En d'autres termes, entre l'hydrogène, l'azote, l'acétylène et l'acide cyanhydrique, il s'établit, sous l'influence de l'étincelle un certain équilibre, variable avec les proportions relatives; cet équilibre détermine la formation de celui des quatre gaz qui manque dans le mélange, ou qui s'y trouve en proportion insuffisante. Ce sont des phénomènes pareils à ceux que j'ai signalés dans les réactions éthérées (page 69) et dans la formation des carbures pyrogénés (pages 112, 119).

5. La transformation de l'azote libre en acide cyanhydrique, par son union avec l'acétylène, donne lieu à une autre conséquence intéressante. En effet, j'ai établi que tous les composés hydrocarbonés donnent naissance à l'acétylène, sous l'influence de l'étincelle. Il semble donc que l'azote, mêlé avec une vapeur hydrocarbonée quelconque, doive aussi former de l'acide cyanhydrique. J'ai vérifié cette conséquence. La formation d'acide cyanhydrique ainsi réalisée est si marquée, qu'elle a donné lieu à diverses illusions, relatives à la combinaison supposée de l'azote libre avec le carbone, sous l'influence de l'arc électrique. Mais cette combinaison a lieu seulement avec le concours de l'hydrogène; elle ne se produit pas avec l'azote sec et le carbone absolument pur et exempt d'hydrogène.

§ 7. — **Action de l'étincelle sur les composés oxygénés et hydrogénés de l'azote. — Equilibres divers.**

1. Commençons par la *combinaison de l'azote et de l'hydrogène*, c'est-à-dire par l'ammoniaque. L'ammoniaque est décom-

posée par l'étincelle en ses éléments, le volume du gaz étant sensiblement doublé. Cependant il y reste une trace d'ammoniaque, trace non appréciable aux mesures, mais susceptible d'être manifestée comme il va être dit tout à l'heure.

2. Réciproquement, l'azote et l'hydrogène éprouvent, sous l'influence de l'étincelle électrique, un commencement de combinaison. Toutefois la proportion d'ammoniaque formée est si faible, qu'elle ne se traduit pas par un changement de volume. Mais il suffit d'introduire dans les gaz, ainsi que l'a montré M. H. Sainte-Claire Deville, une bulle de gaz chlorhydrique, pour voir se produire d'abondantes fumées. Cette réaction est tellement sensible, qu'elle accuse jusqu'à un millième de milligramme d'ammoniaque dans un faible volume de gaz, comme je m'en suis assuré (1). Opère-t-on l'action de l'étincelle en présence de l'acide sulfurique étendu, de façon à absorber à mesure l'ammoniaque, il est facile d'en recueillir une dose considérable, au bout d'un temps suffisant. Je n'ai pu retrouver l'auteur de cette expérience; mais elle figure déjà dans la première édition du *Traité de chimie* de M. Regnault, imprimée en 1846; et elle remonte à une époque plus ancienne. Elle a été souvent répétée dans ces dernières années. Le seul fait sur lequel je veuille insister ici, après M. Deville, c'est l'existence d'une limite sensible de combinaison sous l'influence de l'étincelle entre l'azote et l'hydrogène : limite identique, ou plutôt du même ordre de petitesse que celle de la décomposition de l'ammoniaque par l'étincelle en azote et hydrogène. L'effluve donne lieu à des résultats mieux caractérisés, ainsi qu'on le verra plus loin.

3. Venons aux *combinaisons de l'azote avec l'oxygène*. — Nous commencerons par le gaz hypoazotique, le seul qui donne lieu à des réactions exactement inverses et à des équilibres proprement dits. Puis nous parlerons des autres oxydes de l'azote, dont la décomposition par l'étincelle manifeste diverses réactions intéressantes.

(1) Pour que l'expérience soit valable, il est nécessaire d'opérer avec des gaz rigoureusement desséchés avant l'expérience, et sur du mercure sec; la moindre trace de vapeur d'eau étant manifestée de la même manière par le gaz chlorhydrique.

4. *Gaz hypoazotique.* — Une série d'étincelles électriques décompose ce gaz, enfermé dans un tube scellé à la lampe, que l'on a rempli vers 30 degrés sous la pression atmosphérique. Le gaz se réduit par là en ses éléments

$$AzO^4 = Az + O^4.$$

Au bout d'une heure, un quart était déjà détruit. Au bout de dix-huit heures, j'ai obtenu un mélange, probablement voisin de l'équilibre, qui renfermait sur 100 volumes :

$$Az = 28;\ \ O = 56;\ \ AzO^4 = 14.$$

La décomposition s'arrête à un certain terme, comme dans tous les cas où l'étincelle développe une action inverse. On sait en effet, depuis Cavendish, que l'étincelle électrique détermine la combinaison de l'azote avec l'oxygène, avec formation d'azotate de potasse, lorsqu'on opère en présence d'une solution alcaline. Cette combinaison, opérée entre les gaz secs, ne saurait fournir autre chose que des oxydes d'azote et même de l'acide hypoazotique ; attendu qu'il subsiste toujours dans les gaz une certaine propriété d'oxygène libre, ainsi que je vais le montrer.

En opérant sur l'air atmosphérique, j'ai trouvé en effet qu'au bout d'une heure, 7,5 centièmes, c'est-à-dire un treizième du volume, avaient donné de l'acide hypoazotique; dix-huit heures d'électrisation n'ont pas modifié sensiblement ce rapport.

Mais je ne veux pas insister sur la valeur numérique de ces limites, dont la mesure exacte réclamerait des expériences plus nombreuses et faites dans des conditions plus variées, comme énergie électrique, comme pression et comme proportions relatives des gaz. Le seul fait que je veuille mettre en lumière, c'est l'existence même d'une limite de réaction, conséquence nécessaire de l'existence des deux phénomènes antagonistes.

Examinons maintenant les autres gaz formés par l'azote et l'oxygène.

5. *Bioxyde d'azote.* — L'action de l'étincelle électrique sur

ce gaz commence à s'exercer avec une extrême promptitude, et elle présente divers termes successifs, très dignes d'intérêt. J'ai opéré sur le gaz pur (1), exempt de protoxyde d'azote et d'azote libre, renfermé dans des tubes scellés, et je l'ai décomposé par des étincelles assez faibles.

Au bout d'une minute, un sixième du gaz est déjà détruit. La proportion en serait certainement plus forte, si les électrodes de platine étaient situés au centre de la masse, au lieu de se trouver tous deux à une même extrémité; ce qui ralentit le mélange des gaz. Un tiers environ du produit détruit a formé du protoxyde d'azote, dans ces conditions :

$$2AzO^2 = AzO + AzO^3;$$

les deux autres tiers produisant de l'azote et de l'acide hypoazotique :

$$2AzO^2 = Az + AzO^4.$$

Au bout de cinq minutes, les trois quarts du bioxyde d'azote étaient détruits, avec formation de protoxyde d'azote et d'acides azoteux et hypoazotique. Le rapport entre le protoxyde d'azote et l'azote, c'est-à-dire entre les deux modes de décomposition, était à peu près le même que plus haut.

Il y a lieu ici de distinguer encore l'action calorifique de l'étincelle, laquelle donne lieu à la formation du protoxyde d'azote (corps que l'étincelle n'engendre point (2), en agissant sur les éléments), ainsi qu'à une portion de l'azote libre; et l'action propre de l'électricité, qui tend à faire prédominer l'acide hypoazotique : c'est ce que montre une expérience de plus longue durée.

En effet, le flux d'étincelles, prolongé pendant une heure, ne laisse plus subsister qu'un mélange de bioxyde d'azote non décomposé (13 centièmes du volume initial), de vapeur nitreuse (plus de 40 centièmes) et d'azote; je n'ai pu y découvrir alors de

(1) Préparé par l'action de l'azotate de potasse sur le sulfate ferreux mêlé d'acide sulfurique.

(2) Au contraire, le bioxyde d'azote, sous l'influence de la chaleur seule, fournit d'abord du protoxyde et de l'oxygène (page 43).

protoxyde d'azote en proportion sensible. Ce gaz disparaît donc avant le bioxyde, sans doute sous l'influence de la haute température de l'étincelle. Ce fait, opposé en apparence avec la transformation initiale d'une partie du bioxyde en protoxyde, semble indiquer que le bioxyde commence à se décomposer à une température plus basse que le protoxyde, et qu'il subsiste cependant, en partie, plus longtemps ou à une température plus haute, en présence des produits de sa décomposition.

Néanmoins l'action plus prolongée encore de l'électricité finit par faire disparaître à son tour le bioxyde d'azote, en même temps qu'elle diminue le volume de la vapeur nitreuse produite dans la première période. Au bout de dix-huit heures d'électrisation, je n'ai plus trouvé que 12 centièmes de vapeur nitreuse, formée cette fois uniquement par l'acide hypoazotique. Le mélange gazeux renfermait

$$Az = 44;\quad O = 37;\quad AzO^4 = 13$$

pour 100 volumes du gaz primitif.

En raison de la durée de la réaction et de l'influence antagoniste, qui tend à former l'acide hypoazotique dans un mélange d'azote et d'oxygène purs traversés par l'étincelle, le système ci-dessus doit être regardé comme voisin d'un état d'équilibre.

On remarquera que le bioxyde d'azote est moins stable dans les conditions ordinaires que le protoxyde; attendu qu'il l'engendre d'abord, en se décomposant sous l'influence de la chaleur seule, ou sous l'influence de l'étincelle.

6. *Protoxyde d'azote.* — J'ai aussi examiné l'action de l'étincelle électrique sur le protoxyde d'azote, principalement pour étudier les premières phases de cette action; car les produits généraux ont été déjà signalés par Priestley, par M. Grove, par MM. Andrews et Tait, ainsi que par MM. Buff et Hofmann. J'opérais dans un tube scellé à la lampe, afin d'éviter toute action secondaire de l'eau ou du mercure. La décomposition s'opère rapidement et la vapeur nitreuse apparaît aussitôt. Au bout d'une minute et avec de faibles étincelles (appareil de Ruhmkorff, mû par 2 éléments Bunsen), un tiers du gaz était décomposé. La

partie décomposée s'était partagée en proportion à peu près égale entre les deux actions suivantes :

$$\begin{cases} \text{AzO} = \text{Az} + \text{O} \\ 4\,\text{AzO} = \text{AzO}^4 + 3\,\text{Az} \end{cases}$$

La première action peut être regardée comme due surtout à l'action de l'échauffement produit par l'étincelle ; tandis que, dans la seconde action, la chaleur et l'électricité concourent.

Au bout de trois minutes, avec des étincelles plus fortes (6 éléments Bunsen), près des trois quarts du gaz étaient déjà décomposés ; toujours de la même manière, la seconde réaction l'emportant un peu sur la première.

On voit par là que le bioxyde d'azote n'apparaît point et ne saurait apparaître dans la décomposition électrique du protoxyde, puisque celle-ci donne toujours lieu à un excès d'oxygène libre. Quant à la proportion d'acide hypoazotique formé, elle représentait à peu près le septième du volume final ; proportion qui ne doit pas être très éloignée de celle qui répondrait à un équilibre définitif produit par l'étincelle.

SECTION QUATRIÈME. — RÉACTIONS ÉLECTRO-CHIMIQUES EXERCÉES PAR INFLUENCE (EFFLUVE ÉLECTRIQUE).

§ 1er. — Mécanismes physiques généraux.

1. Au lieu de faire agir l'électricité sur les gaz sous la forme de courant voltaïque, d'arc, ou d'étincelle, on peut opérer par influence. Ce mode d'action lui-même s'exerce de plusieurs manières : par exemple en faisant varier brusquement le potentiel par l'effet de décharges rapides, tantôt toutes de même sens, tantôt de sens alternatif. On peut encore maintenir le potentiel constant pendant toute la durée de l'expérience.

2. *Potentiel brusquement variable.* — *Décharge silencieuse.* — L'électricité accumulée à la surface des parois des vases qui renferment les gaz que l'on veut influencer, peut éprouver une série

de décharges et reprendre aussitôt sa tension, à la suite de chaque décharge. Le potentiel des corps électrisés passe ainsi dans un temps très court par toutes les grandeurs, depuis zéro jusqu'à une limite qui peut être extrêmement élevée. Il en est ainsi, par exemple, lorsqu'on emploie la machine de Holtz pour produire les décharges directes, et que les deux électricités contraires fournies par cet appareil se trouvent accumulées sur des condensateurs séparés par de très petites distances, dans un espace rempli par les gaz influencés. On réalise ce résultat en enfermant les gaz dans des espaces annulaires compris entre deux cylindres de verre mince. Sur la face extérieure du cylindre enveloppant, on place un corps conducteur, lame métallique ou liquide, avec lequel un des pôles des appareils électriques est mis en contact; les mêmes dispositions sont adoptées d'autre part à la surface intérieure du cylindre enveloppé (1). Le potentiel de l'électricité dans le gaz influencé sera d'autant plus grand que l'espace interpolaire sera moindre.

3. Étant adoptées ces dispositions, l'*influence* des décharges successives peut s'exercer de deux manières bien différentes.

En effet, elle peut agir toujours *dans le même sens*, chacun des pôles étant chargé constamment avec la même électricité; ce que l'on peut obtenir avec la machine de Holtz (2).

Au contraire, si l'on a recours à l'appareil de Ruhmkorff, le *signe des pôles change à chaque décharge, plusieurs fois par seconde*.

4. Dans tous les cas, les réactions exercées par influence ont lieu, sans qu'il se produise d'étincelles bruyantes et lumineuses, capables de porter une portion notable de gaz à une température excessivement élevée, pendant un temps appréciable. On a désigné quelquefois ces effets sous le nom de *décharge obscure* ou *décharge silencieuse*. Le premier nom n'est pas exact : en effet, les gaz influencés par les variations subites et considérables du potentiel électrique deviennent lumineux dans l'obscurité, ou

(1) Voyez mes appareils, *Annales de chimie et de physique*, 5e série, t. X, p. 57 et 76; t. XII, p. 457 et 463.

(2) Même recueil, t. XII, p. 446.

plutôt phosphorescents; comme s'ils étaient le siége de milliers de petites décharges disséminées et s'effectuant de molécule à molécule.

5. Les expériences que je viens de décrire permettent de définir les conditions générales des réactions chimiques produites par l'effluve; mais elles ne décident pas d'une manière nette les effets de la tension électrique, dégagée de toute complication. En effet, celle-ci change continuellement pendant l'intervalle des étincelles, et elle change entre des limites qui varient de plusieurs milliers de Daniell. Quelle est l'influence de ces variations incessantes et des alternatives brusques qui les accompagnent? Les réactions chimiques sont-elles déterminées par le fait même de ces alternatives et des chocs et vibrations moléculaires qui en résultent? Ou bien peuvent-elles être produites par une simple différence de potentiel, par une simple orientation des molécules gazeuses, sans qu'il y ait ni courant voltaïque proprement dit, comme avec une pile fermée; ni élévation de température, comme avec l'étincelle; ni variations brusques et incessantes de tension, comme avec l'effluve développée par les machines de Holtz ou de Ruhmkorff? Nous allons répondre à ces questions.

6. *Potentiel constant.* — En effet, il est facile de déterminer une différence constante et définie de potentiel entre les deux surfaces de verre, dont l'intervalle renferme le gaz électrisé : cette différence peut être produite et maintenue par exemple à l'aide d'une pile à courant constant, dont on ne ferme pas le circuit. Le potentiel, toutes choses égales, croît avec le nombre d'éléments, et il peut être maintenu pour ainsi dire indéfiniment, si la pile ne développe point de réaction chimique pendant qu'elle demeure ouverte. Dans ces conditions, j'ai observé qu'il se développe encore des actions chimiques, telles que la fixation lente de l'azote et la formation lente de l'ozone.

On peut concevoir les effets observés, en admettant que la différence du potentiel qui existe entre les deux armatures détermine l'orientation des molécules du gaz interposé, phénomène assimilable à l'électrisation du gaz. Mais c'est là une explication plutôt virtuelle que réelle. En réalité, les théories actuellement reçues sur les mouvements propres des particules gazeuses, mouvements sans cesse troublés par leurs chocs et réactions mutuelles, ne permettent guère d'admettre une orientation permanente et uniforme de ces particules. Cependant il suffit que l'influence électrique s'exerce d'une manière constante et suivant un sens invariable sur une masse gazeuse, pour que les effets dynamiques résultants puissent être assimilés aux effets statiques d'une orientation permanente.

A ce point de vue, ce qui suit deviendra plus facile à comprendre. En effet, dans certaines de mes expériences, telles que la formation endothermique de l'ozone, il y a consommation d'énergie, soit $-14^{Cal},8$ pour 24 grammes d'oxygène changés en ozone. Cette énergie ne saurait être fournie que par la pile; c'est-à-dire qu'il doit se produire un flux électrique très lent, destiné à maintenir ou à reproduire incessamment l'orientation des molécules gazeuses. Le flux a lieu entre les deux pôles, à travers le verre d'abord, et puis à travers la couche gazeuse interposée. Les molécules des gaz, incessamment agitées, s'électrisent au contact du verre et transmettent aux autres molécules la charge qu'elles viennent d'acquérir. On voit par là que l'on n'a pas affaire à un mode de propagation strictement comparable au courant voltaïque et aux électrolyses qui l'accompagnent.

Les phénomènes développés par l'effluve sont d'autant plus intéressants, qu'ils offrent la plus grande analogie avec les réactions incessantes de l'électricité atmosphérique.

7. En effet, l'*électricité atmosphérique* agit continuellement sur tous les corps situés à la surface du sol, l'atmosphère étant le plus ordinairement positive et le sol négatif. Les transformations produites sous cette influence sont de natures diverses et qui répondent aux multiples actions signalées plus haut :

1° Il arrive parfois que l'électricité s'accumule jusqu'à produire des décharges violentes, sous forme de tonnerre et d'éclairs, décharges capables de faire naître les acides nitrique, nitreux et leurs sels ammoniacaux : c'est en effet ce que l'on observe dans les pluies d'orage. Mais c'est là un phénomène accidentel, local et relativement rare.

2° Pendant l'intervalle de temps qui précède l'instant où les décharges sillonnent une certaine ligne dans l'atmosphère, des surfaces extrêmement étendues s'électrisent peu à peu par influence; puis elles se déchargent brusquement au moment des explosions (choc en retour) : sur ces surfaces peuvent et doivent s'exercer certaines réactions chimiques, analogues à celles de l'effluve à potentiel brusquement variable et à haute tension. Mais ce sont encore là des effets momentanés.

3° Au contraire, l'électricité atmosphérique agit incessamment avec de faibles tensions, pour produire des réactions analogues à celles de l'effluve à potentiel fixe. Dans ces conditions plus générales, il n'est pas nécessaire d'ailleurs que l'électricité atmosphérique conserve un potentiel constant ; mais il suffit que ce dernier varie lentement et d'une manière continue.

Ces renseignements acquis, étudions de plus près les effets chimiques de l'effluve électrique. Ces effets peuvent être des changements isomériques, des décompositions et des combinaisons. Nous allons signaler les principaux.

§ 2. — Changements isomériques provoqués par l'effluve. Ozone.

1. Le plus remarquable des changements isomériques que développe l'effluve électrique est celui de l'oxygène ordinaire en ozone. Ce n'est pas que l'étincelle ne produise aussi la même modification de l'oxygène, comme l'ont montré les travaux de Van Marum, et surtout ceux de MM. de la Rive et Marignac. Mais on ne tarda pas à s'apercevoir que la quantité d'ozone croissait à mesure que les étincelles devenaient plus petites, et l'on fut conduit à adopter pour la préparation de ce

gaz divers appareils fondés sur l'influence de l'effluve (1). Voici le dessin de celui que j'emploie et qui fournit de très bons rendements (fig. 47). Il est formé de deux tubes de verre concentriques ajustés à l'émeri en *c*. L'oxygène arrive en *a* et sort en *b*.

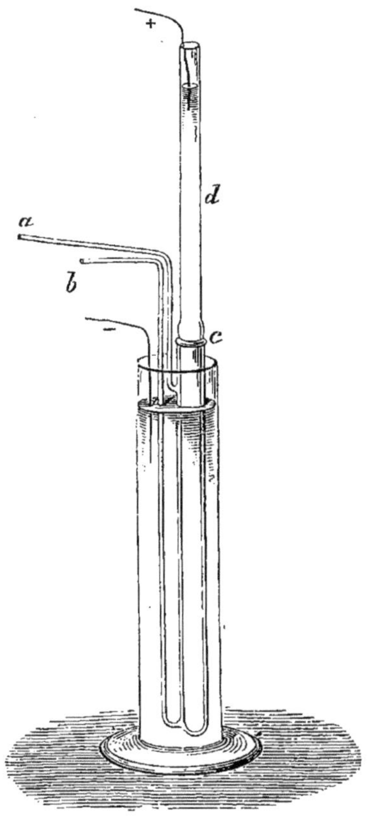

Fig. 47.

2. Ce n'est pas ici le lieu de retracer l'histoire de l'ozone, substance découverte par Schönbein et étudiée depuis par tant d'expérimentateurs. Je ferai observer seulement que la formation

(1) Siemens imagina les premiers appareils de ce genre.

de l'ozone répond à une condensation moléculaire, la densité de l'ozone étant égale à une fois et demie celle de l'oxygène, d'après M. Soret.

En même temps que l'oxygène se change en ozone, il se produit une absorption de chaleur ; soit, d'après mes expériences :

$$3O = (Oz) \text{ absorbe pour 24 gram. : } -14^{Cal},8.$$

Cette circonstance est exceptionnelle dans l'étude des condensations moléculaires. Elle montre que la transformation de l'oxygène en ozone exige l'intervention d'une énergie étrangère, telle que celle de l'électricité.

Je vais décrire quelques essais que j'ai faits pour mieux définir la formation de ce corps sous l'influence électrique, et pour décider s'il mérite réellement le nom d'*oxygène électrisé*, qui lui a été quelquefois attribué.

3. L'ozone se forme pareillement sous l'*influence des deux électricités*, l'oxygène étant contenu dans des tubes de verre formant bouteille de Leyde et munis d'armature de platine. Celle-ci était maintenue constamment chargée d'une même électricité, dont le potentiel variait depuis zéro jusqu'à une limite déterminée par la longueur des étincelles d'une machine de Holtz (voy. *Annales de chimie et de physique*, 5e série, t. XII, p. 446). J'opérais avec deux tubes simultanément, l'un d'eux étant chargé d'électricité positive, l'autre d'électricité négative, au même potentiel, et avec les mêmes alternatives.

L'ozone, dis-je, se produit pareillement sous l'influence des deux électricités. Cependant l'électricité positive produit plus d'ozone dans la plupart des cas ; mais cet effet peut tenir à quelque circonstance accidentelle, telle que la déperdition inégale des deux électricités et l'étendue plus grande des aigrettes positives. Afin de décider la question, j'ai opéré simultanément sur deux couples de tubes semblables, renfermant de l'oxygène pur et une armature de platine. Une série continue de fortes étincelles ayant agi par influence pendant six heures, j'ai dosé l'ozone dans l'un des tubes positifs et dans un tube négatif correspondant, puis j'ai interverti les liaisons des deux autres tubes, de façon à y renverser le signe de l'électricité. Voici les nombres obtenus (1) :

		Ozone formé :	
1er tube électrisé +, pendant 6h	......	6,7	p. 100 de l'oxygène primitif.
2e tube électrisé —, pendant 6h	......	5,3	—
1er tube électrisé +, pendant 6h Le même ensuite —, pendant 6h	......	8,0	—
2e tube électrisé —, pendant 6h Le même ensuite +, pendant 6h	......	8,5	—

Il résulte de ces chiffres que les effets successifs des deux électricités se sont ajoutés semblablement et jusque vers une même limite (8 à 8,5 centièmes).

On a souvent comparé l'ozone à un gaz dont les particules seraient chargées d'électricité négative. Les essais précédents, relatifs à l'influence semblable des deux électricités dans sa formation, ne sont pas favorables à cette hypothèse.

4. Voici une autre expérience, en vue du même problème.

J'ai rempli d'ozone sec, simultanément, deux flacons de même capacité : l'un de verre, qui a été placé sur un support isolant; l'autre de platine, garni intérieurement de feuilles repliées de même métal, et plongé dans l'eau. Au bout de vingt-quatre heures, la quantité d'ozone contenue dans le flacon de verre isolé avait baissé de 13 à 12 dixièmes de milligrammes; dans le flacon de platine, de 14 à 13. Il ne s'était donc rien produit, qui pût rappeler la décharge d'une matière, chargée d'électricité au sens ordinaire.

5. La limite de 8,5 centièmes n'a pas été dépassée, dans les conditions de mes essais; ce qui paraît indiquer l'existence d'un certain *équilibre chimique entre l'oxygène primitif et l'oxygène modifié*, équilibre produit indépendamment de toute élévation notable de température, mais dépendant de l'action électrique simultanée. Si l'on ajoute à l'avance de l'acide arsénieux dans

(1) J'ai titré l'ozone en l'absorbant par l'acide arsénieux; on ajoute un excès de permanganate, puis une grande quantité d'acide sulfurique, étendu de 2 à 3 volumes d'eau, et un léger excès d'acide oxalique libre ; on détruit aussitôt ce dernier par le permanganate jusqu'à coloration. Ce procédé accuse à un vingtième de milligramme près l'oxygène fixé. (Voy. tome Ier, p. 226.)

les tubes, de façon à détruire à mesure l'ozone, la proportion d'oxygène transformé dans un temps donné est plus considérable, soit de moitié environ, lors d'un essai simultané avec le précédent. A la longue, tout l'oxygène disparaîtrait, comme l'ont observé MM. Fremy et Becquerel : c'est la contre-épreuve de l'existence d'un certain équilibre chimique.

6. Mais cet équilibre cesse d'exister, si l'on suspend l'influence électrique, comme le prouvent les essais suivants. J'opérais avec des flacons de verre de 260 centimètres cubes environ, remplis d'oxygène ozoné par l'effluve, et maintenus à une température voisine de 12 degrés. Le titre initial étant 2,2 centièmes :

Après vingt-quatre heures, l'ozone était réduit à 2,1 ;
Après cinq jours, à 1,2 ;
Après quatorze jours, à 0,4 ;
Après cinquante et un jours, une trace à peine sensible ;
Après soixante jours, il ne subsistait aucune trace d'ozone sensible à l'odorat ou à l'iodure de potassium.

La vitesse de destruction de l'ozone est d'autant plus grande que le gaz est plus riche; ce qui explique la difficulté de dépasser certaines limites.

Il résulte de ces observations que *l'ozone n'a point de tension finie de dissociation :* ce qui concorde avec sa formation endothermique. L'ozone contraste par là avec les polymères formés avec dégagement de chaleur, et dont M. Troost a si bien étudié les tensions de dissociation.

7. *Tension électrique.* — C'est surtout sous l'influence des fortes décharges que l'ozone se forme en abondance. Avec des étincelles longues de 1 centimètre et un condensateur (les étincelles se produisant, bien entendu, entre les conducteurs et les excitateurs de la machine de Holtz, mais non dans l'intérieur des tubes), dans ces conditions, dis-je, on obtient, par influence et après six heures, 5 à 6 pour 100 d'ozone dans l'intérieur des tubes. Tandis qu'avec des étincelles d'un demi-millimètre, au bout du même temps, et malgré le nombre bien plus grand de ces étincelles, la dose d'ozone formé par influence ne dépasse pas 1 à 2 millièmes. La proportion d'ozone décroît bien plus vite

que la longueur de l'étincelle qui règle l'intensité de l'influence. Cependant il semble y avoir là plutôt un grand ralentissement de l'action qu'une suppression absolue.

8. En effet, ayant placé de l'oxygène dans l'espace annulaire renfermé entre deux tubes de verre concentriques (fig. 48),

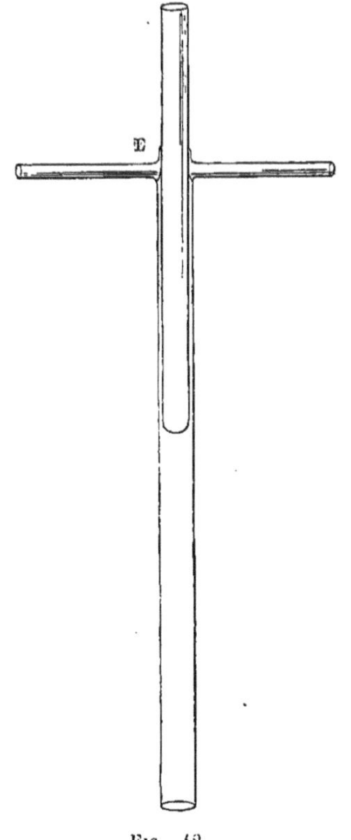

Fig. 48.

remplis par l'action du vide (fig. 49) et scellés sans aucune garniture métallique (fig. 50); puis ayant déterminé entre les deux surfaces de verre (fig. 51) une différence de potentiel égale à celle de 5 éléments Leclanché (7 Daniell environ), j'ai observé, au bout de huit à neuf mois, une formation lente d'ozone, manifestée par divers caractères, tels que : le changement de l'acide arsénieux dissous en acide arsénique, celui de l'iodure de potassium dissous en iodate, l'union des gaz sulfureux et oxygène secs, la production du bioxyde d'argent. La quantité d'ozone formé était d'ailleurs fort petite; car l'expérience faite en présence de l'acide arsénieux, dans des conditions de dosage telles que l'ozone fût absorbé à mesure, a indiqué seulement un centième de l'oxygène primitif comme changé en ozone (1).

On voit qu'il s'agit, dans tous les cas, de très petites quantités d'ozone. On ne saurait s'attendre à un autre résultat; car, si de faibles tensions électriques déterminaient la formation d'une quantité d'ozone considérable, l'oxygène contenu dans

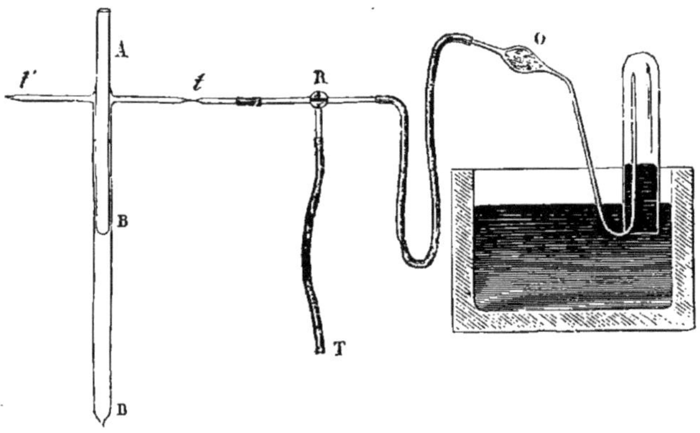

Fig. 49.

l'atmosphère, où se développent incessamment des tensions électriques comparables à celles de mes expériences, cet oxygène, dis-je, ne tarderait pas à détruire toutes les substances organiques et autres matières oxydables répandues à la surface de la terre (2).

Observons, en outre, que les diverses réactions oxydantes que je viens de signaler nous fournissent, non pas la mesure de la quantité absolue d'ozone formé dans un temps donné, mais seulement la mesure de la différence qui existe entre l'excès de l'ozone formé sur l'ozone détruit spontanément dans un temps

(1) Voyez les détails, *Annales de chimie et de physique*, 5e série, t. XII, p. 454.

(2) A chaque mètre carré de la surface terrestre répond un poids d'oxygène capable de brûler environ 900 kilogrammes de carbone.

donné, et la quantité de ce même ozone absorbé pendant le même temps par l'acide arsénieux, par l'argent ou par l'iodure de potassium ; aucune de ces réactions n'étant instantanée.

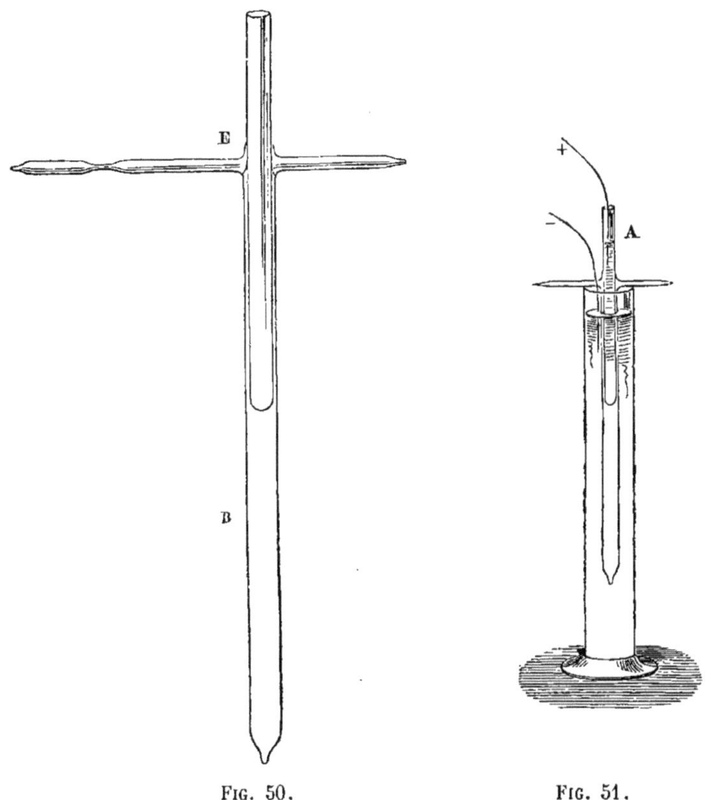

Fig. 50. Fig. 51.

9. Citons encore, comme exemples de condensations moléculaires développées par l'effluve à forte tension, autres que celle de l'oxygène, la transformation du cyanogène en paracyanogène, que j'ai observée, et celle de l'acétylène, découverte par M. P. Thenard. L'acétylène, en effet, est condensé par l'électricité, aussi bien que par la chaleur (1), avec formation de corps polymères, d'ordinaire solides et résineux, mais quelquefois

(1) La formation de l'acétylène dans la réaction de l'étincelle sur le formène est aussi accompagnée par celle de ses polymères, d'après mes observations (voy. p. 351).

liquides. J'ai reconnu que ces derniers liquides renfermaient une certaine dose de styrolène $(C^4H^2)^4$, précisément comme les polymères obtenus sous l'influence de la chaleur. Quant au polymère solide, son équivalent est inconnu. Mais ce corps offre une propriété remarquable : si on le chauffe doucement dans une atmosphère d'azote, il se décompose brusquement, avec dégagement de chaleur et formation de styrolène et de divers autres produits.

10. Au contraire, l'azote pur ne contracte pas de modifications permanentes appréciables : ni sous l'influence de l'arc, ni sous l'influence de l'étincelle, ni sous l'influence de l'effluve ; comme je m'en suis assuré par des expériences spéciales et très attentives. En effet, l'azote, mis immédiatement en contact avec l'hydrogène, à quelques centimètres de distance, soit des tubes à effluve, soit des espaces où il avait subi l'influence de l'arc ou d'une série de fortes étincelles; l'azote, dis-je, n'a jamais donné aucun indice de combinaison. De même avec l'oxygène; de même avec les matières organiques. Il faut donc que l'azote et la matière organique, ou l'hydrogène, ou l'oxygène, éprouvent *simultanément* l'influence électrique, pour que la combinaison ait lieu.

J'ai obtenu les mêmes résultats négatifs pour l'hydrogène, mis en présence des matières organiques, ou de l'oxygène, ou de l'azote; immédiatement après qu'il avait subi l'influence des étincelles ou de l'effluve.

Il ne paraît donc pas exister, ni pour l'azote, ni pour l'hydrogène, de modification permanente, analogue à celle de l'oxygène qui constitue l'ozone.

§ 3. — Formation et décomposition des composés binaires par l'effluve.

1. Ces expériences ont été exécutées surtout avec les fortes tensions, et au moyen de l'appareil de Ruhmkorff. Elles comprennent à la fois des décompositions, des combinaisons et des équilibres. Nous examinerons successivement les réactions de l'azote

sur l'hydrogène, sur l'oxygène, sur l'eau, sur les matières hydrocarbonées; puis la décomposition de divers composés binaires, hydrogénés et oxygénés; enfin les transformations des carbures d'hydrogène.

2. *Azote et hydrogène.* — M. Chabrier et M. A. Thenard ont reconnu que la formation de l'ammoniaque a lieu, lorsqu'on soumet à l'effluve un mélange d'azote et d'hydrogène. J'ai cherché à mesurer la limite de cette réaction. Elle est beaucoup plus élevée qu'avec l'étincelle. En effet, tandis que celle-ci développe tout au plus quelques cent-millièmes de gaz ammoniac; la proportion de gaz ammoniac, formée au bout d'un temps considérable sous l'influence de l'effluve, peut s'élever à 3 centièmes environ, dans un mélange de volume d'azote et de 3 volumes d'hydrogène. J'ai vérifié en outre que la décomposition du gaz ammoniac par l'effluve, en opérant avec les mêmes appareils, tend précisément vers la même limite : 3 centièmes. Cette identité des deux limites, produites par les actions inverses de l'effluve, exercées dans les mêmes conditions de tension, m'a paru un fait important à constater; aussi bien que la diversité entre l'action de l'effluve et celle de l'étincelle. D'après cette diversité même, il est probable que la limite d'équilibre varie avec la tension électrique.

En opérant avec un potentiel constant et très faible, tel que celui de 5 éléments Leclanché, je n'ai observé aucune réaction.

3. *Azote et oxygène.* — L'azote et l'oxygène se combinent sous l'influence des très fortes tensions, développées dans l'appareil de Ruhmkorff, muni d'un condensateur; il se forme par là de l'acide hypoazotique. Mais cette formation est bien plus lente et plus difficile qu'avec l'étincelle.

Il y a plus : dès que l'on opère avec des tensions moindres que les précédentes, la réaction cesse de se manifester. C'est ainsi que je n'ai pu constater la formation des composés nitreux, dans aucune des expériences faites par influence à l'aide de la machine de Holtz, soit avec les gaz secs, soit avec les gaz humides; *à fortiori*, avec le faible potentiel de 5 éléments Leclanché, même agissant pendant une année.

Ajoutons enfin que l'azote pur et l'ozone, secs ou humides, avec ou sans le concours des alcalis, ne se combinent point pour former les acides nitrique ou nitreux : contrairement à ce que Schönbein avait cru observer (1).

Réciproquement, les oxydes de l'azote sont décomposés par l'effluve à haute tension. Ainsi le protoxyde d'azote, après quelques heures, s'est trouvé en grande partie décomposé en azote et oxygène. Une portion de ce dernier gaz restait libre, une autre portion (et la plus forte) ayant été absorbée par le mercure sur lequel j'opérais. Mais il ne s'est pas formé un oxyde supérieur de l'azote, et aucune portion sensible d'azote n'est demeurée fixée sur le mercure.

Avec le bioxyde d'azote, sans le contact du mercure, une portion de l'azote et de l'oxygène deviennent libres; tandis qu'une notable portion forme du protoxyde. C'est là une nouvelle preuve établissant que le bioxyde d'azote tend à se décomposer d'abord en protoxyde d'azote et oxygène; précisément comme il arrive, d'après mes expériences, sous l'influence de la chaleur, ou sous l'influence de l'étincelle (voy. p. 43 et 360). Cependant l'oxygène, devenu libre, réagit à son tour sur l'excès de bioxyde d'azote, et développe de la vapeur nitreuse.

4. *Azote et eau.* — L'azote pur et l'eau, soumis pendant huit à dix heures à l'effluve d'une très puissante bobine de Ruhmkorff, ont fourni de l'azotite d'ammoniaque. Mais ce résultat ne paraît pas pouvoir être réalisé sous l'influence de faibles tensions.

Les azotates et azotites contenus dans l'atmosphère, et signalés par tant d'observateurs, paraissent donc résulter exclusivement, ou à peu près, des décharges électriques proprement dites, effectuées sous forme d'éclairs et de tonnerre. L'électricité atmosphérique, sous des tensions plus faibles, telle qu'elle agit d'une manière continue, n'ayant pas la propriété de déterminer la combinaison de l'azote libre, soit avec la vapeur d'eau, soit avec l'oxygène.

(1) *Annales de chimie et de physique*, 5e série, t. XII, p. 440.

5. *Azote et matières hydrocarbonées.*

L'action de l'azote libre sur les matières organiques s'exerce au contraire, quelle que soit la tension : on y reviendra.

6. *Composés hydrogénés.*

Hydrogène sulfuré. — Ce gaz s'est décomposé en hydrogène, polysulfure d'hydrogène et soufre libre, suivant la formule

$$8HS = 7H + HS^x + (8 - x) S.$$

On voit apparaître ici la tendance du métalloïde à former avec l'hydrogène un produit condensé.

Hydrogène sélénié. — L'hydrogène sélénié se comporte de même; la majeure partie de l'hydrogène devenant libre, mais une portion formant un polysséléniure.

Hydrogène phosphoré. — Il s'est décomposé assez nettement en hydrogène et sous-phosphure jaune, d'après l'équation

$$2 PhH^3 = 5H + Ph^2H.$$

La *vapeur d'eau* n'a pas été décomposée. Réciproquement, l'hydrogène et l'oxygène ne se combinent point, même sous l'influence de très fortes tensions, maintenues pendant plusieurs heures et susceptibles de former de l'ozone; absence de réaction très digne d'intérêt, et qui ne cesse qu'au voisinage des tensions capables de déterminer les décharges disruptives.

Les *fluorures de bore* et *de silicium*, le *chlore* et le *brome* gazeux n'ont éprouvé aucun changement.

7. *Acide sulfureux.* — Un dixième du gaz a été trouvé décomposé en oxygène libre et soufre (insoluble dans le sulfure de carbone). Mais cet oxygène se recombine, d'autre part, à une fraction de l'acide sulfureux, pour former les acides sulfurique, SO^3, et même persulfurique, S^2O^7 (voy. plus loin).

8. *Oxyde de carbone et oxygène.* — *Acide carbonique.* — Les fortes effluves électriques décomposent ce dernier gaz en oxyde de carbone et oxygène, de même que l'étincelle; l'action est également limitée par l'existence de la réaction inverse.

Dans des essais faits avec de très fortes tensions, la décomposition s'est élevée, après neuf heures, à 11 centièmes; après douze heures, à 16 centièmes : limite encore moindre que celle de l'étincelle; car cette limite atteint, avec de très petites étincelles, près de 20 centièmes de l'acide carbonique primitif.

Réciproquement, l'oxyde de carbone et l'oxygène se combinent sous l'influence des fortes tensions, avec production d'acide carbonique et d'un sous-oxyde brun de carbone.

De ces faits résulte l'existence d'un certain équilibre entre les deux actions opposées. Mais aucune des deux ne se manifeste avec les très faibles tensions.

Il se présente ici diverses particularités remarquables, au point de vue des limites de la réaction et de la formation de l'ozone. Tandis qu'une série d'étincelles ne détermine aucune réaction dans un mélange d'acide carbonique et d'oxygène, l'effluve y détermine au contraire *une décomposition partielle;* même dans un mélange formé à volumes égaux d'acide carbonique et d'oxygène. Au bout de douze heures d'effluve, près d'un vingtième de l'acide carbonique se trouvait résolu en oxyde de carbone et oxygène. L'oxyde de carbone, mêlé avec son volume d'oxygène, c'est-à-dire avec un excès, ne se combine pas non plus en totalité, et il produit quelques traces de sous-oxyde Les conditions de l'équilibre développé par l'effluve ne sont donc pas les mêmes que par l'étincelle.

La dose d'ozone formée semble tout à fait surprenante. Tandis que l'étincelle ne fournit que des traces d'ozone, en décomposant l'acide carbonique; au contraire, quand on opère avec l'effluve sur l'acide carbonique pur, un tiers environ de l'oxygène, mis en liberté en même temps que l'oxyde de carbone, se trouverait à l'état d'ozone, ou d'un corps doué de propriétés oxydantes analogues : à moins qu'il ne s'agisse ici d'un gaz nouveau, l'*acide percarbonique*. (*Ann. de chim. et de phys.*, 5e série, t. XVII, p. 143.)

9. *Oxyde de carbone.* — Pris à l'état sec, ce gaz résiste presque complètement à l'étincelle; laquelle en détruit à peine un ou deux centièmes, avec production d'acide carbonique et de

carbone. Au contraire, l'effluve à haute tension le résout en oxygène et sous-oxyde brun, C^8O^6. Ce composé, découvert par M. Brodie (1), se forme en vertu de la réaction suivante :

$$5C^2O^2 = C^2O^4 + C^8O^6.$$

On voit qu'il diffère de l'acide tartrique ($C^8H^6O^{12}$) par les éléments de l'eau. Il se forme même avec l'oxyde de carbone humide ; auquel cas le sous-oxyde se dissout dans l'eau contenue au sein des tubes.

10. *Carbures d'hydrogène.*

Le carbone solide et l'hydrogène ne se combinent pas sous l'influence de l'effluve (2) ; pas plus que sous l'influence de l'étincelle. Mais les carbures d'hydrogène gazeux, soumis à la réaction de l'effluve à haute tension, les carbures, dis-je, tels que le *formène*, C^2H^4, l'*éthylène*, C^4H^4, l'*hydrure d'éthylène*, C^4H^6, fournissent à la fois de l'acétylène, C^4H^2 (en petite quantité, comme toujours), de l'hydrogène libre, et des carbures polymériques et résineux.

Avec le formène, les produits offrent une remarquable odeur d'essence de térébenthine ; mais la proportion de matière liquide était trop faible pour être recueillie.

Avec l'éthylène, on obtient un liquide déjà signalé par M. P. Thenard, et dont la composition répond aux rapports $C^{20}H^{16,6}$; à peu près comme celle de certaines huiles de vin. Il se forme en même temps un peu d'hydrure d'éthylène.

Avec l'hydrure d'éthylène pur, on obtient réciproquement un peu d'acétylène et d'éthylène. Entre ces carbures d'hydrogène, sous l'influence de l'électricité, comme sous l'influence de la chaleur, il tend donc à se développer un équilibre, troublé par les phénomènes de condensation.

Ces réactions ont lieu avec les hautes tensions de l'appareil Ruhmkorff. Elles se manifestent encore dans des tubes renfer-

(1) Voyez l'étude que j'ai faite de ce composé, *Annales de chimie et de physique*, 8e série, t. XI, p. 72.

(2) Sur cette expérience, faite avec l'hydrogène et le carbone pur et pulvérulent, voy. *Annales de chimie et de physique*, 5e série, t. XII, p. 450.

mant une armature métallique, influencée par les décharges de la machine de Holtz.

Dans ces conditions, avec l'électricité, soit positive, soit négative, et au bout de quelques heures, l'éther fournit beaucoup d'acétylène; la benzine, moins: inégalité qui se retrouve dans la production de l'acétylène par l'action de la chaleur sur ces deux corps. Quand les tensions sont diminuées (influence des étincelles d'un demi-millimètre), il n'apparaît que des traces presque insensibles d'acétylène. Enfin on n'en observe aucune trace, même au bout de neuf mois, sous l'influence du potentiel constant de 5 éléments Leclanché.

11. En résumé, l'action de l'effluve, comme celle de l'étincelle, tend à résoudre les gaz composés dans leurs éléments. Dans un cas, comme dans l'autre, la décomposition a lieu avec certains phénomènes d'équilibre, dus à la tendance inverse de recombinaison.

Cette similitude des effets les plus généraux n'a rien qui doive surprendre: l'effluve représentant en quelque sorte la dissémination de l'étincelle ordinaire en des milliers de décharges, dont chacune est trop faible pour fournir un trait de lumière; mais leur ensemble produit dans l'obscurité une lueur très visible. L'analyse spectrale, autant qu'elle est possible avec un si faible éclairage, indique que les raies de cette lumière sont les mêmes pour l'effluve que pour l'étincelle ordinaire. Chacune de ces décharges parcourt un intervalle bien plus petit que l'étincelle proprement dite : la durée de chaque décharge isolée, produite par effluve, doit être dès lors bien plus courte que la durée de l'étincelle ordinaire. En même temps la masse de matière influencée est plus faible. Ce sont là des circonstances fort importantes pour expliquer les différences qui existent entre un certain nombre des réactions spéciales développées par l'effluve.

12. Insistons maintenant sur les différences.

1° Un grand nombre de réactions, immédiates avec l'étincelle, telles que l'union de l'oxyde de carbone et de l'oxygène, ne s'effectuent que lentement par l'effluve.

2° Quelques réactions même, telles que l'union de l'hydrogène et de l'oxygène, n'ont pas lieu ; du moins tant que les tensions ne se rapprochent pas extrêmement de celles qui provoquent des décharges disruptives. L'union de l'azote libre avec l'acétylène pour former l'acide cyanhydrique se produit seulement sous l'influence de l'arc ou de l'étincelle proprement dite ; celle du carbone avec l'hydrogène n'a lieu ni avec l'effluve, ni avec l'étincelle, mais seulement avec l'arc, etc.

3° L'effluve détermine certaines combinaisons que ne produit pas l'étincelle : telles que la synthèse de l'acide persulfurique ; l'absorption de l'hydrogène par les carbures d'hydrogène, celle de l'azote libre par les matières organiques, etc.

4° Les actions provoquées à la fois par l'effluve et par l'étincelle ne sont pas définies par les mêmes limites d'équilibre ; la limite avec l'effluve répondant : tantôt à une dose plus forte de la combinaison (ammoniaque avec l'azote et l'hydrogène) ; tantôt à une dose moindre (acétylène avec les carbures d'hydrogène).

5° L'effluve détermine enfin, suivant un mécanisme qui participe à la fois de la décomposition et de la combinaison (pages 44 et 140), la séparation des composés simples en deux portions : les éléments, d'une part, devenant libres ; tandis que, d'autre part, une portion des éléments s'unit au composé lui-même, pour former des produits condensés, soustraits, par l'extrême brièveté de la décharge et par leur fixité même (qui les élimine au sein du milieu gazeux), à une destruction ultérieure. Au contraire, la durée de l'étincelle et de l'échauffement qu'elle provoque étant plus longue, cette circonstance s'oppose en général à la permanence des produits condensés. Rappelons cependant que, d'après mes expériences sur la décomposition du formène par l'étincelle, un dixième environ de ce gaz se change en carbures condensés (voy. page 351).

En principe, je le répète, les réactions de l'effluve et de l'étincelle sont les mêmes ; mais la durée inégale de l'échauffement paraît la cause principale des variations observées.

§ 4. — Réactions de l'hydrogène libre sur les matières organiques, provoquées par l'effluve.

1. Jusqu'ici nous avons étudié les réactions de l'effluve, au point de vue général des décompositions et des équilibres chimiques qu'elle détermine; nous allons maintenant nous attacher plus spécialement à l'étude des combinaisons que l'effluve provoque entre l'hydrogène, l'azote, l'oxygène et les composés organiques.

2. *Hydrogène.* — Commençons par l'hydrogène. Je rappellerai que l'hydrogène, sous l'influence de l'effluve, se combine à l'azote et à d'autres éléments, tandis qu'il ne s'unit pas à l'oxygène: ce qui est remarquable. L'hydrogène pur est également absorbé par les matières organiques, sous l'influence de l'effluve. Voici mes observations :

1° *Benzine.* — Un centimètre cube de benzine a absorbé en quelques heures, sous l'influence de fortes tensions, 250 centimètres cubes d'hydrogène, soit 2 équivalents environ, avec formation d'un polymère de $C^{12}H^{8}$, solide et résineux :

$$n(C^{12}H^{6} + H^{2}) = (C^{12}H^{8})^{n}.$$

2° L'*essence de térébenthine* ($C^{20}H^{16}$) a absorbé de même jusqu'à 2,5 équivalents d'hydrogène, avec formation de produits résineux polymérisés.

3° L'*acétylène* s'est condensé, en absorbant à peu près le cinquième de son volume d'hydrogène.

4° J'ai également répété les expériences de M. P. Thenard et celles de M. Brodie sur la réaction entre l'*oxyde de carbone* et l'*hydrogène*. Non-seulement il se forme, conformément à leurs indications, un produit solide, que j'ai trouvé voisin de la formule $(C^{4}H^{3}O^{3})^{n}$,

$$5CO + 3H = CO^{2} + C^{4}H^{3}O^{3};$$

mais le gaz excédant contient de l'acide carbonique, une trace d'acétylène, et quelque peu d'un carbure forménique, tel que $C^{2}H^{4}$, ou plutôt $C^{4}H^{6} + H^{2}$.

L'*acide carbonique* et le *formène*, à volumes égaux, se condensent, comme l'a découvert M. P. Thenard, en formant un produit caramélique insoluble. J'ai observé dans cette réaction la présence d'une trace d'acide butyrique. Le résidu gazeux contenait un peu d'acétylène et une forte dose d'oxyde de carbone : circonstance qui montre que la réaction est plutôt une oxydation du formène (accompagnée de condensation) qu'une combinaison immédiate de ce gaz avec l'acide carbonique. Mais je n'insiste pas sur ces dernières expériences, dont les résultats sont trop compliqués pour se prêter à une analyse exacte, dans l'état présent de nos connaissances.

§ 5. — **Réactions de l'azote libre sur les matières organiques, provoquées par l'effluve.**

1. C'est ici un des sujets les plus intéressants pour l'étude des réactions de l'effluve ; à cause de l'importance des composés azotés au sein des êtres vivants, et de l'obscurité qui règne encore sur leur origine dans la nature.

2. Je rappellerai d'abord que l'azote libre se combine directement avec l'acétylène, sous l'influence de l'étincelle, pour former l'acide cyanhydrique ; réaction qui se reproduit avec tous les composés organiques volatils, en raison de leur métamorphose préalable en acétylène (page 355). Mais cette réaction n'a pas lieu avec l'effluve ; même sous l'influence des plus fortes tensions, il ne se développe avec l'azote aucune trace d'acide cyanhydrique : je m'en suis assuré à diverses reprises.

Ce n'est pas cependant que l'azote cesse de réagir sur les composés organiques. Au contraire, la réaction de ce gaz continue à s'effectuer, même sous les tensions les plus faibles ; mais les produits en sont différents et plus rapprochés de la composition de la matière mise en expérience. Entrons dans quelques détails.

3. J'ai trouvé que l'azote libre et pur est absorbé à la température ordinaire par les composés organiques en général, sous l'influence de l'effluve. Citons d'abord des *carbures d'hydrogène*, afin d'établir que le phénomène de dépend pas de la présence de l'oxygène, même combiné.

1° L'expérience est très nette avec la benzine, substance telle que l'absence d'oxygène parmi ses éléments ne permet pas de suspecter quelque formation intermédiaire des composés oxyazotiques. Un gramme de benzine absorbe en quelques heures 4 à 5 centimètres cubes d'azote ; la majeure partie demeurant inaltérée. La réaction s'opère principalement entre la benzine électrisée, réduite en vapeur ou sous forme de couches liquides très minces, et le gaz azote. Elle donne lieu à un composé polymérique et condensé, qui se rassemble à l'état de résine solide, à la surface des tubes de verre au travers desquels la décharge s'effectue.

Ce composé, isolé, puis chauffé fortement, se décompose avec dégagement d'ammoniaque. Cependant l'ammoniaque libre ne préexiste pas ; c'est-à-dire qu'elle ne se forme pas par l'action de l'effluve, sur un mélange d'azote et de benzine. On ne l'observe : ni à l'état dissous dans l'excès de benzine, ni à l'état de mélange dans les gaz qui subsistent. Ces derniers renferment d'ailleurs un peu d'acétylène, lequel apparaît constamment dans la réaction de l'effluve sur les carbures d'hydrogène (voy. p. 379).

2° L'essence de térébenthine a donné lieu aussi à une absorption d'azote ; plus lente à la vérité dans les mêmes conditions. Il s'est également produit un corps résineux condensé, dont la décomposition pyrogénée dégageait aussi de l'ammoniaque.

3° Le gaz des marais s'est comporté de même. Il s'est formé à la fois (en petite quantité) : un produit azoté, solide, très condensé, lequel dégage de l'ammoniaque par la chaleur ; et de l'ammoniaque libre, laquelle demeurait mêlée avec les gaz non condensés. Elle résulte de la réaction directe de l'azote sur l'hydrogène formé par la décomposition propre du gaz des marais.

4° Avec l'acétylène, le produit principal est la substance polymérique découverte par M. P. Thenard. L'azote et l'acétylène, je le répète, ne forment pas d'acide cyanhydrique sous l'influence de l'effluve : résultat qui contraste avec l'abondante formation de ce composé par l'étincelle. Cependant le produit condensé qui dérive de l'acétylène, étant détruit par la chaleur, dégage, vers la fin, quelques traces d'ammoniaque : ce qui prouve qu'il a fixé de l'azote.

4. Voici diverses expériences relatives à l'absorption de l'azote par des *substances hydrocarbonées renfermant de l'oxygène*. Ces expériences démontrent que la fixation de l'azote, et, par suite, la formation de certains composés organiques azotés, ont réellement lieu au moyen des principes constitutifs des tissus végétaux. La fixation de l'azote a lieu d'ailleurs : soit avec l'azote pur; soit en présence de l'oxygène, c'est-à-dire en opérant avec l'air atmosphérique. J'ai opéré d'abord avec de très fortes tensions; puis avec de faibles tensions, comparables à celles de l'électricité atmosphérique normale; enfin avec l'électricité atmosphérique elle-même, afin d'établir que les résultats obtenus se réalisent dans des conditions physiques comparables à celles de la nutrition et du développement des tissus végétaux. Exposons les faits.

Effluve à haute tension. — Le papier blanc à filtre (cellulose ou principe ligneux), légèrement humecté et mis en présence de l'azote pur, sous l'influence de l'effluve à haute tension, absorbe une dose très notable d'azote, dans l'espace de huit à dix heures. Il suffit de chauffer ensuite fortement le papier avec de la chaux sodée, pour en dégager une grande quantité d'ammoniaque. Le papier primitif n'en fournissait pas d'une manière sensible dans les mêmes conditions. L'ammoniaque ne se produit d'ailleurs que vers le rouge sombre, par la destruction d'un composé azoté, particulier et fixe, précisément comme ceux qui dérivent des carbures d'hydrogène.

La présence de l'oxygène dans l'atmosphère gazeuse initiale n'empêche pas cette absorption d'azote. Je citerai à cet égard l'expérience que voici : Les tubes de verre, au travers desquels s'exerçait l'influence électrique, ayant été enduits d'une couche mince d'une solution sirupeuse de dextrine sensiblement exempte d'azote (quelques décigrammes en tout), j'y ai introduit, sur le mercure, un certain volume d'air atmosphérique.

L'effluve ayant agi pendant huit heures environ, j'ai constaté une absorption de 2,9 centièmes d'azote et de 7,0 d'oxygène, sur 100 volumes d'air primitif. On voit que l'absorption de l'oxygène n'était pas totale dans ces conditions.

Comme contrôle, j'ai repris la matière organique demeurée à la surface des tubes, et je l'ai chauffée avec de la chaux sodée; elle a dégagé en grande abondance, et seulement vers le rouge sombre, de l'ammoniaque : ce qui complète la démonstration.

Je n'ai pas trouvé d'ailleurs qu'il se fût formé : ni ammoniaque libre ou sel ammoniacal proprement dit, ni acide azotique ou azoteux, ni acide cyanhydrique, en proportion appréciable au sens des produits influencés par l'électricité dans les conditions précédentes, non plus que dans celles que je vais signaler. Le phénomène principal est donc la production d'un composé azoté complexe, engendré par l'union directe de l'azote libre avec l'hydrate de carbone mis en expérience : réaction tout à fait assimilable à celles qui doivent se produire au contact des matières végétales et de l'air électrisé.

5. Poursuivons cette étude, en comparant l'*influence des deux électricités*, prises sous diverses tensions, mais toujours en opérant avec l'appareil de Ruhmkorff ou la machine de Holtz.

1° L'*absorption de l'azote par les composés organiques* s'opère également sous l'influence des deux électricités; les appareils étant disposés comme il a été dit page 368.

2° Cette absorption a lieu tout aussi nettement avec les tensions faibles qu'avec les tensions fortes, mais dans un temps d'autant plus long que la tension électrique est moindre. Elle est très marquée, même avec ces tensions relativement faibles, qui ne fournissent plus que des traces douteuses ou nulles d'acétylène (page 380).

3° En opérant dans des conditions comparatives et avec des tensions relativement faibles, on a trouvé la fixation de l'azote surtout abondante avec le papier, moindre avec l'éther, et bien moindre encore avec la benzine : diversité qui répond à la stabilité inégale de ces principes et à la nature différente des principes azotés qui en dérivent. Avec le papier notamment, il se produit à la fois des composés azotés insolubles, très peu colorés, qui restent fixés sur la fibre ligneuse, et des corps azotés, solubles dans l'eau, et presque incolores, qui se condensent sur la lame de platine : ces derniers renferment de telles doses d'azote, qu'ils fournissent de l'ammoniaque libre, bleuissant le tournesol, par la seule action de la chaleur, même sans aucune addition de chaux sodée.

6. Jusqu'ici nous avons opéré avec le concours d'appareils condensateurs, à haute tension électrique et à potentiel variable. Venons maintenant aux *très faibles tensions, avec potentiel fixe.*

J'ai observé la fixation de l'azote sur les mêmes composés organiques, sous l'influence de 5 éléments Leclanché, formant une pile *dont le circuit n'était pas fermé.* Quelques-unes de mes expériences ont été faites dans des conditions quantitatives, de façon à mesurer les poids d'azote absorbés dans un temps donné.

Décrivons ces expériences, qui sont d'une grande importance pour la physiologie végétale. J'ai posé sur la moitié de la surface *extérieure* d'un grand cylindre de verre mince, terminé par une calotte sphérique, une feuille de papier Berzelius, pesée à l'avance et mouillée avec de l'eau pure. L'autre moitié de la même surface extérieure a été enduite avec une solution sirupeuse, titrée et pesée, de dextrine; en opérant dans des conditions qui permettaient de connaître exactement le poids de la dextrine sèche employée.

La surface *intérieure* du cylindre avait été recouverte à l'avance avec une feuille d'étain (armature interne).

Ce cylindre a été posé sur une plaque de verre enduite de gomme laque. Puis on l'a recouvert avec un cylindre de verre mince, concentrique, aussi rapproché que possible, dont la surface *intérieure* était libre et la surface *extérieure* revêtue avec une feuille d'étain (armature externe).

Le système des deux cylindres a été recouvert ensuite d'une cloche, pour éviter la poussière.

Ces dispositions préliminaires étant prises, l'armature interne a été mise en communication avec le pôle positif d'une pile, formée d'abord d'un seul élément, puis de 5 éléments Leclanché, disposés en tension; et l'armature externe, mise semblablement en communication avec le pôle négatif de la même pile.

De cette façon, il existait une différence de potentiel constante entre les deux armatures d'étain, séparées par les deux épaisseurs de verre, par la lame d'air interposée, enfin par le papier ou la dextrine appliquée sur l'un des cylindres.

J'avais pris soin de doser, avant l'expérience, l'azote dans le papier et dans la dextrine (en opérant sur 2 grammes de matière sèche); ce qui a fourni, sur 1000 parties :

Papier	Azote = 0,10
Dextrine	Azote = 0,12

Au bout d'un mois de réaction (novembre), ayant opéré d'abord avec un seul élément Leclanché, j'ai trouvé, dans les matières influencées :

Papier	Azote = 0,10
Dextrine	Azote = 0,17

Il s'était développé des moisissures.

La variation étant nulle pour le papier, très faible pour la dextrine, j'ai poursuivi sous une tension un peu plus sensible, en opérant cette fois avec 5 éléments Leclanché, pendant sept mois; la température extérieure s'étant élevée peu à peu jusqu'à atteindre par moments 30 degrés. On a encore observé des moisissures.

Au bout de ce temps, j'ai trouvé sur 1000 parties :

Papier	Azote = 0,45
Dextrine	Azote = 1,92

L'intervalle des deux cylindres était d'environ 3 à 4 millimètres.

Un autre essai, poursuivi simultanément, avec un intervalle à peu près triple entre deux autres cylindres pareils, a fourni en azote, sur 1000 parties :

Papier	Azote = 0,30
Dextrine	Azote = 1,14

Toutes ces analyses concourent à établir qu'il y a fixation

d'azote sur le papier et sur la dextrine, c'est-à-dire sur les principes immédiats non azotés des végétaux, sous l'influence de tensions électriques excessivement faibles. Les effets sont provoqués par la différence de potentiel existant entre les deux pôles d'une pile formée par 5 éléments Leclanché : différence tout à fait comparable à la tension de l'électricité atmosphérique, agissant à de petites distances du sol.

L'influence des moisissures observées dans le cours des expériences ne saurait être invoquée contre cette conclusion; car M. Boussingault a démontré, par des analyses très précises, que les végétaux de ce genre ne possèdent pas la propriété de fixer l'azote atmosphérique.

Disons enfin que la lumière ne jouait aucun rôle dans les essais précédents, où la fixation de l'azote s'effectue au sein d'une obscurité absolue. D'autres essais, exécutés dans des espaces transparents, ont montré d'ailleurs que la lumière n'entrave pas la fixation électrique de l'azote.

Les réactions que je viens de décrire sont, je le répète, déterminées par des tensions électriques très faibles et d'un ordre de grandeur tout à fait comparable à celui de l'électricité atmosphérique ; ainsi qu'il résulte des mesures publiées par M. Thomson, M. Mascart et par divers autres expérimentateurs (1).

7. Comparons encore les données quantitatives de mes expériences avec la richesse en azote des tissus et organes végétaux, qui se renouvellent chaque année. Les feuilles des arbres renferment environ 8 millièmes d'azote ; la paille de froment, 3 millièmes à peu près. Or l'azote fixé sur la dextrine dans mes essais, au bout de huit mois, s'élevait à 2 millièmes environ ; c'est-à-dire qu'il s'était formé une matière azotée d'une richesse à peu près comparable à celle des tissus herbacés, que la végétation produit dans le même espace de temps, avec le concours des influences exercées par les tensions électriques naturelles.

8. *Électricité atmosphérique.* — Désirant pousser jusqu'au bout la question, c'est-à-dire établir que l'électricité atmosphé-

(1) Voyez entre autres, sur ce point, *Annuaire de la Société météorologique de France*, t. XXV, p. 153 ; 1877.

rique a réellement la faculté de déterminer la fixation de l'azote sur les principes immédiats des végétaux, j'ai opéré avec des tubes concentriques scellés à la lampe, renfermant de l'azote; lequel était mis en présence, tantôt du papier humide, tantôt de la dextrine sirupeuse. J'ai établi entre les parois concentriques qui contenaient le gaz et la matière organique une tension électrique, déterminée précisément par la différence de potentiel existant entre le sol d'une surface gazonnée et une couche d'air située à 2 mètres au-dessus. Pour mettre l'armature intérieure de mes instruments en équilibre électrique avec un point déterminé de l'atmosphère, on employait l'appareil à écoulement d'eau de M. Thomson.

Voici les résultats obtenus dans des expériences qui ont duré du 29 juillet au 5 octobre 1876, c'est-à-dire un peu plus de deux mois, la tension électrique moyenne ayant été celle de 3 éléments et demi Daniell, et ayant oscillé en valeur absolue depuis + 60 Daniell jusqu'à — 180 Daniell environ, dans mes appareils.

Dans tous les tubes sans exception, qu'ils continssent de l'azote pur ou de l'air ordinaire, qu'ils fussent clos hermétiquement ou en libre communication avec l'atmosphère, l'azote s'est fixé sur la matière organique (papier ou dextrine). Il a formé un composé amidé, composé que la chaux sodée détruit vers 300 à 400 degrés, avec régénération d'ammoniaque. Est-il besoin de dire que les mêmes matières organiques, laissées librement en contact avec l'atmosphère d'une salle de mon laboratoire, n'ont pas donné le moindre signe de la fixation de l'azote?

La dose d'azote ainsi fixée sous l'influence de l'électricité atmosphérique était très faible dans chaque tube : ce qui s'explique à la fois par la petitesse du poids de la matière organique (quelques centigrammes), par la lenteur des réactions, enfin par le peu d'étendue des surfaces influencées.

Cependant, comme le nombre des tubes susceptibles d'être disposés dans le même circuit pourrait assurément être très multiplié, sans restreindre ni les effets électriques, ni les effets chimiques qui en dérivent; on voit que la quantité d'azote susceptible d'être fixée sur une surface recouverte de matières organiques, au bout d'un temps convenable, pourrait être rendue extrêmement considérable.

9. L'azote se fixe ainsi, je le répète, en vertu d'une réaction chimique aussi générale que l'action oxydante de l'atmosphère sur les végétaux; réaction exercée sur les principes mêmes de leurs tissus et qui s'effectue, sans faire intervenir une influence autre que la différence naturelle de potentiel électrique développée incessamment dans l'atmosphère libre entre le sol électrique et les couches d'air situées à 2 mètres plus haut. On se trouve par là dans des conditions analogues à celles de la végétation; ces conditions étant seulement agrandies dans le rapport qui existe entre la distance du tube d'écoulement de Thomson au sol et la distance des deux armatures de mes tubes.

10. Deux de mes essais permettent même de poursuivre plus loin la démonstration. En effet, le papier humide contenu dans deux des tubes, l'un contenant de l'azote pur, l'autre de l'air, s'est trouvé recouvert de taches verdâtres, formées par des algues microscopiques, à filaments fins, entrelacés et recouverts de fructifications. Ces végétaux tiraient sans doute leur origine de quelques germes introduits accidentellement avant la clôture des tubes. Or, dans ces deux tubes, il y a eu une fixation d'azote; non-seulement analogue, mais même notablement plus forte que dans les tubes privés de végétaux. Dans le tube à azote surtout, les gaz avaient pris une odeur aigrelette et légèrement fétide, pareille à celle de certaines fermentations, et la fixation d'azote était beaucoup plus grande que dans aucun des autres.

11. Ces expériences mettent en lumière l'influence d'une cause naturelle, à peine soupçonnée jusqu'ici et cependant des plus considérables, sur la végétation. Jusqu'à ce jour, lorsqu'on s'est préoccupé de l'électricité atmosphérique en agriculture, ce n'a guère été que pour s'attacher à ses manifestations lumineuses et violentes, telles que la foudre et les éclairs. Dans toute hypothèse, on a envisagé uniquement la formation des acides azotique, azoteux et de l'azotate d'ammoniaque, et il n'y a pas eu d'autre

doctrine, relative à l'influence de l'électricité atmosphérique pour fixer l'azote sur les végétaux. Or il s'agit, dans mes expériences, d'une action toute nouvelle, absolument inconnue auparavant; action qui fonctionne incessamment sous le ciel le plus serein, avec la même nécessité que l'action oxydante de l'air, et qui détermine une fixation *directe* de l'azote libre sur les principes mêmes des tissus végétaux.

Dans l'étude des causes naturelles capables d'agir sur la fertilité du sol et sur la végétation, causes que l'on cherche à définir avec tant de sollicitude par les observations météorologiques, il conviendra désormais, non-seulement de tenir compte des variations observées dans les actions lumineuses ou calorifiques, mais aussi de faire intervenir celles de l'état électrique de l'atmosphère. Il devient nécessaire d'étudier ces dernières d'une façon plus méthodique qu'on ne l'a fait jusqu'à ce jour; l'importance de cette étude ayant été plutôt pressentie d'une manière obscure que systématiquement démontrée.

12. Caractérisons davantage le rôle de l'électricité et les conditions de la fixation de l'azote libre sur les tissus végétaux. On sait que M. Boussingault, dont on connaît toute l'habileté, n'a pu réussir à constater l'absorption de l'azote pendant la végétation, dans un espace clos et sans l'intervention de l'électricité. Or l'intervention de l'électricité atmosphérique, qui n'agissait pas dans ces essais *in vitro*, où le potentiel est le même dans toutes les portions des appareils, me semble de nature à modifier les conclusions et à rapprocher les résultats qui se passent à la surface du sol de ceux que j'ai observés sous l'influence de l'effluve.

M. Grandeau a reconnu, en effet, que deux plantes semblables, l'une exposée à l'air libre, l'autre entourée d'un grillage métallique qui laisse passer l'air et la pluie, mais annule le potentiel électrique, se comportent tout différemment : la végétation de la première est devenue plus active, et la formation des matières azotées et autres a été doublée dans le même temps.

Ces résultats sont originaux et très importants; ils sont en parfaite harmonie avec mes propres expériences.

13. En effet, il n'est pas contestable que des phénomènes analogues à ceux que j'ai observés ne doivent se manifester, toutes les fois que l'air est électrisé : soit au moment des décharges foudroyantes, qui répondent à des différences de tensions électriques, analogues ou supérieures à celles de l'appareil Ruhmkorff; soit et surtout pour les différences de tension plus faibles qui se produisent incessamment (voy. page 365). La tension électrique moyenne en chaque point de l'atmosphère, telle qu'elle est exprimée par le potentiel, varie sans cesse; par suite il se produit dans les couches voisines de ce point des échanges électriques incessants, tout semblables à ceux que subissent les gaz dans les tubes à effluve (p. 364). Ces échanges ont également lieu, quoique d'une façon un peu différente, entre le sol et les couches d'air les plus voisines.

Dès lors, et cette prévision est vérifiée par mes expériences directes faites avec l'électricité atmosphérique, les mêmes effets chimiques doivent se reproduire; c'est-à-dire la fixation de l'azote sur les matières organiques tenues en suspension dans l'air, ou mises en contact avec les couches aériennes, dont la tension électrique varie incessamment. La petitesse des effets est compensée par leur durée et par l'étendue des surfaces influencées. A la vérité, sur chaque point isolé, ces actions ne sauraient être que très limitées. Autrement leur influence s'exerçant à la fois sur les végétaux et sur le sol lui-même, les matières humiques du sol devraient s'enrichir rapidement en azote; tandis que la régénération des matières azotées naturelles, épuisées par la culture, est au contraire, comme on le sait, excessivement lente. Cependant elle est incontestable. Quelque limités que soient les effets dus à la fixation de l'azote, à chaque instant et sur chaque point de la superficie terrestre, ils peuvent cependant, je le répète, devenir considérables, en raison de l'étendue et de la continuité d'une réaction universellement et perpétuellement agissante.

14. Il n'est pas jusqu'au règne animal qui ne doive éprouver parfois des influences analogues. En effet, les absorptions d'azote et d'oxygène, déterminées à la surface du corps des animaux par

l'électricité atmosphérique, jointes aux condensations moléculaires et aux autres changements chimiques développés au sein des tissus organisés par la même influence, doivent donner lieu à des modifications physiologiques correspondantes : peut-être celles-ci jouent-elles un certain rôle dans les malaises singuliers, manifestés au sein de l'organisme humain pendant les orages.

15. Sans nous arrêter davantage sur un point particulier, insistons cependant d'une manière générale sur la nouvelle cause de fixation de l'azote atmosphérique dans la nature.

Cette fixation de l'azote paraît jouer un rôle capital dans la fertilisation du sol, dans la théorie des jachères et dans celle du développement des plantes et autres produits de l'agriculture.

On ne saurait guère expliquer autrement la fertilité indéfinie des sols qui ne reçoivent aucun engrais; tels que ceux des prairies des hautes montagnes, étudiées par M. Truchot en Auvergne (*Annales agronomiques*, t. Ier, p. 549 et 550; 1875), et situées en des lieux où les tensions électriques peuvent acquérir des valeurs considérables. Je rappellerai en outre que MM. Lawes et Gilbert, dans leurs célèbres expériences agricoles de Rothamsted, arrivent à cette conclusion : que l'azote de certaines récoltes de légumineuses surpasse la somme de l'azote contenu dans la semence, dans le sol, dans les engrais; même en y ajoutant l'azote fourni par l'atmosphère sous les formes connues d'azotates et de sels ammoniacaux. Résultat d'autant plus remarquable qu'une portion de l'azote combiné s'élimine d'autre part en nature, pendant les transformations naturelles des produits végétaux. Les auteurs en ont conclu qu'il devait exister dans la végétation quelque source d'azote capable d'expliquer l'origine de la masse considérable d'azote combiné qui se rencontre actuellement dans les êtres vivants à la surface du globe. Mais cette source est demeurée jusqu'à présent inconnue.

Or c'est précisément cette source inconnue d'azote qui me paraît indiquée dans mes expériences sur les réactions chimiques provoquées par l'électricité à faible tension, et spécialement par l'électricité atmosphérique.

On voit que les questions soulevées par ces expériences au point de vue physique, chimique, physiologique, sont d'une étendue presque illimitée.

§ 6. — **Réactions de l'oxygène libre provoquées par l'effluve électrique.**

1. L'effluve électrique provoque les oxydations par l'oxygène libre, et leur donne souvent une extrême activité. Si elle ne provoque pas en général l'union de l'oxygène avec l'hydrogène (p. 377), ni celle de l'oxygène avec l'eau pour développer l'eau oxygénée; par contre, sous l'influence de l'effluve, l'oxygène s'unit à l'oxyde de carbone pour produire l'acide carbonique. Il forme : avec l'azote sec ou humide, les composés azoteux et azotiques; avec le soufre, les acides sulfureux, sulfurique et persulfurique; avec l'iode, les acides iodeux, iodique et périodique; il oxyde les métaux, etc.

Non-seulement on détermine ainsi des oxydations que l'oxygène pur ne produirait pas; mais celles qu'il développe par lui-même en sont activées singulièrement. Ainsi l'oxydation des acides sulfureux et azoteux dissous s'effectue lentement avec l'oxygène ordinaire; tandis qu'elle est très rapide sous l'influence de l'effluve.

2. De tels effets sont produits principalement par l'effluve à haute tension. Dès que la tension diminue, l'azote et la plupart des métaux cessent de s'oxyder.

Cependant l'oxydation de l'acide sulfureux sec et celle des composés organiques ont encore lieu, même avec les tensions les plus faibles : par exemple sous l'influence prolongée du potentiel constant de 5 éléments Leclanché.

3. Ces dernières conditions méritent d'autant plus d'attention, qu'elles répondent aux tensions ordinaires de l'électricité atmosphérique. Celle-ci devient ainsi un agent d'oxydation lente; oxydation faible, mais incessamment agissante.

4. Les mécanismes mêmes suivant lesquels l'oxygène est provoqué à l'action par l'effluve sont divers. Observons que, même

avec les tensions les plus faibles, la réaction est accompagnée par la transformation d'une portion de l'oxygène en ozone. Or deux cas se présentent ici. Tantôt l'ozone isolé est apte à produire les mêmes effets : ce qui arrive par exemple dans l'oxydation des métaux, de l'iode, de l'iodure de potassium, de l'acide arsénieux dissous, des acides azoteux et sulfureux dissous, etc.

Tantôt, au contraire, l'ozone isolé est incapable de produire les mêmes effets d'oxydation : tel est le cas d'oxydation de l'azote libre sous l'influence de l'effluve; celui de la transformation du chlorure de potassium humide en chlorate de potasse, etc. Ce sont là les actions qui répondent aux tensions les plus fortes.

5. Diverses synthèses remarquables peuvent être produites par l'oxygène soumis à l'influence électrique (1) : citons, par exemple, la formation de l'acide persulfurique, S^2O^7. Nous allons en développer les circonstances essentielles.

L'acide persulfurique peut être obtenu à l'état cristallisé, pur et anhydre, en faisant agir l'effluve électrique à forte tension sur un mélange d'acide sulfureux et d'oxygène, pris sous des volumes égaux et dans un état de siccité rigoureuse :

$$S^2O^4 + O^3 = S^2O^7.$$

On opère avec mon appareil à tubes concentriques (page 373).

De même l'acide sulfurique anhydre forme l'acide persulfurique, en se combinant avec l'oxygène sous l'influence de l'effluve :

$$S^2O^6 + O = S^2O^7.$$

Au contraire l'acide sulfurique concentré ne s'unit pas à l'oxygène ordinaire dans les mêmes conditions, pas plus qu'à l'ozone isolé.

L'acide persulfurique prend aussi naissance, cette fois à l'état dissous, pendant l'électrolyse des solutions concentrées d'acide sulfurique : circonstance dans laquelle il avait été confondu jusqu'ici, soit avec l'eau oxygénée, soit avec la substance imaginaire que l'on avait appelée *antozone*. C'est encore une influence

(1) *Annales de chimie et de physique*, 5e série, t. XIV, p. 345 ; 1878.

électrique, probablement analogue à la précédente, qui provoque la formation de l'acide persulfurique, à titre de produit secondaire de l'électrolyse.

6. Signalons ici une relation thermique essentielle : celle qui existe entre la suite des transformations qui relient ensemble l'ozone, l'eau oxygénée, l'acide persulfurique et l'oxygène ordinaire, transformations toutes accomplies avec une perte d'énergie graduelle, depuis le premier corps jusqu'au dernier terme des métamorphoses.

1° L'*ozone* peut être *changé en eau oxygénée;* sinon par réaction directe, du moins par l'intermédiaire de l'éther. Cette réaction est connue depuis longtemps, et je l'ai vérifiée avec de l'ozone sec et de l'éther absolument anhydre. Il se forme ainsi un composé spécial, l'*éther ozoné*, qu'il suffit d'agiter avec de l'eau pure, pour le changer en eau oxygénée. Ces deux réactions sont directes : leur résultat total est un dégagement de chaleur, soit $+ 3^{Cal},7$ pour HO^2 formée.

2° L'*eau oxygénée* peut être *changée en acide persulfurique* par l'acide sulfurique concentré; pourvu que l'on opère le mélange en évitant toute élévation de température. Le caractère immédiat de la réaction ne permet pas de douter qu'elle ne soit exothermique. Ajoutons cette circonstance qu'elle a lieu avec le premier hydrate SO^4H,HO, et non avec le second hydrate $SO^4H,2HO$; ce qui porte à croire que la chaleur dégagée est moindre que celle qui répond au changement du premier hydrate dans le second, c'est-à-dire moindre que $1^{Cal},5$; mais la mesure directe n'a pas encore été faite.

3° L'*acide persulfurique* à son tour *dégage* peu à peu et à froid la totalité de *son oxygène à l'état ordinaire*, sans offrir aucune tension finie de dissociation : caractère propre aux réactions accomplies avec dégagement de chaleur.

Il y a donc perte d'énergies successives, en passant de l'ozone à l'eau oxygénée, de l'eau oxygénée à l'acide persulfurique, enfin de l'acide persulfurique à l'oxygène ordinaire. La somme des énergies perdues dans la série des transformations directes est représentée par les $14^{Cal},8$ absorbées dans la production inverse de l'ozone au moyen de l'oxygène ordinaire; production qui exige le concours d'une énergie chimique ou électrique.

On conçoit dès lors que l'acide persulfurique, l'eau oxygénée, l'ozone, corps formés tous les trois avec absorption de chaleur, se détruisent d'eux-mêmes, lorsque l'énergie étrangère, sous l'influence de laquelle ils ont pris naissance, vient à cesser d'agir, c'est-à-dire de communiquer à la matière un état spécial et un genre de mouvements ou de vibrations particulier.

7. Voici encore une observation fort importante. La formation de l'acide persulfurique, soit au moyen de l'acide sulfureux, soit au moyen de l'acide sulfurique anhydre, exige la présence d'un excès notable d'oxygène. Emploie-t-on seulement les quantités relatives indiquées par les équivalents, la réaction se fait mal et demeure incomplète. Cette circonstance s'explique, si l'on remarque que l'effluve exerce une double action : elle décompose, et elle combine. C'est ainsi qu'elle peut soit décomposer partiellement l'acide sulfureux en soufre et oxygène ; soit combiner ce même acide sulfureux avec l'oxygène pour former l'acide persulfurique. Nous avons affaire ici à un phénomène d'un ordre plus général.

8. En effet, les composés binaires soumis à l'action de l'effluve ne se résolvent pas d'ordinaire en leurs éléments, par un dédoublement pur et simple (voy. page 381). Mais une partie se décompose, tandis que l'autre partie forme au contraire des combinaisons plus compliquées. Ainsi l'hydrogène sulfuré produit à la fois du soufre, de l'hydrogène et du polysulfure d'hydrogène; l'hydrogène phosphoré gazeux produit de l'hydrogène libre et du sous-phosphure solide; l'oxyde de carbone produit l'acide carbonique et du sous-oxyde solide; le formène produit de l'hydrogène libre, de l'acétylène et des carbures résineux, etc., etc.

Ces phénomènes d'équilibre entre la décomposition pure et simple et la formation des combinaisons complexes et condensées ne se présentent pas seulement dans l'étude des réactions provoquées par l'acte de l'électrisation ; mais on les observe aussi dans l'étude des réactions provoquées par l'acte de l'échauffement. C'est précisément en m'appuyant sur des relations du même ordre que j'ai réussi à effectuer la synthèse pyrogénée des carbures d'hydrogène (1).

Il est également probable qu'il se développe des équilibres analogues dans les effets chimiques produits par l'acte de l'illumination ; ces effets étant caractérisés, par exemple, au sein des tissus végétaux, par une double tendance, d'une part, à la décomposition de l'acide carbonique, avec mise en liberté d'oxygène et formation de combinaisons condensées; et, d'autre part, à la régénération de ce même acide carbonique aux dépens de l'oxygène libre et des principes organiques.

Rappelons enfin que les équilibres qui accompagnent de telles synthèses électriques, pyrogénées, photogéniques, expriment en général la résultante de deux énergies opposées l'une à l'autre, savoir : l'énergie chimique, qui tend à réaliser les réactions (combinaisons, condensations, ou parfois décompositions) capables de dégager la plus grande quantité possible de chaleur; et par opposition, l'énergie calorifique, lumineuse ou électrique, qui tend à provoquer et à effectuer les réactions contraires (voy. page 26).

(1) *Annales de chimie et de physique*, 5e série, t. VI, p. 100. — Le présent volume, p. 44, 45, 132 et 140.

CHAPITRE XII

ACTIONS CHIMIQUES PRODUITES PAR LES ÉNERGIES LUMINEUSES

§ 1er. — **Généralités.**

1. La lumière, en arrivant à la surface des corps, est en partie diffusée, en partie absorbée, et, si la substance est transparente, en partie transmise. L'absorption est superficielle dans les substances opaques ; elle se produit dans toute la masse des corps transparents. Elle peut développer, soit de la chaleur, soit une modification moléculaire, soit une réaction chimique.

2. C'est ainsi que la lumière produit des décompositions chimiques, des combinaisons chimiques, des changements isomériques, etc. La force vive des vibrations éthérées qui donnent lieu aux phénomènes lumineux se communique donc, dans certaines réactions, à la matière pondérable; mais si cette communication est certaine, les mécanismes suivant lesquels elle s'accomplit sont demeurés obscurs jusqu'à présent, malgré les nombreuses expériences des physiciens et des photographes.

3. On sait seulement que chaque réaction chimique particulière a lieu sous l'influence d'un certain nombre de groupes de rayons distribués dans le spectre à la façon des bandes d'absorption. Les rayons violets et ultra-violets sont surtout efficaces dans le plus grand nombre des cas ; ce qui leur a fait donner le nom de *rayons chimiques*. Mais les autres radiations interviennent aussi dans cet ordre de phénomènes.

4. Ajoutons encore que, d'après Herschel, une matière colorante sensible à la lumière est détruite en général par les rayons lumineux qu'elle absorbe, c'est-à-dire par les rayons de la couleur complémentaire à celle que la matière réfléchit : cir-

constance qui paraît de nature à jeter quelque jour sur le caractère mécanique des actions photochimiques.

5. Les transformations chimiques produites par la lumière peuvent être distinguées en réactions endothermiques et réactions exothermiques.

1° *Réactions exothermiques.* — Telles sont : la formation de l'acide chlorhydrique, au moyen du chlore et de l'hydrogène;

La formation des produits chlorés, au moyen du chlore et des composés hydrogénés;

Les phénomènes d'oxydation, si employés en photographie, phénomènes développés, soit par l'oxygène libre, soit par les agents oxydants (acide chromique, chlore et eau, etc.);

La réduction des sels d'argent, d'or, de mercure, de peroxyde de fer, etc., opérée avec le concours d'un composé organique ou de toute autre substance oxydable;

La décomposition du gaz iodhydrique, etc.

Dans ce groupe de réactions, la lumière détermine le phénomène chimique; elle réalise le travail préliminaire (voy. p. 6, 21). Mais ce n'est pas elle qui effectue le travail principal, c'est-à-dire qu'elle ne produit pas la chaleur développée dans la réaction. La lumière, en un mot, joue un rôle analogue à celui d'une allumette qui servirait à incendier un bûcher.

2° *Réactions endothermiques.* — Au contraire c'est la lumière, ou plus précisément l'*acte de l'illumination*, qui effectue le travail nécessaire pour décomposer le chlorure d'argent en chlore et argent libre (ou sous-chlorure); le protoxyde de mercure, en bioxyde et mercure métallique. C'est également la lumière qui effectue le travail nécessaire pour détruire l'acide azotique anhydre en acide hypoazotique et oxygène; de même elle décompose l'acide carbonique, avec production d'oxygène libre, dans les organes où s'effectue la nutrition végétale. Les réactions endothermiques, ainsi produites par le travail de la lumière, sont bien moins nombreuses que les réactions contraires.

6. Il est nécessaire de faire la distinction précédente, toutes les fois que l'on discute le travail chimique de la lumière. Ces notions s'appliquent notamment aux tentatives qui ont été exé-

cutées pour mesurer l'action photochimique; tentatives dans lesquelles on a pris presque toujours pour base des mesures une réaction exothermique : ce qui est contradictoire avec le but que l'on voulait atteindre.

Par exemple, on a essayé cette mesure en opérant sur un mélange d'hydrogène et de chlore et en déterminant les quantités d'acide chlorhydrique formées dans des circonstances données. Bien qu'une semblable méthode puisse, à la rigueur et lorsqu'on l'emploie avec une extrême précaution, donner des résultats comparatifs; cependant elle est incorrecte en principe. Les résultats qu'elle fournit sont du même ordre que ceux qu'on obtiendrait, si l'on voulait déterminer la quantité de chaleur produite par la combustion du soufre d'une allumette, en pesant le bois brûlé dans le foyer auquel cette allumette communique le feu. En effet, pendant la réunion du chlore avec l'hydrogène, la combinaison développe un travail positif énorme; travail qu'il est impossible de séparer, et même de distinguer du travail de la lumière, lequel est incomparablement plus petit : dès lors comment prétendre mesurer ce dernier?

La même critique est applicable aux essais dans lesquels on a cherché à mesurer le travail photochimique par une réaction d'oxydation, nécessairement exothermique : telle que l'action des sels de fer sur l'acide oxalique et les corps analogues.

Pour arriver à la solution du problème, il faudrait évidemment choisir un phénomène tout différent, c'est-à-dire une combinaison ou une décomposition susceptible de se produire avec absorption de chaleur ; en un mot, une réaction dans laquelle la lumière fût la cause efficiente de la réaction. Mais il n'est pas facile de trouver une semblable réaction ; surtout si on veut la réaliser dans des conditions telles qu'elle se prête à des mesures comparatives.

7. En effet, on rencontre ici une nouvelle difficulté. Les diverses radiations lumineuses, nous venons de le dire, ne sont pas également efficaces pour produire un même phénomène chimique : chacune d'elles produit un certain effet, à l'exclusion des autres. Par exemple, la décomposition de l'acide carbonique

par les parties vertes des végétaux est surtout effectuée au moyen des rayons rouges et jaunes; tandis que la décomposition du chlorure d'argent est surtout effectuée au moyen des rayons violets et ultra-violets. Les résultats obtenus dans l'étude d'une réaction ne sont donc applicables qu'à cette réaction même et aux radiations efficaces pour la produire, mais non aux réactions photochimiques en général.

8. Ce n'est pas tout : l'énergie des radiations lumineuses absorbées pendant une réaction chimique n'est pas consommée en totalité par le travail chimique; car il se produit d'ordinaire quelque échauffement simultané. En outre, et ceci est plus grave, une portion de la lumière reparaît souvent sous la forme de rayons d'une réfrangibilité différente : comme on l'observe dans l'étude des substances fluorescentes, substances spécialement sensibles aux actions photochimiques. Bref, comme il arrive dans la plupart des transformations des forces naturelles (voy. page 326), l'énergie de la lumière ne se change pas purement et simplement en énergie chimique; mais elle éprouve à la fois plusieurs transformations distinctes.

Malgré ces difficultés, il serait du plus haut intérêt de posséder quelques mesures capables d'établir une certaine relation entre la force vive perdue par le fluide éthéré et le travail chimique que cette force vive a produit.

9. Nous allons passer en revue rapidement les principales réactions chimiques déterminées par la lumière, en insistant sur leurs caractères les plus généraux. Ce sont, je le répète, des transformations isomériques, des combinaisons, des décompositions et des réactions plus compliquées.

§ 2. — **Changements isomériques.**

1. *Phosphore.* — Le phosphore blanc, placé dans le vide barométrique, émet des vapeurs qui se changent rapidement en phosphore rouge (Berzelius). La réaction s'opère surtout sous l'influence des rayons violets. Elle est exothermique (tome Ier, page 553).

2. *Soufre.* — Le soufre octaédrique, dissous dans le sulfure de carbone et exposé à la lumière solaire, dépose aussitôt du soufre insoluble (Lallemand). Cette réaction est accompagnée par l'absorption des rayons violets et ultra-violets. Évaluée à partir du soufre dissous, elle est exothermique. Avec le soufre octaédrique solide, au contraire, elle serait endothermique; mais elle ne se produit pas alors : résultat qui semble prouver que c'est l'énergie absorbée dans l'acte de la dissolution qui est consommée dans le phénomène.

3. Les *carbures d'hydrogène* liquides (styrolène), les carbures solides, et surtout les carbures pyrogénés fluorescents, tels que l'anthracène et divers autres, éprouvent également, sous l'influence de la lumière, des changements isomériques et des condensations moléculaires, probablement exothermiques.

4. *Chlore.* — On a supposé que le chlore éprouvait quelque changement analogue sous l'influence de la lumière; le chlore insolé devant posséder une activité plus grande que celle du chlore ordinaire : ce qui ne paraît pas exact. En effet, MM. Fremy et E. Becquerel ont montré que cette différence ne se produit pas avec le chlore sec, mais seulement avec le chlore humide; c'est-à-dire qu'elle est due à la présence de quelques traces des oxydes du chlore, formés aux dépens de l'eau. Mes propres expériences, relatives à la dissolution du chlore dans l'eau (*Annales de chimie et de physique*, 5e série, tome V, page 318) concordent avec cette interprétation.

§ 3. — **Combinaisons.**

1. L'union du *chlore* avec l'*hydrogène libre* est l'exemple le plus connu et le plus étudié, parmi les combinaisons que la lumière provoque. On sait que cette réaction, découverte par Gay-Lussac et Thenard, s'opère instantanément sous l'influence de la lumière solaire, ou de la lumière électrique, ou de la lumière du magnésium. La lumière diffuse la provoque aussi, mais lentement; tandis que la même combinaison n'a pas lieu dans l'obscurité absolue. L'effet du travail préliminaire développé ici par la lumière est le même que celui d'un échauffement de 100

à 125 degrés environ. Il n'est pas dû d'ailleurs à l'échauffement lui-même, comme on peut le constater en maintenant les gaz refroidis pendant la réaction.

On peut étudier de plus près le phénomène, en opérant avec une lumière très faible ; comme MM. Bunsen et Roscoe l'ont fait, dans une longue et intéressante série d'expériences. Ce phénomène est produit surtout par la lumière violette, et il est accompagné d'une certaine absorption de lumière ; facile à constater, en agissant comparativement avec un mélange de chlore et d'air renfermant la même dose de chlore.

Quand l'intensité de la lumière est très faible, l'effet chimique lui est sensiblement proportionnel. Mais la proportionnalité doit cesser et cesse en effet, dès que l'intensité lumineuse augmente. Cette diversité d'effets est comparable à l'influence que l'échauffement, soit modéré, soit énergique, exerce sur la vitesse des réactions exothermiques (voy. page 63).

Cependant, même dans ces conditions, l'action chimique, lente au début, s'accélère ensuite peu à peu.

La présence des gaz étrangers ralentit l'action ; et elle la ralentit suivant une proportion spéciale à chacun d'eux : ce qui démontre leur influence sur le travail préliminaire qui détermine la combinaison. Ainsi la présence d'un centième de chlore double presque la durée de la combinaison d'un poids donné de chlore et d'hydrogène. Trois millièmes d'hydrogène en excès rendent cette durée triple. Un demi-centième d'oxygène la rend dix fois plus lente ; tandis que quelques millièmes de gaz chlorhydrique sont sans influence.

2. Le *chlore* n'agit pas seulement sur l'hydrogène libre, mais aussi sur l'*hydrogène combiné*. C'est ainsi qu'il *décompose l'eau* sous l'influence de la lumière, en dégageant de l'oxygène ; avec dégagement de $+ 4^{Cal},8$ pour chaque équivalent d'oxygène mis à nu. Cependant une partie de cet oxygène s'unit en même temps au chlore, pour former de l'acide chlorique :

$$6Cl + 6HO + \text{eau} = 5\,HCl \text{ dissous} + ClO^6H \text{ dissous};$$

réaction qui dégage + 12 Calories.

Toutes ces réactions du chlore sont exothermiques.

A fortiori, en sera-t-il de même en général des *oxydations* produites par le chlore *en présence de l'eau;* oxydations où la lumière joue parfois un rôle nécessaire, pour les provoquer ou pour les accélérer.

De même le *chlore* n'agit pas à froid sur les *carbures d'hydrogène* et sur les composés organiques, si ce n'est sous l'influence de la lumière; les effets chimiques qui en résultent sont toujours exothermiques. Ces effets varient d'ailleurs suivant l'intensité de la lumière, précisément comme il arrive dans les effets provoqués par l'acte de l'échauffement. Ainsi le *formène mêlé de chlore*, à volumes égaux, et exposé au soleil, produit aussitôt de l'acide chlorhydrique et du charbon :

$$2C^2H^4 + 2Cl^2 = C^2 + 4HCl + C^2H^4;$$

ce qui dégage + 66 Calories.

Mais si l'on modère l'action, en opérant à une lumière diffuse convenablement réglée, on obtient la substitution de l'hydrogène par le chlore à volumes égaux, et la formation régulière de l'éther méthylchlorhydrique :

$$C^2H^4 + Cl^2 = C^2H^3Cl + HCl.$$

Cette dernière réaction est plus difficile à provoquer que celle de l'hydrogène; ce qui s'explique, parce que la production du formène au moyen de ses éléments a été accompagnée d'un dégagement de chaleur, laquelle diminue d'autant la chaleur produite dans la réaction du chlore sur le gaz hydrogène.

Dans le cas du formène, comme dans celui de l'hydrogène, on arrive à modérer l'action, en mêlant le formène avec un grand volume de gaz inerte, tel que l'acide carbonique. Ceci tend à prouver que la destruction brusque, produite par une lumière intense, est due à un échauffement local, développé sur un point et capable de provoquer l'inflammation du reste; c'est-à-dire que la diversité des effets serait attribuable, non à l'action lumineuse elle-même, mais à l'échauffement qu'elle provoque, directement ou indirectement.

Des effets analogues s'observent sur les autres corps hydrocarburés, quoique avec des circonstances propres à chacun d'eux. Ainsi l'*acétylène et le chlore*, mêlés à volumes égaux, détonent aussitôt sous l'influence de la lumière diffuse. Ce fait s'explique parce que l'acétylène est formé avec absorption de chaleur, et que sa réaction sur le chlore, dès qu'elle commence, dégage beaucoup plus de chaleur que celle de l'hydrogène :

$$C^4H^2 + Cl^2 = C^4 + 2HCl, \text{ dégage : } + 108 \text{ Calories};$$

tandis que :

$$Cl^2 + H^2 = 2HCl \text{ dégage seulement : } + 44.$$

Néanmoins, sous l'influence d'une lumière extrêmement affaiblie, ou par le mélange d'un grand volume d'un gaz étranger, on peut obtenir le chlorure d'acétylène, $C^4H^2Cl^2$.

L'*éthylène et le chlore* forment de même au soleil du charbon et de l'acide chlorhydrique. Tandis que sous l'influence de la lumière diffuse, ils se combinent tranquillement, avec production d'un chlorure liquide, $C^4H^4Cl^2$: c'est la liqueur des Hollandais.

Citons enfin, comme dernière réaction du chlore provoquée par la lumière, celle du *gaz chloroxycarbonique*, appelé par Davy *gaz phosgène*, à cause des conditions de sa formation :

$$C^2O^2 + Cl^2 = C^2O^2Cl^2.$$

Elle se fait sous l'influence de la lumière solaire directe et elle est bien plus lente à la lumière diffuse. Mais aussi cette réaction dégage-t-elle seulement $+18^{Cal},8$, chiffre bien inférieur aux précédents.

3. La lumière intervient pour provoquer l'union du *brome et de l'hydrogène;* mais à la condition d'être concentrée par une lentille. L'action de la vapeur du brome sur beaucoup de composés hydrocarburés est aussi activée par la lumière. Ce sont là toujours des réactions exothermiques; mais la chaleur dégagée est moindre qu'avec le chlore : ce qui explique pourquoi l'accélération des réactions est moins considérable.

4. Avec *l'iode et l'hydrogène*, cette diversité d'effets, attribuable au signe thermique des réactions, est bien plus manifeste. En effet, le gaz iodhydrique est formé avec absorption de chaleur :

$$H + I \text{ gaz} = HI \text{ absorbe} : -0^{Cal},8.$$

Or, d'après M. Lemoine, le gaz iodhydrique est détruit peu à peu, et complètement par la lumière; contrairement à ce qui arrive pour les deux autres hydracides.

Les dissolutions aqueuses, même concentrées, d'acide iodhydrique se comportent différemment. Ces dissolutions ne s'altèrent pas d'elles-mêmes sous l'influence d'une lumière intense: ce qui s'explique encore, parce que la perte d'énergie accomplie pendant la dissolution et la formation des hydrates définis qui en résultent l'emportent de beaucoup sur la quantité $-0^{Cal},8$.

Il en est tout autrement, si l'acide iodhydrique se trouve en présence de l'oxygène de l'air. Celui-ci le décompose rapidement sous l'influence de la lumière, en formant de l'eau et de l'iode libre. Le dégagement de chaleur produit par cette réaction, lorsqu'elle a lieu avec le gaz iodhydrique, supposé changé en eau pure, est égal à $+35,3$; c'est-à-dire supérieur à toute chaleur de dissolution de l'hydracide, même très étendu ($+19,5$). La réaction demeure donc exothermique avec l'acide dissous, quelle qu'en soit la concentration, aussi bien qu'avec l'acide gazeux.

De même l'iode libre s'unit à l'éthylène pour fournir un iodure, $C^4H^4I^2$; réaction qui a lieu seulement sous l'influence de la lumière ou de l'échauffement. Mais cet iodure est instable et il doit être conservé à l'abri de la lumière : circonstance qui fait soupçonner ici l'existence d'un équilibre entre deux réactions opposées.

5. Que l'*action de l'oxygène libre*, et sa combinaison avec les autres corps, soit provoquée ou accélérée, dans un grand nombre de cas, par la lumière, c'est ce qui résulte des observations relatives au blanchiment des étoffes exposées à l'air et à la lumière; ainsi que des faits connus, sur la destruction lente ou rapide des

matières colorantes soumises à l'influence du soleil, sur l'oxydation des huiles volatiles et des huiles grasses, etc.

Ces oxydations ont lieu souvent de préférence sous l'influence des rayons bleus ou violets. Cependant les solutions de sulfate ferreux s'oxydent plus vite dans le rouge que dans le violet. Il n'y a donc là rien de tout à fait spécial à une certaine espèce de rayons lumineux. En effet, l'observation a prouvé que toutes les radiations sont efficaces pour provoquer des oxydations ; chaque groupe de radiations répondant à quelque substance oxydable parmi l'infinie variété des composés chimiques. Rappelons cependant qu'en général une matière colorante végétale tend à être détruite par les rayons lumineux de couleur complémentaire, c'est-à-dire par ceux qu'elle absorbe (page 400).

6. Ce que fait l'oxygène libre, l'*oxygène combiné* le réalise souvent plus aisément. Ainsi l'acide chromique, l'acide azotique, les sels ferriques, les sels d'urane, les sels d'or, de platine, d'argent, oxydent une multitude de corps sous l'influence de la lumière. Ils les oxydent, en étant ramenés eux-mêmes soit à l'état d'oxydes inférieurs, soit même à l'état métallique.

La photographie repose en grande partie sur ce genre de réactions. En les appliquant à la production des images, les adeptes de cet art ont observé une multitude d'effets curieux, tels que ceux des *agents révélateurs*, des *agents continuateurs*, du *renforcement*, etc. Mais nous devons nous borner à signaler ces phénomènes, qu'aucune théorie photochimique générale n'a encore reliés les uns aux autres.

Nous pouvons dire cependant, que toutes les réactions oxydantes provoquées par la lumière sont exothermiques. La lumière y joue le rôle d'agent déterminant ; mais ce n'est pas elle qui effectue le travail chimique proprement dit (voy. pages 6, 22, 401, etc.).

§ 4. — **Décompositions.**

1. Passons en revue les décompositions les plus importantes provoquées par la lumière, afin d'en signaler les caractères généraux.

Telle est la décomposition du *gaz iodhydrique*, décomposition exothermique et sans limites qui a été citée plus haut (p. 403). Divers composés organiques iodés, les *éthers iodhydriques*, par exemple, sont aussi décomposés par la lumière, avec mise en liberté d'iode, formation de carbures d'hydrogène,

$$2C^4H^5I = (C^4H^5)^2 + I^2,$$

et de divers produits secondaires. Cette réaction s'exerce surtout sur la vapeur des éthers iodhydriques traversée par un rayon de lumière solaire, comme l'a montré M. Tyndall. La présence de l'oxygène ou des corps oxydants l'accélère, ainsi qu'on l'observe avec l'acide iodhydrique même très étendu.

Le même hydracide concentré est également réduit sous l'influence d'un grand nombre de corps hydrogénables, principalement de corps oxygénés; ce qui s'explique, parce que les deux ordres de réactions, oxydation de l'acide iodhydrique et hydrogénation du composé antagoniste, dégagent également de la chaleur. En vertu de cette double réaction, l'acide iodhydrique attaque très énergiquement une multitude de substances organiques, avec mise en liberté d'iode ; l'iode peut à son tour, avec le concours de l'eau, exercer diverses actions oxydantes. Tout cela a lieu dès la température ordinaire, et surtout sous l'influence de la lumière.

Les mêmes réductions et oxydations peuvent aussi être effectuées au moyen des iodures solubles. Les actions oxydantes ou réductrices de ces corps sont cependant plus limitées, parce que la séparation de l'iode, combiné dans l'iodure soluble, répond presque toujours à la séparation de l'alcali, et par suite à une consommation d'énergie ; à l'inverse de ce qui se passe avec l'acide iodhydrique libre.

2. Arrivons au groupe des *sels haloïdes de l'argent*, qui sont les principaux agents dans la production des images photographiques.

Ils peuvent se décomposer en leurs éléments. Ainsi les chlorure, bromure, iodure d'argent, exposés à la lumière, deviennent violets, avec mise en liberté d'une certaine dose de l'élément électro-négatif, chlore, brome ou iode; réaction qui s'étend même à l'oxyde d'argent.

La plupart de ces effets sont produits surtout par la lumière violette et par les rayons les plus réfrangibles. Cependant on observe ici des nuances remarquables : le bromure est impressionné par des rayons moins réfrangibles que le chlorure; et l'iodure paraît spécialement sensible aux agents révélateurs.

Ces réactions exigent pour se produire une certaine consommation d'énergie; mais la quantité de travail fournie par la lumière, dans cette circonstance, n'est pas bien connue. En effet on discute encore la question de savoir si le corps électro-négatif, mis en liberté, résulte d'une séparation pure et simple du composé binaire en ses éléments, c'est-à-dire avec production d'argent métallique, ce qui absorberait :

Cal.	
— 29,4	avec le chlorure;
— 22,7	avec le bromure;
— 13,8	avec l'iodure,
— 3,5	avec l'oxyde;

ou bien s'il se forme un composé moins saturé, tel qu'un sous-chlorure, Ag^2Cl ou analogue; un sous-bromure, un sous-iodure, un sous-oxyde : la formation de ces composés répondrait aussi à une absorption de chaleur. La seconde opinion paraît la plus vraisemblable.

En d'autres termes, la lumière agirait ici comme l'effluve et même comme l'échauffement, actes qui tendent à décomposer les corps binaires, en formant à la fois un élément libre et un sous-composé condensé (voy. pages 32, 42, 141 et 398). J'insiste sur cette analogie, qui pourrait bien se retrouver dans les mécanismes généraux de toutes les décompositions provoquées par les vibrations moléculaires, telles que les vibrations calorifiques, électriques, lumineuses.

3. La *réduction des sels d'argent* s'opère bien plus nettement *en présence des corps oxydables ou chlorurables*, et spécialement des composés organiques.

On a observé ici des particularités remarquables. Ainsi le

composé organique (*révélateur*) peut être ajouté, après que le chlorure ou l'iodure d'argent ont subi l'action de la lumière, le composé argentique n'étant pas encore coloré. Il est probable qu'un changement chimique préalable est déjà accompli aux dépens du sel d'argent, dans cette circonstance; changement réel, quoique non sensible à la vue. Il aurait pour effet de produire un composé spécial, altérable immédiatement par la substance organique, à laquelle il céderait du chlore. Cette dernière décomposition fournirait en même temps un corps complémentaire : soit de l'argent métallique, dans un état de division tel qu'il puisse attaquer tout de suite l'excès du chlorure d'argent primitif, et le changer en sous-chlorure violet; soit et plutôt un nouveau sous-chlorure, encore moins riche en chlore, mais capable de réagir de même sur les portions du chlorure primitif non décomposé.

C'est à quelque cause analogue que paraissent dus les phénomènes observés par M. E. Becquerel : d'après ce savant, l'altération de l'iodure d'argent, une fois commencée par les rayons violets, *continue* ensuite sous l'influence des rayons peu réfrangibles; lesquels ne l'auraient cependant pas provoquée au début.

Au même ordre d'effets délicats se rattache une observation de J. Herschel, d'après lequel les rayons rouges exercent parfois une action photochimique inverse des rayons violets. Par exemple, l'iodure d'argent en couche épaisse, une fois modifié par les rayons violets, est *désimpressionné* ensuite par les rayons rouges ; c'est-à-dire qu'il perd la faculté de subir ensuite dans l'obscurité l'influence des agents réducteurs.

4. Les *sels d'or*, *de platine*, *de mercure*, *de cuivre*, ont donné lieu à une multitude d'observations analogues, mais moins bien caractérisées. Par exemple, le protoxyde de mercure se change en mercure métallique et bioxyde dans les rayons rouges; et réciproquement, le bioxyde de mercure humide est décomposé par les rayons violets : nous avons ici les conditions d'un certain équilibre, sous l'influence de la lumière blanche.

Le bioxyde de plomb s'altère dans la lumière rouge.

Les chlorure, bromure, iodure cuivreux, noircissent à la

lumière (avec formation d'un oxychlorure ou d'un composé analogue, dû à l'oxygène de l'air).

Les mêmes sels métalliques sont réduits par les substances organiques sous l'influence de la lumière (bichlorure de mercure et acide oxalique; perchlorure de fer et alcool, etc.).

5. Citons enfin, comme point de départ de tout un ordre de phénomènes, la décomposition de l'*acide azotique* par la lumière.

L'*acide anhydre* se résout ainsi en oxygène libre et acide hypoazotique : réaction qui absorbe — 2 Calories, tous les corps gazeux. Quelques rayons de soleil suffisent ainsi pour déterminer un abondant dégagement d'oxygène et d'acide hypoazotique. Mais l'action chimique de la lumière dans cette circonstance est surtout accélératrice; attendu que la décomposition s'opère d'elle-même, avec une extrême lenteur à la vérité; car j'ai pu conserver les cristaux d'acide anhydre pendant plusieurs semaines, sans altération notable. Cette décomposition s'accélère aussi avec l'élévation de température; sans être cependant encore bien rapide à + 43 degrés. Elle est endothermique, comme je l'ai dit plus haut; et elle n'est pas reversible, l'acide hypoazotique sec n'absorbant l'oxygène à aucune température. Ces divers caractères de la réaction me paraissent dignes d'être notés, au point de vue général de la mécanique chimique.

L'*acide azotique monohydraté* se décompose de même, sous l'influence de la lumière, et sa décomposition dégage de l'oxygène; en même temps l'excès d'acide azotique qui subsiste se charge d'acide azoteux, lequel y demeure dissous :

$$n\,AzO^6H = (n-1)\,AzO^6H + AzO^3,HO + O^2.$$

Cette réaction, de même que celle de l'acide anhydre et que la décomposition des chlorures métalliques, paraît endothermique. Telle qu'elle est exprimée par l'équation ci-dessus, elle absorberait environ — 6 Calories.

Une altération analogue est provoquée par la lumière agissant sur la plupart des *composés nitrés;* surtout de ceux qui sont colorés en jaune ou en rouge. Elle en détermine la décomposition spontanée ; en vertu d'une série de réactions qui continuent dans l'obscurité, après que la transformation a été commencée à la lumière. Pour peu que la masse soit considérable, sa température peut ainsi s'élever, et la métamorphose se termine quelquefois par de violentes explosions.

Le signe chimique de la première décomposition n'est pas bien connu dans cette circonstance ; mais celles qui suivent sont, je le répète, exothermiques, en raison de l'action oxydante produite par les oxydes de l'azote sur la matière organique.

6. La lumière et surtout les radiations violettes déterminent, ou plutôt accélèrent la décomposition spontanée des *hypochlorites*, avec dégagement d'oxygène : ce qui est une réaction exothermique (+ 21 Calories, s'il ne se forme pas de chlorate).

7. Il nous reste à parler d'une action photochimique fondamentale : la *décomposition de l'acide carbonique par les végétaux*. Cette décomposition s'effectue sous l'influence de la lumière solaire. Elle a lieu principalement sous l'influence des rayons compris entre le jaune et le vert ; le bleu et le violet étant sans action, et le rouge intense presque inefficace (Draper, Cailletet). Elle est due à la chlorophylle contenue dans les feuilles des végétaux, et elle est produite par les rayons mêmes que cette chlorophylle absorbe (1) : ce qui est conforme à une loi photochimique très générale et déjà signalée (p. 400). Disons enfin que la décomposition de l'acide carbonique, une fois commencée, semble continuer encore quelque temps dans l'obscurité.

La décomposition de l'acide carbonique par les végétaux produit un volume d'oxygène à peu près égal à celui du gaz absorbé. Ce qui peut s'expliquer de deux manières : soit parce que l'acide carbonique est réellement décomposé en oxygène libre et carbone,

$$CO^2 = C + O^2,\ \text{réaction qui absorberait : } -48^{Cal},5;$$

si le carbone prenait l'état libre et amorphe.

Mais le carbone ne devient pas libre ; en réalité, il demeure

(1) *Annales de chimie et de physique*, 5e série, t. XII, p. 355.

uni aux éléments de l'eau, sous la forme d'hydrates de carbone (cellulose, dextrine, gomme, etc.), substances dont l'énergie est tantôt voisine de la somme de celles de l'eau et du carbone (cellulose); tantôt supérieure (glucose). Dans cette dernière circonstance, la décomposition précitée absorberait 5 à 6 Calories de moins que $48^{Cal},5$.

On pourrait encore admettre que l'acide carbonique et l'eau sont décomposés simultanément dans les végétaux :

$$n\,(CO^2 + HO) = n\,(CO + H) + nO^2.$$

L'oxyde de carbone et l'hydrogène ainsi produits s'associeraient à l'état naissant, pour constituer les hydrates de carbone (voy. p. 57). La chaleur absorbée serait alors, pour chaque équivalent d'acide carbonique détruit, égale à : $-68,6 + A$; A étant la chaleur dégagée par la réunion des éléments de l'oxyde de carbone et de l'hydrogène sous la forme d'hydrate de carbone. Observons que A est voisin de $+20$ Calories pour chaque équivalent de carbone contenu dans la cellulose; il se réduirait à peu près à $+14$ Calories, pour chaque équivalent de carbone contenu dans le glucose.

Telle est la mesure de l'énergie fournie par la radiation solaire pendant la nutrition végétale; énergie qui joue un rôle capital dans l'économie générale de la vie à la surface de la terre. En effet, c'est aux dépens de cette énergie, emmagasinée dans les végétaux, que la vie animale peut se développer. C'est là aussi l'origine de l'énergie de la plupart des machines motrices que la civilisation met en œuvre, à l'aide du travail des animaux ou de la combustion du charbon fossile condensé autrefois dans les végétaux aux âges géologiques.

Le mécanisme précis suivant lequel l'énergie de la lumière est transformée dans les végétaux, de façon à déterminer la décomposition de l'acide carbonique et la fixation du carbone, ne nous est pas bien connu. Observons toutefois qu'il existe une certaine analogie entre les effets chimiques de la lumière développés dans cette circonstance, et ceux de l'effluve électrique. En effet, l'observation prouve que les végétaux, en même temps qu'ils décomposent l'acide carbonique avec mise en liberté d'oxygène, absorbent une certaine dose d'oxygène ; et ils l'absorbent précisément en dégageant l'acide carbonique : il y a donc ici en réalité deux réactions contraires et simultanées. Dès lors il est probable que l'acte de l'illumination développe certains équilibres complexes entre les produits des énergies chimiques et ceux des énergies lumineuses : équilibres analogues à ceux que développent aussi l'électrisation et même l'échauffement. J'ai déjà insisté, à diverses reprises, sur ces analogies (pages 26 et 399), lesquelles pourraient être suivies jusque dans la formation des produits condensés, complémentaires du dégagement de l'oxygène libre (pages 141 et 378, 379).

LIVRE V

STATIQUE CHIMIQUE

CHAPITRE PREMIER

PRINCIPE DU TRAVAIL MAXIMUM

§ 1er. — **Historique.**

1. C'est seulement au dix-huitième siècle que le problème général des actions chimiques commença à être entrevu; celles-ci étant distinguées clairement des actions physiques proprement dites, avec lesquelles on les avait confondues auparavant. Jusque-là tous les changements d'état, tels que la liquéfaction, la vaporisation, la dissolution, et les opérations inverses, étaient regardés d'une manière vague comme appartenant à une seule et même catégorie de phénomènes; soit que la matière transformée demeurât identique à elle-même (effets physiques), soit qu'elle changeât de nature pendant la transformation (effets chimiques).

2. Une fois reconnue, la distinction fut aussitôt portée à l'extrême; c'est-à-dire que tous les phénomènes chimiques furent expliqués par des *affinités électives*, forces spéciales résidant dans chacun des corps mis en présence. Il y avait là encore deux idées fort différentes. En effet, on réunissait dans cette étude la notion même de la substitution des corps les uns aux autres, suivant certains rapports de poids regardés comme proportionnels aux affinités, avec la recherche des causes mécaniques qui

règlent la combinaison ou la substitution. Cependant, après bien des efforts et des expériences poursuivies pendant tout le dix-huitième siècle, la notion générale des équivalents se dégagea enfin des investigations et des discussions des savants, et elle demeura acquise à la science. Mais les causes mêmes qui déterminent l'action chimique demeuraient ignorées.

3. On voit reparaître alors, dans l'interprétation du mécanisme des transformations chimiques, un problème analogue à celui qui avait été soulevé d'abord pour les transformations elles-mêmes. Ce mécanisme est-il réglé par des conditions purement physiques? ou bien, par des conditions d'un autre ordre et à proprement parler chimiques? C'est la question même de l'existence réelle des affinités chimiques.

4. La première tentative heureuse pour expliquer l'affinité chimique par des circonstances purement physiques est due à Berthollet, dont la *Statique chimique* fut publiée en 1807. En effet, Berthollet reconnut qu'un grand nombre de réactions sont réglées par des conditions très simples : telles que l'insolubilité ou la volatilité des produits, conditions capables de déterminer la séparation de quelques-uns de ces produits, et par suite d'en provoquer la formation, au sein d'un système qui en renferme les éléments. Berthollet crut dès lors que la notion ancienne d'affinité élective pouvait être supprimée dans l'interprétation des phénomènes. Il formula ses vues et ses résultats par des énoncés précis, devenus classiques sous le nom de *lois de Berthollet*.

5. Malheureusement les lois de Berthollet n'ont pas le degré de généralité que l'on avait pensé d'abord. Il est certain qu'elles s'appliquent dans un très grand nombre de cas aux sels dissous. Mais, dans l'étude des autres corps, elles ne donnent lieu qu'à des prévisions trop souvent contredites par l'expérience. Dans l'ordre même des réactions entre les corps dissous, elles souffrent des exceptions nombreuses et que ces lois n'expliquent pas, si même elles n'en sont encore contredites. Tels sont :

La transformation des sels insolubles en sels solubles par les acides forts (dissolution des carbonates et phosphates terreux par l'acide chlorhydrique ou par l'acide azotique), employés en proportions équivalentes ;

Le déplacement des bases solubles par certaines bases insolubles, avec formation de sels solubles (décomposition par la chaux des sels d'ammoniaque dissous; décomposition des cyanures alcalins par l'oxyde de mercure), toujours en proportions équivalentes ;

Le déplacement de certains acides ou bases fixes par des acides ou bases volatils (décomposition des sulfates par l'acide chlorhydrique ou par l'acide azotique; décomposition de divers sels de peroxydes métalliques par l'ammoniaque); etc., etc.

6. C'est en vain que l'on a cherché à rendre compte de ces exceptions d'une manière générale, en invoquant, soit le changement du dissolvant, soit la formation de certains sels doubles. Sans méconnaître le mérite de cette dernière interprétation dans quelques cas particuliers (sels de magnésie et ammoniaque, par exemple), il n'en est pas moins certain que les réactions contraires aux lois de Berthollet offrent souvent un triple caractère, inconciliable avec une telle explication : elles ne sont pas accompagnées par la formation de sels doubles ; elles ont lieu indépendamment de la proportion d'eau mise en présence; enfin elles se développent *suivant les rapports exacts des équivalents chimiques*. La dernière circonstance suffit à elle seule pour exclure l'hypothèse, si souvent invoquée, du changement de dissolvant; car l'action des dissolvants sur les corps dissous s'exerce d'une manière continue, sans cesser de se produire à la limite précise assignée par les rapports équivalents entre le corps insoluble et quelqu'un des corps, acides ou basiques, contenus dans le menstrue.

7. Ce n'est pas tout : voici une circonstance capitale, inconnue du temps de Berthollet, et qui donne à la réaction un contrôle numérique. Il s'agit de la quantité de chaleur dégagée ou absorbée, laquelle est précisément la quantité prévue, d'après la substitution régulière et équivalente des acides ou des bases.

8. J'ai mis en évidence ces conditions caractéristiques de la redissolution des précipités par mes expériences chimiques et thermiques sur la décomposition totale des sels, des carbonates par exemple, par les acides forts. Dans tous les cas, la réaction est la même; elle répond également à une décomposition totale, attestée par la valeur numérique de la chaleur dégagée : soit qu'il s'agisse des carbonates solubles, soit qu'il s'agisse des carbonates insolubles; les uns et les autres étant traités par une dose strictement équivalente d'acide chlorhydrique, ou azotique, ou sulfurique, etc. J'ai pris soin, d'ailleurs, d'opérer en présence d'une quantité d'eau capable de retenir dissoute la totalité de l'acide carbonique : ce qui élimine toute influence attribuable à la volatilité de cet acide; car la réaction, je le répète, demeure exactement la même, soit que le gaz se dégage, soit qu'il demeure dissous.

Telle est aussi la conclusion de mes expériences, dirigées dans un sens inverse, mais non moins nettes, sur la décomposition totale des sels ammoniacaux dissous par l'hydrate de chaux. En effet, l'hydrate de chaux, corps insoluble, déplace exactement l'ammoniaque unie à un acide; il la déplace par équivalents égaux, en se dissolvant lui-même dans la liqueur où l'ammoniaque demeure également dissoute. Enfin la chaleur dégagée traduit précisément et numériquement cette transformation équivalente.

9. Ainsi il existe certaines conditions de mécanique moléculaire, ignorées de Berthollet, et qui font reparaître la notion des affinités. Mais elles leur attribuent en même temps un caractère précis, fixé par les définitions de la thermochimie. Elles dominent donc les lois de Berthollet, lesquelles se vérifient seulement dans les cas où ces conditions sont satisfaites. Ces dernières d'ailleurs, ne sont pas applicables seulement aux sels, mais à l'ensemble des composés chimiques. Elles conduisent à des règles très simples, propres à décider si tel corps pourra se former dans des circonstances données, au sein d'un système qui en renferme les éléments.

§ 2. — Énoncés généraux.

1. Les conditions nouvelles de mécanique chimique qui assignent désormais à la thermochimie une si grande importance sont résumées dans le *Principe du travail maximum*. Donnons-en l'énoncé.

PRINCIPE DU TRAVAIL MAXIMUM.

Tout changement chimique accompli sans l'intervention d'une énergie étrangère tend vers la production du corps ou du système de corps qui dégage le plus de chaleur.

2. On peut concevoir la nécessité de ce principe, en observant que le système qui a dégagé le plus de chaleur possible ne possède plus en lui-même l'énergie nécessaire pour accomplir une nouvelle transformation. Tout changement nouveau exige un travail, lequel ne peut être exécuté sans l'intervention d'une énergie étrangère.

3. Au contraire, un système susceptible de dégager encore de la chaleur par un nouveau changement, possède en lui-même l'énergie nécessaire pour accomplir ce changement, sans aucune intervention auxiliaire.

C'est ainsi qu'un ensemble de corps pesants tend vers une distribution telle que le centre de gravité soit le plus bas possible ; cependant ils n'arriveront à cette distribution que si aucun obstacle étranger au système ne s'y oppose. Mais c'est là une comparaison et non une démonstration.

4. Les énergies étrangères dont il s'agit ici sont celles des agents physiques (voy. page 34) : électricité, lumière, chaleur; et l'énergie de désagrégation développée par la dissolution (laquelle est une conséquence indirecte de l'énergie calorifique).

5. A quel signe pourrons-nous reconnaître l'intervention des énergies étrangères? C'est ce qu'il convient de dire d'abord.

On la distingue à ce caractère général, que : les énergies étrangères s'exercent seulement pour régler *les conditions d'existence de chaque composé, envisagé isolément*, sans intervenir dans le jeu des réactions chimiques réciproques. Ainsi elles se manifestent dans les conditions où elles provoquent : soit le changement d'état physique (liquéfaction, vaporisation) de quelqu'un des corps en expérience, envisagé isolément ; soit sa modification isomérique ; soit sa décomposition, totale ou partielle.

6. Le concours d'une énergie de cette espèce est surtout manifeste dans l'étude des *systèmes reversibles;* c'est-à-dire tels que l'état de combinaison des éléments, modifié dans un certain sens par le changement des conditions d'existence du système, puisse être reproduit, lorsqu'on revient, en sens inverse, aux conditions primitives. Un tel système ne saurait résulter du seul jeu des énergies chimiques, lequel s'exerce toujours dans un sens exclusif. Mais il se développe, au contraire, par suite du concours de l'énergie chimique avec une énergie étrangère, celle de la chaleur en particulier.

7. Observons ici que, dans le calcul des quantités de chaleur dégagées par une transformation, on doit envisager, autant que possible, les *corps correspondants* dans le système initial et dans le système final, en les prenant *sous le même état physique* (gazeux, liquide ou solide). Cette manière de procéder (tome Ier, page 5) offre l'avantage d'écarter sans autre discussion tout un ordre d'énergies étrangères, telles que les énergies consommées dans les changements d'état physique (voy. page 447).

8. Le principe du travail maximum, tel qu'il vient d'être exposé, est tout à fait général ; mais ce principe règle seulement la possibilité des réactions, sans qu'il soit permis d'en conclure leur nécessité. Celle-ci dépend à son tour de certaines conditions qui seront discutées tout à l'heure, conditions fort simples et qui se résument dans le théorème suivant.

Théorème de la nécessité des réactions.

Toute réaction chimique susceptible d'être accomplie sans le concours d'un travail préliminaire, et en dehors de l'intervention d'une énergie étrangère, se produit nécessairement, si elle dégage de la chaleur.

Telles sont les réactions suivantes, qui comprennent des classes entières de phénomènes :

Union des acides et des bases dissous; — Déplacements des corps halogènes, dans leurs composés hydrogénés et métalliques; — Déplacements des métaux dans les dissolutions salines; — Déplacements des acides et des bases insolubles par les acides et les bases solubles, etc.

Dans tous ces cas, la prévision des phénomènes chimiques se trouve ramenée à la notion purement physique et mécanique du travail maximum accompli par les forces moléculaires.

§ 3. — Division du chapitre.

J'ai énoncé ces principes généraux, et j'en ai établi la réalité et la signification véritable depuis quinze ans (1), non par des raisonnements *à priori*, mais par la comparaison et la discussion d'une multitude d'expériences. Je vais rappeler quelques-unes des plus décisives, en résumant les phénomènes chimiques fondamentaux. Ce sont :

1° La combinaison;

2° La décomposition;

3° Le changement isomérique;

4° La substitution;

5° La double décomposition,

Nous parlerons d'abord des transformations totales, opérées sur des systèmes dans lesquels aucune énergie étrangère n'intervient.

6° Nous examinerons les équilibres déterminés par le jeu antagoniste des affinités chimiques et des énergies étrangères.

7° Puis nous expliquerons comment certaines actions, consécutives ou préalables, peuvent donner lieu à des absorptions ou à des dégagements de chaleur, étrangers au phénomène

(1) *Leçons sur les méthodes générales de synthèse en chimie organique*, p. 399 et *passim* (1864). Chez Gauthier-Villars. — *Leçons sur la thermochimie*, professées au Collège de France depuis 1865, publiées en partie dans la *Revue des cours publics*. — *Annales de chimie et de physique*, 4e série, t. VI et XVIII. — Voyez aussi, sur l'historique de la découverte du principe, *Comptes rendus de l'Académie des sciences*, t. LXXI, p. 304, et *Bulletin de la Société chimique*, t. XIX, p. 485; 1873.

principal, et qu'il convient de déduire, avant d'appliquer le principe.

8° Nous énumérerons les phénomènes auxiliaires qui déterminent parfois les transformations.

9° Enfin nous terminerons ce chapitre, en précisant les conditions sous lesquelles l'accomplissement des réactions chimiques prend un caractère de nécessité.

§ 4. — **De la combinaison chimique.**

1. Toute combinaison directe est accompagnée par un dégagement de chaleur, comme on le sait depuis les origines de la chimie moderne. En outre, d'après le principe précédent, le corps qui tend à se former en définitive, parmi plusieurs composés possibles, est celui qui dégage le plus de chaleur. Ainsi l'oxygène, en s'unissant avec un autre corps, tendra à former l'oxyde le plus avancé, si celui-ci répond au dégagement maximum, et s'il est stable dans les conditions de l'expérience.

2. Par exemple, le bioxyde d'azote, en s'unissant avec un équivalent d'oxygène, forme directement et à froid l'acide azoteux gazeux :

$$AzO^2 + O = AzO^3,$$

en dégageant 10 Calories, d'après mes expériences.

Mais, avec 2 équivalents d'oxygène, le bioxyde d'azote forme, toujours directement et à froid, le gaz hypoazotique :

$$AzO^2 + O^2 = AzO^4,$$

en dégageant 17 Calories; soit 7,0 de plus.

C'est donc ce dernier composé qui doit prendre naissance, et qui se forme réellement, en présence d'un excès d'oxygène.

En outre, l'acide azoteux et l'oxygène doivent se combiner et se combinent en effet, dès qu'ils sont en présence, pour produire l'acide hypoazotique :

$$AzO^3 + O = AzO^4,$$

en dégageant + 7 Calories.

3. De même l'étain dégage $+34^{Cal},3$, en formant le protoxyde :

$$Sn + O = SnO.$$

Il dégage $+67^{Cal},9$ en formant le bioxyde anhydre :

$$Sn + O^2 = SnO^2.$$

En vertu du troisième principe, ce sera le bioxyde d'étain qui prendra naissance de préférence, soit au moyen de l'étain métallique, soit au moyen de son protoxyde, lorsqu'on opérera en présence d'un excès d'oxygène. Seulement, les réactions de l'étain métallique sur l'oxygène n'ont pas lieu à froid, comme celles du bioxyde d'azote; elles exigent, pour se développer, une certaine élévation de température.

Les mêmes relations s'observent toutes les fois que le corps le plus oxydé est assez stable pour subsister à la température nécessaire pour provoquer la réaction.

4. Au contraire l'hydrogène, en formant un protoxyde,

$$H + O = HO,$$

dégage $34^{Cal},5$; tandis qu'en formant un bioxyde

$$H + O^2 = HO^2,$$

il dégage seulement $+23^{Cal},3$.

Ce sera donc le protoxyde d'hydrogène qui prendra naissance dans la réaction directe des deux éléments; le bioxyde d'hydrogène tendra au contraire à se décomposer en eau et oxygène.

Ces deux conclusions sont conformes à l'expérience.

En outre la formation du bioxyde d'hydrogène, à partir de l'eau et de l'oxygène, donne lieu, comme on le voit, à une absorption de chaleur. Pour former ainsi ce composé, il faudra donc faire intervenir une énergie étrangère, telle que : l'énergie chimique de certaines réactions préalables ou simultanées (formation directe du bioxyde de baryum, suivie de la réaction de ce corps sur l'acide chlorhydrique); ou bien encore l'énergie électrique (transformation successive de l'oxygène en ozone par l'effluve, suivie du changement de l'ozone en éther ozoné; puis de l'éther ozoné en bioxyde d'hydrogène [page 397]).

5. Il existe ainsi un certain nombre de composés formés avec absorption de chaleur depuis leurs éléments, tels que les oxydes de l'azote, les oxydes du chlore, le chlorure d'azote, l'acétylène, le cyanogène, l'acide cyanhydrique, etc. Mais aucun d'eux ne prend naissance par la réaction pure et simple des éléments, agissant en vertu de leur seule énergie (voy. pages 18 et 25).

Par exemple, l'acétylène résulte de l'union directe du carbone et de l'hydrogène ; mais cette union ne s'opère pas sous la seule influence des forces chimiques : elle exige le concours de l'énergie développée dans l'arc voltaïque (page 334).

L'acide cyanhydrique ne se forme pas, par l'union immédiate du carbone, de l'hydrogène et de l'azote mis en présence ; mais on le forme au moyen de ses éléments, avec le concours de l'énergie électrique. Il suffit de combiner d'abord le carbone et l'hydrogène, à l'état d'acétylène, par l'arc voltaïque, comme il vient d'être dit ; puis d'unir l'azote libre avec l'acétylène gazeux, au moyen de l'étincelle électrique : ce qui s'effectue rapidement (voy. p. 355).

De même les oxydes de l'azote dérivent d'un premier terme, l'acide hypoazotique, ou plutôt le bioxyde d'azote, formé non par la réaction directe des éléments, mais sous l'influence de l'étincelle électrique, etc.

De même encore le cyanogène ne se forme pas directement ; mais on l'obtient par la décomposition pyrogénée du cyanure de mercure. Ce dernier dérive lui-même de l'acide cyanhydrique, le seul composé qui se forme par la synthèse directe de ses éléments dans cette suite de réactions ; je veux dire au moyen de l'azote libre et de l'acétylène, combinés sous l'influence de l'étincelle électrique.

L'électricité n'est pas seule à produire de tels effets : ils peuvent aussi résulter de l'emploi d'une énergie chimique simultanée, comme le montre la production des oxydes du chlore, au moyen des oxydes alcalins : formation endothermique, mais accompagnée par une formation exothermique simultanée, celle d'un chlorure métallique, laquelle dégage plus de chaleur que la formation des acides hypochloreux ou chlorique n'en absorbe (voy. page 29).

Nous n'insisterons pas davantage, les conditions qui déterminent la formation de cet ordre de combinaisons ayant été développées dans le Livre précédent (voy. aussi page 435).

6. Une remarque fondamentale trouve ici sa place : les corps composés formés avec absorption de chaleur et sous l'influence de certaines énergies étrangères offrent une aptitude spéciale à entrer en réaction, une sorte de plasticité chimique, bien supérieure à celle de leurs éléments et comparable à celle des radicaux les plus actifs; ce qui s'explique par l'excès d'énergie emmagasinée dans l'acte de leur synthèse (voy. p. 49). En effet, l'énergie potentielle des éléments diminue, en général, dans l'acte de la combinaison ; tandis qu'elle se trouve au contraire accrue pendant la formation de l'acétylène, du cyanogène et du bioxyde d'azote. Or, un tel accroissement est évidemment corrélatif de l'aptitude que ces corps, véritables radicaux composés, possèdent pour contracter directement de nouvelles combinaisons avec les éléments proprement dits.

§ 5. — De la décomposition chimique.

1. Toutes les fois qu'un corps composé a été formé avec dégagement de chaleur par l'union directe de ses éléments, il ne se décompose pas de lui-même ; mais il faut faire intervenir une énergie étrangère, afin d'effectuer le travail nécessaire pour en séparer de nouveau les éléments (voy. page 34). Rappelons quelles sont ces énergies.

2. Il faut, par exemple, échauffer le corps composé : ce qui est l'un des modes de décomposition les plus généraux. Dans ce cas, c'est l'*énergie calorifique* qui produit la décomposition.

3. On effectue encore celle-ci, d'une manière générale, par l'*énergie électrique*, employée sous forme de courant voltaïque, ou d'effluve, ou d'étincelle.

4. L'*énergie lumineuse* est consommée dans certaines décom-

positions, telles que celle de l'acide carbonique par les parties vertes des végétaux.

5. Une réaction simultanée peut aussi fournir l'*énergie chimique complémentaire ;* comme on l'observe dans la production des métaux alcalins, au moyen des carbonates et du charbon.

6. Enfin l'*énergie de désagrégation développée dans la dissolution*, et due à la réaction physico-chimique du dissolvant, détermine la décomposition partielle ou totale de certaines combinaisons, telles que les sels formés par les acides faibles ou par les oxydes métalliques. Ce mode d'action se rattache probablement à l'énergie calorifique, mais suivant des mécanismes encore un peu obscurs et qui dépendent de la dissociation de certains hydrates définis, formés par les corps dissous (voy. pages 161, 177, etc.).

Telles sont les *énergies étrangères* qui interviennent dans les décompositions et dans les changements chimiques en général ; elles effectuent d'ordinaire un travail de signe contraire à celui des affinités.

7. Cependant la destruction d'un composé peut se produire d'elle-même dans deux circonstances, à savoir : si la transformation dans un nouveau composé dégage de la chaleur ; ou bien si le composé primitif a été formé avec absorption de chaleur.

Le bioxyde de baryum nous offre un exemple du premier phénomène. Ce corps est stable à l'état anhydre, sa formation depuis la baryte et l'oxygène $BaO + O = BaO^2$ ayant dégagé $+ 6^{Cal},05$. Son hydrate, $BaO^2,7\,HO$, est également formé avec dégagement de chaleur, l'union de l'eau avec le bioxyde dégageant $+ 9,23$; ce qui fait en tout $+ 15,28$. Cependant cet hydrate se détruit de lui-même à la température ordinaire, en dégageant de l'oxygène et en formant un hydrate de baryte cristallisé : $BaO,10HO$. La décomposition s'opère lentement dans l'état solide; mais elle a lieu plus rapidement en présence de l'eau. Or toutes ces circonstances sont faciles à expliquer, d'après le principe du travail maximum. En effet, en présence de l'eau,

$$BaO^2,7\,HO + 3HO = BaO,10H + O, \text{ dégage : } + 5^{Cal},3.$$

En l'absence de l'eau, l'hydrate du bioxyde de baryum se partage en deux portions, l'une se changeant en hydrate de baryte; en même temps l'eau nécessaire à la formation de l'hydrate de baryte est fournie aux dépens d'une autre partie d'hydrate de bioxyde, qui devient anhydre :

$$10(BaO^2,7HO) = 7(BaO,10HO) + 7O + 3BaO^2, \text{ dégage : } +9^{Cal},5.$$

Ainsi le secret de la décomposition spontanée du bioxyde de baryum, pas plus que celui des autres réactions analogues, ne réside point dans quelque raison symbolique, tirée de l'arrangement figuré des atomes; mais il s'explique par des causes très simples et très nettes, dues au jeu régulier de la mécanique moléculaire.

De même l'azotite d'ammoniaque se détruit de lui-même, en produisant non ses éléments eux-mêmes, mais de l'eau et de l'azote, le tout avec dégagement de chaleur :

$$AzO^3,AzH^3,HO = Az^2 + 2H^2O^2, \text{ dégage : } +80,4.$$

8. Un composé peut aussi se détruire spontanément, en reproduisant ses éléments, lorsqu'il a été formé avec absorption de chaleur : citons les oxydes du chlore, qui font explosion sous les influences les plus légères. Tel est aussi le chlorure d'azote, qui se détruit également tout seul, à la température ordinaire.

9. Dans les cas mêmes où les corps formés avec absorption de chaleur ne se détruisent pas spontanément, ils se distinguent par leur grande tendance à éprouver de nouvelles transformations chimiques, telles que des *condensations polymériques*, des *dédoublements* et des *décompositions compliquées;* transformations toujours effectuées avec dégagement de chaleur. Une semblable aptitude à des décompositions lentes et multiples est le caractère des composés peu stables et formés avec absorption de chaleur. C'est ce que montre l'histoire chimique de l'acétylène, du cyanogène, du bioxyde d'azote, etc.

10. Tous les composés dont la formation est endothermique ne se détruisent pas nécessairement d'eux-mêmes à la tempé-

rature ordinaire. Un grand nombre (acétylène, cyanogène, bioxyde d'azote, etc.) y demeurent indéfiniment stables, leur destruction n'ayant lieu que si elle est provoquée par quelques-unes des influences énumérées tout à l'heure : chaleur, électricité, lumière, réaction simultanée, dissolution, etc.

11. Les composés de cet ordre, renfermant en eux-mêmes l'énergie nécessaire pour se transformer spontanément, sont spécialement sensibles aux *agents dits de présence ou de contact;* soit que de tels agents interviennent par la formation de combinaisons intermédiaires et peu stables; soit même qu'ils ne donnent lieu à aucune matière nouvelle, formée aux dépens de leur propre substance.

12. Ainsi, en général, dans la transformation des combinaisons endothermiques, les énergies étrangères n'interviennent pas pour accomplir le travail de la décomposition proprement dite; mais pour effectuer les travaux préliminaires qui la déterminent.

§ 6. — Des changements isomériques.

1. Les changements isomériques peuvent être distingués dans les catégories suivantes :

1° Changements opérés avec condensation (polymérie), c'est-à-dire assimilables à de véritables combinaisons chimiques (1); et changements inverses, assimilables à des décompositions.

2° Changements opérés sans variation de l'équivalent chimique.

Je ne m'occuperai pas ici de ces derniers changements, dont les exemples directs sont rares et effectués suivant des mécanismes fort divers, souvent indirects et mal connus (voy. tome Ier, pages 548 à 553). Au contraire, la polymérisation donne lieu à des relations thermiques très simples et conformes au principe du travail maximum.

2. *Polymérie.* — En général, la polymérisation, aussi bien

(1) Voy. ma *Leçon sur l'isomérie*, professée devant la Société chimique de Paris, en 1863 (chez Hachette); et le tome Ier du présent ouvrage, page 548.

que la combinaison, est accompagnée par un dégagement de chaleur. C'est ce que l'on observe quand l'acétylène, chauffé au rouge sombre, se transforme en benzine, c'est-à-dire en un carbure trois fois aussi condensé :

$$3C^4H^2 = C^{12}H^6 \text{ (gazeuse), dégage : } + 180 \text{ Calories.}$$

De même, l'amylène, en devenant du diamylène :

$$2C^{10}H^{10} = C^{20}H^{20}, \text{ dégage, tous les corps liquides : } + 11{,}8.$$
$$2C^{10}H^{10} = C^{20}H^{20}, \text{ dégage, tous les corps gazeux : } + 15{,}4.$$

Cette dernière transformation ne s'effectue pas d'elle-même; mais elle a lieu par l'intermédiaire d'une combinaison sulfurique; laquelle se forme directement avec l'amylène, puis se défait d'elle-même, en régénérant de l'acide sulfurique et du diamylène : le phénomène thermique total est un dégagement de chaleur.

Le styrolène, le térébenthène, et autres carbures, sont changés en polymères : le premier, sous la seule influence du temps ou de la chaleur ; le second, avec le concours de la chaleur, ou de l'acide sulfurique, mais toujours avec dégagement de chaleur.

Il en est de même pour le changement spontané du chloral ordinaire en chloral insoluble (+ 8,9); pour celui de l'acide cyanique en cyamélide (+ 17,6), etc.

Le changement du phosphore ordinaire en phosphore rouge, lequel est généralement exothermique (tome Ier, p. 553), paraît également assimilable à une polymérisation : il s'effectue de lui-même, sous l'influence de la lumière ou de la chaleur.

3. Réciproquement, le retour du polymère à l'état du corps monomère, c'est-à-dire du corps générateur, est accompagné d'ordinaire par une absorption de chaleur. Aussi ne s'effectue-t-il pas sans le concours d'une énergie étrangère, empruntée, soit à l'échauffement, soit à l'électrisation. Par exemple, le changement de la benzine en acétylène s'opère seulement sous l'influence d'une température rouge vif, ou mieux, par l'étincelle électrique. Le métastyrolène, le phosphore rouge, le chloral insoluble, la

cyamélide, régénèrent également les corps monomères sous l'influence de l'échauffement et dans des conditions comparables à de véritables décompositions chimiques.

4. Il est cependant un cas remarquable de polymérisation, où le retour à l'état primitif s'opère de lui-même : c'est le cas de l'ozone, corps une fois et demie aussi condensé que l'oxygène. L'ozone, dis-je (voy. page 370), revient de lui-même et en totalité à l'état d'oxygène ordinaire. Deux mois suffisent pour que la transformation soit totale, à la température de 12 degrés. Vers 250 degrés, elle est presque instantanée.

Mais aussi, et c'est là un contrôle remarquable de la théorie, l'ozone offre l'exemple exceptionnel d'un corps polymère formé avec absorption de chaleur,

$$3O = (Oz) \text{ absorbe pour 24 grammes : } -14{,}8.$$

Aussi l'ozone se détruit-il de lui-même.

Au contraire, l'ozone ne se forme point spontanément, mais toujours avec le concours d'une énergie étrangère : celle de l'électrisation (effluve, étincelle, électrolyse), ou d'une action chimique simultanée (décomposition de certains peroxydes par les acides, oxydation du phosphore, etc.).

§ 7. — **Des substitutions.**

1. Soit la substitution du chlore au brome et à l'iode, dans leurs combinaisons métalliques, anhydres ou dissoutes. Elle doit s'opérer et s'opère en effet directement, et d'après notre principe. En effet, le chlore, en s'unissant avec l'hydrogène ou les métaux, dégage plus de chaleur que le brome, et celui-ci en dégage plus que l'iode : aussi le brome décompose-t-il les iodures, avec formation de bromure et d'iode libre ; le chlore décompose à son tour les bromures, avec formation de brome libre et de chlorures.

2. J'ai montré de même que l'oxygène déplace l'iode dans la plupart des iodures métalliques ou autres, à une température voisine de 500 degrés ; tandis que les déplacements réciproques

entre l'oxygène et le chlore ou le brome peuvent avoir lieu tantôt dans un sens, tantôt dans le sens contraire, suivant les combinaisons envisagées. Or tous ces déplacements sont régis par le signe thermique de la réaction (voy. le chapitre suivant).

Le parallélisme complet qui existe entre le sens de la réaction chimique et le signe de la chaleur dégagée, ainsi que le renversement de sa réaction, simultané avec le renversement du phénomène thermique, fournissent les démonstrations les plus décisives peut-être du principe du travail maximum.

3. Les mêmes lois président aux substitutions métalliques : toutes les fois qu'un métal en déplace un autre dans ses sels, c'est que la formation du nouveau sel répond au plus fort dégagement de chaleur. De là résulte un rapport direct et bien connu entre les *forces électromotrices* et les chaleurs d'oxydation des métaux (voy. tome Ier, page 15).

Ici encore les relations générales qui caractérisent les déplacements réciproques des métaux se renversent, si le signe thermique du phénomène est lui-même interverti. Par exemple, le potassium déplace en général le sodium dans ses sels, parce qu'il dégage plus de chaleur en s'unissant au corps antagoniste ; mais si l'on opère avec les amalgames, c'est au contraire le sodium qui déplace le potassium dans la potasse dissoute, parce que la chaleur dégagée dans la formation de l'amalgame de potassium cristallisé surpasse de $12^{\mathrm{Cal}},6$ celle de l'amalgame de sodium cristallisé, écart plus grand que celui des chaleurs d'oxydation des deux métaux : $+ 4,7$ (*Comptes rendus*, t. LXXXVIII, p. 1335). Ce renversement des réactions est des plus caractéristiques.

§ 8. — **Des doubles décompositions.**

1. En général, *une base hydratée en déplace une autre* dans ses combinaisons salines, lorsqu'elle produit plus de chaleur par son union avec les mêmes acides. Tel est le cas des hydrates d'oxydes métalliques, précipités par les oxydes alcalins dissous :

$$AzO^5,PbO + KO,HO = AzO^5,KO + PbO,HO.$$

Cette réaction dégage, les corps primitifs étant dissous : + 6,1 ; tous les corps séparés de l'eau : + 22,8.

2. De même, *un acide en déplace un autre*, lorsqu'il produit plus de chaleur en s'unissant avec la même base; du moins toutes les fois que chacun des deux acides ne peut former qu'un seul sel avec la base.

Autrement, la chaleur de formation du sel acide intervient; toujours en vertu du même principe, et de façon à déterminer la formation de ce dernier sel, suivant la proportion même qui peut exister isolément dans les conditions de l'expérience.

3. Mais ces relations ne sont vraies d'une manière absolue, que si l'on calcule les chaleurs dégagées par les acides, les bases et les sels, en envisageant tous *ces corps comme séparés des dissolvants et pris dans un même état physique*, l'état solide ; enfin en les prenant sous l'état même de combinaison qu'ils peuvent affecter isolément avec le dissolvant (voy. pages 163, 176, etc.).

4. Pour montrer comment l'état physique des corps intervient, ainsi que les combinaisons spéciales formées avec le dissolvant, il suffira de citer l'exemple suivant. Le gaz chlorhydrique forme du chlorure de mercure anhydre et déplace le gaz cyanhydrique, en agissant sur le cyanure de mercure sec :

$$HCl + HgCy = HCy + HgCl;$$

le phénomène s'opère immédiatement, et il a lieu, d'après mes expériences, avec dégagement de + 5^{Cal},3.

Au contraire, l'acide cyanhydrique dissous déplace immédiatement l'acide chlorhydrique, dans le chlorure de mercure dissous, et forme du cyanure de mercure. Or cette réaction inverse s'explique, parce que l'acide cyanhydrique dissous dégage, en s'unissant à l'oxyde de mercure, + 15^{Cal},5; au lieu de + 9^{Cal},5 dégagées par l'acide chlorhydrique étendu. Il doit donc y avoir + 6 Calories dégagées dans la réaction opérée par voie humide : ce que l'expérience confirme exactement.

Ici, comme dans le cas des oxydes, des chlorures et des iodures, ou bien encore des amalgames métalliques, la théorie prévoit et l'expérience confirme le renversement des réactions, renversement corrélatif avec le changement de leur signe thermique. Le dernier changement cité est dû lui-même à l'intervention d'une nouvelle combinaison chimique, opérée avec dégagement de chaleur, celle du gaz chlorhydrique et de l'eau, pour former un hydrate défini (voy. pages 149 et 153). C'est l'accomplissement préalable de cette combinaison qui a enlevé à l'acide chlorhydrique une portion de son énergie, corrélative de la chaleur dégagée dans la formation de l'hydrate défini.

5. Citons encore, comme un exemple remarquable de ces renversements d'affinités, la décomposition totale du chlorure d'argent par l'acide iodhydrique, soit gazeux, soit dissous :

$$AgCl + HI = AgI + HCl\,;$$

réaction inverse de la décomposition totale de l'iodure d'argent par le chlore,

$$AgI + Cl = AgCl + I.$$

Cette dernière réaction s'explique parce que le chlore dégage $+ 15^{Cal},0$ de plus que l'iode en s'unissant à l'argent.

Au contraire, l'acide iodhydrique étendu dégage $+ 11^{Cal},2$ de plus que l'acide chlorhydrique étendu, en agissant sur l'oxyde d'argent. Avec le gaz iodhydrique, le déplacement du gaz chlorhydrique n'est pas moins net ; mais aussi la chaleur dégagée dans la réaction s'élève-t-elle à $+ 13^{Cal},3$.

6. J'attache d'autant plus d'importance à ces phénomènes inverses, qu'ils sont des conséquences très démonstratives du troisième principe : c'est même la vérification de ce principe qui m'a conduit à découvrir un certain nombre des transformations réciproques que je viens de citer.

7. *Formation des combinaisons endothermiques.* — C'est en s'appuyant sur le même principe que l'on explique la formation d'une multitude de composés qui ne se produiraient pas directement, parce qu'ils sont engendrés avec absorption de chaleur et décomposables avec dégagement de chaleur. On réussit à les obtenir par l'artifice des doubles décompositions, c'est-à-dire en déterminant la production simultanée d'un autre corps,

engendré lui-même avec un dégagement de chaleur supérieur à la première absorption (voy. pages 28 à 30).

Par exemple, dans la formation de l'eau oxygénée :

$$HO + O = HO^2,$$

il y a absorption de $10^{Cal},9$: aussi cette formation n'a-t-elle pas lieu directement. Pour y parvenir, on combine directement la baryte anhydre avec l'oxygène, ce qui dégage + 5,9; puis on traite le bioxyde de baryum par l'acide chlorhydrique étendu, ce qui forme du chlorure de baryum et de l'eau oxygénée, avec un nouveau dégagement de + 11,0. Ce sont les formations directes du bioxyde de baryum et du chlorure de baryum qui fournissent ici l'énergie complémentaire, consommée dans la production indirecte de l'eau oxygénée.

8. *Composés organiques complexes.* — Les doubles décompositions représentent l'une des méthodes les plus générales et les plus fécondes qui puissent être employées pour préparer les combinaisons organiques. C'est par leur intermède que l'on produit, par exemple, les éthers mixtes, les acides doubles, divers amides, et plus généralement les composés complexes qui résultent de l'association de deux principes organiques, incapables d'exercer l'un sur l'autre une réaction directe.

Or le mécanisme de ces formations peut être envisagé sous deux points de vue, celui des types des formules et celui des conditions qui déterminent l'action chimique.

La *conservation du type* ou moule moléculaire est en effet caractéristique, dans la plupart des doubles décompositions. Par exemple, on remplace dans un alcool les éléments de l'eau par ceux d'un autre alcool, ou d'un acide, ou d'un alcali, ou d'un carbure d'hydrogène, etc., en opérant par double décomposition; et l'on obtient ainsi un composé éthéré, qui dérive du même type fondamental que l'alcool primitif :

Alcool....................	$C^4H^4(H^2O^2)$
Éther mixte..............	$C^4H^4(C^2H^4O^2)$
Éther composé...........	$C^4H^4(C^2H^2O^4)$
Alcali....................	$C^4H^4(AzH^3)$
Carbure complexe.........	$C^4H^4(C^4H^6)$

La tendance à la conservation du type est certainement l'une des causes principales qui rendent si efficace la méthode des doubles décompositions et qui permettent de réaliser une multitude de composés, incapables de se former par réaction directe. Mais cela ne suffit pas que les réactions indirectes deviennent possibles : une condition fondamentale, inaperçue avant mes recherches de thermochimie, règle l'accomplissement des phénomènes.

En effet : *pour qu'une double décomposition soit possible*, immédiatement et entre composés stables et non dissociés, *il faut que la somme totale des diverses réactions chimiques effectuées simultanément soit un dégagement de chaleur* (1).

Telle est la condition fondamentale de toute double décomposition immédiate.

Il est facile de vérifier par expérience que cette condition est remplie dans les réactions les plus générales, telles que : la formation d'un éther composé, au moyen d'un sel d'argent et d'un éther iodhydrique ;

La formation des éthers mixtes, au moyen d'un alcoolate alcalin opposé à un éther iodhydrique ;

La formation d'un alcali, au moyen de l'ammoniaque et des éthers nitriques ou iodhydriques (éther méthylnitrique et ammoniaque dissoute dans l'alcool méthylique, par exemple) ;

La formation des carbures complexes, au moyen du zincéthyle et d'un éther iodhydrique ;

La formation des chlorures acides, au moyen d'un sel organique et du perchlorure de phosphore ;

La formation des acides anhydres et des acides doubles par l'emploi des chlorures acides, etc., etc.

Soit, par exemple, la formation d'un éther mixte, composé formé par l'union de deux alcools, avec absorption de chaleur. Les éthers mixtes ne prennent pas naissance directement ; mais

(1) Je dis la somme des réactions chimiques opérées entre des corps dont les états physiques sont et demeurent comparables : autrement il faudrait établir séparément le compte thermique des vaporisations, liquéfactions et autres changements d'état qui auraient pu se manifester.

ils se forment dans la réaction d'un éther iodhydrique sur un alcoolate alcalin :

$$C^4H^5NaO^2 + C^4H^4(HI) = C^4H^4(C^4H^6O^2) + NaI,$$

et cette réaction produit un vif dégagement de chaleur.

C'est ici l'énergie développée par la formation de l'iodure alcalin qui est consommée pour constituer les éthers mixtes.

9. Développons cette explication.

La quantité de chaleur qui se dégagerait pendant la réaction du sodium sur l'acide iodhydrique, avec production immédiate d'iodure de sodium et d'hydrogène, se retrouve sous quatre formes différentes pendant la préparation d'un éther mixte :

1° Une portion de la chaleur se dégage dans la réaction du sodium sur l'alcool, lors de la formation de l'alcoolate alcalin ;

2° Une autre portion dans la réaction de l'acide iodhydrique sur l'alcool, lors de la formation de l'éther iodhydrique.

3° Une troisième portion se dégage encore dans la réaction de l'éther iodhydrique sur l'alcoolate alcalin ;

4° Enfin, la dernière portion ne se dégage point, étant absorbée par la formation de l'éther mixte.

En général, nous prenons ainsi comme point de départ les deux principes organiques que nous voulons réunir, et nous prenons simultanément le chlore (ou le brome, ou l'iode), et un métal (ou bien encore un acide et un oxyde) ; nous opérons sur ces corps une suite de réactions, toutes effectuées avec dégagement de chaleur ; et nous obtenons comme résultats définitifs le composé complexe et, simultanément, un chlorure métallique (ou un sel analogue). La quantité de chaleur qui se serait produite, lors de la formation directe du chlorure métallique, a été dégagée par portions successives dans la série des réactions intermédiaires. En outre, une portion de cette chaleur ne reparaît point, ayant été employée à effectuer le travail nécessaire pour associer les deux substances organiques primitives. Il en est ainsi, toutes les fois que le composé nouveau est doué d'une énergie supérieure à celle des corps générateurs.

§ 9. — Équilibres chimiques.

1. Supposons donné un système en équilibre, à une température ou dans des conditions telles qu'il subisse l'influence de deux actions contraires, capables d'engendrer :

Soit trois corps (dissociation), l'eau, l'hydrogène et l'oxygène par exemple, vers 1000 degrés;

Soit quatre corps (réactions éthérées, alcoolates dissous, sels acides dissous, sels dissous des acides ou des bases faibles, etc.), tels que : l'alcool, l'acide acétique, l'eau et l'éther acétique, dans une réaction éthérée;

Ou bien l'acide sulfurique, l'eau et les deux sulfates de potasse, dans la solution aqueuse du bisulfate de potasse;

Ou bien encore l'acide acétique, l'ammoniaque, l'eau et l'acétate d'ammoniaque, dans la solution aqueuse d'acétate d'ammoniaque, etc.

Envisageons d'abord les systèmes homogènes et qui demeurent tels pendant toute la durée des réactions (pages 15 et 70), afin de simplifier les idées.

Soumettons un semblable système en équilibre à l'action d'un corps étranger, capable lui-même de former une nouvelle combinaison avec quelques-uns des composants. Plusieurs cas peuvent se présenter au point de vue thermique :

1° La nouvelle combinaison donne lieu à un dégagement de chaleur, quels que soient les composants aux dépens desquels elle prend naissance; c'est-à-dire qu'elle répond au dégagement maximum. Dans ce cas, *elle tend à se produire en totalité*, si elle est stable; conformément au troisième principe.

2° Elle donne lieu, au contraire, à une absorption de chaleur, quels que soient les composants qui l'engendrent; c'est-à-dire qu'elle répond au dégagement de chaleur minimum. Dans ce cas, *elle ne se produit pas.*

3° La nouvelle combinaison donne lieu à des effets intermédiaires : c'est-à-dire qu'elle dégage de la chaleur, si elle se forme aux dépens d'un certain groupe de composants; tandis qu'elle en absorbe, si elle se forme aux dépens du groupe antagoniste. Cela signifie d'ordinaire que le maximum thermique répond à un composé dissocié. Voilà le cas le plus intéressant; il donne nécessairement lieu à la *formation* d'une certaine proportion *de la nouvelle combinaison*, mais avec des phénomènes divers.

2. En effet, deux conditions opposées peuvent se manifester alors. Tantôt la nouvelle combinaison se forme *en totalité*, et jusqu'à épuisement du nouveau corps qui la détermine.

Tantôt, au contraire, elle ne se produit que *jusqu'à une certaine limite;* limite correspondant à un équilibre complexe, dans lequel le nouveau corps et la nouvelle combinaison qu'il engendre interviennent, en même temps que les composants du système primitif.

3. Je vais expliquer les raisons qui déterminent des effets si différents, en les appuyant par des exemples.

Le *premier cas*, c'est-à-dire la *transformation totale*, se réalise : toutes les fois que la nouvelle combinaison, formée aux dépens de l'un des composants du système dissocié, est stable par elle-même en présence du dissolvant, qu'elle n'est point dissociée, et qu'elle ne donne pas lieu, en même temps qu'elle se produit, à la régénération du corps qui répond au maximum thermique.

Comme exemple d'une action totale de cette espèce, je citerai celle de l'acide chlorhydrique étendu (ou de l'acide azotique étendu) sur une solution d'acétate de soude. Le thermomètre montre que l'acide acétique est complètement déplacé, ou sensiblement, par l'acide antagoniste, lequel dégage plus de chaleur que lui dans la formation des sels anhydres. Or la solution primitive d'acétate de soude peut être regardée comme contenant à la fois de l'*acétate de soude anhydre* et de l'*acétate de soude hydraté*. Le déplacement de l'acide acétique dans l'acétate de soude anhydre par les acides minéraux précités dégage, je le répète, de la chaleur; tandis que son déplacement dans l'acétate hydraté en absorberait au contraire. L'acétate de soude hydraté répond donc au maximum thermique; mais cet hydrate est dissocié en eau et sel anhydre, et l'action de l'acide azotique sur l'acétate anhydre ne tend pas à régénérer aucune dose d'acétate hydraté. C'est là un fait essentiel et qui domine la transformation. En effet, il semblerait, à première vue, que la réaction de l'acide azotique étendu dût s'exercer seulement sur l'acétate anhydre et s'arrêter à une certaine limite; c'est-à-dire lorsque tout l'acétate de soude anhydre existant dans la liqueur aurait été détruit, l'acétate de soude hydraté étant respecté. Cependant l'expérience prouve et le raisonnement montre qu'il n'en saurait être ainsi, dès que l'on admet que l'acétate de soude hydraté, pris isolément, ne peut subsister intégralement dans la liqueur, à la température des expériences, mais qu'il s'y décompose de lui-même en partie, en acétate anhydre et eau. En effet, après que tout l'acétate anhydre existant dans la liqueur aura été attaqué par l'acide chlorhydrique ou azotique et aura disparu, une nouvelle portion d'acétate anhydre sera régénérée aussitôt aux dépens de son hydrate dissous, et cela d'une manière nécessaire, en vertu de l'équilibre qui règle la stabilité de l'acétate dissous, *pris isolément*. Cette portion nouvelle d'acétate anhydre, rencontrant de l'acide azotique libre, disparaîtra à son tour, et la même série de phénomènes se poursuivra, jusqu'à épuisement de la réaction équivalente entre l'acide azotique et l'acétate de soude dissous.

Le mécanisme de ce genre de réactions est, on le voit, facile à concevoir; il se développera d'une manière nécessaire, dans toute transformation dont les produits ne seront pas susceptibles de modifier par leur action propre l'équilibre des composants initials.

4. Je citerai encore, comme exemples de mécanismes pareils, l'action réciproque entre les sels ammoniacaux formés par les acides forts et les carbonates alcalins (*Annales de chimie et de physique*, 4e sér., t. XXIX, p. 503 et 102), et l'action entre les sels métalliques et les sels alcalins des acides faibles (t. XXX, p. 146). J'ai montré en détail comment ces diverses réactions peuvent être constatées en fait, et comment elles doivent être interprétées, d'après une explication toute pareille à la précédente.

5. On remarquera que l'un des composants du système se détruit à mesure et de lui-même, dans les conditions qui viennent d'être décrites. Il résulte de cette destruction, accomplie par une énergie étrangère à l'action chimique véritable, une certaine absorption de chaleur, parfois plus considérable en valeur absolue que le dégagement produit par la réaction chimique proprement dite. Le phénomène résultant du concours de ces deux énergies pourra donc être une absorption de chaleur : c'est, en effet, ce que l'on observe dans la réaction du carbonate de potasse sur le chlorhydrate d'ammoniaque, par exemple. Mais la condition déterminante n'en est pas moins la supériorité thermique du composé non dissocié.

6. Venons maintenant au *second cas*, c'est-à-dire à la *transformation limitée*. Elle est réglée par les circonstances suivantes :

1° La nouvelle combinaison se forme seulement jusqu'à une certaine limite, *toutes les fois que la nouvelle combinaison est elle-même dissociée*, *ou en équilibre avec le dissolvant*. Cette limite sera marquée par le degré même de la dissociation ou de l'équilibre, toutes les fois que le composé en se formant ne donnera pas lieu à la régénération d'un autre corps, qui réponde lui-même au maximum thermique.

2° La nouvelle combinaison ne se forme que jusqu'à une certaine limite, bien qu'elle soit stable par elle-même et non dissociée en présence du dissolvant, *toutes les fois que sa production donne lieu à la régénération d'une certaine dose du corps qui répond au maximum thermique*. C'est ce qui arrive, par exemple, lorsque l'acide azotique agit sur un phosphate bibasique dissous. Il se forme par là de l'azotate de soude, composé stable, dont la chaleur de formation surpasse celle de la production du phosphate bibasique, au moyen de la base et du phosphate monobasique. Mais il se régénère en même temps un phosphate monobasique, composé dont la formation thermique surpasse celle de l'azotate, c'est-à-dire qui répond au maximum thermique. Toutefois ce phosphate monobasique (phosphate acide) est décomposé partiellement par l'eau en sel basique et acide libre. De là résulte une limitation de la réaction de l'acide azotique, limitation qui dépend de l'équilibre caractéristique entre le phosphate monobasique et l'eau, envisagés séparément.

3° Des effets analogues, mais plus compliqués, se produiront *lorsque la nouvelle combinaison sera dissociée*, ou plus généralement *donnera lieu à des équilibres avec le dissolvant, la régénération de quelque dose du composé qui répond au maximum thermique pouvant résulter de cet équilibre.*

Dans tous les cas, la limite de la réaction complexe peut être prévue et calculée, dans des conditions données, si l'on connaît les limites de dissociation ou d'équilibre avec le dissolvant, caractéristiques du composé qui répond au maximum thermique, ainsi que celles relatives à la nouvelle combinaison, *chacun de ces corps étant envisagé séparément.*

7. Citons un exemple de partage de cette nature, afin de préciser les idées.

Faisons agir l'acide azotique étendu sur une dissolution de sulfate de potasse. La discussion des expériences thermiques (*Annales de chimie et de physique*, 4e série, tome XXX, p. 519) montre qu'il y a réaction; mais elle montre en même temps que cette réaction s'arrête à une certaine limite, variable avec les proportions relatives des corps réagissants, et donnant lieu à un équilibre complexe entre six corps, savoir : le sulfate neutre de potasse, le bisulfate, l'eau, l'acide sulfurique libre, l'acide azotique étendu, enfin l'azotate de potasse.

Ici le phénomène qui dégage le plus de chaleur, et qui tend à se produire d'abord, c'est la transformation du sulfate neutre de potasse par l'acide azotique en bisulfate, azotate de potasse et acide sulfurique libre. Mais ce phénomène est limité, et il s'arrête avant d'être entièrement accompli, parce que le bisulfate de potasse éprouve de la part de l'eau une décomposition partielle. Le bisulfate de potasse constituerait ainsi, s'il était isolé, un système en équilibre, renfermant à la fois de l'acide sulfurique libre, du sulfate neutre, du bisulfate et de l'eau, système dont nous avons défini ailleurs les caractères généraux (page 321).

L'acide sulfurique libre, d'autre part, mis en présence de l'azotate de potasse, le décompose aussi, avec formation de bisulfate de potasse et d'acide azotique libre; toujours en vertu du troisième principe, cette formation répondant toujours au maximum thermique. Mais ici encore la formation du bisulfate de potasse est limitée par sa décomposition propre en présence de l'eau. Il résulte de ces diverses réactions que le système primitif ne saurait subsister, et que cependant il n'est pas possible de le changer entièrement : soit en azotate neutre et acide sulfurique, parce que ce dernier acide attaque l'azotate; soit en azotate neutre et bisulfate, parce que ce dernier sel est décomposé partiellement par l'eau. D'après ces explications et ces expériences, on voit qu'il y a là deux réactions contraires, entre lesquelles s'établit un équilibre, variable avec les proportions relatives de ses six composants, et réglé par le degré propre de décomposition du bisulfate de potasse en présence de l'eau.

8. Dans cette circonstance, le phénomène thermique résulte, comme précédemment, du concours de deux énergies opérant en sens contraire : l'énergie chimique, qui dégage de la chaleur en s'exerçant sur une portion du système, et une énergie étrangère, l'énergie calorifique, qui tend à déterminer la décomposition endothermique d'une autre portion du même système. L'effet total sera : tantôt un dégagement, tantôt une absorption de chaleur, suivant les proportions relatives.

9. Tels sont les phénomènes essentiels qui peuvent se produire dans la réaction d'un nouveau corps sur un système en équilibre. Le système étant supposé homogène et le demeurant, ils se résument en des termes très simples : en effet, la réaction nouvelle ne peut avoir lieu, que si elle a pour point de départ un phénomène exothermique. Cela posé :

Ou bien la réaction nouvelle donne naissance à des produits incapables d'influer sur l'équilibre primitif; alors elle devient totale, toutes les fois qu'elle est possible ;

Ou bien la réaction nouvelle donne lieu à des produits qui interviennent dans l'équilibre primitif; alors il se développe un nouvel équilibre, plus complexe que le premier, mais régi par des lois analogues et que nous venons de préciser.

10. C'est surtout dans le cas des dissolutions que ces complications interviennent. Pour bien comprendre ce qui se passe alors, il convient d'envisager d'abord la réaction entre les corps séparés physiquement du dissolvant, c'est-à-dire dans l'état solide; mais en tenant compte des combinaisons, telles que les hydrates définis, qu'ils peuvent contracter avec le dissolvant. Puis on examine séparément la réaction propre du dissolvant sur chacun des produits formés en son absence et en vertu de la théorie générale. Je développerai l'étude de cet ordre de réactions dans les chapitres III, IV, VI et VII.

11. Les mêmes principes et les mêmes interprétations générales s'appliquent aux systèmes hétérogènes, renfermant dès l'origine, soit des gaz, soit des corps solides, à côté des corps liquides ou dissous.

La formation intégrale ou partielle des gaz, qui se dégagent au sein d'une dissolution, ou des précipités qui s'en séparent, ainsi que leur décomposition ou la redissolution des uns et des autres, sont également régies par les mêmes règles générales; car elles sont des conséquences de la constitution des dissolutions elles-mêmes.

En effet : 1° Si le dégagement d'un gaz ou la formation d'un précipité, stable par lui-même, répond au maximum thermique, ce gaz ou ce précipité se formera en totalité et dans toute hypothèse : sulfate de potasse et azotate de baryte changés en sulfate de baryte et azotate de potasse; acide carbonique dégagé par l'acide tartrique du carbonate de soude légèrement humide.

2° Au contraire, si un tel précipité, qui répond au maximum thermique, ne peut exister qu'à l'état de dissociation partielle lorsqu'il est pris isolément, à la température et dans les conditions de l'expérience; dans ce cas, dis-je, le précipité (le bioxalate de chaux, par exemple) se formera seulement en partie, et suivant une proportion réglée par son coefficient propre de dissociation. On a vu que ce dernier dépend de la quantité absolue des composants existant dans la liqueur (voyez page 101).

Des phénomènes analogues devront se manifester quand il se dégage des gaz dissociés, comme il arrive pour l'acide azoteux et dans divers autres cas.

3° Si la formation d'un précipité stable par lui-même répond au minimum thermique, il ne se formera pas dans les liqueurs; ou bien, si l'on opère sur ce composé préexistant, il se redissoudra. Tel est le cas de l'hydrate de chaux, mis en présence des sels ammoniacaux; tel est celui du carbonate de chaux ou du tartrate de chaux, mis en présence de l'acide chlorhydrique étendu.

Ces relations s'appliquent également à la formation des gaz.

4° Enfin il peut arriver que la formation du gaz ou du précipité réponde à un dégagement de chaleur intermédiaire entre les deux valeurs extrêmes, réalisables dans un système et correspondantes, l'une à une formation nulle, l'autre à une formation intégrale du composé complémentaire qui demeure dissous; la réalisation du maximum étant rendue impossible, parce que ce dernier composé est à l'état de dissociation ou d'équilibre.

Alors deux cas peuvent se présenter.

Le précipité (ou le gaz) se formera en totalité, si les produits qui résultent de la dissociation ou des équilibres sont incapables de réagir sur lui. Sinon, il résultera de ce conflit un équilibre complexe, variable avec les proportions relatives de l'eau et des corps réagissants, et réglé par le degré de dissociation ou d'équilibre des corps dissous envisagés séparément; précisément comme il a été expliqué pour les systèmes homogènes.

Le résultat général est donc le même, pour les systèmes qui renferment du gaz ou des précipités et pour les systèmes qui demeurent entièrement homogènes sous la forme dissoute. Il y a cette différence pourtant, que dans les dissolutions complètes, l'équilibre est régi par la loi des systèmes homogènes, c'est-à-dire par la masse relative des corps réagissants, pris dans leur ensemble; tandis que, dans la formation des gaz ou des précipités, l'équilibre est régi par la loi des surfaces de séparation, c'est-à-dire par le coefficient de dissociation.

On voit que dans tous les cas, soit qu'il s'agisse des systèmes homogènes, soit des systèmes qui donnent lieu à des séparations de gaz ou de précipités, la prévision et le calcul des phénomènes développés par la réaction complexe se ramènent à la connaissance des phénomènes que le dissolvant et les énergies étrangères exercent sur chacun des composants primitifs, envisagés séparément. — C'est en cela que consiste l'efficacité de la loi nouvelle.

§ 10. — Actions consécutives ou préalables.

1. Nous avons dit que toute combinaison chimique directe, et en général toute réaction chimique effectuée sans l'intervention d'une énergie étrangère, donne lieu à un dégagement de chaleur. Quelques explications sont ici nécessaires, à cause des effets dus à certaines actions préalables ou consécutives qui peuvent masquer le phénomène principal, en produisant par elles-mêmes une absorption de chaleur. Or celle-ci est quelquefois égale ou supérieure au dégagement de chaleur développé par l'action fondamentale. Nous avons déjà rencontré cette complication dans l'étude des équilibres; mais il convient de nous y arrêter spécialement.

Les actions consécutives ou préalables que nous devons examiner sont d'ordre physique ou d'ordre chimique. Envisageons les deux cas séparément, afin de montrer comment le troisième principe y demeure applicable.

2. *Actions physiques consécutives.* — De telles actions se présentent, par exemple, dans la décomposition d'un bicarbonate alcalin par les acides azotique ou chlorhydrique moyennement dilués. C'est que, dans cette circonstance, deux actions se succèdent, savoir : une réaction chimique, qui dégagerait de la chaleur, si les corps résultants conservaient tous l'état physique des corps primitifs; et une réaction physique consécutive, la transformation de l'acide carbonique en gaz, laquelle absorbe de la chaleur, dans une proportion plus grande que l'action chimique n'en a dégagé.

Telle est encore la réaction du chlorure de silicium sur l'alcool absolu, laquelle forme de l'éther silicique avec absorption de chaleur. Mais celle-ci est attribuable à la séparation de l'acide chlorhydrique sous forme gazeuse : car si l'on opère avec une dose d'alcool suffisante pour tout maintenir dissous, il y a dégagement de chaleur.

En général, la vaporisation de l'un des produits, sa fusion, ou même l'accroissement du volume à pression constante, si les corps sont gazeux; toutes ces causes, dis-je, absorbent des quantités de chaleur qu'il convient de retrancher dans le calcul.

Les changements d'état réciproques des produits peuvent exercer une influence inverse, et qu'il convient aussi d'éliminer dans les calculs. C'est ce qui arrive lorsqu'on fait réagir les deux gaz oxygène et bioxyde d'azote, avec formation d'acide hypoazotique liquide, vers 20 degrés ou au-dessous; on a en trop la chaleur de liquéfaction de ce gaz (+ 4,3 pour AzO^4).

3. Les mêmes raisonnements s'appliquent aux *actions physiques préalables*. Par exemple, si l'on fait réagir le gaz chlorhydrique sur une liqueur aqueuse, on aura en trop la chaleur dégagée par la dissolution du gaz acide.

Au contraire, si l'on introduit dans une liqueur un sel solide, au lieu de le dissoudre à l'avance, il faudra ajouter au dégagement de chaleur observé la chaleur absorbée pendant la dissolution du sel.

Tel est le principe des mélanges réfrigérants fondé sur l'emploi de la neige et des acides plus ou moins étendus. L'acide s'unit à une partie de l'eau, pour former un hydrate qui dissout la neige excédante. Le degré de froid qui peut être ainsi produit dépend de la quantité d'eau solide, nécessaire pour former une dissolution saturée avec l'acide étendu. Il est d'autant plus considérable, que le point de congélation de ce dernier est situé plus bas ; sans jamais pouvoir surpasser la température qui serait communiquée en théorie à l'eau pure par sa propre fusion : soit — 79 degrés, à partir de zéro, par exemple.

Ainsi encore la réaction de l'iode solide sur la potasse étendue, avec formation d'iodure et d'iodate dissous, donne lieu à une absorption de chaleur très sensible, et qui s'élève à $0^{Cal},6$ pour $3I^2 + 6KO$ étendue; tandis que si l'on rapporte la réaction à tous les corps séparés de l'eau, il y a au contraire un dégagement de chaleur considérable : soit $+ 106^{Cal},5$, depuis l'hydrate de potasse solide, $6(KO,HO)$; ou bien encore $+ 31,4$ depuis l'hydrate cristallisé, $6(KO,HO + 2H^2O^2)$, composé plus voisin de l'état réel de combinaison entre l'eau et la potasse dissoute.

L'acide azotique étendu décompose le carbonate d'argent avec absorption de chaleur (— 1,6), même en présence d'une quantité d'eau capable de retenir tout l'acide carbonique dissous : ce qui s'explique, parce que l'état solide du carbonate d'argent n'est pas comparable à l'état dissous de l'azotate d'argent qui en dérive. Si l'on suppose, au contraire, le dernier sel solide, la réaction devient exothermique (+ 4,0), comme il convient.

Il en est de même de la réaction de la soude étendue sur le chlorure de calcium, laquelle précipite l'hydrate de chaux, avec absorption de chaleur (— 1,2) : phénomène attribuable à cette circonstance que l'hydrate de chaux se dissout dans l'eau en dégageant de la chaleur (+ 1,5). La réaction rapportée aux deux hydrates alcalins dans l'état solide, les deux sels étant amenés aussi à un état comparable, c'est-à-dire dissous, est au contraire exothermique (+ 8,6).

Le cas de l'acide tartrique dissous est encore plus remarquable, car cet acide décompose l'acétate de soude en solution étendue, et il en déplace complètement (ou à peu près) l'acide acétique, avec absorption de chaleur (— $0^{Cal},64$). Il y aurait au contraire un dégagement de chaleur considérable, si l'on supposait la réaction effectuée entre les acides solides et les sels dissous (+ 7,0) ; ou bien, ce qui est plus net, effectuée sur tous les corps solides et séparés de l'eau (+ 4,4).

Ainsi, pour bien comprendre les réactions entre les corps dissous et leurs déplacements réciproques, il convient d'envisager d'abord la réaction entre les corps séparés de l'eau, puis les phénomènes que le dissolvant exerce sur chacun de ces corps, pris séparément.

4. *Actions chimiques consécutives.* — Dans les cas où ces

actions ne mettent pas en jeu une énergie étrangère supérieure à celle de l'action principale, le phénomène demeure un dégagement de chaleur; c'est-à-dire que le troisième principe conserve toute son autorité, sans qu'il y ait lieu d'entrer dans la discussion détaillée des phénomènes. Mais une telle énergie, supérieure à celle de l'action principale, c'est-à-dire donnant lieu à une absorption de chaleur capable de surpasser le dégagement produit dans l'action principale, se manifeste parfois dans des réactions purement chimiques; par suite de la décomposition, totale ou partielle, des corps qui résultent de la transformation initiale. Ceci peut arriver de plusieurs manières : ou par une décomposition spontanée, ou par l'influence propre du dissolvant.

5. *Décompositions spontanées.* — Les corps qui se produisent, ou qui tendent à se produire au premier moment, et en vertu du troisième principe, ne sont pas toujours stables; ils peuvent ne pas subsister définitivement, à la température et dans les conditions dans lesquelles on opère; ils se décomposent alors d'eux-mêmes avec absorption de chaleur.

C'est ce qui arrive, par exemple, lorsqu'on forme les carbonates de zinc, de cuivre, etc., par précipitation, au moyen des sels métalliques dissous et des carbonates alcalins. Il se précipite tout d'abord un carbonate métallique, correspondant par sa composition, au carbonate alcalin; mais ce sel ne tarde pas à dégager de l'acide carbonique, gazeux ou dissous, avec production d'un carbonate basique et absorption de chaleur corrélative. Ces faits sont bien connus au point de vue chimique; j'en ai étudié la succession dans le calorimètre (voy. p. 189 à 195).

La chaleur absorbée par la décomposition spontanée des carbonates métalliques est empruntée, comme il arrive dans toute décomposition endothermique, à l'énergie mise en jeu par l'acte de l'échauffement; c'est-à-dire à la force vive communiquée au système par les corps environnants, qui tendent à entrer en équilibre de température avec lui.

Quelque chose d'analogue se passe dans la décomposition des carbonates par les acides. En effet, l'acide azotique ou sulfurique est hydraté, tandis que l'acide carbonique dégagé des carbonates est anhydre. La réaction véritable et normale est ici le déplacement d'un acide par un autre acide de même type que les carbonates, C^2O^4,H^2O^2 : cet acide éprouvant ensuite et au fur et à mesure une décomposition spontanée, tout à fait indépendante de la première réaction (*Annales de chimie et de physique*, 4e série, t. XXX, p. 503 et 500). L'existence momentanée d'une portion de l'acide carbonique sous forme d'hydrate instable, dans ses dissolutions, semble conforme à certains effets bien connus de retard dans son dégagement au sein des eaux gazeuses, effets attribués d'ordinaire à l'inertie moléculaire. Ajoutons que cette décomposition de l'hydrate carbonique paraît devoir être accompagnée par un dégagement de chaleur, circonstance exceptionnelle et qui s'opposerait à ce que la réaction pût être renversée, de façon à donner lieu à des équilibres reversibles.

La discussion de telles complications est souvent délicate, et exige une connaissance approfondie des phénomènes chimiques.

6. *Mélanges réfrigérants chimiques.* — Signalons la théorie des mélanges réfrigérants formés par réaction chimique, théorie qui repose sur les effets de la liquéfaction et de la dissolution, combinés avec ceux de la réaction proprement dite.

En effet, c'est en vertu d'un concours semblable de plusieurs énergies distinctes, les unes chimiques, les autres calorifiques, que se produisent les mélanges réfrigérants, formés dans la réaction des acides sur certains sels hydratés. Les effets sont compliqués, parce que les réactions chimiques sont accompagnées de changements d'état physique, dus à la liquéfaction et à la dissolution de certains corps solides. Soit, par exemple, l'acide sulfurique et le sulfate de soude à 10 équivalents d'eau. Ici l'acide sulfurique forme un bisulfate, avec dégagement de chaleur; tandis que l'eau, précédemment combinée dans l'hydrate solide, s'en sépare sous forme liquide, avec une absorption de chaleur considérable : absorption accrue d'ailleurs par la dissolution dans cette eau d'une portion du bisulfate lui-même.

Pour concevoir la possibilité de cette double réaction, il

convient de faire intervenir l'état dissocié de l'hydrate salin, tant à l'état solide qu'à l'état dissous. Le sulfate de soude hydraté pur, ou entrant en dissolution, se dissocie en partie en eau et sel anhydre, et ce dernier est attaqué par l'acide sulfurique, avec dégagement de chaleur, en formant du bisulfate. Cependant le sel anhydre étant détruit par suite de cette dernière réaction, une nouvelle dose s'en reproduit à mesure, et cela jusqu'à épuisement du sulfate hydraté primitif. L'eau de cet hydrate salin se trouve ainsi mise en liberté, par l'effet de l'énergie étrangère qui en produit la dissociation; tandis que le bisulfate est engendré, par l'effet des énergies chimiques.

Des effets analogues, quoique plus complexes encore, se développent, lorsqu'on fait agir l'acide chlorhydrique ou l'acide azotique sur le sulfate de soude hydraté; en effet, ces acides forment d'abord avec le sulfate neutre quelque dose de bisulfate, comme il va être dit.

7. *Décompositions par un dissolvant.* — Telle est la circonstance qui se présente dans la réaction de l'acide azotique sur le sulfate de potasse dissous, avec formation de bisulfate. En l'absence de l'eau, la réaction

$$2SO^4K + AzO^6H = S^2O^8KH + AzO^6H, \text{ dégage : } +10^{Cal},1.$$

En présence de l'eau, 1 équivalent de chaque composé étant dissous dans un litre de liqueur, il y a au contraire une absorption de — $2^{Cal},8$. Or cette absorption est attribuable à la décomposition partielle, en acide libre et sel neutre, que le bisulfate éprouve sous l'influence du dissolvant (voy. pages 321 et 443).

8. *Actions chimiques préalables.* — Je citerai la décomposition de l'acide carbonique par le carbone amorphe, à la température rouge, avec formation d'oxyde de carbone :

$$CO^2 + C = 2CO.$$

Cette réaction est facile à exécuter; elle est accompagnée cependant par une absorption de — 21 Calories environ.

Le résultat s'explique par la dissociation préalable de l'acide carbonique, à la température de l'expérience. Une portion de cet acide se trouve décomposée à l'avance, ou se décompose à mesure, en oxyde de carbone et oxygène libre ; c'est cet oxygène libre qui réagit sur le carbone et qui forme de l'oxyde de carbone, avec dégagement de chaleur. Cependant l'équilibre qui maintenait une certaine dose d'acide carbonique, en présence de ses deux composants (oxyde de carbone et oxygène), ayant cessé d'exister, par suite de la disparition de l'oxygène, une nouvelle portion de l'acide carbonique se détruit, en engendrant encore de l'oxyde de carbone et de l'oxygène. Ce dernier agit à son tour sur le carbone, et ainsi de suite. La destruction de l'acide carbonique deviendrait complète au bout d'un certain temps, si l'oxyde de carbone lui-même n'était quelque peu dissocié en carbone et acide carbonique, pour son propre compte, et comme on peut le démontrer.

Quoi qu'il en soit, la chaleur dégagée par la formation d'un équivalent d'oxyde de carbone, au moyen du carbone amorphe et de l'oxygène ($+14^{\mathrm{Cal}},4$), est inférieure à la chaleur absorbée par la dissociation de l'acide carbonique, qui fournit l'autre équivalent d'oxyde de carbone et l'oxygène ($+34^{\mathrm{Cal}},1$). L'énergie étrangère est donc empruntée ici à l'acte de l'échauffement, qui détermine une décomposition préalable à la réaction chimique proprement dite.

Les actions chimiques préalables ou consécutives jouent un rôle capital dans les systèmes en équilibre : tels qu'un composé binaire ou ternaire à l'état de dissociation ; ou bien un mélange d'acide et d'alcool partiellement éthérifiés ; ou bien un alcoolate alcalin dissous ; ou bien encore un hydrate salin, un sel formé par un acide faible ou par une base faible, un sel acide, un sel double, tous ces corps étant pris à l'état de dissolution. Dans de tels systèmes, les actions préalables ou consécutives tendent : tantôt à reproduire sans cesse l'équilibre primitif ; tantôt à le modifier dans un sens déterminé, qui règle alors toute la transformation. Ce sujet a été traité dans le paragraphe précédent.

§ 11. — **Phénomènes auxiliaires.**

1. Je comprends sous ce titre les effets que l'on expliquait autrefois par les mots : *affinités prédisposantes ; état naissant ; mouvement communiqué ; réactions par entraînement ; actions*

de présence ou de contact. Ces effets ont été déjà discutés (p. 28), rappelons comment ils se rattachent au troisième principe.

2. *Affinités prédisposantes.* — Deux corps mis en présence ne réagissent point; mais la réaction s'effectue, si l'on ajoute au système un troisième corps, capable de se combiner avec le produit de la réaction des deux premiers. Ainsi, par exemple, l'oxyde de carbone et l'eau ne se combinent point directement pour former de l'acide formique; mais la combinaison a lieu, si l'on ajoute au système de la potasse, avec laquelle l'acide puisse produire du formiate de potasse.

Cette différence entre les deux réactions est corrélative de la chaleur mise en jeu dans chacune d'elles. En effet, le changement direct de l'oxyde de carbone et de l'eau en acide formique étendu absorberait de la chaleur, soit — $1^{Cal},4$. Tandis que le changement de l'oxyde de carbone et de la potasse étendue en formiate de potasse dégage au contraire de la chaleur : soit $+ 12^{Cal},2$.

La potasse apporte ici l'énergie complémentaire, nécessaire à la réaction : non parce qu'elle réagit à l'avance sur un composé qui n'existe pas encore, comme sembleraient le faire supposer les mots affinités prédisposantes; mais parce que la réaction, endothermique en l'absence de la potasse, devient exothermique, par suite de son concours.

Il en est de même pour la décomposition du chloral. Ce corps peut être changé en chloroforme et acide formique, sous l'influence de la potasse; la réaction est instantanée. Mais aussi

$$C^4HCl^3O^2 \text{ dissous} + KHO^2 \text{ dissoute} = C^2HCl^3 \text{ dissous} + C^2HKO^4 \text{ dissous},$$
$$\text{dégage : } + 13^{Cal},4.$$

Tandis que le chloral dissous dans l'eau demeure à peu près inaltéré, la réaction

$$C^4HCl^3O^2 \text{ dissous} + H^2O^2 = C^2HCl^3 \text{ dissous} + C^2H^2O^4 \text{ dissous},$$

répondant à un phénomène thermique sensiblement nul.

La même chose arrive pour les métaux qui ne décomposent pas l'eau par eux-mêmes (nickel, cobalt, etc.), mais avec le concours d'un acide étendu; l'oxyde métallique formant ainsi un sel, avec dégagement de chaleur surérogatoire.

Citons encore la formation d'un chlorure acide, tel que le chlorure acétique. Cette formation aux dépens de l'acide libre,

$$C^4H^4O^4 \text{ liq.} + HCl \text{ gaz} = C^4H^3ClO^2 \text{ liq.} + H^2O^2 \text{ liq.},$$

absorberait : — 5,5. Aussi n'a-t-elle pas lieu directement. Mais on la détermine en ajoutant au mélange certains corps, tels que l'acide phosphorique, capables de s'unir à l'eau, avec un dégagement de chaleur supérieur à + 5,5. Ces observations s'appliquent à une multitude de phénomènes.

3. Non-seulement le concours des affinités prédisposantes détermine les réactions, en fournissant l'énergie supplémentaire, nécessaire à leur accomplissement; mais il y a plus. Étant donnée une réaction qui se produit seulement à partir d'une certaine température, et qui est lente par elle-même; si l'on détermine cette réaction à l'aide d'un mécanisme auxiliaire, développant par lui-même une grande quantité de chaleur, *la réaction se produira à une température plus basse et dans un temps plus court*. Le travail préliminaire est donc diminué et la vitesse de la transformation accrue; c'est-à-dire que les choses se passent comme si l'on avait élevé la température du système (p. 60). Peut-être cette élévation a-t-elle lieu réellement, au contact des molécules réagissantes; mais sans devenir sensible, parce qu'elle se dissipe à mesure, par rayonnement ou autrement.

Voilà ce qui arrive notamment pour le fer et le zinc : ces métaux sont capables de décomposer l'eau par eux-mêmes, lorsqu'ils sont très divisés, mais avec lenteur et difficulté. Or leur réaction sur l'eau est provoquée et accélérée par la présence des acides, à cause de l'excès thermique (+ 10 à + 12 Calories), dû à l'union de l'oxyde avec l'acide formant un sel.

De même le gaz sulfureux et l'oxygène secs, mis en présence à froid ou à 100 degrés, ne se changent pas en acide sulfurique ($+ 17^{Cal},2$). Mais la réaction a lieu peu à peu, en présence de l'eau; condition où elle dégage en plus la chaleur produite par l'hydratation de l'acide sulfurique ($+ 32^{Cal},2$), etc.

De même, la double décomposition qui peut se réaliser entre un éther d'hydracide et un sel est lente, et même elle ne s'accomplit bien que vers 150 à 200 degrés : par exemple, si l'on opère avec l'éther iodhydrique et un sel de potasse. Au contraire, elle a déjà lieu à froid entre l'éther iodhydrique et l'acétate d'argent, la chaleur dégagée par la seconde réaction (+ 23,7) étant à peu près double de la première (+ 12,1).

Citons un exemple analogue, tiré de l'histoire des éthers. La formation de l'éther acétique par la réaction directe de ses composants est fort lente; tandis que celle de l'éther azotique s'opère presque instantanément à froid, pourvu qu'on opère avec les précautions que j'ai décrites ailleurs (1), de façon à éviter toute action secondaire. Or, avec l'alcool et l'acide acétique purs, l'énergie mise en jeu paraît due à la formation de certains hydrates qui se dissocient à mesure; de telle sorte que l'effet thermique résultant de ces deux effets contraires est exprimé par — 2^{Cal},0. Tandis qu'avec l'acide azotique concentré et l'alcool pur, il y a dégagement immédiat de + 6,2. L'écart entre ces deux nombres, soit + 8,2, mesure la différence d'énergie des deux acides purs, opposés à l'alcool : on voit qu'il explique ces vitesses extrêmement différentes, observées dans deux réactions représentées cependant par des formules pareilles.

Il en est de même de l'accélération des oxydations organiques en présence d'un alcali; c'est-à-dire d'un corps capable de s'unir avec l'acide formé par l'oxydation, et par conséquent d'augmenter la chaleur produite. Par exemple, le changement de l'alcool en acétate de potasse dégage + 13,3 Calories de plus que son changement en acide acétique libre : aussi la première réaction a-t-elle lieu aisément, lorsqu'on dirige la vapeur d'alcool sur l'hydrate de potasse chauffé vers 200 degrés.

L'acide arsénieux sec n'absorbe pas l'oxygène libre (+ 32^{Cal},4) : avec l'acide dissous, l'action est réelle, mais très lente (+ 39,2); tandis que l'arsénite de potasse se change plus rapidement en arséniate : mais aussi cette dernière action dégage + 67,3.

Les oxydations elles-mêmes deviennent souvent plus profondes, sous l'influence du travail additionnel que nous signalons; ce

(1) *Annales de chimie et de physique*, 5e série, t. IX.

qui exagère encore le dégagement de chaleur. Tel est le cas de l'alcool. On sait combien il est difficile d'oxyder l'alcool par l'oxygène libre, à basse température et sans intermédiaire. Il faut porter l'alcool pris isolément à une température beaucoup plus élevée pour lui faire absorber l'oxygène, en formant d'abord de l'aldéhyde et de l'acide acétique; encore la réaction est-elle peu régulière à une si haute température. Mais il en est autrement, si l'on met l'alcool en présence de l'oxygène et d'un alcali simultanément : alors l'alcool s'oxyde peu à peu, dès la température ordinaire, et il forme non-seulement de l'acide acétique, mais même de l'acide oxalique, ou plutôt un oxalate. Or la métamorphose de l'alcool en oxalate de potasse dissous dégage 164 Calories de plus (par équivalent d'alcool) que la métamorphose de l'alcool en acétate.

Réciproquement, si l'énergie d'un corps est diminuée par une combinaison préalable, son aptitude à s'oxyder pourra être restreinte, et la réaction ralentie, toutes choses égales d'ailleurs. C'est ce que montre l'amalgame de potassium, $Hg^{24}K$, composé bien moins attaquable par l'eau que le métal alcalin; mais aussi cette attaque dégage-t-elle $+13,5$ seulement avec l'amalgame, au lieu de $+48$ Calories avec le métal.

4. *État naissant.* — La même théorie explique les effets attribués autrefois à l'état naissant (page 28); effets que l'on supposait produits, parce que les corps posséderaient à l'instant où ils sortent de leurs combinaisons certaines propriétés exceptionnelles, dont ils seraient privés une fois devenus libres. Sans contester l'existence exceptionnelle de certains états isomériques de cette nature, démontrables par expérience et sur quelques corps purs et isolés de leurs combinaisons; cependant, dans l'immense majorité des cas, de tels états sont purement fictifs, et il est inutile de les invoquer dans l'explication des phénomènes. Citons des faits.

L'*acide hypochloreux*, composé destructible en ses éléments avec dégagement de chaleur, prend naissance dans la réaction de l'oxyde de mercure sur le chlore. Or ce qui concourt à constituer ainsi l'acide hypochloreux, ce n'est pas quelque état isomérique propre à l'oxygène naissant; mais c'est le travail accompli par la formation du chlorure de mercure : la réaction totale étant exothermique, car elle dégage à l'état anhydre + 8,3; à l'état dissous, + 11,7.

De même encore le *chlorate de potasse*, composé destructible spontanément et avec ignition, lorsqu'il est porté à une certaine température; le chlorate de potasse, dis-je, prend naissance directement dans la réaction du chlore sur une solution étendue de potasse. Mais il est alors constitué, non en vertu de l'état naissant de l'oxygène, mais en vertu du travail accompli par la formation du chlorure de potassium, la chaleur dégagée dans la réaction totale étant positive et égale à 94 Calories.

Le *protoxyde d'azote*, composé formé depuis ses éléments avec absorption de chaleur, peut être obtenu pendant l'oxydation de l'étain par l'acide azotique convenablement étendu :

$$AzO^6H \text{ étendu} + 2Sn = AzO + 2SnO^2 + HO + \text{eau},$$

réaction qui dégage une quantité de chaleur voisine de + 30 Calories. Ici le phénomène est un peu plus compliqué, parce que l'oxygène et l'azote ne sont pas libres au début, mais tirés d'un composé préexistant.

Ainsi, dans les formations que je viens de citer et dont il serait facile de citer bien d'autres exemples, deux composés prennent naissance, l'un en vertu d'une réaction endothermique, l'autre en vertu d'une réaction exothermique; mais ils sont corrélatifs et liés l'un à l'autre par une équation équivalente, le résultat total étant un dégagement de chaleur.

Une multitude de composés complexes sont encore formés dans des conditions de *double décomposition*, conditions que l'on a souvent exprimées, pour abréger, par ce nom mal défini d'état naissant; mais, en réalité, l'énergie auxiliaire de deux éléments antagonistes qui tendent à se réunir est la véritable cause de la réaction (voy. page 438).

5. L'emploi des corps suroxydés dans les *oxydations* et leur efficacité plus grande s'expliquent par des raisons thermiques du même ordre. Ainsi l'acide chromique, l'acide permanganique, les acides hypochloreux et chlorique, sont souvent des oxydants plus

efficaces que l'oxygène libre, parce qu'ils dégagent plus de chaleur dans une même réaction : soit, par exemple, + 2 Calories excédantes, par équivalent d'oxygène emprunté à l'acide chlorique.

Cependant on retrouve ici la nécessité d'un certain travail préliminaire, signalée au début du présent volume (page 6); travail rendu plus facile d'ailleurs par le concours des corps suroxydés. Cette nécessité résulte en fait de ce qu'un corps oxydant donné ne produit pas indifféremment toute espèce d'oxydation : par exemple, l'acide chlorique n'oxyde pas à froid le chlorure stanneux; l'eau oxygénée est sans action sur beaucoup de corps oxydables, etc.

6. La *fixation de l'hydrogène* sur les corps simples ou composés donne lieu à des remarques analogues. Soit, par exemple, l'action hydrogénante de l'acide iodhydrique, agent capable de réduire et de saturer d'hydrogène tous les corps organiques à la température de 280 degrés (1). Cette réaction donne toujours lieu à un dégagement de chaleur : par exemple, l'alcool, $C^4H^6O^2$, changé en hydrure d'éthylène, C^4H^6, et eau, par le gaz iodhydrique, dégage environ + 26 Calories; l'acide acétique, $C^4H^4O^4$, changé en hydrure d'éthylène, C^4H^6, et eau,

$$C^4H^4O^4 + 6HI = C^4H^6 + 2H^2O^2 + 3I^2,$$

dégage : + 55 Calories. Ces réactions sont donc exothermiques; la chaleur dégagée étant d'ailleurs à peine supérieure à celle que produirait l'hydrogène libre. Si ce dernier agent n'a pas la même efficacité, c'est parce que l'hydrogène libre ne devient réellement actif, dans la plupart des cas, que vers le rouge sombre; et c'est aussi à cause du caractère spécial du travail préliminaire accompli par l'acide iodhydrique. Il est probable que ce dernier forme d'abord, par union directe ou par substitution, des dérivés iodés, décomposables avec dégagement de chaleur par le même hydracide, comme le fait d'ailleurs l'éther iodhydrique.

Le zinc et le fer, avec le concours de l'eau, jouent aussi un rôle hydrogénant dans un grand nombre de circonstances : tant

(1) *Annales de chimie et de physique*, 4e série, t. XIX; 1869.

en présence des solutions acides (hydrogénation de la nitrobenzine, $C^{12}H^{5}AzO^{4}$, changée en aniline, $C^{12}H^{7}Az$), qu'en présence des solutions alcalines (hydrogénation de l'acétylure cuivreux changé en éthylène). Mais l'explication générale de ces effets demeure toujours la même.

On conçoit d'ailleurs que l'action hydrogénante s'exercera avec d'autant plus d'intensité, que le corps oxydable, le métal en particulier, dégagera plus de chaleur en décomposant l'eau. C'est pourquoi l'amalgame de sodium est en général un hydrogénant plus efficace que le zinc et le fer; attendu que sa chaleur d'oxydation (+ 56 Calories) surpasse de 15 à 20 Calories celle de ces métaux. Le sodium vaudrait mieux encore, si l'intensité des actions locales qu'il exerce n'exposait à la destruction complète des corps hydrogénables. On voit par là comment au mot vague d'hydrogène naissant, la thermochimie substitue une notion plus précise et mieux définie (1).

Rappelons enfin une transformation célèbre et citée autrefois comme preuve de l'efficacité de l'état naissant, à savoir, la formation de l'ammoniaque par la réaction de l'acide azotique étendu sur le zinc. En réalité, ni l'azote ni l'hydrogène naissants n'interviennent dans ce phénomène; mais il est déterminé par le fait qu'il y a dégagement de chaleur, à la fois dans l'oxydation du zinc et dans la réduction de l'acide azotique :

$$10\,AzO^{6}H \text{ étendu} + 8\,Zn = 8\,AzO^{6}Zn \text{ étendu} + AzO^{6},AzH^{3} \text{ étendu} + 6\,HO, \text{ dégage : } + 370 \text{ Calories.}$$

7. *Mouvement communiqué par des réactions corrélatives.* — A une certaine époque, Liebig a fait jouer un grand rôle dans l'interprétation des phénomènes à ce qu'il appelait le mouvement communiqué : un corps dans l'état de transformation chimique, disait-il, peut communiquer son mouvement à d'autres corps et les entraîner, en en déterminant la décomposition propre ou la métamorphose.

C'est encore là une notion répondant à des faits réels, mais

(1) Voyez ce volume, page 28, et *Comptes rendus*, t. LXXXVIII, p. 1111.

mal définis, à laquelle la thermochimie est venue donner sa véritable signification. En effet, dans les réactions de cette espèce, la transformation chimique initiale dégage de la chaleur, et c'est elle qui accomplit le travail simultané, exigé pour provoquer la transformation secondaire ou consécutive (voy. page 30). *Il est donc nécessaire que la somme thermique des deux réactions, tant primitive que communiquée, soit un dégagement de chaleur :* telle est la condition fondamentale du phénomène.

La chose est surtout évidente dans le cas où les deux *transformations* sont *corrélatives*, c'est-à-dire liées par une équation chimique, dans laquelle entrent à la fois les matériaux des deux réactions. Ainsi, par exemple, certains *alliages de cuivre et du zinc* se dissolvent intégralement dans l'acide sulfurique étendu, avec formation de sulfate de zinc et de sulfate de cuivre : phénomène qui contraste avec l'absence de réaction de l'acide sulfurique étendu sur le cuivre. C'est que la formation du sulfate de cuivre, au moyen du cuivre et de l'acide sulfurique étendu, dégage seulement $+ 27^{Cal},8$, quantité inférieure aux $+ 34^{Cal},5$, Calories (1) qui seraient absorbées dans le dégagement de l'hydrogène; tandis que la formation analogue du sulfate de zinc dégage + 53 Calories, quantité supérieure à la précédente. Les deux métaux étant alliés, c'est-à-dire combinés, la chaleur totale mise en jeu dans la dissolution de leur alliage est intermédiaire entre les deux précédentes et probablement voisine de la moyenne (2). On conçoit dès lors qu'il puisse exister des alliages de cuivre capables de se dissoudre intégralement dans l'acide sulfurique étendu, avec dégagement d'hydrogène.

Quelque chose d'analogue paraît arriver dans ces *décompositions de l'eau oxygénée* qui ont donné lieu à tant de discussions. L'eau oxygénée, en effet, détermine la décomposition de divers corps oxydés, en perdant elle-même son oxygène : c'est ce qui

(1) Ou plutôt 30 Calories environ, en tenant compte de la chaleur nécessaire pour passer de l'hydrogène gazeux à l'hydrogène solide, qui serait seul comparable strictement aux métaux par son état physique (voy. page 327).

(2) Il faudrait retrancher la chaleur dégagée par la formation préalable de l'alliage.

arrive avec le permanganate de potasse et avec l'oxyde d'argent notamment. Mais la décomposition des deux corps qui se détruisent simultanément est corrélative : car la dose d'oxygène perdue par l'eau oxygénée est précisément égale à celle que dégage le permanganate de potasse. Ces phénomènes me semblent dus à la formation de certains composés instables, analogues à l'acide perchromique, et produits par la peroxydation du permanganate ou de l'oxyde d'argent,, un des corps analogues. De tels composés se détruisent aussitôt, à la température ordinaire; mais on peut cependant les observer, en opérant à très basse température.

Dans ces circonstances, deux cas peuvent se présenter : Tantôt les deux décompositions corrélatives sont exothermiques, et par conséquent il en est de même de leur somme, ce qui arrive avec le permanganate de potasse et l'eau oxygénée;

Tantôt au contraire l'une des réactions est exothermique, l'autre endothermique, la somme demeurant nécessairement positive : c'est ce qui arrive avec l'oxyde d'argent, dont la décomposition absorbe — $3^{Cal},5$, et l'eau oxygénée, dont la décomposition dégage au contraire + $11^{Cal},0$, c'est-à-dire une quantité de chaleur supérieure à la précédente.

8. *Influence d'une petite quantité de matière servant d'intermédiaire.* — Voici des faits qui se rattachent à la même théorie, faits dans lesquels une petite quantité de matière sert à propager la réaction entre deux corps qui ne réagiraient pas directement, ou qui réagiraient très lentement. Or cette réaction principale est nécessairement exothermique, conformément à nos principes.

Telle est la fabrication industrielle de l'acide sulfurique. Elle repose, comme on sait, sur l'emploi du bioxyde d'azote, à titre d'agent destiné à provoquer l'union de l'oxygène avec l'acide sulfureux. Toutes les réactions dans ce cas étant exothermiques, il s'agit seulement ici du travail préliminaire qui détermine le phénomène. Or l'acide sulfureux sec ne se combine pas à l'oxygène, quoiqu'il dût dégager ainsi + 17,2 Calories; même à l'état humide, il ne s'unit à l'oxygène libre qu'avec une grande lenteur. Le bioxyde d'azote, d'autre part, se combine immédiatement à l'oxygène pour former le gaz hypoazotique, en dégageant + 19 Calories. C'est ce dernier corps qui, mis en présence du gaz sulfureux humide, produit aussitôt du bioxyde d'azote et de l'acide sulfurique étendu :

$$S^2O^4 + AzO^4 + \text{eau} = S^2O^6 \text{ dissous} + AzO^2, \text{ dégage : } + 52^{Cal},4.$$

Voilà comment l''oxygène libre et l'acide sulfureux entrent dans un cycle de transformations actives, sous l'influence d'une petite quantité de bioxyde d'azote, sans cesse oxydé, puis régénéré; mais en vertu de réactions qui sont toutes exothermiques.

Les globules du sang, en fixant l'oxygène sur l'hémoglobine qui les constitue, non sans dégagement de chaleur, paraissent jouer dans l'économie humaine un rôle analogue à celui du bioxyde d'azote dans l'expérience précédente ; c'est-à-dire qu'ils transmettent incessamment l'oxygène de l'air à des principes qui s'oxyderaient mal ou irrégulièrement par voie directe, mais qui s'oxydent plus nettement aux dépens de l'hémoglobine, avec un nouveau dégagement de chaleur (voy. tome Ier, page 94).

Quelque chose d'analogue se produit encore pendant l'oxydation des métaux par l'acide azotique. On sait que cet acide absolument pur n'attaque guère les métaux, bien que la réaction soit exothermique. Mais, s'il contient quelque peu d'acide azoteux, l'attaque commence aussitôt, puis elle continue et même s'accélère : ce qui s'explique, attendu que l'acide azoteux est ramené à l'état de bioxyde d'azote par l'oxydation même du métal; et que le bioxyde réagit ensuite sur l'acide azotique pur, pour reproduire une dose d'acide azoteux supérieure à la première ($2AzO^2 + AzO^5 = 3AzO^3$).

Or l'oxydation des métaux par l'acide azoteux dégage des quantités de chaleur, variables avec les produits azotés corrélatifs (tome Ier, p. 34), mais toujours positive. De son côté, l'acide azoteux, réagissant sur l'acide azotique ordinaire, dégage + 39 Calories, d'après mes mesures : le cycle des réactions est donc tout entier exothermique.

Il est probable que les ferments solubles, qui déterminent un grand nombre de fermentations, agissent suivant quelque mécanisme de même ordre; c'est-à-dire par la formation exothermique de composés intermédiaires et ultérieurement destructibles avec dégagement de chaleur.

9. *Entraînement chimique proprement dit.* — Deux *réactions* provoquées l'une par l'autre peuvent être simplement *simultanées ;* sans qu'il y ait une corrélation, un enchaînement nécessaire entre les deux phénomènes (voy. page 461). C'est ce qui arrive lorsqu'on brûle l'hydrogène dans l'oxygène mêlé d'azote : non-seulement il se produit de l'eau, ce qui est la réaction fondamentale ; mais encore une certaine dose d'azote, variable avec les conditions de l'expérience, quoique toujours fort petite, est brûlée en même temps et forme de l'acide azotique.

Ici les deux réactions sont exothermiques :

$$H + O = HO \text{ liquide, dégage : } + 34,5;$$
$$Az + O^6 + H + \text{eau} = AzO^6H \text{ étendu, dégage : } + 27,1.$$

La première réaction a donc seulement pour résultat d'effectuer le travail préliminaire qui détermine la seconde, laquelle n'a pas lieu directement.

De même, l'acide sulfureux et le chlore se combinent plus aisément en présence d'un peu d'oxyde de carbone, ou d'éthylène; ces derniers gaz s'unissant pour leur propre compte au chlore : les deux effets ayant lieu avec dégagement de chaleur.

Au contraire, la formation de l'ozone, aux dépens d'une petite portion de l'oxygène qui agit sur le phosphore, fournit l'exemple d'une réaction endothermique accessoire, provoquée par l'entraînement d'une réaction exothermique principale.

De même encore l'éthylène et le propylène apparaissent en petite quantité pendant la réaction de l'hydrate de soude sur l'acétate de soude, $C^4H^3NaO^4$; action fondamentale et exothermique (+ 13 Calories), dont les produits principaux sont le formène, C^2H^4, et le carbonate de soude : mais la formation de l'éthylène et celle du propylène, si elles avaient lieu isolément aux dépens de l'acétate de soude, seraient endothermiques.

Les effets de cet ordre sont fréquents en chimie organique, surtout quand on brusque les réactions (voy. page 45).

10. *Actions de contact ou de présence* (1). — En général, les actions dites de contact s'exercent pour provoquer des phénomènes qui donnent lieu à un dégagement de chaleur. Énumérons quelques-uns des plus caractéristiques.

Telle est la combinaison de l'hydrogène avec l'oxygène, sous l'influence du platine, laquelle dégage + 34,5 Calories par gramme d'hydrogène.

Telles sont les nombreuses oxydations effectuées sous l'influence du même agent, lesquelles sont toutes accompagnées par un grand dégagement de chaleur.

La transformation d'un mélange d'hydrogène et de bioxyde d'azote en ammoniaque,

$$AzO^2 + 5H = AzH^3 + H^2O^2 \text{ gazeuse},$$

sous l'influence du platine, est aussi accompagnée par un dégagement de chaleur considérable : + 99 Calories.

Lorsqu'on fait passer l'alcool sur la mousse de platine chauffée vers 250 degrés, il y a décomposition, avec formation d'acide carbonique et de gaz des marais :

$$2C^4H^6O^2 \text{ gazeux} = C^2O^4 + 3C^2H^4.$$

Or c'est encore là un phénomène qui répond à un dégagement de chaleur $+ 31^{Cal},6$.

Telle est, dans un ordre contraire, la décomposition de l'eau oxygénée au contact du platine, laquelle dégage aussi de la chaleur, soit + 11 Calories.

Il en est encore de même des transformations isomériques provoquées par le contact de certains agents. Soit par exemple le changement du soufre insoluble en soufre octaédrique, au contact de l'hydrogène sulfuré ; ce changement est exothermique, du moins toutes les fois qu'il s'opère à une tempéra-

(1) J'ai développé cette théorie dans mes Leçons publiées par la *Revue des cours publics* de 1865. — *Annales de chimie et de physique*, 4e série, t. XVIII. — Voyez aussi ma *Chimie organique fondée par la synthèse*, t. II, p. 542 ; 1860.

ture supérieure à + 18 degrés (*Annales de chimie et de physique*, 4e série, t. XXVI).

De même la transformation de l'essence de térébenthine en polymères, sous l'influence d'un cent-soixantième de son poids de fluorure de bore, est accompagnée par un dégagement de chaleur très considérable.

Tous ces phénomènes s'expliquent aisément, si l'on remarque que les corps qui agissent ici par leur présence sont seulement les causes déterminantes de la réaction, mais non ses causes efficientes. Dans tous les cas, je le répète, ces agents de contact ne fournissent pas l'énergie nécessaire à l'accomplissement de la décomposition; mais ils jouent le rôle d'agents provocateurs; c'est-à-dire qu'ils mettent en jeu une énergie préexistante, dont l'influence était paralysée par une circonstance accessoire (voy. page 22). Dès que la réaction est commencée, elle produit par elle-même une quantité de chaleur plus ou moins notable, et cette chaleur est utilisée pour continuer la réaction. Le platine, ou l'agent, quel qu'il soit, qui la détermine, ne fait donc pas autre chose qu'effectuer un certain travail initial; travail dont la valeur est en général peu considérable, mais qui produit les arrangements nécessaires pour commencer la métamorphose. Cependant il convient de faire ici quelques réserves.

En effet, on conçoit *à priori* que les actions de contact puissent aussi intervenir dans les réactions produites avec absorption de chaleur, toutes les fois que ces réactions sont produites directement sous l'influence des énergies étrangères ; mais je ne saurais citer aucun exemple de cette espèce.

Un dernier mot sur les actions de présence : la plupart des phénomènes attribués autrefois à cet ordre d'actions ont été rattachés depuis lors à la combinaison chimique proprement dite. Tout à l'heure j'ai montré que cette interprétation paraît applicable aux diverses décompositions de l'eau oxygénée. Il est également probable que les actions oxydantes ou hydrogénantes du platine, si souvent citées comme typiques, sont précédées par la formation de certains hydrures ou de certains oxydes de ce métal, analogues à l'hydrure de palladium; hydrures et oxydes peu stables d'ailleurs et subsistant dans cet état de dissociation qui rend les corps éminemment propres à servir d'intermédiaires aux actions chimiques. Nous avons sans doute affaire à des cycles de réactions, de l'ordre des phénomènes cités à la page 482. Mais je ne veux pas m'étendre davantage sur cette question: il me suffit présentement d'avoir établi que les réactions chimiques déterminées par contact sont conformes au troisième principe.

§ 12. — **De la nécessité des réactions.**

1. Dressons d'abord la liste de toutes les réactions possibles entre les éléments mis en présence; je dis possibles sans travail préliminaire, dans les conditions et à la température auxquelles on opère; inscrivons à côté de chacune d'elles le dégagement de chaleur correspondant. Cela posé, le système des composés donnés ne sera susceptible que d'un certain nombre de ces métamorphoses, celles qui dégageront de la chaleur; ou bien encore celles qui pourront être produites par une énergie étrangère, actuellement présente dans le système.

Toutes ces réactions tendent donc d'abord à se développer à la fois, suivant les conditions locales, et chacune avec une vitesse propre; le résultat au bout d'un temps donné sera un mélange de divers composés, dont la proportion relative dépendra surtout de cette vitesse propre. Si ces composés ne sont pas susceptibles de réagir les uns sur les autres d'une manière continue, soit en raison du refroidissement, soit des autres circonstances relatives au travail préliminaire qui détermine l'action chimique; dans ce cas, dis-je, tous ces composés subsisteront mélangés.

2. L'explosion de la poudre, qui est un phénomène de très courte durée, suivi d'un refroidissement (1) brusque, fournit

(1) Voyez ma Note sur cette question, *Annales de chimie et de physique*, 5e série, t. IX, p. 145.

un exemple très net de cette espèce. En effet, l'explosion de la poudre donne d'abord naissance à tous les corps possibles, c'est-à-dire à tous les corps stables dans les conditions de l'expérience, lesquels sont principalement le sulfure, le sulfate, le carbonate potassique, ainsi que l'acide carbonique, l'oxyde de carbone, l'azote et la vapeur d'eau. Tous ces corps prennent naissance, suivant des proportions relatives diverses, et qui varient avec les circonstances locales de mélange et d'inflammation. S'ils demeuraient en contact pendant un temps suffisant et à une haute température, ils éprouveraient des actions réciproques, capables de les amener à un état unique : celui qui répond au maximum de chaleur dégagée, c'est-à-dire l'état de sulfate de potasse et d'acide carbonique, d'après l'équation

$$AzO^6K + S + 3C = SO^4K + CO^2 + Az + 2C.$$

Mais le refroidissement subit du système ne permet pas à cet état limite de se réaliser.

3. Au contraire, si les conditions qui rendent l'action chimique possible en tous sens sont remplies, ce qui arrive en général pour les réactions salines opérées au sein des dissolutions; dans ce cas, dis-je, les divers composés réagiront à mesure les uns sur les autres, de façon à tendre vers le système le plus stable. La limite sera atteinte instantanément dans les systèmes salins; plus ou moins lentement dans les autres, mais toujours en vertu des mêmes règles.

Bref, le système le plus stable et le maximum thermique se produiront en vertu du troisième principe, toutes les fois qu'aucune énergie étrangère, capable de donner lieu à une décomposition totale ou à une décomposition partielle (c'est-à-dire à un équilibre), ne concourra avec les affinités chimiques mises en jeu dans le système initial.

4. Lorsqu'une telle énergie intervient, il convient d'en apprécier les effets séparément, et sur chacun des corps décomposés ou formés par son influence. La prévision du phénomène chimique définitif résulte alors de la connaissance de ces effets, combinés avec ceux des énergies chimiques; lesquelles agissent

seules conformément au troisième principe. Nous avons développé dans les paragraphes précédents les règles précises qui permettent de faire une telle prévision. Elles peuvent être résumées par cette remarque presque évidente, à savoir : un composé ne saurait en général intervenir au sein d'une réaction, que s'il existe à l'état isolé, dans les conditions de l'expérience, et suivant la proportion où il existe.

5. *Tendance à la conservation du type.* — Il arrive souvent qu'un système de corps déterminés, au lieu de donner naissance à plusieurs groupes de réactions simultanées, forme d'abord un second système de corps, transformable ultérieurement en un troisième, et ainsi de suite, jusqu'à ce qu'on parvienne au système définitivement stable. Par exemple, le chlore et la potasse forment d'abord un hypochlorite, transformable ensuite en chlorate, composé que la chaleur résout finalement en chlorure et oxygène. Chacun de ces changements est accompagné par un dégagement de chaleur :

$$3Cl^2 + 6(KO,HO) \text{ étendue} = 3(KO,ClO) \text{ dissous} + 6HO + 3KCl \text{ dissous, dégage} : +76{,}2.$$

$$3(KO,ClO) \text{ dissous} = KO,ClO^5 \text{ dissous} + 2KCl \text{ dissous, dégage} : +18{,}0.$$

$$KO,ClO^5 \text{ sec} = KCl \text{ sec} + O^6, \text{ dégage} : +11{,}0.$$

Cependant chacun des systèmes successifs offre une certaine stabilité relative; il persiste, tant qu'on ne le place pas dans des conditions extrêmes. Mais il est digne de remarque que le système qui tend à se former tout d'abord est celui dans lequel le type moléculaire de l'un des corps primitifs est conservé, c'est-à-dire le système formé par substitution simple ou composée (voy. page 436). Tel est en effet le cas de l'hypochlorite de potasse, KO,ClO; composé qui appartient au même type que l'hydrate de potasse : KO,HO.

De même le chlore, agissant sur un sel ammoniacal, tend à engendrer d'abord du chlorure d'azote, $AzCl^3$, c'est-à-dire un composé de même type que l'ammoniaque, AzH^3. La même chose arrive dans la formation de la plupart des composés organiques chlorés obtenus par substitution.

Mais le composé ainsi formé ne subsiste définitivement que s'il répond au maximum thermique.

6. *Stabilité relative.* — En effet, si la loi précédente indique que le corps qui tend à se produire d'abord sera celui qui répond au type primitif; cependant la stabilité relative des systèmes qui se succèdent pendant une même série de transformations est régie par une tout autre loi, dont voici l'énoncé :

Un système est d'autant plus stable, toutes choses égales d'ailleurs, qu'il a perdu une fraction de son énergie plus considérable.

C'est ainsi que le chlorure de potassium et l'oxygène constituent un système plus stable que le chlorate de potasse; car ils en dérivent, par l'action d'une température voisine de 400 degrés. Le chlorate de potasse, à son tour, est plus stable que l'hypochlorite; car il se forme à ses dépens, à la température de 100 degrés; et même à la température ordinaire, dans les liqueurs concentrées. Enfin, l'hypochlorite de potasse est plus stable que le système initial, formé de potasse et de chlore, système qui se transforme aussitôt à la température ordinaire, mais qui pourrait cependant subsister quelque temps à une très basse température.

De même les hyposulfites sont plus stables que les hydrosulfites, comme le montre l'expérience et comme la théorie le prévoit : attendu que le changement de l'acide hydrosulfureux en acide hyposulfureux dégage $+ 20^{Cal},6$.

De là résulte également l'accroissement de stabilité communiqué aux acides instables, par les bases qui s'y unissent; aussi bien qu'aux bases instables, par les acides qui s'y combinent. L'acide hyposulfureux et ses sels, l'oxyammoniaque et son chlorhydrate fournissent des vérifications très nettes de cette loi.

7. La tendance à la formation du système qui dégage le plus de chaleur offre également quelque relation, soit avec les conditions d'action plus ou moins rapide (formation directe des éthers azotiques comparée à celle des éthers acétiques); action comparée du mercure sur les gaz chlorhydrique, bromhydrique, iodhydrique, etc.), soit avec la température initiale plus ou moins

élevée (actions comparées du chlore et du brome sur l'hydrogène, etc.), en un mot avec le travail initial plus ou moins grand qui détermine cette formation. Mais ces relations ne sont vraies que pour des composés analogues, comparés entre eux. Autrement entendues, elles souffrent bien des exceptions, et elles ne présentent pas un caractère de généralité suffisante pour être érigées en lois proprement dites.

8. Quoi qu'il en soit : *les phénomènes chimiques sont déterminés, d'une part, par la tendance générale à la conservation du type moléculaire initial, et, d'autre part, par la tendance de tout système vers l'état qui répond au maximum de la chaleur dégagée.*

En outre, ce dernier état finira par être réalisé en totalité, et d'une manière nécessaire, toutes les fois que les corps correspondants pourront commencer à se produire dans les conditions des expériences. C'est précisément pour prévenir la réalisation des conditions et des travaux préliminaires favorables à la production des composés les plus stables, que l'on se garde d'élever la température et de brusquer les réactions, lorsque l'on veut obtenir des corps qui se décomposent aisément et se maintenir le plus possible au voisinage du type moléculaire primitif. Mais, dès que ces travaux préliminaires viennent à être accomplis, les composés qui dégagent le plus de chaleur se produisent nécessairement, parce que ces conditions supposées remplies :

Toute réaction chimique, susceptible d'être accomplie sans le concours d'un travail préliminaire et en dehors de toute intervention d'une énergie étrangère, se produit nécessairement, si elle dégage de la chaleur.

§ 13. — Division du cinquième livre.

Les principes généraux de la statique chimique étant ainsi établis, il convient d'en définir la signification par des applications. Ce sera l'objet des chapitres suivants, dont voici l'objet.

Nous procéderons du simple au composé et nous commencerons par étudier l'action des éléments sur les composés binaires (chapitre II);

Puis les déplacements réciproques des composés binaires, tels que les hydracides purs ou dissous (chapitre III).

Nous passerons de là aux déplacements réciproques des acides en général (chapitre IV);

Au partage d'un alcool entre deux acides (chapitre V);

Aux déplacements réciproques des bases (chapitre VI).

Les connaissances acquises dans les chapitres précédents nous permettront d'aborder l'étude des doubles décompositions salines; laquelle se déduit dans presque tous les cas, de la connaissance des réactions de l'eau sur les sels, jointe à celle des déplacements réciproques des acides et des bases, etc. : ce sera l'objet du chapitre VII, qui est le dernier du présent ouvrage.

CHAPITRE II

ACTION DES ÉLÉMENTS SUR LES COMPOSÉS BINAIRES

§ 1er. — Énoncé du sujet.

L'action des éléments par les composés binaires comprend les questions suivantes, que nous allons examiner tour à tour :

1° Les déplacements réciproques entre les éléments halogènes, unis aux métaux et aux autres éléments;

2° Les déplacements réciproques entre l'oxygène et les éléments halogènes, unis aux métaux proprement dits;

3° Les déplacements entre l'oxygène et les éléments halogènes, unis aux métalloïdes et aux métaux acidifiables;

4° Les déplacements réciproques entre l'oxygène et les éléments halogènes, unis à l'hydrogène; étude que complétera celle des actions hydrogénantes exercées par les hydracides;

5° Les déplacements réciproques entre les métaux;

6° Les déplacements réciproques entre l'hydrogène et les métaux, dans les composés binaires;

7° La décomposition des acides étendus par les métaux, avec dégagement d'hydrogène.

Ce sont là les cas les plus simples et les plus nets; attendu que presque toutes ces réactions se passent au-dessous de la température rouge, voire même au voisinage de la température ordinaire. Quoique les mêmes principes s'appliquent à tous les phénomènes, nous ne croyons pas utile d'aborder l'étude des autres groupes de réactions, parce qu'elle est d'ordinaire plus compliquée. D'ailleurs elle concerne des corps moins connus, qui interviennent moins fréquemment dans les réactions usuelles de la science et de l'industrie, ou bien qui agissent à des températures si hautes, que les données relatives à la stabilité et à la dissociation des composés possibles nous font défaut. Quoi qu'il en soit, les faits connus sont assez nombreux, je le répète, pour qu'on puisse affirmer que toutes les réactions sont régies par les mêmes principes thermiques.

§ 2. — Déplacements réciproques entre les éléments halogènes.

1. En général, le chlore libre déplace le brome et l'iode dans leurs composés binaires, et le brome libre déplace l'iode.

C'est ce qui arrive, par exemple, pour les combinaisons hydrogénées de ces métalloïdes. Montrons d'abord que la théorie établit qu'il doit en être ainsi.

En effet, la combinaison de l'hydrogène et de l'iode gazeux,

$$H + I \text{ gazeux} = HI \text{ gaz., absorbe : } - 0^{Cal},8;$$

celle de l'hydrogène et du chlore,

$$H + Cl = HCl \text{ gaz., dégage : } + 22 \text{ Calories.}$$

Le chlore devra donc se substituer à l'iode dans l'acide iodhydrique gazeux, avec un dégagement de chaleur égal à $+ 22^{Cal},8$.

De même

$$H + Br \text{ gazeux} = HBr \text{ gaz., dégage : } + 13^{Cal},5;$$

par conséquent, le chlore devra déplacer le brome gazeux dans l'acide bromhydrique gazeux, avec un dégagement de chaleur égal à $+ 8^{Cal},5$.

Enfin le brome gazeux devra déplacer l'iode gazeux dans l'acide iodhydrique, avec un dégagement de chaleur égal à $+ 14^{Cal},8$.

Toutes ces conséquences sont vérifiées par des expériences depuis longtemps classiques, mais dont la théorie n'avait pas été donnée, avant les découvertes de la thermochimie. On sait en effet avec quelle netteté toutes ces substitutions se font, et comment elles ont lieu d'une manière simple, complète, immédiate, avec le brome et avec le chlore employés en proportion équivalente; les divers hydracides étant et demeurant gazeux.

Ce n'est pas qu'il ne puisse se produire momentanément des composés secondaires, tels que des chlorures de brome ou d'iode, dans les portions du mélange où le chlore sera en excès. Mais ces composés se détruisent aussitôt, dès que le mélange a été effectué d'une manière complète et régulière; c'est-à-dire les éléments mis partout en présence dans leurs proportions équivalentes.

Autrefois on aurait volontiers expliqué ces réactions par la séparation de l'iode dans l'état solide, ou par celle du brome dans l'état liquide, au sein d'un mélange gazeux. Mais cette explication n'est pas de mise, lorsqu'on opère sous une pression assez faible ou à une température assez haute, pour que le brome et l'iode conservent la forme gazeuse dans les conditions de l'expérience. Or, dans un tel état, la réaction a lieu pareillement et elle est également intégrale : conformément à la théorie thermique.

2. Les mêmes réactions ont lieu, comme on le sait, avec les hydracides dissous, le tout aussi conformément aux prévisions fondées sur leurs chaleurs de formation, depuis les éléments pris sous le même état :

$$H + I \text{ gazeux} + \text{eau} = HI \text{ dissous} : +18{,}4$$
$$H + Br \text{ gazeux} + \text{eau} = HBr \text{ dissous} : +33{,}5$$
$$H + Cl \text{ gazeux} + \text{eau} = HCl \text{ dissous} : +39{,}3$$

Le chlore déplace donc l'iode, supposé gazeux, en dégageant + 20,9; chiffre auquel il convient d'ajouter dans la pratique la chaleur de transformation de l'iode gazeux en iode solide à la température ordinaire, c'est-à-dire + 5,4: ce qui élève la chaleur dégagée par la substitution réelle à + 26,3.

De même le chlore déplace le brome, supposé gazeux, en dégageant + 5,8; chiffre qui s'élèverait avec le brome liquide à + 9,8, si le brome n'entrait pas en dissolution, circonstance qui dégage + 0,5; et, s'il ne donnait lieu à aucune action secondaire, circonstance qui peut dégager de son côté environ + 1,1.

Enfin le déplacement de l'iode, supposé gazeux, par le brome gazeux, dans les hydracides dissous, dégage + 15,1 ; valeur qui s'élève à + 16,5 environ lorsque le brome liquide est opposé à l'iode solide; c'est-à-dire lors de la réaction telle qu'elle a lieu dans la pratique.

Ici encore on invoquait autrefois l'état solide de l'iode précipité, opposé à l'état gazeux du chlore; l'état liquide du brome, opposé aussi à l'état gazeux du chlore. Mais, pour reconnaître la vanité de cette interprétation, il suffit d'opérer avec des proportions d'eau, telles que la totalité de l'élément déplacé demeure dissoute : ce qui est réalisé par le brome, dans les conditions ordinaires, et par l'iode, avec une dilution convenable. Or, dans ces conditions, le déplacement s'opère de même et intégralement, ainsi que le prouvent les mercures thermiques; le système demeurant d'ailleurs parfaitement homogène.

3. Les mêmes réactions, accompagnées sensiblement par les mêmes dégagements de chaleur qu'avec les hydracides dissous, ont lieu avec les bromures et les iodures solubles, opposés au chlore; et avec les iodures solubles, opposés au brome. L'expérience le prouve et la théorie l'explique : attendu que presque toutes les bases et oxydes métalliques, pris individuellement, dégagent la même quantité de chaleur, ou très sensiblement, en s'unissant avec les trois hydracides, quand les sels formés sont solubles (tome Ier, page 383).

4. Opérons maintenant avec les sels solides, qu'ils soient d'ailleurs solubles ou insolubles, les mêmes déplacements auront encore lieu. L'expérience le prouve encore, et la théorie l'explique également : attendu que la chaleur de formation de tous les chlorures métalliques surpasse celle des bromures métalliques correspondante; enfin cette dernière dépasse à son tour la chaleur de formation des iodures correspondants. C'est ce que montrent les tableaux numériques du tome Ier, pages 357, 378 à 380.

Observons seulement que la chaleur dégagée dans ces conditions n'est plus la même, quel que soit le métal uni ou divers corps halogènes. La substitution du chlore au brome, par exemple, ces éléments étant isolés et pris dans leur état actuel, c'est-à-dire l'un gazeux, l'autre liquide, au lieu de + 10 Calories environ par équivalent, qui répondent à l'état dissous des hydracides et de leurs sels solubles; la substitution, dis-je, dégage les quantités de chaleurs suivantes avec les divers métaux :

Vis-à-vis du potassium : +8,6; du sodium : +10,6; du calcium : + 13,3; de l'aluminium : + 13,4; du zinc : + 9,5; du plomb : + 8,1; du thallium : + 6,4; du cuivre (protosel) : + 7,8; (persel) : + 8, 2; du mercure (protosel) : + 5,7; (persel) : + 5,0; de l'argent : + 5,5; de l'or (protosel) : + 4,8; (persel) : + 3,6.

De même la substitution du chlore à l'iode, dans l'état actuel de ces éléments, au lieu de + 26,3 par équivalent, qui répondrait à l'état dissous des hydracides et de leurs solubles, dégage :

Avec le potassium : + 25,0; avec le sodium : + 28,5; avec le calcium : + 31,2; avec l'aluminium : + 30,2; avec le zinc : + 26,0; avec le plomb : + 21,5; avec le thallium : + 18,4; avec le cuivre : (protosel) : + 16,6; avec le mercure (protosel) : + 17,1; (persel) : + 14,4 (1); avec l'argent : + 14,9; avec l'or (protosel) : + 11,3.

La substitution du brome à l'iode dans les sels solides fournit aussi des valeurs toujours positives, mais qui s'écartent de la valeur 16,5 relative aux hydracides dissous et à leurs sels solubles, et qui varient de + 17,9 (sodium) à + 13,4 (plomb); + 9,4 (mercure et argent); + 6,5 (or).

On voit qu'en général les écarts diminuent, lorsqu'on passe des métaux alcalins aux métaux lourds et peu oxydables.

Toutes ces réactions sont, je le répète, immédiates.

5. Le chlore déplace également le brome et l'iode, dans les combinaisons que ces éléments forment avec les métalloïdes.

De même le brome déplace l'iode. La réaction se produit toujours immédiatement et dès la température ordinaire; si ce n'est pour les composés bromés du carbone, du silicium et du bore, lesquels sont attaqués lentement, ou avec le concours de la chaleur, parfois avec formation de produits intermédiaires.

(1) Dans le cas des protosels, tels que ceux de fer, de cuivre, de mercure, la substitution réelle se complique, en raison de la combinaison de l'élément mis en liberté avec le chlorure formé directement; mais cette réaction, que nous n'avons pas fait entrer dans le calcul, concourt pour provoquer le phénomène, au double point de vue thermique et chimique.

Ces déplacements doivent être entendus ici des composés anhydres, formés par les métalloïdes; attendu que l'eau décompose la plupart de ces composés avec régénération d'oxacides et d'hydracides dissous. Le déplacement a toujours lieu sur les corps anhydres avec dégagement de chaleur. Mais la chaleur dégagée n'est pas la même pour les divers éléments associés aux corps halogènes. Ainsi, par exemple, elle s'élève à + 11,1 par équivalent du corps halogène dans le bromure phosphoreux (1); + 7,4 dans le bromure arsénieux; + 15,8 dans le bromure borique liquide; + 13,3 dans le bromure silicique, etc.

6. Enfin les mêmes déplacements peuvent être produits dans les composés organiques. C'est ainsi que l'éther iodhydrique, projeté dans un flacon de chlore, donne lieu à une formation d'éther chlorhydrique et à une mise en liberté d'iode, le tout avec un fort dégagement de chaleur.

Tous ces déplacements sont donc de même sens : tous pouvaient être prévus, d'après la connaissance des chaleurs de combinaison du chlore, du brome et de l'iode avec l'hydrogène, les métalloïdes, les métaux et les composés organiques.

7. Les analogies conduiraient à appliquer le même genre de prévision au cyanogène, radical composé, réputé analogue au chlore, au brome et à l'iode. Mais ici ces analogies ne doivent être employées qu'avec réserve, le caractère composé du cyanogène et la nature ternaire de ses dérivés les rendant aptes à des réactions plus multiples que les dérivés binaires du chlore ou de l'iode. En outre, le cyanogène n'attaque ni l'hydrogène ni la plupart des métaux à la température ordinaire : s'il forme des composés directs à la façon du chlore, c'est seulement vers 500 degrés avec l'hydrogène; vers 300 à 400 degrés avec la plupart des métaux (2). Il résulte de ces circonstances que lorsqu'on veut produire les déplacements réciproques entre les corps halogènes et le cyanogène, il faut se mettre en garde contre les réactions se-

(1) Dans le cas des bromures phosphoreux et arsénieux, l'élément déplacé se combine avec le chlorure de nouvelle formation : ce qui produit un nouveau dégagement de chaleur qu'il conviendrait d'ajouter au précédent.

(2) Voyez mon Mémoire, *Comptes rendus*, t. LXXXIX, p. 63.

condaires et faire intervenir quelque travail préliminaire. La théorie montre d'ailleurs que le cyanogène ne saurait attaquer les chlorures, soit dissous, soit anhydres, parce que leur formation thermique l'emporte en général sur celle des cyanures.

Au contraire, le chlore gazeux attaque immédiatement les cyanures dissous, avec dégagement de chaleur, et en formant à la fois un chlorure métallique et du chlorure de cyanogène; par exemple, avec le cyanure de mercure dissous :

$$\text{CyHg dissous} + Cl^2 \text{ gaz.} = \text{HgCl dissous} + \text{CyCl dissous, dégage} : +27^{Cal},5.$$

Une telle réaction s'effectue, de préférence à la substitution pure et simple du cyanogène par le chlore :

$$\text{CyHg dissous} + Cl = \text{HgCl dissous} : + Cy;$$

parce que cette dernière action absorberait au contraire — 3,2.

La réaction réelle est donc ici, comme il convient, celle qui dégage le plus de chaleur.

Avec les cyanures anhydres, la substitution du chlore au cyanogène est la même en principe qu'avec les sels dissous; mais elle se complique de réactions spéciales, qui donnent lieu à des composés trop divers et trop peu connus, pour pouvoir être ramenés à la simple notion des phénomènes de substitution.

L'iode forme de même, avec les cyanures, des iodures métalliques et de l'iodure de cyanogène :

$$\text{CyHg solide} + I^2 = \text{CyI} + \text{HgI dégage} : +4,1 \text{ environ.}$$
$$\text{CyK dissous} + I^2 = \text{CyI dissous} + \text{KI dissous} : +6,4.$$

Ici il aurait semblé, à première vue, que le cyanogène dût se substituer à l'iode, cette réaction simple dégageant en théorie + 11,1 avec l'iodure de mercure et + 6,0 avec le cyanure de potassium dissous. Cependant elle n'a pas lieu, le cyanogène n'attaquant pas les iodures métalliques, même vers 500 degrés, comme je l'ai vérifié avec l'iodure d'argent. C'est au contraire la réaction inverse qui se produit, et elle s'explique, en vertu du principe général, et à cause de la réaction ultérieure exercée par l'iode sur le cyanogène; celle-ci dégageant plus de chaleur que la réaction inverse n'en absorberait. En effet, la production de l'iodure de cyanogène dégage : + 15,2 dans l'état solide, +12,4 dans l'état dissous. Tous ces résultats d'expériences sont donc conformes à la théorie.

§ 3. — Déplacements réciproques entre l'oxygène et les éléments halogènes unis aux métaux proprement dits.

1. Dressons le tableau des quantités de chaleur dégagées par un même élément métallique, uni soit à l'oxygène, soit au chlore, soit au brome gazeux, soit à l'iode gazeux, pour former des composés anhydres; nous obtiendrons les valeurs suivantes :

	O = 8.	Cl = 35,5.	Br = 80.	I = 127.
Potassium : K.	< 69,8 (1)	105,0	100,4	85,4
Sodium : Na.	50,1 (2)	97,3	90,7	74,2
Calcium : Ca.	66,0	85,1	75,8	59,3
Strontium : Sr.	65,7	92,3	84,0	voisin de 68
Magnésium : Mg.	voisin de 74,9 (3)	75,5	voisin de 70	voisin de 54
Manganèse : Mn.	voisin de 47,4 (3)	56,0	voisin de 50	voisin de 34
Fer (protosels) : Fe.	voisin de 34,5 (3)	41,0	voisin de 35	voisin de 19
Zinc : Zn.	43,2	48,6	43,1	30,0
Cadmium : Cd.	voisin de 33,2 (3)	46,6	42,1	27,4
Plomb : Pb.	25,6	42,6	38,5	26,6
Cuivre (protosels) : Cu^2.	21,0	33,1	30,0	21,9
Mercure (persels) : Hg.	15,5	31,4	30,4	22,4
Argent : Ag.	3,5	29,2	27,7	19,7
Aluminium : $\frac{2}{3}$ Al.	65,3 (3)	53,6	44,2	28,8

Ces nombres sont rapportés à la température ordinaire. Si on les évalue pour les chiffres à une température de 400 ou 500 degrés, les composés, étant supposés demeurer solides, éprouveront de légères variations, l'étendue de ces variations étant telle que l'écart thermique entre la formation d'un oxyde

(1) Ce nombre se rapporte à la formation de l'hydrate, laquelle comprend en plus l'union de HO avec l'oxyde, réaction qui doit dégager au minimum 8 à 10 Calories, d'après les analogies tirées des terres alcalines.

(2) D'après M. Beketoff.

(3) Ce nombre comprend la chaleur d'hydratation de la base, quantité qui ne paraît pas très considérable, d'après les analogies tirées des oxydes de zinc (— 1,4) et de plomb (+ 1,2).

et celle d'un sel halogène sera accru de + 1,0 à + 0,8, en moyenne, au profit de l'oxyde. Nous envisagerons d'ailleurs les réactions, autant que possible, dans les limites de température où les composés binaires qui y figurent n'éprouvent point de décomposition propre ou de dissociation.

2. *D'après ces nombres, le chlore gazeux doit décomposer tous les oxydes métalliques anhydres* compris dans le tableau, avec formation de chlorures métalliques et d'oxygène gazeux.

C'est, en effet, ce que l'expérience vérifie ; pourvu que l'on détermine la réaction, en élevant convenablement la température.

3. La même réaction a lieu également avec les oxydes d'or, de platine, etc., conformément à des prévisions analogues. Mais ces métaux n'ont pas été compris dans le tableau, parce que leurs oxydes sont facilement décomposables par la chaleur seule ; c'est-à-dire par une énergie étrangère qui agit dans le même sens que l'affinité, et dont les effets ne peuvent, dans ce cas, en être séparés avec certitude. L'existence d'une décomposition analogue, quoique plus limitée, a fait exclure aussi du tableau les composés ferriques, cuivriques et mercureux des éléments halogènes, tous corps décomposables d'ailleurs par le gaz oxygène à haute température.

4. Ajoutons enfin que les oxydes terreux et plusieurs autres absorbent déjà à froid le chlore ; en formant des hypochlorites et autres composés secondaires, dont la formation est rendue possible par l'excès d'énergie que le système chlore et métal possède, par rapport au système métal et oxygène. Mais, à une température suffisamment haute, ces composés peu stables sont détruits. Au delà de ce degré de température, la réaction se réduit donc à une substitution directe pure et simple du chlore à l'oxygène.

5. La *substitution contraire*, c'est-à-dire celle de l'oxygène au chlore, peut avoir lieu avec certains métaux, tels que l'aluminium. Mais elle s'explique par des raisons thermiques semblables, et fournit dès lors une confirmation frappante de la théorie.

Ainsi :

$$Al^2 + O^3 = Al^2O^3, \text{ dégage environ : } + 195^{Cal},8$$
$$Al^2 + Cl^3 = Al^2Cl^3 \text{ anhydre, dégage : } + 160^{Cal},9$$

Dès lors le déplacement du chlore par l'oxygène dans le chlorure d'aluminium, avec formation d'alumine, doit dégager un nombre voisin de $+ 34^{Cal},9$. En fait, le chlorure d'aluminium, chauffé au rouge sombre dans l'oxygène sec, au sein d'un petit ballon, dégage du chlore. La réaction est incomplète, soit à cause de son extrême lenteur, soit à cause de la formation de quelque oxychlorure, accompagnée de phénomènes d'équilibre. A une plus haute température, ces effets deviendraient sans doute plus nets; mais j'ai été arrêté par l'attaque des vases.

6. Certains autres déplacements du chlore par l'oxygène peuvent avoir lieu, en raison de la formation d'*oxydes non équivalents aux chlorures décomposés*. Tel est le cas du chlorure manganeux. Sa chaleur de formation (56 Calories) surpasse celle de l'oxyde manganeux (47 Calories); mais elle est surpassée à son tour par celle du bioxyde (58 Calories) : le déplacement direct du chlore par l'oxygène doit donc être possible.

En effet, le chlorure manganeux anhydre, chauffé fortement dans un matras de verre, au sein d'une atmosphère d'oxygène sec, dégage du chlore et forme un oxyde manganique; probablement identique avec l'oxyde obtenu par la calcination du bioxyde, et dont la chaleur de formation doit être voisine de celle du bioxyde, si même elle ne la surpasse.

Je rappellerai ici que le perchlorure de fer, chauffé au rouge sombre dans l'oxygène, fournit aussi du chlore et du peroxyde de fer. Mais le résultat est complexe, le perchlorure de fer éprouvant dans ces conditions un commencement de dissociation propre, avec perte de chlore; et, par suite, la chaleur de la formation du sesquioxyde se trouvant opposée à celle du protochlorure de fer, qu'elle surpasse de moitié environ. Le phénomène est donc du même ordre que la décomposition du chlorure manganeux par l'oxygène.

Bref, nous pouvons observer ici des phénomènes d'équilibre, suivant les masses relatives et les conditions d'élimination de l'un ou de l'autre des éléments antagonistes ; attendu que nous sommes dans ces conditions de dissociation, où l'énergie due à l'acte de l'échauffement concourt avec l'énergie chimique.

Le chlorure de magnésium anhydre lui-même, chauffé fortement dans l'oxygène au fond d'un matras de verre, donne quelques traces de chlore : ce qui s'explique, l'oxyde et le chlorure étant formés avec des dégagements de chaleur presque identiques, et la production d'un oxychlorure déterminant une substitution partielle, en vertu de l'énergie supplémentaire qui détermine la formation de l'oxychlorure (1).

7. *Le brome gazeux doit décomposer presque tous les oxydes métalliques* compris dans le tableau, avec formation de bromures métalliques et d'oxygène libre ; ce qui est conforme à l'expérience générale des chimistes. Il suffit de chauffer ces oxydes dans la vapeur de brome pour les changer en bromures, avec dégagement d'oxygène.

8. La *substitution inverse*, c'est-à-dire celle du brome par l'oxygène, doit cependant se produire avec certains métaux, tels que l'aluminium ; plus aisément même que celle du chlore par l'oxygène. En effet :

	Cal.	
$Al^2 + O^3$ dégage environ :	$+ 195,8$	différence : $+ 62,2$.
$Al^2 + Br^3$ dégage.......	$+ 132,6$	

Ainsi le déplacement du brome gazeux par l'oxygène sec dégage $+ 62^{Cal},2$. En fait, le bromure d'aluminium, chauffé au rouge sombre, prend feu dans l'oxygène sec ; il brûle avec flamme et formation de brome et d'alumine anhydre.

Cette *combustion vive d'un bromure métallique* m'a paru très digne d'intérêt : elle rapproche le bromure d'aluminium du bromure phosphoreux, qui possède la même propriété. Tous ces résultats fournissent de nouvelles preuves à l'appui des lois de la nouvelle mécanique chimique.

9. Dans l'ordre même des métaux proprement dits, l'*oxygène et le brome doivent se faire équilibre* vis-à-vis du zinc ; les cha-

(1) Sauf la réserve due à quelque action secondaire, produite par le vase de verre.

leurs dégagées étant à peu près les mêmes vers 400 à 500 degrés. En effet, un courant de gaz oxygène sec dégage le brome gazeux du bromure de zinc, chauffé dans un matras jusqu'à volatilisation. Mais la réaction est incomplète (oxybromure?).

Avec le bromure de magnésium anhydre, même réaction, également conforme aux valeurs thermiques les plus probables.

Avec les bromures de potassium, de sodium, de baryum, de calcium, d'argent, on n'observe rien d'analogue.

Au contraire le bromure manganeux anhydre est facilement décomposé par le gaz oxygène sec, vers le rouge sombre, avec dégagement de brome et formation d'oxyde manganique : ce qui pouvait être prévu, d'après les faits relatifs au chlorure, et la chaleur de bromuration des métaux étant toujours moindre que la chaleur de chloruration.

10. Les *déplacements réciproques entre l'oxygène gazeux et l'iode gazeux* méritent une attention toute particulière. En effet, les prévisions déduites des nombres du tableau sont très propres à permettre la discussion de la théorie, en raison de leur diversité : les réactions prévues d'après le signe de la chaleur dégagée devant être contraires, suivant la nature des métaux mis en présence des deux éléments électro-négatifs.

1° *Avec le potassium et le sodium, à une température convenable, l'iode doit déplacer complètement l'oxygène :* c'est en effet ce que Gay-Lussac (1) a observé, dans son remarquable mémoire sur l'iode; en opérant avec les oxydes de potassium et de sodium anhydres et la vapeur d'iode vers le rouge obscur.

Cependant la réaction inverse peut être observée, au moins jusqu'à un certain degré, à une température moins élevée et dans des conditions spéciales, ainsi que je l'ai montré (2). En effet, l'iodure de potassium sec absorbe l'oxygène vers 400 à 450 degrés, en formant un iodate de potasse basique et un iodure iodurė. Mais ici intervient une énergie complémentaire, due à la réaction de l'oxygène sur l'iodure de potassium, avec formation d'iodate de potasse; réaction qui dégagerait, à la tem-

(1) *Annales de chimie*, t. XCI, p. 36, 37; 1814.

(2) *Annales de chimie et de physique*, 5e série, t. XII, p. 313.

pérature ordinaire, $+ 44^{Cal},1$ pour chaque équivalent d'iodure changé en iodate neutre. Cette énergie peut concourir d'ailleurs au déplacement simultané d'une certaine dose d'iode par l'oxygène ; car elle surpasse tout écart vraisemblable entre la chaleur de formation de l'iodure de potassium et celle de l'oxyde de potassium anhydre.

Il est en effet facile de s'assurer qu'un courant d'oxygène sec dirigé sur l'iodure de potassium, chauffé dans un matras, forme un composé brun, capable de dégager ultérieurement de l'iode; quoique la réaction de l'oxygène soit ici bien moins prononcée qu'avec les iodures métalliques proprement dits.

L'iodure de sodium se comporte de même.

La formation de l'iodate de potasse et des composés secondaires, qui en dérivent dans cette circonstance, est accompagnée, comme je l'ai montré, de phénomènes de dissociation, dans lesquels l'oxygène et l'iode se font équilibre.

Mais fait-on disparaître cette complication, en opérant à une température telle que l'iodate cesse d'exister, et, par conséquent, de pouvoir se produire ; ou bien, en faisant intervenir un excès de vapeur d'iode, capable d'entraîner à mesure l'oxygène mis en liberté, on observe les phénomènes reconnus par Gay-Lussac et prévus par la théorie thermique des affinités.

Cette réaction de l'oxygène libre sur l'iodure de potassium explique facilement les difficultés que l'on éprouve à préparer de l'iodure de potassium non alcalin. La présence d'un peu de potasse caustique et d'iodate de potasse était autrefois attribuée à une action de l'acide carbonique ; il est possible en effet que cet acide ne soit pas sans action sur l'iodure de potassium : mais l'action principale est due à l'oxygène. On pensait alors pouvoir purifier l'iodure de potassium par la fusion ; mais on comprend aujourd'hui pourquoi ce moyen est défectueux ; car l'oxygène de l'air produit toujours pendant cette opération une petite quantité de potasse et d'iodate de potasse.

On sait que la présence de ces corps doit être évitée avec soin dans l'iodure de potassium destiné aux usages thérapeutiques, la potasse agissant comme caustique, et l'acide iodique produisant de très graves désordres dans l'organisme : le dernier surtout est dangereux. Or, on ne peut guère parvenir à l'éviter, d'après ce qui précède, lorsqu'on soumet l'iodure de potassium à l'action de la chaleur en présence de l'air.

2° Au contraire, *avec le calcium et l'aluminium, l'oxygène doit déplacer l'iode gazeux directement*, d'après les nombres thermiques. C'est ce que l'expérience confirme pleinement. Fondons l'iodure de calcium, afin de l'obtenir anhydre, dans un petit matras, au sein d'une atmosphère inerte : nous constatons ainsi que la chaleur seule ne le décompose pas; puis laissons-le refroidir. Remplissons le ballon d'oxygène sec, par déplacement, et chauffons de nouveau. Dès que le sel commence à fondre, l'iode se dégage en abondance sous le jet d'oxygène, et l'on peut ainsi parvenir jusqu'à la chaux pure, au bout d'un temps convenable. C'est une belle expérience de cours.

Elle réussit également avec les iodures anhydres de baryum, de lithium et de strontium. Ce dernier résiste mieux que ses congénères : ce qui est conforme encore aux prévisions, les chaleurs de formation de l'oxyde et de l'iodure de strontium vers 500 degrés étant à peu près les mêmes.

Cependant, d'après Gay-Lussac, la chaux, la baryte et la strontiane peuvent absorber l'iode, sans dégager d'oxygène : sans nul doute, avec formation d'iodate ou de periodate, et suivant une réaction analogue à celle qui a été signalée plus haut pour l'iodure de potassium. Mais c'est là une réaction secondaire, dont les produits disparaissent sous l'influence d'une température plus haute ou d'un excès d'oxygène.

Tous les métaux terreux se comportent de même. C'est pour cela que leurs iodures sont si difficiles à obtenir à l'état anhydre : les difficultés que l'on a rencontrées dans la préparation de ces iodures sont prévues par les considérations thermiques. En réalité, un seul procédé pourrait permettre de les obtenir rigoureusement purs : ce serait d'évaporer leur dissolution dans un courant d'acide iodhydrique gazeux, pur ou mêlé d'hydrogène.

Le déplacement direct et abondant de l'iode gazeux par l'oxygène réussit de même avec l'iodure de magnésium et avec l'iodure de zinc, dernier corps dont Gay-Lussac avait déjà remarqué la décomposition par l'oxygène.

Ce déplacement a lieu également bien avec l'iodure de cadmium, beau corps cristallisé et anhydre que l'on se procure aisément dans le commerce.

L'iodure manganeux sec prend feu dans l'oxygène et brûle comme de l'amadou, en dégageant de l'iode et en laissant de l'oxyde manganique.

Les iodures d'étain, d'antimoine, d'arsenic, chauffés, sont attaqués si énergiquement par l'oxygène, qu'ils prennent feu et brûlent avec une flamme rouge, en produisant de l'iode et des acides stannique, antimonique, arsénieux : on y reviendra.

La même réaction a lieu avec l'iodure d'aluminium. En effet, MM. Deville et Troost ont observé la combustion vive de cet iodure, dont la vapeur détone quand elle est mélangée d'oxygène. M. Hautefeuille a observé aussi la combustion de l'iodure de titane ; M. Friedel, celle de l'iodure de silicium. Ajoutons qu'il en est de même des iodures de phosphore.

Dans toutes ces réactions, il y a substitution directe de l'iode par l'oxygène, avec un dégagement de chaleur considérable, et conforme aux prévisions générales de la théorie. Soit, par exemple, l'iodure d'aluminium comparé à l'alumine :

$$Al^2 + O^3 = Al^2O^3, \text{ dégage environ : } + 195^{Cal},8 ;$$
$$Al^2 + I^3 \text{ gaz.} = Al^2I^3 \text{ anhydre, dégage : } + 86^{Cal},3.$$

Il résulte du rapprochement de ces nombres que le déplacement de l'iode gazeux par l'oxygène sec dans l'iodure d'aluminium dégage $+ 109^{Cal},5$; valeur énorme et qui explique bien l'inflammation de l'iodure d'aluminium.

3° Mais *le signe thermique du phénomène demeure indécis pour l'iodure de plomb, le protoiodure de cuivre* (dans les limites des températures ordinaires des expériences); *probablement aussi pour l'iodure de bismuth*.

Aussi, circonstance remarquable, voyons-nous reparaître ici ces phénomènes d'équilibre et de dissociation, accompagnés sans doute par la formation de composés secondaires, oxyiodures ou autres; phénomènes qui permettent de déplacer à volonté chacun des éléments par son antagoniste, suivant les proportions relatives mises en présence.

Par exemple, l'iodure de plomb, l'iodure de bismuth, l'iodure de mercure, chauffés fortement dans une atmosphère d'oxygène, dégagent de l'iode, quoique avec difficulté, surtout pour les deux premiers. Mais Gay-Lussac avait signalé, dès 1814, les décompositions inverses des oxydes de plomb, de bismuth, par l'iode avec dégagement d'oxygène et formation d'iodures (*loc. cit.*, p. 37 et 39). Le protoxyde de cuivre absorbe d'abord l'iode, d'après Gay-Lussac, sans dégager d'oxygène; ce qui permet d'expliquer la décomposition de l'iodure cuivreux par la formation temporaire d'un oxyiodure.

4° Deux métaux seulement restent à examiner sur notre liste: le mercure et l'argent. Pour ces deux métaux, la chaleur de formation des iodures surpasse notablement celle des oxydes. Aussi l'iode déplace-t-il aisément l'oxygène de ces oxydes; tandis que la réaction inverse n'a point été observée. Un jet d'oxygène dirigé sur l'iodure d'argent fondu n'en extrait point d'iode. Avec l'iodure de mercure, on n'observe autre chose que des traces d'iode, produites par la dissociation spontanée de l'iodure qui se sublime.

11. En résumé, les réactions comparées des éléments halogènes et de l'oxygène sur les divers métaux, les déplacements réciproques entre l'iode et l'oxygène en particulier, ne dépendent ni du type, ni des formules atomiques ou autres des combinaisons. Elles ne sont pas davantage réglées par l'ordre électrochimique, réputé invariable et absolu, des éléments antagonistes. Mais elles dépendent au contraire des quantités de chaleur dégagées par la combinaison directe des métaux avec chacun des éléments : la connaissance de ces quantités de chaleur permet de prévoir le sens, les particularités et le renversement même des réactions.

§ 4. — Déplacements réciproques entre l'oxygène et les éléments halogènes, unis aux métalloïdes et aux métaux acidifiables.

1. La chaleur de formation des chlorures métalliques proprement dits, pris sous l'état anhydre, surpasse en général celle des oxydes correspondants. Aussi le chlore déplace-t-il en général l'oxygène dans les oxydes métalliques salifiables. Ce dernier fait est une vérité classique (1), que les données thermiques nous permettent de prévoir et d'interpréter; ainsi que je l'ai montré dans le paragraphe précédent.

Au contraire, la chaleur de formation des acides anhydres formés par l'union de l'oxygène, soit avec les métalloïdes, soit avec certains métaux, surpasse le plus souvent la chaleur de formation des chlorures correspondants. Dès lors la théorie indique que l'oxygène doit déplacer le chlore dans les chlorures réputés acides qui remplissent cette condition : je prouverai qu'il en est réellement ainsi pour le phosphore, l'arsenic, le bore, le silicium.

Ces déplacements sont simples et nets, toutes les fois que la différence entre les chaleurs de formation de l'oxyde et du chlorure est considérable, et que les corps primitifs ou résultants sont stables, c'est-à-dire pris au-dessous des limites de dissociation. La réaction exige pour se développer une température convenable, d'ordinaire voisine du rouge sombre.

Les relations suivantes sont encore plus nettes : les chaleurs de formation des bromures acides et surtout celles des iodures acides sont toujours très inférieures à celles des acides oxygénés correspondants. Aussi l'oxygène sec décompose-t-il au rouge naissant les bromures et les iodures acides (ceux-ci avec flamme, à cause de la petitesse relative de leur chaleur de formation), formés par le phosphore, l'arsenic, l'antimoine, l'étain, le bore, le silicium.

(1) Gay-Lussac et Thenard, *Recherches physico-chimiques;* Davy. — Voyez aussi le travail publié dans ces dernières années par M. R. Weber (*Pogg. Ann.*, t. CXII, p. 623-626).

C'est ici le moment de bien préciser l'ordre des phénomènes que la théorie nouvelle permet de prévoir, et l'ordre de ceux qu'elle laisse incertains : non parce qu'ils échappent à ses principes, mais à cause de notre ignorance actuelle des données qui en règlent l'application. En général, ce qui se passe au rouge blanc est au delà des limites de nos prévisions, parce que nous ne connaissons guère pour ces températures, ni l'état de dissociation propre des composés, ni leur chaleur de formation.

Insistons sur ces deux points. Un système dissocié renfermant une portion du radical libre, ce dernier pourra s'unir avec un autre élément mis en présence. Par suite, celui des deux composés qui dégage le plus de chaleur tendra à se former de préférence, aux dépens de l'élément correspondant et du radical; mais seulement suivant la proportion où il existerait à l'état isolé et à cette température. L'autre composé, celui qui dégage le moins la chaleur, se forme cependant aussi, et il prend une fraction du radical resté libre, fraction déterminée par le coefficient de dissociation propre au deuxième composé : ce qui modifie parfois quelque peu les conditions de l'équilibre relatif au premier. Les composés résultants pourront être manifestés par refroidissement brusque, ou par entraînement dans un courant gazeux, ainsi que l'ont montré les travaux classiques de M. H. Sainte-Claire Deville (1).

En résumé, dans ces conditions, les réactions et les équilibres dépendent des coefficients de dissociation, — mal connus au rouge blanc, — et de la chaleur de formation des composés, — qui ne l'est pas davantage, nos mesures actuelles se rapportant à la température ordinaire. A la vérité, les chaleurs spécifiques ayant été déterminées jusque vers 300 à 400 degrés, on peut calculer les chaleurs de formation des composés jusque vers le rouge sombre; mais au delà nous ignorons la loi de variation des chaleurs spécifiques. Or, celles-ci croissent pour les gaz composés, observés par MM. Regnault et E. Wiedemann, avec une

(1) A cet ordre de phénomènes paraissent se rattacher les formations de chlorure d'aluminium et de silicium, aux dépens de la silice et de l'albumine chauffées au rouge blanc, dans les expériences de M. R. Weber. (*Pogg. Ann.*, t. CXII, p. 611.)

célérité extrême (t. Ier, p. 434 à 436). Par suite, les chaleurs de combinaison diminuent rapidement; peut-être même deviennent-elles nulles à une température suffisante (1). En tout cas, leur grandeur relative est modifiée dans une proportion inconnue.

Je n'insisterai donc pas dans ce qui suit sur les réactions opérées entre les composés dissociés, ou pris à une température excessive.

Voici le détail de mes observations.

2. Phosphore. — *Données thermiques* (2).

	Cal.
$Ph + O^5 = PhO^5$ (acide phosphorique anhydre), dégage :	$+ 181,9$
$Ph + O^3 = PhO^3$ anhydre; chal. inconn., mais moindre que	$+ 37,4$ (ac. hydr.)
$Ph + Cl^5 = PhCl^5$, dégage	$+ 107,8$
$Ph + Cl^3 + O^2 = PhCl^3O^2$	$+ 142,6$
$Ph + Cl^3 = PhCl^3$ liquide	$+ 75,8$
$Ph + Br^3$ gaz. $= PhBr^3$ liquide	$+ 54,6$; Br^3 liq. : $+ 42,6$
$Ph + I^3$ gaz. $= PhI^3$ cristall.	$+ 26,7$; I^3 sol. : $+ 10,5$

Conséquences chimiques. — 1° L'oxygène doit déplacer le chlore dans le perchlorure de phosphore, en formant d'abord de l'oxychlorure; ce qui dégagerait, à froid, $+ 39,7$; puis de l'acide phosphorique anhydre, ce qui dégagerait $+ 74,1$.

C'est en effet ce que l'expérience vérifie. Le perchlorure, chauffé avec l'oxygène vers 500 degrés, dans une tube de verre scellé, se change en oxychlorure, avec dégagement de chlore; observation qui confirme une expérience antérieure de M. Baudrimont. Au rouge vif, H. Davy a obtenu l'acide phosphorique.

A la vérité, le changement du perchlorure de phosphore en oxychlorure pourrait être interprété autrement. On pourrait admettre que le perchlorure se décompose à chaud, en chlorure phosphoreux et chlore libre; le chlorure phosphoreux s'unissant ensuite pendant le refroidissement à l'oxygène, de préférence

(1) Voyez mes observations à cet égard, *Annales de chimie et de physique*, 5e série, t. IV, p. 15, et le présent ouvrage, tome Ier, p. 336.

(2) Ces données se rapportent à une température voisine de 15 degrés; tandis que les réactions qui vont être citées ont lieu vers 500 à 600 degrés. Mais l'écart des valeurs numériques ci-dessus est trop grand pour être compensé par les inégalités produites par les différences des chaleurs de fusion, de vaporisation et des chaleurs spécifiques; l'effet de ces différences réunies ne pouvant guère être évalué au delà de 6 à 8 Calories.

au chlore. Mais cette préférence est une conséquence de la même théorie. En effet, l'union du chlorure phosphoreux avec l'oxygène dégage + 66,6; et avec le chlore + 32,0 seulement. Ces deux réactions simples ont lieu d'ailleurs dès la température ordinaire, comme on le sait depuis longtemps pour le chlore, et comme M. Brodie l'a constaté pour l'oxygène.

2° L'oxygène doit déplacer et déplace en effet le chlore dans le chlorure phosphoreux, vers le rouge, avec production intermédiaire d'oxychlorure et production finale d'acide phosphorique; cette dernière réaction dégageant en tout + 106,1 (calculée à froid). Observons qu'il ne saurait être question dans ces réactions et à cette température d'acide phosphoreux, lequel est changé par l'oxygène en acide phosphorique.

3° L'oxygène doit déplacer aisément le brome dans le bromure phosphoreux :

$PhBr^3 + O^5 = PhO^5 + Br^3$ gaz., dégagerait à froid..... + 127,3.

En fait, le bromure phosphoreux, chauffé dans une atmosphère d'oxygène sec, s'enflamme, avec mise en liberté de brome, à une température qui ne semble pas fort éloignée de 200 degrés. Il se produit par là de l'acide phosphorique.

Le bromure phosphorique, si facilement décomposable en brome libre et bromure phosphoreux, sera changé de même par l'oxygène en acide phosphorique.

4° *A fortiori*, les iodures de phosphore doivent-ils échanger facilement leur iode contre l'oxygène :

$PhI^3 + O^5 = PhO^5 + I^3$ gazeux, dégagerait...... 155,9.

Avec PhI^2, la chaleur dégagée sera plus grande encore.

On s'explique aisément par ces chiffres l'inflammation des iodures de phosphore dans l'oxygène.

3. — ARSENIC. — *Données thermiques.*

Réaction	Cal.	
$As + O^5 = AsO^5$ anhydre, dégage......	+ 109,7	
$As + O^3 = AsO^3$ anhydre............	+ 77,3;	dissous : + 73,5
$As + Cl^3 = AsCl^3$ liquide	+ 69,4	
$As + Br^3$ gaz. $= AsBr^3$ cristall.........	+ 59,1;	Br^3 liq. : + 47,1
$As + I^3$ gaz. $= AsI^3$ cristall.........	+ 28,8;	I^3 solide : + 12,6

Conséquences chimiques. — 1° D'après les chiffres de ce tableau, l'oxygène doit décomposer l'iodure d'arsenic, car

$$AsI^3 + O^3 = AsO^3 + I^3 \text{ gaz., dégagerait à froid : } + 48,5.$$

L'iodure d'arsenic chauffé dans l'oxygène s'enflamme, en effet, avec reproduction d'iode et d'acide arsénieux.

L'iodure d'antimoine prend également feu, dans les mêmes circonstances et pour les mêmes motifs.

2° De même, le bromure d'arsenic doit être décomposé par l'oxygène, car

$$AsBr^3 + O^3 = AsO^3 + Br^3 \text{ gaz., dégagerait : } + 18,2.$$

Il suffit de faire tomber quelques gouttes de ce composé dans un matras de verre plein d'oxygène sec, et dont le fond est chauffé au rouge sombre, pour voir apparaître le brome, avec formation d'oxybromure. Le même essai, répété dans un matras à long col plein d'acide carbonique sec, ne détermine aucune décomposition du bromure d'arsenic.

Le bromure d'antimoine se comporte de même.

3° L'oxygène doit déplacer le chlore et changer le chlorure d'arsenic en acide arsénieux, avec dégagement de chaleur : soit + 7,9 à froid, et une quantité plus forte vers 500 degrés (d'après un calcul fondé sur les chaleurs spécifiques connues et les chaleurs de vaporisation les plus probables). La formation de l'acide arsénique, si ce corps subsistait au rouge sans dissociation, ne pourrait qu'augmenter la chaleur dégagée.

En fait, le chlorure d'arsenic, vaporisé dans un courant de gaz oxygène sec, à travers un tube de porcelaine rougi, se décompose, avec formation de chlore libre et d'un oxychlorure gommeux, blanc et amorphe, dérivé des acides arsénieux et arsénique. Mais la réaction est incomplète, une partie du chlorure d'arsenic traversant le tube sans être altérée. La formation de chlore libre ainsi observée est conforme à la théorie.

Cependant la réaction inverse est aussi possible ; elle a été réalisée par M. R. Weber, qui en a fait une étude spéciale (*Pogg. Annalen*, t. CXII, p. 619-624). Elle résulte de la transformation directe de l'acide arsénieux et du chlore en un composé intermédiaire et dissociable, répondant à un maximum thermique : c'est un oxychlorure complexe, déjà signalé plus haut, lequel se décompose très facilement par distillation, en développant du chlorure d'arsenic et en laissant de l'acide arsénique.

La réaction totale exprimée par l'équation

$$5\,AsO^3 + 2\,Cl^2 = 3\,AsO^5 + 3\,AsCl^3,$$

dégagerait (à froid) : + 81,4.

L'oxychlorure est formé également avec dégagement de chaleur. Ce composé dissociable sert de pivot aux équilibres complexes, qui permettent de déplacer, soit le chlore par l'oxygène, soit l'oxygène par le chlore.

Des composés analogues jouent un rôle tout pareil dans les déplacements réciproques entre les deux mêmes éléments combinés au fer, au manganèse, au cuivre; métaux avec lesquels l'oxygène et le chlore forment plusieurs composés en proportions différentes (p. 482). Les effets résultent alors du concours de deux énergies : l'énergie chimique, qui détermine la réaction proprement dite, et l'énergie calorifique, laquelle s'exerce sur quelques-uns des produits envisagés séparément, et spécialement sur le composé formé avec le plus grand dégagement thermique. De là résultent certains équilibres, accompagnés par la formation de divers composés intermédiaires; les conditions de masses relatives et d'élimination par volatilité régissent ces équilibres, le tout conformément aux lois de Berthollet, qui trouvent dans ce cas (1) leur pleine application. J'ai donné ailleurs la théorie détaillée de ces effets (voy. ce vol., pages 439 à 447) : théorie qui s'applique aux réactions, fort nombreuses en chimie, où le maximum thermique répond à un composé dissociable, soit par l'échauffement, soit par la dissolution.

(1) *Annales de chimie et de physique*, 5e série, t. IV, p. 205.

4. — ÉTAIN. — *Données thermiques.*

	Cal.
$Sn + O = SnO$ hydraté, dégage.........	+ 34,9
$Sn + O^2 = SnO^2$ hydraté................	+ 67,9
$Sn + Cl = SnCl$ anhydre cristallisé.......	+ 40,2
$Sn + Cl^2 = SnCl^2$ liquide................	+ 64,6
$Sn + Br$ gaz. $= SnBr$ anhydre cristallisé..	+ 35,5
$Sn + Br^2$ gaz. $= SnBr^2$ anhydre cristallisé..	+ 58,7; liq. : + 57,2

Je rapproche ici l'étain de l'arsenic, du bore et du silicium, conformément à des analogies chimiques généralement acceptées aujourd'hui.

La chaleur de formation des iodures d'étain n'a pu être mesurée; mais, d'après les analogies (arsenic, phosphore, mercure, etc.) :

$Sn + I$ gaz. $= SnI$ solide, dégagerait environ....	+ 27
$Sn + I^2$ gaz. $= SnI^2$ solide, dégagerait...........	+ 40

Conséquences chimiques. — 1° L'oxygène doit déplacer le brome dans les deux bromures d'étain : car la formation de l'acide stannique, aux dépens du bromure stanneux, dégagerait (à froid) + 31,9; aux dépens du bromure stannique, + 9,9.

C'est ce que l'expérience confirme, avec des phénomènes correspondants à la grandeur relative de ces dégagements de chaleur. En effet, le bromure stanneux, chauffé au rouge sombre, prend feu dans l'oxygène sec, en fournissant du brome et de l'acide stannique. Le bromure stannique donne naissance à du brome libre, mais sans prendre feu.

2° L'oxygène doit déplacer l'iode des iodures d'étain. En fait, l'iodure stanneux et l'iodure stannique prennent feu dans l'oxygène, vers le rouge sombre, avec formation de vapeurs d'iode et d'acide stannique.

3° Les réactions des chlorures d'étain donnent lieu à des remarques spéciales. On sait avec quelle facilité le chlorure stanneux dissous absorbe l'oxygène; on sait aussi que ce protochlorure anhydre, chauffé dans l'oxygène, fournit du bichlorure et de l'acide stannique :

$$2SnCl + O^2 = SnCl^2 + SnO^2, \text{ dégagerait (à froid) : } + 50,4.$$

J'ai vérifié que cette réaction a lieu vers 500 degrés, dans un tube scellé.

L'oxyde stanneux et le chlore fournissent les mêmes produits :

$$2SnO + Cl^2 = SnCl^2 + SnO^2, \text{ dégage (à froid) : } + 62,2.$$

La formation d'un oxychlorure semble précéder ces métamorphoses.

4° Sur la réaction entre le chlorure stannique et l'oxygène, les chiffres du tableau nous laissent dans le doute. En effet, les nombres 67,9 (oxyde) et 64,6 (chlorure) sont très voisins; et ils le deviendraient davantage, si nous comparions les deux corps sous le même état, c'est-à-dire sous l'état solide : ce qui amènerait la chaleur de formation du chlorure vers 66 à 67 Calories. Les deux nombres sont donc presque égaux. Que deviennent-ils au rouge sombre? C'est ce que les données actuelles ne permettent pas de décider *à priori*.

En fait, l'observation montre qu'il n'y a point de réaction, ni dans un sens, ni dans l'autre, vers le rouge sombre. Le chlorure stannique et l'oxygène notamment, dirigés à travers un tube de porcelaine faiblement rougi, ne fournissent pas trace de chlore. Au rouge vif, M. R. Weber a observé que le chlore forme du chlorure stannique avec l'acide stannique : ce qui s'explique, soit parce que la chaleur de formation du chlorure l'emporte sur celle de l'oxyde, à cette température; soit plutôt parce que l'acide stannique, composé fixe, éprouve quelque dissociation, laquelle met en opposition la chaleur de formation de l'oxyde stanneux, composé fixe, avec celle du chlorure stannique, composé volatil et éliminable, conformément à l'une des réactions citées plus haut.

5. — SILICIUM. — *Données thermiques.*

	Cal.
$Si + O^4 = SiO^4$ dissoute, dégage............	+ 207,4
$Si + Cl^4 = SiCl^4$ liquide, dégage.............	+ 157,6
$Si + Br^4$ gaz $= SiBr^4$ liquide, dégage.........	+ 120,4
$Si + I^4$ gaz $= SiI^4$ solide, dégage	+ 58

Conséquences chimiques. — 1° L'oxygène doit déplacer l'iode. En fait, l'iodure de silicium prend feu, lorsqu'on le chauffe au contact de l'air.

2° L'oxygène doit déplacer le brome. C'est ce que j'ai observé, en faisant tomber quelques gouttes de bromure de silicium dans un matras de verre rempli d'oxygène et chauffé au rouge sombre.

3° L'oxygène doit déplacer le chlore. MM. Troost et Hautefeuille ont en effet reconnu que le chlorure de silicium et l'oxygène, dirigés à travers un tube rouge, forment divers oxychlorures plus ou moins condensés. En répétant cette expérience, il m'a été facile de constater aussi une formation notable de silice, en partie entraînée dans le courant gazeux, sous l'aspect d'une fumée blanche très atténuée, en partie rassemblée vers l'orifice du tube de porcelaine, dans lequel elle forme une sorte d'enduit moulé, d'apparence amorphe.

6. — BORE. — *Données thermiques.*

	Cal.
$B + O^3 = BO^3$ anhydre, dégage.........	+ 156,3
$B + Cl^3 = BCl^3$ liquide : + 108,5; gaz :	+ 104,0
$B + Br^3$ gaz $= BBr^3$ liquide : + 73,1	

Conséquences chimiques. — 1° Le bromure de bore doit échanger et échange en effet, au rouge sombre, son brome contre l'oxygène.

2° L'oxygène doit déplacer le chlore. MM. Troost et Hautefeuille ont signalé la formation d'oxychlorures dans cette réaction. En la répétant, j'ai constaté qu'on obtient aussi de l'acide borique, plus facilement même que de la silice avec le chlorure de silicium.

Il résulte de cet ensemble d'observations et de mesures que les prévisions de la théorie thermochimique sont confirmées par une étude détaillée des déplacements réciproques entre l'oxygène, le chlore, le brome et l'iode; dans l'ensemble de leurs combinaisons, soit avec les métaux, soit avec les métalloïdes.

§ 5. — Déplacements réciproques entre l'oxygène, le soufre et les éléments halogènes, combinés avec l'hydrogène.

1. Les déplacements réciproques entre l'oxygène, le chlore, le brome, l'iode, unis soit aux métaux, soit aux métalloïdes, sont réglés par le signe des chaleurs de combinaison, comme je l'ai établi dans le paragraphe précédent. L'hydrogène seul et ses composés ne figuraient pas dans ce paragraphe : j'ai cru devoir en faire une étude spéciale.

2. Donnons d'abord le tableau des quantités de chaleur :

H + Cl = HCl gaz........	+ 22,0	HCl dissous	+ 39,3
H + Br gaz = HBr gaz...	+ 13,5	HBr dissous. ...	+ 33,5
H + I gaz = HI gaz.....	— 0,8	HI dissous......	+ 18,6
H + S gaz = HS gaz.....	+ 3,6	HS dissous.....	+ 5,9
H + O gaz = HO gaz. ...	+ 29,5	HO liquide.....	+ 34,5

3. D'après ces nombres :

1° *Le chlore doit déplacer le brome et l'iode, et le brome doit déplacer l'iode*, tant dans les hydracides gazeux que dans les hydracides combinés avec l'eau : ce qui est conforme à l'expérience courante.

2° *Le chlore et le brome doivent déplacer le soufre* dans l'hydrogène sulfuré, soit gazeux, soit dissous : ce que l'expérience vérifie. La réaction s'effectue d'autant mieux qu'un excès de chlore forme avec le soufre mis en liberté du chlorure de soufre, à l'état anhydre, et divers composés secondaires, en présence de l'eau.

3° *L'iode doit déplacer le soufre dans l'hydrogène sulfuré dissous*, avec formation d'acide iodhydrique étendu; mais *le soufre doit au contraire décomposer l'acide iodhydrique gazeux*, avec formation d'hydrogène sulfuré gazeux : double conséquence conforme aux faits connus. J'ai exécuté quelques expériences nouvelles sur ce point.

Le gaz sulfhydrique sec étant introduit dans un tube qui contient un peu d'iode, le tube scellé, puis chauffé vers 500 degrés : aucune action sensible ne se développe. Le tube, ouvert après refroidissement, ne renferme pas d'acide iodhydrique; un peu d'eau développe la réaction.

Le gaz iodhydrique sec, au contraire, mis en présence du soufre, réagit immédiatement, même à froid. Après quelques heures de contact à froid, ou quelques minutes, soit à 100 degrés, soit à 500 degrés, il s'est formé un composé spécial. Le tube, ouvert sur l'eau, donne lieu aussitôt à une diminution de moitié environ du volume gazeux, conformément à la relation

$$HI + S^{n+1} = HS + IS^{n}.$$

L'eau s'élève d'abord dans le tube, en demeurant transparente. Mais, parvenue à la moitié de la hauteur, elle commence à se troubler et à blanchir, par suite de la réaction inverse; l'hydrogène sulfuré est décomposé à son tour par l'iode (ou plutôt par l'iodure de soufre), en reproduisant du soufre et de l'acide iodhydrique dissous. C'est une jolie expérience de cours. Le soufre, régénéré dans ces conditions, renferme une grande quantité de soufre modifié et insoluble.

Les deux actions inverses peuvent être exécutées, même en présence de l'eau : l'acide iodhydrique saturé étant attaqué par le soufre; le gaz sulfhydrique au contraire n'agit pas sur l'iode, si la liqueur renferme plus de 52 centièmes d'hydracide; tandis qu'il est détruit nettement, si elle en contient moins de 20 centièmes. Entre ces deux limites il se forme des composés spéciaux. (*Annales de chimie et de physique*, 5e série, t. IV, p. 497.)

La limite à laquelle cesse la réaction entre l'acide iodhydrique et le soufre est fixée précisément au même point que la limite de la formation de l'hydrate stable de l'acide iodhydrique en présence d'une quantité d'eau telle que la liqueur ne renferme plus d'hydracide anhydre (voy. pages 149, 153).

4° *L'oxygène doit déplacer le soufre dans l'hydrogène sulfuré*, soit gazeux, soit dissous. En présence d'un excès d'oxygène, il se forme à chaud de l'acide sulfureux; ce qui augmente la chaleur produite. Ces réactions sont trop connues pour y insister.

5° *Entre le chlore et l'oxygène*, au contraire, la théorie thermique indique qu'*il doit se produire des équilibres*. D'une part, le chlore gazeux doit décomposer l'eau, lorsqu'il forme de l'acide chlorhydrique hydraté; car

$$\mathrm{Cl} + (n+1)\,\mathrm{HO} = \mathrm{O} + (\mathrm{HCl} + n\,\mathrm{HO}),\ \text{dégage : } + 4{,}8.$$

D'autre part, l'oxygène gazeux doit décomposer le gaz chlorhydrique anhydre, avec formation d'eau et de chlore; car

$$\mathrm{O} + \mathrm{HCl} = \mathrm{Cl} + \mathrm{HO}\ \text{gaz, dégage : } + 7{,}5.$$

Ces deux réactions inverses peuvent en effet être vérifiées; mais suivant des conditions qui ne sont pas exactement réciproques, et sans jamais devenir complètes, soit dans un sens, soit dans l'autre. Citons des expériences.

I. Un mélange gazeux, fait à équivalents égaux, HCl + O, renfermé dans un tube scellé pourvu de deux pôles métalliques et traversé par une série d'étincelles pendant plusieurs heures, s'est décomposé aux neuf dixièmes, avec formation d'eau et de chlore libre.

II. Inversement, le système équivalent, Cl + HO (pesée), traité de la même manière, n'a éprouvé qu'une décomposition limitée, un dixième d'équivalent d'oxygène, à peu près, étant devenu libre.

III. On peut objecter l'action propre de l'électricité et la dissociation des deux composés. J'ai reproduit l'expérience par la chaleur seule et au-dessous de 1000 degrés; ce qui exclut la dissociation du gaz chlorhydrique (mais non celle de l'eau). A 500 degrés, en tube scellé, l'oxygène n'agit pas sur le gaz chlorhydrique. Mais les deux gaz, mélangés et dirigés à travers un tube de porcelaine rougi, ont fourni du chlore libre et de l'eau. La réaction a donc lieu; mais elle demeure incomplète, à cause de la dissociation de la vapeur d'eau, et surtout à cause de la réaction inverse développée à plus basse température.

IV. En effet, l'action du chlore sur l'eau a lieu dès la température ordinaire, même en l'absence de la lumière solaire (1); l'oxygène produit demeurant alors uni au chlore, pour former divers oxacides peu stables. A 100 degrés, j'ai obtenu quelque dose d'oxygène libre (en tube scellé). La réaction est mieux caractérisée, soit à 550 degrés dans un tube scellé; ce qui m'a fourni, par exemple, les rapports suivants :

$$4Cl + 12HO = HCl + O + 3Cl + 11HO;$$

soit au rouge, le chlore étant mêlé de vapeur d'eau et dirigé à travers un tube de porcelaine.

Ainsi, d'une part, l'oxygène attaque l'acide chlorhydrique au rouge, température à laquelle les hydrates chlorhydriques n'existent plus : la réaction est alors exothermique; mais la dissociation de l'eau empêche la réaction de devenir totale.

D'autre part, le chlore agit déjà à froid, à 100 degrés et dans des conditions de tubes scellés où il est permis d'admettre l'existence des hydrates chlorhydriques, soit à l'état stable, soit à l'état dissocié : la réaction est donc encore exothermique. Mais elle ne peut pas davantage devenir totale, tant à chaud, à cause de la dissociation de ces hydrates, qu'à froid, à cause de la persistance d'une certaine proportion d'eau, nécessaire à leur formation (2).

Les résultats sont plus simples avec les acides bromhydrique et iodhydrique. En effet :

6° *L'oxygène doit déplacer le brome dans l'acide bromhydrique*, soit gazeux, soit dissous, d'après les valeurs thermiques.

En fait, le mélange à équivalents égaux, $HBr + O$ (avec un

(1) Voyez mes observations, *Annales de chimie et de physique*, 5e série, t. V, p. 323.

(2) Sans parler des complications secondaires, introduites à froid par la formation des oxacides du chlore.

léger excès d'oxygène), chauffé vers 500 à 550 degrés pendant dix heures, se change entièrement en brome libre et eau, HO + Br. Une heure ne suffit pas pour accomplir cette réaction; elle n'a lieu ni à froid, même au soleil, ni à 100 degrés (six heures de contact).

J'ai observé d'ailleurs que le gaz bromhydrique pur et exempt de toute trace d'air ne donne, vers 500 degrés, que des indices douteux de dissociation.

Le brome et l'eau, HO + Br, pesés à équivalents égaux, dans des ampoules placées dans un tube vide et que l'on scelle avant de les briser, n'ont point réagi ni produit d'oxygène, à 550 degrés.

7° *L'oxygène doit déplacer l'iode dans l'acide iodhydrique*, soit gazeux, soit dissous, d'après les valeurs thermiques.

En fait, le mélange de 4 volumes de gaz iodhydrique et de 1 volume d'oxygène prend feu au contact d'une allumette et brûle avec une flamme rouge :

$$HI + O = HO + I.$$

C'est là une expérience de cours.

Ce même mélange, exposé au soleil, se décompose lentement. A 100 degrés, la réaction a lieu; mais elle n'est pas complète au bout de quinze heures. A 500 degrés, au contraire, elle est totale en peu de temps.

Quand l'acide iodhydrique est dissous, on sait avec quelle promptitude il se colore, avec mise en liberté d'iode, sous l'influence de l'oxygène de l'air.

Inversement, l'iode et l'eau, placés dans un tube vide, en proportions équivalentes : I + HO, ne réagissent ni à 100 degrés, ni à 500 degrés (1).

L'ensemble de ces résultats vérifie complètement la théorie thermique, et en précise en même temps les applications à la statique chimique.

(1) A 500 degrés seulement, il se produit une trace d'iodure alcalin, due à l'attaque du verre.

§ 6. — Des actions hydrogénantes exercées par les hydracides.

1. Nous venons de voir que l'acide iodhydrique peut exercer à l'égard du soufre une action hydrogénante; limitée par des conditions spéciales, et même susceptible d'être renversée, en raison de l'intervention des hydrates définis de cet hydracide. Les mêmes phénomènes peuvent être observés entre l'acide iodhydrique, les composés oxygénés du soufre, et une multitude d'autres corps, spécialement en chimie organique. Ils méritent de nous arrêter quelques instants, afin de montrer les raisons qui provoquent ces réactions avec l'acide iodhydrique, et qui s'opposent au contraire à leur manifestation avec les autres hydracides. On verra mieux par là comment les phénomènes chimiques sont déterminés par les relations thermiques, et non par la similitude des formules.

2. Citons d'abord les *réactions de l'acide sulfurique concentré et du gaz sulfureux sur l'acide iodhydrique* concentré, lequel change ces dérivés oxygénés du soufre en hydrogène sulfuré avec dépôt d'iode. Au contraire, l'iode agissant sur l'acide sulfureux dilué, forme de l'acide iodhydrique et de l'acide sulfurique étendus.

Ce sont là des conséquences de la théorie thermique. Si les réactions sont faites en l'absence de l'eau préexistante :

$$SO^2 \text{ gaz} + 3\,HI \text{ gaz} = HS + 2\,HO + I^3 \text{ solide, dégage : } + 55{,}4;$$
$$SO^4H \text{ liquide} + 4\,HI \text{ gaz} = HS \text{ gaz} + 4\,HO + I^4 \text{ solide, dégage : } + 68{,}9.$$

Tandis que l'action inverse étant effectuée en présence d'une grande quantité d'eau :

$$SO^2 \text{ dissous} + 2\,HO + I \text{ solide} = SO^4H \text{ étendu} + HI \text{ étendu, dégage : } + 10{,}5.$$

Les deux phénomènes contraires dépendent de la proportion d'eau mise en présence, c'est-à-dire de la formation des hydrates définis des acides iodhydrique et sulfurique. L'excès 10,5 est même tel, que pour renverser les réactions, il suffira d'opérer avec une liqueur renfermant de l'acide iodhydrique anhydre; corps dont la chaleur de dissolution (+ 19,6) surpasse de beaucoup le nombre + 10,5. Mais, je le répète, c'est la formation des hydrates définis (voy. pages 149 à 153) qui règle le phénomène; elle a d'ailleurs pour résultat d'établir un certain équilibre entre les deux actions opposées.

En effet, l'acide iodhydrique concentré change l'acide sulfureux en acide sulfhydrique, tant que sa concentration dépasse 52 pour 100, c'est-à-dire $HI + 7H^2O^2$; le phénomène cessant à cette limite, qui est la même que pour l'attaque du soufre.

Avec les liqueurs renfermant de 50 à 20 pour 100 d'hydracide, il y a réaction différente, avec formation de produits complexes. Au-dessous de 20 pour 100, l'iode est changé en acide iodhydrique; d'autant plus nettement, que la liqueur est plus étendue. Ainsi, dans le cas de l'attaque de l'acide sulfurique, aussi bien que dans celui de l'attaque du soufre, la limite de la réaction répond toujours au voisinage de la limite où l'hydracide anhydre cesse d'exister dans les liqueurs, c'est-à-dire se trouve complètement changé en hydrates stables.

3. Les mêmes principes expliquent pourquoi le brome attaque les solutions étendues d'acide sulfureux, avec production d'acide sulfurique; tandis que l'acide bromhydrique est décomposé en sens inverse par l'acide sulfurique concentré. En effet, on a, d'une part :

$$SO^2 \text{ dissous} + Br \text{ liq.} + 2HO = SO^4H \text{ étendu} + HBr \text{ étendu, dégage : } + 26,7.$$

Avec le chlore et l'acide sulfureux, on aurait même + 36,6.

Il semblerait que l'action opposée ne dût pas avoir lieu, car :

$$SO^4H \text{ liquide} + HBr \text{ gaz} = SO^2 \text{ gaz} + 2HO + Br \text{ liq., absorberait : } -3,8.$$

Mais il faut tenir compte ici de la tendance d'une partie du gaz bromhydrique à former avec l'eau produite par la réaction un hydrate défini, en dégageant + 14 Calories (1).

(1) Ce chiffre est trop fort, parce qu'il comprend en trop la chaleur de liquéfaction du gaz bromhydrique; mais celle-ci ne peut être évaluée au delà de 6 à 8 Calories (tome Ier, p. 108, et tome II, p. 151).

C'est par suite de cette énergie auxiliaire que la destruction du gaz bromhydrique par l'acide sulfurique concentré est rendue possible. Avec l'acide chlorhydrique, au contraire, la chaleur de formation de l'hydrate défini est insuffisante pour compenser l'écart thermique des deux actions contraires.

4. En résumé, les dissolutions étendues des hydracides renferment seulement des hydrates définis et stables; tandis que les solutions concentrées contiennent en même temps des hydrates à l'état de dissociation et une certaine proportion d'acide anhydre. De là résultent les phénomènes chimiques opposés, produits par ces deux ordres de solutions : les hydracides anhydres effectuant certaines réactions, telles que l'hydrogénation du soufre, de l'acide sulfureux, l'attaque du sulfure d'antimoine, etc.; tandis que les hydrates d'hydracide sont sans efficacité, ou même produisent les actions inverses. Or le renversement des réactions correspond avec celui de leur signe thermique véritable, parce que les hydrates stables d'hydracide développent en moins dans les réactions la chaleur qui a été dégagée au moment de la combinaison entre l'eau et l'hydracide anhydre.

5. Développons encore l'application des mêmes idées aux réductions produites par les mêmes agents dans un grand nombre de circonstances; spécialement en chimie organique. Cette application mérite de nous arrêter, à cause de l'importance et de la généralité des réactions. Signalons d'abord les faits, puis nous les interpréterons.

L'acide iodhydrique étant décomposable en iode et en hydrogène, l'hydrogène qui résulte de cette décomposition se fixe sur les corps organiques, mis en présence de l'acide iodhydrique à une haute température. Dans tous les cas, et quelle que soit la composition du principe organique mis en présence, le produit ultime de cette hydrogénation est un carbure saturé, renfermant la même dose de carbone que le principe originel, si ce corps est de constitution unitaire (voy. tome Ier, page 550); ou un mélange de deux carbures saturés, si le principe originel était de constitution complexe. Ces carbures saturés résultent d'une addition pure et simple d'hydrogène, si l'on a opéré sur un carbure d'hydrogène; d'une hydrogénation avec formation d'eau, si l'on a opéré sur un composé oxygéné; d'une hydrogénation avec formation d'ammoniaque, si l'on a opéré sur un composé azoté; d'une hydrogénation avec formation d'acide chlorhydrique, bromhydrique, sulfhydrique, si l'on a opéré sur des composés chlorurés, bromurés, sulfurés, etc.

J'ai découvert le rôle réducteur de l'acide iodhydrique en chimie organique dès 1855, et j'ai fondé depuis, sur l'emploi de cet agent, une *méthode universelle pour réduire et saturer d'hydrogène les composés organiques* (*Ann. de chim. et de phys.*, 4e sér., t. XX, p. 392). C'est la théorie de cette méthode que nous allons exposer.

6. En effet, ces diverses réactions peuvent être prévues d'après les données thermiques; le calcul, comme nous allons le voir, explique la possibilité universelle des hydrogénations produites par l'acide iodhydrique, et l'impossibilité de presque toutes ces réactions avec les acides bromhydrique et chlorhydrique. Le calcul montre en outre pourquoi les réductions ne sont possibles qu'avec l'acide iodhydrique pris dans un état suffisant de concentration; enfin, il explique pourquoi cet hydracide produit certains effets que l'iodhydrate d'ammoniaque, l'iodhydrate d'hydrogène phosphoré, et même le phosphore rouge, ne sauraient produire.

7. Considérons d'abord les quantités de chaleur dégagées ou absorbées par la décomposition de l'acide iodhydrique, soit gazeux, soit à divers états de concentration. La réaction

$$\text{H gaz} + \text{I gaz} = \text{HI gaz, absorbe : } -0^{\text{Cal}},8.$$

Donc la réaction inverse, c'est-à-dire la décomposition de l'acide gazeux, dégagera $+0^{\text{Cal}},8$; et cette quantité de chaleur s'ajoutera à celle qui serait produite par une hydrogénation directe.

La réaction

$$\text{H} + \text{I solide} = \text{HI étendu, dégage : } +13^{\text{Cal}},2.$$

Donc la réaction inverse absorbera : $-13^{\text{Cal}},2$.

De même

$$H + I \text{ gaz} = HI \text{ étendu, dégage environ : } + 18{,}2.$$

C'est encore cette quantité de chaleur qui sera absorbée par la décomposition inverse.

Dans les cas où l'acide iodhydrique est produit à l'état de solutions concentrées, renfermant des hydrates intermédiaires, sa production dégagera des quantités de chaleur intermédiaires; lesquelles seront absorbées en sens inverse par sa décomposition. Dès lors l'hydrogénation sera possible avec de telles solutions concentrées, pourvu que la chaleur qui résulte de l'hydrogénation même puisse compenser l'absorption de chaleur nécessaire pour décomposer les hydrates définis; c'est-à-dire si elle lui est supérieure, ou au moins égale. Sinon la réaction sera impossible.

Pour préciser davantage ce point, observons que, dans les solutions très concentrées, l'acide iodhydrique peut être considéré comme existant en partie à l'état anhydre ; de sorte que de telles solutions possèdent les mêmes propriétés hydrogénantes que l'acide gazeux. Ces propriétés hydrogénantes subsisteront jusqu'au terme où l'acide iodhydrique anhydre sera entièrement changé en hydrate : soit par suite d'une addition d'eau, soit par suite de la réaction hydrogénante elle-même. On conçoit d'ailleurs que cette limite devra être reculée, en raison des phénomènes de dissociation, si l'on élève la température. Elle correspond à peu près à une dilution représentée par la formule $HI + 4\frac{1}{2} H^2O^2$, à la température ordinaire.

8. Comparons d'abord ces calculs avec ceux qui correspondent aux deux autres hydracides :

	Cal.
H + Br gaz = HBr gaz, dégage :	+13,5
H + Br gaz = Br étendu	+33,5

	Cal.
H + Cl gaz = HCl gaz, dégage :	+22
H + Cl gaz = HCl étendu	+39,5

Les décompositions inverses absorberont précisément ces mêmes quantités de chaleur. On voit que les trois hydracides n'auront pas les mêmes propriétés hydrogénantes, ainsi que nous l'avons déjà expliqué (page 504) en parlant des réactions inverses des acides sulfureux et sulfurique sur ces hydracides : l'acide bromhydrique possédera de telles propriétés à un degré beaucoup plus faible que l'acide iodhydrique, et l'acide chlorhydrique les manifestera à un degré encore plus faible que l'acide bromhydrique. Il résulte de là que beaucoup d'hydrogénations, faciles à réaliser avec l'acide iodhydrique, seront impossibles avec l'acide bromhydrique, et surtout avec l'acide chlorhydrique : ces derniers corps, même anhydres, ne peuvent déterminer que les hydrogénations susceptibles de dégager de très grandes quantités de chaleur, capables de compenser les absorptions de chaleur produites par la décomposition des hydracides eux-mêmes.

9. C'est en effet ce que montre l'expérience. Prenons comme exemple la formation de l'hydrure d'éthylène par l'hydrogénation de l'alcool.

Essayons de réduire l'alcool par l'acide iodhydrique.

L'alcool, chauffé en tube scellé avec une solution concentrée d'acide iodhydrique, donne en premier lieu de l'éther iodhydrique, avec élimination d'eau :

$$C^4H^6O^2 + HI = C^4H^5I + H^2O^2.$$

Cet éther est ensuite décomposé, sous l'influence d'un second équivalent d'acide iodhydrique, avec formation d'hydrure d'éthylène et mise en liberté d'iode :

$$C^4H^5I + HI = C^4H^6 + I^2;$$

de sorte que la réaction ultime peut être représentée par la formule :

$$C^4H^6O^2 + 2HI = C^4H^6 + I^2 + H^2O^2.$$

On voit qu'elle exige pour se produire 2 équivalents d'acide iodhydrique. Cette réaction se développe entre 200 et 250 degrés.

Si nous voulons nous en rendre compte, calculons la quantité de chaleur correspondante. En partant de l'acide iodhydrique gazeux, la réaction

$$C^4H^6O^2 + H^2 = C^4H^6 + H^2O^2, \text{ dégagerait environ : } +23 \text{ Calories.}$$

Il faudra ajouter à cette quantité la chaleur dégagée par la décomposition de l'acide iodhydrique gazeux, soit $+ 2 \times 0^{Cal},8$. En définitive, la réaction devra donc dégager, avec l'acide gazeux : $+ 24^{Cal},6$.

La même réaction pourra se produire aussi au moyen des solutions concentrées d'acide iodhydrique, renfermant de l'hydracide anhydre.

Mais il est facile de voir qu'il n'en sera plus de même, si l'on prend les solutions étendues. En effet, la chaleur dégagée par l'hydrogénation de l'alcool (+ 24,6) est inférieure à la chaleur absorbée par la décomposition de 2 équivalents d'acide iodhydrique en solution étendue, soit : $2 \times 18^{Cal},2 = + 36^{Cal},4$. C'est en effet ce que vérifie l'expérience : l'alcool n'est pas réduit par l'hydracide étendu.

Dans la pratique, il est préférable de prendre l'acide en solution très concentrée, au lieu d'employer l'acide gazeux : 1 centimètre cube de solution saturée renfermant environ $1^{gr},4$ d'acide iodhydrique; tandis que 1 centimètre cube de gaz iodhydrique représente seulement $0^{gr},0057$ ou 250 fois moins de matière.

De plus, on conçoit qu'il sera nécessaire d'employer un excès considérable de la solution d'hydracide; celle-ci s'affaiblissant de plus en plus pendant la réaction, par suite de la décomposition d'une portion de l'acide iodhydrique et de la dilution du surplus produite par l'eau mise en liberté. Ainsi, un tiers seulement d'une solution saturée à froid (contenant 3 doubles équivalents d'eau) pourra intervenir dans une réaction de ce genre; car une solution dont la composition est représentée par

$$3\,(HI + 3\,H^2O^2),$$

une fois arrivée à une dilution représentée par

$$2\,HI + 9\,H^2O^2,$$

c'est-à-dire $2\,(HI + 4\frac{1}{2}\,H^2O^2)$, atteint le point où l'hydrate d'acide iodhydrique n'a plus de tension de dissociation sensible, à la température ordinaire (cette limite varie peu d'ailleurs avec la température, p. 150). On devra donc prendre une quantité d'acide iodhydrique, au moins trois fois aussi grande que la quantité théorique, et par conséquent supérieure à 6 ($HI + 3H^2O^2$), pour hydrogéner 1 équivalent d'alcool; attendu que cette hydrogénation exige la décomposition de 2 équivalents d'acide iodhydrique. Par conséquent, 46 grammes d'alcool exigeront au moins 1092 grammes d'une solution saturée d'acide iodhydrique; ou 1 partie d'alcool, 23 parties en poids d'un tel acide.

Dans certains cas, la réduction ne pouvant être produite que par la formation d'hydrates encore moins avancés, la quantité d'acide iodhydrique nécessaire sera plus considérable.

En général, on devra prendre un excès d'acide tel que la liqueur, à la fin de l'expérience, conserve une concentration au moins égale à celle qui correspond : soit à la composition pour laquelle l'acide iodhydrique n'a plus de tension sensible, dans le cas le plus ordinaire; soit même, dans des cas particuliers, à la formation de l'hydrate spécial dont l'énergie limite la réaction. On voit par là que les diverses réactions exigeront des quantités fort différentes et souvent très considérables d'acide iodhydrique.

Dans tous les cas connus, lesquels embrassent les transformations fondamentales de la chimie organique, l'expérience vérifie constamment les indications données par ces calculs; ajoutons encore que toutes les hydrogénations prévues par les calculs thermiques dont je viens de donner le principe sont réalisables vers 280 degrés.

10. Les mêmes considérations peuvent être appliquées à l'acide bromhydrique; elles montrent pourquoi ce corps est un réducteur bien moins efficace.

En effet, la décomposition de l'acide bromhydrique gazeux absorbe — $13^{Cal},5$. L'hydrogénation de l'alcool ne pourra donc pas être produite par cet acide; attendu qu'elle dégage seulement + 23 Calories, quantité inférieure aux 27 Calories qu'absorberait la destruction des 2 HBr nécessaires à la réaction. C'est d'ailleurs ce que vérifie l'expérience. L'hydrogénation sera, à plus forte raison, impossible avec les solutions étendues du même hydracide.

On peut cependant constater que l'écart entre les deux nombres relatifs au gaz bromhydrique et à l'alcool n'est pas très considérable. Dès lors la réduction sera possible en chimie organique, dans les cas spéciaux où la chaleur produite par l'hydrogénation directe sera plus considérable que la précédente : cela a lieu, en particulier, pour certains dérivés nitrés de la série aromatique. On peut, du reste, constater aisément que l'acide bromhydrique manifeste dans quelques réactions des propriétés réductrices et attaque divers corps, même à la température ordinaire. C'est ainsi qu'un flacon de gaz bromhydrique rougit au bout de peu de temps, avec mise en liberté de brome, par suite de la réduction opérée par des traces de matières : la même action commençante se manifeste aux dépens de beaucoup de substances organiques.

11. Au contraire, le gaz chlorhydrique demeure toujours incolore, et ne dégage de chlore au contact d'aucune matière organique connue. Résultat négatif qui pouvait être annoncé à l'avance.

En effet, la chaleur absorbée par la décomposition de deux équivalents d'acide chlorhydrique gazeux est de 44 Calories, et elle ne pourra, en général, être compensée par les quantités de chaleurs dégagées par l'hydrogénation. Aussi il n'existe aucun cas bien avéré d'hydrogénation produite par l'acide chlorhydrique; sauf peut-être quelques dérivés exceptionnels de la série aromatique, lesquels semblent montrer des indices d'hydrogénation. *A fortiori*, la chaleur de décomposition de 2 équivalents d'acide chlorhydrique en solution étendue étant de 79 Calories, ne pourra-t-elle jamais être compensée en chimie organique.

12. Comparons encore les actions que l'acide iodhydrique peut produire sur les corps d'une même série, tels que l'éthylène, l'aldéhyde et l'acide acétique; afin de mieux définir l'influence exercée, soit par les combinaisons successives de l'hydrogène avec les carbures, soit par la désoxydation des principes oxygénés.

Éthylène. — La réaction $C^4H^4 + H^2 = C^4H^6$ dégage une quantité de chaleur qui n'a pas été mesurée directement, mais qui paraît voisine de + 36 Calories. La chaleur dégagée par l'hydrogénation de l'éthylène au moyen de l'acide iodhydrique anhydre sera donc + 36 + 1,6 = + 37^Cal^,6 : valeur positive qui établit la possibilité de la réaction. L'expérience montre en effet que celle-ci commence à une température peu élevée et voisine de 200 degrés. Observons de plus que cette quantité de chaleur (36 Calories) est très voisine de celle qui serait absorbée par la décomposition de 2 équivalents d'acide iodhydrique en solution étendue, soit 39 Calories; c'est-à-dire qu'une très petite différence sur la chaleur d'hydrogénation d'un carbure d'hydrogène analogue à l'éthylène peut en rendre possible l'hydrogénation par l'acide iodhydrique étendu.

Aldéhyde. — La réaction $C^4H^4O^2 + 4H^2 = C^4H^6 + H^2O^2$ dégage environ + 38 Calories; cette réaction exige 4 équivalents d'acide iodhydrique. Dès lors la chaleur dégagée par l'hydrogénation de l'aldéhyde, au moyen de l'acide anhydre, sera : $38 + 4 \times 0,8 = + 41^{Cal},2$. Elle est donc possible avec l'acide gazeux, et elle se réalise en effet vers 280 degrés. Au contraire la chaleur absorbée par la décomposition de 4 équivalents d'acide iodhydrique étendu étant $75^{Cal},2$, on voit que la réduction de l'aldéhyde ne sera pas possible avec ce dernier acide.

Acide acétique. — La réaction $C^4H^4O^4 + 6H^2 = C^4H^6 + 2H^2O^2$ dégage environ + 50 Calories; avec l'acide iodhydrique gazeux, elle dégagera donc : $+ 50 + 6 \times 0,8 = + 54^{Cal},8$; valeur qui établit la possibilité de la réaction. Celle-ci a lieu effectivement vers 280 degrés. Au contraire, la décomposition de 6 équivalents d'hydracide étendu exigeant 112 Calories, la réduction de l'acide acétique sera impossible avec ce dernier agent.

On voit par là que l'hydrogénation d'un composé au moyen de l'acide iodhydrique dissous sera d'autant plus difficile, que le corps sur lequel on réagit sera plus éloigné du degré d'hydrogénation du carbure saturé qu'il peut former; c'est-à-dire qu'il tendra à détruire un plus grand nombre d'équivalents d'acide iodhydrique : ce qui est conforme à l'expérience.

Les pertes d'énergie inégales, produites dans les divers cas examinés, précisément correspondent à l'inégale facilité des réactions elles-mêmes.

13. En résumé, nous avons étudié les actions réductrices produites par l'acide iodhydrique libre, soit à l'état gazeux, soit à l'état de dissolution plus ou moins concentrée. Nous avons vu que ces actions réductrices sont toujours possibles entre les composés organiques et l'acide iodhydrique gazeux : l'acide gazeux devra même être employé exclusivement, lorsqu'on devra éviter la présence de l'eau, par exemple dans l'hydrogénation du cyanogène ou de l'acide cyanhydrique. Les mêmes réactions sont pour la plupart également possibles avec l'acide iodhydrique dissous, pourvu que l'état de concentration de cet acide soit tel qu'il renferme une certaine dose d'hydracide anhydre. Enfin certaines réductions peuvent avoir même lieu avec l'hydracide étendu, lorsque la chaleur de formation de l'hydrate de l'hydracide est inférieure ou au plus égale à la chaleur que les réactions elles-mêmes produisent avec l'hydrogène pur.

On a essayé de remplacer l'acide iodhydrique par plusieurs autres agents réducteurs qui en dérivent ; mais les applications de ces derniers sont, comme nous allons le voir, beaucoup moins étendues que celles de l'acide iodhydrique.

14. *Iodhydrate d'ammoniaque.* — L'iodhydrate d'ammoniaque, AzH^3,HI, peut paraître au premier abord un réducteur excellent, si l'on raisonne, comme on le faisait naguère en chimie, en négligeant de tenir compte de la perte d'énergie produite par la combinaison de l'acide iodhydrique et de l'ammoniaque ; il semblerait même que ce corps dût être d'un emploi très efficace dans les réactions réductrices. Il contient en effet, sous un petit volume, de très grandes proportions d'acide iodhydrique ; il ne répand pas des fumées acides, comme les solutions d'acide iodhydrique ; il est solide et inaltérable ; de plus il ne contient pas d'eau, ce qui peut être commode dans beaucoup de cas.

Mais la théorie thermique montre que ces avantages sont rendus illusoires par la perte d'énergie qui a eu lieu dans la formation de l'iodhydrate d'ammoniaque. En effet, la combinaison de l'acide iodhydrique et de l'ammoniaque dégage $+ 44^{Cal},2$. Il faudra donc, pour qu'une action réductrice puisse être produite par ce corps, qu'elle puisse fournir par elle-même au moins $44^{Cal},2$ pour chaque équivalent d'acide iodhydrique décomposé ; du moins si l'on suppose que l'ammoniaque produite dans la décomposition de l'iodhydrate conserve l'état gazeux. Si l'on suppose cette ammoniaque produite à l'état dissous, il faudra dans certains cas retrancher du nombre précédent la chaleur de dissolution de l'ammoniaque, soit + 8,9 ; la réaction devrait produire dans ce cas une quantité de chaleur égale seulement à + 35,3. Mais on admet ici que l'état de dissociation de l'hydrate d'ammoniaque permette de tenir compte de sa chaleur de formation : ce qui n'aura lieu que dans des conditions exceptionnelles (voy. page 147).

Les nombres 44,2 et 35,3 sont très considérables. Il en résulte que les hydrogénations seront en général impossibles avec l'iodhydrate d'ammoniaque, la chaleur qu'elles dégagent n'atteignant presque jamais la chaleur de combinaison de l'acide iodhydrique et de l'ammoniaque. Il n'existe guère que certains composés nitrés, dont l'hydrogénation puisse dégager une quantité de chaleur aussi considérable.

Cependant ces indications sont un peu trop absolues, et ne demeurent rigoureusement applicables qu'aux températures ordinaires. Aux températures élevées, il peut en effet se produire une dissociation partielle, et l'acide iodhydrique dissocié peut agir alors comme réducteur. Mais on conçoit en même temps que son action sera par là même très limitée ; de sorte que les applications de l'iodhydrate d'ammoniaque sont beaucoup moins étendues que celles de l'acide iodhydrique pur.

15. *Iodhydrate d'hydrogène phosphoré.* — Ce corps a été proposé par M. Baeyer comme réducteur ; il présenterait les mêmes avantages que le précédent. Mais son emploi est restreint par les mêmes motifs, quoique à un moindre degré; c'est-à-dire en raison de la chaleur de combinaison de l'acide iodhydrique et de l'hydrogène phosphoré. A la vérité, cette chaleur n'a pas été mesurée ; mais l'observation prouve qu'elle est considérable ; de sorte que la plupart des actions réductrices ne pourront être produites par

ce corps qu'à la condition d'une dissociation préalable : ce qui en limite également l'emploi.

16. *Iodure de potassium*. — Si l'on chauffe l'iodure de potassium avec de l'eau, du cuivre et un bromure d'un carbure d'hydrogène, tel que le bromure d'éthylène, $C^4H^4Br^2$, vers 270 degrés, on obtient la transformation de ce dernier en éthylène, C^4H^4. Supprime-t-on le cuivre, on obtient l'hydrure d'éthylène, C^4H^6. Ces réactions peuvent être employées d'une manière générale pour la séparation des carbures éthyléniques gazeux, produits simultanément dans les réactions pyrogénées. On transforme en effet ces carbures mélangés en bromures, faciles à séparer par la distillation, puis on régénère chacun de ces carbures, soit dans l'état pur et isolé, soit à l'état d'hydrure saturé.

Dans ces réactions, l'iodure de potassium tend à transformer le bromure d'éthylène en iodure d'éthylène,

$$C^4H^4Br^2 + 2KI = C^4H^4I^2 + 2KBr;$$

composé moins stable, qui est détruit par le cuivre, dans un cas; et qui, dans l'autre cas, détermine une décomposition de l'eau, comme je l'ai vérifié avec les deux corps pris isolément :

$$7C^4H^4I^2 + 4H^2O^2 = 6C^4H^6 + 2C^2O^4 + 7I^2.$$

La première réaction est facile à concevoir, puisqu'elle résulte de la formation de l'iodure cuivreux. Bornons-nous donc à définir la deuxième réaction au point de vue thermique, en comparant les quantités de chaleur mises en jeu, dans les corps composants et les corps composés.

Soit un système initial, formé de carbone, d'hydrogène, d'oxygène et d'iode :

$$7C^4 + 22H^2 + 4O^2 + 7I^2.$$

La combinaison de l'hydrogène et du carbone, avec formation d'éthylène, se fait avec absorption de chaleur; la chaleur absorbée par la combinaison de 7 ($C^4 + H^6$) étant égale à $-56^{Cal},0$. La combinaison de C^4H^4 avec I^2 dégage ensuite une certaine quantité de chaleur x, non déterminée; la formation de $4H^2O^2$ (à l'état gazeux) dégage + 236 Calories. Il résulte de ces évaluations que la chaleur de formation du système primitif dégage finalement 236 — 56 + 7 x, ou 180 Calories + 7 x.

Dans le système final, la chaleur de formation de l'hydrure d'éthylène doit être, d'après les analogies, voisine de 44 Calories; de sorte que la chaleur correspondant à la combinaison de 6 ($C^4 + H^6$) serait environ + 264 Calories; celle qui correspond à la combinaison de 2 ($C^2 + O^4$) est égale à 188 Calories. Par conséquent la chaleur de formation du système résultant est environ 266 + 180 Calories = + 452 Calories. Il résulte de ces chiffres que la transformation du système initial dans le système final doit dégager :

$$+ 452 - 180 - 7x = + 272 \text{ Calories} - 7x.$$

La quantité x n'est pas déterminée; mais la valeur ne peut en être très considérable : elle serait égale à 30 Calories pour le bromure d'éthylène; pour l'iodure, elle doit être moins considérable. Même en admettant la valeur 30 Calories, la différence précédente serait encore de + 62 Calories. Il en résulte que la réaction réelle dégage de la chaleur.

Ces procédés, que j'avais mis en œuvre dès 1857, peuvent être employés utilement dans certains cas, surtout pour régénérer les carbures éthyléniques. Cependant leur emploi est moins général que celui de l'acide iodhydrique; le second étant fondé sur la décomposition de l'eau, qui exige une absorption de chaleur considérable.

17. *Phosphore rouge.* — On a encore proposé l'emploi du phosphore rouge comme agent auxiliaire de l'hydrogénation par l'acide iodhydrique. Le phosphore rouge permet en effet de régénérer à mesure l'acide iodhydrique qui se décompose, et son emploi peut paraître au premier abord fort avantageux. Mais en fait le phosphore rouge exerce des réactions plus limitées que celle de l'acide iodhydrique seul. Ce qui s'explique, attendu que la théorie montre que la présence du phosphore empêche l'action réductrice de l'acide iodhydrique de s'exercer au delà d'une certaine limite, sur les composés organiques.

Le phosphore, en effet, ne régénère l'acide iodhydrique aux

dépens de l'iode, que parce qu'il décompose l'eau avec formation d'acide phosphoreux. Mais, à une haute température, ce dernier corps est réduit lui-même par l'acide iodhydrique, avec formation d'hydrogène phosphoré. Il en résulte que l'acide iodhydrique se trouve en présence de deux corps réductibles : l'acide phosphoreux et le composé organique que l'on veut hydrogéner. Si celui-ci est le moins réductible, c'est-à-dire dégage moins de chaleur par sa réduction, on voit que l'acide phosphoreux devra se réduire exclusivement. C'est en effet ce qui arrive dans beaucoup de cas, pour la benzine en particulier. Dans ces conditions, le composé organique ne se réduit que jusqu'à une réaction limite, en raison du cycle spécial introduit par la présence du phosphore et de l'acide phosphoreux. En outre, la circonstance suivante vient entraver les applications techniques : la présence du phosphore a pour effet de développer dans les tubes scellés des pressions considérables, produites par l'hydrogène libre et l'hydrogène phosphoré; ces pressions augmentent indéfiniment, avec la durée des réactions, sans que les hydrogénations que l'on se propose puissent être effectuées jusqu'au bout, et elles finissent par causer l'explosion des tubes.

§ 7. — **Déplacements réciproques entre les métaux.**

1. Les déplacements réciproques entre les métaux combinés, soit à l'oxygène, soit au soufre, soit au chlore et aux autres éléments halogènes, dans les composés binaires, sont réglés en principe par le signe thermique de la réaction. En d'autres termes, un métal en déplace un autre dans sa combinaison avec un troisième élément, toutes les fois qu'il dégage plus de chaleur, en s'unissant avec le même élément. La réaction ne s'effectue pas toujours d'elle-même, mais avec le concours du travail préliminaire dû à l'échauffement. Par exemple, le plomb dégage $+ 25^{Cal},5$ en s'unissant à un équivalent d'oxygène pour former un protoxyde; tandis que le fer dégage $+ 34^{Cal},5$, en formant également un protoxyde : le fer devra donc déplacer, et il déplace en effet le plomb de sa combinaison avec l'oxygène :

comme il est facile de le vérifier, en chauffant la litharge avec de la limaille de fer.

De même le sodium dégage + 97^{Cal},3 en s'unissant à un équivalent de chlore pour former le chlorure de sodium ; tandis que le magnésium dégage seulement + 75^{Cal},5, en formant le chlorure de magnésium : le magnésium sera donc déplacé par le sodium dans le chlorure de magnésium fondu.

A la vérité, les chiffres ci-dessus sont rapportés à la température ordinaire, tandis que les réactions ont lieu seulement vers le rouge sombre; mais les différences sont trop fortes pour être compensées par quelque inégalité dans les chaleurs spécifiques ou dans les chaleurs de fusion, soit des éléments métalliques, soit de leurs composés binaires.

2. Ces déductions ne s'appliquent en toute rigueur que pour deux métaux qui forment avec l'élément antagoniste chacun un seul composé, non dissocié à la température de la réaction. Si l'un des composés est dissocié et qu'il réponde au maximum thermique, il se formera seulement dans la proportion où il pourrait exister à l'état isolé : un partage est donc possible dans cette condition (voy. p. 540). Il le sera surtout, si le métal forme deux composés, dont le plus riche en oxygène ou en chlore soit à la fois dissocié et corresponde au maximum thermique. Dans certains cas, il est d'ailleurs nécessaire de tenir compte des composés secondaires que l'élément négatif peut former avec les deux métaux simultanément ; ainsi que des combinaisons, alliages ou amalgames, que les deux métaux peuvent former entre eux, sans dégagement de chaleur.

Le principe général du travail maximum domine tous ces phénomènes ; il s'applique immédiatement dans les cas simples, et il sert de guide à la discussion dans les cas compliqués.

3. C'est en vertu du même principe que s'effectue le déplacement réciproque des métaux dans les dissolutions salines : qu'il s'agisse des sels haloïdes ou des composés plus compliqués. En général, l'état physique des métaux étant comparable à la température ordinaire, on pourra prévoir les réactions lorsque l'on connaîtra la somme des chaleurs dégagées, chacun des métaux

étant supposé uni d'abord à l'oxygène, puis l'oxyde résultant à l'acide étendu.

Ainsi l'argent est précipité par le cuivre dans les solutions étendues de sulfate d'argent, parce que la somme relative au cuivre l'emporte de $+17^{Cal},7$ sur la somme relative à l'argent :

$Ag + O = AgO$ dégage.......	$+ 3,5$	$Cu + O = CuO$.............	$+ 19,2$
$AgO + SO^4H$ étendu = SO^4Ag dissous.............	$+ 7,2$	$CuO + SO^4H$ étendu = SO^4Cu étendu...........	$+ 9,2$
Somme :	$+ 10,7$	Somme :	$+ 28,4$

De même, le cuivre déplace l'argent dans le nitrate d'argent étendu, en dégageant : $+ 26,7 - 8,7 = + 18^{Cal},0$.

Le cuivre sera à son tour précipité du sulfate de cuivre par le zinc ou par le fer, parce que la formation des sels de ces métaux, et notamment de leurs sulfates, dégage plus de chaleur.

$Zn + O = ZnO$ hydraté, dégage :	$+ 41,8$	$Fe + O = FeO$ hydraté, dégage :	$+ 34,5$
$ZnO + SO^4H$ étendu = SO^4Zn étendu, dégage............	$+ 11,7$	$FeO + SO^4H$ étendu = SO^4Fe étendu, dégage :	$+ 12,5$
	$+ 53,5$		$+ 47,0$

Or les chiffres $+ 47,0$ et $+ 53,5$, relatifs au fer et au zinc, l'emportent sur $+ 28,4$, relatif au cuivre.

4. Tels sont les phénomènes généraux. Ils sont conformes à la théorie chimique de la pile et à la proportionnalité entre les forces électromotrices et les quantités de chaleur mises en jeu dans les réactions qui développent ces forces (voy. tome Ier, page 156; et tome II, pages 327 à 329).

Cependant il y a certains cas où il convient de tenir compte :

Soit de la formation de deux oxydes différents d'un même métal ;

Soit de la réduction de l'acide par l'un des métaux mis en présence ;

Soit de la formation des hydrates salins, en proportion variable avec la concentration des liqueurs ;

Soit de la formation des sels doubles ;

Soit même du dédoublement partiel et inégal de chacun des sels métalliques en acide libre et base libre ; ou en sel acide et sel basique, dans les dissolutions ;

Soit, enfin, de la formation des alliages et amalgames, etc.

De là peuvent résulter certains déplacements, contraires à ceux que l'on aurait prévus d'après l'ordre des métaux rangés suivant une même série électro-chimique, réputée absolue et invariable.

5. Rappelons seulement à cet égard quelques observations caractéristiques, qui concernent les métaux alcalins. Le potassium, en se dissolvant dans l'eau ou dans les acides étendus, pour former la potasse ou les sels potassiques solubles, dégage à peu près + 4,7 de plus que le sodium formant les composés correspondant. Un excès analogue, quoique moins constant, caractérise la formation des composés solubles de ces deux métaux, soit avec les éléments halogènes, soit avec l'oxygène et l'eau simultanément (tome Ier, page 366 et suiv.). Il en résulte que le potassium déplace en général le sodium dans ses composés binaires, soit solides, soit mis en présence d'une petite quantité d'eau; ce déplacement ayant lieu avec dégagement de chaleur.

Mais il en est autrement, si l'on opère en présence du mercure, c'est-à-dire avec les amalgames alcalins. En effet, la formation de l'amalgame cristallisé de sodium $Hg^{12}Na$ dégage $+ 21^{Cal},6$; et celle de l'amalgame de potassium $Hg^{24}K$ cristallisé $+ 34^{Cal},2$ (1). L'écart, soit + 12,6, surpasse celui des chaleurs d'oxydation (+ 4,7) et analogues. Il en résulte que *les affinités relatives des deux métaux alcalins libres sont interverties dans leurs amalgames.*

C'est, en effet, ce que l'expérience confirme : le potassium est déplacé dans la potasse dissoute par le sodium amalgamé, d'après MM. Kraut et Popp; il l'est peu à peu et en totalité, avec formation de l'amalgame cristallisé $Hg^{24}K$. J'ai montré que ce déplacement, jusque-là réputé inexplicable, est la conséquence nécessaire de la perte d'énergie plus grande subie pour le potassium dans la formation de son amalgame.

Nous n'entrerons pas davantage dans la discussion de ces

(1) *Comptes rendus*, t. LXXXVIII, p. 1335.

complications, que la connaissance de l'état réel des combinaisons, mises en jeu au moment de la réaction, permet toujours d'interpréter conformément aux principes thermochimiques.

§ 8. — **Déplacements réciproques entre l'hydrogène et les métaux : Composés binaires.**

1. Ces déplacements obéissent aux mêmes règles générales que ceux des métaux les uns par les autres. Commençons par les oxydes; puis nous parlerons des chlorures et des composés congénères.

2. *Oxydes.* — On sait que l'eau est décomposée à froid par les métaux alcalins et alcalino-terreux. Mais aussi tous ces métaux développent, en s'unissant à un même poids d'oxygène, plus de chaleur que l'hydrogène (+ 34,5).

L'aluminium cependant ne décompose pas l'eau à froid, quoiqu'il dégage + 65,3 par 8 grammes d'oxygène combiné. Mais cette absence de réaction paraît due à une circonstance accessoire : l'insolubilité dans l'eau de l'alumine, qui recouvre aussitôt le métal d'une sorte de vernis. En effet, pour que la réaction s'effectue aussitôt, il suffit d'introduire dans la liqueur un chlorure soluble, capable de dissoudre l'alumine; ce qui s'opère avec un dégagement de chaleur propre, très faible d'ailleurs.

3. Quand l'écart thermique des chaleurs d'oxydation diminue, les oxydes étant d'ailleurs insolubles, comme il arrive par le manganèse (+ 47,4), le fer (+ 34, 5), le zinc (+ 41,8), la réaction ne s'opère plus qu'à la condition d'agir avec un métal très divisé, et même d'élever la température.

4. Dans la liste des métaux susceptibles de produire ces réactions, la limite même est difficile à préciser, tant à cause du ralentissement des actions que de cette autre circonstance souvent négligée, à savoir, que : l'état physique du métal et celui de l'hydrogène déplacé ne sont pas les mêmes, le premier étant solide et le second gazeux; circonstance qui diminuerait proba-

blement de 4 à 5 Calories la chaleur de formation de l'eau, comptée à partir de l'hydrogène solide. On arrive à un chiffre analogue, en opposant, d'une part, l'état solide du métal à celui de l'oxyde, et, d'autre part, l'état gazeux de l'eau à celui de l'hydrogène :

M solide + HO gaz = MO solide + H gaz.

La chaleur de formation de l'eau, ainsi comptée, se réduirait à + 29,5. Dès lors le nickel (+ 30,7), le cobalt (+ 32,0), le cadmium (+ 32,2), représenteraient la limite des métaux capables de décomposer l'eau avec formation d'oxyde. La décomposition de l'eau a lieu en effet avec de tels métaux, mais seulement vers le rouge. Ce dernier résultat est conforme à une remarque générale, d'après laquelle le travail préliminaire qui détermine une même réaction, envisagée dans une série de corps analogues, doit être d'autant plus grand, toutes choses égales d'ailleurs, que la chaleur dégagée par la réaction elle-même est moindre (voy. page 470).

5. Au-dessus de la température rouge, la prévision des effets devient plus difficile, à cause de la variation mal connue des chaleurs spécifiques; elle est aussi plus compliquée, à cause de l'état de dissociation de la vapeur d'eau et des oxydes métalliques. C'est ainsi que le plomb et l'argent semblent décomposer la vapeur d'eau ; mais ils ne produisent pas cet effet par leur seule énergie. En réalité, l'énergie calorifique qui dissocie l'eau concourt alors à la production du phénomène, et l'oxygène doit être mis en liberté par cette énergie, avant qu'il puisse se dissoudre dans le métal, comme il arrive avec l'argent; ou former un oxyde proprement dit, comme il arrive avec le plomb.

6. Réciproquement, l'hydrogène décompose au rouge sombre les oxydes métalliques dont la formation dégage moins de 30 à 35 Calories ; tels sont :

L'oxyde de plomb : Pb + O, dégage : + 25,5 ;
L'oxyde de cuivre : Cu + O, dégage : + 19,2, etc.

7. Cette réaction a lieu, comme on sait, même avec l'oxyde

de fer; les quantités de chaleur dégagée par l'oxydation du fer et de l'hydrogène étant à peu près les mêmes. Mais alors, comme il arrive fréquemment dans les cas où les valeurs thermiques sont très voisines, il se produit des équilibres : indice assuré de phénomènes de dissociation entre les divers degrés d'oxydation du fer, et peut-être aussi de leurs hydrates. De là résulte que les deux réactions inverses sont possibles : un courant de vapeur d'eau oxydant complètement le fer, parce qu'il entraîne à mesure l'hydrogène formé; tandis qu'un courant d'hydrogène réduit, non sans difficulté, l'oxyde de fer; toujours parce qu'il entraîne à mesure la vapeur d'eau formée.

8. *Chlorures.* — Les mêmes raisonnements et les mêmes déductions s'appliquent à la décomposition des hydracides par les métaux, aussi bien qu'à la réaction inverse, laquelle se produit dans un grand nombre de cas. Ceci mérite attention.

En effet, si l'on dresse la liste des chlorures métalliques, rangés dans l'ordre de leur chaleur de formation (tome Ier, p. 378), on est conduit à des conséquences qui ne s'accordent pas avec l'ancienne classification des métaux, disposés en sections suivant leur aptitude à décomposer l'eau pure et les acides avec dégagement d'hydrogène. D'après cette liste, la chaleur de formation de l'acide chlorhydrique gazeux depuis ses éléments, soit + 22,0, est surpassée par la chaleur de formation de tous les chlorures anhydres, même par celle des chlorures de plomb, de cuivre, de mercure et d'argent : l'or seul fait exception parmi les métaux usuels. Tous ces métaux, l'or excepté, devront donc décomposer le gaz chlorhydrique : la théorie thermique subit ainsi une nouvelle épreuve.

9. On pourrait objecter à cette conclusion que l'hydrogène et l'acide chlorhydrique, substances gazeuses, n'ont pas le même état physique que le métal et son chlorure, substances solides; il faudrait donc, pour rendre les produits vraiment comparables aux corps primitifs : soit ajouter à la chaleur de formation de l'acide chlorhydrique la différence entre la chaleur de solidification de ce gaz et celle de l'hydrogène, ce qui ramènerait tout à l'état solide; soit retrancher de la chaleur de formation du

chlorure métallique la différence entre la chaleur de vaporisation du chlorure et celle du métal, ce qui ramènerait tout à l'état gazeux.

Les données exactes de ces calculs nous font défaut ; mais, d'après les analogies, l'une ou l'autre de ces différences entre deux quantités de même ordre ne saurait représenter un nombre bien considérable (soit 4 ou 5 Calories, pour fixer les idées). Or les chaleurs de formation des chlorures alcalins et terreux, aussi bien que celles des chlorures des métaux du groupe du fer, de zinc, de cadmium, d'étain, pris dans l'état solide, sont comprises entre 105 et 40 Calories. Les chaleurs mêmes de formation du chlorure plombique (+ 41,4), du chlorure cuivreux (+ 33,1), du chlorure mercureux (+ 40,9), du chlorure argentique (+ 29,2), surpassent notablement celle de l'acide chlorhydrique (+ 22,0). Celles des chlorures palladeux (+ 26,3) et platineux (+ 22,6), formés en présence du chlorure de potassium, seraient l'une à la limite, l'autre moindre; en tenant compte à la fois de la correction précédente, et de cette circonstance que les chiffres qui les concernent comprennent, en surplus, la chaleur de formation du chlorure double.

10. D'après ces données, le gaz chlorhydrique, je le répète, doit être décomposé avec dégagement d'hydrogène par tous les métaux; à l'exception de l'or, du platine et probablement du palladium.

Or le fait est bien connu pour les métaux que l'on rangeait autrefois dans les trois premières sections. Quant au plomb, Berzelius indiquait déjà sa réaction sur l'acide chlorhydrique ; elle est facile à vérifier, même à froid, avec l'acide concentré, c'est-à-dire renfermant une certaine dose d'hydracide anhydre (page 153). Il en est de même du cuivre, quoique l'action soit plus lente; elle a été signalée par divers auteurs et je l'ai vérifiée à bien des reprises depuis vingt ans, toutes les fois que j'ai conservé, en présence du cuivre, les solutions acides de chlorure cuivreux destinées à absorber l'oxyde de carbone.

11. Entre le mercure et le gaz chlorhydrique, il n'y a pas d'action à la température ordinaire. Mais, comme il arrive souvent

en chimie, c'est une question de température. Pour le vérifier, j'ai rempli de gaz chlorhydrique pur et sec un tube de verre dur, j'ai ajouté un globule de mercure; j'ai scellé le tube à la lampe, je l'ai entouré d'une toile métallique, et je l'ai chauffé dans mes appareils ordinaires. L'attaque n'a lieu, ni à 200 degrés, comme je l'avais vu autrefois, ni à 340, ni même à 400; mais ell s'accomplit vers 550 à 600 degrés. Au bout de quelques heures de chauffe, la réaction devient appréciable : elle donne naissance à une trace de chlorure mercureux cristallisé (noircissant au contact de la potasse), ainsi qu'à de l'hydrogène en très petite quantité ($0^{cc},1$ avec 50 centimètres cubes de HCl), gaz que j'ai réussi cependant à isoler et à caractériser. Une dose si faible, produite à un point si voisin du ramollissement du verre, rend l'expérience fort délicate à reproduire. Voici une expérience plus nette : $13^{cc},5$ de mercure liquide et 48 centimètres cubes de gaz chlorhydrique sec, soit $30Hg^2 + HCl$, introduits dans un tube de verre très résistant, que l'on a scellé et chauffé aussi fortement que possible, ont fourni un peu plus d'un centimètre cube d'hydrogène. Ce qui répond à la décomposition d'un vingtième environ du gaz chlorhydrique.

On obtient des résultats non moins nets et plus faciles à reproduire, en faisant passer le gaz chlorhydrique sec, chargé de vapeur de mercure, à travers un tube de porcelaine chauffé à une température que j'évalue vers 800 ou 1000 degrés. Dans les conditions où j'opérais, il se dégageait une dose sensible d'hydrogène, soit près d'un demi-centimètre cube par minute, et cela indéfiniment; en même temps qu'il se condensait à l'extrémité froide du tube du chlorure mercureux. Dans des conditions identiques d'ailleurs, l'acide chlorhydrique n'a fourni aucun indice de dissociation, aucune trace d'hydrogène, même au bout de dix minutes.

La décomposition de l'acide chlorhydrique par le mercure n'est donc pas douteuse. Cette réaction prouve, pour le dire en passant, que le chlorure mercureux existe réellement dans l'état gazeux, à une température voisine de 800 degrés.

Cependant la réaction demeure fort incomplète, la majeure

partie du gaz chlorhydrique subsistant en présence d'un excès de mercure : sans aucun doute, à cause de l'état de dissociation partielle du chlorure mercureux en ses éléments; d'où résulte du chlore libre, qui s'unit à l'hydrogène et limite la réaction. Celle-ci n'en conserve pas moins sa signification au point de vue thermochimique; attendu que le gaz chlorhydrique ne donne aucun signe de dissociation, même vers 800 degrés.

Au contraire, l'état de dissociation du chlorure mercureux rend possible et même inévitable la réaction inverse, c'est-à-dire la régénération de l'acide chlorhydrique, au moyen de l'hydrogène libre et du chlorure mercureux. Je l'ai vérifiée dans un tube scellé à la lampe, et dans des conditions pareilles aux précédentes. La réaction commence même à une température plus basse, et l'on en observe quelques indices dès 340 degrés. Mais, dans tous les cas, cette réaction inverse est demeurée incomplète, ainsi qu'on devait s'y attendre.

12. Nous observons ici les deux réactions contraires, comme dans une multitude de cas analogues ; c'est-à-dire dans ces conditions de dissociation, dont nous devons la connaissance aux beaux travaux de M. H. Sainte-Claire Deville. Il suffirait d'éliminer les produits, ou de faire intervenir un excès, sans cesse renouvelé, de l'un des composants, pour que la réaction devînt totale, soit dans un sens, soit dans l'autre; c'est-à-dire pour que le mercure décomposât complètement une dose donnée d'acide chlorhydrique, ou pour que l'hydrogène décomposât complètement une dose donnée de chlorure mercureux. Autrefois on expliquait ces réactions inverses, si fréquentes dans la réaction de l'hydrogène sur les chlorures, oxydes, sulfures métalliques, par les conditions de masses relatives. Mais cette condition est insuffisante; il faut en faire intervenir une autre, dont cet ouvrage est destiné à montrer la nécessité. Les réactions chimiques, en effet, ne s'effectuent directement que si elles dégagent de la chaleur.

Quand tous les produits d'une réaction sont stables, dans des conditions données, la réaction s'opère suivant un sens unique, réglé par son signe thermique; sans qu'il y ait ni partage ni possibilité de réaction inverse (voy. page 439). La condition fondamentale, qui doit être remplie d'une manière nécessaire, pour que le partage et les réactions inverses, déterminées par la grandeur des masses relatives, deviennent possibles, est la suivante : il faut que l'un des produits soit en partie décomposé, soit par une dissociation proprement dite, s'il s'agit de composés anhydres binaires ou analogues, soit par un équilibre entre quatre substances antagonistes, comme il arrive pour les éthers et pour les sels dissous. Cette condition étant réalisée : *les deux actions inverses sont possibles, parce qu'elles s'effectuent toutes deux avec dégagement de chaleur;* ce qui est praticable, attendu qu'elles n'ont pas le même point de départ. Par exemple, d'une part, le mercure décompose l'acide chlorhydrique et forme du chlorure mercureux et de l'hydrogène, avec dégagement de chaleur, en vertu des nombres cités plus haut. Mais, d'autre part, le chlorure mercureux étant décomposé partiellement par la chaleur, son chlore, devenu libre, pourra réagir sur l'hydrogène libre pour régénérer l'acide chlorhydrique, toujours avec dégagement de chaleur. On voit clairement ici le rôle distinct de l'énergie étrangère développée par l'échauffement, et le rôle des énergies chimiques développées par la réaction des corps mis en présence (voy. page 444). Les mêmes principes s'appliquent aux autres expériences que je vais résumer.

13. L'argent et le gaz chlorhydrique pur, chauffés vers 500 à 550 degrés, réagissent avec formation d'hydrogène et d'un souschlorure, qui recouvre comme d'un vernis la surface de l'argent.

M. Boussingault a observé, il y a bien des années, cette décomposition du gaz chlorhydrique par l'argent (1); mais il opérait à la température du rouge vif, c'est-à-dire dans des conditions où la dissociation, ignorée à cette époque, du gaz chlorhydrique, pourrait intervenir dans le phénomène. Il n'en est pas de même dans mon expérience, le gaz chlorhydrique étant stable à 500 et même à 800 degrés.

Cependant j'ai observé que la réaction est limitée par la réac-

(1) *Annales de chimie et de physique*, 1re série, t. LIV, p. 260; 1833.

tion inverse : le chlorure d'argent sec étant réduit en grande partie par une quantité limitée d'hydrogène, avec formation d'acide chlorhydrique, dans les mêmes conditions expérimentales. Si l'hydrogène était sans cesse renouvelé, la réaction deviendrait totale; ce qui est conforme à l'observation courante des chimistes. Il y a encore ici quelque phénomène de dissociation du chlorure d'argent, analogue à celle du chlorure de mercure, et donnant lieu, par exemple, à du chlorure argenteux, Ag^2Cl, à du chlore libre et à du chlore argentique, entre lesquels se produirait un certain équilibre. Mais je n'insiste pas. L'existence du chlorure argenteux paraît établie par Rose, quoique sa chaleur de formation soit inconnue.

14. Le palladium n'a pas décomposé le gaz chlorhydrique vers 550 degrés, et le platine pas davantage : faits qui s'expliquent par l'infériorité des chaleurs de formation de leurs chlorures, et surtout par le défaut de stabilité de ces derniers corps, lesquels n'existent plus à la température nécessaire pour provoquer la réaction entre le gaz chlorhydrique et les métaux nobles dont nous parlons ici.

15. Telles sont mes observations sur la réaction entre l'acide chlorhydrique gazeux et les métaux, les corps étant anhydres. Si nous examinons maintenant ce qui se passe en présence de l'eau, c'est-à-dire avec l'acide chlorhydrique dissous, il faudra faire intervenir les nouvelles combinaisons résultant de l'action de l'eau, comme je l'ai établi ailleurs par une discussion détaillée (1), c'est-à-dire les hydrates définis et stables formés par l'acide chlorhydrique d'une part, par les chlorures métalliques de l'autre.

Quand l'acide chlorhydrique se trouve dissous dans une quantité d'eau suffisante pour former un hydrate stable et tel que cet hydracide n'offre plus une tension sensible, les chaleurs de formation réunies de l'acide chlorhydrique et de son hydrate donnent une valeur voisine de + 39 Calories : valeur (2) surpassée par

(1) *Annales de chimie et de physique*, 5e série, t. IV, p. 460 et 488. — Le présent volume, p. 149.

(2) Il conviendrait en outre de tenir compte du changement d'état de l'hydrogène, et de tout ramener à l'état solide, ainsi qu'il a été dit plus haut.

la chaleur de formation des chlorures hydratés des métaux alcalins terreux, des métaux du groupe du fer, du zinc, du cadmium, etc. Le plomb et l'étain sont à la limite; l'argent, le cuivre, le mercure, fournissent des valeurs bien moindres.

Toutes ces relations thermiques conduisent à des prévisions précises et qui sont d'accord avec les faits connus, relativement à l'attaque des métaux par l'acide chlorhydrique froid et étendu. Mais, si la quantité d'eau est moindre, ou la température plus haute, la liqueur pourra renfermer de l'acide anhydre (pages 149, 513), intervenant avec sa chaleur de formation propre; c'est-à-dire qu'il dégage en plus $+ 17^{Cal},4$ dans l'état gazeux, et un chiffre probablement voisin de $+ 10$ à $+ 12$ Calories, s'il est envisagé comme liquide (page 154) : ces chiffres expriment l'énergie perdue dans la formation de l'hydrate chlorhydrique. On comprend dès lors l'attaque du plomb et du cuivre par l'acide chlorhydrique concentré; on y reviendra. Quant au mercure et à l'argent, cette attaque n'a pas lieu à froid, et elle exige le concours d'un certain échauffement; au même titre que l'union de l'oxygène avec l'hydrogène (page 6), et un grand nombre de réactions analogues.

On retrouve donc ici, d'une manière générale, la conformité des résultats observés avec les principes thermiques.

16. *Sulfures*. — La théorie indique et l'expérience démontre des réactions analogues pour le gaz sulfhydrique. J'ai vérifié notamment qu'il est décomposé vers 550 degrés par l'argent et par le mercure, avec formation de sulfure métallique et d'hydrogène : fort abondant avec l'argent, en petite quantité avec le mercure.

Mais les réactions inverses se produisent également : les sulfures d'argent et de mercure secs fournissent avec l'hydrogène pur de l'hydrogène sulfuré et du métal, vers 550 degrés.

Cette réciprocité tient à l'état de dissociation, tant des sulfures métalliques que de l'hydrogène sulfuré lui-même, à la température des expériences. J'ai constaté en effet qu'à 550 degrés, l'hydrogène sulfuré fournit une petite quantité de soufre et d'hydrogène libre.

Le cuivre en excès décompose complètement l'hydrogène sulfuré gazeux à 500 degrés. Même à froid, il attaque lentement ce gaz sec, avec formation d'hydrogène. A 100 degrés, le dégagement d'hydrogène est assez rapide pour donner lieu à une expérience de cours. Avec l'hydrogène sulfuré dissous, l'action semble commencer sur le cuivre; mais elle s'arrête aussitôt par quelque influence secondaire, sans doute en raison de l'absence de contact. La réaction inverse (sulfure de cuivre et hydrogène) a lieu à 550 degrés; elle s'explique par la dissociation des sulfures de cuivre.

17. *Bromures et iodures.* — La conformité entre la théorie et l'expérience est plus frappante encore dans les réactions opérées sur les métaux par les acides bromhydrique et iodhydrique.

Non-seulement les métaux alcalins, les métaux terreux, ceux du groupe du fer et congénères attaquent à froid ces deux hydracides, avec dégagement d'hydrogène, et conformément aux valeurs thermiques :

H + I gaz...	— 0,8	H + Br gaz...	+ 13,5
M + I gaz...	de + 85 à + 28	M + Br gaz...	de + 160 à + 42

Mais l'écart entre les chaleurs de formation des deux hydracides et celles de leurs composés métalliques demeure bien plus grand pour le plomb, le cuivre, l'argent et le mercure, que dans le cas de l'acide chlorhydrique (voy. page 523) :

Pb + Br gaz........	+ 38,5	Pb + I gaz..........	+ 26,4
Cu^2 + Br gaz........	+ 30,0	Cu^2 + I gaz..........	+ 21,9
Hg^2 + Br gaz........	+ 39,2	Hg^2 + I gaz..........	+ 29,2
Ag + Br gaz........	+ 27,7	Ag + I gaz..........	+ 19,7

La décomposition des acides bromhydrique et iodhydrique par ces métaux doit donc être plus prompte et plus facile que celle de l'acide chlorhydrique. C'est ce que l'expérience vérifie.

On sait comment le gaz iodhydrique attaque à froid le mercure :

$$Hg^2 + HI = Hg^2I + H, \text{ dégage : } + 30,0.$$

M. H. Sainte-Claire Deville a observé une réaction semblable sur l'argent :

$$\text{Ag solide} + \text{HI gaz} = \text{AgI solide} + \text{H gaz, dégage : } + 16,7.$$

J'ai constaté moi-même, il y a bien des années, que l'acide bromhydrique est décomposé lentement et en totalité à froid par le mercure, avec dégagement d'hydrogène :

$$Hg^2 + HBr = Hg^2Br + H : +25,7.$$

Je viens de reconnaître qu'il en est de même pour l'argent : soit avec le gaz bromhydrique, soit avec une solution saturée de cet hydracide, toujours conformément aux prévisions thermiques. La dernière liqueur agit d'autant mieux, qu'elle dissout le bromure d'argent formé. Aussi produit-elle avec l'argent un dégagement assez rapide d'hydrogène. Le bromure d'argent, au contraire, n'est attaqué par l'hydrogène que très incomplètement à 550 degrés; et l'iodure d'argent résiste totalement, ou à peu près, toujours dans des tubes scellés.

§ 9. — Décomposition des acides étendus par les métaux, avec dégagement d'hydrogène.

1. *Les métaux qui décomposent l'eau à la température ordinaire* la décomposent aussi avec le concours d'un acide : ce qui se conçoit, la chaleur dégagée dans cette condition étant accrue d'une quantité égale à la chaleur de combinaison de l'oxyde avec l'acide.

2. La décomposition de l'eau par les métaux est également produite, ou accélérée, par la présence d'un alcali tel que la potasse, dans les cas où l'oxyde métallique se combine avec l'alcali : c'est là ce qui arrive pour les oxydes de zinc, d'aluminium et divers autres. La formation du nouveau composé concourt à déterminer la combinaison, parce qu'elle accroît la chaleur dégagée.

3. *Rôle de la pression.* — Observons ici que de telles réactions ne sauraient être arrêtées par un accroissement de pression, cette pression fût-elle due à l'hydrogène lui-même. La pression, en effet, ne saurait arrêter une réaction exothermique et non limitée par son inverse, c'est-à-dire en dehors des conditions d'équilibre et de dissociation (page 107) .Si l'on a cru parfois

que la pression arrêtait l'attaque des métaux, celle du zinc, par exemple, au moyen de l'acide sulfurique étendu, cela tenait au grand ralentissement éprouvé par la réaction, à cause de la difficulté des contacts. En effet, les causes qui ralentissent le dégagement de l'hydrogène dans cette réaction sont dues à des complications secondaires, indépendantes de l'affinité proprement dite. L'acide étant saturé au contact du zinc, l'attaque cesse, jusqu'à ce que les mouvements du liquide ou la diffusion aient ramené sur le même point une nouvelle proportion d'acide. Mais l'influence de la diffusion est lente, et les mouvements du liquide, déjà entravés par l'étroit diamètre des tubes susceptibles de résister aux grandes pressions développées, sont d'autant plus limités que le nombre et le volume des bulles gazeuses diminuent davantage. Or ce dernier volume décroît à mesure que la pression augmente. En outre, la petitesse des bulles augmentant les forces capillaires (1), l'hydrogène paraît former d'abord à la surface du zinc une sorte de couche superficielle et adhérente (2), comme il résulte des recherches des physiciens sur la polarisation des électrodes. L'agitation, le frottement, ou l'action du vide (3), sont nécessaires pour détacher cette couche d'hydrogène, qui tend à isoler le métal au sein du liquide acide.

Ce n'est donc pas la pression qui arrête directement le dégagement de l'hydrogène. Aussi celui-ci est-il plutôt ralenti qu'empêché absolument, et l'expérience faite dans des tubes scellés, avec un acide assez étendu pour dissoudre jusqu'à la fin le sulfate de zinc formé, se termine-t-elle invariablement, au bout d'un nombre de jours ou de mois suffisants, par la dissolution totale du métal ou par l'explosion des tubes.

4. Soient maintenant les métaux, incapables de décomposer l'eau dans les conditions ordinaires de température, mais qui

(1) Voyez les observations de M. d'Alméida, *Comptes rendus des séances de l'Académie des sciences*, t. LXVIII, p. 442 et 533.

(2) Peut-être se forme-t-il aussi quelque combinaison temporaire; mais ce serait toujours là le produit d'une affinité que la pression n'empêche point d'agir.

(3) Voyez la Note de M. de la Rive, *Annales de chimie et de physique*, 4e série, t. XVI, p. 428.

la décomposent au contraire avec le concours des acides étendus : ordre de phénomènes qui était attribué autrefois à l'affinité prédisposante (voy. page 454).

Tels sont d'abord les *métaux situés à la limite de ceux qui décomposent l'eau :* le nickel (+ 30,7), le cobalt (+ 32,0), le cadmium (+ 33,2), l'étain (+ 34,9) et même le fer (+ 34,5) et le zinc (+ 41,8). Leur chaleur d'oxydation est à la rigueur suffisante, comme il a été dit plus haut, pour compenser la chaleur de formation de l'eau (1). Aussi les deux derniers produisent-ils la réaction, quand ils sont très divisés ; ou bien quand on élève la température.

Cependant l'excès thermique étant très petit, il ne suffit pas en général pour fournir le travail préliminaire nécessaire à la provocation de la réaction (page 455). Ces faits ont déjà été rappelés dans le paragraphe précédent (page 522).

Mais fait-on intervenir les acides sulfurique ou chlorhydrique, la chaleur dégagée s'accroît de + 10 à + 12 Calories pour tous les métaux précédents (à l'exception de l'étain, pour lequel l'accroissement est de + 1,4 seulement avec l'acide chlorhydrique) ; par suite, toutes les réactions deviennent possibles et même faciles.

5. Dans cette condition, on peut déterminer des réactions qui ne s'effectueraient pas tout de suite, à l'aide d'un artifice indiqué par les théories électrochimiques : lequel consiste à rendre positif le métal que l'on veut attaquer, en formant un couple voltaïque par son assemblage avec un autre métal, négatif relativement à lui.

6. Arrivons aux *métaux incapables de décomposer l'eau par eux-mêmes.* Ce sont les métaux tels que leur chaleur d'oxydation est moindre que 30 à 31 Calories. Or, dans ce cas, la dose d'énergie nécessaire pour décomposer l'eau peut être atteinte par le concours de la chaleur produite dans l'union de la base avec un acide. Citons le thallium :

$$\text{Th} + \text{O} = \text{ThO, dégage : } + 21{,}0,$$

(1) Soit 34,5 — A ; A étant une quantité voisine de 4 à 5, et correspondant à la solidification de l'hydrogène, rendu ainsi comparable aux métaux.

quantité inférieure à + 30; aussi le thallium ne décompose-t-il pas l'eau. Mais, d'autre part :

ThO dissous + HCl très étendu = ThCl dissous, dégage : + 13,8.

La somme, soit + 34,8, représente bien l'énergie nécessaire à la décomposition de l'eau.

Le plomb est tout à la fois à la limite. En effet :

Pb + eau + O = PbO hydraté, dégage.......... + 26,7 } 34,4.
PbO + HCl étendu = PbCl dissous + HO, dégage : + 7,7 }

Cependant le dégagement de l'hydrogène au moyen du plomb et des acides minéraux étendus, quoique entravé par l'insolubilité des sels de plomb, peut à la rigueur être observé. Mais on le réalise très nettement avec un hydracide concentré, lequel renferme une certaine dose d'acide anhydre, fournissant en plus dans les phénomènes une quantité de chaleur égale à sa chaleur d'hydratation : ceci a été expliqué plus haut et à diverses reprises.

7. C'est aussi en vertu de cette énergie supplémentaire que le cuivre décompose lentement l'acide chlorhydrique concentré, avec dégagement d'hydrogène et formation de chlorure cuivreux.

Avec l'acide étendu, la réaction n'est pas possible, car

Cu^2 + O = Cu^2O, dégage...................... + 21,0 } 28,0.
Cu^2O + HCl étendu = Cu^2Cl + HO + eau, dégage : + 7,0 }

La chaleur totale dégagée demeure inférieure à la chaleur de formation de l'eau. L'acide étendu est en effet sans action.

Au contraire, si l'on emploie l'acide concentré, il convient d'ajouter à cette somme + 8 à + 10 Calories, correspondant à l'union de l'eau avec l'hydracide anhydre contenu dans la liqueur. On peut voir plus clairement le caractère réel de cette réaction, en opposant directement l'hydracide anhydre au cuivre métallique (voy. page 530) :

Cu^2 solide + HCl gaz = Cu^2Cl solide + H gaz,

réaction qui produirait + 11^{Cal},1.

8. Mêmes observations pour la réaction de l'argent sur l'acide iodhydrique concentré, acide que ce métal attaque avec

dégagement d'hydrogène. En présence de l'acide étendu, on aurait :

$$\left.\begin{array}{l}\text{Ag} + \text{O} = \text{AgO, dégage} \ldots\ldots\ldots\ldots\ldots + \ 3{,}5 \\ \text{AgO} + \text{HI étendu; AgI} + \text{HO (au début)} : + 28{,}3\end{array}\right\} 31{,}8 ;$$

somme qui représente tout au plus la limite de la quantité de chaleur nécessaire pour opérer la décomposition de l'eau.

Mais le dégagement d'hydrogène devient facile et immédiat, si l'on a recours à l'hydracide concentré, c'est-à-dire renfermant de l'hydracide anhydre, dont l'excès d'énergie concourt à la réaction (voy. page 531).

La chaleur dégagée est même accrue, parce que l'iodure d'argent se dissout dans l'acide iodhydrique concentré, en dégageant une nouvelle quantité de chaleur, supérieure à + 15 Calories. Il forme ainsi un composé nouveau, un iodhydrate acide : AgI,HI, susceptible de cristalliser.

C'est là un type des actions secondaires qui peuvent concourir avec le phénomène principal : soit pour l'activer, comme il arrive ici ; soit au contraire pour l'entraver, comme il en existe certains exemples.

9. La *formation des composés insolubles* donne lieu à diverses remarques. D'une part, elle ne répond à un dégagement de chaleur, défini à l'avance par la connaissance du résultat final, que si elle donne lieu à des produits cristallisés : tels que le chlorure de plomb, ou l'iodure de plomb. Si les corps insolubles sont amorphes, ils passent souvent par des états de cohésion successifs, à partir du premier moment de leur apparition, et ces états se succèdent avec des dégagements de chaleur propres (page 185). Ainsi l'iodure d'argent, précipité au moyen d'un iodure alcalin et du nitrate d'argent dissous, donne lieu à un dégagement de chaleur notable, et qui s'accroît rapidement de + 4^{Cal},0 environ. Disons même que ce dernier terme ne représente probablement pas la limite ultime des transformations lentes du composé solide ; pas plus que le premier terme ne représente exactement l'état initial, sous lequel la précipitation commence. Or, c'est cet état initial qui détermine la précipitation ; tandis que le travail de la redissolution corres-

pond à l'état final : les deux phénomènes ne sont donc pas exactement réciproques (voy. page 195).

10. Ce n'est pas tout : la question des travaux préliminaires qui déterminent les réactions joue un rôle important, toutes les fois que l'on dissout un corps solide, tel qu'un métal, dans un acide ; surtout quand le produit est également solide.

En effet, le travail préliminaire dépend de la cohésion propre du métal (voy. page 187). Le zinc, par exemple, n'est pas attaqué à froid par l'acide sulfurique étendu ; il convient de déterminer l'action, soit par l'échauffement, soit en touchant le zinc avec un autre métal constituant avec lui un élément de pile (page 533), etc. Cependant le produit de la réaction, c'est-à-dire le sulfate de zinc, est soluble dans l'eau.

11. *A fortiori*, ces difficultés existent-elles lorsque le produit de la réaction est insoluble, comme il arrive au chlorure de plomb, par exemple. Pour que la réaction continue, il faut que certaines conditions physiques faciles à entrevoir, mais assez difficiles à définir avec rigueur, soient remplies. Ces conditions se résument dans l'adhésion plus ou moins grande du produit formé à la surface du métal attaqué. On les comprendra mieux par l'exemple suivant, emprunté à un autre ordre de réactions. Le carbonate de baryte cristallisé n'est pas attaqué sensiblement par l'acide chlorhydrique moyennement concentré : ce qui se conçoit, en raison de la faible solubilité du chlorure de baryum dans le menstrue et de l'adhérence des premières portions de ce sel solide à la surface du carbonate de baryte. Au contraire, l'acide sulfurique étendu, qui forme du sulfate de baryte, également insoluble mais amorphe et non adhérent, attaque rapidement et complètement le carbonate de baryte.

Ce sont là des conditions d'ordre purement physiques, et cependant capables de ralentir ou de suspendre l'action chimique proprement dite, mais non de la renverser. Elles sont très manifestes dans l'attaque des métaux par le gaz sulfhydrique sec, lequel les ternit, c'est-à-dire agit sur presque tous à froid, mais d'une manière insensible ; les traces de sulfures formés d'abord constituent un vernis qui protège le reste. De même le sodium peut demeurer en présence de la vapeur de brome sans réaction notable, et pour des raisons semblables.

12. Ces réserves et ces remarques faites, il demeure établi par les développements précédents, que l'attaque des métaux par les acides vérifie le troisième principe; non-seulement d'une manière générale, mais plus nettement encore dans le détail des phénomènes soumis à une analyse méthodique.

On vérifie encore le principe, toutes les fois que les métaux, tels que le cuivre ou le plomb, inattaquables par les acides (acide sulfurique, chlorhydrique, acétique étendus, et même acide carbonique et vapeur d'eau), s'oxydent au contraire au contact de l'air, et forment des sels en présence de ces mêmes acides. En effet, c'est ici la chaleur d'oxydation du métal, jointe à celle que dégage l'union de l'oxyde avec l'acide, qui détermine la réaction; sans qu'il y ait dégagement d'hydrogène.

On vérifie également le principe, si l'on examine les réactions dans lesquelles les oxacides agissent sur les métaux, non plus pour échanger leur hydrogène, en formant des sels correspondants; mais pour oxyder les métaux, en fournissant, d'autre part, les produits de leur propre réduction. Ainsi font l'acide azotique et l'acide sulfureux, même étendus, l'acide sulfurique concentré, etc., etc.; mais nous n'entrerons pas dans le détail de ces réactions, dont la discussion est aisée en principe, quoique souvent minutieuse.

CHAPITRE III

DÉPLACEMENTS RÉCIPROQUES DES HYDRACIDES ENTRE EUX ET AVEC L'EAU

§ 1er. — Acides chlorhydrique, bromhydrique, iodhydrique opposés les uns aux autres.

1. Nous avons vu que le chlore déplace le brome dans les bromures, et l'iode dans les iodures, et que le brome déplace à son tour l'iode; le tout conformément à l'ordre de grandeur des quantités de chaleur dégagées par l'union directe de chacun de ces métalloïdes avec les métaux (page 474).

Mais, et c'est ici l'un des plus beaux triomphes de la théorie thermochimique, on peut aussi produire les réactions inverses. Il suffit d'opérer sur les métalloïdes, non pas libres, mais combinés avec l'hydrogène; le chlore ayant dans cette combinaison perdu une dose d'énergie beaucoup plus grande que les autres corps halogènes : ce qui permet de renverser les phénomènes.

En effet (1), l'acide bromhydrique décompose le chlorure d'argent et les chlorures alcalins; l'acide iodhydrique décompose de même les chlorures et les bromures d'argent et de métaux alcalins.

Opposition semblable entre l'oxygène et le soufre : le premier élément déplaçant le second dans un grand nombre de combinaisons; tandis que l'hydrogène sulfuré change au contraire en sulfures les oxydes métalliques.

(1) *Comptes rendus*, t. LXIV, p. 414; 1867. — *Annales de chimie et de physique*, 4e série, t. XVIII, p. 106. — Même recueil, 5e série, t. VI, p. 303. — Même recueil, 5e série, t. IV, p. 186, 194, 198, 494. — Même recueil, 4e série, t. XXX, p. 494. — Même recueil, 5e série, t. VI, p. 300; t. IV, p. 59 et 506. — Même recueil, 4e série, t. XXX, p. 514.

Or je vais montrer que ce renversement des phénomènes s'explique par le renversement du signe thermique des réactions, lequel résulte de la compensation suivante : le chlore dégage, en général, plus de chaleur que le brome, et celui-ci que l'iode, en s'unissant aux métaux et à l'hydrogène; tandis que l'acide iodhydrique dégage plus de chaleur que l'acide bromhydrique, et celui-ci que l'acide chlorhydrique, en se combinant avec l'oxyde d'argent et divers autres oxydes métalliques.

2. Supposons, par exemple, un mélange à équivalents égaux d'hydrogène, d'argent, de chlore et d'iode.

Ces corps peuvent donner naissance à deux systèmes :

Le premier, formé de..................... HCl + AgI;
Le second............................. HI + AgCl.

Voyons lequel de ces deux systèmes dégage le plus de chaleur, lorsqu'on les prépare par l'union des éléments libres.

1° Les corps étant anhydres,

Le premier système dégage : $+ 22^{Cal},0 + 14,3 = + 36^{Cal},3$;
Le second système : $- 6^{Cal},2 + 29^{Cal},2 = + 23$ Calories.

2° Les acides étant formés à l'état de dissolution étendue,

Le premier système dégage : $+ 39,3 + 13,8 = + 53,1$;
Le second................ $+ 13,2 + 29,4 = + 42,6$.

On voit que la formation du premier système dégage $+ 12^{Cal},6$ de plus que le second, dans le cas des corps anhydres; et $+ 10^{Cal},5$, dans le cas des acides hydratés.

C'est donc le second système qui se formera dans les deux cas.

D'après ces données, l'acide iodhydrique devra transformer le chlorure d'argent en iodure, avec formation d'acide chlorhydrique. C'est en effet ce que l'expérience vérifie. Si l'on met du chlorure d'argent dans de l'acide iodhydrique gazeux, le chlorure d'argent jaunit, en se transformant en iodure; surtout si l'on chauffe légèrement. La réaction peut s'exécuter d'une façon très nette, même lorsque les déplacements sont produits à équivalents égaux.

On peut reprendre cet iodure formé, et en déplacer l'iode par le chlore, au moyen d'une quantité proportionnelle de chlore; l'iode déplacé pouvant être manifesté au moyen du chloroforme. On manifeste ainsi sous les yeux d'un auditoire les deux déplacements inverses, prévus par la théorie.

Les mêmes réactions se produisent avec les acides dissous. Si l'on verse une solution d'acide iodhydrique sur du chlorure d'argent précipité, le chlorure jaunit instantanément; si, d'autre part, on verse une solution d'acide chlorhydrique sur l'iodure d'argent précipité, l'iodure ne subit pas de transformation apparente. Il est facile de s'assurer qu'il ne s'est rien produit en réalité dans ce dernier cas; tandis que la transformation a été complète dans le premier. En effet, si l'on filtre les deux liqueurs, après les avoir additionnées d'ammoniaque, on n'y trouve de chlorure d'argent dissous dans aucun cas : l'acide azotique n'y produisant qu'un précipité insensible, correspondant au degré de solubilité de l'iodure d'argent dans l'ammoniaque.

On voit donc que l'on peut déplacer le chlore par l'iode, à la condition de prendre l'iode d'abord combiné à l'hydrogène; la différence des chaleurs de formation des deux hydracides étant plus grande que celle des deux sels métalliques correspondants.

Ce résultat est général, c'est-à-dire que l'on peut déterminer ainsi la formation des composés iodés avec les composés chlorés et l'acide iodhydrique : soit en chimie minérale, soit en chimie organique.

3. Entrons dans quelques détails. On obtient aisément des résultats analogues avec les autres métaux.

Ainsi la chaleur de formation du protoiodure de mercure Hg^2I est $+24^{Cal},2$; celle du protochlorure de mercure, $+41^{Cal},3$. La différence $+17^{Cal},1$ étant plus petite que la différence $+22,8$ des chaleurs de formation des deux hydracides, les mêmes phénomènes devront se produire.

Si, en effet, nous mettons du protochlorure de mercure solide dans un flacon d'acide iodhydrique gazeux, il devient jaune, par suite de sa transformation en protoiodure. Nous pourrons inversement déplacer l'iode dans ce dernier sel, en le mettant en présence d'une quantité convenable de chlore : l'iode mis en liberté pourra être manifesté au moyen du chloroforme.

De même la chaleur de formation du biiodure de mercure HgI est $+ 17^{Cal},2$; celle du bichlorure de mercure $+ 31^{Cal},6$: la différence $+ 14^{Cal},4$ est encore plus petite que la différence des chaleurs de formation des hydracides, + 22,8; donc les mêmes déplacements seront possibles.

En effet, si l'on met en présence du bichlorure de mercure solide et de l'acide iodhydrique gazeux, on voit immédiatement le bichlorure de mercure se transformer en biiodure, en prenant la couleur rouge caractéristique de ce dernier. Le même déplacement se produit, si l'on verse dans une solution de bichlorure de mercure une solution d'acide iodhydrique : on obtient ainsi un précipité rouge de biiodure, soluble dans un excès d'acide iodhydrique.

La réaction actuelle est conforme aux lois de Berthollet. Mais ce n'est là qu'une coïncidence; car ces déplacements, ainsi que nous l'avons déjà observé plusieurs fois, se produisent tout aussi bien entre deux corps insolubles. On peut également obtenir des résultats contraires à ceux qui sont indiqués par les lois de Berthollet, comme le montre le déplacement de l'iode solide dans les iodures solides par le chlore gazeux; lequel devrait au contraire être chassé par l'iode dans les chlorures solides, en raison de son état propre gazeux.

La chaleur de formation de l'iodure de plomb est $+ 19^{Cal},8$, celle du chlorure de plomb $+ 41^{Cal},4$; la différence $+ 21^{Cal},6$ étant plus faible que celle des chaleurs de formation des acides chlorhydrique et iodhydrique, + 22,8, on devra par conséquent observer les mêmes phénomènes.

En fait, le chlorure de plomb en poudre, mis en présence du gaz acide iodhydrique, jaunit, en donnant naissance à l'iodure de plomb. Le chlore gazeux peut, par une réaction inverse, déplacer dans l'iodure ainsi formé l'iode, qu'on manifeste avec le chloroforme.

Le même déplacement se produit par la voie humide. Le chlorure de plomb précipité jaunit par l'addition de l'acide iodhydrique dissous, et se transforme en iodure.

4. Enfin les mêmes déplacements peuvent être produits avec les composés organiques.

Nous avons vu que dans l'éther iodhydrique, par exemple, C^4H^5I, on pouvait facilement remplacer l'iode par le chlore : quelques gouttes d'éther iodhydrique projetées dans un flacon de chlore produisent de l'éther chlorhydrique, avec mise en liberté d'iode et dégagement d'une grande quantité de chaleur. Or le déplacement inverse peut être produit avec l'éther chlorhydrique et l'acide iodhydrique. En effet, si l'on agite l'éther chlorhydrique avec de l'acide iodhydrique gazeux, cet éther se transforme lentement en éther iodhydrique : on peut distinguer ce dernier de l'éther chlorhydrique par sa densité plus grande que celle de l'eau. La même transformation se produit avec une solution saturée d'acide iodhydrique. Elle est plus nette et plus rapide, si l'on chauffe les corps à 100 degrés, dans un tube scellé.

Cependant il arrive souvent, dans cet ordre de réaction, qu'il se produit des composés mixtes, surtout avec les éthers polyatomiques : mais la chaleur dégagée n'est pas connue.

5. Les bromures métalliques donnent lieu à des phénomènes analogues; car l'acide iodhydrique décompose ces bromures et les transforme en iodures. De même l'acide bromhydrique change les chlorures en bromures.

On voit que l'on peut ainsi, au moyen des hydracides, obtenir les déplacements des éléments halogènes, inverses de ceux que l'on obtient avec les éléments libres; ces déplacements réciproques ayant été expliqués et même prévus à l'avance par la théorie thermochimique.

6. Jusqu'ici nous avons parlé surtout des réactions entre les corps anhydres et des sels formés par les métaux proprement dits : conditions dans lesquelles les réactions répondent à des dégagements de chaleur considérables. Ce qui rend la prévision valable, c'est qu'aucune réaction spéciale de l'eau ou d'un autre

corps, exercée sur quelqu'un des produits, n'intervient pour modifier cette prévision générale.

Il en est ainsi, du moins tant qu'on opère à la température ordinaire et sans évaporation. Le rôle spécial de l'eau ne s'exerce en effet que dans les cas où il existe un certain équilibre entre les composés solubles et leurs hydrates formés aux dépens des éléments de l'eau; or ces cas sont connus à l'avance (voy. p. 150, 161, 199, etc.). Tel est, par exemple, celui des sels acides ou basiques qui dérivent des acides polybasiques, ou à fonction mixte, sels que l'eau décompose partiellement en sels neutres proprement dits et en acide hydraté ou base hydratée libres. Or les acides chlorhydrique, bromhydrique, iodhydrique, étant monobasiques et simples par leur fonction, ne donnent lieu à rien de pareil dans les dissolutions de leurs sels alcalins.

Cependant, si l'on procédait par évaporation, l'équilibre qui existe entre l'eau, les hydracides anhydres et leurs hydrates définis, composés inégalement stables avec la température, pourrait intervenir et déterminer certaines réactions inverses, conformément à ce qui va être exposé.

7. Le partage d'une base alcaline, la potasse par exemple, entre deux hydracides, dans une dissolution, ne peut pas être prévu à première vue d'après les mêmes principes. En effet, les formations du chlorure, du bromure et de l'iodure de potassium dissous au moyen des hydrates étendus, dégagent à peu près la même quantité de chaleur. Il en est de même de la formation thermique des sels solides, laquelle d'ailleurs ne saurait être calculée d'une façon tout à fait rigoureuse, comme il conviendrait ici; attendu que les hydracides anhydres, aussi bien que leurs hydrates définis, ne sont pas tous connus sous la forme solide, seul terme absolument précis pour ce genre de comparaisons.

En fait, les deux actions inverses sont possibles, suivant que l'on opère par évaporation ou précipitation: je vais en développer les circonstances. J'ai fait agir chacun des trois hydracides sur les sels de potassium des deux autres, dans des proportions équivalentes connues, 20 parties d'eau environ se trouvant en présence de 1 partie de sel en poids. On évapore au bain-marie, et l'on dessèche à l'étuve ; la pesée du produit fournit les données d'un calcul propre à définir la proportion décomposée. Voici les chiffres obtenus :

KCl + 1,05 HBr a fourni......	0,67 KBr + 0,33 KCl.
KBr + 1,03 HCl.............	0,86 KBr + 0,14 KCl.
KBr + 7 HCl................	0,84 KBr + 0,16 KCl.
KCl + 2 HBr................	0,96 KBr.
KCl + 1,05 HI..............	0,75 KI + 0,25 KCl.
KI + 1,04 HCl..............	0,87 KI + 0,13 KCl.
KCl + 2 HI.................	0,98 KI.
KBr + 1,03 HI..............	0,60 KI + 0,40 Br.
KI + 1,03 HBr..............	0,62 KI + 0,38 KBr.
KBr + 2 HI.................	0,98 KI

Ces chiffres montrent qu'un excès d'acide iodhydrique déplace à peu près complètement les deux autres hydracides : l'écart entre 0,98 et 1,00 s'explique d'ailleurs, parce que l'iodure de potassium, chauffé en présence d'un acide et de l'air, perd toujours un peu d'iode.

L'acide bromhydrique en excès déplace de même presque entièrement l'acide chlorhydrique.

Mais les déplacements ne sont pas complets, lorsqu'on se borne à opérer à équivalents égaux : dans ce cas, il y a toujours partage, et les deux chiffres fournis par les actions réciproques, tout en demeurant voisins, ne sont pas identiques. Enfin, j'ai observé qu'un excès notable (7 équivalents) d'acide chlorhydrique ne déplace qu'une fraction d'acide bromhydrique à peine plus grande qu'un seul équivalent.

Cependant il m'a paru qu'en réitérant un grand nombre de fois les actions et les évaporations, on parvient à la longue à une élimination totale des acides bromhydrique et iodhydrique, même par l'acide chlorhydrique.

8. Toutes ces circonstances s'expliquent, en admettant que :

1° Les deux hydracides se partagent, suivant une certaine proportion, la base dans une solution froide et étendue.

2° Étant donnée la solution aqueuse étendue d'un hydracide isolé, l'eau s'évapore d'abord à peu près seule, en entraînant seulement une faible proportion d'hydracide; jusqu'au terme de concentration où il passe à la distillation un hydrate défini, ou plutôt un système où l'hydrate défini, l'eau et l'hydracide anhydre se font équilibre.

3° La tension des trois hydracides anhydres dans de semblables systèmes n'est pas la même : l'hydrate chlorhydrique étant le moins stable de tous à une température donnée, mais les hydrates bromhydrique et iodhydrique ayant des stabilités très voisines : ce sont là des faits d'expérience (voy. ce volume, page 150).

Cela posé, évaporons une dissolution qui renferme un chlorure alcalin, en présence d'un hydracide. L'acide chlorhydrique libre, qui subsiste après le partage, sera chassé pendant l'évaporation en quantité plus grande que l'autre hydracide; attendu qu'il possède, sous forme anhydre, une tension plus grande. Un excès convenable de l'autre hydracide suffira donc pour l'éliminer entièrement : ce que l'expérience confirme.

Cette conclusion s'applique même au cas où les deux tensions seraient peu différentes (bromure et acide iodhydrique). Dans cette dernière circonstance, d'ailleurs, il peut intervenir une autre influence.

En effet, les hydrates définis des trois hydracides, envisagés séparément et en soi, n'ont pas la même volatilité, et celle-ci décroît probablement, d'après les analogies tirées de la volatilité des éléments, et des composés chlorés, bromés et iodés correspondants; elle doit décroître, dis-je, de l'hydrate chlorhydrique à l'hydrate bromhydrique, puis à l'hydrate iodhydrique. Mais les hydrates, du moment qu'il y a partage préalable de la base entre eux, se déplaceront suivant l'ordre relatif de leur volatilité; attendu que le plus volatil s'élimine sans cesse et de préférence : ce qui empêche tout équilibre permanent.

Cependant, si l'on se borne à mettre en présence les deux hydracides à équivalents égaux, le sel qui subsistera après l'évaporation devra être un mélange, parce que, la tension de l'hydracide le moins volatil n'étant pas nulle, une portion s'évaporera en même temps que le plus volatil.

En raison de cette même circonstance, un grand excès de l'hydracide qui offre à la fois la moindre tension, sous forme anhydre, et le point d'ébullition le plus bas, sous forme d'hydrate, pourra cependant finir par déplacer les autres hydracides; surtout si l'on réitère plusieurs fois les traitements et les évaporations.

Même avec les sels d'argent, ce déplacement inverse est quelquefois possible. En effet la discussion approfondie des équilibres qui se produisent pendant l'évaporation montre que l'acide chlorhydrique anhydre (produit dans la liqueur en présence de l'eau et de son hydrate) tend à attaquer le bromure d'argent mis en contact avec lui, avec formation d'acide bromhydrique hydraté. La réaction inverse, c'est-à-dire l'attaque du bromure d'argent par l'acide chlorhydrique, est donc possible à la rigueur; pourvu que la chaleur absorbée dans la substitution d'un hydracide à l'autre, à l'état d'hydrates, ne soit pas trop grande pour être compensée par la chaleur dégagée lorsque l'acide chlorhydrique forme avec l'eau un hydrate défini. La très faible dose d'acide bromhydrique ainsi formé peut être éliminée ensuite par évaporation; de telle sorte que l'action réitérée de l'acide chlorhydrique concentré peut, à la rigueur et péniblement, produire un déplacement inverse.

9. L'existence d'un certain partage de la base alcaline, dès la température ordinaire, entre les deux hydracides, est attestée d'ailleurs par les réactions inverses de précipitation. En effet, si l'on verse de l'acide chlorhydrique concentré dans une solution saturée d'iodure de potassium, il se produit un précipité cristallin de chlorure de potassium. J'ai vérifié la nature de ce sel par l'analyse : après décantation et expression, il ne contient plus que des traces d'iode.

Le mécanisme de cette réaction est, je crois, le suivant : L'acide chlorhydrique partage d'abord la base avec l'acide iodhydrique; puis l'acide chlorhydrique anhydre, qui existe dans les solutions concentrées, s'empare de l'eau qui tenait en dissolution le chlorure de potassium et le précipite (voy. ce volume, page 150). L'équilibre étant dès lors détruit dans l'intérieur de la liqueur, il s'y reproduira une nouvelle dose de chlorure de potassium, qui se précipitera encore, et ainsi de suite. Si l'acide chlorhydrique est en excès suffisant, il séparera la presque totalité du potassium.

J'insiste sur ce mécanisme, et surtout sur le partage préalable qui précède la cristallisation du sel le moins soluble; attendu que ce partage me paraît se produire dans la plupart des circonstances où un sel se sépare dans un système salin complexe, en vertu de sa moindre solubilité : ce qui le prouve, c'est que cette séparation ne répond pas, en général, au point précis qui serait indiqué par le coefficient de solubilité du sel le moins soluble dans l'eau. Dans les cas les plus simples, elle a lieu pour une concentration plus grande, parce que la totalité du sel possible, d'après les équivalents, ne saurait prendre naissance là où il y a partage. Parfois cependant elle peut avoir lieu pour une concentration moindre : ce qui arrive dans les cas où les autres sels sont susceptibles de s'emparer d'une portion de l'eau pour former des hydrates définis, comme le fait l'acide chlorhydrique concentré lorsqu'il précipite le chlorure de potassium.

§ 2. — Déplacements réciproques entre l'acide chlorhydrique et l'acide cyanhydrique.

1. L'acide cyanhydrique est, à certains égards, comparable à l'acide chlorhydrique; ces deux acides, en effet, sont formés sans condensation, par l'union directe de l'hydrogène, à volumes égaux, l'un avec le chlore, l'autre avec le cyanogène; leurs sels alcalins sont isomorphes.

Cependant l'acide cyanhydrique est réputé un acide faible; il peut en effet être déplacé dans les cyanures alcalins dissous, par la plupart des acides et même par l'acide carbonique, lequel donne lieu, avec l'acide cyanhydrique, à des équilibres; ceux-ci étant déterminés en présence de l'eau, par l'état de séparation partielle entre chacun de ces acides et la base qu'il est censé saturer dans les dissolutions.

Mais, en réalité, cette notion vague de la force de l'acide cyanhydrique est purement relative : nous allons voir en effet que l'on peut à volonté déplacer l'acide cyanhydrique par l'acide chlorhydrique, ou déplacer l'acide chlorhydrique par l'acide cyanhydrique ; suivant les conditions de l'expérience, la nature des métaux et la concentration des hydracides.

C'est ce que fait prévoir la comparaison des quantités de chaleur dégagées par l'acide chlorhydrique et l'acide cyanhydrique, se combinant aux diverses bases. Opposons ces deux acides, par exemple, à la potasse et à l'oxyde de mercure.

Soit la potasse et l'oxyde de mercure, mis en présence des acides chlorhydrique et cyanhydrique, séparément :

		Cal.
HCl étendu	+ KO étendue, dégage :	+ 13,7
—	+ HgO précipité......	+ 9,5
HCy étendu	+ KO étendue, dégage :	+ 3,0
—	+ HgO précipité.......	+ 15,5

On peut tirer de la comparaison de ces nombres diverses conséquences :

1° La potasse doit précipiter l'oxyde de mercure contenu dans le chlorure, et former du chlorure de potassium, avec un dégagement de chaleur égal à + 4^{Cal},2 : ce que l'expérience vérifie exactement.

2° Une solution de cyanure de mercure ne doit pas être précipitée par la potasse ; tandis que l'oxyde de mercure doit au contraire, malgré son insolubilité, déplacer la potasse, base soluble, dans une solution de cyanure de potassium. Ces conséquences sont également vérifiées par l'expérience. En effet, une solution de cyanure de mercure étant mise en présence de la potasse, il ne se produit pas de précipité, et il n'y a pas de phénomène thermique sensible. Au contraire, l'oxyde de mercure, employé en proportion équivalente, se dissout dans le cyanure de potassium. Cette dissolution résulte bien du déplacement de la potasse; non-seulement elle est effectuée en proportion équivalente, mais elle dégage précisément +12 Calories, nombre égal à la différence entre les chaleurs de formation des cyanures de mercure et de potassium.

Ce fait, ainsi que beaucoup d'autres du même genre, dont la signification est précisée par la mesure des quantités de chaleur, se trouve absolument opposé aux lois de Berthollet.

3° Les nombres précédents permettent de prévoir maintenant les déplacements réciproques de l'acide chlorhydrique par l'acide cyanhydrique.

En effet, si dans une solution de cyanure de potassium on verse de l'acide chlorhydrique, ce dernier doit déplacer et déplace en effet aussitôt l'acide cyanhydrique, avec un dégagement de chaleur égal à $+ 10^{Cal},7$.

2. Mais c'est le déplacement inverse qui doit se produire, et qui se produit réellement avec les sels de mercure. L'expérience montre que le mélange d'une solution de cyanure de mercure avec l'acide chlorhydrique étendu ne produit pas de phénomène thermique; tandis que le mélange d'un équivalent de chlorure de mercure avec un équivalent d'acide cyanhydrique produit un dégagement de chaleur égal à + 6 Calories : ce qui est précisément la différence entre les chaleurs de formation du cyanure et du chlorure de mercure. En outre, lorsque l'équivalent d'acide cyanhydrique est ajouté graduellement et par fractions, les quantités de chaleur dégagées sont proportionnelles aux quantités d'acide cyanhydrique successivement ajoutées : ce qui montre que le dégagement de chaleur n'est pas dû à des actions secondaires, mais bien à un déplacement régulier. Enfin, la chaleur dégagée demeure la même dans des liqueurs un peu étendues, lorsqu'on fait varier la proportion de l'eau : ce qui achève de caractériser le phénomène.

Ainsi l'acide chlorhydrique étendu est déplacé par l'acide cyanhydrique, vis-à-vis de l'oxyde de mercure; tandis que la réaction opposée a lieu vis-à-vis de la potasse. L'acide cyanhydrique est donc plus fort que l'acide chlorhydrique étendu, vis-à-vis de l'oxyde de mercure; tandis que l'acide chlorhydrique est plus fort que l'acide cyanhydrique, vis-à-vis de la potasse. On voit ici que la notion de la force des acides est toute relative. Nous allons en donner une nouvelle preuve.

3. En effet, les phénomènes changent de signe, si l'on prend

les acides anhydres, c'est-à-dire les hydracides n'ayant pas perdu une partie de leur énergie par la dissolution.

HCl gaz. + HgO sol. = HgCl sol. + HO gaz., dégage : + $23^{Cal},5$
HCy gaz. + HgO sol. = HgCy sol. + HO gaz., dégage : + $18^{Cal},3$

Dans ces conditions, c'est l'acide cyanhydrique qui devra être déplacé en sens inverse par l'acide chlorhydrique, avec un dégagement de chaleur égal à $+5^{Cal},2$. Ce déplacement a lieu en réalité; il s'opère à froid et d'une manière immédiate. Sur ce déplacement même est fondée la préparation classique de l'acide cyanhydrique, par l'action réciproque de l'acide chlorhydrique gazeux et du cyanure de mercure.

De même le cyanure de mercure solide est décomposé par l'acide chlorhydrique concentré; décomposition due à la réaction de l'acide chlorhydrique anhydre contenu dans les liqueurs, ou formé sous l'influence de la chaleur; lequel possède, en plus, par rapport à l'acide hydraté, l'énergie que celui-ci a perdue en formant un hydrate défini, énergie dont la grandeur numérique est suffisante pour renverser la réaction.

4. J'appelle l'attention sur ces deux réactions inverses et sur leur mécanisme, lequel se retrouve dans une multitude d'autres circonstances où l'on compare les réactions des acides ou des alcalis concentrés avec celles des acides ou des alcalis étendus. C'est l'existence d'une certaine proportion d'acide anhydre (ou monohydraté pour les oxacides) dans les liqueurs concentrées, ou sa formation sous l'influence de la chaleur, qui détermine la réaction inverse; et cela en raison de l'excès d'énergie que l'acide anhydre (ou monohydraté) possède par rapport à l'hydrate acide, avec lequel il coexiste dans les liqueurs. Cet excès d'énergie mesure l'aptitude à produire la réaction inverse.

5. C'est là un point qui mérite d'être précisé davantage.

L'observation prouve, en effet, que la dose d'acide cyanhydrique dégagée du cyanure de mercure est proportionnelle à la dose d'acide chlorhydrique anhydre contenue dans la liqueur, cette dose pouvant être mesurée à l'avance par l'étude de la tension de cet hydracide. Au contraire, la décomposition du cyanure de mercure par l'acide chlorhydrique plus ou moins concentré ne saurait être, ni prévue dans son existence, ni mesurée dans sa limite, d'après la quantité de chaleur dégagée lors de la dilution de l'acide concentré, devenant en masse un acide étendu : mode de prévision qui a été proposé par divers auteurs. Un tel mode de prévision n'est pas justifié en principe, parce qu'il ne fait pas intervenir la formation des composés définis; c'est-à-dire qu'il ne distingue pas entre l'acide anhydre et ses hydrates divers dans les dissolutions. En fait, il conduit à des conclusions contraires à l'expérience.

En effet, l'observation prouve que dans les dissolutions étendues de cyanure de mercure, l'acide cyanhydrique déplace entièrement l'acide chlorhydrique, avec dégagement de + 6 Calories. Or une solution aqueuse d'acide chlorhydrique, saturée à zéro, dégage seulement + $4^{Cal},5$ lorsqu'on l'étend avec une grande quantité d'eau : une telle solution ne devrait donc pas être capable de décomposer le cyanure de mercure solide, si elle agissait simplement par sa chaleur de dilution, le chiffre 4,5 étant moindre que 6. Cependant l'observation montre que cette solution décompose réellement le cyanure de mercure, en dégageant près des deux tiers de l'acide cyanhydrique qu'il peut fournir : c'est la dose qui répond à l'acide chlorhydrique anhydre contenu dans la liqueur, lequel acide anhydre surpasse l'acide hydraté de toute l'énergie qui répond à sa chaleur d'hydratation, soit $17^{Cal},4$ — L; E étant la chaleur de liquéfaction du gaz chlorhydrique, quantité voisine de 6 Calories (voy. page 154). Citons encore le fait suivant. Le cyanure de mercure est décomposé à froid par une solution d'acide chlorhydrique, tant que la densité ne devient pas moindre que 1,10, laquelle répond à $HCl + 7H^2O^2$ environ. Or la dilution d'une telle solution chlorhydrique, laquelle exerce encore quelque réaction, dégage seulement + $1^{Cal},7$, quantité fort inférieure à + 6 Calories. Mais aussi cette solution limite renferme encore quelque trace d'acide anhydre, doué d'une tension appréciable.

La plupart des déplacements réciproques donnent lieu aux mêmes observations; la valeur brute de la chaleur totale dégagée par la dilution des acides ou des alcalis concentrés n'étant presque jamais suffisante pour fournir à l'intégralité du corps dissous l'énergie nécessaire au renversement des actions chimiques; tandis qu'une portion de ce même corps peut être métamorphosée par les acides ou les alcalis, en raison de l'énergie partielle correspondante à la dose des acides ou des bases qui n'est pas arrivée à l'état des hydrates les plus avancés (voy. pages 165 et 171).

§ 3. — Déplacements réciproques de l'acide sulfhydrique, opposé à l'acide chlorhydrique et aux autres acides.

1. Voici le tableau des quantités de chaleur dégagées par la réaction des acides chlorhydrique et sulfhydrique, dissous dans une grande quantité d'eau et réagissant sur les principales bases alcalines et métalliques :

				Cal.		Cal.
NaO	(1 éq. = 2 lit.)	+	HS(1 éq. = 8 lit.) :	+ 3,85 ;	+ HCl (1 éq. = 2 lit.) :	+ 13,7
AzH^3	(1 éq. = 2 lit.)	+	id.	+ 3,1 ;	+ HCl (1 éq. = 2 lit.) :	+ 12,45
BaO	(1 éq. = 5 lit.)	+	id.	+ 3,9 ;	+ HCl (1 éq. = 2 lit.) :	+ 13,85
MnO	(précipité)	+	id.	+ 5,1 ;	+ HCl (1 éq. = 4 lit.) :	+ 11,8
FeO	id.	+	id.	+ 7,3 ;	....	+ 10,7
ZnO	id.	+	id.	+ 9,6 ;	....	+ 9,8
PbO	id.	+	id.	+ 13,3 ;	(sel dissous).......	+ 7,7
CuO	id.	+	id.	+ 15,8 ;	....	+ 7,5
HgO	id.	+	id.	+ 24,35 ;	....	+ 9,45
AgO	id.	+	id.	+ 27,9 ;	(sel précipité)......	+ 20,6

2. *Sulfures alcalins et acide chlorhydrique étendu.* — Nous concluons d'abord de ces nombres que l'acide chlorhydrique étendu doit décomposer immédiatement et en totalité les sulfures de sodium, d'ammonium, de baryum dissous : ce que l'expérience confirme.

La chaleur dégagée s'élève à + 10 Calories environ, chiffre qui répond à un déplacement total.

Les mêmes conclusions s'appliquent aux sulfures alcalins, mis en présence des autres acides forts pris en solution étendue, tels que l'acide sulfurique, et même en présence de l'acide acétique.

C'est ce que confirment les mesures thermiques; d'après lesquelles la chaleur dégagée dans la réaction réelle est sensiblement égale à la différence des chaleurs de neutralisation, par la base alcaline, des deux acides mis en opposition :

KS,HS très étendu + HCl (1 éq. = 2 lit.), dégage : + 6,0.

3. Pour préciser davantage ce qui se passe dans cette circonstance, je ferai observer que la solution étendue d'un sulfure alcalin, formé par l'union de l'acide sulfhydrique et de la base à équivalents égaux, ne renferme pas, en réalité, l'acide et la base exactement combinés. Mais la composition de la liqueur répond sensiblement à celle d'un sulfhydrate de sulfure, mêlé avec une proportion équivalente d'alcali libre (*Annales de chimie et de physique*, 4e série, t. XXX, p. 508) :

$$2NaS \text{ dissous} = NaHS^2 \text{ dissous} + NaHO^2 \text{ dissous}.$$

En effet, dans les mesures thermiques, on observe seulement la chaleur dégagée par la réaction

$$NaO \text{ dissous} + H^2S^2 \text{ dissous} = NaHS^2 \text{ dissous} : + 7,7 ;$$

laquelle ne varie pas sensiblement, dans des liqueurs étendues, par l'addition d'un excès de soude, même considérable.

Le sulfhydrate de sulfure lui-même ne saurait être regardé comme un terme définitif d'équilibre; car l'action de l'eau, employée en quantité croissante, tend à le décomposer à son tour en alcali et acide libre; quoique la variation de la quantité combinée avec la proportion de l'eau soit bien plus lente pour le sulfhydrate que pour le sulfure neutre (page 271).

Cela posé, un acide fort, mis en présence d'un sulfure alcalin dissous, s'unira d'abord avec l'alcali libre que renferme la liqueur; puis il décomposera à son tour le sulfhydrate de sulfure. Je reviendrai sur ces deux termes successifs de la réaction, qui ne sont pas sans importance dans l'étude des sulfures métalliques.

4. *En l'absence de l'eau, la réaction des sulfures alcalins sur*

les acides forts donne lieu à des phénomènes pareils, phénomènes également prévus par la théorie.

Par exemple, le sulfhydrate solide : AzH^3,H^2S^2, est décomposé complètement par les acides chlorhydrique, acétique, formique gazeux. Ce fait pouvait être prévu ; car voici la chaleur dégagée dans la formation des sels solides correspondants, chacun envisagé depuis ses deux composants gazeux :

Sulfhydrate....	$AzH^3 + H^2S^2$	$= AzH^3,H^2S^2$, dégage.........	+ 23,0
Formiate.....	$AzH^3 + C^2H^2O^4$	$= AzH^3,C^2H^2O^4$	+ 29,0
Acétate.......	$AzH^3 + C^4H^4O^4$	$= AzH^3,C^4H^4O^4$	+ 28,2
Chlorhydrate...	$AzH^3 + HCl$	$= AzH^3,HCl$	+ 42,5

La formation du premier sel répond donc à un dégagement de chaleur bien moindre que celle des autres.

5. *Acides faibles et sulfures alcalins, en présence de l'eau.* — Les déductions que je viens de présenter ne sont rigoureusement vraies que pour les acides qui forment des sels stables en présence de l'eau. S'agit-il, au contraire, des *acides faibles,* comparables à l'acide sulfhydrique et formant de même des sels en partie décomposables par l'eau, tels que les acides carbonique, cyanhydrique (1), etc.? il doit se produire et il se produit en effet dans les liqueurs un certain partage de la base, entre l'acide sulfhydrique et l'acide antagoniste : attendu que la dissolution du sulfure alcalin doit être regardée en réalité comme renfermant à la fois un sulfhydrate réel, de l'acide sulfhydrique et de l'alcali libre. Ce dernier composé sera pris par le nouvel acide, dans la proportion qui répond à la stabilité du sel correspondant. Mais l'alcali libre ainsi éliminé se reproduira en partie, par une décomposition consécutive du sulfhydrate alcalin, lequel tend à reprendre son équilibre primitif en présence de l'eau : de là résulte une nouvelle proportion du second sel, et ces actions se poursuivront, jusqu'à ce qu'il se soit produit dans la liqueur un certain équilibre entre le sulf-

(1) L'acide acétique et les acides gras volatils sont à la limite ; les acétates alcalins et sels analogues éprouvant de la part de l'eau une décomposition légère, mais très sensible (voy. page 246).

hydrate, le nouveau sel, d'une part, et, d'autre part, l'eau et les portions des deux acides et de la base demeurées libres. Le thermomètre traduit ces partages prévus par la théorie, comme je m'en suis assuré par expérience.

Soient, par exemple, les acides sulfhydrique et carbonique :

$$2HS\ (1\ \text{éq.} = 16\ \text{lit.}) + C^2O^4KO,HO\ (1\ \text{éq.} = 4\ \text{lit.}) : \quad -2,9.$$

Le déplacement total répond à — 3,3 (1). On voit dès lors que l'acide sulfhydrique et l'acide carbonique, pris à équivalents égaux et mis en présence d'un demi-équivalent de potasse, se partagent la base : l'acide sulfhydrique prenant les 7 huitièmes environ de celle-ci.

Mais si l'on élimine l'un des acides, sous la forme gazeuse ou autrement ; tandis que l'on fait réagir une proportion croissante de l'autre acide : la formation du sel de ce dernier acide deviendra de plus en plus dominante, et même à la fin il subsistera seul dans les liqueurs.

Ces conclusions, déduites de la théorie des acides faibles, et corroborées par les mesures thermiques, sont exactement conformes aux observations qui ont été faites par les chimistes sur les déplacements réciproques de l'hydrogène sulfuré au moyen d'un excès d'acide carbonique, dans les sulfures alcalins, et de l'acide carbonique au moyen d'un excès d'hydrogène sulfuré, dans les carbonates alcalins.

6. *Sulfures métalliques.* — Les réactions que l'hydrogène sulfuré exerce sur les sels métalliques sont très diverses et souvent même opposées, suivant la nature des métaux, celle des acides, enfin suivant la concentration, le tout conforme à notre théorie.

L'acide chlorhydrique concentré attaque en général les sulfures métalliques, avec dégagement d'acide chlorhydrique et formation de chlorures. Inversement, l'acide sulfhydrique peut former dans les solutions étendues de certains chlorures métalliques des sulfures précipités, avec mise en liberté d'acide chlorhydrique. Il y a donc là deux actions inverses, qui corres-

(1) Chaleur négative, due aux phénomènes de dissociation qui se produisent dans les liqueurs, aux dépens des sels des acides faibles.

pondent à des états de concentration différents de l'acide chlorhydrique; c'est-à-dire à la différence d'énergie qui existe entre l'acide hydraté, existant seul dans les solutions étendues, et l'acide anhydre, existant en partie non combiné avec l'eau dans les solutions concentrées. En effet, nous allons voir que la concentration, qui correspond au changement de signe de ces deux réactions contraires, répond précisément à la formation de l'un des hydrates définis de l'acide chlorhydrique.

Avec certains métaux, tels que le plomb, le zinc, le manganèse, il se manifeste en outre des phénomènes d'équilibre, attribuables à la formation de composés intermédiaires (chlorosulfures, sulfhydrates de sulfures, etc.).

7. L'*hydrogène sulfuré précipite les solutions étendues* de plomb, de cuivre, de mercure, d'argent, et cette précipitation, si souvent utilisée dans l'analyse, est toujours accompagnée par un dégagement de chaleur. On observe les chiffres suivants :

Sel métallique (1 éq. = 2 à 4 lit.) + HS (1 éq. = 8 à 10 lit.), dégage :

AzO^6Pb........	+ 5,7;	$C^4H^3PbO^4$........	+ 6,7
SO^4Cu.........	+ 6,6;	$C^4H^3CuO^4$........	+ 9,5
AzO^6Ag........	+ 22,7;		
HgCl..........	+ 14,5;	HgCy...........	+ 8,9

8. Pour rendre l'état du sel plus comparable à celui du sulfure, on peut également calculer les réactions depuis l'*hydrogène sulfuré dissous* et les *sels solides* et *anhydres :* ce qui permet d'ailleurs d'y comprendre les sels insolubles. Le signe des résultats calculés pour les métaux précédents demeure le même. En effet, on trouve :

1° *Sels de plomb et de cuivre anhydres et solides :*

Sel métallique anhydre + HS (8 à 10 lit.) = acide étendu + sulfure précipité :

Avec $C^4H^3PbO^4$.............	+ 7,7
AzO^6Pb...............	+ 1,6
PbCl................	+ 3,7
SO^4Pb...............	+ 2,7
$C^4H^3CuO^4$.............	+ 10,7
CuCl................	+ 13 envir.
SO^4Cu...............	+ 14,7...

A la vérité, les sels de cuivre existent plutôt à l'état d'hydrates définis qu'à l'état anhydre, dans leurs solutions étendues. Mais cette circonstance introduite dans le calcul, c'est-à-dire la même réaction étant évaluée à partir des *hydrates salins cristallisés*, au lieu des sels anhydres, le signe des résultats n'est pas changé : le sulfate, le chlorure et l'acétate de cuivre, par exemple, dégagent encore des quantités de chaleur respectivement exprimées par + 6,5, + 8, et + 9,5.

2° De même les *sels de mercure anhydres* et l'hydrogène sulfuré dissous dégagent, d'après le calcul, en formant un sulfure et un acide dissous étendu :

Avec HgCl	+ 13,3
HgCy	+ 7,4
HgI	+ 1,0

L'expérience prouve que les trois réactions sont en effet réelles et totales. Seulement l'iodure de mercure exige un contact prolongé des liqueurs et un excès notable d'hydrogène sulfuré ; à cause de sa cohésion et aussi à cause d'un certain équilibre, dû à la production d'un iodosulfure intermédiaire, dont la chaleur de formation, si faible qu'elle soit, compense la quantité + 1,0.

3° Soient enfin les *sels d'argent solides*. Il n'y a rien de spécial pour les sels solubles, tels que l'azotate d'argent :

$$AzO^6Ag \text{ solide} + HS \text{ dissous} = AzO^6H \text{ étendu} + AgS : +17{,}0.$$

Mais les sels insolubles méritent une attention particulière. Comparons la chaleur dégagée par les divers hydracides, dans leur réunion avec l'oxyde d'argent. J'ai trouvé :

HS étendu	+	AgO précipité	= AgS	précipité	+ HO :	+ 27,8
HCl id.	+	id.	= AgCl	id.		+ 20,6 à + 20,9
HBr id.	+	id.	= AgBr	id.		+ 25,1 à + 25,5
HI id.	+	id.	= AgI	id.		+ 28,3 à + 31,8

Les variations observées ici dépendent de la cohésion des précipités, qui va croissant avec le temps.

Il résulte de ces nombres que l'hydrogène sulfuré dissous doit changer en sulfure le chlorure d'argent et le bromure d'argent :

ce que l'expérience confirme, aussi bien avec les chlorure et bromure récemment précipités, qu'avec les mêmes corps séchés à l'étuve. Seulement, dans le dernier cas, l'agglomération physique de ces substances pâteuses, et qui ont durci pendant la dessiccation, rend presque impossible une réaction complète.

L'iodure d'argent, au contraire, d'après les chiffres ci-dessus, semblerait devoir résister à l'hydrogène sulfuré. Cependant l'expérience indique un commencement d'attaque; mais avec formation d'un iodosulfure, qu'il ne paraît pas possible de changer complètement en sulfure. Il en est ainsi avec l'iodure d'argent récemment précipité, comme avec l'iodure séché à l'étuve. S'il est vrai qu'un grand excès d'iodure d'argent, agité avec une solution d'hydrogène sulfuré, en anéantit l'odeur; par contre, une solution concentrée d'iodure de potassium, additionnée d'un peu d'hydrogène sulfuré, puis d'une trace d'azotate d'argent, produit seulement au point de contact un précipité jaune, qui se redissout dans l'excès de la liqueur. Tous ces phénomènes traduisent des équilibres, qui me paraissent attribuables soit à l'iodosulfure, soit à un iodure double, et à la chaleur complémentaire développée par la formation de ces composés.

9. Examinons encore ce qui doit se passer en l'*absence de l'eau;* c'est-à-dire en opposant un *sel anhydre à l'hydrogène sulfuré gazeux*, avec mise en liberté de l'acide antagoniste sous forme gazeuse, afin de rendre comparable l'état des corps correspondants. Je ferai les calculs pour les acétates et pour les chlorures :

$$\left\{\begin{array}{ll} C^4H^3PbO^4 \text{ solide} + HS \text{ gaz} = C^4H^4O^4 \text{ gaz} + PbS\ldots\ldots & +3{,}3 \\ C^4H^3CuO^4 \text{ solide} + HS \text{ gaz} = C^4H^4O^4 \text{ gaz} + CuS\ldots\ldots & +6{,}6 \end{array}\right.$$

La réaction théorique demeure donc la même pour les acétates de plomb et de cuivre : ce que l'expérience confirme.

Au contraire, pour les chlorures de plomb, de cuivre et de mercure, le calcul indique des valeurs négatives :

$$\left\{\begin{array}{ll} PbCl \text{ solide} + HS \text{ gaz} = HCl \text{ gaz} + PbS\ldots\ldots & -11{,}3 \\ CuCl \text{ solide} + HS \text{ gaz} = HCl \text{ gaz} + CuS\ldots\ldots & -2{,}0 \\ HgCl \text{ solide} + HS \text{ gaz} = HCl \text{ gaz} + HgS\ldots\ldots & -1{,}7 \end{array}\right.$$

Insistons sur ces dernières valeurs : la question mérite d'être traitée dans un paragraphe spécial.

§ 4. — Renversement des réactions.

1. En effet, il résulte des nombres ci-dessus que l'on doit pouvoir réaliser les réactions contraires. En d'autres termes, l'hydrogène sulfuré décompose les chlorures de plomb, de cuivre et de mercure en solutions étendues; tandis que l'acide chlorhydrique anhydre doit décomposer en sens inverse les sulfures insolubles correspondants.

Cette décomposition doit avoir lieu d'ailleurs, non-seulement avec le gaz chlorhydrique, mais avec toute dissolution renfermant de l'acide chlorhydrique anhydre (acide fumant), et jusqu'au degré de dilution où cet acide est complètement transformé en hydrate défini, c'est-à-dire jusque vers la composition $HCl + 6{,}5$ à $7\,H^2O^2$.

Toute liqueur plus concentrée devra attaquer les sulfures précédents, et cela en vertu de l'excès total d'énergie du gaz chlorhydrique sur le gaz sulfhydrique dans la réaction envisagée; mais la réaction ayant lieu seulement aux dépens de la dose d'hydracide anhydre qui existe dans les liqueurs.

Arrivée à ce terme, c'est-à-dire la dose d'acide qui la dépassait étant épuisée, la réaction devra s'arrêter. Cette limite variant d'ailleurs avec la température, on conçoit l'influence d'une élévation de température sur les réactions produites par l'hydracide. En effet, l'élévation de température permettra d'effectuer à chaud, avec un acide d'une concentration déterminée, des réactions impossibles avec le même acide à une température plus basse; parce que la proportion d'acide anhydre qui existe dans la liqueur chaude est plus grande que dans la liqueur froide.

Mêmes calculs et mêmes prévisions pour les hydracides opposés au sulfure d'argent :

AgS (précipité)	$+ HCl$ gaz $= AgCl + HS$ gaz....	$+ 8{,}2$
Id.	$+ HBr$ gaz $= AgBr + HS$ gaz....	$+ 15{,}3$
Id.	$+ HBr$ gaz $= AgI + HS$ gaz....	$+ 21{,}3$

2. Ces prévisions théoriques sont confirmées par l'expérience. En effet, l'acide chlorhydrique fumant décompose à froid les sulfures de plomb, de cuivre, d'argent, de mercure, avec dégagement d'hydrogène sulfuré : je reviendrai tout à l'heure sur ces réactions, dont le détail mérite d'être discuté séparément.

De même les acides bromhydrique et iodhydrique fumants attaquent aussitôt le sulfure d'argent.

Les sulfures de plomb, d'argent, d'antimoine cristallisés (sulfures natifs) sont également attaqués par l'acide chlorhydrique fumant.

3. *Sulfure d'antimoine.* — Étudions de plus près le sulfure d'antimoine, soit naturel, soit artificiel, et la limite de concentration qui sépare la décomposition de ce sulfure par l'acide chlorhydrique de la réaction inverse. On sait que l'acide chlorhydrique concentré attaque le sulfure d'antimoine, avec dégagement d'acide sulfhydrique. Inversement, l'acide sulfhydrique, mêlé avec les solutions d'oxyde d'antimoine dans l'acide chlorhydrique étendu, y produit un précipité de sulfure d'antimoine, en mettant en liberté l'acide chlorhydrique.

Il se développe donc là deux actions contraires, dépendant de la concentration de l'acide chlorhydrique.

Les réactions inverses que je viens de signaler peuvent être mises en évidence d'une manière fort élégante. En effet, le sulfure métallique (plomb, cuivre, argent, antimoine), traité par l'acide chlorhydrique concentré, fournit une liqueur qui renferme à la fois un chlorure dissous, un excès d'acide chlorhydrique, et de l'hydrogène sulfuré, demeuré dissous en petite quantité. Si l'on étend peu à peu la liqueur avec de l'eau, sans attendre que le dernier gaz se soit dissipé dans l'atmosphère, la dilution ne tarde pas à atteindre le terme où la réaction se renverse, et l'on voit reparaître un précipité coloré, formé par le sulfure métallique précédemment dissous. C'est une jolie expérience de cours.

On peut se proposer de chercher par expérience la composition limite de l'acide chlorhydrique, pour laquelle se produit le changement de signe du phénomène. Prenons le sulfure d'antimoine : en ajoutant successivement de l'eau à l'acide chlorhydrique, on obtiendra une liqueur qui n'attaquera plus le sulfure d'antimoine. Inversement, on peut chercher la limite à laquelle une liqueur acide, qui n'attaque plus le sulfure d'antimoine et qui renferme cependant du chlorure d'antimoine dissous, cesse d'être précipitée par l'acide sulfhydrique gazeux (ce dernier acide devra être employé à l'état gazeux, pour ne pas changer la concentration). Or la limite de concentration ainsi déterminée est la même pour les deux actions inverses, et elle correspond sensiblement à la formule $HCl + 6H^2O^2$.

Avec une liqueur limite de ce genre, il est facile d'observer simultanément les deux phénomènes inverses : l'attaque du sulfure étant légèrement commencée dans le fond d'un verre à pied par l'acide chlorhydrique de composition limite, le sulfure se trouve reprécipité très sensiblement à la partie supérieure par l'acide sulfhydrique dissous ; cette précipitation inverse étant causée par une petite dilution de la liqueur supérieure, provenant, soit des réactions atmosphériques, soit de quelque autre cause.

Vérifions ces résultats par la mesure des quantités de chaleur mises en jeu dans la réaction. L'action de l'hydracide concentré sur le sulfure d'antimoine naturel est accompagnée par un refroidissement notable ; mais ce phénomène est dû à la production d'un corps gazeux, l'hydrogène sulfuré. En effet, la quantité de chaleur absorbée est inférieure à la chaleur de dissolution de ce dernier gaz, comme je m'en suis assuré. Le phénomène rapporté aux corps dissous, c'est-à-dire aux conditions mêmes dans lesquelles a lieu l'attaque du sulfure d'antimoine par l'acide chlorhydrique concentré, est donc, en réalité, exothermique.

Il l'est également, si on le rapporte aux deux acides sulfhydrique et chlorhydrique, pris dans l'état gazeux.

Si le phénomène observé avec l'acide chlorhydrique concentré et liquide change de signe thermique apparent, c'est donc en raison de la vaporisation de l'hydrogène sulfuré, c'est-à-dire d'un effet physique, endothermique et consécutif (page 447).

Ce n'est pas tout : j'ai trouvé encore, par des mesures calorimétriques comparatives, que la chaleur dégagée pendant l'attaque du sulfure d'antimoine par l'acide chlorhydrique concentré, avec formation d'hydrogène sulfuré dissous, est moindre que la chaleur dégagée dans la formation des hydrates stables du même hydracide, au moyen de l'eau et de l'hydracide anhydre.

Il résulte encore de ces mesures calorimétriques que le moment où la réaction cesse, et même se renverse, est celui où il n'existe plus d'acide chlorhydrique anhydre dans les liqueurs : conclusion conforme à celle à laquelle nous étions arrivé tout à l'heure par l'étude de la limite de concentration. Il en résulte également que les deux actions inverses, rapportées à un même état des corps correspondants, sont toutes deux exothermiques, parce qu'elles s'exercent entre des composés différents (voyez page 527).

4. *Sulfure de plomb.* — La galène est attaquée par l'acide chlorhydrique fumant, et le phénomène donne lieu à un dégagement de chaleur notable; malgré le changement d'état qui accompagne la production du gaz sulfuré.

Mais il y a plus, et nous observons ici des phénomènes tout particuliers. En effet, la galène est encore attaquée à froid par une solution chlorhydrique renfermant moitié plus d'eau que la limite qui répond à l'existence de l'hydracide anhydre. Avec le sulfure de plomb récemment précipité, l'attaque a lieu jusque vers $HCl + 20H^2O^2$.

Le renversement de la réaction et la régénération du sulfure de plomb par la dilution s'opèrent seulement dans une liqueur plus étendue, à partir de $40H^2O^2$ à peu près. En outre l'apparition du précipité ne se fait pas instantanément, mais parfois au bout de quelques minutes. Lorsque la proportion d'acide chlorhydrique est très grande et celle de l'hydrogène sulfuré petite, il se produit un précipité rougeâtre et transitoire (chlorosulfure), qui noircit bientôt.

Ces circonstances délicates accusent des équilibres spéciaux entre les acides chlorhydrique et sulfhydrique, le sulfure et le chlorure de plomb : équilibres déterminés par la proportion de l'eau; c'est-à-dire qu'il s'agit ici de réactions propres aux sels de plomb et fondées sur l'existence de quelque chlorosulfure ou sulfhydrate de sulfure, dont la chaleur de formation est probablement intermédiaire entre celle du chlorure et celle du sulfure. Ces composés spéciaux sont décomposables par l'eau d'une façon progressive, à la façon des sels doubles et des sels acides (pages 317 et 323), et c'est leur degré de décomposition qui règle le phénomène. Nous allons retrouver des phénomènes d'équilibre analogues pour d'autres sels métalliques.

5. *Sulfure de mercure.* — Si l'on verse de l'acide sulfhydrique dans une solution saturée de bichlorure de mercure, il se forme, non sans dégagement notable de chaleur, un précipité d'abord blanc, puis rouge, et qui finit par devenir noir, en se changeant en sulfure. Mais ce sulfure retient en général une petite quantité de certains oxychlorures intermédiaires, qui se sont formés successivement. On sait que pour doser le mercure à l'état de sulfure, il convient d'opérer en présence d'un excès d'acide sulfhydrique, et de verser la solution du sel de mercure dans ce dernier, au lieu de faire l'inverse.

Sans entrer dans le détail minutieux de ces formations, la théorie montre que la réaction la plus générale peut être renversée, suivant la concentration. En effet, la formation du sulfure de mercure, avec le chlorure de mercure et l'acide sulfhydrique, dégage $+ 14^{Cal},5$, si ces corps sont dissous ; elle absorberait au contraire $- 1^{Cal},7$, si le sel était solide et les acides gazeux. C'est donc la réaction inverse qui se produira dans ce dernier cas, en dégageant $+ 1^{Cal},7$: ce que l'expérience vérifie.

On voit aussi que la même réaction sera possible avec l'acide chlorhydrique dissous, mais très concentré, c'est-à-dire renfermant de l'acide anhydre.

Le passage entre les deux réactions inverses est d'ailleurs marqué par certains équilibres et par la formation de chlorosulfures intermédiaires, comme il a été dit plus haut.

Réciproquement, l'eau en excès précipite le sulfure de mercure, dans le liquide provenant de l'attaque de ce sulfure par l'acide chlorhydrique, et renfermant de l'hydrogène sulfuré.

6. *Sulfure d'argent.* — L'acétate d'argent dissous et l'acide

sulfhydrique dégagent + $22^{Cal},7$, en formant du sulfure d'argent; cette quantité de chaleur est trop considérable, et la chaleur de dilution de l'acide acétique trop faible pour que la réaction inverse puisse se produire.

Au contraire, le sulfure d'argent et l'acide chlorhydrique gazeux donnent du chlorure d'argent et du gaz sulfhydrique, en dégageant + $8^{Cal},2$; quantité de chaleur qui n'est pas extrêmement considérable, par rapport à celles qui sont dégagées par les autres sulfures. Le sulfure d'argent pourra aussi être attaqué par l'acide chlorhydrique dissous, renfermant de l'acide anhydre; c'est, en effet, ce que l'on constate, le sulfure d'argent étant attaqué avec effervescence par l'acide chlorhydrique concentré. Mais l'acide $HCl + 6H^2O^2$ ne l'attaque plus, c'est-à-dire que l'hydrate efficace serait ici $HCl + 2H^2O^2$, ou un corps analogue; à moins qu'il ne se produise encore quelque chlorosulfure intermédiaire.

Ces divers faits, ces réactions inverses s'expliquent, je le répète, de la façon la plus nette, par l'existence de certains chlorosulfures et de certains hydrates de l'acide chlorhydrique, formés avec des quantités de chaleur inégales, et capables par conséquent de produire des réactions différentes; l'énergie relative de l'hydracide diminuant avec la dose d'eau combinée.

Les réactions suivantes dépendent surtout de la nature propre des métaux et de la dissociation des sulfhydrates de sulfure qu'ils engendrent.

7. *Phénomènes d'équilibre.* — C'est avec les sels de zinc, de protoxyde de fer et de manganèse que les phénomènes d'équilibre se manifestent principalement.

Soient d'abord les *sels de zinc.* On sait que l'acétate de zinc est précipité complètement par l'hydrogène sulfuré ; le chlorure et le sulfate neutre le sont partiellement. La présence des acides chlorhydrique ou sulfurique empêche le précipité, parce qu'ils dissolvent le sulfure; ce que ne fait pas l'acide acétique.

Voici les phénomènes thermiques correspondants :

1° Acétate. $\begin{cases} C^4H^3ZnO^4 \text{ (1 équiv.} = 2 \text{ lit.)} + HS \text{ (1 équiv.} = 10 \text{ lit.)} : & +\ 1,81 \\ C^4H^3ZnO^4 \text{ sec} + HS \text{ gaz} = C^4H^4O^4 \text{ gaz} + ZnS \ldots\ldots\ldots & +\ 3,0 \end{cases}$

Les deux réactions sont ici nécessaires; ce que l'expérience confirme.

2° Chlorure. { ZnCl dissous + HS dissous = HCl étendu + ZnS : — 0,2
ZnCl anhydre + HS gaz = HCl gaz + ZnS : — 7,7 }

La deuxième réaction est impossible (sauf la production de quelque chlorosulfure?); mais la première peut devenir possible, moyennant la plus légère influence, susceptible de mettre en jeu une énergie auxiliaire.

3° Sulfate. SO^4Zn dissous + HS dissous = SO^4H étendu + ZnS : — 2,1.

Il semblerait, d'après ce chiffre, que la réaction ne dût pas avoir lieu. Cependant, en fait, elle s'opère, quoique incomplètement, et cela avec une absorption de chaleur prévue par la théorie. J'ai trouvé en effet, en mélangeant les deux dissolutions,

SO^4Zn (1 équiv. = 2 lit.) + HS (1 équiv. = 10 lit.),

que ce système donne lieu à un précipité de sulfure de zinc, avec une absorption de chaleur, laquelle s'accroît, peu à peu, de — 0,8 à — 1,10 et au delà. Mais il suffit d'aciduler fortement les liqueurs par l'acide sulfurique, pour empêcher le précipité. Or cette circonstance fournit l'explication de la réaction.

En effet, je l'attribue à l'influence chimique du dissolvant, combinée avec la formation de quelque dose de sulfhydrate.

Attachons-nous d'abord à la première influence. Les sels neutres de zinc éprouvent, sous l'influence de l'eau, une décomposition partielle, qui les transforme en sels basiques et sels acides, coexistant au sein d'une même liqueur. J'ai déjà invoqué cette réaction dans l'étude des sels métalliques (pages 276, 281, 315). Avec l'acétate de zinc, la réaction de l'eau sur le sel est évidente, car elle se traduit par la séparation lente du sel basique dans les solutions étendues.

Or j'ai trouvé par expérience que la formation des sels basiques, à partir des sels neutres dissous et des oxydes, dégage d'ordinaire fort peu de chaleur (pages 282; 316). Dès lors le sel basique, traité par l'hydrogène sulfuré, devra se décomposer en sulfure et en sel neutre, en dégageant une quantité de chaleur voisine de celle qui répondrait à la réaction de l'hydrogène sulfuré sur l'oxyde libre qu'il renferme en excès.

Mais le sel neutre ainsi régénéré, se trouvant en présence de l'eau, éprouve une nouvelle décomposition partielle, qui le résout, en sel acide, lequel s'ajoute au sel analogue préexistant, et en sel basique. Ce dernier est de nouveau détruit par l'hydrogène sulfuré, avec reproduction partielle du sel neutre; et l'action continue, jusqu'à ce que la liqueur renferme un excès d'acide sulfurique, suffisant pour produire un équilibre qui prévienne toute décomposition ultérieure du sel neutre par l'action de l'eau.

C'est donc l'action décomposante de l'eau sur le sel neutre qui est l'origine de l'absorption de chaleur observée ; précisément comme dans les doubles décompositions qui ont lieu lorsqu'on oppose les sels dissous formés par les acides forts unis avec les bases faibles, aux sels que forment les acides faibles unis aux bases fortes (voy. plus loin).

Si je n'ai pas parlé tout d'abord de cette action décomposante de l'eau à l'occasion des sels de cuivre, de plomb, etc., opposés à l'hydrogène sulfuré, c'est que les effets qui lui sont dus et qui se produisent aussi dans cette circonstance concourent dans le même sens que la réaction directe pour former les sulfures.

Il conviendrait de compléter cette explication, en signalant le sulfhydrate de sulfure de zinc et sa dissociation ; on va y revenir tout à l'heure.

8. *Sels de manganèse.*—L'hydrogène sulfuré ne devrait décomposer, en principe, aucun sel manganeux. En effet, j'ai trouvé :

MnO (précipité)	+ SO^4H	(étendu)............	+ 13,5
id.	+ HCl	id.	+ 11,8
id.	+ $C^4H^4O^4$	id.	+ 11,0
id.	+ HS	id.	+ 5,1

D'après ces données, la réaction de l'hydrogène sulfuré sur les sels manganeux, étant calculée, soit pour les sels dissous, soit même pour l'acétate anhydre et les acides gazeux, répond dans tous les cas à une absorption de chaleur.

Réciproquement, le sulfure manganeux doit se dissoudre dans les acides étendus avec dégagement de chaleur.

Les mêmes déductions s'appliquent aux sels ferreux, et elles se vérifient dans la plupart des cas.

Cependant il n'en est pas toujours ainsi. L'hydrogène sulfuré attaque en fait l'acétate de manganèse dissous, avec précipitation sensible de sulfure de manganèse; ce phénomène se produit d'ailleurs avec absorption de chaleur. Exposons d'abord les faits. Soit le mélange des deux dissolutions :

$$C^4H^3MnO^4 \text{ (1 équiv.} = 2 \text{ lit.)} + HS \text{ (1 équiv.} = 10 \text{ lit.)}.$$

La liqueur, d'abord transparente, blanchit au bout d'un quart de minute; le précipité augmente et devient rosé; l'absorption de chaleur qui se produit s'accroît peu à peu. Au bout de six minutes, j'ai trouvé $-1^{Cal},0$; mais l'action se prolonge ensuite indéfiniment. La liqueur, filtrée tout d'abord, renferme à la fois de l'hydrogène sulfuré et un sel manganeux. Elle se trouble presque aussitôt d'elle-même ; ou mieux par une nouvelle dose d'hydrogène sulfuré.

D'autre part, le sulfure manganeux qui vient d'être formé est susceptible de se redissoudre dans un excès d'acide acétique. C'est pourquoi cet acide, ajouté à l'avance, en empêche la précipitation.

Ces diverses circonstances, analogues à celles qui se produisent avec le sulfate de zinc, traduisent l'existence des équilibres complexes qui se produisent entre l'eau, les acides acétique, sulfhydrique et l'oxyde de manganèse. Ils paraissent de même répondre à la présence d'un peu d'acétate manganeux basique dans les liqueurs; sel produit par l'effet de la décomposition partielle que le sel neutre éprouve sous l'influence de l'eau dans ses dissolutions.

9. En outre, divers faits portent à croire que le manganèse et le zinc, dont les oxydes sont si voisins de la magnésie, forment aussi quelque proportion de *sulfhydrates de sulfures solubles :*

$$MnS,HS; \ldots; \quad ZnS,HS;$$

comparables aux sulfhydrates alcalins. Ces sulfhydrates seraient décomposables peu à peu, sous l'influence de l'eau, en hydrogène sulfuré, qui se dissout, et sulfure métallique, qui se précipite. Enfin la chaleur dégagée dans la formation de ces composés surpasserait, d'après les analogies, celle de l'acétate manganeux, sans atteindre pourtant jusqu'à celle du chlorure ou du sulfate. Le formiate manganeux, intermédiaire entre le sulfate et l'acétate par sa chaleur de formation à l'état solide, depuis l'acide et la base solide (voy. le volume Ier, page 365), représente, en effet, la limite de réaction de l'hydrogène sulfuré : ses dissolutions n'éprouvent qu'un léger indice de précipitation.

10. En dehors de ces conditions d'équilibre, développées par des énergies indépendantes de la réaction principale, toutes les fois, dis-je, que de telles conditions d'équilibre ne sont pas en jeu, c'est le signe thermique de la réaction fondamentale qui détermine les phénomènes : aussi bien lorsqu'on précipite les sulfures métalliques par l'hydrogène sulfuré ou les sulfures alcalins dans les solutions étendues, que lorsqu'on réalise les décompositions inverses des sulfures métalliques par les acides concentrés.

§ 5. — Déplacements réciproques entre l'eau et les hydracides. Acide chlorhydrique.

1. Un gramme d'hydrogène dégage, en s'unissant avec l'oxygène pour former de l'eau liquide, $+ 34^{Cal},5$; tandis que l'union de l'hydrogène avec le chlore en présence de l'eau, pour constituer l'acide chlorhydrique étendu, dégage $+ 39^{Cal},3$. Dans ces conditions, la chaleur de formation de l'acide chlorhydrique surpasse celle de l'eau. C'est pourquoi les chlorures acides devront être décomposés par l'eau, avec formation d'acide chlorhydrique et d'un oxacide; toutes les fois que la chaleur dégagée par l'union du chlore avec le métal et le métalloïde constitutif du chlorure acide ne dépassera pas la chaleur dégagée par l'union du même radical avec l'oxygène, je dis d'une quantité

supérieure à $+ 39^{Cal},3 - 34^{Cal},5 = + 4^{Cal},8$ (pour chaque équivalent de chlore substitué).

2. *Chlorures acides.* — C'est ce qui arrive, par exemple, pour tout chlorure acide tel, que le chlore dégage dans sa formation une quantité de chaleur moindre que l'oxygène dans la formation de l'acide correspondant, cet acide étant dissous dans une grande quantité d'eau. Il en sera même ainsi, si les quantités de chaleur sont égales ou à peu près; mais, dans ce cas, les actions deviennent souvent plus lentes, et sont ordinairement accompagnées par la formation d'oxychlorures ou d'hydrates intermédiaires.

On peut vérifier ces relations, en étudiant l'action de l'eau sur les chlorures des métalloïdes et des métaux acidifiables, tels que les chlorures phosphoreux et phosphorique, l'oxychlorure de phosphore, les chlorures d'arsenic, d'antimoine, d'étain, de silicium, de bore, l'oxychlorure de carbone, etc.

En effet :

				Cal.
$Ph + Cl^5$ dégage	+ 107,8	$Ph + O^5$ + eau, formant l'acide dissous		+ 202,7
$Ph + Cl^3$	+ 75,8	$Ph + O^3$ + eau	id.	+ 125,0
$Ph + Cl^3 + O^2$ ..	+ 142,4	$Ph + O^5$ + eau	id.	+ 202,7
$As + Cl^3$	+ 69,4	$As + O^3$ + eau	id.	+ 73,5
$Sb + Cl^3$	+ 86,3	$Sb + O^3$	id.	env. + 84,0
$Sn + Cl^2$	+ 64,6	$Sn + O^2$	id.	+ 67,6
$Si + Cl^4$	+ 157,6	$Si + O^4$	id.	+ 207,4
$B + Cl^3$	+ 108,5	$B + O^3$	id.	+ 159,9
$CO + Cl$	+ 9,4	$CO + O$	id.	+ 36,9

A la vérité, il y aurait lieu à faire quelques distinctions dans cette liste : l'état physique du chlorure, qui est parfois liquide ou même gazeux, n'étant pas toujours comparable à celui de l'acide, lequel est lui-même tantôt dissous, tantôt insoluble (acide antimonieux). Mais l'écart des nombres est si grand dans la plupart des cas, que ces distinctions ne changeraient rien aux conclusions.

Aussi la réaction de l'eau sur tous ces chlorures est-elle immédiate; sauf pour l'oxychlorure de carbone, qui n'est détruit que peu à peu par l'eau, mais toutefois complètement.

L'action est totale, quand l'écart thermique est considérable.

Au contraire, si l'écart est faible (arsenic, étain, antimoine), il se produit, suivant la proportion de l'eau, divers équilibres, dus à la formation de certains oxychlorures ou hydrates, parfois eux-mêmes dissociés. Le degré d'hydratation des hydracides mis en jeu, ou susceptibles de se produire, intervient aussi dans l'étude de ces mêmes chlorures, et cela pour des motifs semblables. On va y revenir.

3. Les mêmes conclusions subsistent, lorsque la substitution de l'oxygène du chlore s'opère dans un composé plus compliqué. Tel est le cas du perchlorure de phosphore, comparé à l'oxychlorure :

$Ph + Cl^5 = PhCl^5$, dégage................ $+ 107^{Cal},8$

$Ph + Cl^3 + O^2 = PhCl^3O^2$, dégage........ $+ 142^{Cal},4$

$Ph + O^5 +$ eau $= PhO^5$ étendu, dégage... $+ 202^{Cal},7$

Ces nombres montrent qu'une petite quantité d'eau doit transformer et transforme en effet le perchlorure de phosphore en oxychlorure. Si l'eau est en excès, ce dernier se détruit à son tour avec production d'acide phosphorique dissous.

4. *Chlorures métalliques proprement dits.* — Par opposition, les oxydes métalliques proprement dits seront en général attaqués par l'acide chlorhydrique étendu, avec formation de chlorure, toutes les fois que la chaleur de formation du chlorure anhydre sera supérieure à celle de l'oxyde.

Par exemple :

	Cal.
$K + Cl = KCl$ solide, dégage..	+ 105,6
$K + O + HO = KO,HO$ étendu.	+ 82,3
$Ca + Cl = CaCl$ solide.........	+ 85,1
$Ca + O +$ eau $= CaO,HO$ dissoute	+ 74,7
$Mg + Cl = MgCl$ solide........	+ 75,5
$Mg + O = MgO$...............	+ 74,5
$Zn + Cl = ZnCl$ solide..........	+ 48,6
$Zn + O = ZnO$...............	+ 42,7
$Cu + Cl = CuCl$ solide........	+ 25,8
$Cu + O = CuO$...............	+ 18,6
$Pb + Cl = PbCl$..............	+ 41,4
$Pb + O = PbO$...............	+ 25,1
$Ag + Cl = AgCl$..............	+ 29,2
$Ag + O = AgO$...............	+ 3,0

5. *Réactions inverses.* — Comme contrôle de ces déductions, nous pouvons apporter la contre-épreuve de certaines réactions inverses, déjà signalées plus haut. En effet, la chaleur de formation de l'eau liquide (+ 34,5) est surpassée, comme nous venons de le rappeler, par la chaleur de formation de l'acide chlorhydrique étendu (+ 39,3); mais, par contre, la chaleur de formation de l'eau gazeuse (+ 29^{Cal},5) surpasse celle du gaz chlorhydrique (+ 22 Calories). Si donc nous opérons à une température telle que les corps soient gazeux, ou dans des conditions telles que l'eau soit gazeuse, et que l'hydrate chlorhydrique ne puisse se former, la décomposition des chlorures acides ou autres par la vapeur d'eau aura lieu en principe, toutes les fois que la chaleur de formation de l'oxyde surpassera celle du chlorure d'une quantité plus grande que

$$+ 29,5 - 22 = + 7,5.$$

Sinon, on observera la réaction contraire. Cette dernière aura lieu aussi, dans les conditions de concentration telles que la liqueur renferme de l'acide chlorhydrique non combiné à l'eau. Ainsi nous devons pouvoir opérer des réactions inverses, toutes les fois que la chaleur de formation du chlorure ne surpasse pas celle de l'oxyde correspondant de plus de + 7^{Cal},5 (par équivalent de chlore). Or cette condition n'est remplie, ni par les chlorures de phosphore, ni par ceux de bore ou de silicium. C'est pourquoi l'acide chlorhydrique gazeux, ou cet acide très concentré, ne décompose point les acides phosphorique, borique, silicique (1). Mais entre les chlorures et les acides arsénieux, antimonieux, stannique, l'intervalle est moindre que le produit + 7^{Cal},5 multiplié par le nombre d'équivalents de chlore qui forment le chlorure. C'est pourquoi le gaz chlorhydrique change ces oxacides en chlorures. L'acide chlorhydrique concentré, à un degré tel que sa dissolution renferme de l'hydracide anhydre, opère la même transformation; tandis qu'un excès d'eau détruit au contraire les chlorures acides des mêmes éléments.

(1) Sauf peut-être à une très haute température (voy. page 490).

6. *Équilibres.* — Enfin, pour une concentration convenable, on conçoit qu'un certain équilibre doive se produire et se produise en effet entre les réactions contraires; équilibre réglé par les lois des systèmes homogènes (page 76), ou par les lois des systèmes hétérogènes (pages 96 et 101), selon que le composé oxygéné demeure dissous (acide arsénieux), ou précipité (oxyde ou oxychlorure d'antimoine).

7. *Oxychlorures.* — A cet équilibre répond en effet la formation de certains oxychlorures, de composition intermédiaire, formés avec des dégagements de chaleur mal connus. Ces corps sont : tantôt solubles, c'est-à-dire qu'ils ne troublent pas l'homogénéité; tantôt insolubles, c'est-à-dire qu'ils rendent le système hétérogène.

8. *Hydrates.* — Pour donner une idée plus simple des phénomènes, nous nous sommes borné jusqu'ici à envisager les cas extrêmes, c'est-à-dire à opposer le chlorure anhydre à l'acide ou à l'oxyde combiné à l'eau. Mais, dans certains cas, il convient de faire concourir les composés réellement opposés les uns aux autres : tels que les hydrates définis formés par certains chlorures acides (le chlorure stannique, par exemple), et les acides, oxydes, ou oxychlorures antagonistes, séparés de l'eau, tantôt à l'état d'hydrates définis, tantôt même à l'état anhydre (acide arsénieux). Une discussion spéciale et parfois minutieuse est alors nécessaire, si l'on veut rendre compte de la réaction réelle jusque dans ses derniers détails.

9. Les composés intermédiaires de cet ordre, hydrates de chlorure d'oxyde, et oxychlorures, interviennent dans les réactions de l'eau liquide ou gazeuse sur la plupart des chlorures métalliques.

Soit, par exemple, le chlorure d'aluminium :

$$Al^2 + Cl^3 = Al^2Cl^3 \text{ anhydre, dégage : } + 160^{Cal},9.$$

L'oxyde d'aluminium :

$$Al^2 + O^3 = Al^2O^3, \text{ dégage environ : } + 194^{Cal},4.$$

Ce nombre surpassant le premier de $+ 33^{Cal},5$, nombre supérieur à $+ 7^{Cal},5 \times 3$, il en résulte que la vapeur d'eau doit décomposer le chlorure d'aluminium, avec formation d'alumine et d'acide chlorhydrique : ce que l'expérience vérifie.

Cependant, d'autre part, l'alumine hydratée se combine avec l'acide chlorhydrique étendu, en dégageant $+ 9^{Cal},0 \times 3 = + 27^{Cal},0$, et constitue un chlorure d'aluminium (ou chlorhydrate d'alumine) dissous. Ce résultat inverse s'explique encore parce que le chlorure d'aluminium anhydre se combine à l'eau pour former un hydrate défini, avec un grand dégagement de chaleur : précisément comme l'acide chlorhydrique anhydre, ou comme la baryte anhydre. C'est la formation de cet hydrate défini qui assure la stabilité du chlorure d'aluminium dissous.

Le chlorure stannique, les chlorures de magnésium, de zinc, de fer, etc., donnent naissance à des composés analogues.

10. Inversement la plupart des chlorures métalliques et même terreux sont décomposés par la vapeur d'eau à une haute température. Ce résultat ne s'explique pas à première vue, la chaleur de formation des oxydes de ce genre ne surpassant pas d'ordinaire celle des chlorures correspondants de $+ 7^{Cal},5$. Mais il faut prendre garde que cet excès thermique peut être compensé par la chaleur de formation des composés intermédiaires, tels que les hydrates et les oxychlorures anhydres ou hydratés; composés dont on constate constamment la production dans ces conditions. En même temps il se développe des phénomènes d'équilibre dus à la dissociation des divers hydrates, et réglés par les lois des systèmes hétérogènes (page 101). Ces équilibres et ces dissociations expliquent pourquoi la décomposition d'un chlorure métallique devient seulement complète sous l'influence d'un courant de vapeur d'eau, qui élimine à mesure l'acide chlorhydrique.

11. Dans les cas de ce genre, où un chlorure métallique réagit sur l'eau avec un grand dégagement de chaleur et en donnant lieu à certains hydrates cristallisés (chlorure d'étain, d'aluminium, chlorure ferrique, etc.), divers auteurs ont supposé que le nouveau composé, soit dans l'état dissous, soit dans l'état cristallisé, n'est pas un *hydrate de chlorure*, mais un véritable *chlorhydrate d'oxyde ;* lequel peut encore, par surcroît, être uni

à une certaine dose d'eau de cristallisation. Que l'on adopte ou non cette manière de voir, les prévisions et les interprétations demeurent les mêmes. En effet, dans de telles dissolutions, il y a équilibre entre cinq corps, savoir : le chlorhydrate d'oxyde (ou l'hydrate de chlorure), et ses quatre composants, tels que l'eau et le chlorure d'une part, l'acide chlorhydrique et l'oxyde d'autre part. Cet équilibre est analogue à celui des composés éthérés et donne lieu à des considérations semblables. Il sera également troublé par l'élimination de quelqu'un des composants ; de façon à déterminer la réaction dans l'un ou l'autre des deux sens inverses, suivant la nature du corps qui se renouvelle sans cesse en éliminant son antagoniste, tel que l'acide chlorhydrique, ou la vapeur d'eau.

§ 6. — Déplacements réciproques entre l'eau et l'acide bromhydrique.

1. Les déplacements réciproques entre l'acide bromhydrique et l'eau sont régis par des règles analogues.

En général, soient R et R', deux corps simples susceptibles de s'unir chacun à deux autres éléments, tels que l'oxygène O et un corps halogène A ; on aura :

$R + A = RA$, dégage Q	$R + O = RO$, dégage Q'
$R' + O = R'O$, dégage Q_1	$R' + A = R'A$, dégage Q'_1
Somme.... $Q + Q_1$	$Q' + Q'_1$

Les composés RA, RO, R'O, R'A, sont tous quatre, ou tout au moins les corps antagonistes envisagés deux à deux, pris sous le même état physique, tel que l'état gazeux ou l'état solide. Cela posé, je dis que, entre les composés RA et R'O, il y aura réaction possible, si

$$Q + Q_1 > Q' + Q'_1 ;$$

ou bien encore

$$Q_1 - Q_1 < Q' - Q.$$

Si les réactions ont lieu en présence de l'eau et dans les conditions où l'eau puisse se combiner avec quelqu'un des quatre composés envisagés, il faudra en outre tenir compte de la chaleur de formation des hydrates, ainsi que de leur état possible de dissociation. On devra également tenir compte de la dissociation possible des quatre composés fondamentaux, et des composés secondaires, tels que les oxybromures, formés par leur union réciproque.

2. Soit donc un bromure acide, ou autre, mis en présence de l'eau :

$R + Br = RBr$ dégage : Q $\qquad$ $R + O = RO$ dégage : Q'

$H + O = HO$ gaz : $+ 29,5$ $\qquad$ $H + Br = HBr$ gaz : $+ 13,5$

D'après ce qui précède, les bromures seront décomposés par la vapeur d'eau, si la chaleur de formation de l'oxyde surpasse celle du bromure de $+ 16$ Calories, par chaque équivalent de brome combiné. Mais si cet excès est inférieur à $+ 16$ Calories, ce sera la réaction contraire.

Ainsi le bromure de bore est détruit par la vapeur d'eau, parce que :

$$B + Br^3 \text{ gaz dégage : } + 73,1 \text{ ; } B + O^3 : + 156,3 \text{ ;}$$
$$\text{or } 156,3 - 73,1 = + 83,2, \text{ valeur supérieure à } + 16 \times 3.$$

Au contraire, les oxydes de strontium, d'argent et autres sont détruits par le gaz bromhydrique, parce que

$Sr + O$ dégage : $+ 65,7$ $\qquad$ $Ag + O : + 3,5$

$Sr + Br$ dégage : $+ 84,0$ $\qquad$ $Ag + Br : + 27,7$

On a en effet pour le strontium :

$$65,7 - 84,0 = - 18,3, \text{ quantité} < 16,0.$$

On a encore pour l'argent :

$$3,5 - 27,7 = - 24,2, \text{ quantité} < 16,0.$$

De même

$Al^2 + Br^3$ gaz : $+ 132,6$

$Al^2 + H^3 \ldots\ldots + 195,8$

Le bromure d'aluminium sera donc décomposé par la vapeur d'eau.

3. On n'a pas tenu compte jusqu'ici de la formation des hydrates de l'hydracide, de l'oxyde et du bromure, ainsi que des oxybromures et de leurs hydrates; toutes formations qui peuvent donner lieu à des équilibres et même au renversement des réactions. Nous allons examiner d'abord à ce point de vue les hydrates bromhydriques, opposés à l'eau liquide : c'est-à-dire que nous envisagerons, non plus la réaction de la vapeur d'eau sur le bromure, vapeur entraînant à mesure l'hydracide gazeux, mais celle de l'eau liquide, dissolvant ce même hydracide, tandis qu'elle attaque le bromure. Dans ce cas, d'après nos formules :

R + Br dégage....... $Q + Q_1$	R + O, dégage : + Q'E
H + O = HO liquide.... + 34,5	H + Br gaz + eau : + 33,5

Le bromure sera donc décomposé par l'eau liquide employée en excès, si la chaleur de formation de l'oxyde surpasse celle du bromure de plus de + 1,0 (par équivalent de brome). Si cette différence est moindre, ce sera la réaction contraire.

1° Le bromure phosphoreux répond au premier cas.

Ph + Br^3 gaz, dégage : + 54,6; Ph + O^3 + eau = PhO^3,3HO solide : + 125.

On observera que dans cette réaction l'oxacide ne demeure pas anhydre; mais il se combine avec l'eau et produit un hydrate, dont la chaleur de formation concourt au phénomène. En outre, il demeure dissous : circonstance dont les effets thermiques (— 0,1) sont trop minimes, pour qu'il y ait lieu de la discuter autrement.

Avec les bromures et les oxydes des métaux, au contraire, c'est la formation du bromure qui l'emporte. Voici les cas principaux.

2° Le bromure et l'oxyde peuvent être anhydres et insolubles :

Ag + Br gaz = AgBr : + 27,7	Ag + O = AgO : + 3,5
H + O = HO liquide : + 34,5	H + Br + eau = HBr diss. : + 33,5

La somme des deux premières réactions dégage + 62,2; la somme des deux autres : + 37. C'est donc la transformation de l'oxyde en bromure qui devra se produire, avec l'acide bromhydrique hydraté aussi bien qu'avec l'hydracide anhydre; l'excès thermique correspondant à l'acide anhydre, + 24,2, étant même moindre que l'excès relatif à l'hydracide hydraté : + 35,2.

Mêmes observations pour les composés du plomb, le bromure et l'oxyde étant envisagés comme solides et anhydres :

Pb + Br gaz = PbBr : + 38,5 Pb + O = PbO : + 25,5
H + O = HO liquide : + 34,5 H + Br + eau = HBr dissous : + 33,5

La deuxième somme, + 59, est surpassée par la première, + 62,5.

3° On peut encore envisager un bromure anhydre et un oxyde hydraté :

K + Br gaz = KBr sol. : + 100,4 { K + O + HO = KO,HO dissoute : + 82,3
{ K + O + 5HO = (KO,HO + 2H²O²) solide : + 82,3
H + O = HO liq. : + 34,5 H + Br + eau = HBr dissous : + 33,5

Si la potasse est envisagée comme dissoute, le premier couple de réactions (134,9) surpasse le second (116,8), de + 18,1.

L'hydrate de potasse cristallisé : même écart.

Si l'on supposait ici le bromure dissous, ainsi que la potasse, l'écart subsisterait, diminué seulement de + 5,4 : par suite les prévisions demeureraient les mêmes. Mais ce procédé de calcul est moins correct.

4° Enfin on peut opposer un bromure hydraté et un oxyde anhydre ou hydraté.

{ $Al^2 + Br^3$ + eau = $Al^2 Br^3$ hydraté dissous : + 219,5
{ 3(H + O) = 3 HO liquide.................. + 103,5
{ $Al^2 + O^3$ + eau = $Al^2 O^3$ hydraté.......... + 195,8
{ 3(H + Br) + eau = 3 HBr étendu......... + 100,5

La première somme, + 323, surpasse la seconde, + 296,3; ce qui permet de prévoir la réaction réelle, c'est-à-dire l'attaque de l'alumine hydratée par l'acide bromhydrique. Cependant ce calcul n'est pas absolument correct; car ici la formation thermique du bromure hydraté est connue seulement dans l'état dissous, tandis qu'il conviendrait d'envisager ce bromure dans la combinaison cristallisée et stable qu'il forme avec l'eau. Mais la chaleur de dissolution de cet hydrate est faible, sinon négative, d'après quelques essais; c'est-à-dire qu'elle ne saurait modifier le signe de la différence, + 26,7, qui détermine le phénomène.

On remarquera que celui-ci est inverse de la réaction provoquée par la vapeur d'eau : renversement dû principalement à la chaleur de formation de l'hydrate du bromure métallique.

Insistons sur ce renversement.

4. L'intervalle entre les nombres + 16,0 (différence entre la chaleur de formation des deux gaz aqueux et bromhydrique) et + 1,0 (différence entre les chaleurs de formation de l'eau liquide et de l'hydrate bromhydrique dissous) est tel, qu'il doit exister et qu'il existe en effet des cas de réactions inverses, déterminées par les variations de la température et des proportions d'eau. Tel est le cas des bromures d'arsenic et d'étain :

$Sn + Br^2$ gaz $= SnBr^2$, dégage : + 50,7 $\qquad Sn + O^2 = SnO^2$ .... + 67,9

$As + Br^3$ gaz $= AsBr^3$ .... + 59,1 $\qquad \begin{cases} As + O^3 = AsO^3 \text{ anhydre} : +77,3 \\ As + O^3 = AsO^3 \text{ dissous} : +73,5 \end{cases}$

Dans ces deux cas, la chaleur de formation de l'oxyde excède celle du bromure acide d'une valeur supérieure à + 1,0 × 2 ou + 1,0 × 3; tandis que l'excès est moindre que + 16 × 2 ou + 16 × 3. Aussi les deux réactions inverses ont-elles lieu avec l'étain et l'arsenic, suivant la quantité d'eau ou la concentration de l'hydracide. L'observation montre d'ailleurs qu'elles produisent d'abord des oxybromures, décomposables seulement par un grand excès : soit d'hydracide, dans un sens; soit d'eau, dans le sens opposé.

5. C'est également la formation des oxybromures et des hydrates qui explique la décomposition d'un grand nombre de bromures métalliques par la vapeur d'eau. Mais il serait trop long d'entrer dans le détail de cette discussion, pour laquelle les données thermiques nous font d'ailleurs défaut.

§ 7. — **Déplacements réciproques entre l'acide iodhydrique et l'eau.**

1. Les déplacements réciproques entre l'acide iodhydrique

et l'eau sous la forme gazeuse peuvent être prévus, en comparant les deux sommes que voici :

R + I gaz = RI solide, dégage : + Q; R + O = RO' : + Q'
H + O = HO gaz............ + 29,5; H + I gaz = HI gaz : — 0,8

Ainsi l'iodure sera décomposé par la vapeur d'eau, si la chaleur de formation de l'oxyde surpasse celle de l'iodure anhydre de plus de + 30^{Cal},3 par équivalent d'iode. Tel est l'iodure d'aluminium :

$$Al^2 + I^3 : + 86,3; \quad Al^2 + O^3 : + 195,8.$$

Il en est de même de l'iodure de silicium (+ 58 et + 207,4).

Mais si l'excès thermique est inférieur, ce qui arrive le plus souvent, on observera la réaction contraire (iodure d'argent et la plupart des autres iodures métalliques).

2. Avec l'eau liquide et les corps dissous :

R + I gaz + eau = RI dissous, dégage : Q + q; R + O + eau = RO hydraté : Q' + q
H + O..................... + 34,5; H + I gaz + eau = HI diss. : + 18,6

L'excès thermique qui détermine la réaction se réduit ici à + 15,9 par équivalent d'iode.

Un excès de cet ordre existe en effet pour l'iodure de phosphore, composé que l'eau décompose aussitôt :

$$Ph + I^3 \text{ gaz} : + 26,7; \quad Ph + O^3 + \text{eau} : + 125,0.$$

Mais pour les oxydes métalliques anhydres ou hydratés, le signe thermique de la différence est renversé :

K + I = KI anhydre : + 85,4 } K + O + eau = KO,HO dissous...... + 82,3
dissous : + 80,1 } K + O + eau = KO,HO + 2H^2O^2 crist. + 82,3
Ag + I = AgI...... + 19,7 Ag + O........................ + 3,5

Les oxydes métalliques seront donc en général changés en iodures par l'acide iodhydrique étendu.

3. On a de même :

Al^2 + I^3 + eau = Al^2I^3 dissous : + 175,3; Al^2 + O^3 + eau = Al^2O^3 hydratée : + 195,8

Avec ce dernier corps, c'est la combinaison entre l'iodure et de l'eau qui intervient et détermine une réaction inverse de celle que produit la vapeur d'eau (voy. p. 577, bromure d'aluminium).

4. L'iodure d'arsenic fournit un autre exemple des réactions inverses, déterminées par la chaleur d'hydratation de l'hydracide :

As + I^3 gaz = AsI^3 solide : + 28,8 ; As + O^3 = AsO^3 anhydre : + 77,5
dissous : + 73,5

L'intervalle thermique entre les corps anhydres, soit + 48,5, est moindre que + 30,3 × 3, mais un peu plus supérieur à + 115,9 × 3 : ce qui explique le renversement des réactions. Ici d'ailleurs, comme il arrive le plus souvent dans les phénomènes de cet ordre, l'action de l'eau engendre un oxyiodure.

§ 8. — Déplacements réciproques entre l'acide sulfhydrique et l'eau.

1. Les déplacements réciproques entre l'acide sulfhydrique et la vapeur d'eau peuvent être prévus d'après des règles analogues, et la signification générale des réactions connues s'accorde avec les prévisions de la théorie.

L'existence des hydrates d'oxydes et des sulfhydrates y joue un rôle essentiel.

2. Citons quelques faits, afin de préciser les idées. Soient les composés du sodium.

On a d'abord :

Na + S gaz = NaS, dégage :	+ 45,3	Na + O = NaO :	+ 50,4
H + O = HO gaz........	+ 29,5	H + S gaz = HS	+ 3,6
Somme...	+ 74,8	Somme...	+ 54,0

D'où il résulte que l'hydrogène sulfuré doit changer l'oxyde de sodium anhydre en sulfure. L'écart thermique + 20,8 est tel qu'il ne saurait être compensé par la chaleur de formation de l'hydrate de soude. En effet, NaO + HO gaz = NaO,HO, dégage + 17,4 seulement.

Mais la présence de l'eau introduit une complication, en rendant possible la formation du sulfhydrate de sulfure. En effet :

2 NaS + 2 HO gaz = NaS,HS + NaO,HO, dégage : + 10,8.

Dans la réaction réelle, ce dernier système devra donc se réformer, comme répondant au maximum thermique, lorsque les corps sont mis en présence à équivalents égaux : ce qui se vérifie à l'état anhydre, aussi bien que dans les dissolutions.

3. Deux cas peuvent maintenant se présenter : ou bien on opère en présence d'un excès d'hydrogène sulfuré, ou bien en présence d'un excès de vapeur d'eau.

Dans le premier cas, tout se changera en sulfhydrate de sulfure, car :

$Na + S^2$ gaz $+ H = NaS,HS$, dégage :	$+58,1$	$Na + O^2 + H = NaO,HO$:	$+102,3$
$H^2 + O^2 = H^2O^2$ gaz............	$+59,0$	$H^2 + S^2$ gaz $= H^2S^2$....	$+7,2$
	$+117,1$		$+109,5$

Le premier système doit se former de préférence, car $117,1 > 109,5$. Nous supposons ici que NaS,HS n'éprouve aucune dissociation ; si ce corps était dissocié, il ne se formerait d'abord que dans la proportion correspondant à son degré de dissociation. Mais, en présence d'un excès convenable d'acide sulfhydrique, toute la vapeur d'eau finira par être éliminée, et l'on obtiendra un sulfhydrate pur : tel est le cas de la réaction véritable.

Au contraire, en présence d'un excès de vapeur d'eau, tout l'hydrogène sulfuré pourra être entraîné, s'il existe dans la masse une certaine dose de sulfure, NaS, décomposable en sulfhydrate et alcali libre par la vapeur d'eau, comme il a été dit plus haut. Le sulfure se reproduisant sans cesse, par suite de la dissociation du sulfhydrate, l'un et l'autre finiront par être entièrement décomposés en présence d'un excès de vapeur d'eau.

Ces déductions générales de la théorie sont conformes aux résultats observés.

4. On arrive à des conclusions analogues pour les métaux alcalino-terreux (strontium, calcium, baryum), et généralement pour les métaux susceptibles de former à la fois des sulfures et des sulfhydrates de sulfures, ces derniers étant dissociés : je ne m'y étendrai donc point davantage.

5. Pour les sulfures métalliques qui ne forment pas de sulfhydrates, la chaleur de formation du sulfure, et, par

suite, la production du sulfure même, sont prépondérantes. Par exemple :

$Zn + S = ZnS$....	+ 21,5	$Zn + O = ZnO$......	+ 43,1
$H + O = HO$ gaz.	+ 29,5	$H + S$ gaz $= HS$ gaz.	+ 3,6
	+ 51,0		+ 46,7

Or + 51,0 l'emporte sur 46,7. L'oxyde de zinc est en effet changé en sulfure par le gaz sulfhydrique.

De même pour le plomb; car + 38,4 l'emporte sur + 29,1 :

$Pb + S = PbS$....	+ 8,9	$Pb + O = PbO$......	+ 25,5
$H + O = HO$ gaz.	+ 29,5	$H + S$ gaz $= HS$.....	+ 3,6
	+ 38,4		+ 29,1

Mais il conviendrait de tenir compte, pour certains métaux, de la formation des oxysulfures, susceptibles dans certains cas de renverser la réaction, en raison des phénomènes de dissociation.

§ 9. — Chlorures organiques acides et eau.

1. Il nous reste à parler des chlorures, bromures, iodures acides de la chimie organique. Nous allons montrer brièvement que les conditions connues de leur formation et de leur décomposition s'accordent avec nos règles thermiques.

2. Soit la réaction de l'eau sur les chlorures acides; elle décompose aussitôt le chlorure acétique, avec formation d'acide chlorhydrique et acétique dissous :

$C^4H^3ClO^2$ liq. + H^2O^2 + eau = $C^4H^4O^4$ étendu + HCl étendu, dégage : + 23,3

La réaction demeure exothermique, si l'on suppose les acides purs et séparés de l'eau, l'eau et l'acide chlorhydrique étant ramenés à l'état gazeux pour une comparaison exacte :

$C^4H^3ClO^2$ liquide + H^2O^2 gaz = $C^4H^4O^4$ liquide + HCl gaz : + 15,1.

De même le bromure acétique :

$C^4H^3BrO^2$ liq. + H^2O^2 + eau = $C^4H^4O^4$ diss. + HBr étendu, dégage : + 23,3
$C^4H^3BrO^2$ liquide + H^2O^2 gaz = $C^4H^4O^4$ liquide + HBr gaz : + 12,5.

De même l'iodure acétique :

$$C^4H^3IO^2 + H^2O^2 \text{ liquide} + \text{eau} = C^4H^4O^4 \text{ dissous} + HI \text{ étendu} : +21,4;$$
$$C^4H^3IO^2 \text{ liquide} + H^2O^2 \text{ gaz} = C^4H^4O^4 \text{ liquide} + HI \text{ gaz} : +11,4.$$

3. On conçoit dès lors la facile décomposition de tous ces corps par l'eau, soit liquide, soit gazeuse.

Il résulte encore de là que les chlorures, bromures, iodures acides ne sauraient être formés par la réaction directe des hydracides sur les acides organiques, parce que cette formation absorberait une dose de chaleur considérable. Aussi la réaction contraire est-elle seule possible et observable.

Mais on pourra former ces composés, en faisant intervenir un corps capable de dégager de la chaleur en s'unissant aux éléments de l'eau, tel que l'acide phosphorique anhydre :

$$2PhO^5 \text{ sol.} + 3C^4H^4O^4 \text{ liq.} + 3HCl = C^4H^3ClO^2 \text{ liq.} + 2PhH^3O^8 \text{ sol.} : +17,6.$$

On explique de même la formation du chlorure acétique au moyen du perchlorure de phosphore :

$$PhCl^5 \text{ sol.} + C^4H^4O^4 \text{ liq.} = C^4H^3ClO^2 \text{ liq.} + PhCl^3O^2 \text{ liq.} + HCl \text{ gaz, dégage} : +3,8.$$

Avec l'acétate de soude et le perchlorure de phosphore, la quantité de chaleur dégagée est plus grande encore.

CHAPITRE IV

DÉPLACEMENTS RÉCIPROQUES DES ACIDES EN GÉNÉRAL.

§ 1er. — Division du sujet.

1. Étant donné un équivalent d'une base en présence de deux acides pris aussi à équivalents égaux, quelle sera la réaction produite? Dans quels cas la base s'unira-t-elle avec l'un des acides exclusivement? Quel sera cet acide? Dans quels cas se produira-t-il un partage? Ces problèmes doivent être résolus :

Pour les corps purs et pour les corps dissous dans l'eau ;

Pour les acides monobasiques et pour les acides polybasiques;

Pour les acides forts et pour les acides faibles;

Pour les acides volatils et pour les acides fixes ;

Pour les acides solubles et pour les acides insolubles ;

Pour les sels solubles et pour les sels insolubles.

Ils doivent l'être également pour les acides employés en proportions équivalentes, et lorsque les proportions équivalentes des deux acides antagonistes sont inégales.

§ 2. — Corps anhydres.

1. *Formation d'un composé unique avec chaque acide.* — Soient deux corps jouant le rôle d'acides monobasiques et susceptibles de former chacun un seul composé avec la base mise en présence : par exemple, les acides azotique et acétique, en présence de l'oxyde d'argent. La chaleur de formation de l'azotate d'argent, tous les composants et composés supposés solides :

$$AzO^6H + AgO + AzO^6Ag + HO, \text{ dégage : } + 19{,}8.$$

La formation de l'acétate d'argent, rapportée aux mêmes conditions :

$$C^4H^4O^4 + AgO = C^4H^3AgO^4 + HO, \text{ dégage : } + 7{,}6.$$

Ainsi l'acide azotique dégage + 12,2 de plus que l'acide acétique, en s'unissant à l'oxyde d'argent; toutes choses égales d'ailleurs.

L'acide azotique devra donc déplacer, et il déplace en effet complètement l'acide acétique uni à l'oxyde d'argent. Ce déplacement peut être constaté à froid; ou bien par distillation, malgré la fixité plus grande de l'acide acétique, lequel bout à 118 degrés, tandis que l'acide azotique bout à 86 degrés. Dans la condition gazeuse, la chaleur dégagée sera + 10,3.

Les mêmes raisonnements montrent que l'acide azotique, à son tour, devra être déplacé complètement de son union avec l'oxyde d'argent par l'acide chlorhydrique. C'est ce qui résulte de la comparaison des chaleurs de formation de l'azotate et du chlorure, calculées depuis les deux acides pris sous un état comparable, tel que l'état gazeux; à défaut de l'état solide, sous lequel l'acide chlorhydrique n'est pas connu :

$$AzO^6H \text{ gaz} + AgO \text{ solide} = AzO^6Ag \text{ solide} + HO \text{ gaz, dégage : } + 22,8;$$
$$HCl \text{ gaz} + AgO \text{ solide} = AgCl \text{ solide} + HO \text{ gaz : } + 32,7.$$

Le déplacement de l'acide azotique par l'acide chlorhydrique sera donc accompagné par un dégagement de + 9^{Cal},9.

En fait, la réaction est facile à constater.

2. Le déplacement des acides réputés faibles par les acides forts est dû en général à la même cause : la formation des sels neutres développant bien plus de chaleur pour les acides forts que pour les acides faibles, dans des conditions comparables :

$$CyK + HCl \text{ gaz} = KCl + HCy \text{ gaz : } + 26^{Cal}.$$

3. *Partages.* — Il survient souvent diverses complications, qui peuvent amener un partage : telles que la formation des sels acides, la formation des sels doubles, la combinaison réciproque des deux acides. Dans ces cas singuliers, pour prévoir les phénomènes, il est nécessaire d'examiner par expérience si ces formations ont lieu, quelle quantité de chaleur dégage chacune d'elles, enfin si les composés sont dissociés.

On doit parfois tenir compte aussi de l'état de dissociation de l'un des deux acides, avec formation d'acide anhydre et d'eau;

cette dernière étant susceptible d'ailleurs de s'unir pour son propre compte à chacun des corps primitifs, ou des corps qui prennent naissance.

Cependant, si les composés secondaires se forment en faible proportion, à cause de leur état de dissociation ou pour tout autre motif, on peut les négliger dans l'évaluation de la réaction fondamentale : ce qui ramène la prévision de celle-ci à un calcul très simple, fondé sur la comparaison des chaleurs de combinaisons directes des deux acides avec l'oxyde et conformément au cas précédent.

4. *Formation d'un sel acide.* — Abordons d'une façon plus précise ces complications : les effets résultants sont mis en évidence par la réaction des acides azotique et chlorhydrique sur les sulfates alcalins, laquelle roule sur la formation des bisulfates.

Acide azotique et sulfates. — A première vue, cette réaction semble douteuse, les chaleurs dégagées étant à peu près les mêmes à la température ordinaire :

$$\begin{cases} AzO^6H \text{ solide} + KHO^2 = AzO^6K + H^2O^2 \text{ solide} \ldots\ldots + 41,2 \\ SO^4H \text{ solide} + KHO^2 = SO^4K + H^2O^2 \text{ solide} \ldots\ldots + 40,7 \end{cases}$$

$$\begin{cases} AzO^6H \text{ solide} + NaHO^2 = AzO^6Na + H^2O^2 \text{ solide} \ldots\ldots + 36,4 \\ SO^4H \text{ solide} + NaHO^2 = SO^4Na + H^2O^2 \text{ solide} \ldots\ldots + 34,7 \end{cases}$$

Cependant, les deux acides précédents étant mis en présence d'une même base alcaline, à la température ordinaire, le phénomène thermique maximum ne répond pas à un déplacement pur et simple, mais à la formation d'un bisulfate; celle-ci pouvant résulter d'un déplacement partiel de l'acide sulfurique par l'acide azotique, car :

$$SO^4H \text{ solide} + SO^4K = S^2O^8KH, \text{ dégage} \ldots\ldots + 7,5$$
$$SO^4H \text{ solide} + SO^4Na = S^2O^8NaH, \text{ dégage} \ldots\ldots + 8,1$$

Dès lors le maximum thermique répondra à la réaction suivante, calculée pour l'état solide, afin de tout rendre comparable :

$$2\,AzO^6H \text{ solide} + 2\,SO^4K = AzO^6K + S^2O^8KH + AzO^6H \text{ sol., dégage} : + 8,0.$$

De même pour le sulfate de soude ou l'acide azotique, on aura : + 9,8.

Réciproquement, l'acide sulfurique et l'azotate de potasse (ou de soude) réagissent, en dégageant + 7,0 (ou + 6,4); ces corps étant opposés suivant les proportions que voici :

$$2\,SO^4H \text{ solide} + 2\,AzO^6K\,;\quad 2\,SO^4H \text{ solide} + 2\,AzO^6Na.$$

La valeur absolue de ces chiffres pourra être modifiée par l'élévation de la température, et par la fusion des corps réagissants; mais le signe thermique des réactions demeurera le même.

Ces prévisions de la théorie sont conformes à l'observation courante des chimistes. En effet, l'acide sulfurique concentré versé sur l'azotate de potasse sec, à équivalents égaux, met aussitôt l'acide azotique en liberté, avec dégagement de chaleur.

Réciproquement, l'acide azotique concentré attaque le sulfate de potasse sec, à équivalents égaux; toujours avec dégagement de chaleur.

On peut aller plus loin. En effet, il résulte encore de ces chiffres que 2 équivalents d'acide sulfurique seraient nécessaires et suffisants pour décomposer complètement l'azotate de potasse :

$$2\,SO^4H \text{ solide} + AzO^6K = S^2O^8KH + AzO^6H \text{ solide} : + 7,0.$$

Tandis qu'un excès d'acide azotique ne peut dépasser la formation du bisulfate; du moins, tant que la température ne s'élève pas au delà de 150 à 200 degrés : limite au-dessus de laquelle l'acide azotique est en partie détruit par la chaleur.

Tous ces faits, très connus des fabricants d'acides, s'expliquent par la valeur thermique des réactions.

5. *Acide chlorhydrique et sulfates.* — Les mêmes prévisions s'appliquent aux acides chlorhydrique et sulfurique, mis en présence d'une base alcaline. Pour ce cas, le calcul rigoureux n'est pas possible dans des conditions strictement comparatives, telles que celles que nous avons présentées pour l'acide azotique. En effet, l'acide chlorhydrique est gazeux et l'acide sulfurique liquide; sans que nous sachions exactement, soit la valeur de la chaleur de vaporisation de l'acide sulfurique, soit la valeur de la chaleur de liquéfaction de l'acide chlorhydrique (voy. p. 154). Mais on peut y suppléer, jusqu'à un certain point, en observant

que la chaleur de formation des azotates anhydres, calculée depuis l'acide azotique gazeux, diffère peu de celle des chlorures solubles correspondants, évalués depuis le gaz chlorhydrique. En effet :

AzO^6H gaz + KHO^2 solide = AzO^6K + H^2O^2 gaz, dégage : + 38,0
HCl gaz + KHO^2 solide = KCl + H^2O^2 gaz . . . . . . + 36,8

De même :

Pour AzO^6Na :	+ 33,2 ;	pour $NaCl$:	+ 31,0
AzO^6Am :	+ 41,9 ;	$AmCl$:	+ 42,5 (depuis AzH^3 gaz.)
AzO^6Ba :	+ 26,4 ;	$BaCl$:	+ 23,5
AzO^6Pb :	+ 16,4 ;	$PbCl$:	+ 18,1

Les déductions relatives à l'acide azotique pourront donc être appliquées d'une manière générale à l'acide chlorhydrique.

Ainsi l'acide chlorhydrique gazeux devra attaquer les sulfates neutres, avec formation d'un bisulfate. Réciproquement, l'acide sulfurique décomposera les chlorures, en produisant le même bisulfate. De même 2 équivalents d'acide sulfurique décomposeront complètement un chlorure alcalin, etc.

Toutes ces prévisions sont conformes à l'expérience.

6. Quant à la chaleur dégagée, elle sera accrue, dans le cas du gaz chlorhydrique préexistant, de toute la chaleur développée en raison de sa transformation en un composé solide. Par suite, la réaction :

2 HCl gaz + 2 SO^4K = KCl + S^2O^8KH + HCl, dégage : + 15,2
2 HCl gaz + 2 SO^4Na = $NaCl$ + S^2O^8NaH + HCl, dégage : + 15,4

La moitié environ de cette quantité n'entre pas dans le calcul théorique, étant attribuable au changement physique (page 154).

Inversement, la réaction des corps suivants :

2 SO^4H solide + 2 KCl = S^2O^8KH + KCl + HCl gaz

donne lieu à un phénomène thermique sensiblement nul, à cause de la formation du composé gazeux.

L'effet thermique sera fort petit avec les corps suivants :

2 SO^4H solide + 2 $NaCl$ = S^2O^8NaH + $NaCl$ + HCl gaz : + 0,8.

Si l'acide sulfurique était pris liquide, on aurait en plus la chaleur de fusion de cet acide, ce qui donne lieu, dans les deux cas, à un dégagement de chaleur : résultat conforme à l'expérience. La grandeur de ce dégagement est bien moindre que celle qui devrait se produire dans le phénomène chimique, si celui-ci avait lieu entre des corps ramenés tous au même état ; en effet, la majeure partie de la chaleur développée se trouve absorbée, en raison de la formation d'une substance gazeuse au sein d'un système précédemment solide.

7. Cette formation d'un gaz entraîne d'autres conséquences, fort essentielles au point de vue de la statique chimique. En effet, l'acide chlorhydrique sort ainsi du champ des réactions ; ou, plus exactement, il n'agit plus qu'à la surface de contact du gaz et du solide ; tandis que l'acide azotique demeure mélangé dans toute la masse et partout agissant. Mais cette différence disparaît, si l'on élève la température jusqu'au point où l'acide azotique prend lui-même l'état gazeux.

8. *Dissociation.* — La chaleur produit d'autres effets sur le système des mêmes corps mis en expérience : effets analogues à ceux que nous avons signalés plus haut pour les sulfures et les sulfhydrates (p. 581) et qu'il convient maintenant d'examiner.

Soit donc le bisulfate de potasse, envisagé isolément. Vers 200 degrés, la chaleur dissocie le bisulfate alcalin, avec régénération de sulfate neutre et d'acide sulfurique ; la décomposition demeure incomplète jusqu'à la température du rouge vif, et celle-ci même ne régénère complètement le sulfate neutre que si elle est longtemps prolongée et aidée par le renouvellement graduel de l'atmosphère gazeuse superposée. De là cette conséquence : il y a équilibre entre les trois corps dans la matière fondue, laquelle renferme du bisulfate, du sulfate neutre et de l'acide sulfurique ; équilibre réglé par la tension de l'acide sulfurique (1).

(1) Pour définir complètement cet équilibre, il conviendrait de remarquer que l'acide sulfurique monohydraté SO^4H lui-même, au-dessus de 250 degrés, est dissocié en partie en eau et acide anhydre ; le bisulfate hydraté, S^2O^8KH, est aussi en partie dissocié en eau et bisulfate anhydre, S^2O^7K ; enfin ce dernier sel est dissociable en acide anhydre et sulfate neutre. Mais ces dissociations multiples donnent toutes lieu à des résultats pareils à ceux qui sont discutés dans le texte pour le bisulfate hydraté. Il a donc paru inutile d'examiner séparément chacune d'elles.

9. Ajoutons à cette masse un sel, tel que le chlorure de potassium, décomposable par l'acide sulfurique libre : ce sel sera attaqué proportionnellement à la dose de l'acide libre, en produisant du bisulfate et du gaz chlorhydrique, lequel s'élimine. L'acide sulfurique libre qui maintenait l'équilibre ayant disparu, une portion du bisulfate, tant primitif que nouvellement formé, se sépare à son tour en sulfate neutre et acide libre. Cette réaction serait limitée par un certain coefficient de partage, si l'acide chlorhydrique demeurait présent. Mais, comme il s'élimine indéfiniment, la réaction se reproduit sans cesse, jusqu'à la transformation totale du chlorure de potassium.

10. La réaction inverse, c'est-à-dire la transformation totale du sulfate de potasse en chlorure de potassium, est également possible, si l'on renouvelle incessamment le gaz chlorhydrique qui la détermine. En effet, l'acide sulfurique mis en liberté par la dissociation du bisulfate possède une certaine tension de vapeur, en vertu de laquelle il tend à se séparer du système ; on peut donc l'éliminer au moyen d'un gaz inerte. Cette élimination devient plus rapide et plus nette, si l'on a recours au gaz chlorhydrique lui-même, incessamment renouvelé sous forme de courant gazeux. Dans cette condition, le sulfate neutre de potasse se change d'abord, par la réaction directe, en bisulfate et en chlorure ; le bisulfate, à son tour, reproduit par sa dissociation une certaine dose d'acide sulfurique libre et de sulfate neutre. L'acide sulfurique libre étant alors éliminé dans le courant gazeux, le sulfate neutre correspondant est attaqué par la nouvelle dose d'acide chlorhydrique, avec reproduction de bisulfate ; et cette chaîne de réaction se reproduit, jusqu'à ce qu'il ne reste plus que du chlorure de potassium.

11. En résumé, la formation d'un bisulfate dissociable par la chaleur donne lieu à des phénomènes d'équilibre : en vertu de ces phénomènes, on peut, à volonté, soit décomposer complètement le chlorure de potassium par un poids équivalent d'acide sulfurique, mais à la condition d'élever la température au degré nécessaire pour la dissociation du bisulfate ; soit décomposer complètement le sulfate de potasse par le gaz chlorhydrique,

mais à la condition d'opérer à une température telle que, le bisulfate étant dissocié, l'acide sulfurique prenne une certaine tension de vapeur et soit entraîné à mesure par un courant gazeux.

Ces phénomènes se retrouvent avec la plupart des autres sulfates : ce sont les types d'une multitude de réactions dans lesquelles le composé répondant au maximum thermique est à la fois dissociable par la chaleur et incessamment régénéré, par la reproduction continuelle d'une même transformation définie (voy. pages 439 à 447 ; 489, 493, etc.).

§ 3. — **Systèmes dissous. — Acides monobasiques : déplacement total.**

1. Examinons maintenant l'état de dissolution. Il convient ici d'envisager d'abord les réactions que les corps éprouvent en l'absence de l'eau; puis l'action de l'eau sur chacun de ces corps pour former des hydrates définis; enfin les états de décomposition partielle et d'équilibre déterminés par l'eau, soit entre les sels acides ou doubles et leurs composants, soit entre l'eau, les sels et acides qui s'y combinent, et les hydrates résultant de ces combinaisons. Nous parlerons principalement, dans ce paragraphe, des systèmes dissous et qui demeurent tels, sans qu'aucun des composants ou des produits soit éliminé par volatilité ou insolubilité.

2. J'ai étudié ces questions par deux méthodes très différentes : l'une fondée sur le partage d'un corps entre deux dissolvants (*Annales de physique et de chimie*, 4e série, t. XXVII, p. 433) ; l'autre sur la mesure de la chaleur dégagée dans la réaction d'un acide sur le sel formé par l'autre acide. Les résultats obtenus par ces deux méthodes s'accordent entre eux et tendent à établir que les réactions opérées dans les dissolutions sont les mêmes en principe que les réactions, opérées à la même température, entre les composés séparés de l'eau; mais envisagés dans l'état réel de combinaison, sous lequel ils peuvent exister au sein de ce menstrue.

Ainsi les réactions sont toujours déterminées par le signe des effets thermiques, pourvu que l'on rapporte les corps correspondants à des états physiques comparables. Mais elles peuvent être modifiées, toujours dans un sens prévu à l'avance, en raison de l'action décomposante que l'eau exerce sur certains des composants du système, sur les sels acides, par exemple.

3. Soit le cas le plus simple, celui où l'on oppose *deux acides monobasiques et à fonction unique* : c'est-à-dire tels que chacun d'eux ne puisse former, en présence de l'eau, qu'un seul composé avec une base alcaline. D'après mes observations, l'acide susceptible de dégager de la chaleur, en décomposant le sel neutre antagoniste, est celui qui demeure uni à la base. En outre, cet acide s'empare de la base d'une manière exclusive, ou sensiblement, si le sel qu'il forme est stable en présence de l'eau. Tel est le résultat général des expériences faites, soit par la méthode thermique, soit par la méthode des deux dissolvants.

Pour tous les sels alcalins que j'ai examinés, les dégagements de chaleur observés dans l'état de dissolution expriment une transformation qui dégagerait également de la chaleur, entre les corps anhydres, c'est-à-dire séparés de l'eau. Elle en dégagerait aussi, si les réactions avaient lieu entre les hydrates définis et stables des acides ou des sels mis en expérience et rapportés à l'état solide.

Cette concordance rend inutile jusqu'à présent toute distinction entre l'état anhydre, l'état hydraté et l'état dissous des sels alcalins et des acides monobasiques. Les sels terreux et métalliques, au contraire, donnent lieu à certaines discussions, en ce qui touche leur état d'hydratation dans les dissolutions, et suivant le degré de stabilité propre de leurs hydrates.

4. Voici la liste des réactions que j'ai étudiées et qui comprennent les conditions les plus diverses, comme états physiques et comme forces relatives des acides et des bases mis en présence :

Acides acétique et azotique, en présence de la soude;

Acides acétique et chlorhydrique, en présence de la soude et de la potasse;

Acides formique et chlorhydrique, en présence de la potasse, de l'ammoniaque, de la soude, de la baryte, de la strontiane, de la chaux, de l'oxyde de zinc et de l'oxyde de cuivre ;

Acide benzoïque et chlorhydrique ou acétique, en présence des alcalis, potasse, soude, chaux, ammoniaque ;

Acides sulfhydrique et chlorhydrique, en présence de la soude et de l'ammoniaque ;

Acides phénique et chlorhydrique ou azotique, en présence de la potasse et de la baryte ;

Acides chlorhydrique et azoteux, en présence de l'ammoniaque ;

Acides hypochloreux et acétique, en présence de la potasse ;

Enfin, acide cyanhydrique et acides chlorhydrique ou azotique, en présence de la potasse, de l'ammoniaque, des oxydes de mercure et d'argent, etc., etc.

5. Citons d'abord *deux acides monobasiques nettement caractérisés*, tous deux liquides et solubles dans l'eau, formant des sels stables en présence de l'eau : tels sont les *acides azotique et acétique, dissous et mis en présence de la soude*, à équivalents égaux ; ou bien, ce qui revient au même, chacun de ces acides mis en présence du sel neutre de l'acide antagoniste.

1° *Tous les corps dissous*, j'ai trouvé (voy. tome Ier, page 59) :

$$\left.\begin{array}{l} C^4H^3NaO^4\ (1\ \text{éq.} = 2\ \text{lit.}) + AzO^6H\ (1\ \text{éq.} = 2\ \text{lit.}) : +\ 0,45 \\ AzO^6Na\ \ (1\ \text{éq.} = 2\ \text{lit.}) + C^4H^4O^4\ (1\ \text{éq.} = 2\ \text{lit.}) : -\ 0,06 \end{array}\right\} + 0,51 = N - N_1.$$

On voit, d'une part, que l'acide azotique étendu, en agissant sur la soude dissoute, dégage $+ 0^{Cal},51$ de plus que l'acide acétique ; et, d'autre part, que l'acide azotique, en agissant sur l'acétate de soude, dégage $+ 0^{Cal},46$, chiffre presque identique avec le précédent, et qui semble n'en différer que par la petite quantité de chaleur absorbée, en raison de la dilution plus grande de l'azotate de soude.

L'acide acétique et l'azotate de soude, au contraire, ne donnent pas lieu à des effets thermiques qui soient susceptibles d'être distingués de la simple dilution des liqueurs séparées ; laquelle absorberait — 0,9 environ, dans les mêmes conditions et à la même température, d'après mes expériences.

Ainsi l'acide azotique étendu déplace entièrement, ou à peu

près (1), l'acide acétique dans les acétates dissous, et ce phénomène est exothermique.

Rappelons les calculs relatifs à la même réaction, pour les divers états des corps mis en présence.

2° *Tous les corps anhydres, solides et séparés les uns des autres :*

$$C^4H^3NaO^4 + AzO^6H = C^4H^4O^4 + AzO^6Na, \text{ dégage : } +18,1.$$

Les deux acides liquides : + 16,3.

3° *Les deux acides à l'état d'hydrates définis et les deux sels anhydres.* Les hydrates des deux acides n'étant pas connus sous forme solide, nous les remplacerons dans le calcul par les acides dissous dans une grande quantité d'eau ; ce qui n'est pas tout à fait la même chose.

$$C^4H^3NaO^4 + (AzO^6H + nHO) = C^4H^4O^4 + nHO) + AzO^6Na : + 9,1.$$

4° *Les deux acides à l'état d'hydrates définis, l'azotate de soude anhydre et l'acétate de soude uni avec son eau de cristallisation.* A défaut des hydrates, nous prendrons les acides dissous :

$$(C^4H^3NaO^4 + 6HO) + (AzO^6H + nHO) =$$
$$[C^4H^4O^4 + (n+6)HO] + AzO^6Na, \text{ dégage : } + 0,4.$$

Quelle que soit la supposition que l'on fasse sur la nature véritable des composés définis qui existent et qui entrent en conflit au sein des dissolutions, on voit que le déplacement de l'acide acétique par l'acide azotique donne toujours lieu à un dégagement de chaleur. Le déplacement doit donc avoir lieu et il doit être sensiblement total, d'après cette vue générale du phénomène, et en faisant abstraction de quelques effets accessoires.

6. Reproduisons les mêmes calculs pour les *acides chlorhydrique et acétique, en présence de la soude :* circonstance dans laquelle l'un des acides n'est pas connu à l'état solide, mais qui offre cet intérêt de nous permettre de contrôler nos conclusions par une autre méthode.

1° Commençons par les *corps dissous :*

$$\left.\begin{array}{l} C^4H^3NaO^4\,(1\text{ éq.} = 2\text{ lit.}) + HCl\,(1\text{ éq.} = 2\text{ lit.}) : +0,46 \\ NaCl\,(1\text{ éq.} = 2\text{ lit.}) + C^4H^4O^4\,(1\text{ éq.} = 2\text{ lit.}) : +0,00 \end{array}\right\} + 0,46 = N - N_1.$$

(1) Quelque réserve sera faite tout à l'heure sur ce point, en raison de la formation d'un peu d'acétate acide.

La chaleur dégagée dans la réaction de l'acide chlorhydrique étendu sur l'acétate de soude dissous est donc égale à la différence des chaleurs de neutralisation des deux acides par la soude, laquelle est exprimée par + 0,46; tandis que l'acide acétique étendu et le chlorure de sodium, dissous et mis en contact réciproque, ne produisent aucun effet thermique appréciable. Ajoutons que des expériences, faites simultanément aux essais précédents et à la même température, ont montré qu'il est permis de négliger la dilution des solutions de chlorure de sodium et d'acide acétique, chacune par son volume d'eau et séparément.

Je conclus de là que l'acide chlorhydrique déplace entièrement, ou à peu près, l'acide acétique uni à la soude, dans les dissolutions (1).

Cette conclusion a été vérifiée par la méthode des deux dissolvants, laquelle indique aussi un déplacement sensiblement complet (*Annales de chim. et de phys.*, 4e série, tome XXVII, page 459).

2° Calculons maintenant la réaction pour les *corps séparés de l'eau*, les deux acides étant pris sous des états comparables.

$C^4H^3NaO^4$ solide + HCl gaz = NaCl solide + $C^4H^4O^4$ gaz, dégage : + 15,4.

Les deux acides dissous (hydratés) et les sels anhydres, on aurait : + 5,6.

7. Nous avons envisagé jusqu'ici la réaction d'une manière générale; mais il convient de la discuter de plus près, en tenant compte dans le raisonnement des hydrates acides, des hydrates salins, des sels acides, en un mot des composés secondaires.

8. *Hydrates acides.* — Dans les calculs ci-dessus, nous avons substitué les acides dissous aux acides hydratés; ce qui n'est pas tout à fait la même chose. La différence a été établie pour l'acide chlorhydrique, par une discussion développée déjà à plus d'une reprise (pages 148, 151). Les dissolutions étendues des acides

(1) Toujours réserve faite d'une trace d'acétate acide, que nous négligeons dans une première discussion générale des phénomènes.

azotique et acétique renferment aussi divers hydrates, les uns stables, les autres dissociés en partie en eau et acide monohydraté, ou même hydrates stables plus avancés.

Or la formation des premiers hydrates acides répond à un moindre dégagement de chaleur que celle des seconds: par suite, les premiers devront attaquer le sel antagoniste dissous, avec un dégagement de chaleur supérieur à celui qui serait indiqué par la réaction des corps dissous pris en bloc (voy. page 551). L'hydrate acide stable ayant ainsi disparu dans les liqueurs, l'hydrate acide dissocié en reproduira une nouvelle dose, laquelle sera détruite à son tour par le sel antagoniste ; et ainsi de suite, le phénomène n'ayant d'autre limite que la destruction totale de l'hydrate acide dissocié. Il en sera ainsi, toutes les fois que la masse croissante de l'eau sera incapable d'arrêter complètement la décomposition de cet hydrate acide secondaire, à aucun degré de dilution.

En raison de ces circonstances, le calcul fondé sur les quantités de chaleurs dégagées par les acides simplement dissous et dilués n'est pas tout à fait exact : il n'est réellement valable que si les écarts thermiques sont assez grands pour ne pouvoir être compensés par la chaleur de formation, généralement minime, des hydrates secondaires. Les cas douteux sont d'ailleurs exceptionnels.

9. La formation des *hydrates salins* dissous doit entrer en compte, quand ils sont stables; sinon on devra faire certaines réserves, tenant à leur état de dissociation et que nous allons signaler.

Opposons en effet les deux acides chlorhydrique et acétique dissous, le chlorure de sodium étant anhydre et l'acétate de soude supposé uni à 6HO. Il y aurait ici une absorption de chaleur égale à — 4,1 environ. Il semble donc que l'acide acétique devrait déplacer l'acide chlorhydrique étendu, si ce mode de calcul était applicable aux dissolutions ; tandis que les trois premiers procédés de calcul (p. 594) indiquent le déplacement inverse. Or c'est précisément le déplacement inverse, je veux dire celui de l'acide acétique par l'acide chlorhydrique, qui est établi par les expériences thermiques, aussi bien que par la méthode des deux dissolvants. Il résulte de là que la chaleur dégagée par la formation de l'hydrate cristallisé d'acétate de soude n'intervient pas pour une proportion sensible, lors du partage de la base entre les deux acides.

C'est là, d'ailleurs, un résultat général, applicable à tous les *hydrates dissociables* des sels alcalins que j'ai examinés; je veux dire aux hydrates qui perdent leur eau dans le vide, en vertu d'une tension sensible de dissociation à la température ordinaire. Or ces hydrates sont très nombreux.

Le résultat chimique est réel. Il nous reste à l'expliquer : ce qui peut être fait de deux manières. Ou bien les hydrates salins dont il s'agit n'existent pas dans les dissolutions; ou bien, ce qui me paraît plus vraisemblable, l'hydrate salin existe dans la dissolution, mais il s'y trouve en partie dissocié; précisément comme le même hydrate solide placé dans un espace vide, la tension de dissociation étant sinon identique, du moins analogue (page 77). Cela étant posé, un acide fort, tel que l'acide azotique ou chlorhydrique, introduit au sein d'une dissolution d'acétate de soude, à équivalents égaux, prendra d'abord toute la soude qui constituait l'acétate de soude anhydre, contenu dans cette dissolution, en vertu de sa supériorité thermique; cela fait, l'acétate hydraté, cessant de trouver plus les conditions d'équilibre qui en assuraient jusque-là la permanence, se décompose en partie en eau et sel anhydre, de façon à reproduire un équilibre analogue au système initial. Mais la portion de l'acide fort restée libre agit aussitôt sur la nouvelle dose de sel anhydre et la détruit complètement. Cette chaîne de réactions se reproduit, jusqu'à la destruction totale de l'acétate de soude, tant anhydre qu'hydraté; parce que la réaction principale ne donne naissance à aucun produit capable de la limiter.

10. *Sels acides.* — Il en serait autrement si l'on tenait compte de la formation probable d'un sel acide, le triacétate par exemple $2C^4H^4O^4,C^4H^3NaO^4$ (voy. tome Ier, p. 366), sel capable de limiter la réaction. Examinons quelle influence il peut exercer.

L'existence de ce sel acide limite à un certain degré la réaction directe; car il développe une action inverse et exothermique sur le chlorure de sodium. Sa formation dégagerait : + 8,8 — 5,6 = + 3,2; les acides hydratés et les sels anhydres étant opposés les uns aux autres. Mais cette limitation est très minime et négligeable dans la plupart des cas ; attendu que ce sel acide, étant presque entièrement décomposé par l'eau, ne peut exercer son influence que proportionnellement à la trace qui subsiste dans les dissolutions.

L'existence du triacétate implique une autre conséquence, digne d'être notée, à savoir, l'existence d'une dose corrélative d'acétate de soude, en partie anhydre, en partie hydraté, dans les liqueurs ; c'est-à-dire qu'elle fait entrer en compte, par voie indirecte et proportionnellement à sa propre formation, la chaleur de formation de l'hydrate d'acétate de soude, soit : + 8,7 (eau liquide), ou + 4,4 (eau solide).

J'attribue à la réunion de ces circonstances un fait bien connu : à savoir, qu'en distillant ensemble le chlorure de sodium ou l'azotate de soude et l'acide acétique, on obtient quelques traces d'acide chlorhydrique, ou d'acide azotique. C'est l'indice d'un léger partage, dû à l'intervention des composés accessoires et corrélatifs que je viens d'énumérer.

Nous ne nous étendrons pas davantage sur ces réactions secondaires; nous les avons signalées pour compléter l'analyse du phénomène, mais nous en ferons abstraction dans l'étude des autres sels, nous bornant aux effets principaux, afin de ne pas trop compliquer l'interprétation générale des réactions.

11. *Acétates divers.* — J'ai également étudié l'action des acides azotique et chlorhydrique sur d'autres acétates, tels que ceux de potasse, de cuivre et d'argent. Dans tous ces cas, il y a déplacement total ou sensiblement, d'après les mesures thermiques.

Je donnerai seulement les résultats relatifs à l'acétate d'argent, mis en présence de l'acide azotique ; parce qu'ils établissent que la redissolution, c'est-à-dire la décomposition des sels insolubles, obéit aux mêmes règles que la décomposition des sels solubles. J'ai trouvé, en effet, que l'acétate d'argent cristallisé est dissous précisément par un poids équivalent d'acide azotique étendu, et que la réaction :

$$AzO^6H \text{ étendu} + C^4H^3AgO^4 \text{ cristallisé} = AzO^6Ag \text{ étendu} + C^4H^4O^4 \text{ étendu, absorbe : } - 3{,}5 \text{ environ.}$$

Cette absorption de chaleur répond à une transformation totale de l'acétate ou azotate. Elle est due à la différence d'état qui existe entre l'acétate d'argent, corps solide, et l'azotate d'argent, corps dissous. Pour que les deux corps correspondants soient réellement comparables, il faut envisager l'azotate d'argent dans l'état solide. Or, dans ce cas :

$$AzO^6H \text{ étendu} + C^4H^3AgO^4 = AzO^6Ag \text{ solide} + C^4H^4O^4 \text{ étendu, dégage : } + 2 \text{ Calories.}$$

Si les deux acides étaient séparés de l'eau,

$$AzO^6H + C^4H^3AgO^4 = AzO^6Ag + C^4H^4O^4,$$

on aurait, les deux acides supposés liquides : $+ 10^{Cal},3$; les deux acides cristallisés : $+ 12^{Cal},2$.

En résumé, l'insolubilité de l'acétate d'argent n'en détermine pas la formation, en présence de l'acide azotique : contrairement à ce que les lois de Berthollet auraient fait supposer. Loin de là, c'est l'azotate d'argent, sel soluble, qui prend naissance; et cela sans aucun partage, parce que l'azotate d'argent répond au maximum thermique.

A fortiori, en sera-t-il de même, si l'on traite l'acétate d'argent par l'acide chlorhydrique étendu, réaction qui dégage $+ 11^{Cal},7$: un sel insoluble se transformant alors intégralement en un autre sel insoluble, qui répond à un dégagement de chaleur plus considérable.

12. *Formiates.* — J'ai fait des observations semblables sur l'acide chlorhydrique, opposé à l'acide formique.

1° *Formiate de potasse et acide chlorhydrique.*

Tous les corps dissous. — L'expérience donne :

$$\left.\begin{array}{l} C^2HKO^4 \ (1 \text{ éq.} = 6 \text{ lit.}) + HCl \ (1 \text{ éq.} = 2 \text{ lit.}) : + 0{,}79 \\ C^2H^2O^4 \ \ (1 \text{ éq.} = 6 \text{ lit.}) + KCl \ (1 \text{ éq.} = 2 \text{ lit.}) : + 0{,}08 \end{array}\right\} N - N_1 = + 0{,}71.$$

L'acide chlorhydrique déplace donc l'acide formique en totalité ou sensiblement, dans les dissolutions étendues du formiate de potasse, et il le déplace avec dégagement de chaleur.

Le même déplacement dégagerait, d'après le calcul, les sels étant supposés solides et anhydres :

HCl gaz,	$C^2H^2O^4$ gaz........	+ 15,7
HCl étendu	$C^2H^2O^4$ étendu.....	+ 4,0

Ce dernier mode de calcul n'est pas tout à fait rigoureux (voy. page 596) ; cependant, dans le cas actuel, où il n'existe pas d'hydrates salins stables, c'est celui qui s'applique le mieux à la prévision de la réaction réelle.

2° *Formiate de soude et acide chlorhydrique.*

Tous les corps dissous.

C^2HNaO^4 (1 éq. = 3 lit.) + HCl (1 éq. = 2 lit.) : + 0,70
$C^2H^2O^4$ (1 éq. = 3 lit.) + NaCl (1 éq. = 2 lit.) : + 0,00 } $N - N_1 = +0,70$.

L'acide chlorhydrique dissous déplace donc l'acide formique en totalité, ou sensiblement, dans les dissolutions de formiate de soude, et il le déplace avec dégagement de chaleur.

De même les sels étant anhydres et les deux acides gazeux, on aurait : + 13,0.

Les sels anhydres, les acides dissous : + 1,3.

3° *Formiate de baryte et acide chlorhydrique.*

Tous les corps dissous.

C^2HBaO^4 (1 éq. = 4 lit.) + HCl (1 éq. = 2 lit.) : + 0,90
$C^2H^2O^4$ (1 éq. = 4 lit.) + BaCl (1 éq. = 2 lit.) : + 0,06 } $N - N_1 = + 0,84$.

Il y a déplacement sensiblement total et exothermique de l'acide formique par l'acide chlorhydrique, en présence de la baryte ; de même qu'en présence de la potasse et de la soude.

Les sels anhydres, les deux acides gazeux : + 10,0.

Les sels anhydres, les deux acides dissous, on aurait au contraire — 1,7. Mais ce mode de calcul, suffisant lorsque les deux sels antagonistes perdent aisément leur eau de cristallisation (p. 597) n'est plus de mise dans le cas actuel. En effet, la chaleur de formation de l'hydrate du chlorure de baryum, composé fort stable, concourt au phénomène : car ce corps, pris dans l'état solide, ne prend son eau que fort difficilement et à une température relativement élevée. Les expériences de MM. de Coppet et de Rudorff (1), relatives au point de congélation des dissolutions salines, conduisent également à admettre que cet hydrate subsiste dans ses dissolutions. Or, la formation de l'hydrate du chlorure de baryum rapportée à l'état solide, dégage + 2,0, quantité supérieure à — 1,7 ; ce qui suffit à expliquer le déplacement.

4° *Formiate de strontiane et acide chlorhydrique.* — Dans les dissolutions étendues, il y a déplacement total ou à peu près, avec dégagement de + 0,9.

On aurait, les deux acides gazeux, les deux sels anhydres : + 7,4 ;

Les deux acides dissous, les deux sels anhydres, on aurait au contraire : — 4,3.

Mais le dernier mode de calcul n'est pas acceptable, pour les mêmes raisons données tout à l'heure à l'occasion des sels de baryte : les deux sels antagonistes devant être cette fois envisagés non comme anhydres, mais comme subsistant dans les liqueurs et, par conséquent, comme intervenant sous l'état d'hydrates définis. En effet, le chlorure de strontiane hydraté, SrCl,6HO, est un sel stable, et il est de même du formiate de strontiane hydraté, $C^2H^2SrO^4, 2HO$, lequel ne perd pas son eau dans le vide à la température ordinaire.

Or la réaction, calculée depuis ces deux hydrates,

$$(C^2HSrO^4 + 2HO) \text{ solide} + HCl \text{ étendu} =$$
$$C^2H^2O^4 \text{ étendu} + (SrCl,6HO) \text{ solide, dégage : } + 1,8.$$

C'est là, je crois, le chiffre qui s'applique le mieux à l'explication de la réaction véritable.

5° Les formiates d'ammoniaque, de chaux, de zinc, de cuivre dissous sont également décomposés, en totalité ou à peu près,

(1) *Annales de chimie et de physique*, 4e série, t. XXV, p. 525.

par l'acide chlorhydrique étendu : et le fait s'explique aussi conformément aux principes précédents.

J'ajouterai que ces déplacements sont ici envisagés comme totaux, pour simplifier et pour nous borner à la réaction fondamentale; mais, en réalité, il y a toujours quelque léger partage, manifesté par les épreuves de distillation : partage attribuable à la production des formiates acides et à la supériorité thermique de cette nouvelle réaction (page 598). Seulement elle ne joue qu'un rôle accessoire, parce que les formiates acides sont dissociés et que le déplacement résultant est proportionnel à la faible dose du formiate acide capable de subsister dans les liqueurs.

13. *Benzoates*. — J'ai également opposé l'acide benzoïque aux acides chlorhydrique et azotique. Dans les dissolutions assez étendues pour que tout demeure dissous, il y a déplacement total, comme avec les acétates et pour les mêmes raisons thermiques. En effet, ce déplacement avec les acides et les sels solides et séparés de l'eau dégage : sels de potasse,

$$AzO^6H \text{ solide} + C^{14}H^5KO^4 = C^{14}H^6O^4 + AzO^6K : +18,7;$$

sels de soude : + 19,0

Les deux acides dissous, on aura :

Sels de potasse : + 5,7 ; sels de soude : + 6,0.

Mais il survient ici une complication : toutes les fois que l'on opère en présence d'une proportion d'eau qui n'est pas trop considérable, la faible solubilité de l'acide benzoïque en détermine la séparation sous forme solide. Dans cette circonstance, il suffit donc que la réaction puisse commencer et se produire, au moins jusqu'à la faible proportion où l'acide benzoïque commence à se précipiter : à partir de ce moment, on ne saurait plus distinguer si l'élimination totale, ou à peu près, de l'acide benzoïque, qui se produit effectivement, est due à ce que l'acide benzoïque est réellement déplacé en totalité *dans la liqueur même* par l'acide antagoniste; ou bien si l'élimination résulte d'un certain partage initial de la base entre les deux acides. L'acide benzoïque, ainsi devenu libre, se sépare par faible solubilité et sort du champ de l'action chimique : ce qui détruit l'équilibre des liqueurs et reproduit la prépondérance de l'acide antagoniste qu'elles renferment. De là résulte la production d'une nouvelle dose d'acide benzoïque, qui se précipite encore, et ainsi de suite, jusqu'à élimination totale ou presque totale.

J'ai cru utile de signaler cette explication générale de la décomposition des benzoates solubles, par tout acide soluble qui prend une position de la base. Elle ne serait pas nécessaire dans le cas des acides chlorhydrique, azotique ou sulfurique, à cause de leur prépondérance thermique ; mais il est probable qu'elle intervient pour certains acides plus faibles, tels que l'acide acétique. Avec de tels acides les valeurs thermiques laissent subsister quelque doute. Dans tous les cas, le partage initial serait déterminé par la formation de quelque dose des sels acides ; l'élimination totale de l'acide benzoïque par insolubilité devient la conséquence de ce partage initial et de l'état de dissociation partielle des sels acides eux-mêmes.

14. Jusqu'ici j'ai opposé les uns aux autres des acides nettement définis et dont les sels sont stables, ou sensiblement, en présence de l'eau. Il convient maintenant, pour montrer la généralité de la théorie, d'exposer rapidement mes expériences sur les sels des acides faibles ; phénates, azotites, hypochlorites, cyanures, etc.

15. *Phénates.* — J'ai mis les acides phénique et chlorhydrique en présence de la potasse et de la baryte. J'ai opéré seulement sur les corps dissous. J'ai trouvé que les acides chlorhydrique et azotique déplacent l'acide phénique complètement, en dégageant tous deux les mêmes quantités de chaleur. Soit :

Avec le phénate de potasse.........	+ 6,3
Avec le phénate de baryte..........	+ 6,35

Ces résultats ont été observés dans des liqueurs assez étendues pour qu'aucune dose de phénol ne se séparât sous la forme d'une huile insoluble.

Inversement, la réaction thermique du phénol dissous sur les chlorures de potassium et de baryum est négligeable.

Le calcul thermique relatif aux réactions opérées en l'absence de l'eau est conforme à ce résultat. En effet, la formation de l'azotate de potasse, toutes substances supposées solides, dégage $+ 41^{Cal},7$; celle du phénate de potasse : + 17,7 seulement.

De même, à partir des acides gazeux et de l'eau solide, la formation de KCl dégage : + 49,2; et celle de $C^{12}H^5KO^2$: + 26 environ.

Les acides étant dissous et les sels solides, on aurait : + 13,2.

16. *Azotites.* — Je suis arrivé aux mêmes résultats expérimentaux pour l'acide azoteux, opposé à l'acide chlorhydrique vis-à-vis de la baryte : la chaleur dégagée s'élève à + 4,5, ce qui accuse un déplacement total dans l'état dissous.

Il y a ici une complication, due à ce que l'acide azoteux doit être regardé comme existant en tout ou en partie à l'état anhydre dans ses dissolutions; c'est-à-dire que son déplacement donne lieu à deux travaux chimiques successifs, savoir, la séparation de l'acide et la déshydratation. Les chiffres précédents sont d'ailleurs relatifs seulement à l'état dissous et à des liqueurs assez étendues pour qu'aucune dose d'acide azoteux ne se change immédiatement en bioxyde d'azote.

17. *Hypochlorites.* — L'acide hypochloreux opposé à l'acide acétique vis-à-vis de la potasse est également déplacé en totalité et immédiatement : la chaleur dégagée s'élevant à + 3,7. Ici encore l'acide hypochloreux existe, au moins en partie, à l'état anhydre dans les liqueurs; car il peut être déplacé comme tel par un courant gazeux.

L'acide chlorhydrique étendu décompose également les hypochlorites; mais il se développe alors des réactions plus compliquées, que nous n'avons pas à discuter en ce moment.

18. *Sulfures.* — On a vu (pages 552, 554) que l'acide sulfhydrique est déplacé par les acides chlorhydrique et acétique dans les sulfures alcalins et les sulfhydrates dissous, toujours en vertu des mêmes principes. La théorie prévoit ici, et l'expérience confirme, le renversement de la réaction pour les sels métalliques : ceci a été développé en détail (pages 555 et suiv.).

19. *Cyanures.* — L'acide cyanhydrique uni aux alcalis est déplacé par l'acide chlorhydrique (voy. page 549) étendu, en dégageant + 10^{Cal},7.

L'acide azotique produit exactement le même déplacement et le même dégagement de chaleur.

A l'état anhydre, les acides étant supposés gazeux, il y aurait aussi dégagement de chaleur : du moins avec l'acide chlorhydrique (+ 33,2). De même, les acides dissous et les deux sels de potasse solides : + 11,9.

Il en est de même pour l'acide acétique étendu, lequel dégage + 10,3 avec le cyanure de potassium dissous; les deux acides gazeux : + 15,9; les deux acides dissous et les sels anhydres et solides : + 4,1.

Cependant on a vu (p. 549) qu'il y a déplacement inverse pour l'oxyde de mercure, opposé aux acides cyanhydrique et chlorhydrique étendus : inversion due au changement de signe thermique de la réaction. Il a été discuté plus haut.

De même, lorsqu'on oppose l'azotate d'argent dissous à l'acide cyanhydrique étendu, il se forme aussitôt de l'acide azotique et du cyanure d'argent, corps insoluble, avec dégagement de + 15,7.

A partir de l'azotate d'argent solide, on aurait aussi : + 10,0.

La réaction observée ici s'explique par ce fait que l'acide cyanhydrique étendu dégage + 20,9 en s'unissant à l'oxyde d'argent, et l'acide azotique étendu + 5,2 seulement : l'écart est tel qu'il ne saurait être compensé par la chaleur d'hydratation de l'acide azotique (+ 7,3). Aussi cet acide, même concentré, ne décompose-t-il pas à froid le cyanure d'argent.

Ce sont là des résultats très caractéristiques et très décisifs pour la théorie : ils montrent en effet que les notions d'acides forts et d'acides faibles ne sont pas absolues, mais corrélatives de la nature de la base unie avec l'acide.

20. Cependant il est incontestable que, dans la plupart des cas, les acides qui dégagent le moins de chaleur avec les bases alcalines, en formant des sels solubles, sont aussi ceux qui dégagent le moins de chaleur avec les oxydes métalliques. Pour tous les

cas où il en est ainsi, l'expérience établit que, dans les dissolutions, les acides forts monobasiques déplacent entièrement (1) les acides faibles de leurs combinaisons avec les alcalis.

Le déplacement total est déterminé par deux circonstances qui concourent au même résultat, à savoir : la supériorité thermique de l'acide fort, qui tend à déplacer l'acide antagoniste de sa combinaison ; et la décomposition partielle du sel de l'acide faible en acide libre et base libre, sous l'influence du dissolvant; la base libre s'unissant complètement avec l'acide fort pour former un sel plus stable, c'est-à-dire non décomposable par l'eau, ou décomposable à un moindre degré.

21. Attachons-nous surtout à la première circonstance, laquelle suffit dans le cas actuel. Le partage d'une base entre deux acides monobasiques peut être prévu, je le répète, d'après le signe thermique des phénomènes calculés *à priori*. Il suffit d'évaluer la chaleur dégagée en l'absence de l'eau, tous les corps correspondants étant amenés au même état physique, puis de tenir compte des combinaisons définies et stables, que chacun des corps réagissants, acides et sels, peut contracter ensuite avec l'eau séparément.

Cela posé (voy. aussi p. 439), l'observation tend à établir que :

1° La somme thermique et positive des effets évalués en l'absence de l'eau règle la réaction des corps anhydres, aussi bien que la réaction des corps dissous ; toutes les fois qu'ils peuvent être regardés comme subsistant à l'état anhydre dans les dissolutions.

2° La somme thermique et positive des effets rapportés aux hydrates définis solides que forment les acides et les sels, règle la réaction des corps dissous; toutes les fois que ces hydrates sont stables et subsistent dans les dissolutions, sans éprouver de dissociation. Tels sont les monohydrates des acides ou des alcalis ; les hydrates de la plupart des sels terreux et métalliques, etc.

D'après ce mode de prévision, nous regardons comme stables au sein des dissolutions, à une température donnée, les hydrates salins tels que, dans leur état solide, l'eau combinée n'y présente

(1) Sauf la réserve des sels acides, faite page 596.

pas de tension sensible de dissociation à la même température. Les faits connus (voy. p. 169), relatifs aux propriétés physiques des dissolutions, permettent de regarder cette hypothèse comme fort voisine de la réalité; le dissolvant étant assimilable jusqu'à un certain point à un espace vide, dans lequel le sel se dissémine.

Dans les cas assez nombreux où le même sel forme deux hydrates, l'un stable, l'autre émettant de la vapeur d'eau avec une tension sensible, c'est l'hydrate stable qui entre seul en ligne dans les déplacements réciproques. Mais, dans la plupart des cas, cette circonstance modifie peu les résultats des calculs thermiques; parce que la formation des hydrates qui renferment le plus d'eau, depuis l'hydrate moins avancé et l'eau solide, dégage des quantités de chaleur nulles ou très voisines de zéro (p. 172).

3° Dans le cas où les hydrates sont dissociés, tels que la plupart des hydrates des sels alcalins, on ne doit en tenir compte, ni dans le calcul, ni dans la prévision des phénomènes, toutes les fois que la réaction des corps anhydres, ou des hydrates stables, sera telle que la portion de ces corps, éliminée dans une transformation exothermique, soit susceptible d'être régénérée *indéfiniment* au sein de la liqueur, par le fait même de la dissociation : or cette circonstance se présente presque toujours dans le cas des acides monobasiques (voy. page 597).

4° Nous envisageons ici les réactions fondamentales et les prévisions thermiques correspondantes. Si l'on examine de plus près les phénomènes, on reconnaît souvent l'existence d'un léger partage ; mais ce partage s'explique à son tour par l'influence perturbatrice et accessoire due à la formation de certains composés secondaires, tels que les sels acides, décomposables en grande partie, en vertu du même principe, par l'eau, qui en laisse pourtant subsister quelques traces dans les liqueurs (page 598).

22. En toute rigueur les calculs thermiques qui précisent le signe de la réaction doivent être exécutés, comme on vient de le dire, en supposant tous les corps séparés et solides, mais pris dans l'état même de combinaison qu'ils affectent au sein du dissolvant ; qu'ils y soient anhydres, ou qu'ils forment des hydrates définis et stables, ou bien encore des hydrates dissociés.

A défaut de cet état solide, qui n'est pas toujours connu ou thermiquement défini pour les hydrates secondaires des acides, on envisagera les acides dissous; mode de comparaison imparfait (p. 596), mais qui suffit cependant, toutes les fois que les écarts thermiques ne sont pas très petits. C'est ainsi que dans les exemples précités, les déplacements dégagent également de la chaleur, soit en l'absence du dissolvant, soit en sa présence. Cela arrive toujours, quand les inégalités thermiques sont considérables; mais il pourrait en être autrement, dans certains cas où les inégalités thermiques sont faibles et susceptibles d'être compensées par la différence des chaleurs de dissolution. On en citera plus loin quelques exemples (déplacement de l'acide acétique par l'acide tartrique, qui seront discutés de plus près et démontrés également conformes au principe général.

§ 4. — Systèmes dissous. — Acides monobasiques : réactions de partage.

1. Jusqu'ici nous avons opposé les uns aux autres des acides de force très inégale, c'est-à-dire donnant lieu à des dégagements de chaleur fort différents avec les bases; surtout quand la formation des sels est rapportée à l'état solide. Mais il est intéressant de comparer aussi l'action réciproque des acides dont la force peut être regardée comme égale.

2. *Acides azotique et chlorhydrique.* — Tels semblent être les acides chlorhydrique et azotique. En effet, la formation de leurs sels alcalins, comptée depuis les acides gazeux, dégage à peu près la même quantité de chaleur :

$$HCl \text{ gaz} + KHO^2 \text{ solide} = KCl \text{ solide} + H^2O^2 \text{ gaz} : +38{,}2;$$
$$AzO^6H \text{ gaz} + KHO^2 \text{ solide} = AzO^6K \text{ solide} + H^2O^2 \text{ gaz} : +38{,}0.$$

Le thermomètre ne saurait plus rien indiquer ici de certain. L'expérience prouve cependant qu'il y a partage; car si l'on distille un chlorure avec l'acide azotique, il passe de l'acide chlorhydrique à la distillation, et réciproquement : chacun des acides pouvant être déplacé par un excès suffisant et convenablement renouvelé de l'acide antagoniste.

Ces résultats me paraissent s'expliquer par l'existence dans les liqueurs de plusieurs hydrates chlorhydriques et azotiques : composés tels que l'hydrate de chaque acide renfermant le plus grand nombre d'équivalents d'eau soit en partie dissocié en eau et hydrate inférieur.

On oppose ainsi deux hydrates chlorhydriques (et peut-être davantage) et deux hydrates azotiques distincts, et il est facile de concevoir entre ces quatre corps un jeu d'équilibre, tout semblable à celui qui s'établirait entre deux acides dissous, mais susceptibles de former chacun avec la base un sel neutre stable et un sel acide dissocié par l'eau (1). Les phénomènes prévus par cet ordre de considérations sont conformes à ceux que l'expérience manifeste.

3. *Acides gras.* — Nous observons précisément un partage de cette nature, dû à la formation des sels acides et susceptible d'être traduit par le thermomètre, dans l'étude des acides gras solubles dans l'eau.

Rappelons d'abord que les quantités de chaleurs dégagées par la formation des sels gras ne diffèrent guère d'un acide à l'autre.

Dans l'état solide, on a pour les formiates et les acétates :

C^2HKO^4	: + 25,5	$C^4H^3KO^4$	: + 21,9
C^2HNaO^4	: + 23,2	$C^4H^3NaO^4$	: + 18,3
C^2HBaO^4	: + 18,5	$C^4H^3BaO^4$	: + 15,2
C^2HCuO^4	: + 5,4	$C^4H^3CuO^4$	: + 4,3

On a aussi, l'acide étant liquide, ainsi que l'eau formée en même temps que le sel, lors de la réunion entre l'acide et la base hydratée ($NaHO^2$) : formiate : + 24,2 ; acétate : + 19,4 ; butyrate : + 18,3 ; valérate : + 15,9.

Les acides propionique, butyrique, valérique ne peuvent entrer dans ce calcul que depuis l'état liquide ; mais la formation thermique des sels qu'une même base forme avec ces divers acides diffère peu. Les écarts thermiques sont faibles et susceptibles pour la plupart d'être compensés par la chaleur de formation des sels acides : soit + 5,2 pour le triacétate de soude.

(1) Voyez aussi les déplacements réciproques des hydracides, page 513.

Les caractères thermiques des sels neutres que forment ces acides ; l'existence de leurs sels acides, en grande partie dissociés par l'eau ; l'état même de décomposition partielle de leurs sels neutres dissous et résolus par là en sel acide et en base libre, ont été exposés dans le livre précédent (pages 246 à 254). On y trouvera également leurs chaleurs de dilution, ainsi que celles de leurs sels, tous pris à la même température.

Je vais étudier les phénomènes de partage, en donnant les résultats observés à des températures voisines de 9 degrés et à peu près identiques, comme il convient dans une recherche si délicate.

1° *Acides formique et acétique.*

	Cal.
C^2HNaO^4 (1 éq. = 4 lit.) + $C^4H^4O^4$ (1 éq. = 2 lit.) :	+ 0,08
$C^4H^3NaO^4$ (1 éq. = 4 lit.) + $C^2H^2O^4$ (1 éq. = 2 lit.) :	+ 0,12

Dans les deux cas, il y a dégagement de chaleur. Ce dégagement est d'autant plus significatif, que l'action de l'eau seule sur chacun des deux couples, calculée dans l'hypothèse de la dilution de chaque corps par l'eau qui dissout son antagoniste, dégagerait seulement, à la même température : + 0,03 + 0,01 = +0,04 ; au lieu de + 0,08 et + 0,12.

Ce dégagement de chaleur ne saurait résulter directement du simple déplacement d'un des acides par l'autre, quel que soit d'ailleurs le déplacement ; attendu que les deux acides, en s'unissant avec la soude, dégagent sensiblement la même quantité de chaleur (13,38 et 13,33). Mais il s'explique par la formation des sels acides, tels que le formiate acide de soude et l'acétate acide de soude ; lesquels doivent résulter de la mise en liberté d'une portion de chaque acide par l'acide antagoniste.

Pour vérifier cette interprétation, j'ai fait agir sur le formiate de soude un acide minéral monobasique, incapable de donner naissance pour son propre compte à un sel acide, je veux dire l'acide chlorhydrique :

NaCl (1 éq. = 4 lit.) + $C^2H^2O^4$ (1 éq. = 2 lit.) :	+ 0,02
C^2HNaO^4 (1 éq. = 4 lit.) + HCl (1 éq. = 2 lit.) :	+ 0,66

Le premier chiffre, qui est de l'ordre des erreurs d'expériences, représente simplement les chaleurs de dilution ; tandis que le second chiffre exprime un déplacement total, ou sensiblement, de l'acide formique par l'acide chlorhydrique. Conformément à nos prévisions, la formation des sels acides n'intervient donc pas ici d'une manière appréciable : c'est-à-dire que la base ne se partage pas notablement entre les acides formique et chlorhydrique; tandis qu'elle se partage au contraire entre les deux acides acétique et formique.

Un partage analogue va devenir plus évident pour les acides gras plus élevés, à cause de la différence dans la chaleur de formation de leurs sels alcalins.

2° *Acides formique et butyrique.*

$C^8H^7NaO^4$ (1 éq. = 4 lit.) + $C^2H^2O^4$ (1 éq. = 4 lit.) : + 0,00
$C^2H\ NaO^4$ (1 éq. = 4 lit.) + $C^8H^8O^4$ (1 éq. = 4 lit.) : + 0,24

D'après ces nombres, il semble, à première vue, que l'acide formique soit sans action sur le butyrate de soude ; tandis que l'acide butyrique décomposerait au contraire entièrement le formiate de soude. Mais cette conclusion n'est pas exacte, parce qu'elle néglige deux circonstances importantes, à savoir, le dégagement de chaleur que produit la dilution du butyrate de soude employé par son volume d'eau, soit + 0,14 (voy. page 249); et celle de l'acide butyrique employé, soit + 0,08; le formiate de soude et l'acide formique ne donnent lieu, de leur côté, qu'à des effets négligeables.

En tenant compte de ces circonstances, on voit qu'il y a en réalité partage dans les deux cas.

Analysons de plus près les phénomènes. Quand l'acide butyrique réagit sur le formiate de soude en déplaçant une proportion x de cet acide, la chaleur dégagée est due à deux causes, savoir :

1° La substitution partielle d'un acide à l'autre, ce qui dégage :

$$(+ 13{,}62 - 13{,}38 = + 0{,}24)\ x.$$

2° La formation de deux sels acides, ce qui dégage une quantité de chaleur comprise entre les limites + 0,16 et + 0,06, d'après les nombres de la page 252.

L'hypothèse d'un partage par moitié répondrait à :

$$(+0,12+0,11)=+0,23,$$

ce qui concorde sensiblement avec le nombre observé + 0,24.

J'ai cru utile de donner ce calcul dans toute son exactitude; mais je me hâte d'ajouter que les nombres observés ne sont pas assez précis pour autoriser un calcul si rigoureux. Je me borne à en conclure l'existence du partage de la base entre les deux acides. Voici la contre-épreuve.

Réciproquement, l'acide formique, déplaçant en partie l'acide butyrique uni à la soude, donne lieu à deux effets thermiques contraires, savoir : la substitution partielle d'un acide à l'autre ($-0,24\,x$), et la formation des sels acides (comprise entre + 0,16 et + 0,06). L'hypothèse d'un partage par moitié répondrait à :

$$-0,12+0,11=-0,01,$$

qui ne s'éloigne guère de 0,00 trouvé par expérience.

La discussion qui précède est si délicate, qu'il m'a paru bon d'en appuyer les conclusions par d'autres expériences, tirées : les unes de la réaction d'un acide monobasique qui ne forme pas de sels acides, tel que l'acide chlorhydrique agissant sur les formiates et sur les butyrates; les autres de la réaction de plusieurs fractions successives d'un acide gras sur le sel de l'autre acide gras.

La réaction de l'acide chlorhydrique sur le formiate de soude a été donnée plus haut (page 610) : on a vu qu'elle répond à un déplacement sensiblement total. Voici la réaction de l'acide chlorhydrique sur le butyrate de soude :

$NaCl$ (1 éq. = 8 lit.) + $C^8H^8O^4$ (1 éq. = 2 lit.)..... + 0,15
$C^8H^7NaO^4$ (1 éq. = 8 lit.) + HCl (1 éq. = 2 lit.)... + 0,59

Le premier chiffre répond simplement à la chaleur de dilution de l'acide butyrique, + 0,18; et le second à un déplacement sensiblement total : $+0,39+0,18=+0,57$.

Ces faits viennent donc à l'appui du rôle que j'attribue aux sels acides, dans le déplacement réciproque des acides gras.

Voici maintenant l'étude de la réaction fractionnée de l'acide formique sur le butyrate de soude, laquelle fournit des résultats très caractéristiques :

$C^8H^7NaO^4$ (1 éq. = 2 lit.) — $\frac{1}{6}$ $C^2H^2O^4$ (1 éq. = 2 lit.) : + 0,06
On ajoute au mélange : $\frac{1}{3}$ $C^2H^2O^4$ (1 éq. = 2 lit.) : — 0,06
Puis encore .... $\frac{1}{2}$ $C^2H^2O^4$ (1 éq. = 2 lit.) : + 0,00
} 0,00

Le premier sixième d'acide formique dégage de la chaleur + 0,06; parce qu'il déplace une proportion presque équivalente d'acide butyrique, lequel s'unit avec l'excès du butyrate neutre pour constituer un butyrate acide. La substitution absorbe de la chaleur (— 0,04, si on la suppose totale), tandis que la formation du sel acide en dégage (+ 0,12 environ); la différence entre les deux nombres + 0,12 — 0,04 = + 0,08 concorde sensiblement avec le chiffre observé + 0,06.

La réaction presque totale de la petite quantité d'acide formique ajouté est une conséquence de ce principe général (voy. pages 80, 254), à savoir, que : *dans les partages, l'action est proportionnelle à la plus petite des masses mises en présence.*

Ajoutons maintenant un nouveau tiers d'équivalent d'acide formique : le déplacement partiel de l'acide butyrique continue à s'effectuer, avec une absorption de chaleur que ne compense plus la formation du sel acide, presque accomplie dès le début. C'est ce que montre la deuxième expérience (— 0,06).

Si l'on poursuit l'addition d'acide formique au delà de ce terme, les deux acides se trouvant en proportion équivalente, l'action chimique cesse d'être proportionnelle au poids de l'acide formique; c'est-à-dire que la nouvelle quantité d'acide butyrique déplacé devient de plus en plus faible, et que l'absorption de chaleur correspondante se trouve compensée par la chaleur dégagée en raison de la dilution du butyrate de soude subsistant : c'est ce que montre la troisième expérience (+ 0,00).

On voit par là que l'étude détaillée de la réaction confirme la conclusion tirée du résultat total que j'ai discuté d'abord.

Ces conclusions sont en outre corroborées par l'étude des réactions fournies par les autres acides.

3° *Acides formique et valérianique.*

J'ai étudié surtout l'action de quantités successives d'acide formique sur le valérate de soude :

$C^{10}H^9NaO^4$ (1 éq. = 2 lit.) + $\frac{1}{6}$ $C^2H^2O^4$ (1 éq. = 2 lit.) : + 0,04
On ajoute au mélange : $\frac{1}{3}$ $C^2H^2O^4$ (1 éq. = 2 lit.) : — 0,24

Le premier nombre représente la somme de deux effets : substitution partielle de l'acide formique à l'acide valérique, ce qui absorbe une quantité de chaleur $(+13,38-13,90=-0,52)x$; et formation de valérate acide, ce qui dégage de la chaleur, en proportion plus forte que la substitution n'en absorbe.

Mais l'effet de cette formation se fait surtout sentir lors de la première addition ; ensuite l'effet principal est la substitution de l'acide formique à l'acide valérique, et l'absorption de chaleur corrélative.

Cependant il y a toujours partage. En effet, l'addition d'une petite quantité d'acide valérique au formiate de soude dégage aussi de la chaleur, en raison de la substitution des acides, jointe à la formation des sels acides :

C^2HNaO^4 (1 éq. = 2 lit.) + $\frac{1}{6}$ $C^{10}H^{10}O^4$ (1 éq. = 5 lit.) : + 0,21.

4° *Acides acétique et butyrique.*

Opérons d'abord à équivalents égaux.

$C^8H^7NaO^4$ (1 éq. = 8 lit.) + $C^4H^4O^4$ (1 éq. = 4 lit.) : + 0,00
$C^4H^3NaO^4$ (1 éq. = 8 lit.) + $C^8H^8O^4$ (1 éq. = 4 lit.) : + 0,40

D'après ces deux nombres, et en tenant compte de la chaleur dégagée par la dilution simple des deux couples employés (+ 0,14 et + 0,08), on voit qu'il y a partage dans les deux cas, avec substitution partielle d'un acide à l'autre et formation de sels acides : l'acide butyrique prendrait un peu plus de moitié de la base.

La réaction d'un quart d'équivalent d'acide acétique sur le butyrate de soude corrobore cette opinion ; car elle donne lieu à un dégagement de chaleur, la formation du butyrate acide dégageant plus de chaleur que le déplacement partiel de l'acide butyrique n'en absorbe :

$C^8H^7NaO^4$ (1 éq. = 4 lit.) + $\frac{1}{4}C^4H^4O^4$ (1 éq. = 4 lit.) + 0,08.

5° *Acides acétique et valérianique.*

$C^{10}H^9NaO^4$ (1 éq. = 2 lit.) + $\frac{1}{6}C^4H^4O^4$ (1 éq. = 2 lit.) : + 0,01
On ajoute au mélange : $\frac{1}{3}$ $C^4H^4O^4$ (1 éq. = 2 lit.) : — 0,09
$C^{10}H^9NaO^4$ (1 éq. = 4 lit.) + $C^4H^4O^4$ (1 éq. = 5 lit.) : + 0,00
$C^4H^3NaO^4$ (1 éq. = 4 lit.) + $C^{10}H^{10}O^4$ (1 éq. = 5 lit.) : + 0,81

Les trois premiers chiffres montrent encore une fois la succession, avec inversion de signe, des mêmes effets thermiques, que j'ai déjà signalés pour les autres couples acides. Ces effets sont attribuables : le premier, à une substitution partielle, laquelle absorbe de la chaleur (13,33—13,98 = — 0,65) x, accompagnée de la formation prépondérante des sels acides, laquelle dégage de la chaleur. Le second effet est dû à une substitution plus avancée; le dernier, à la réunion de ces effets avec la dilution du valérate non décomposé.

Enfin, l'action de l'acide valérique sur l'acétate de soude manifeste la somme de trois effets thermiques, tous de même sens, savoir : la substitution partielle de l'acide valérique à l'acide acétique; la formation des sels acides, et la dilution du valérate non décomposé : l'acide valérique paraît l'emporter dans le partage de la base.

L'acide valérique partage également la baryte avec l'acide acétique :

$C^4H^3BaO^4$ (1 équiv. = 2 lit.) + $\frac{1}{6}$ $C^{10}H^{10}O^4$ (1 équiv. = 5 lit.) : + 0,24.

6° *Acides butyrique et valérianique.*

$C^{10}H^9NaO^4$ (1 équiv. = 10 lit.) + $C^8H^8O^4$ (1 équiv. = 5 lit.) : + 0,27
$C^8H^7NaO^4$ (1 équiv. = 10 lit.) + $C^{10}H^{10}O^4$ (1 équiv. = 5 lit.) : + 0,53

Ces deux nombres l'emportent de beaucoup sur les chaleurs de dilution possibles (+ 0,14 et + 0,16 environ) : ce qui met en évidence la formation des sels acides. Quant à la substitution proprement dite, elle doit absorber de la chaleur dans le premier couple et en dégager dans le second; ce qui explique l'inégalité des chiffres observés. D'après ceux-ci, il semble que l'acide valérique l'emporterait dans le partage.

La conclusion générale qui se dégage de cette discussion, c'est le déplacement réciproque des acides gras dans leurs sels.

Résumons les résultats obtenus, afin d'en montrer l'enchaînement. Le déplacement est surtout net, lorsqu'on fait agir sur le sel neutre d'un acide gras une petite quantité, un sixième d'équivalent par exemple, de l'acide antagoniste; dans ces conditions, il y a toujours dégagement de chaleur, précisément comme si l'on ajoutait à un sel neutre une petite quantité de l'acide qu'il renferme déjà. Un tel dégagement de chaleur est dû à deux actions, tantôt de même signe, tantôt de signe contraire, savoir : le déplacement de l'un des acides par l'autre, proportionnellement à la plus petite des masses mises en présence; et la formation simultanée d'un sel acide par l'acide déplacé, qui réagit sur l'excès de son sel neutre.

Ces deux actions sont de même signe, lorsqu'on fait agir une faible dose d'acide valérique ou butyrique sur le formiate ou sur l'acétate; circonstance dans laquelle on observe, en effet, le maximum de chaleur dégagée.

Elles sont de signe contraire dans les déplacements inverses : circonstance dans laquelle la formation d'une petite dose de sel acide dégage plus de chaleur que le déplacement d'une petite fraction d'un acide par l'autre.

Enfin, dans le cas des formiates opposés à l'acide acétique, ou des acétates opposés à l'acide formique, le déplacement réciproque ne produit pas d'effet thermique sensible, et tout se réduit à la chaleur dégagée par la formation du sel acide, laquelle surpasse d'ailleurs de beaucoup les effets que produirait l'addition d'un même volume d'eau pure.

Voilà ce qui arrive lorsqu'on ajoute une petite quantité d'un acide gras à la dissolution du sel neutre d'un autre acide gras. Si l'on accroît la dose de l'acide additionnel, le déplacement continue encore à se faire, quoique en proportion décroissante, mais la formation ultérieure du sel acide (ou des sels acides) cesse d'être appréciable, comme il résulte des faits exposés plus haut; par suite, l'effet thermique se réduit à peu près entièrement au déplacement réciproque. Il donne nécessairement lieu à un dégagement de chaleur, quelle que soit la proportion de l'acide additionnel, dans le cas où l'on traite un formiate ou un acétate par l'acide butyrique ou valérique.

Mais, dans les cas où l'on oppose un butyrate ou un valérate à des doses croissantes d'acide formique ou acétique, plusieurs effets se succèdent, de signe contraire, savoir :

1° Le déplacement partiel, qui donne lieu à une absorption de chaleur, avec formation proportionnelle de sel acide, laquelle, de son côté, dégage de la chaleur; réactions dont la somme est un dégagement de chaleur.

2° Un nouveau déplacement, dans lequel la formation du sel acide n'est presque plus sensible, et dont l'effet thermique principal est dès lors une *absorption* de chaleur (voy. dans les tableaux précédents : valérate de soude $+ \frac{1}{6} + \frac{1}{3}$ acide formique; butyrate de soude $+ \frac{1}{6} + \frac{1}{3}$ acide formique, etc.).

3° Le partage de la base entre les deux acides ne change plus ensuite que lentement, quand la proportion relative des deux acides approche de l'égalité. Par suite, le dernier phénomène résulte de la compensation des deux effets contraires : le déplacement, lequel absorbe de la chaleur, et l'action de l'eau (qui dissolvait l'acide additionnel) sur le sel gras contenu dans la liqueur, action qui dégage de la chaleur. En raison de cette compensation, le dernier effet thermique est sensiblement nul, et il en est de même de l'effet total, qui résulte de la somme de ces trois phénomènes successifs.

Cette analyse minutieuse des effets produits par l'action réciproque des deux acides gras, opposés à dose graduellement croissante, était indispensable pour rendre compte des variations singulières observées dans le signe de la chaleur dégagée; elle montre qu'il y a dans tous les cas partage, et quel en est le mécanisme. Quant à la proportion relative de ce partage, les nombres observés sont trop faibles pour permettre un calcul bien précis ; mais elle ne paraît pas éloignée d'un partage égal, sauf quelque prépondérance à l'avantage des acides butyrique et valérique : sans doute parce que leurs sels acides sont les plus stables en présence de l'eau.

Ainsi, toutes ces expériences fournissent des indications concordantes, et qu'il me paraît légitime d'interpréter par le partage de la base entre les deux acides gras mis en présence, joint avec la formation des sels acides. Cette même formation des sels acides, sels formés par un seul acide, et quelquefois aussi par les deux acides unis dans un même composé, est bien plus nette en l'absence de l'eau ; elle me paraît rendre compte des déplacements d'acide formique par l'acide acétique dans les formiates anhydres, signalés par les expériences de M. Lescœur.

En présence de l'eau comme en son absence, la formation des sels acides règle le phénomène, parce qu'elle donne lieu à un dégagement de chaleur qui l'emporte sur toutes les autres réactions ; c'est ce que montre le calcul de leur formation rapportée à l'état solide (voy. t. Ier, p. 366 ; et t. II, p. 584). L'explication des faits observés est donc précisément la même que pour les déplacements d'acide sulfurique dans les sulfates alcalins par les acides chlorhydrique et azotique ; ce déplacement ayant lieu en l'absence de l'eau comme en sa présence, et pour les mêmes motifs thermiques (voy. page 584).

Dans le cas des sels gras acides, comme dans celui des bisulfates, il convient de tenir compte de l'état de décomposition partielle des sels acides. Si les sels acides formés par les acides gras étaient absolument stables, soit en présence de l'eau, soit sous l'influence de la distillation, leur formation s'accomplirait intégralement dans tous les cas, et le partage de la base aurait lieu précisément dans des rapports équivalents très simples et invariables. Mais les sels gras acides, aussi bien que les bisulfates, et même à un degré plus avancé, subissent de la part de l'eau qui les dissout, ou de la chaleur qui les dissocie à l'état anhydre, une décomposition partielle. Or les sels acides, comme tous les autres composés, ne sauraient intervenir au sein des réactions qu'en raison de la proportion réelle de ces sels qui est susceptible de subsister, dans les conditions variables de l'expérience. De là résultent des équilibres multiples, dont je viens de signaler le principe. Ce sont ces mêmes équilibres, modifiés par la température et par la formation de certains hydrates acides définis, comme dans les déplacements réciproques des hydracides (page 545), qui règlent les déplacements réciproques des acides gras par distillation.

4. Le déplacement de l'*acide benzoïque par l'acide acétique* dans les benzoates dissous s'opère en vertu des mêmes principes; car les chaleurs de formation des benzoates et des acétates sont sensiblement les mêmes :

$C^4H^3KO^4$	: + 21,9	$C^{14}H^5KO^4$	: + 22,5
$C^4H^3NaO^4$	: + 18,3	$C^{14}H^5NaO^4$	: + 17,4
$C^4H^3CuO^4$	: + 10,6	$C^{14}H^5CuO^4$	: + 8,2

Ici encore la formation des benzoates acides et des acétates acides détermine le partage, suivant les mêmes principes que pour les acides gras. Mais si la liqueur n'est pas très étendue, ce partage une fois commencé, l'acide benzoïque s'élimine par insolubilité, et la réaction première peut recommencer jusqu'à épuisement, en vertu du mécanisme développé à la page 603.

5. *Deux acides faibles.* — Soit par exemple l'acide cyanhydrique, et l'acide phénique : la théorie montre qu'ils doivent se partager la base, en raison du degré de décomposition propre aux phénates et aux cyanures dissous, envisagés séparément.

$$\left.\begin{array}{l} CyK\ (1\ \text{éq.} = 4\ \text{lit.}) + C^{12}H^6O^2\ (1\ \text{éq.} = 2\ \text{lit.}) : +1{,}4 \\ C^{12}H^5KO^2\ (1\ \text{éq.} = 4\ \text{lit.}) + CyH\ (1\ \text{éq.} = 2\ \text{lit.}) : -3{,}44 \end{array}\right\} \begin{array}{l} N - N_1 = 4{,}85 \\ \text{Calculé : } 4{,}8 \end{array}$$

Il y a donc partage effectif, à peu près suivant les rapports 2 : 5.

Ainsi, deux acides faibles opposés l'un à l'autre se partagent la base, le partage étant réglé par l'état de décomposition partielle des deux sels dissous, lequel dépend à la fois de la proportion d'eau et de celle de l'acide correspondant. Lorsqu'on met un sel d'un tel acide en présence d'un acide antagoniste, sa décomposition par l'eau se reproduit, à mesure que la dose de la base libre existante dans la liqueur est saturée par l'autre acide, et cela jusqu'à ce qu'il y ait équilibre entre les deux sels et l'eau qui les dissout.

§ 5. — **Systèmes dissous. — Acides monobasiques opposés aux acides polybasiques : déplacement total.**

1. Examinons maintenant les réactions produites par les acides polybasiques. Ici les effets sont plus compliqués, parce que ces acides forment avec une même base plusieurs combinaisons stables, lesquelles subsistent en présence de l'eau, tout en éprouvant parfois une décomposition partielle. Tels sont les sulfates neutres, stables en présence de l'eau, et les bisulfates, en partie dissociés en sulfates neutres et acide libre ; les oxalates neutres et les bioxalates ; les salicylates neutres, qui sont stables, et les salicylates basiques, qui sont dissociés partiellement en base libre et salicylates neutres; les bicarbonates, qui manifestent une certaine tendance à se séparer en carbonates neutres, eau et acide carbonique, soit dissous, soit gazeux ; et les carbonates ordinaires, qui tendent au contraire à produire sous l'influence de l'eau un bicarbonate et une base libre ; de même les sulfhydrates et les sulfures. De même les phosphates monobasiques sont séparés en partie par l'eau en phosphates basique et acides; tandis que les phosphates tribasiques reproduisent une certaine dose de base libre et de phosphates bibasiques : les phosphates bibasiques eux-mêmes n'étant pas exempts de quelque tendance à un dédoublement analogue; etc., etc.

2. Ces faits étant supposés connus, je vais exposer les effets observés en mettant en conflit un acide bibasique et un acide monobasique vis-à-vis d'une même base alcaline; puis je comparerai ces effets avec les prévisions théoriques. Les résultats sont très divers:

1° Tantôt l'acide bibasique est déplacé d'une manière équivalente par l'acide monobasique (acide azotique ou chlorhydrique et borates ou carbonates); ce déplacement donnant lieu dans les dissolutions, aussi bien qu'en l'absence de l'eau, à un dégagement de chaleur.

2° Tantôt c'est l'acide bibasique qui déplace entièrement ou sensiblement l'acide monobasique, avec dégagement de chaleur (acide sulfurique et acétates) ; ou avec *absorption* de chaleur (acide tartrique et acétates), dans les dissolutions ; mais toujours avec dégagement de chaleur, en l'absence du dissolvant.

3° Tantôt enfin il y a partage notable de la base entre les deux acides ; partage variable avec les proportions relatives des corps mis en présence dans les dissolutions, et qui peut donner lieu, soit à un dégagement, soit à une *absorption* de chaleur (acide chlorhydrique ou azotique et sulfates ou oxalates).

Nous montrerons que tous ces phénomènes, en apparence contradictoires, peuvent être expliqués et prévus, si l'on connaît d'avance les propriétés des composants de chaque système, envisagés isolément : spécialement la formation thermique des sels acides et leur degré de stabilité, à l'état anhydre ou dissous.

3. Commençons par l'étude des cas où il y a déplacement total. Ce déplacement se manifeste, lorsqu'on oppose un acide fort au sel d'un acide faible : la chaleur dégagée démontre alors le déplacement total dans un sens, la nullité d'action dans l'autre sens. Quant à l'explication, elle résulte de la prépondérance thermique de l'acide fort. Mais il suffirait pour l'établir d'invoquer l'état de décomposition partielle des sels de l'acide faible, en présence de l'eau : l'acide fort, produisant un sel stable, s'empare d'abord de la partie de la base libre, laquelle se régénère sans cesse jusqu'à transformation intégrale. Donnons maintenant les faits observés.

4. *Acide borique et acides chlorhydrique ou azotique.* — J'ai trouvé :

B^2O^7Na (1 équiv. = 6 lit.) + HCl (1 équiv. = 4 lit.) .... $+2{,}13$

B^2O^6 (1 équiv. = 4 lit.) + $NaCl$ (1 équiv. = 6 lit.) .... $+0{,}08$

$$K_1 - K = 2{,}13 - 0{,}08 = +2{,}05 = N - N_1.$$

Les expériences directes, faites avec la soude et les acides borique et chlorhydrique, et pour ce degré de concentration, déterminent d'autre part la valeur :

$$N - N_1 = 13{,}7 - 11{,}6 = +2{,}1$$

Cette valeur étant la même que la précédente, on conclut le déplacement total de l'acide borique par l'acide chlorhydrique : ce que confirme l'action réciproque, qui est nulle.

Le même déplacement total a lieu, de la même manière, avec les borates alcalins bibasiques, comme le prouvent les mesures thermiques :

$$BO^4K\,(1\text{ éq.} = 4\text{ lit.}) + HCl\,(1\text{ éq.} = \text{lit.}) : +3{,}6.$$

Le calcul indique + 3,6.

L'acide azotique et l'acide sulfurique fournissent des résultats semblables avec les borates.

Ces réactions, ce déplacement total, observés entre les corps dissous et produits avec dégagement de chaleur, sont conformes au calcul de la réaction entre les corps séparés de l'eau. En effet, la formation du borate solide

$$2\,BO^3 + NaO,HO = B^2O^7Na + HO\text{ solide, dégage : } +20{,}6,$$

tandis que

$$AzO^5 + NaO,HO = AzO^6Na + HO\text{ solide, dégage : } +36{,}4.$$

Le calcul fait depuis l'hydrate borique, $BO^3,3HO$,

$$2\,(BO^3,3\,HO) + NaO,HO = B^2O^7Na + 7\,HO\text{ solide,}$$

réduit la chaleur dégagée à + 9,2.

L'intervention du borate de soude hydraté $B^2O^7Na,10HO$ porterait seulement la chaleur dégagée à + 18,8. Mais cet hydrate est dissociable à la température ordinaire.

Aucun des chiffres précédents n'approche de + 36,4, chaleur de formation de l'azotate de soude et de l'eau solide, depuis l'acide anhydre et la base solide.

Je ne veux pas pousser plus loin cette discussion : en effet, quelle que soit l'hypothèse faite sur l'état d'hydratation des acides ou des sels, la réaction demeure exothermique.

Cependant, si l'on opérait par voie sèche, les réactions pourraient être renversées ; c'est-à-dire que l'acide borique, avec le concours de la vapeur d'eau, pourrait déplacer les acides azotique et chlorhydrique : réaction qui se produit aussi avec l'acide siliciquc, et même avec l'alumine. Mais il conviendrait alors d'opposer à la chaleur de formation de l'azotate de soude et du chlorure de sodium les valeurs thermiques toutes différentes qui se rapporteraient aux borates, aux silicates, aux aluminates anhydres, renfermant un excès du composant acide.

5. Opposons au contraire à l'acide borique un acide faible, tel que l'acide cyanhydrique, dont les sels alcalins sont en partie décomposés par l'eau :

CyK (1 éq. = 4 lit.) + BO^3 (1 éq. = 2 lit.)....	+ 4,2	N — N_1 = 7,1
BO^4K (1 éq. = 4 lit.) + CyH (1 éq. = 2 lit.)....	+ 2,9	Calculé : 7,0

Il y a partage. Ce partage est attesté, dans un cas, par un dégagement de chaleur; dans le cas réciproque, par une absorption; ce qui est une conséquence de la décomposition partielle des sels mis en jeu, sous l'influence de l'eau.

De même les *acides phénique et borique :*

$C^{12}H^5KO^2$ (1 éq. = 4 lit.) + BO^3 (1 éq. = 2 lit.) :	+ 2,2	N — N_1 = 2,3
BO^4K (1 éq. = 4 lit.) + $C^{12}H^6O^2$ (1 éq. = 2 lit.) :	+ 0,1	Calculé : 2,2

Le partage est ici très faible, l'acide borique déplaçant à peu près entièrement l'acide phénique.

6. *Carbonates et acides dissous.* — Les carbonates alcalins dissous, en présence d'une quantité d'eau capable de dissoudre la totalité de l'acide carbonique, sont décomposés complètement et avec dégagement de chaleur par les acides forts, tels que les acides azotique, acétique, sulfurique, tartrique étendus. En effet :

			Expérience.	Théorie.
CO^3Na (1 éq. = 13 lit.)	+ Az O^6H	(1 éq. = 2 lit) dégage :	+ 3,41	+ 3,47
—	+ $C^4H^4O^4$	—	+ 3,14	+ 3,1
—	+ SO^4H	—	+ 5,52	+ 5,62
—	+ $\frac{1}{2}C^8H^6O^{12}$	—	+ 1,61	+ 1,7

De même :

C^2O^4,Na,HO (1 éq. = 20 lit.) + HCl (1 éq. = 2 lit.) : + 2,7; 2,7.

Les chiffres de la dernière colonne sont calculés dans l'hypothèse d'un déplacement total, qui se trouve ainsi démontrée. Car toute décomposition incomplète tendrait à réduire proportionnellement les quantités de chaleur dégagées. Il n'y a donc point formation appréciable de bicarbonate, lorsqu'on mélange la solution des acides précédents avec la solution du carbonate de soude.

Comme vérification, j'ai constaté que la dissolution d'acide carbonique, mélangée avec un azotate, un acétate, un sulfate, un tartrate alcalin, convenablement étendu, ne produit pas d'effet thermique propre qui soit appréciable.

Les réactions des acides étendus sur les carbonates dissous, même au degré où l'acide carbonique demeure en totalité dans la liqueur, sont donc les mêmes qu'en l'absence de l'eau : ce qui est conforme à l'expérience de chaque jour.

J'attache quelque importance à cette démonstration. Elle prouve en effet que la décomposition des carbonates, soit anhydres, soit à l'état de dissolutions concentrées, n'est pas due à la volatilité de l'acide carbonique : elle est totale, dès que le carbonate est mis en contact avec l'acide fort. Le dégagement de l'acide carbonique est donc un phénomène physique, accessoire et consécutif à la réaction chimique véritable.

La réaction opérée sur les corps dissous est, nous venons de le dire, exothermique : elle conserverait ce caractère avec les corps séparés de l'eau, l'acide carbonique et l'eau ; les produits étant supposés solides, ainsi que tous les corps concourant à la réaction.

Donnons ces calculs théoriques pour le carbonate et pour le bicarbonate opposés à l'acide azotique :

$$\begin{cases} AzO^6H \text{ solide} + CO^3Na = AzO^6Na + CO^2 \text{ solide} + HO \text{ solide} : +19{,}4 \\ AzO^6H \text{ solide} + C^2O^6NaH = AzO^6Na + C^2O^4 \text{ solide} + H^2O^2 \text{ solide} : +12{,}4 \end{cases}$$

Avec les deux carbonates de potasse anhydres, on aurait : + 23,4 et + 14,9.

D'autre part, l'acide azotique, l'acide carbonique et l'eau étant tous supposés gazeux, on aurait, avec CO^3Na : + 18,7; avec CO^3K : + 22,7, avec les bicarbonates : + 3,1 et + 5,6.

Enfin, les acides supposés dissous et les sels anhydres, on aurait :

Avec CO^3Na : + 12,0; avec CO^3K : + 17,0.

Avec les bicarbonates, C^2O^6NaH et C^2O^6KH, les valeurs seraient négatives. Mais il convient d'observer que la réaction change ici de caractère, à cause de l'intervention d'une énergie étrangère. En effet, les bicarbonates sont quelque peu dissociés en acide carbonique et carbonates neutres dans leurs dissolutions. Dès lors c'est le carbonate neutre qui est attaqué d'abord et qui se régénère sans cesse, jusqu'à épuisement de la réaction (voy. p. 628).

7. Il en serait autrement si l'on opposait le bicarbonate à un acide dont les sels neutres éprouveraient de la part de l'eau un commencement de décomposition : quelque partage de la base entre les deux acides deviendrait alors possible (voy. p. 629).

8. Voici une autre remarque essentielle : en principe, la décomposition des carbonates est une réaction moins simple que le déplacement ordinaire des autres acides, parce que l'acide carbonique ne se sépare pas dans l'état d'un hydrate correspondant à l'acide azotique, mais dans l'état anhydre (voy. p. 451). Deux opérations ont donc été accomplies ici, savoir : la séparation entre l'acide et la base, et la séparation entre l'acide et l'eau, qui aurait dû rester unie à l'acide sous la forme d'un hydrate $C^2H^2O^6$. On sait qu'en réalité on obtient l'acide anhydre, C^2O^4, et l'eau séparément. Le travail accompli dans la seconde opération est inconnu (1) et probablement négatif.

Discutons de plus près les déplacements de l'acide carbonique, afin de mieux distinguer les travaux physiques et les travaux chimiques mis en jeu dans les réactions.

9. Le *déplacement de l'acide carbonique par l'acide sulfurique* dans les carbonates et bicarbonates alcalins, calculé pour l'état solide, donne à peu près les mêmes quantités de chaleur que

(1) On peut évaluer la quantité de chaleur correspondante par l'hypothèse suivante. Assimilons l'acide carbonique à l'acide lactique (voy. pages 242 et 270) et la formation des bicarbonates, C^2HMO^6, à celle des lactates : $C^6H^5MO^6$. La chaleur dégagée par l'union de l'acide carbonique dissous et de la soude étant + 11,1, au lieu de + 13,4, chiffre obtenu avec l'acide lactique, il semble que l'union de l'acide carbonique dissous, C^2O^4, et de l'eau, pour former l'hydrate, $C^2H^2O^6$ dissous, devrait absorber de la chaleur, soit 11,1 — 13,4 = — 2,3. C'est sans doute en raison de cette circonstance que l'hydrate carbonique n'a pu être obtenu jusqu'ici. Peut-être existe-t-il à l'état de traces prêtes à se dissocier (page 245) dans les liqueurs. — L'acide gazeux fournirait en plus sa chaleur de dissolution, soit + 5,6 ; c'est-à-dire que sa combinaison avec l'eau, pour former un hydrate dissous, dégagerait + 3,3.

par l'acide azotique; attendu que la formation des sulfates solides, depuis l'acide et la base hydratés, dégage des quantités de chaleur fort voisines de celles des azotates (voy. page 586).

Observons qu'ici on peut concevoir une réaction de plus, à savoir celle d'un bisulfate sur un bicarbonate :

$$S^2O^8NaH + C^2O^6NaH = 2\,SO^4Na + C^2O^4 \text{ solide} + H^2O^2 \text{ solide, dégage}: +1,9.$$

Cette valeur est faible, et il suffit des circonstances physiques, telles que la fusion de l'eau et la vaporisation de l'acide carbonique pour la transformer en une absorption de chaleur : — 5,6; le fait même de cette absorption est facile à constater.

10. La *réaction* calculée de l'*acide tartrique sur le carbonate de soude* dégage de la chaleur :

$$C^8H^6O^{12} + 2\,CO^3Na = C^8H^4Na^2O^{12} + C^2O^4 \text{ solide} + H^2O^2 \text{ solide} : +10,6.$$

L'acide prenant l'état gazeux, et l'eau l'état liquide, il y a encore + 3,1 dégagées.

A fortiori, les deux acides étant dissous : + 12,1; et plus encore, si l'on y ajoute la chaleur (+ 2,0) dégagée depuis l'eau solide, par l'hydrate stable du tartrate de soude :

$$C^8H^4Na^2O^{12} + 2\,H^2O^2.$$

11. Les résultats sont plus divers pour le *déplacement de l'acide carbonique par l'acide acétique*, rapporté d'après le calcul aux seuls travaux chimiques et à l'état solide :

$$C^4H^4O^4 \text{ solide} + CO^3Na = C^4H^3NaO^4 + CO^2 \text{ solide} + HO \text{ solide} : +0,7.$$

Mais si l'on fait intervenir les travaux physiques qui rendent l'eau liquide et l'acide carbonique gazeux, il y a au contraire absorption de chaleur, — 3,0; absorption qui se réduit à — 0,5, si l'acide acétique est fondu. Les deux acides étant dissous et les deux sels anhydres, pour les rendre plus comparables, on aurait : + 1,9. On voit ici l'intervention des changements d'état physique et la nécessité d'écarter les travaux correspondants.

12. Les réactions des acides acétique et tartrique sur le carbonate de soude solide sont donc exothermiques. Mais il en est autrement, si l'on opère avec le *bicarbonate de soude solide*, une

absorption de chaleur considérable ayant lieu dans cette circonstance; comme il est facile de le vérifier, soit avec l'acide acétique pur, soit avec l'acide tartrique humecté d'un peu d'eau. Cette absorption de chaleur n'est attribuable qu'en partie aux changements d'états physiques éprouvés par l'eau et l'acide carbonique. En effet, la réaction

$$C^4H^4O^4 \text{ solide} + C^2O^6NaH = C^4H^3NaO^4 + C^2O^4 \text{ solide} + H^2O^2 \text{ solide}$$

absorbe encore : — 6,3.

L'eau liquide, l'acide carbonique gazeux, c'est-à-dire avec le concours thermique des travaux physiques, on aurait — 13,8; quantité qui se réduit à — 11,5, si l'acide acétique est liquide; et à — 5,9, les deux acides supposés dissous, c'est-à-dire ramenés à un état plus comparable. Ainsi, je le répète, tous les corps supposés sous le même état, il y a toujours absorption de chaleur dans la réaction calculée entre l'acide acétique et le bicarbonate de soude.

Avant d'aller plus loin, rappelons que la même observation s'applique au tartrate de soude, formé avec le bicarbonate :

$$C^8H^6O^{12} + 2(C^2O^6NaH) = C^8H^4Na^2O^{12} + 2C^2O^4 \text{ solide} + 2H^2O^2 \text{ solide} : -1,5;$$

la formation du tartrate de soude hydraté, composé stable qui doit se produire de préférence, donnerait cependant : + 0.5.

En faisant intervenir les travaux physiques qui rendent l'eau liquide et l'acide carbonique gazeux, on aurait : — 16,5.

L'état physique du corps serait plus comparable pour les deux acides dissous ; ce qui absorbe — 7,5. Même en tenant compte de la formation de l'hydrate du tartrate de soude, on aurait encore une valeur négative : — 5,5.

13. Ces faits réclament un éclaircissement. En effet, comment peut-on concevoir ici que la réaction initiale et déterminante des phénomènes soit toujours exothermique, si on la rapporte aux corps séparés de l'eau? Voyons si cette difficulté peut être levée par une analyse convenable des phénomènes.

Le fait dominant que l'on observe tout d'abord, c'est que le bicarbonate de soude, aussi bien que le carbonate ordinaire, est attaqué par l'acide acétique. A l'état sec, l'attaque se manifeste aussitôt, sans qu'il soit nécessaire d'ajouter la moindre trace d'eau. A l'état dissous, l'attaque a lieu également, et elle est totale, même à équivalents égaux, comme le prouvent les chiffres cités plus haut (voy. page 623). Cette dernière remarque s'applique également à l'acide tartrique dissous. Il n'y a donc point de différence essentielle entre le bicarbonate et le carbonate ordinaire sous ce rapport, et c'est là un résultat très important et indépendant de toute théorie. Or, tel est le fait qui va servir de base à notre interprétation. En effet, l'attaque du carbonate de soude ordinaire par les acides acétique et tartrique est toujours exothermique, que les corps soient dissous ou séparés de l'eau, *pourvu qu'on les suppose pris dans un état physique comparable* (voy. page 422); dans toutes les conditions, je le répète, la décomposition dégage de la chaleur : le calcul en a été donné tout à l'heure (page 626).

Dès lors la réaction serait facile à expliquer, dans tous les cas, si l'on pouvait ramener le principe de l'attaque du bicarbonate de soude à l'attaque du carbonate ordinaire. Or, rien n'est plus facile, ni même plus nécessaire.

En effet, tous les chimistes savent que les bicarbonates alcalins, à l'état sec aussi bien qu'à l'état dissous, commencent à perdre de l'acide carbonique dès la température ordinaire; c'est-à-dire qu'ils sont à l'état de dissociation propre. L'état de dissociation du bicarbonate de soude entraîne cette conséquence qu'une petite portion, si faible que l'on voudra, de carbonate ordinaire, préexiste en réalité dans le bicarbonate dissous et même cristallisé. Or c'est cette portion qui est décomposée tout d'abord par l'acide acétique. L'équilibre qui existait auparavant entre le bicarbonate, l'acide carbonique et le carbonate ordinaire, cesse ainsi de subsister; une nouvelle portion de carbonate ordinaire se régénère, et elle est aussitôt détruite par l'acide acétique. Le phénomène se poursuit jusqu'au bout, parce que l'acide carbonique développé dans les liqueurs ne saurait : ni empêcher absolument la dissociation du bicarbonate de soude; ni provoquer, en agissant chimiquement sur le sel antagoniste, la régénération de quelque portion de carbonate neutre, capable de limiter la décomposition du bicarbonate. Dans ce cas, comme dans tous ceux du même genre, l'énergie auxiliaire nécessaire à l'accomplissement de la transformation est fournie par les forces thermiques qui entrent en conflit avec les forces chimiques dans l'état de dissociation (voy. page 442).

Tel est, je crois, le mécanisme véritable qui préside à la décomposition totale, ou sensiblement totale, des bicarbonates par les acides acétique ou tartrique, etc. Cette décomposition sensiblement totale, que l'expérience établit sans réplique, dérive, en définitive, d'une réaction exothermique, à savoir : la réaction des acides sur les carbonates ordinaires, laquelle détermine toute la transformation, et il en est ainsi avec les corps dissous, aussi bien qu'avec les corps anhydres.

14. Si l'on mettait en conflit l'*acide carbonique et un acide faible*, c'est-à-dire tel que ses sels alcalins éprouvassent en présence de l'eau et dans l'état de dissolution quelque décomposition partielle, avec formation d'alcali libre (voy. page 619), les résultats pourraient être changés. En effet, l'acide carbonique pourrait prendre cet alcali libre, en formant une dose de carbonate correspondante. Par suite, une nouvelle dose du sel primitif serait décomposée par l'eau, et un certain équilibre s'établirait entre l'acide carbonique et l'acide faible : équilibre réglé par le degré de décomposition propre à chacun des sels des deux acides antagonistes. C'est ce qu'on observe en effet, lorsqu'on oppose l'acide sulfhydrique (voy. page 555), ou l'acide cyanhydrique, à l'acide carbonique. Il y a équilibre dans cette circonstance entre les deux acides. Dès lors si l'on renouvelle à mesure l'un des acides volatils, de façon à entraîner la portion mise en liberté de l'acide antagoniste, on pourra réaliser une décomposition, qui croîtra jusqu'à devenir totale.

15. L'acide acétique lui-même et les acides gras volatils sont jusqu'à un certain point dans ce cas, parce que les acétates alcalins ne sont pas absolument stables en présence de l'eau ; c'est pourquoi les acétates dissous doivent donner quelque indice de décomposition avec l'acide carbonique : ce qui est conforme

à l'observation. Mais cette décomposition est trop faible pour être sensible au thermomètre, lorsqu'on se borne à mélanger les dissolutions; ce n'est que par distillation qu'on réussit à la manifester. Une décomposition analogue devient plus assurée avec les acides gras à équivalent plus élevé, tels que les acides butyrique et valérianique, parce que les sels de ces acides éprouvent de la part de l'eau une décomposition plus notable (voy. page 248).

Ceci étant admis, si l'acide gras vient à être séparé à mesure par insolubilité (acide stéarique), ou par volatilité (acide acétique distillant avec l'eau); si, d'autre part, l'acide carbonique se renouvelle sans cesse, il pourra arriver que l'action qui a mis l'acide gras en liberté se renouvelle indéfiniment et jusqu'à élimination totale. La volatilité ou l'insolubilité n'interviennent ici que pour pousser à sa limite une réaction commencée en dehors de ces conditions spéciales, et qui en est indépendante en principe.

16. *Carbonates insolubles.* — Les mêmes règles de prévision sont applicables à la décomposition des carbonates insolubles par les acides. On sait combien cette décomposition est nette, bien qu'elle soit contraire aux lois de Berthollet, d'après lesquelles le sel insoluble ne devrait pas pouvoir être transformé en un sel soluble; surtout si l'on opère en présence d'une dose d'eau susceptible de maintenir en dissolution la totalité de l'acide carbonique. Voici les cas typiques qui peuvent se présenter :

1° En présence de l'eau, c'est-à-dire l'acide antagoniste étant pris à l'état étendu, et le sel qu'il forme demeurant dissous, ainsi que l'acide carbonique, on aura :

$$CO^3Ca + AzO^6H \text{ étendu } (1 \text{ éq.} = 12 \text{ lit. ou plus}) =$$
$$CO^2 \text{ dissous} + AzO^6Ca \text{ étendu, dégage : } + 4,1;$$
$$\text{avec } HCl \text{ étendu : } + 4,2;$$
$$\text{avec } C^4H^4O^4 \text{ étendu, } + 3,6.$$

Dans tous les cas, il y a donc dégagement de chaleur.

2° Si l'on employait des acides moins étendus, une partie de l'acide carbonique se dégagerait sous forme gazeuse. Mais le signe de la réaction n'en serait pas changé, attendu que la séparation de l'équivalent complet, $CO^2 = 22$ grammes, absorbe seulement — 2,8 : quantité inférieure aux précédentes.

3° Pour plus de précision, supposons les acides dissous, mais le nouveau sel de chaux solide ; nous aurons, avec l'acide azotique étendu, l'acide carbonique dissous et AzO^6Ca anhydre : + 2,1.

4° Mais il est plus exact d'envisager l'azotate de chaux comme formant un hydrate, à cause de la stabilité de ce dernier sous la forme solide (1). Nous aurons dès lors, en admettant la formation de

$$AzO^6Ca + 2H^2O^2 : +7,9.$$

5° Enfin, la réaction entre les corps anhydres dégagerait, tous les corps supposés solides :

$$AzO^6H \text{ solide} + CO^3Ca = CO^2 \text{ solide} + HO \text{ solide} + AzO^6Ca : +15,0;$$

les deux acides et l'eau pris dans l'état gazeux : + 12,9.

17. Soit encore l'action de l'acide chlorhydrique sur le carbonate de chaux, on aurait :

$$HCl \text{ étendu}, CO^2 \text{ dissous}, CaCl \text{ anhydre} : -4,5.$$

Mais ce procédé de calcul n'est pas admissible, à cause de la grande stabilité de l'hydrate de chlorure de calcium, $CaCl + 6HO$. Si l'on préfère faire entrer en ligne le dernier corps, ce qui est plus vraisemblable, la réaction dégage : + 6,4.

Enfin les deux acides et l'eau supposés gazeux, le chlorure anhydre, on aurait : + 4,3, et bien davantage avec le chlorure hydraté : c'est-à-dire qu'il doit toujours y avoir déplacement.

18. Soit encore la réaction de l'acide acétique sur le carbonate de chaux. Avec l'acide acétique étendu, l'acide carbonique dissous, l'acétate de chaux anhydre, on aurait : + 0,1.

Mais l'acétate de chaux doit être plutôt envisagé comme à l'état d'hydrate dans ses solutions :

$$C^4H^3CaO^4 + HO,$$

ce qui porte la chaleur dégagée à + 0,9.

(1) Si l'on ne regardait pas cet hydrate, renfermant $2H^2O^2$, comme stable dans les liqueurs, il faudrait envisager un autre hydrate moins avancé, et dont la formation serait également exothermique.

Les deux acides gazeux, l'eau gazeuse et le sel anhydre, on aurait — 1,0 ; mais si l'eau demeurait unie avec le sel, comme la chose est plus probable : + 5,0.

L'opposition du signe qui existe entre les deux nombres précédents semble indiquer dans ces conditions d'état gazeux l'existence d'un certain équilibre, subordonné à la dissociation de l'hydrate formé par l'acétate de chaux.

Dans l'état dissous même, il y a quelque commencement de décomposition ; attendu que l'acétate de chaux dissous renferme quelque trace d'alcali et d'acide, mis en liberté par l'action du dissolvant.

Tels sont les résultats de ces divers modes de calculs, relatifs aux réactions thermiques du carbonate de chaux à l'égard des acides : j'ai cru utile de les développer, parce qu'ils présentent les types de la décomposition des carbonates insolubles.

19. Résumons les observations précédentes, relatives à la décomposition des carbonates insolubles par les acides.

1° En général, la décomposition des carbonates insolubles par les acides dégage de la chaleur, lorsque l'acide carbonique reste dissous : la quantité de chaleur est souvent même assez grande, dans ces conditions, pour ne pas être compensée par la transformation partielle ou totale de l'acide carbonique en gaz, lorsqu'on diminue la dose de l'eau.

Cependant il y a quelques exceptions, telles que le carbonate d'argent et les acides azotique ou acétique étendus :

AzO^6H étendu + CO^3Ag = AzO^6Ag étendu + CO^2 dissous + HO, absorbe : — 1,7
$C^4H^4O^4$ étendu + CO^3Ag = $C^4H^3AgO^4$ dissous + CO^2 dissous + HO liq. : — 2,2

2° Ces exceptions disparaissent, si l'on ramène les deux sels au même état, c'est-à-dire à l'état solide :

AzO^6H étendu + CO^3Ag = AzO^6Ag solide + CO^2 dissous + HO liq. : + 4,0
$C^4H^4O^4$ étendu + CO^3Ag = $C^4H^3AgO^4$ solide + CO^2 dissous + HO liq. : + 2,0

Or, ce mode de calcul est le plus conforme à la théorie, puisqu'il envisage les corps correspondants sous le même état physique (page 422). Il s'applique immédiatement aux cas où le sel de nouvelle formation est insoluble, comme il arrive avec le chlorure d'argent :

$$\text{HCl étendu} + CO^3Ag = AgCl + CO^2 \text{ dissous} + HO, \text{ dégage : } + 13{,}2.$$

3° Il est nécessaire d'envisager les sels solides dans l'état même de combinaison avec l'eau, sous lequel ils peuvent exister dans les liqueurs, ainsi que nous l'avons montré pour l'azotate de chaux, le chlorure de calcium et l'acétate de chaux. Ceci est indispensable pour la plupart des chlorures et des azotates métalliques : le calcul des réactions par les chlorures anhydres conduisant souvent à des nombres négatifs ; tandis que ce même calcul, rapporté aux chlorures hydratés et stables, est toujours conforme aux résultats observés.

4° Enfin on doit tenir compte de l'état de décomposition propre des sels dissous de certains acides, même assez énergiques, tels que les sels des acides gras. Une partie de la base étant mise en liberté par la seule action de l'eau, soit à froid, soit à une température de 100 degrés ; l'acide carbonique pourra et devra s'unir à cette portion de base, pour former un carbonate (ou un bicarbonate) : de là résultent certains équilibres et déplacements réciproques, surtout si l'on élimine à mesure le corps partiellement mis en liberté (voy. page 633).

On voit par ces développements que les réactions des carbonates insolubles sur les acides, aussi bien que les réactions inverses, obéissent aux mêmes principes généraux, et peuvent être prévues de la même manière, que les réactions des carbonates solubles : il en est ainsi, que le sel résultant soit soluble ou insoluble, que l'acide carbonique se dégage, ou qu'il demeure dissous.

Poursuivons cette étude sur d'autres acides.

20. *Acétates et acides divers. — Acide sulfurique et acétates.*

1° En présence de l'eau :

$$\left.\begin{array}{ll} C^4H^3NaO^4 & (1 \text{ éq.} = 2 \text{lit.}) + SO^4H \; (1 \text{ éq.} = 2 \text{lit.}) : +2{,}38 \\ C^4H^4O^4 & (1 \text{ éq.} = 2 \text{lit.}) + SO^4Na (1 \text{ éq.} = 2 \text{lit.}) : -0{,}12 \end{array}\right\} N - N_1 = +2{,}50.$$

L'expérience directe a donné : 15,87 — 13,30 = + 2,57.

Il y a donc décomposition sensiblement totale; la réaction inverse de l'acide acétique sur le sulfate de soude ne s'écartant guère des effets de la simple dilution sur les deux solutions des composants du système, pris séparément (— 0,07 environ).

La méthode des deux dissolvants confirme ce résultat (voyez *Annales de chimie et de physique*, 4e série, t. XXVII, p. 459).

2° La réaction est la même entre les corps anhydres. En effet, dans ce cas, le calcul indique que la transformation

$$C^4H^3NaO^4 + SO^4H \text{ solide} = SO^4Na + C^4H^4O^4 \text{ solide, dégage : } + 16,4.$$

Les deux acides liquides, on aurait : + 14, 3; différence trop forte pour être compensée par la seule formation d'un bisulfate (+ 8,6); cependant la production simultanée d'une petite quantité de triacétate (+ 5,5), telle que celle qui existe en présence de l'eau, pourra concourir au phénomène et amener un léger partage.

Avec les acides dissous et les sels solides, on aurait : + 6,2.

Ainsi toutes les réactions sont exothermiques, tant avec les corps dissous qu'avec les corps séparés de l'eau.

21. — *Acide tartrique et acétates.*

1° En présence de l'eau :

$$\left\{\begin{array}{l} C^8H^6O^{12} \;(1 \text{ éq.}=4 \text{ lit.}) + 2\,C^4H^3O^4 \;(1 \text{ éq.}=2 \text{ lit.}) : -\,0,50 \\ C^8H^4Na^2O^{12} (1 \text{ éq.}=4 \text{ lit.}) + 2\,C^4H^3NaO^4 (1 \text{ éq.}=2 \text{ lit.}) : +\,0,14 \end{array}\right\} N - N_1 = -0,64.$$

Ces nombres indiquent un déplacement à peu près total de l'acide acétique par l'acide tartrique. Cependant, chose remarquable, le déplacement se traduit par une *absorption de chaleur :* ce résultat théorique est conforme à l'expérience directe. En effet, celle-ci montre que l'acide acétique dissous, en s'unissant avec la soude, dégage plus de chaleur que l'acide tartrique.

Le déplacement de l'acide acétique par l'acide tartrique, qui résulte des chiffres précédents, ne saurait être révoqué en doute; car la méthode des deux dissolvants démontre le même déplacement total.

Nous rencontrons ici l'exemple intéressant d'une réaction telle que : *le déplacement réciproque entre les sels dissous se traduit par une absorption de chaleur*. Ce genre de réaction va se présenter à nous tout à l'heure dans des cas plus multipliés. C'est l'existence constatée de ces déplacements qui m'a conduit à invoquer dans la prévision des phénomènes le signe thermique des transformations opérées entre les corps séparés de l'eau.

2° En effet, le déplacement de l'acide acétique par l'acide tartrique s'explique aisément, d'après le signe des valeurs calculées pour les corps séparés de l'eau :

$$C^8H^6O^{12} + 2C^4H^3NaO^4 = C^8H^4Na^2O^{12} + 2C^4H^4O^4 \text{ solide, dégage : } +13,0.$$

Les deux acides supposés dissous et les sels solides, on aurait : + 12,0. La réaction est donc en réalité exothermique.

La chaleur dégagée serait plus grande encore, soit + 14,0, si l'on faisait intervenir le tartrate de soude hydraté stable, pris au degré d'hydratation où ce sel subsiste dans le vide (page 601), en en excluant au contraire l'acétate de soude hydraté, sel dissocié qui perd la totalité de son eau dans les mêmes conditions (page 596). Ce mode de calcul est le plus conforme à la théorie véritable; laquelle déduit les actions réciproques des corps de l'état réel de combinaison sous lequel chacun d'eux, pris isolément, existerait au sein du dissolvant.

22. *Action des acides sur les citrates.* — Signalons ici ces résultats, dont la signification générale est la même que celle des précédents; bien que les données numériques connues jusqu'à présent ne soient pas suffisantes pour permettre de rapporter les calculs aux sels séparés de l'eau.

1° *Acide chlorhydrique et citrates solubles.*

$C^{12}H^5Na^3O^{14}$ (1 éq. ou 258gr = 6 lit.) :	Trouvé.	Déplacement supposé total.
+ $\frac{1}{2}$ HCl (1 éq. = 2 lit.), à 13°	+ 0,24	+ 0,48
+ 1 HCl	+ 0,59	+ 0,92
+ 1 $\frac{1}{2}$ HCl	+ 1,16	+ 1,35
+ 3 HCl	+ 3,08	+ 3,21
+ 6 HCl	+ 3,25	+ 3,21

La dernière colonne a été calculée dans l'hypothèse d'un déplacement total, en admettant que HCl dissous + NaO étendue dégage à 13 degrés : + 13,99, et d'après les valeurs observées directement pour la formation des citrates acides. Ces valeurs montrent que le déplacement est réellement total, dès que l'on emploie 3 équivalents d'acide chlorhydrique, et même il s'opère proportionnellement à l'hydracide, dès $1\frac{1}{2}$ HCl. Pour $\frac{1}{2}$ HCl et 1 HCl, les nombres trouvés sont un peu faibles, sans doute à cause de quelque réaction accessoire, telle que la formation d'un sel double ou d'un sel acide ; mais ils n'en montrent pas moins qu'il y a encore, et dès ces proportions, déplacement par l'acide chlorhydrique de la soude unie à l'acide citrique.

2° *Acide azotique et citrates solubles.* — Cette réaction conduit à la même conclusion, avec des valeurs numériques très voisines des précédentes :

	Trouvé.	Déplacement supposé total.
$C^{12}H^5Na^3O^{14}$ + $\frac{1}{2}$ AzO^6H, à 11° :	+ 0,39	+ 0,53
+ 1 AzO^6H......	+ 0,73	+ 1,00
+ $\frac{1}{3}$ AzO^6H......	+ 1,51	+ 1,45
+ 3 AzO^6H......	+ 3,24	+ 3,33
+ 6 AzO^6H......	+ 3,37	+ 3,33

Ainsi l'acide citrique est déplacé complètement, ou à peu près, dans les citrates alcalins par une proportion équivalente d'acide chlorhydrique ou azotique ; sans qu'il y ait partage notable de la base entre les deux acides antagonistes. Ce déplacement est manifeste, dès le premier tiers et surtout dès le second tiers de l'acide additionnel (sauf la formation des sels doubles ou acides, etc.).

3° *Citrates insolubles.* — Les mêmes faits ont été vérifiés avec les citrates insolubles. Par exemple, on forme le citrate tribarytique en mélangeant :

$$C^{12}H^5Na^3O^{14} \text{ (1 équiv.} = 6 \text{ lit.)} + 3\,BaCl \text{ (1 équiv.} = 2 \text{ lit.)}$$

à 24 degrés, ce qui dégage + 2,43.

Puis on ajoute successivement 3 HCl (1 éq. = 2 lit.). Les deux premiers équivalents de l'hydracide suffisent pour redissoudre le précipité (le citrate monobarytique étant soluble) : ce qui prouve le déplacement de la base, dès les premiers équivalents.

La chaleur absorbée pendant l'addition des 3 HCl s'élève à — 1,10; ce qui fait, pour la somme des deux réactions :

$$+ 2,43 - 1,10 = + 1,33.$$

Or, en admettant que le résultat final soit la mise en liberté totale de l'acide citrique, l'acide chlorhydrique demeurant entièrement uni à la baryte et à la soude, et en calculant les réactions pour la température de 24 degrés, on trouve la chaleur dégagée + 1,5 : résultat qui concorde avec le précédent, dans la limite des erreurs des expériences.

4° *Acide acétique et citrates, et réciproque.* — Cette réaction est très digne d'intérêt.

$C^{12}H^5Na^2O^{12}$ (1 éq. = 6 lit.):	Trouvé.	Déplacement supposé total.
+ $\frac{1}{2}$ $C^4H^4O^4$ (1 éq. = 2 lit.) à 10 degrés :	+ 0,05	+ 0,16
+ 1 $C^4H^4O^4$	+ 0,07	+ 0,25
+ $\frac{3}{2}$ $C^4H^4O^4$	+ 0,01	+ 0,38
+ 3 $C^4H^4O^4$	+ 0,11	+ 1,23
+ 6 $C^4H^4O^4$	+ 0,25	+ 1,23

Ces chiffres montrent que l'acide acétique ne déplace pas l'acide citrique d'une manière appréciable; si ce n'est peut-être en présence d'un grand excès d'acide acétique : circonstance qui fait intervenir la chaleur complémentaire de l'acétate acide, au moins pour la faible proportion de ce sel capable de subsister dans les liqueurs.

Réciproquement, l'acide citrique déplace complètement, ou à peu près, l'acide acétique dans les acétates alcalins dissous. En effet,

$C^{12}H^8O^{14}$ (1 éq. = 6 lit.) :	Trouvé.	Calculé.
+ $C^4H^3NaO^4$ (1 éq. = 2 lit.) absorbe, à 13° :	— 0,46	— 0,41
+ 3 $C^4H^3NaO^4$	— 1,33	— 1,23
+ 9 $C^4H^3NaO^4$	— 1,23	— 1,22

Ce résultat est précisément le même qui a déjà été observé plus haut dans la réaction de l'acide tartrique sur les acétates alcalins dissous (page 634), qu'il décompose entièrement, ou à peu près. Le déplacement a lieu par équivalents successifs.

Dans le cas des citrates, comme dans celui des tartrates,

le déplacement se traduit par une absorption de chaleur : circonstance qui conduit à invoquer, dans la prévision des réactions, le signe thermique des réactions entre les corps séparés de l'eau, et non celui qu'elles présentent en opérant sur les corps dissous (page 635).

23. On voit ici l'échelle des forces relatives des acides : les acides chlorhydrique et azotique déplaçant entièrement, ou à peu près, l'acide citrique, qui déplace lui-même l'acide acétique.

24. En résumé, dans les réactions que je viens d'exposer :

1° Le déplacement d'un acide par un autre est total, ou sensiblement; en négligeant les petites perturbations, explicables d'ailleurs par certaines réactions secondaires, lesquelles sont toujours produites en vertu des mêmes principes thermiques.

2° Le déplacement calculé entre les corps séparés de l'eau est le même que l'observation démontre pour les corps dissous : c'est ce que prouve la concordance des résultats obtenus, soit par la méthode thermique, soit par la méthode des deux dissolvants.

3° Enfin toutes les expériences où l'état physique et chimique des corps réagissants est comparable montrent que la réaction entre les corps anhydres (ou bien que la réaction calculée entre les hydrates stables que ces corps sont susceptibles d'engendrer) dégage de la chaleur. C'est elle qui règle la réaction apparente, telle qu'on l'observe entre les corps dissous; cette dernière pouvant d'ailleurs être exothermique ou endothermique, suivant l'intervention des diverses circonstances physiques et autres qui ont été énumérées.

§ 6. — Systèmes dissous. — Acides monobasiques opposés aux acides polybasiques : réactions de partage.

1. Les réactions que les sulfates et les oxalates alcalins dissous éprouvent de la part des acides azotique et chlorhydrique sont des plus remarquables : en effet, les deux actions réciproques donnent également lieu à un phénomène thermique notable,

contrairement à ce qui arrive dans la plupart des cas examinés précédemment. Présentons les faits, exposons-en la signification chimique, puis nous donnerons l'interprétation théorique des causes qui les déterminent.

2. Soient d'abord les *sulfates* dissous, mis en présence des acides azotique ou chlorhydrique étendus :

Sulfates et acide azotique.

{ SO^4K (1 équiv. = 2 lit.) + AzO^6H (1 équiv. = 2 lit.) : — 1,78
{ AzO^6K id. + SO^3H id. + 0,19

N — N_1 = 1,97. Trouvé directement : 1,88.

{ SO^4Na (1 équiv. = 2 lit.) + AzO^6H (1 équiv. = 2 lit.) : — 1,99
{ AzO^6Na id. + SO^4H id. + 0,20

N — N_1 = 2,19. Trouvé : 2,15.

{ SO^4Am (1 équiv. = 2 lit.) + AzO^6H (1 équiv. = 2 lit.) : — 1,76
{ AzO^6Am id. + SO^4H id. + 0,30

N — N_1 = 2,06. Trouvé : 2,12.

Sulfates et acide chlorhydrique.

{ SO^4K (1 équiv. = 2 lit.) + HCl (1 équiv. = 2 lit.) : — 1,92
{ KCl id. + SO^4H id. + 0,37

N — N_1 = 2,29. Trouvé : 2,12.

{ SO^4Na (1 équiv. = 2 lit.) + HCl (1 équiv. = 2 lit.) : — 1,83
{ NaCl id. + SO^4H id. + 0,29

N — N_1 = 2,12. Trouvé : 2,18.

{ SO^4Am (1 équiv. = 2 lit.) + HCl (1 équiv. = 2 lit.) : — 0,66
{ AmCl id. + SO^4H id. + 1,39

N — N_1 = 2,04. Trouvé : 2,00.

3. Ces nombres concordent avec les anciennes mesures de Graham, et avec les expériences détaillées de M. Thomsen sur la même réaction. Ce dernier savant en a conclu (1) l'existence d'un certain partage de la base entre les deux acides : la conclusion me paraît fondée. Mais M. Thomsen n'a ni trouvé, ni soupçonné, ni même recherché la cause véritable de ce partage,

(1) *Pogg. Annalen*, t. CXXXVIII, p. 79. C'est par erreur que M. Thomsen attribue, dans ce Mémoire, à Berthollet l'opinion d'une affinité relative, caractéristique de chaque acide et distincte de sa capacité de saturation (laquelle est représentée par l'inverse de son équivalent). (Voy. *Statique chimique* de Berthollet, t. Ier, p. 15, 72 et 75.)

parce qu'il n'a pas tenu compte du rôle de l'eau et de la formation des bisulfates (1), laquelle me semble le pivot des phénomènes. Il s'est borné à constater le partage et à l'ériger en théorie, en exprimant les effets observés par un certain coefficient, désigné par lui sous le nom d'*avidité* (2); lequel représenterait le rapport d'affinité des acides, pris deux à deux, pour une même base. Ce rapport serait constant, indépendant de la quantité d'eau, indépendant aussi de la grandeur relative des chaleurs de combinaison, et même de toutes les propriétés connues des acides.

Enfin, le partage d'une base entre deux acides pourrait être calculé, dès que l'on connaît leur avidité; c'est-à-dire le rapport caractéristique qui exprime le partage de la même base entre un troisième acide et chacun des deux précédents. En d'autres termes, le *coefficient d'avidité* caractériserait l'affinité de chaque acide, envisagé séparément, vis-à-vis d'une base déterminée. En conséquence, M. Thomsen a donné des Tables (3) destinées à exprimer ce nouveau coefficient, c'est-à-dire l'avidité des principaux acides.

4. D'après mes expériences, cette théorie ne peut être acceptée. Le coefficient d'*avidité* est superflu et même démenti par l'expérience. La constance de sa valeur numérique, pour un couple donné d'acides, est formellement contredite par les expériences faites en présence de diverses quantités d'eau (voyez plus loin), lesquelles montrent que la répartition de la potasse, par exemple, entre l'acide sulfurique et l'acide azotique, comme entre les acides sulfurique et chlorhydrique, varie suivant la quantité d'eau qui concourt à la réaction. La constance du prétendu coefficient est également démentie par l'étude thermique de la réaction des acétates, des tartrates et des oxalates sur divers acides, tels que les acides sulfurique, oxalique, tartrique : circonstances dans lesquelles les calculs effectués d'après

(1) M. Marignac a bien vu la possibilité de cette formation, et il l'a signalée dans les *Archives des sciences naturelles de Genève*.

(2) *Pogg. Annalen*, t. CXXXVIII, p. 102.

(3) *Pogg. Annalen*, t. CXL, p. 505.

le procédé de M. Thomsen donnent des valeurs de l'*avidité*, qui varient suivant les couples d'acides employés pour le calculer.

Par exemple, l'avidité de l'acide sulfurique pour les alcalis étant exprimée par le chiffre 0,49 dans la Table de M. Thomsen, celle de l'acide tartrique par 0,05 et celle de l'acide acétique par 0,03, il en résulterait que la soude doit se répartir suivant le rapport 5 : 3 entre l'acide tartrique et l'acide acétique mis en présence. Or, la méthode thermique, aussi bien que la méthode des deux dissolvants, nous ont montré (page 634) que l'acide tartrique prend la totalité de la base, ou sensiblement.

De même, l'avidité de l'acide azotique étant 1,0 et celle de l'acide oxalique 0,26 dans les Tables de M. Thomsen, la base devrait se répartir entre les deux acides suivant le rapport 0,26 : 1,0; tandis que l'expérience indique un déplacement presque total de l'acide oxalique par l'acide azotique dans les dissolutions (page 648).

Même remarque pour l'acide oxalique, opposé à l'acide chlorhydrique (page 648).

De même encore, les acides oxalique et tartrique auraient des avidités représentées par 0,26 et 0,05, nombres dont le rapport est 5 : 1; tandis que l'expérience indique une répartition à peu près égale de la base entre deux acides (page 657). La constance de l'*avidité* n'est donc pas confirmée par l'observation.

Loin de là : car je me propose d'établir par des expériences que tous les effets observés peuvent être prévus et calculés numériquement, à l'aide des seules données thermiques; c'est-à-dire prévus d'après les quantités de chaleur mises en jeu dans la réaction des corps anhydres, et calculés d'après la proportion réelle des bisulfates alcalins et autres sels acides existant dans les liqueurs, proportion qui est déterminée par la dose de l'eau que ces liqueurs renferment (page 321).

5. Nous avons défini plus haut l'origine des réactions, en établissant ce qui se passe *en l'absence de l'eau* (pages 586 à 591).

Nous avons ainsi montré que la formation des bisulfates répond au dégagement thermique maximum, et règle tout le phénomène chimique, dans les réactions des chlorures ou des azotates sur l'acide sulfurique; aussi bien que dans celles des acides chlorhydrique et azotique sur les sulfates.

6. Passons aux effets observés au sein des dissolutions : ils s'expliquent et se calculent, je le répète, en admettant que les réactions initiales sont les mêmes en principe, qu'en l'absence du dissolvant; à la condition de tenir compte, en outre, de la décomposition progressive que le bisulfate alcalin éprouve en présence de l'eau (page 321). Cela étant admis, la réaction des chlorures ou des azotates sur l'acide sulfurique, produit par l'eau aux dépens du bisulfate, régénère à son tour une certaine portion du sulfate neutre, lequel limite la décomposition du bisulfate lui-même : cette décomposition est ainsi empêchée de reproduire indéfiniment l'acide sulfurique, à mesure que cet acide disparaît sous l'influence du sel antagoniste. C'est là un point capital : il constitue, à proprement parler, le nœud de toute l'explication.

Nous allons établir en fait ces divers résultats, en faisant varier les proportions relatives des composants du système : eau, acide sulfurique et sulfates, acide azotique et azotates, conformément à la méthode générale employée dans mes recherches sur les éthers, sur les alcoolates alcalins, sur les acides faibles, etc. (page 79).

7. Faisons d'abord varier l'eau.

Acides sulfurique et azotique.

SO^4K (1 équiv. = 1 lit.)	+ AzO^6H (1 équiv. = 1 lit.) :	− 1,81	}
AzO^6K (1 équiv. = 1 lit.)	+ SO^4H (1 équiv. = 1 lit.) :	− 0,07	
SO^4K (1 équiv. = 2 lit.)	+ AzO^6H (1 équiv. = 2 lit.) :	− 1,78	}
AzO^6K (1 équiv. = 2 lit.)	+ SO^4H (1 équiv. = 2 lit.) :	+ 0,19	
SO^4K (1 équiv. = 4 lit.)	+ AzO^6H (1 équiv. = 4 lit.) :	− 1,60	}
AzO^6K (1 équiv. = 4 lit.)	+ SO^4H (1 équiv. = 4 lit.) :	+ 0,24	
SO^4K (1 équiv. = 10 lit.)	+ AzO^6H (1 équiv. = 10 lit.) :	− 1,50	}
AzO^6K (1 équiv. = 10 lit.)	+ SO^4H (1 équiv. = 10 lit.) :	+ 0,15	

Acides sulfurique et chlorhydrique.

SO^4K (1 équiv. = 1 lit.) + HCl (1 équiv. = 1 lit.) : — 2,02
KCl (1 équiv. = 1 lit.) + SO^4H (1 équiv. = 1 lit.) : + 0,15
SO^4K (1 équiv. = 2 lit.) + HCl (1 équiv. = 2 lit.) : — 1,92
KCl (1 équiv. = 2 lit.) + SO^4H (1 équiv. = 2 lit.) : + 0,31
SO^4K (1 équiv. = 4 lit.) + HCl (1 équiv. = 4 lit.) : + 1,72
KCl (1 équiv. = 4 lit.) + SO^4H (1 équiv. = 4 lit.) : + 0,31
SO^4K (1 équiv. = 10 lit.) + HCl (1 équiv. = 10 lit.) : — 1,46
KCl (1 équiv. = 10 lit.) + SO^4H (1 équiv. = 10 lit.) : + 0,35

Ces nombres établissent d'une manière générale que la réaction se maintient pareille, quelle que soit la dilution. Leurs différences mêmes, bien que ne surpassant guère les erreurs d'expérience (à cause de la dilution des dernières liqueurs), semblent indiquer que la chaleur absorbée dans la réaction de l'acide sur le sulfate de potasse diminue, à mesure que la proportion d'eau devient plus considérable.

Or ce décroissement est prévu par notre théorie, puisqu'il répond à la décomposition progressive du bisulfate alcalin par l'eau. Les différences observées : — 0,56 pour l'acide azotique, et — 0,41 pour l'acide chlorhydrique, sont du même ordre de grandeur que la différence analogue relative au bisulfate seul : — 0,43, observée pour un changement de concentration pareil (page 321).

8. Changeons la proportion relative du sulfate neutre.

Sulfate et acide azotique.

AzO^6H (1 équiv. = 1 lit.)	+ SO^4K (1 équiv. = 1 lit.) :		— 1,80
id.	+ 1,67 SO^4K	id.	— 2,57
id.	+ 5 SO^4K	id.	— 3,55
id.	+ 10 SO^4K	id.	— 3,70

Sulfate et acide chlorhydrique.

HCl (1 équiv. = 1 lit.)	+ SO^4K (1 équiv. = 1 lit.) :		— 2,02
id.	+ 1,67 SO^4K	id.	— 2,84
id.	+ 5 SO^4K	id.	— 3,89
id.	+ 10 SO^4K	id.	— 4,04

La chaleur absorbée croît avec la proportion de sulfate neutre, jusque vers des limites voisines de — 3,7 et — 4,1 respectivement.

Ce résultat pouvait être prévu, d'après notre théorie. En effet, l'acide azotique dissous doit se changer entièrement en azotate dans la liqueur, avec production de bisulfate, quand le sulfate neutre est en excès; mais le bisulfate est d'autant moins décomposé par l'eau, que l'excès du sulfate neutre est plus considérable (page 320). Or, le changement du sulfate neutre en azotate équivalent dans la dissolution absorbe — 1,8; et la transformation intégrale de l'acide sulfurique étendu, devenu libre, en bisulfate, absorbe en outre, — 2,0, dans l'hypothèse où ce sel n'éprouve aucune décomposition; ce qui fait en tout — 3,8 pour la réaction opérée en présence d'un grand nombre d'équivalents de sulfate neutre. Ce calcul s'accorde sensiblement avec le chiffre (— 3,7) trouvé par l'expérience.

Un calcul semblable indique pour $HCl + 10SO^4K$,

$$-2,2 + (-2,0) = -4,2;$$

or j'ai trouvé — 4,1 par expérience.

Dans le cas où la proportion équivalente du sulfate de potasse suffirait exactement pour donner naissance au bisulfate :

$$AzO^6H + 2SO^4K = S^2O^8KH + AzO^6K,$$

ledit bisulfate éprouve en présence de l'eau une décomposition partielle (1), telle que sa formation apparente absorbe seulement — 1,0; ce qui fait

$$-1,8 + (-1,0) = -2,8$$

pour la réaction théorique.

L'expérience a donné, en effet, — 2,8.

De même, pour $HCl + 2SO^4K$, en présence de l'eau, la théorie indique: — 2,2 + (— 1,0) = — 3,2; et l'expérience donne — 3,1.

(1) On suppose que dans cette circonstance l'acide sulfurique libre qui résulte de la décomposition est sans action sensible sur l'azotate, parce qu'il est tenu en équilibre par le sulfate neutre et le sulfate acide coexistants.

Mais si l'on abaisse le sulfate neutre au-dessous de la proportion de 2 équivalents pour 1 équivalent d'acide azotique, ce dernier corps ne peut plus être changé entièrement en azotate, attendu qu'il décompose seulement le sulfate neutre et non le bisulfate; une portion de l'acide azotique demeure donc libre. D'autre part, le bisulfate formé par la réaction normale ne subsiste qu'en partie dans la liqueur: une autre partie étant séparée par l'action de l'eau en acide sulfurique libre et en sulfate neutre. Ce dernier est attaqué à son tour par l'excès d'acide azotique resté libre, qui le change en partie en bisulfate. L'équilibre définitif s'établit donc entre six corps: l'eau, l'acide sulfurique, l'acide azotique, l'azotate et les deux sulfates de potasse.

On peut calculer, au moins approximativement, les effets thermiques dus à ces phénomènes complexes. On trouve ainsi pour la réaction à équivalents égaux:

$$SO^4K + AzO^6H \text{ dégage : } -1,7;$$

l'expérience a donné: — 1,8.

De même, pour HCl + SO^4K, le calcul donne — 2,0; ce qui est conforme à l'expérience.

9. Accroissons encore la quantité d'acide azotique ou chlorhydrique, antagoniste avec le sulfate neutre.

Sulfate et acide azotique.

SO^4K (1 équiv. = 1 lit.)	+ AzO^6H (1 équiv. = 1 lit.)..	— 1,81
id.	+ 1,67 AzO^6H..............	— 1,93
id.	+ 5 AzO^6H.................	— 2,10

Sulfate et acide chlorhydrique.

SO^4K (1 équiv. = 1 lit.)	+ HCl (1 équiv. = 1 lit.)....	— 2,02
id.	+ 1,67 HCl..................	— 2,17
id.	+ 5 HCl.....................	— 2,32

Le sulfate neutre tend à être changé entièrement en bisulfate, à mesure que l'acide antagoniste s'accroît; mais le bisulfate est décomposé en proportion croissante par l'eau qui dissout celui-ci. La décomposition, en présence des quantités d'eau désignées, varie depuis un tiers jusqu'à moitié environ. La chaleur absorbée dans la réaction doit varier d'une manière corrélative, et la variation prévue s'étend, d'après le calcul : de — 1,8 à — 2,1 pour l'acide azotique ; et de — 2,0 à — 2,3 pour l'acide chlorhydrique. L'expérience confirme exactement ces prévisions.

10. Faisons varier maintenant les proportions relatives de l'acide sulfurique et du sel monobasique préexistants :

Azotate et acide sulfurique.

$5\,SO^4H$	(1 équiv. = 1 lit.)	+ 1 AzO^6K	(1 équiv. = 1 lit.) :	— 0,26
1,67	id.	+ 1	id.	— 0,13
1	id.	+ 1	id.	— 0,07
1	id.	+ 1,97	id.	— 0,00
1	id.	+ 5	id.	+ 0,27

Chlorure et acide sulfurique.

$5\,SO^4H$	(1 équiv. = 1 lit.)	+ 1 KCl	(1 équiv. = 1 lit.) :	+ 0,12
1,67	id.	+ 1	id.	+ 0,15
1	id.	+ 1	id.	+ 0,16
1	id.	+ 1,67	id.	+ 0,31
1	id.	+ 5	id.	+ 0,59

11. Pour comparer ces nombres, trouvés par expérience, avec la théorie, il suffit d'admettre que l'acide sulfurique se change en bisulfate, et que le dernier sel éprouve une décomposition partielle, influencée par les proportions relatives :

1° De l'eau qui tend à le détruire ;

2° De l'acide sulfurique libre, qui lui donne de la stabilité ;

3° Enfin de l'azotate de potasse (ou du chlorure) en excès, lequel tend à ramener à l'état de bisulfate tout l'acide sulfurique, sans influer sur le sulfate neutre produit par la décomposition primitive d'une partie du bisulfate dissous. En présence d'un grand excès d'acide sulfurique, tous les corps étant dissous,

$AzO^6K + 2\,SO^4H = S^2O^8KH + AzO^6H$, tend à absorber : + 1,8 — 2,0 = — 0,2
$KCl \quad + 2\,SO^4H = S^2O^8KH + HCl$, tend à dégager. . . + 2,2 — 2,0 = + 0,2

En présence d'un grand excès de sel monobasique, la réaction tend à produire, avec l'azotate,

$$\frac{+\,1{,}8 - 1{,}1}{2} = +\,0{,}35\,;$$

avec le chlorure,

$$\frac{+2,2 - 1,1}{2} = +0,55.$$

A équivalents égaux, la théorie indique : pour l'azotate, —0,1; pour le chlorure, + 0,15.

Tous ces nombres, calculés sans aucune hypothèse particulière, en se fondant seulement sur la connaissance de la décomposition progressive du bisulfate par l'eau, et en admettant la superposition des effets thermiques des réactions simultanées opérées en présence d'une grande quantité d'eau (tome Ier, page 66); tous ces nombres calculés, dis-je, s'accordent avec l'expérience. Un tel accord démontre l'inutilité de coefficients affinitaires spéciaux, dans l'étude des déplacements réciproques des acides.

12. Les principes développés ici fournissent la théorie d'un groupe entier de *mélanges réfrigérants*, tels que ceux formés par le sulfate de soude hydraté et les acides étendus (voy. page 451), ce qui est relatif au mélange formé par l'acide sulfurique et le sulfate de soude, à l'état d'hydrate cristallisé). Par exemple, l'acide chlorhydrique et le sulfate de soude cristallisé forment un mélange réfrigérant très puissant et très usité. La réaction déterminante qui provoque les changements du système est la formation du bisulfate, formation exothermique par elle-même, mais qui devient l'origine de trois réactions endothermiques, dont la valeur thermique absolue surpasse celle de la première, savoir :

1° La réaction chimique, qui change le sulfate neutre en bisulfate et en chlorure, laquelle détermine à son tour :

2° La séparation chimique entre le sulfate de soude et son eau de cristallisation et la liquéfaction de celle-ci.

3° Vient enfin la dissolution totale ou partielle des sels produits dans le liquide aqueux.

13. Poursuivons l'application de la même théorie à d'autres acides.

Acide oxalique et acide azotique ou chlorhydrique.

1° Réactions entre *les corps dissous :*

3 AzO^6H (1 équiv. = 2 lit.)	+ $\frac{1}{2}$ $C^4Na^2O^8$ (33gr,5 = 1 lit.). :			— 0,73
1 AzO^6H	id.	+ $\frac{1}{2}$ $C^4Na^2O^8$	id.	— 0,60
1 AzO^6H	id.	+ 3 ($\frac{1}{2}$$C^4Na^2O^8$)	id.	— 0,89
3 HCl (1 équiv. = 2 lit.)	+ $\frac{1}{2}$ $C^4Na^2O^8$ (33gr,5 = 1 lit.)...			— 0,74
1 HCl	id.	+ $\frac{1}{2}$ $C^4Na^2O^8$	id.	— 0,70
1 HCl	id.	+ 3 ($\frac{1}{2}$ $C^4Na^2O^8$)	id.	— 1,07

Au contraire, l'acide oxalique, étant mis en présence de l'azotate de soude ou du chlorure de sodium, quelles que soient les proportions relatives, ne donne lieu qu'à des effets thermiques de l'ordre des erreurs d'expériences (± 0,05).

Les nombres du tableau ci-dessus répondent à un déplacement sensiblement total de l'acide oxalique par les acides antagonistes. En effet, les mesures directes de N et N_1 ont donné :

$$N - N_1 = 13,72 - 14,34 = -0,52 \text{ pour l'acide azotique,}$$
$$N - N_1 = 13,69 - 14,34 = -0,65 \text{ pour l'acide chlorhydrique;}$$

ce qui concorde avec la seconde et la cinquième des expériences précédentes.

En présence d'un excès d'oxalate neutre, on doit avoir en plus le refroidissement dû à la formation du bioxalate, soit — 0,44 environ (voy. pages 319 et 320); ce qui fait en tout — 1,09 pour l'acide chlorhydrique. L'expérience a donné — 1,07.

Pour l'acide azotique, le calcul indique — 1,0; l'expérience a donné — 0,9.

2° Ce déplacement sensiblement total pouvait être prévu; car il répond à la réaction qui dégage le plus de chaleur entre *les corps anhydres*, comme le montre le tableau suivant, relatif à l'acide azotique :

	2 AzO^6H solide + $C^4Na^2O^8$ = 2 AzO^6Na + $C^4H^2O^8$...........	+19,8
{	2 AzO^6H id. + $C^4Na^2O^8$ = AzO^6Na + C^4HNaO^8 + AzO^6H.	+11,8
{	AzO^6H id. + C^4HNaO^8 = AzO^6Na + $C^4H^2O^8$...........	+ 8,0

3° Si l'on oppose à la fois *les sels anhydres* et *les acides hydratés et dissous*, afin de tenir compte, d'une part de la transformation de l'acide azotique en un *hydrate stable*, sous la première influence de l'eau, et d'autre part de l'*état liquide* de cet hydrate azotique, lequel n'est pas comparable à l'*état solide* de l'acide oxalique; dans ces conditions, dis-je, la transformation intégrale de l'oxalate neutre en azotate, les sels étant anhydres, dégagera seulement : + 8,1.

La transformation du même système en azotate et bioxalate anhydres dégagerait : + 4,8.

Enfin, la transformation du bioxalate en azotate neutre, par l'acide azotique, dégagerait : + 3,3.

Ainsi toutes les réactions réelles demeurent exothermiques, dans ce procédé de calcul; du moins à la température ordinaire.

14. *Acide oxalique et acide acétique.*

1° L'expérience a donné pour *les corps dissous :*

$$\left.\begin{array}{l} C^4H^3NaO^4 \text{ (1 éq.} = 2 \text{ lit.)} + \frac{1}{2} C^4H^2O^8 \text{ (22}^{gr},5 = 1 \text{ lit.)} : +0,80 \\ \frac{1}{2} C^4Na^2O^8 \text{ (33}^{gr},5 = 1 \text{ lit.)} + C^4H^4O^4 \text{ (1 éq.} = 2 \text{ lit.)} : -0,22 \end{array}\right\} N - N_1 = 1,02$$

D'après les mesures directes, j'ai trouvé :

$$N - N_1 = +14,34 - 13,30 = +1,04.$$

Ces chiffres indiquent un partage, l'acide oxalique prenant environ les quatre cinquièmes de la base; d'après un calcul dans lequel on néglige la dilution des quatre solutions séparées, laquelle développe des effets thermiques peu marqués.

J'ai vérifié par la méthode des deux dissolvants la réalité de ce partage, qui m'avait échappé dans mes premiers essais. J'en garantis d'ailleurs la réalité, plutôt que la proportion absolue, observant en outre que le partage est trop inégal pour répondre uniquement à la formation du bioxalate; car ce sel, assez stable en présence de l'eau, devrait se former presque exclusivement, s'il était la seule cause du partage.

2° Voici maintenant les résultats du calcul théorique de la réaction entre *les quatre corps anhydres*, pris tous à l'état solide :

$$2\,C^4H^3NaO^4 + C^4H^2O^8 = C^4Na^2O^8 + 2\,C^4H^4O^4 \ldots\ldots\ldots\ldots\ldots \quad +15,2$$
$$2\,C^4H^3NaO^4 + C^4H^2O^8 = C^4HNaO^8 + C^4H^3NaO^4 + C^4H^4O^4 \ldots\ldots \quad +\ 9,5$$

Il semble donc qu'on devrait obtenir seulement de l'oxalate neutre.

3° Si l'*acide oxalique* était *dissous*, ainsi que l'acide acétique, *les sels* étant *anhydres*, on aurait : + 12,5 et + 9,3, pour les réactions approximatives des acides hydratés : ce qui conduit à la même conclusion.

15. Ici se présente une circonstance remarquable. En effet, les chiffres précédents ne font nullement prévoir le partage que les expériences tendent pourtant à établir. Il convient donc de faire intervenir d'autres réactions, capables de fournir une énergie additionnelle, qui compense l'inégalité thermique entre les deux actions principales. Je pense que ces réactions ne sont autres que la formation simultanée d'un peu d'acétate acide de soude, et peut-être aussi de quadroxalate de soude, sels qui ne sont pas entièrement décomposés par l'eau. Il s'agit du triacétate acide $2C^4H^4O^4,C^4H^4NaO^4$ déjà cité à plusieurs reprises, et qui répond à un dégagement additionnel de $+ 5^{Cal},5$.

Cela posé, examinons l'influence d'un acétate acide, tel que le précédent, sur la réaction entre l'acide oxalique et l'acétate de soude. Pour la calculer, il faut faire intervenir l'acide acétique en excès, c'est-à-dire admettre qu'une partie de l'acétate neutre est déjà changée en oxalate neutre et acide acétique solide. Or cette dernière réaction entre les corps séparés de l'eau,

[1] $2\,C^4H^3NaO^4 + C^4H^2O^8 = C^4Na^2O^8 + 2\,C^4H^4O^4$, dégage : + 15,2.

Calculons maintenant la chaleur dégagée, dans l'hypothèse d'une formation simultanée de bioxalate et d'acétate acide, aux dépens d'une autre portion d'acétate de soude et d'acide oxalique :

[2] $2\,C^4H^3NaO^4 + C^4H^2O^8 = C^4HNaO^8 + C^4H^3NaO^4 + C^4H^4O^4$. + 9,5
[3] $2\,C^4H^4O^4 + C^4H^3NaO^4 = 2\,C^4H^4O^4,C^4H^3NaO^4$ .... + 5,5

Total .... + 16,0

En réunissant les trois réactions, afin de rétablir les relations équivalentes, on réalise la transformation

[4] $4\,C^4H^3NaO^4 + 2\,C^4H^2O^8 = C^4Na^2O^8 + C^4HNaO^4 + C^4H^4O^4$
$+ 2\,C^4H^4O^4,C^4H^3NaO^4$,

et cette transformation, rapportée à tous les corps solides, dégage : + 31,2.

Or ce chiffre l'emporte sur la transformation pure et simple des mêmes quantités de matière en oxalate neutre et acide acétique (+ 30,4). L'excès serait plus grand encore, si l'on opposait les deux acides déjà unis à l'eau :

$$(+ 25,0 < 9,3 + 10,6).$$

Le partage est donc possible et même nécessaire. Mais ce partage n'a lieu que selon la faible proportion de l'acétate acide qui subsiste réellement dans la liqueur; le bioxalate ne pouvant prendre naissance que selon une quantité corrélative, et étant lui-même en partie décomposé par l'influence de l'eau.

Telle me paraît être l'interprétation véritable du partage inégal de la soude entre l'acide oxalique et l'acide acétique dans les dissolutions; partage constaté d'ailleurs par les observations.

§ 7. — **Action des acides monobasiques sur les phosphates alcalins.**

1. Nous avons cherché un nouveau contrôle des théories précédentes dans les mesures thermiques relatives à l'action des acides chlorhydrique, azotique, acétique, tous monobasiques (afin d'éviter la complication des sels acides, tels que les bisulfates), sur les trois séries de phosphates de soude (1) :

Phosphate tribasique.

PhO^8Na^3 (1 équiv. ou $164^{gr} = 6$ lit.) mêlé :

$+\frac{1}{2}HCl$ (1 éq. = 2 lit.), 13° :	+3,24	$+\frac{1}{2}AzO^6H$, à 15° :	+3,34	$+\frac{1}{2}C^4H^4O^4$, à 14°,5 :	+3,09
$+ HCl$ id.	+6,15	$+ AzO^6H$	+6,03	$+ C^4H^4O^4$	+5,50
$+ 1\frac{1}{2} HCl$ id.	+7,05	$+ 1\frac{1}{2} AzO^6H$	+6,82	$+ 1\frac{1}{2} C^4H^4O^4$	+6,12
$+ 3 HCl$ id.	+7,04	$+ 3 AzO^6H$	+6,64	$+ 3 C^4H^4O^4$	+6,66
$+ 6 HCl$ id.	+6,60	$+ 6 AzO^6H$	+6,23	$+ 6 C^4H^4O^4$	+6,68

Si l'on observe que le troisième équivalent de soude, NaO, combiné avec l'acide phosphorique, a dégagé + 7,3, on reconnaîtra que ce troisième équivalent est entièrement séparable par les acides chlorhydrique, azotique et même acétique. Il est même à peu près séparé, dès le premier équivalent de l'acide antagoniste;

(1) Cette étude a été faite avec la collaboration de M. Louguinine (voy. page 272).

cette séparation dégageant, d'après le calcul : 13,8 — 7,3 = 6,5 avec les deux premiers acides ; et 13,3 — 7,3 = 6,0 avec l'acide acétique.

D'après le tableau, un demi-équivalent de l'acide étranger prend sensiblement la moitié d'un équivalent de soude ; ce qui s'accorde avec le résultat précédent.

Quant à l'influence d'un excès d'acide, elle s'exerce au delà du troisième équivalent de soude, comme il va être dit.

Nous avons reproduit les mêmes expériences, en mélangeant à l'avance le phosphate trisodique avec un excès des sels qui pouvaient se former ; c'est-à-dire avec un excès de chlorure de sodium, dans le cas de l'acide chlorhydrique ; avec un excès d'azotate de soude, dans le cas de l'acide azotique ; avec un excès d'acétate de soude, dans le cas de l'acide acétique, etc. Les résultats obtenus ont été à peu près les mêmes.

Ces observations sont encore conformes à l'action bien connue de l'acide carbonique sur le phosphate de soude tribasique, qui en est décomposé. Elles concordent également avec mes propres essais sur la réaction décomposante que l'eau exerce à l'égard du phosphate tribasique.

2 *Phosphate bibasique.*

PhO^8Na^2H (1 éq. = 4 lit.) :

$+\frac{1}{2}HCl$ (1 éq. = 2 lit.)	à 22° :	+0,58	$+\frac{1}{2}AzO^6H$, à 14° :	+0,77	$+\frac{1}{2}C^4H^4O^4$, à 15° :	+0,45
$+1\,HCl$ id.	à 22° :	+1,19	$+1\,AzO^6H$	+1,52	$+1\,C^4H^4O^4$	+0,87
$+2\,HCl$ id.	à 22° :	+0,02	$+2\,AzO^6H$	+0,47	$+2\,C^4H^4O^4$	+0,95
	à 16° :	+0,58	$+4\,AzO^6H$	+0,16	$+4\,C^4H^4O^4$	+0,91
$4\,HCl$ id.	à 22° :	+0,37				

Les deux premiers nombres, relatifs aux acides chlorhydrique, azotique, et même acétique, indiquent un déplacement du deuxième équivalent de soude, proportionnel au poids de ces acides, et presque total avec un équivalent.

Mais au delà, les trois acides additionnels se comportent différemment. Avec l'acide acétique, il ne paraît pas y avoir de réaction ultérieure sensible. Avec les acides chlorhydrique et azotique, au contraire, la réaction se poursuit. Les nombres semblent indiquer un partage, fort avancé avec 2 HCl et 2 AzO^6H, et voisin d'un déplacement complet avec 4 équivalents de ces mêmes acides. Observons d'ailleurs que la formation des phosphates acides joue certainement un rôle dans tous ces effets.

En tout cas, le second équivalent de soude du phosphate bibasique se montre aisément déplaçable par les acides : résultat qui concorde avec les essais alcalimétriques, comme avec les expériences classiques de M. Fernet sur l'absorption de l'acide carbonique par le phosphate de soude ordinaire. Il confirme aussi le travail développé de M. Setschenow sur l'absorption de l'acide carbonique par les solutions salines (*Mémoires de l'Académie des sciences de Saint-Pétersbourg*, 7e série, t. XXII, n° 6, 1875) ; travail remarquable, dont les conclusions relatives à l'état des sels dissous concordent avec celles auxquelles j'étais parvenu moi-même par une voie toute différente. En effet, l'accroissement dans la proportion d'acide carbonique absorbé est corrélatif avec la présence de l'alcali libre dans les liqueurs : il n'en mesure cependant pas exactement la quantité, à mon avis, parce que l'acide carbonique intervient comme un nouveau facteur, pour modifier les conditions de l'équilibre primitif entre l'eau et le sel dissous.

3. *Phosphates monosodique et hémisodique.*

$(PhO^8H^3 + NaO)$ (1 équiv. = 8 lit.) + HCl (1 équiv. = 2 lit.), à 17° : — 0,97
+ $C^4H^4O^4$ (1 équiv. = 2 lit.) — 0,025

$(PhO^8H^3 + \frac{1}{2} NaO)$ (1 équiv. = 7 lit.) + $\frac{1}{2}$ HCl (1 équiv. = 2 lit.), à 17° : + 0,36
+ $\frac{1}{2}$ $C^4H^4O^4$ (1 équiv. = 2 lit.) + 0,004

D'après ces nombres, le premier équivalent de soude, NaO, est déplacé à peu près complètement par un équivalent d'acide chlorhydrique, HCl; c'est-à-dire que l'acide phosphorique n'entre en équilibre que pour une proportion faible avec l'acide chlorhydrique : cette proportion correspondant sans doute à celle des phosphates acides qui peuvent subsister, en présence de la proportion d'eau employée.

L'acide acétique, au contraire, ne déplace pas sensiblement le premier équivalent de soude uni à l'acide phosphorique.

Réciproquement, l'acide phosphorique dissous n'a pas d'action notable sur le chlorure de sodium :

PhO^8H^3 (1 équiv. = 6 lit.) + NaCl (1 équiv. = 2 lit.), à 13° : + 0,12
+ 2 NaCl + 0,14

tandis qu'il déplace à peu près complètement un équivalent d'acide acétique, dans l'acétate de soude :

PhO^8H^3 (1 équiv. = 6 lit.) + $C^4H^3NaO^4$ (1 équiv. = 2 lit.), à 13° : + 1,46
+ 2 $C^4H^3NaO^4$ + 0,81
+ 3 $C^4H^3NaO^4$ + 0,12

La réaction à équivalents égaux indique un déplacement à peu près total (+ 14,7 — 13,3 = + 1,4).

Pour 2 $C^4H^3NaO^4$, il doit y avoir quelque partage.

Avec 3 $C^4H^3NaO^4$, la chaleur dégagée se rapproche de zéro; ainsi qu'il doit arriver s'il se forme à la fois du phosphate bisodique (+ 13,1 × 2) et de l'acétate de soude (+ 13,3), mêlés avec un peu de phosphate monosodique (+ 14,7) et d'acétate acide.

L'étude thermique des divers phosphates anhydres et de leurs hydrates n'a pas été faite. Cependant les résultats précédents, qui mettent en évidence l'inégale affinité des 3 équivalents d'alcali pour l'acide phosphorique (voy. page 272), nous ont paru intéressants comme types d'étude pour les réactions analogues.

§ 8. — Systèmes dissous. — Deux acides bibasiques.

1. Mettons maintenant *deux acides bibasiques en présence d'une même base:* un partage se produira en général, à cause de la formation simultanée des deux sels acides, et il se produira suivant une proportion réglée par la stabilité relative de ces deux sels dans la dissolution; c'est-à-dire par le degré propre de décomposition de chacun d'eux en présence de l'eau (voy. page 317 et suiv.). Voici les expériences :

2. *Acides sulfurique et oxalique.*

1° *Tous les corps dissous :*

SO^4H (1 éq. = 2 lit.) + $\frac{1}{2}C^4Na^2O^8$ (33gr,5 = 1 lit.) : + 0,45 }
SO^4Na (1 éq. = 2 lit.) + $\frac{1}{2}C^4H^2O^8$ (22gr,5 = 1 lit.) : — 1,03 } N — N_1 = + 1,48.

D'après les mesures directes, j'ai trouvé

$$N - N_1 = +15,87 - 14,34 = +1,53.$$

2° Le partage est prévu par le calcul fait pour *les corps anhydres*, les deux acides étant ramenés à l'état solide.

$2SO^4H + C^4Na^2O^8 = 2SO^4Na + C^4H^2O^8$	......	+ 16,3	+ 18,2
$C^4H^2O^8 + 2SO^4Na = S^2O^8NaH + C^4HNaO^8$	.....	+ 1,9	
$C^4Na^2O^8 + S^4O^8Na^2 = C^4HNaO^8 + 2SO^4Na$	......	+ 1,9	
$2SO^4H + C^4Na^2O^8 = C^4H^2O^8 + S^2O^8NaH$	.....	+ 14,4	

Ces nombres montrent qu'il ne doit subsister :

Ni acide sulfurique libre, en présence de l'oxalate neutre, ou du bioxalate (anhydres);

Ni bisulfate, en présence de l'oxalate neutre;

Ni acide oxalique libre, en présence du sulfate neutre.

3° Si l'on faisait le calcul en opposant *les sels anhydres et les acides dissous*, afin de tenir compte de la formation des hydrates acides définis, on trouverait :

1re réaction..................	— 2,0	+ 2,2
2e réaction..................	+ 4,1	
3e réaction..................	+ 1,9	
4e réaction..................	+ 4,1	

En admettant ces nombres comme règles des réactions, les conclusions précédentes subsistent sans aucun changement.

Les équilibres résultant de ces conditions, en présence de l'eau qui décompose partiellement les sels acides (bioxalates et bisulfates), seront fort complexes, sauf dans les cas limites où l'un des composants se trouve en grand excès.

Examinons donc ces cas limites, dont la discussion est plus simple; l'expérience y vérifie la théorie. En effet, j'ai trouvé, en opérant sur les corps dissous :

	Trouvé.	Calculé.
3 [$\frac{1}{2}C^4Na^2O^8$ (33gr,5 = 1 lit.)] + SO^4Na (1 éq. = 2 lit.).....	+ 1,04	+ 1,0
$\frac{1}{2}C^4H^2O^8$ (22,5 = 1 lit.) + 3 SO^4Na (1 éq. = 2 lit.).....	— 1,54	— 1,6
3 [$\frac{1}{2}C^4H^2O^8$ (22,5 = 1 lit.)] + SO^4Na (1 éq. = 2 lit.).....	— 1,37	— 1,35
$\frac{1}{2}C^4Na^2O^8$ (33,5 = 1 lit.) + 2 SO^4H (1 éq. = 2 lit.).....	+ 0,28	+ 0,2

3. *Acides sulfurique et tartrique.*

1° *Tous les corps dissous :*

$$\left.\begin{array}{l} SO^4H\ (1\ \text{éq.} = 2\ \text{lit.}) + \tfrac{1}{4}\, C^8H^4Na^2O^{12}\ (48{,}5 = 1\ \text{lit.}) : +\ 2{,}44 \\ \tfrac{1}{4}\, C^8H^6O^{12}\ (37{,}5 = 1\ \text{lit.}) + SO^3Na\ (1\ \text{éq.} = 2\ \text{lit.}) : -0{,}36 \end{array}\right\} N - N_1 = +\ 2{,}80$$

L'acide sulfurique déplace donc presque entièrement l'acide tartrique, avec l'indice d'un léger partage.

2° Soient *tous les corps anhydres et solides*, le calcul donne :

$$\begin{array}{llr} 2\,SO^4H + C^8H^4Na^2O^{12} = 2\,SO^4Na + C^8H^6O^{12} \ldots\ldots & +\ 19{,}0 & \\ 2\,SO^4Na + C^8H^6O^{12} = S^2O^8NaH + C^8H^5NaO^{12} \ldots\ldots & \text{nul} & \\ 2\,SO^4H + C^8H^5NaO^{12} = S^2O^8NaH + C^8H^6O^{12} \ldots\ldots & +\ 16{,}5 & \\ S^2O^8NaH + C^8H^5NaO^{12} = 2\,SO^4Na + C^8H^5O^{12} \ldots\ldots & +\ 2{,}4 & \end{array}$$

Entre corps anhydres, il ne doit subsister : ni acide sulfurique libre, dans aucun cas; ni bisulfate, en présence du tartrate neutre.

Mais la décomposition du sulfate neutre par l'acide tartrique, avec formation de deux sels acides, est possible à la rigueur : les deux nombres + 19,0 et + 18,9 étant les mêmes, dans les limites d'erreur des expériences. Cependant les sels acides ne pourront se former qu'en proportion de leur stabilité propre en présence de l'eau.

Ces déductions dominent le calcul thermique des réactions entre corps dissous.

3° Faisons les mêmes calculs, en opposant *les sels anhydres* et *les sels dissous*, afin de tenir compte des hydrates acides, s'il y a lieu. Les quatre réactions fourniront :

La première (acide sulfurique et tartrate neutre) : — 0,5;

La seconde (sulfate neutre et acide tartrique) : + 3,6;

La troisième (acide sulfurique et bitartrate) : — 3,0;

La quatrième (bisulfate et tartrate neutre) : + 2,4.

Ces chiffres conduiraient à admettre surtout la formation du bisulfate et du bitartrate; lesquels éprouveront ensuite, chacun pour son compte, une décomposition partielle en présence de l'eau. De telles déductions ne sont pas contraires aux résultats numériques donnés plus haut.

4° Au contraire, on arriverait, comme dans la plupart des

cas déjà cités, à des résultats incompatibles avec l'expérience, si l'on faisait intervenir dans les calculs, et par conséquent dans la prévision des phénomènes, les *hydrates salins dissociables à froid*, tels que le sulfate de soude hydraté (page 597), etc.

4. *Acides oxalique et tartrique.*

1° *Tous les corps dissous :*

$$\left.\begin{array}{l} C^8H^4Na^2O^{12}\ (\text{dans 4 lit.}) + C^4H^4O^8\ (\text{dans 4 lit.}) : +1,53 \\ C^4Na^2O^{12}\ (\text{dans 4 lit.}) + C^8H^6O^{13}\ (\text{dans 4 lit.}) : -1,33 \end{array}\right\} N - N_1 = \frac{2,86}{2} = 1,43$$

Ces expériences prouvent qu'il y a partage à peu près égal de la base entre les deux acides, avec formation de bioxalate et de bitartrate.

2° Le calcul des *corps anhydres* rend compte de cette formation ; car elle répond au maximum de la chaleur dégagée, comme le montrent les chiffres suivants :

$$\left\{\begin{array}{l} C^8H^4Na^2O^{12} + C^4H^2O^8 = C^4Na^2O^8 + C^8H^6O^{12} \quad + 1,6 \\ C^8H^6O^{12} + C^4Na^2O^8 = C^4HNaO^8 + C^8H^5NaO^{12} + 2,7 \end{array}\right\} + 4,3.$$

En opposant les *acides dissous* et les *sels anhydres*, les dégagements de chaleur sont à peu près nuls dans les deux réactions ; ce qui montrerait, par une autre voie, qu'il doit y avoir partage, si l'on voulait appliquer ce mode de calcul à la prévision des phénomènes : mais nous avons dit (page 596) que cette manière de procéder est moins correcte.

§ 9. — **De la redissolution par les acides des sels précipités.**

1. Dans sa *Statique chimique* (1), Berthollet « considère comme un attribut général la propriété corrélative des acides et des bases de se saturer mutuellement ». Il admet « que les affinités des acides pour les alcalis ou des alcalis pour les acides sont proportionnelles à leur capacité de saturation » ; c'est-à-dire inverses de leur équivalent, d'après le langage de la chimie actuelle. « J'établis en conséquence, ajoute-t-il, que lorsque plusieurs acides agissent sur une base alcaline, l'action de l'un de ces

(1) *Statique chimique*, tome Ier, p. 15 et 72; 1808.

acides ne l'emporte pas sur celles des autres, de manière à former une combinaison isolée; mais chacun des acides a dans l'action une part qui est déterminée par sa capacité de saturation et sa quantité ; je désigne ce rapport composé par la dénomination de *masse chimique.* » Nous dirions aujourd'hui le produit de l'inverse de l'équivalent de chaque acide par le nombre d'équivalents de cet acide qui sont mis en jeu.

Berthollet exclut ainsi toute idée d'une « affinité élective » (1).

Il résulte de ces notions que, si l'on fait agir sur un sel dissous un acide capable de former avec la base un sel insoluble, ce dernier devra se produire, à cause du partage de la base entre les deux acides, puis se précipiter, à cause de son insolubilité. La séparation de ce corps l'ayant fait sortir du champ de l'action chimique, un nouveau partage de la base aura lieu entre les deux acides dans la liqueur, par suite une nouvelle précipitation, et ainsi de suite. Telle est la théorie de Berthollet, qui fait encore loi dans la science.

2. La théorie thermique fait au contraire reparaître la notion d'une affinité élective, dont le travail est mesuré par la chaleur dégagée dans les réactions des corps, pris sous des états comparables. Si les corps étaient isolés de tout dissolvant et si chaque acide ne formait avec la base qu'une seule combinaison, il n'y aurait jamais partage, contrairement à l'opinion de Berthollet; par suite, l'insolubilité ne jouerait aucun rôle dans la statique chimique. Il en est ainsi, même en présence de l'eau, si aucun des composés formés en son absence n'éprouve de sa part quelque décomposition.

Mais il existe des acides capables de former plusieurs combinaisons avec une même base. En outre, l'eau décompose partiellement, en raison de sa masse et des proportions relatives d'acide et de base, les sels acides et les sels basiques, comme aussi les sels des acides faibles, les sels ammoniacaux, les sels métalliques, etc. (2). Met-on deux acides en présence d'une seule

(1) Voyez aussi *Statique chimique*, t. Ier, p. 75.

(2) Voyez le présent volume, pages 198 à 204; 224 et suiv.; 243, etc.

base, ces circonstances déterminent souvent des équilibres intermédiaires, c'est-à-dire une répartition de la base entre les deux acides. Dans les dissolutions, et pour les sels solubles, la réalité de cette répartition peut être établie par les épreuves thermiques (1), ou par la méthode des deux dissolvants (2).

Or les lois qui régissent la répartition d'une base entre deux acides, et la formation des sels solubles au sein d'une dissolution, doivent intervenir également, dans les cas où il y a formation de sels insolubles. Mais, si quelque proportion d'un sel insoluble vient à prendre naissance, en vertu de ces lois d'équilibre et dans les conditions des expériences, cette proportion se séparera et sortira à mesure du champ de l'action chimique. L'équilibre ne pourra donc subsister au sein de la dissolution; c'est-à-dire que nous rentrerons d'ordinaire (3) dans le mécanisme si bien développé par Berthollet. Les deux théories conduisent sur ce point aux mêmes conclusions.

3. Pour décider entre elles, il faut chercher des cas où leurs prévisions soient opposées, tels que ceux où chacun des acides antagonistes ne forme qu'un seul composé basique et stable en présence de l'eau; ou bien encore les cas où la formation de l'un des sels neutres, non décomposable par l'eau, donne lieu à un dégagement de chaleur qui l'emporte sur toutes les autres formations possibles. J'ai déjà exposé ces expériences et ces calculs pour les sels solubles, et j'ai montré (4) comment les acides acétique, formique, sulfhydrique, cyanhydrique, phénique, borique, carbonique, etc., sont complètement séparés de leurs sels alcalins, même à l'état de dissolution, par les acides azotique, chlorhydrique, sulfurique, etc. Je vais reproduire les résultats analogues que j'ai obtenus pour les sels insolubles, et éta-

(1) *Annales de chimie et de physique*, 4e série, t. XXX, p. 456. — Le présent volume, pages 608; 638, etc.

(2) Même recueil, 4e série, t. XXVI, p. 433.

(3) Même dans ces conditions, il y a quelques réserves, dans les cas de dissociation ou d'équilibre avec l'eau pour le sel qui répond au maximum thermique : j'y reviendrai tout à l'heure (page 664).

(4) Voyez ce volume, page 620, etc.

blir que de tels sels peuvent être décomposés entièrement et dissous par les acides forts, *contrairement à la théorie de Berthollet*. Ces résultats ont été déjà signalés en passant; mais il me paraît utile de les réunir en un seul corps de doctrine.

4. Mettons d'abord en opposition deux acides monobasiques à fonction simple, qui ne forment chacun qu'un seul composé avec une base donnée. L'épreuve est facile à réaliser entre l'acétate d'argent et l'acide azotique étendu : l'acétate insoluble est changé immédiatement en azotate d'argent dissous. La réaction, d'après mes observations,

$$AzO^6H \text{ étendu} + C^4H^3AgO^4 = AzO^6Ag \text{ étendu} + C^4H^4O^4 \text{ dissous},$$

donne lieu à une absorption de $-3^{Cal},5$ environ; mais cette absorption est due à la transformation d'un corps solide en un corps dissous. En effet, le calcul montre que la réaction rapportée aux deux sels solides,

$$AzO^6H \text{ étendu} + C^4H^3AgO^4 = AzO^6Ag \text{ solide} + C^4H^4O^4 \text{ dissous},$$

dégagerait + 2 Calories environ. Si les deux acides étaient solides et séparés de l'eau, on aurait même : + 12 Calories.

Il serait facile de multiplier les expériences analogues de déplacement complet d'un acide monobasique, dans un sel insoluble, par un seul équivalent d'un autre acide monobasique, qui forme un sel soluble.

5. Observons que ces exemples, de même que ceux qui vont suivre, se rapportent au déplacement pur et simple d'un acide par un autre, comme le prouvent les mesures thermiques. L'acide déplacé peut d'ailleurs être manifesté immédiatement par son odeur; ou mieux par la méthode des deux dissolvants, laquelle mesure en même temps la proportion du déplacement, et démontre, en conformité avec la méthode thermique, les cas où celui-ci devient total.

6. Je ne crois pas utile d'insister sur les cas où le précipité se redissout par suite de la formation d'un *sel double* (cya-

nure d'argent et cyanure de potassium formant un cyanure double), ou de tout autre *nouveau composé*, distinct des deux acides et des deux sels antagonistes (azotate d'argent et ammoniaque en excès, formant de l'oxyde d'argent ammoniacal; sulfate de zinc et potasse en excès, formant du zincate de potasse; protochlorure de mercure et chlore dissous, formant du bichlorure de mercure, etc.). En effet, d'après les essais et les mesures thermiques que j'ai exécutés sur toutes les réactions désignées, la redissolution des précipités accomplie dans ces réactions donne lieu à des dégagements de chaleur : soit qu'il s'agisse des corps dissous, soit même des corps séparés de l'eau. Je me borne à signaler ces dégagements de chaleur, sans développer ici mes observations, parce qu'elles ne mettent pas les deux théories en opposition.

7. Écartons aussi l'objection suivante : Si l'acétate d'argent se dissout dans l'acide azotique très étendu, c'est que ce sel était insoluble dans l'eau, tandis qu'il est soluble dans le nouveau dissolvant. Cette objection pourrait être réelle, s'il s'agissait en effet d'un dissolvant tout à fait différent du premier; mais la nature physique de l'eau, envisagée par rapport aux corps qu'elle dissout, ne peut être regardée comme modifiée sensiblement par la présence de quelques millièmes d'acide. En outre, la mesure de la proportion exacte de l'acide nécessaire pour dissoudre le sel insoluble prouve que cet acide agit dans le rapport précis de son équivalent : *ce qui est le caractère fondamental des actions chimiques*. Il y a plus : la chaleur dégagée ou absorbée répond exactement à ce déplacement total ; ce qui est une preuve non moins décisive. Enfin, il suffit d'agiter la liqueur avec de l'éther pour reconnaître la présence de l'acide acétique libre, et pour en mesurer la proportion dans la liqueur aqueuse; le tout conformément aux principes de la méthode des deux dissolvants, laquelle n'altère pas le milieu des expériences (voyez *Annales*, 4e série, t. XXVI, p. 433).

8. La décomposition des carbonates insolubles par les acides monobasiques (acides chlorhydrique, azotique), dans des liqueurs soit concentrées, soit assez étendues pour que l'acide

carbonique demeure dissous, est également totale. Dans les solutions étendues, elle donne lieu :

Tantôt à un dégagement de chaleur, ce qui arrive avec les carbonates terreux :

CO^3Ca précipité + AzO^6H (1 équiv. = 16 lit.), dégage : + 3,9.

Ce chiffre répond à une décomposition complète.

Tantôt à une absorption de chaleur, ce qui arrive avec le carbonate d'argent :

CO^3Ag précipité + AzO^6H (1 équiv. = 16 lit.), absorbe : — 1,20.

Mais elle sera toujours exothermique, si on la rapporte aux deux sels séparés de l'eau et aux deux acides amenés à une constitution semblable (voy. ce volume, page 632). La décomposition des carbonates insolubles par les acides rentre donc dans la même théorie que celle des carbonates solubles.

9. Il en est de même de la décomposition du tartrate de chaux précipité, lorsqu'on redissout ce sel par l'acide chlorhydrique. En effet, les valeurs thermiques indiquent une action totale, ou sensiblement, en opérant à équivalents égaux. Il y a plus : dès le début, la réaction est sensiblement proportionnelle aux quantités fractionnaires d'acide chlorhydrique employé. Enfin l'observation directe montre que 2 équivalents d'acide chlorhydrique étendu suffisent pour dissoudre complètement une molécule de tartrate ($C^8H^4Ca^2O^{12}$).

Voici les nombres observés vers 24 degrés, et les détails de l'expérience :

2 CaCl (1 éq. = 2 lit.) + $C^8H^4Na^2O^{12}$ (1 éq. = 4 lit.), dégagent, au moment du mélange et avant toute précipitation..............	+ 1,46
Le précipité se forme bientôt en dégageant....................	+ 7,48
Total...............	+ 8,94

Mais cette valeur est trop faible, ayant été calculée en admettant que 1 centimètre cube des liqueurs primitives absorbe 1 caloric en s'élevant de 1 degré ; c'est-à-dire sans tenir compte de la séparation du précipité qui accroît la chaleur spécifique moyenne.

Cette correction élève la quantité de chaleur dégagée à + 9,4 environ.

On ajoute $\frac{2}{3}$ HCl	(éq. = 2 lit.), il se produit une absorption de :		— 3,10
Puis $\frac{2}{3}$ HCl	id.	—	— 3,22
Puis $\frac{2}{3}$ HCl	id.	—	— 2,72
2 HCl	id.	—	— 9,04
$\frac{2}{3}$ HCl	id.	—	— 0,00

J'ai donné encore les nombres bruts, sans tenir compte de la correction précédente ni du changement de concentration : circonstances qui réduisent la chaleur absorbée à — 8,5.

Le tartrate de chaux se redissout donc dans l'acide chlorhydrique, avec une absorption de chaleur un peu inférieure à la chaleur dégagée lors de sa précipitation. La différence, soit environ + 0,9, représente la transformation finale du tartrate de soude et de l'acide chlorhydrique dissous en chlorure de sodium et acide tartrique, laquelle dégage en effet + 1,0, lorsqu'on opère directement sur le tartrate de soude. Enfin, et c'est là le fait fondamental, le thermomètre montre que la réaction est terminée, lorsqu'on opère à équivalents égaux.

Les tartrates insolubles se comportent donc à l'égard des acides forts, exactement comme les tartrates solubles : le déplacement de l'acide tartrique uni à une base, par un poids équivalent d'acide chlorhydrique ou sulfurique, est total dans tous les cas. Il est total avec le tartrate de soude, aussi bien qu'avec les tartrates de chaux ou de baryte : résultat conforme à la préparation classique de l'acide tartrique.

10. Le citrate de baryte est, de même que le citrate de soude (page 635), dissous complètement par une proportion équivalente d'acide chlorhydrique étendu. Les valeurs thermiques indiquent dans les deux cas une décomposition complète (p. 636).

11. Je citerai encore les faits suivants, étudiés dans le calorimètre, mais dont je supprime les détails pour abréger : le tartrate de baryte et le citrate de baryte précipités, lorsqu'on les traite par l'acide sulfurique étendu, se comportent d'une manière semblable au tartrate de chaux et au citrate de baryte traités par l'acide chlorhydrique, sauf en ce qui touche l'inso-

lubilité du sulfate de baryte; c'est-à-dire qu'ils sont décomposés complètement par leur équivalent d'acide sulfurique.

Toutes ces réactions établissent la décomposition totale des sels insolubles examinés, par un poids strictement équivalent de l'acide antagoniste; cela, soit qu'il se forme un nouveau sel soluble, tel que le chlorure de calcium, ou un sel insoluble, tel que le sulfate de baryte.

12. En poursuivant ces études, j'ai également observé des cas de partage et d'équilibre, qui ne sont pas moins contraires aux lois de Berthollet. Telle est, par exemple, la dissolution de l'oxalate de chaux dans l'acide chlorhydrique étendu : en effet, elle ne s'opère pas à proportion équivalente, mais d'une manière graduelle, et elle exige le concours d'un grand nombre d'équivalents d'acide chlorhydrique, progressivement ajoutés. Il s'agit évidemment ici d'un équilibre entre six corps, savoir : l'eau, les deux acides antagonistes, le chlorure de calcium, l'oxalate neutre de chaux et l'oxalate acide de chaux; ce dernier sel répondant au maximum de la chaleur dégagée, mais ne pouvant pas se produire d'une manière exclusive, attendu qu'il est partiellement décomposé par l'eau, à la façon des bisulfates alcalins et de l'oxalate acide de soude (voy. pages 320 et 322).

D'après mes expériences thermiques, cet équilibre est analogue à celui qui régit la réaction de l'acide chlorhydrique sur le sulfate de potasse (ce volume, page 638); mais il se complique, en raison de l'insolubilité totale de l'oxalate de chaux et de l'insolubilité partielle du bioxalate de chaux, ces insolubilités introduisant dans le phénomène les lois spéciales qui règlent les actions exercées au contact des deux portions distinctes d'un système hétérogène (voy. ce volume, pages 96, 101, 194). Rappelons aussi la belle série d'études de M. Ditte sur l'attaque du sulfate de plomb par les hydracides, sur les actions inverses, et sur les équilibres résultants (*Annales de chim. et de phys.*, 5e série, t. XIV, p. 190; 1878). Quel que soit l'intérêt de ces phénomènes, leur discussion complète nous entraînerait trop loin : il suffit d'en montrer l'analogie générale, au point de vue chimique, avec la réaction des acides chlorhydrique et azotique sur les sulfates alcalins solubles; analogie qui complète le parallélisme entre les réactions exercées au sein des dissolutions et celles qui se produisent sur les précipités.

13. Dans les unes comme dans les autres, on observe des actions totales et des équilibres, déterminés par un mécanisme tout pareil, lequel ne prend pas son point de départ dans l'insolubilité, mais dans le signe thermique d'une réaction fondamentale.

Qu'il s'agisse d'un sel soluble à base de soude, ou d'un sel insoluble à base de chaux; qu'il se produise un sel soluble (chlorure de sodium ou de calcium), ou un sel insoluble (sulfate de baryte); enfin qu'il se développe une action totale (tartrate de soude, de chaux, ou de baryte et acide chlorhydrique), ou bien un équilibre (sulfate de potasse ou oxalate de chaux, en présence de l'acide chlorhydrique); en un mot, quelle que soit la réaction, les mêmes règles et les mêmes phénomènes généraux, déduits des relations thermiques entre les corps séparés de l'eau, s'appliquent à tous les cas. Ces résultats peuvent donc servir de *critérium* entre la théorie de Berthollet, qu'ils contredisent fréquemment, et la nouvelle théorie thermique, qu'ils confirment au contraire dans toutes ses prévisions.

§ 10. — **Conclusions.**

1. En résumé, les nombreuses expériences que je viens d'exposer tendent à établir que la distribution d'une base entre deux acides, en présence d'une grande quantité d'eau, peut être prévue si l'on connaît la quantité de chaleur que les acides, séparés de l'eau, dégagent en s'unissant avec la base, et l'action ultérieure que l'eau exerce, tant sur les acides que sur chacun des composés, formés en son absence. Précisons davantage, en examinant les principaux cas qui peuvent se présenter.

1° En général, *un acide monobasique* déplace vis-à-vis d'une base donnée *un autre acide monobasique*, qui dégage moins de chaleur que lui ; les deux sels formés étant tous deux solubles dans la quantité d'eau employée.

Dans les exemples que j'ai réunis, tels que la réaction des acétates et des formiates alcalins sur les acides chlorhydrique ou azotique, la réaction des cyanures alcalins sur l'acide chlorhydrique, la réaction des sulfhydrates, des borates et des phénates alcalins sur l'acide chlorhydrique, etc. ; dans tous ces exemples, dis-je, le dégagement de chaleur est donné par l'expérience, lorsque la réaction a lieu entre les corps dissous; et il est établi par le calcul, lorsque la réaction a lieu entre les corps séparés de l'eau.

Dans ces mêmes exemples, le dégagement de chaleur existe également, d'après le calcul, si l'on opère la réaction des acides à partir des hydrates définis et stables qu'ils forment en présence de l'eau. Pour tous les corps cités, ces trois états des corps mis en présence : état anhydre, état dissous, état d'hydrates définis, conduisent aux mêmes prévisions; pourvu que les états soient semblables pour les deux corps correspondants, c'est-à-dire pour les deux acides ou pour les deux sels.

Mais il n'en est pas toujours ainsi. Les actions peuvent être renversées dans certains cas, où l'on fait intervenir les acides non combinés à l'eau ; à cause de l'excès d'énergie que de tels acides possèdent par rapport aux acides hydratés. C'est ce que montre la réaction du gaz chlorhydrique, ou de l'acide chlorhydrique très concentré, qui décompose entièrement le cyanure de mercure sec; opposée à la réaction inverse de l'acide cyanhydrique étendu, lequel décompose complètement le chlorure de mercure dissous, d'après les expériences thermiques. De même sulfures métalliques et une multitude d'autres composés.

Les hydrates salins peuvent aussi intervenir, mais seulement sous certaines conditions. Tel est le cas où quelques-uns des sels qui concourent aux réactions forment avec l'eau des hydrates définis stables, c'est-à-dire dans lesquels la vapeur d'eau émise par les hydrates cristallisés n'a pas de tension sensible (soient les chlorures de calcium, de baryum, de strontium, etc.) : la quantité de chaleur dégagée, laquelle détermine le sens de la réaction, doit alors être calculée, en admettant la formation de ces hydrates et leur existence au sein des dissolutions étendues.

En d'autres termes, l'eau exerce deux actions successives, tant sur les acides que sur les sels :

Elle forme d'abord des hydrates définis; puis elle exerce son action dissolvante. Tandis que cette dernière action n'entre point dans nos calculs, la première formation concourt aux phénomènes, toutes les fois que les hydrates subsistent intégralement dans les dissolutions. Mais s'ils étaient détruits en totalité, ou tout au moins dissociés par l'acte de la dissolution, ce qui paraît être le cas de la plupart des hydrates formés par les sels alcalins et doués d'une certaine tension de dissociation dans l'état cristallisé; l'expérience montre alors que leur chaleur de formation ne doit pas entrer en ligne de compte.

On s'explique d'ailleurs qu'il doive en être ainsi, parce que les réactions se produisent d'abord entre les portions déshydratées qui existent dans les liqueurs, et que celles-ci se régénèrent à mesure, jusqu'à transformation totale; cela arrive du moins toutes les fois que le progrès même de la métamorphose ne développe aucune réaction inverse, susceptible de limiter la décomposition.

2° *Un acide monobasique et un acide bibasique* (ou polybasique), étant mis en présence d'une base donnée, plusieurs sels peuvent prendre naissance *à priori*, savoir : deux sels neutres antagonistes et un (ou plusieurs) sels acides. Si l'un des sels neutres répond à un dégagement de chaleur plus grand que celle que développerait, soit la formation du sel neutre antagoniste, soit la formation des sels acides; dans ces conditions, dis-je, l'expérience prouve qu'un tel sel se forme d'une manière exclusive. L'acide sulfurique et l'acétate de soude, à équivalents égaux par exemple, forment exclusivement un sulfate neutre. L'acide tartrique, de même, en réagissant sur les acétates alcalins, forme uniquement un tartrate neutre.

Ici l'acide monobasique est déplacé par l'acide bibasique. Mais le contraire peut avoir lieu pour d'autres acides; le déplacement que l'expérience démontre dans cette nouvelle circonstance se trouve toujours conforme à la prévision théorique. C'est ainsi que les acides azotique et chlorhydrique, qui sont monobasiques, déplacent à peu près complètement l'acide oxalique; acide bibasique, lorsqu'il a été préalablement uni aux alcalis dans les dissolutions.

Le dégagement de chaleur qui fait prévoir la réaction dans ces diverses circonstances, doit être calculé pour les corps séparés de l'eau. Mais il peut être remplacé par une absorption de chaleur, lorsqu'on opère avec les corps dissous; ainsi que le montre l'acide tartrique agissant sur les acétates. .

Si l'on fait intervenir dans ces calculs les hydrates définis et stables formés par les acides forts, ce qui me paraît plus conforme à l'action réelle, la prévision des phénomènes demeure exactement la même.

Ajoutons enfin que les deux acides opposés l'un à l'autre doivent posséder une constitution chimique analogue. Il ne faudrait point, par exemple, opposer dans les calculs, sans une discussion spéciale, un anhydride, tel que l'acide carbonique, avec un acide proprement dit; attendu que la transformation de l'anhydride en sel ne devient comparable à celle de l'acide proprement dit qu'après la fixation des éléments de l'eau : ce qui constitue une opération chimique de plus.

3° Dans le conflit entre *un acide monobasique et un acide bibasique*, il peut arriver que la formation du *sel acide* réponde au maximum de chaleur dégagée entre les corps séparés de l'eau. C'est alors le sel acide qui prend naissance. D'où résulte, en l'absence de l'eau, un partage exact de la base entre les deux acides, en les supposant employés à équivalents égaux. S'il y a un excès convenable de l'acide bibasique, il est clair qu'il devra prendre la totalité de la base. Le phénomène, prévu par cette théorie, est facile à vérifier par l'observation, lorsque l'on fait agir les chlorures ou les azotates sur l'acide sulfurique.

Opère-t-on en présence de l'eau, le calcul exécuté, soit sur les corps anhydres, soit sur leurs hydrates stables, montre que les effets chimiques doivent demeurer les mêmes en principe; bien que les effets thermiques apparents puissent être renversés, à cause de l'inégale valeur des chaleurs de dissolution. L'étude expérimentale de la réaction des acides chlorhydrique ou azotique sur les sulfates alcalins confirme pleinement cette théorie.

Mais, dans une circonstance semblable, il faut tenir compte d'une complication nouvelle et inévitable, à savoir : l'action décomposante de l'eau sur le sel acide, action qui a été établie par des expériences directes dans un autre chapitre (page 317). Elle intervient ici, de telle sorte que le sel acide est en partie décomposé ; à peu près comme il le serait, s'il existait seul dans la liqueur. La théorie indique, et l'expérience confirme, que le degré de la stabilité du sel acide en présence de l'eau pure règle son intervention dans la réaction des deux acides antagonistes. En d'autres termes, le sel acide n'intervient que suivant la proportion précise de ce corps qui peut subsister en présence du dissolvant ; proportion connue à l'avance, d'après les observations faites sur le sel acide isolé. Or ces observations montrent que la proportion du sel acide, qui subsiste dans ses dissolutions isolées, change avec la proportion du dissolvant et avec celle de l'acide sulfurique en excès; elle change encore avec la proportion du sulfate neutre en excès, et cela suivant des lois analogues à celles des équilibres éthérés, lois que l'expérience détermine. Si l'on ajoute qu'une portion de l'acide sulfurique produit par cette décomposition agit sur le sel neutre antagoniste, chlorure ou azotate, pour régénérer du sulfate neutre, capable de limiter par sa présence la décomposition du bisulfate, on concevra pourquoi celle-ci ne se reproduit pas indéfiniment, et jusqu'à élimination totale des sulfates alcalins contenus dans la liqueur.

D'après ces observations, on comprend que la distribution de la base entre l'acide sulfurique et l'acide azotique, par exemple, doive varier avec la proportion de l'eau et la proportion relative des deux acides. De là résultent une infinité d'équilibres, conséquences d'une même loi générale. En effet, tous ces états peuvent être prévus et calculés d'après la théorie précédente : l'accord continuel entre le calcul et l'expérience en constitue la démonstration.

4° Enfin, opposons *deux acides bibasiques* : dans cette réaction, deux sels neutres et deux sels acides sont possibles *à priori*. Si l'un des sels neutres, envisagé comme formé en l'absence de l'eau, dégage plus de chaleur qu'aucun autre, il se forme exclusivement, même en présence du dissolvant. Tel est sensiblement le cas de l'acide sulfurique opposé à l'acide tartrique, et l'expérience confirme cette déduction.

Mais il arrive souvent que le maximum thermique répond à la formation des sels acides : l'équilibre calculé d'après le calcul fait pour les corps anhydres, en admettant cette circonstance, se vérifie en effet pour les acides oxalique et tartrique dissous. Dans le cas des acides sulfurique et oxalique, la théorie indique que l'équilibre doit varier avec les proportions relatives des acides, comme avec lá proportion de l'eau, laquelle exerce une certaine décomposition sur le bisulfate et sur le bioxalate : l'expérience confirme pleinement toutes ces prévisions.

2. On voit par là que le partage d'une base entre deux acides peut être prévu, si l'on connaît : d'une part, la réaction des acides et des sels en l'absence de l'eau (laquelle se calcule *à priori*, d'après la chaleur dégagée) ; et, d'autre part, l'action chimique et physique que l'eau exerce sur chacun des corps réagissants, ces corps étant envisagés séparément. En effet, l'ensemble des résultats de mes expériences tend à établir la proposition suivante :

La statique des dissolutions salines est réglée par la chaleur dégagée dans les réactions entre les sels et les acides, isolés du dissolvant, mais pris avec l'état réel de combinaison chimique définie sous lequel chacun d'eux séparément existerait au sein du même dissolvant; les acides et les sels étant comparés d'ailleurs dans des états physiques semblables.

Telle est la conclusion fondamentale du présent chapitre.

CHAPITRE V

PARTAGE DES ALCOOLS ENTRE LES ACIDES

§ 1er. — Énoncé du problème.

1. Les acides ne se combinent pas seulement avec les bases, mais aussi avec les alcools, en formant les éthers. Un acide et l'alcool constituent un système antagoniste avec l'éther et l'eau produits par leur combinaison : de là résultent divers équilibres, dont nous avons étudié les lois dans le Livre IVe (pages 69 à 94).

2. On peut se demander ce qui arrive lorsque deux acides sont mis en présence d'un seul alcool ; ou bien deux alcools en présence d'un seul acide. Les expériences que j'ai faites sur cette double question en 1854 (1), et celles que MM. Friedel et Crafts (2) ont publiées depuis, montrent qu'il se produit en général un certain déplacement de l'acide déjà combiné avec l'alcool, par l'autre acide; ou de l'alcool déjà éthérifié, par l'autre alcool.

3. Mais la limite totale d'éthérification n'est pas modifiée sensiblement; c'est-à-dire qu'elle dépend principalement du rapport entre la somme des équivalents des divers acides organiques et la somme des équivalents des divers alcools primaires antagonistes, la quantité d'eau étant supposée constante. Cette relation capitale a été établie par les expériences que j'ai faites en commun avec Péan de Saint-Gilles (voy. page 90).

4. La loi même de la répartition dépend des masses relatives; elle n'est pas connue jusqu'ici avec précision. Cepen-

(1) *Annales de chimie et de physique*, 3e série, t. XLI, p. 444; Déplacement de l'alcool par la glycérine: *Chimie organique fondée sur la synthèse*, t. II, p. 54; 1860. — *Annales de chimie et de physique*, 3e série, t. LXV, p. 391 ; 1862.

(2) *Comptes rendus*, t. LVII, p. 877 ; 1863.

dant il est probable qu'elle résulte de principes analogues à ceux qui règlent la combinaison de chaque acide avec chaque alcool, envisagé isolément.

5. J'ai réussi à établir, dans un cas très général, celui où les acides organiques sont opposés aux acides minéraux réputés forts, que cette répartition dépend de la nature et de la stabilité des combinaisons formées par chacun des acides, tant avec l'eau qu'avec l'alcool, ainsi que de la quantité de chaleur dégagée dans la formation de ces combinaisons. En un mot, nous trouvons ici une nouvelle application des règles de statique fondées sur la thermochimie.

§ 2. — **Rôle des acides auxiliaires dans l'éthérification. Expériences chimiques.**

1. Il faut remonter jusqu'à Thenard, et même jusqu'à Scheele, pour trouver les premières observations relatives au rôle des acides auxiliaires dans l'éthérification. En même temps qu'ils précisaient la formation des divers éthers composés et les distinguaient nettement les uns des autres, ces savants remarquèrent que certains acides minéraux, les acides chlorhydrique et sulfurique en particulier, avaient la propriété de déterminer la combinaison immédiate de l'alcool avec les acides organiques, tels que les acides acétique, benzoïque, etc. Les derniers acides, mis en présence de l'alcool, ne s'éthérifient pas immédiatement, mais seulement avec le concours de nombreuses distillations et de cohobations réitérées; tandis que la présence de quelques centièmes d'acide chlorhydrique ou sulfurique, ajoutés au mélange d'acide organique et d'alcool avant la distillation, suffit pour provoquer une formation abondante des éthers acétique, benzoïque et analogues. Les procédés classiques de préparation de ce groupe d'éthers sont fondés sur cette propriété.

2. Tous les chimistes ont eu occasion d'observer ces réactions singulières. Cependant la théorie en est demeurée obscure jusqu'à présent; aucune expérience précise n'ayant été faite pour en définir les circonstances. Aussi, depuis bien des années, m'étais-je

préoccupé de ces questions, tant dans mes anciennes expériences sur la formation des éthers composés et des corps gras neutres (*Annales de chimie et de physique*, 3e série, t. XLI, p. 432, 308, etc.; 1854), que dans les recherches sur la formation des éthers, que nous avons entreprises avec Péan de Saint-Gilles. Mais la mort de mon regretté collaborateur arrêta le travail sur ce point, après un petit nombre d'essais demeurés inédits. J'y suis revenu en 1866, puis dans ces derniers temps, et je crois avoir trouvé le nœud du problème, lequel se ramène au troisième principe de la thermochimie, celui du travail maximum.

Mes expériences sont, les unes d'ordre thermique, les autres d'ordre chimique. Je commence par ces dernières.

3. J'ai fait absorber le gaz chlorhydrique par un mélange refroidi d'acide acétique et d'alcool à équivalents égaux, de façon à constituer les trois systèmes suivants :

I. $C^4H^4O^4 + C^4H^6O^2 + \frac{1}{60}$ HCl, soit, pour 106 grammes de mélange : 0,67 gr. HCl.
II. $C^4H^4O^4 + C^4H^6O^2 + \frac{1}{8}$ HCl environ, soit, pour 106 gram. .... 4,77 HCl.
III. $C^4H^4O^4 + C^4H^6O^2 + \frac{2}{?}$ HCl environ, soit, pour 106 gram. .... 11,84.

Sur un poids déterminé de chaque mélange, placé préalablement dans diverses circonstances, on a dosé ensuite l'acide chlorhydrique libre séparément, et la somme des deux acidités; d'où résultent les doses éthérifiées. Chaque essai était fait en double. Voici les chiffres obtenus :

CONDITIONS DE L'EXPÉRIENCE.	Mélange renfermant $0^{gr},67$ HCl. — Proportion éthérifiée.			Mélange renfermant $4^{gr},77$ HCl. — Proportion éthérifiée.			Mélange renfermant $11^{gr},84$ HCl. — Proportion éthérifiée.		
	Totale. (1)	Acide acétique. (2)	Acide chlorhydrique. (3)	Totale.	Acide acétique.	Acide chlorhydrique.	Totale.	Acide acétique.	Acide chlorhydrique.
A froid, aussitôt après l'absorption	9,6	9,6	0,0	58,7	58,7	0,0	72,3	73,3	0,0
A froid, après six heures......	»	»	»	73,6	73,6	0,0	75,8	75,8	0,0
A froid, après huit jours.......	68,8	68,3	0,0	73,8	73,8	0,0	75,4	76,1	traces
A froid, après un mois........	67,5	68,5	0,0	»	»	»	76,4	76,1	1,0
A 100 degrés, après dix heures (six heures à froid au préalable)....	67,7	67,7	Petite quantité.	75,0	68,8	47,0	85,3	85,3	72,0
A 100 degrés, après cinquante heures.........	67,4	66,2	60,0	75,1	66,4	67,0	83,7	83,7	84,5
A 200 degrés, après douze h.(4).	65,3	63,7	89,0	58,3	47,0	87,0	59,5	59,5	95,0

Les conséquences qui résultent de ce tableau pour l'éthérification, envisagée sous le rapport de sa vitesse, de sa limite et de la répartition relative de l'alcool entre les deux acides, sont nombreuses et intéressantes.

4. *Vitesse.* — L'acide auxiliaire détermine une accélération très grande de l'éthérification : la limite étant atteinte au bout d'un petit nombre d'heures à la température ordinaire; tandis

(1) Estimée comme acide acétique et rapportée à 100 parties (1 équivalent) de l'acide acétique initial.

(2) Rapportée à 100 parties de l'acide acétique initial.

(3) Rapportée à 100 parties de l'acide chlorhydrique initial.

(4) Il y a formation d'éther ordinaire, et, par conséquent, production d'une dose d'eau correspondante, dans tous les essais faits à 200 degrés. En outre, le verre est attaqué sensiblement.

qu'il faudrait des années pour arriver au même résultat, sans acide chlorhydrique. Cela est conforme aux notions reçues. Cependant nous apprenons de plus que la réaction n'est pas instantanée, malgré l'homogénéité parfaite du système.

On remarquera que l'accélération est d'autant plus grande, qu'il y a plus d'acide chlorhydrique ; ce qui s'explique, comme on le verra plus loin, cet acide intervenant surtout par la formation de ses hydrates définis, et la quantité d'eau soustraite ainsi au jeu des équilibres éthérés étant d'autant plus grande que la proportion de l'hydracide susceptible de se combiner à l'eau est plus considérable.

5. *Limite.* — La limite de l'éthérification change avec la proportion d'acide chlorhydrique et la température.

1° A froid et avec une trace d'hydracide, la limite a été trouvée 68,3 : c'est-à-dire sensiblement la même qu'avec l'acide acétique seul (66 à 67). Le léger excès observé ici s'explique par un accroissement du rapport entre l'équivalent acide total et l'équivalent alcoolique.

L'hydracide lui-même ne se combine pas d'une manière sensible avec l'alcool, tant que la dose d'eau mise en liberté par l'éthérification est suffisante pour détruire complètement la tension de l'hydracide anhydre : ce qui arrive avec les mélanges renfermant $0^{gr},67$ et même $4^{gr},77$ de HCl.

Mais avec les mélanges plus riches en hydracides, tels que celui qui en renferme $11^{gr},84$, l'acide chlorhydrique ne rencontre plus une dose d'eau, formée par suite du progrès de l'éthérification, qui soit suffisante pour le changer entièrement en hydrate : il subsiste en partie à l'état anhydre, et forme dès lors quelque dose d'éther chlorhydrique. La formation de ce dernier est d'ailleurs plus lente que celle de l'éther acétique, d'après des essais directs.

Quant à la limite de l'éthérification, elle demeure proportionnelle au titre acide total ; c'est-à-dire la même, dans le dernier mélange, qu'en présence de $1\frac{1}{3}$ $C^4H^4O^4$ pris isolément (*Annales de chimie et de physique*, 3e série, t. LXVIII, p. 286).

Voilà ce qui arrive à froid. Mais, à 100 degrés, et surtout

à 200 degrés, les hydrates chlorhydriques étant dissociés, l'action se passe un peu différemment.

2° A 100 degrés, avec une trace d'acide chlorhydrique, la limite est sensiblement la même qu'à froid, et elle ne se modifie guère avec le temps; bien que la prolongation du contact détermine la transformation lente d'un peu d'éther acétique en éther chlorhydrique. Si la production de ce dernier devient possible, c'est parce que l'hydracide cesse d'être retenu en combinaison par l'eau.

L'acide chlorhydrique s'élève-t-il à 4gr,77, la limite totale ne change encore que faiblement, bien que l'hydracide prenne une part de plus en plus marquée à l'éthérification. En effet, il transforme lentement jusqu'à 7 centièmes d'éther acétique en éther chlorhydrique.

Quand l'hydracide atteint 11gr,84, la limite totale s'élève notablement : l'éther chlorhydrique se formant à la fois, aux dépens de l'alcool, pour une dose de 7 à 9 centièmes, et aux dépens de l'éther acétique, pour une dose de 20 centièmes. Dans ces conditions, presque tout l'hydracide, que l'on peut supposer combiné à l'eau à la fin de l'expérience, se trouve changé en éther chlorhydrique; la limite relative à cet acide paraissant plus avancée que pour les acides organiques.

3° A 200 degrés, au contraire, la limite s'abaisse, par une anomalie singulière, mais observée sur les trois mélanges. L'écart est faible pour une trace d'hydracide; il s'élève à 24 centièmes, pour le mélange qui en renferme 11gr,84.

Cette anomalie s'explique par la formation de l'éther ordinaire et d'une dose d'eau corrélative. J'ai constaté expressément cette formation d'éther ordinaire, dans des épreuves faites sur 200 grammes de matière. L'éther ordinaire, ainsi produit à 200 degrés, introduit un terme de plus dans l'équilibre d'éthérification; car ce corps est attaqué à ladite température par l'acide chlorhydrique, et peut-être même par l'acide acétique : du moins j'ai prouvé que cette réaction a lieu à 360 degrés et même au-dessous. En outre l'eau, formée en même temps que l'éther ordinaire, abaisse la limite d'éthérification de l'acide acétique.

6. *Influence d'un excès d'eau.* — Voici quelques essais exécutés en ajoutant de l'eau, de façon à réaliser le mélange

$$C^4H^6O^2 + C^4H^4O^4 + HO;$$

ils conduisent aux mêmes conclusions générales. Dans certains de ces essais, j'ai ajouté $1^{gr},9$ HCl, c'est-à-dire $\frac{1}{20}$ d'équivalent : la dose centésimale d'acide éthérifié à froid a été trouvée, après deux heures, 39,8; après six heures, 53; après vingt-quatre heures, 60,6, ce qui était la limite. L'acide chlorhydrique était demeuré complètement libre.

Le mélange ayant été porté à 100 degrés pendant deux heures, la limite est restée sensiblement la même.

J'ai encore observé la même limite, ou à peu près, en opérant sur le mélange suivant :

$$C^4H^6O^4 + C^4H^4O^4 + HO + \tfrac{1}{25}SO^4H.$$

Après vingt-quatre heures de contact à froid, la dose d'acide éthérifié était égale à 59,6.

Le mélange ayant été porté à 100 degrés pendant deux heures, on a trouvé : 60,6.

La limite trouvée pour $C^4H^6O^2 + HO + C^4H^4O^4$ pur est : 59,4. On voit par ces chiffres que la présence de l'acide auxiliaire et accélérateur, chlorhydrique ou sulfurique, en très petite quantité, ne change pas la limite : soit à froid, soit à 100 degrés, même en présence de l'eau.

7. *Partage.* — Le partage de l'alcool entre les deux acides n'a pas lieu à froid, même au bout de huit jours; tant que la dose d'hydracide est assez faible pour qu'il puisse former avec l'eau produite dans la réaction un hydrate défini, capable de détruire la tension de l'hydracide. C'est là un fait fondamental, toute l'éthérification se faisant alors aux dépens de l'acide acétique.

Mais si la dose de l'hydracide surpasse cette limite (si elle atteint par exemple $11^{gr},84$), alors on voit se manifester, même à froid, une formation lente d'éther chlorhydrique; formation qui paraît due surtout à une double décomposition entre l'hydracide et l'éther acétique.

A 100 degrés, la même réaction est bien plus manifeste, quoique lente encore, et elle se poursuit jusqu'à l'éthérification de la majeure portion de l'hydracide ; tant par union directe avec l'alcool que par substitution dans l'éther acétique.

Ces phénomènes ont lieu avec tous les mélanges, quelque faibles que soient les quantités relatives d'hydracide : ce qui s'explique, en admettant que la température de 100 degrés dissocie les hydrates chlorhydriques définis qui existaient à froid et qui entravaient l'éthérification de cet hydracide aux basses températures.

A fortiori, l'hydracide est-il éthérifié à 200 degrés : sa neutralisation devenant presque totale, et s'opérant à la fois aux dépens de l'alcool, de l'éther ordinaire et de l'éther acétique.

8. Dans ce qui précède, j'ai admis le déplacement direct de l'acide acétique par l'acide chlorhydrique dans l'éther acétique, à 100 et à 200 degrés. Voici des expériences directes sur ce point.

L'éther acétique pur (1) a été chargé d'acide chlorhydrique sec, la dissolution en renfermant 15,3 centièmes : ce qui répondait aux rapports équivalents

$$HCl + 2,30\,C^4H^4\,(C^4H^4O^4).$$

A froid, après dix-sept jours, il ne s'était pas formé de dose sensible d'éther chlorhydrique. Cependant la réaction a lieu au bout d'un temps beaucoup plus long. En effet, au bout de cinq semaines, 12,4 centièmes de l'hydracide sont changés en éther chlorhydrique, et le terme de la réaction n'est pas atteint.

(1) Pour être rigoureusement pur, l'éther acétique doit remplir les trois conditions suivantes :

1° être neutre ; 2° ne pas devenir acide (absence de l'eau), lorsqu'on en chauffe 15 à 20 grammes à 200 degrés, dans un tube scellé, pendant dix heures ; 3° ne pas changer le titre de $0^{gr},050$ d'acide acétique pur, chauffé avec le même poids d'éther acétique à 200 degrés (absence de l'alcool).

A 100 degrés, après douze heures de réaction en tube scellé, 26 centièmes de l'acide chlorhydrique ont été changés en éther chlorhydrique, avec mise à nu d'une dose équivalente d'acide acétique.

Au bout de cinquante heures, les 5 sixièmes de l'hydrate étaient changés en éther chlorhydrique.

A 200 degrés, après douze heures, le titre acide total était demeuré identique; mais les 98,8 centièmes de l'acide chlorhydrique, c'est-à-dire la presque totalité, se trouvaient changés en éther chlorhydrique, conformément à l'équation

$$C^4H^4 (C^4H^4O^4) + HCl = C^4H^4 (HCl) + C^4H^4O^4.$$

L'acide chlorhydrique, agissant soit à 100 degrés, soit à 200 degrés, déplace donc complètement, ou à peu près, l'acide acétique dans l'éther acétique pur; c'est-à-dire sous une condition d'après laquelle l'hydracide ne peut contracter combinaison ni avec l'eau, ni avec l'alcool.

9. Il en serait autrement si l'eau se trouvait en présence, surtout à froid, comme lors de la réaction des deux acides sur l'alcool, étudiée précédemment; condition dans laquelle l'acide acétique forme un éther, et l'acide chlorhydrique, un hydrate.

Il en est également autrement si l'alcool en excès intervient dans une réaction d'où l'eau est rigoureusement exclue; ce qu'il est facile de réaliser, en traitant à froid l'alcool absolu en grand excès par le chlorure acétique. Dans cette condition, il se forme uniquement de l'acide acétique et un chlorhydrate d'alcool; la totalité de l'acide acétique demeurant éthérifié par l'alcool, et l'acide chlorhydrique ne fournissant pas la plus légère trace d'éther chlorhydrique (du moins au bout de quelques heures seulement). C'est ce que j'ai constaté par des dosages rigoureux.

Telles sont les réactions véritables qui interviennent dans l'éthérification provoquée par l'auxiliaire d'un hydracide.

Il s'agit maintenant de mesurer les travaux moléculaires accomplis dans ces réactions, et d'en déduire l'explication des phénomènes.

§ 3. — Relations thermiques.

1. J'ai défini par des expériences chimiques les conditions de la formation de l'éther acétique, envisagé comme type des éthers d'acides organiques, avec le concours auxiliaire de l'acide chlorhydrique. Ces expériences ont mis en lumière l'influence de l'eau et des combinaisons qu'elle contracte avec l'hydracide : pour pousser plus avant la discussion du phénomène, il est nécessaire d'envisager, non-seulement les éthers qui résultent de l'union des acides et de l'alcool, mais aussi tous les autres composés qui peuvent se produire par l'action réciproque des six corps mis en présence, c'est-à-dire de l'alcool, de l'eau, des acides et des éthers chlorhydrique et acétique, et les quantités de chaleur dégagées par la formation de chacun d'eux.

2. *Composés chlorhydriques.* — L'acide chlorhydrique s'unit avec les cinq autres corps. Passons en revue ces combinaisons :

1° *Hydrates.* — J'ai étudié ailleurs (tome Ier, p. 393, et t. II, p. 153) l'hydrate cristallisable, $HCl + 2H^2O^2$, composé dont la formation à l'état liquide dégage $+ 11^{Cal},6$; et dans lequel l'hydracide conserve, même à froid, une tension considérable.

L'hydrate liquide, $HCl + 6,5H^2O^2$, dégage par sa production $+ 14^{Cal},0$; dans ce composé, l'hydracide a perdu toute tension appréciable à la température ordinaire (voy. page 149).

Enfin, en s'unissant avec un excès d'eau, vers 18 degrés, l'hydracide dégage : $+ 17^{Cal},4$.

2° *Alcoolates.* — L'alcool dissout jusqu'à 330 volumes de gaz chlorhydrique, en formant un liquide dont la composition est voisin de la formule de $HCl + C^4H^6O^2$ (1,14 et 1,17 $C^4H^6O^2$, à 13 degrés, dans deux essais). Ce composé est comparable aux combinaisons cristallisées de dulcite et d'hydracide, étudiées par M. G. Bouchardat. Mais l'acide chlorhydrique demeure entièrement séparable de cette liqueur pendant plusieurs heures, par une addition d'eau et d'azotate d'argent; la formation de l'éther chlorhydrique étant très lente, beaucoup plus même que celle de l'éther acétique.

Cet alcoolate distillé dégage d'abord du gaz chlorhydrique. Vers 83 degrés, il passe un liquide volatil, dont la composition est voisine de la formule de $HCl + 3,2 C^4H^6O^2$. Mais cette composition n'est pas absolument fixe; sans doute en raison de la formation graduelle de l'éther chlorhydrique et de l'eau. En évaporant à 12 degrés, dans un courant d'air sec, deux mélanges renfermant, l'un $HCl + 1,2 C^4H^6O^2$, l'autre $HCl + 4,5 C^4H^6O^2$, on parvient, au bout de quelques heures, à une composition presque identique : soit $HCl + 3,1 C^4H^6O^2$ dans le premier cas; $HCl + 3,3 C^4H^6O^2$ dans le second. On pourrait donc admettre un alcoolate, tel que $HCl + 3C^4H^6O^2$, analogue à l'hydrate saturé $HI + 3H^2O^2$ (page 151).

Voici la chaleur dégagée dans la réaction du gaz chlorhydrique sur l'alcool, vers 12 degrés :

	Cal.
$HCl + 1,15\ C^4H^6O^2$	+ 10,8
$HCl + 1,59\ C^4H^6O^2$	+ 11,5
$HCl + 300\ C^4H^6O^2$	+ 17,35

D'où l'on conclut, par interpolation :

$$HCl + C^4H^6O^2 : + 10,6; \quad HCl + 3C^4H^6O^2 : + 13,8.$$

Ces chiffres sont voisins de ceux qui répondent à la formation des hydrates du même hydracide; ce qui montre que les deux ordres de composés sont comparables.

3° *Chlorhydrate d'acide acétique.* — Ce composé, saturé à 13 degrés, répond à $HCl + 5,8 C^4H^4O^4$; mais il perd tout son hydracide, soit par simple distillation, soit par évaporation à froid dans un courant d'air sec. Voici la chaleur développée dans sa formation :

	Cal.
HCl gaz + $5,8\ C^4H^4O^4$, à 13 degrés, dégage	+ 6,22
HCl gaz + $41\ C^4H^4O^4$, à 13 degrés	+ 7,10
HCl gaz + $200\ C^4H^4O^4$, à 16 degrés	+ 7,09

valeurs qui n'atteignent pas la moitié de celles obtenues avec l'eau et l'alcool : ce qui prouve qu'il ne se forme pas de composés du même ordre avec l'acide acétique.

En effet, la moindre trace d'eau, préexistante ou introduite dans l'acide acétique, fixe l'acide chlorhydrique ; lequel cesse alors de pouvoir être éliminé à froid par un courant d'air sec, ou à chaud par simple ébullition : ce qui prouve que l'eau enlève l'acide chlorhydrique à l'acide acétique.

On voit, en même temps, que la transformation de l'acide chlorhydrique, dissous dans l'acide acétique, en chlorure acétique, exigerait une absorption de — 5,5 — 7,1 = — 12^Cal,6 ; circonstance qui explique pourquoi cette formation n'a pas lieu. C'est au contraire la réaction inverse qui est seule réalisable :

$$C^4H^3ClO^2 + H^2O^2 = C^4H^4O^4 + HCl.$$

Celle-ci dégage, l'hydracide étant gazeux : + 5,5.

Pour que la formation du chlorure acétique devînt possible avec le gaz chlorhydrique, il serait nécessaire de faire intervenir un nouveau corps, capable de s'unir avec l'eau en dégageant une quantité de chaleur supérieure à + 5^Cal,5. Tel est l'acide phosphorique anhydre, ou tout corps analogue (voy. page 383).

Non-seulement le chlorure acétique n'est point formé directement par les acides acétique et chlorhydrique ; mais l'alcool additionnel ne saurait fournir ce complément d'énergie de + 5,5 ; comme il serait nécessaire dans une théorie récemment proposée pour expliquer l'action éthérifiante de l'acide chlorhydrique par la formation préalable du chlorure acétique, composé que l'alcool détruirait ensuite, avec production d'éther acétique. En effet, l'union de l'alcool avec l'eau, H^2O^2, à la température ordinaire, dégage seulement : + 0,28, en présence d'un grand excès d'alcool ; et + 2,6, en présence d'un grand excès d'eau.

Ainsi le chlorure acétique ne peut se former, ni en présence de l'eau, ni en présence de l'alcool. Il est d'ailleurs incompatible avec ce dernier corps, qui le détruit en totalité et *instantanément*, en dégageant + 19,3 ; comme le prouvent mes expériences.

4° *Chlorhydrate d'éther acétique.* — Ce composé, saturé à 12 degrés, répond à HCl + 1,36 C^4H^4 ($C^4H^4O^4$) ; il serait sans doute formé à équivalents égaux, à basse température. Il est moins stable que les hydrates et alcoolates. Distillé, il perd presque tout son hydracide avant 70 degrés; non sans fournir un peu d'éther chlorhydrique et d'acide acétique. Évaporé à 12 degrés, dans un courant d'air sec, il perd l'acide en plus grande proportion que l'éther; de façon à fournir, après deux heures, un liquide de la composition suivante :

$$HCl + 6{,}1\, C^4H^4\, (C^4H^4O^4).$$

Après six heures, le liquide renferme $HCl + 12C^4H^4\,(C^4H^4O^4)$, composition qui ne varie plus guère.

Voici la chaleur dégagée par la formation de ces dissolutions :

		Cal.
$HCl + 1{,}36\, C^4H^4\,(C^4H^4O^4)$, saturé vers 12 degrés, dégage :	+	8,82
$HCl + 2{,}64$	+	9,82
$HCl + 11{,}84$	+	11,84

Ce sont là des valeurs intermédiaires entre celle de la combinaison acétique et celles des alcoolates et hydrates, quoique fort inférieures aux dernières.

Le chlorhydrate d'éther acétique se change rapidement à 200 degrés, plus lentement à 100 degrés, plus lentement encore à froid, en éther chlorhydrique et acide acétique. Cette réaction, que j'ai décrite plus haut (page 678), s'oppose à ce qu'on envisage un tel composé comme jouant le rôle d'intermédiaire dans l'éthérification de l'acide acétique, accélérée par l'acide chlorhydrique. Son rôle dans l'éthérification ne pourrait être qu'inverse.

Ce composé, d'ailleurs, paraît être détruit immédiatement par l'addition de l'eau ou de l'alcool, ainsi qu'en témoignent les mesures thermiques. En effet, la présence d'une petite quantité d'alcool dans l'éther acétique élève la chaleur dégagée par les premières portions d'hydracide jusqu'à + 16,6 ; chiffre voisin de + 17,3 observé avec l'alcool pur : ce qui montre que l'alcool s'empare de l'hydracide, de préférence à l'éther acétique.

L'acide chlorhydrique ne se dissout qu'en proportion minime dans l'éther chlorhydrique : à peine quelques volumes.

3. *Composés acétiques.* — Les combinaisons de l'acide acé-

tique avec l'eau, l'alcool et les éthers, n'offrent guère de stabilité et dégagent peu de chaleur. En effet :

$\left\{\begin{array}{l}C^4H^4O^4 + H^2O^2 \text{ absorbe} \ldots\ldots\ldots\ldots\ldots\ldots\ldots\ldots - 0{,}15 \\ C^4H^4O^4 + \text{grande quantité d'eau, dégage, à 7 degrés} : + 0{,}40\end{array}\right.$

$C^4H^4O^4 + C^4H^6O^2$, vers 12 degrés.................. — 0,06 envir.

$2C^4H^4O^4 + C^4H^4(C^4H^4O^4)$, à 13 degrés.............. + 0,26

$1{,}27C^4H^4O^4 + C^4H^4(HCl)$, à 13 degrés............. + 0,02

4. *Hydrates.* — L'alcool et les éthers dégagent, quand ils se dissolvent dans une grande proportion d'eau, des quantités de chaleur très sensibles, quoique plus faibles que ne le font les acides ou les sels anhydres. Mais les composés ainsi formés offrent peu de stabilité.

$C^4H^6O^2$, dégage, à 12° : + 2^{Cal},6; $C^4H^4(C^4H^4O^4)$, à 16° : + 3^{Cal},1.

Pour l'éther chlorhydrique et l'eau, on peut admettre un nombre du même ordre de grandeur que le chiffre trouvé pour la dissolution du chloroforme dans l'eau, tel que + 2,2.

La formation de ces hydrates mérite d'être remarquée, comme susceptible de fournir l'énergie nécessaire à la production directe des éthers composés : laquelle a lieu, d'après mes mesures, avec absorption de chaleur (— 2,0 pour l'éther acétique) (voy. tome Ier, p. 408). Les composés de cet ordre étant en partie dissociés, on conçoit que les deux réactions inverses puissent se développer, suivant les proportions relatives, en donnant lieu par leur conflit aux équilibres d'éthérification.

5. *Composés divers : alcool, éthers acétique, chlorhydrique, etc.*

$\left\{\begin{array}{l}C^4H^6O^2 + 0{,}59\,C^4H^4(C^4H^4O^4), \text{ à 12 degrés} \ldots - 0{,}09 \\ 1{,}7\,C^4H^6O^2 + C^4H^4(C^4H^4O^4) \ldots\ldots\ldots - 0{,}15\end{array}\right\}$ environ.

$1{,}23C^4H^6O^2 + C^4H^4(HCl)$, à 12 degrés....... — 0,2 envir.

$C^4H^4(HCl) + 0{,}93\,C^4H^4(C^4H^4O^4)$, à 11°,5.... — 0,08 envir.

6. *Conclusions.* — Ces résultats étant connus, mettons en présence d'un excès d'alcool les deux acides acétique et chlorhydrique, pris, pour simplifier, à équivalents égaux : deux réactions sont possibles.

1° La formation de l'éther acétique donne lieu aux effets suivants :

$C^4H^6O^2$ liq. + $C^4H^4O^4$ liq. = C^4H^4 ($C^4H^4O^4$) liq. + H^2O^2 liq., absorbe :	—	2,0
La dissolution de l'ether acétique dans l'excès d'alcool..........	—	0,1
Celle de l'eau dans l'excès d'alcool..........................	+	0,3
Enfin la dissolution de HCl gaz dans l'excès d'alcool............	+	17,4
Somme................	+	15,6

2° La formation d'un équivalent d'éther chlorhydrique :

$C^4H^6O^2$ liq. + HCl gaz = C^4H^5Cl liq. + H^2O^2 liq., dégage :	+	3,4	envir.
La dissolution de l'éther chlorhydrique dans l'excès d'alcool :	—	0,3	id.
Celle de l'eau dans l'excès d'alcool......................	+	0,3	id.
Enfin celle de $C^4H^4O^4$ liquide dans l'excès d'alcool.........	—	0,1	id.
	+	3,3	envir.

La première réaction dégagerait donc + 12,3 de plus que la seconde; l'excès étant dû principalement à la production du chlorhydrate d'alcool. C'est, en effet, la première réaction, c'est-à-dire la formation de l'éther acétique, qui s'accomplit de préférence; sans donner lieu à aucun partage.

De même, l'eau étant complètement exclue, comme il arrive dans la réaction du chlorure acétique sur un excès d'alcool, il se forme de l'éther acétique et un alcoolate, avec dégagement de + 19,3; tandis que la production de l'éther chlorhydrique dégagerait + 7,1. La première réaction dégage donc en plus + 12,2. C'est elle qui se produit d'une manière exclusive.

Au lieu d'un excès d'alcool, soit un excès d'eau :

1°	La formation d'un équivalent d'éther acétique......	—	2,0	
	La dissolution de l'éther acétique dans l'eau........	+	3,1	
	Celle de HCl gazeux dans l'eau..................	+	17,4	
		+	18,5	
2°	La formation d'un équivalent d'éther chlorhydrique :	+	3,4	envir.
	La dissolution dans l'eau, évaluée à...............	+	2,0	id.
	Celle de $C^4H^4O^4$ liquide, dans l'eau..............	+	0,4	id.
		+	5,8	envir.

La première réaction dégage + 12,7 de plus que la seconde; l'excès étant dû surtout à la production de l'hydrate chlorhydrique. Elle devra donc s'accomplir; du moins jusqu'à la limite fixée par les rapports qui existent entre l'alcool et l'eau dans la liqueur.

C'est aussi en raison de cette circonstance que le chlorure benzoïque, ajouté à de l'eau renfermant un millième d'alcool, transforme cet alcool en éther benzoïque, et non en éther chlorhydrique, comme je l'ai reconnu. Ce sont là les cas extrêmes; pour les proportions intermédiaires, les résultats seront analogues.

Voilà ce qui arrive à froid. Mais à 100 degrés, et surtout à 200 degrés, les chlorhydrates d'eau et d'alcool n'interviennent plus que faiblement, ou même pas du tout, à cause de leur dissociation : ce qui explique la formation prépondérante de l'éther chlorhydrique.

7. Il reste encore à expliquer l'accélération de la réaction produite à froid par l'acide auxiliaire. Cet effet paraît cependant rentrer dans une remarque applicable à bien des phénomènes chimiques, lesquels sont accélérés lorsqu'on les provoque à l'aide d'un mécanisme auxiliaire, développant par lui-même de la chaleur (voy. pages 455, 456).

8. L'explication que je viens de donner du rôle auxiliaire de l'acide chlorhydrique dans l'éthérification s'applique également à tout acide capable de dégager une grande quantité de chaleur, en formant, soit des hydrates, soit des alcoolates, composés dont la formation est en général parallèle à celle des hydrates. Elle fournit dès lors une explication du rôle auxiliaire bien connu de l'acide sulfurique dans l'éthérification.

Tel doit être encore l'acide azotique : ce que j'ai trouvé conforme à l'expérience, en distillant un mélange d'alcool et d'acide acétique, ce dernier préalablement additionné de quelques centièmes d'acide azotique pur. L'éther acétique se forme en abondance, sans action oxydante bien marquée; du moins avant la fin de l'opération. Or la simple distillation, sans acide azotique, ne forme que très peu d'éther acétique. De même un mélange d'acide acétique et d'alcool à équivalents égaux, additionné d'un dixième d'éther azotique et d'un centième d'urée, puis chauffé à 100 degrés en tube scellé, pendant une heure, s'éthérifie aux deux tiers : conformément à la limite relative au mélange renfermant seulement l'acide et l'alcool. Or cette limite exigerait plus de 200 heures pour être atteinte avec le dernier mélange.

9. Le même genre d'explications montre pourquoi un mélange des acides sulfurique et azotique forme des dérivés nitrés, et non des dérivés sulfuriques, en agissant sur les composés organiques. En effet, pour prendre un exemple, la formation de l'acide benzinosulfurique :

$$C^{12}H^{6} + 2SO^{4}H = C^{12}H^{6}S^{2}O^{6} + H^{2}O^{2}, \text{ dégage} \ldots\ldots\ldots + 14,4 - \alpha \text{ (1)}$$

et celle de la nitrobenzine :

$$C^{12}H^{6} + AzO^{6}H = C^{12}H^{5}AzO^{4} + H^{2}O^{2}, \text{ dégage} \ldots\ldots\ldots + 36,6.$$

L'écart de ces deux nombres, soit $+ 22,2 + \alpha$, est énorme, et il ne saurait être compensé : soit par la différence des quantités de chaleur dégagées par l'union de H^2O^2 avec l'excès d'acide nitrosulfurique, dans les deux expériences ; soit par la différence des chaleurs de dissolution respectives de la nitrobenzine et de l'acide benzinosulfurique, au sein de la même liqueur.

La nécessité de la formation du dérivé nitré, de préférence au dérivé sulfurique, est donc une conséquence des principes généraux de la thermochimie.

Il en est de même de l'excès d'énergie manifesté par les acides minéraux ordinaires, comparés aux acides organiques ; énergie en vertu de laquelle les premiers donnent si souvent lieu à des réactions directes, dont les seconds ne sont pas susceptibles, ou qu'ils manifestent seulement avec beaucoup plus de lenteur et de difficulté.

(1) α représente la chaleur de dissolution de l'acide benzinosulfurique dans l'eau, quantité qui ne saurait surpasser quelques Calories.

CHAPITRE VI

DÉPLACEMENTS RÉCIPROQUES DES BASES

§ 1er. — Division du sujet.

Les déplacements réciproques des bases, unies à un même acide dans une dissolution, sont régis par les mêmes principes que les déplacements réciproques des acides. Nous allons examiner les cas généraux qui peuvent se présenter, tels que :

1° L'action réciproque de deux bases solubles, donnant lieu à deux sels solubles.

2° Le déplacement d'une base insoluble par une base soluble, et réciproquement.

§ 2. — Partage d'un acide entre plusieurs bases solubles dans les dissolutions.

1. C'est une question souvent agitée que celle du partage des bases et des acides dans les dissolutions. Berthollet, qui posa le premier la question d'une manière générale, admettait que chaque acide (et chaque base) avait dans l'action « une part déterminée par sa capacité de saturation et sa quantité », c'est-à-dire par sa *masse chimique*. A poids égaux, nous dirions aujourd'hui que chaque corps agit en raison inverse de son équivalent; tandis que si deux bases sont employées sous des poids équivalents, elles prendront chacune la moitié de l'acide antagoniste. Telle est, je crois, la traduction exacte du langage de Berthollet, lequel exclut formellement toute idée d'une affinité élective ou d'un coefficient spécifique (voy. page 657).

Mais le partage ne peut subsister que si les deux bases et les deux sels qu'elles forment demeurent dissous. Si quelqu'un de ces corps est éliminé, par insolubilité ou volatilité, un nouveau partage se reproduit au sein des liqueurs; il en résulte une nouvelle élimination, et ainsi de suite, jusqu'à ce que la totalité du composé éliminable soit sortie du champ de l'action chimique.

Gay-Lussac invoquait le même mécanisme, en se plaçant à un point de vue différent : il admettait, dans la dissolution, une sorte de *pêle-mêle*, d'*équipollence* des bases et des acides uniformément répartis; les composés qui se manifestent ne prenant naissance qu'au moment où ils sont séparés par insolubilité, cristallisation ou volatilité.

2. Ce sont ces opinions que j'ai entrepris de soumettre au contrôle des méthodes thermiques, en ce qui touche les bases, comme je l'ai déjà fait pour les acides.

J'ai choisi deux bases solubles, qui dégagent des quantités de chaleur inégales en s'unissant avec un même acide, telles que la soude et l'ammoniaque, en présence de l'acide chlorhydrique. La différence entre ces quantités de chaleur, mesurées directement, dans des conditions données de concentration, et à la température de $+ 23°,5$, a été trouvée égale à $+ 1^{\text{Cal}},12$.

Cela posé, mélangeons à équivalents égaux une solution de chlorhydrate d'ammoniaque et une solution de soude, prises à la température et à la concentration définies :

$$AzH^3HCl \ (1 \text{ éq.} = 2 \text{ lit.}) + NaO \ (1 \text{ éq.} = 2 \text{ lit.}).$$

A priori, plusieurs cas peuvent se présenter, correspondant aux diverses théories.

1° S'il y a partage en proportion égale (théorie de Berthollet), on devra observer un dégagement de chaleur égal à $+ \frac{1,12}{2} = + 0,68$.

2° Si la loi du partage est différente, on observera une quantité différente, mais toujours moindre que $+ 1,12$.

3° S'il y a équipollence, on ne devra, ce semble, observer aucun phénomène thermique; ou du moins aucun phénomène qui soit en relation avec le chiffre correspondant à un déplacement pur et simple.

4° Enfin, si la soude s'empare de la totalité de l'acide chlorhydrique, en mettant en liberté la totalité de l'ammoniaque, on devra observer un dégagement de + 1,12.

3. Or l'expérience m'a donné, pour cette réaction, à la température de 23°,5 : + 1^{Cal},07.

La limite d'erreur des essais étant ± 0,04, ce chiffre se confond pour ainsi dire avec + 1,12.

La faible différence observée, + 0,05, pourrait s'expliquer d'ailleurs par l'influence purement physique qu'exerce l'ammoniaque sur une solution de chlorure de sodium. En fait, à 23°,5, j'ai trouvé

$$AzH^3 \text{ (1 éq.} = 2 \text{ lit.)} + NaCl \text{ (1 éq.} = 2 \text{ lit.), absorbe : } = -0,05.$$

Sans nous arrêter à cette faible influence secondaire, nous pouvons donc conclure (1) que, la soude et l'ammoniaque étant mises à équivalents égaux en présence de l'acide chlorhydrique, la soude prend tout l'acide (ou sensiblement tout).

On peut achever de démontrer l'exactitude de cette interprétation, en faisant varier les proportions relatives des corps réagissants : 1, 2, 3 équivalents d'ammoniaque en excès n'empêchent pas la décomposition totale (ou sensiblement) du chlorhydrate d'ammoniaque par la soude, comme le prouvent les mesures thermiques. Tandis que, d'après la théorie de Berthollet, la présence de 4 équivalents d'ammoniaque, par exemple, aurait dû réduire le déplacement au cinquième, et, par conséquent, la chaleur dégagée à la valeur suivante, cinq fois moindre que le chiffre observé :

$$\frac{1,12}{5} = 0,22.$$

Est-il besoin de dire que la présence d'un excès de soude ne change non plus rien au résultat? Enfin, le déplacement total

(1) Cette conclusion résulte de la variation thermique observée; laquelle est positive dans le cas présent. Mais elle pourrait être aussi négative dans des cas analogues, quoique toujours avec des corps dissous; ainsi que je l'ai montré en étudiant le déplacement direct de l'acide acétique par l'acide tartrique dans les dissolutions d'acétate de soude (page 634).

Même avec la soude et le chlorhydrate d'ammoniaque, si l'on opérait à une tem-

peut également être vérifié en présence d'un excès de chlorhydrate d'ammoniaque, comme d'un excès de chlorure de sodium.

4. Cet ensemble d'observations prouve qu'il s'agit d'une réaction chimique véritable, *limitée à un terme défini par le rapport équivalent* de la soude qui produit l'action; c'est-à-dire qu'il s'agit du déplacement pur et simple d'une base par l'autre. Les sels doubles n'y jouent aucun rôle, non plus que le changement de dissolvant; c'est ce que démontrent, d'une part, l'absence d'influence exercée par un excès quelconque de l'un des quatre corps réagissants, et, d'autre part, la mesure exacte des quantités de chaleur dégagées.

5. J'ai reproduit les mêmes expériences avec plusieurs autres sels ammoniacaux (sulfate, azotate et phosphate). J'ai également opéré avec une base alcaline différente de la soude, la potasse. Les résultats s'accordant exactement avec ceux que fournit la soude, je crois superflu de les transcrire ici.

6. Si l'on opérait dans des conditions telles que l'ammoniaque pût se volatiliser, elle serait éliminée : mais ce n'est pas là ce qui détermine la réaction, attendu que le déplacement précède toute séparation de l'ammoniaque sous forme gazeuse, et s'effectue aussi bien au sein des liqueurs, même dans des conditions où cette séparation n'a pas lieu.

7. L'ammoniaque, qui joue ici le rôle de base faible par rapport à la potasse et à la soude, déplace au contraire complètement certaines autres bases solubles, telles que l'oxyammoniaque.

AzH^3O^2, HCl étendu + AzH^3 étendue, à 12°,05 = AzH^3O^2, dissoute + AzH^3HCl étendu, dégage : + $3^{Cal},35$.

Quantité de chaleur répondant précisément à la différence des chaleurs de combinaison des deux bases, soit :

$$+ 12,5 - 9,2 = + 3,3.$$

pérature un peu supérieure à + 50 degrés, le calcul montre (*Annales de chimie et de physique*, 5e série, t. IV, p. 76) qu'il y aurait absorption de chaleur. Cependant le déplacement de l'ammoniaque par la soude ne cesse pas d'avoir lieu, et non moins aisément. A + 50 degrés exactement, il n'y aura aucune variation thermique appréciable; c'est-à-dire que la méthode exposée dans le texte ne serait pas applicable à la température de 50 degrés; mais elle l'est au-dessus comme au-dessous.

Les mesures thermiques prouvent en outre que le déplacement de l'oxyammoniaque par l'ammoniaque est total; c'est-à-dire proportionnel au poids de cette base, même quand on emploie seulement la moitié de l'ammoniaque nécessaire pour une décomposition totale: il n'y a donc point de partage.

Ces résultats pouvaient être prévus, en rapportant les réactions aux bases hydratées et aux sels solides, ce qui dégage : + 4,0.

8. *A fortiori*, la potasse dissoute déplace-t-elle complètement l'oxyammoniaque de ses solutions étendues :

$$\left.\begin{array}{r}AzH^3O^2,\ HCl \text{ étendu} + KO \text{ étendue} = \\ AzH^3O^2 \text{ étendue} + KCl \text{ dissoute} + HO\end{array}\right\} \text{dégage, à } 23^\circ : + 4^{Cal},4\ ;$$

ce qui répond à une substitution intégrale.

9. De même avec la baryte et le sulfate d'oxyammoniaque :

$$\left.\begin{array}{r}Az\,H^3O^2,\ SO^4H \text{ étendu} + BaO \text{ dissoute} = \\ AzH^3O^2 \text{ dissoute} + SO^4Ba + HO \ldots\ldots\end{array}\right\} \text{dégage} : + 7^{Cal},8.$$

Ici le sulfate formé est insoluble, circonstance qui ne permet aucun doute sur le caractère de la réaction. Mais cette circonstance est étrangère au déplacement lui-même, comme le prouvent les expériences faites avec la potasse et l'ammoniaque.

10. Poursuivons cette étude sur d'autres bases solubles.

L'ammoniaque étendue décompose à froid le chlorhydrate d'aniline dissous, en dégageant $+ 5^{Cal},5$; l'aniline demeurant dissoute. Si la liqueur est concentrée, l'aniline se sépare sous forme huileuse; mais le déplacement ne dépend pas de l'insolubilité de la base, puisqu'il se produit également quand la base demeure dissoute.

11. Cependant si l'on opère à chaud et avec les sels solides, mis en présence de petites quantités d'eau, l'aniline peut agir en sens inverse ; c'est-à-dire mettre en liberté l'ammoniaque sous forme gazeuse. Ceci s'explique par un certain partage, dû à la décomposition très sensible que les sels ammoniacaux éprouvent sous l'influence de l'eau (page 219) : il en résulte la mise en liberté d'une petite quantité d'acide chlorhydrique, lequel est pris par l'aniline : la décomposition du chlorhydrate

d'ammoniaque en reproduit alors une certaine dose. Le chlorhydrate d'aniline étant lui-même dissocié, la réaction aboutit à un certain équilibre entre les deux bases, équilibre dans lequel l'ammoniaque exerce une action prépondérante, tant que les deux bases demeurent en présence dans la dissolution. Mais si la fraction d'ammoniaque libre est éliminée à mesure par volatilité, elle tend à se reproduire sans cesse, et cette reproduction finit par amener un déplacement total. Nous avons donc ici l'exemple et les conditions d'un partage préalable, à la suite duquel la volatilité intervient, conformément aux lois de Berthollet.

12. Les mêmes méthodes ne peuvent pas être employées pour décider ce qui arrive lorsqu'on oppose la potasse à la soude : ces deux bases dégageant toutes deux sensiblement les mêmes quantités de chaleur, en formant des sels solubles avec presque tous les acides. A la vérité, les quantités de chaleur rapportées à l'état solide semblent assurer l'avantage à la première. Ainsi :

$$\begin{cases} SO^4H + KHO^2 = SO^4K + H^2O^2 \text{ solide, dégage} \ldots\ldots & +40{,}7 \\ SO^4H + NaHO^2 = SO^4Na + H^2O^2 \text{ solide} \ldots\ldots & +34{,}7 \end{cases}$$

$$\begin{cases} AzO^6H + KHO^2 = AzO^6K + H^2O^2 \ldots\ldots & +41{,}2 \\ AzO^6H + NaHO^2 = AzO^6Na + H^2O^2 \ldots\ldots & +36{,}4 \end{cases}$$

$$\begin{cases} C^4H^4O^4 + KHO^2 = C^4H^3KO^4 + H^2O^2 \ldots\ldots & +21{,}9 \\ C^4H^4O^4 + NaHO^2 = C^4H^3NaO^4 + H^2O^2 \ldots\ldots & +18{,}3 \end{cases}$$

Mais les bases étant supposées hydratées, ou prises dans l'état dissous, et les sels au contraire dans l'état solide, le sens théorique de la réaction est plus obscur ; attendu que les excès précédents sont compensés par l'inégalité des chaleurs de dissolution de la potasse opposée à la soude, aussi bien que par celle des sels antagonistes. En effet, les nombres demeurent très voisins, si l'on envisage les sels solides et les alcalis dissous :

$$SO^4K \text{ solide} + NaHO^2 \text{ étendue} = SO^4Na \text{ solide} + KHO^2 \text{ étendue} : +0{,}0$$
$$AzO^6K \text{ solide} + NaHO^2 \text{ étendue} = AzO^6Na \text{ solide} + KHO^2 \text{ étendue} : +1{,}5$$
$$C^4H^3KO^4 \text{ solide} + NaHO^2 \text{ étendue} = C^4H^3NaO^4 \text{ solide} + KHO^2 \text{ étendue} : 0{,}0$$

Cependant le partage est probable, et il doit être réglé par la nature des hydrates dissociés des sels alcalins et des alcalis, tels que ces hydrates existent dans les solutions très étendues. Ce sujet réclame une nouvelle étude.

§ 3. — Déplacement d'une base soluble par une base insoluble, et réciproquement.

1. Non-seulement l'ammoniaque est déplacée dans les sels dissous par la soude et la potasse, bases solubles; mais on peut également opposer l'ammoniaque à une base insoluble, telle que l'hydrate de chaux, déjà combiné avec l'acide chlorhydrique. Que doit-il arriver dans cette circonstance?

D'après la théorie de Berthollet, il y aura partage au premier moment; puis la chaux, étant insoluble, devra se précipiter, et par suite, la formation s'en reproduire, jusqu'à séparation totale.

Or, ces prévisions sont contredites par l'expérience. En effet, l'ammoniaque ne précipite pas le chlorure de calcium; tandis que la chaux se dissout dans le chlorhydrate d'ammoniaque.

S'agit-il donc ici de la formation d'un sel double, ou de l'influence exercée par un changement de dissolvant?

2. Pour établir la nature réelle de la réaction, je fais les expériences suivantes : Je précipite la chaux dans le chlorure de calcium, au moyen de la soude, opération qui a pour but d'obtenir de l'hydrate de chaux exempt de toute impureté; ce qu'il n'est pas facile de réaliser autrement. Puis je redissous l'hydrate de chaux, au moyen du chlorhydrate d'ammoniaque employé par fractions successives; afin de trouver la limite exacte du phénomène.

J'opère d'ailleurs en faisant varier les proportions relatives des composants du système. Enfin, je mesure chaque fois les quantités de chaleur dégagées.

J'ai reconnu d'abord que la redissolution totale d'un équivalent d'hydrate de chaux s'opère exactement (1) au moyen d'un

(1) En tenant compte de la solubilité propre de la chaux dans l'eau, qui est très petite.

équivalent de chlorhydrate d'ammoniaque, et cela, quels que soient les excès relatifs des quatre composants. En outre, à 23°,5,

1° CaCl (1 éq. = 2 lit.) + NaO (1 éq. = 2 lit.), absorbe : — 1,18 } Somme :
2° L'addition de AzH^3,HCl (1 éq. = 2 lit.), dégage : + 2,24 } + 1,06

Analysons ces résultats numériques.

1° La première opération (précipitation de l'hydrate de chaux par la soude) est conforme à la théorie de Berthollet. Elle absorberait fort peu de chaleur (— 0,1 à — 0,2 au plus), si toute la chaux demeurait dissoute. Mais la précipitation de l'hydrate de chaux donne lieu à une absorption de chaleur très notable (—1,18); ce qui s'explique, parce que l'hydrate de chaux se dissoudrait dans l'eau en dégageant de la chaleur (+ 1,5 environ pour 1 équivalent, CaO,HO = 37 grammes, dissous dans 20 litres d'eau). En tenant compte de la proportion de chaux demeurée dissoute dans l'eau employée, on peut vérifier que la chaleur absorbée concorde sensiblement avec la donnée précédente (1).

2° La seconde opération (redissolution de l'hydrate de chaux dans le chlorhydrate d'ammoniaque équivalent) dégage exactement la quantité de chaleur calculée d'après l'hypothèse d'une substitution pure et simple de l'hydrate de chaux, base presque insoluble, à l'ammoniaque, base soluble, dans le chlorhydrate d'ammoniaque, avec formation équivalente de chlorure de calcium dissous. En effet, cette substitution, opérée entre l'hydrate de chaux dissous et l'ammoniaque, à 23°,5, dégagerait environ + 1^{Cal},10; chiffre auquel il convient d'ajouter + 1,10 pour la redissolution de la proportion d'hydrate de chaux précipité, dans les conditions de l'expérience précédente : ce qui fait en tout + 2,20, d'après ma théorie. L'observation a donné + 2,24; ce qui concorde aussi exactement que possible.

(1) Cette absorption de chaleur est due à l'intervention d'un changement d'état et aux actions propres du dissolvant. Au contraire, la réaction calculée pour les corps solides, pris sous des états physiques et chimiques correspondants, doit dégager de la chaleur. Le calcul en est facile et conforme aux faits observés, pour les hydrates alcalins et terreux. Mais, pour l'ammoniaque, les données manquent : l'état gazeux et anhydre de cette base n'étant pas comparable à l'état solide et hydraté des alcalis fixes.

Ces chiffres comportent une vérification : la somme algébrique des deux nombres

$$- 1,18 + 2,24 = + 1,06$$

concorde avec la chaleur dégagée dans la réaction directe de la soude sur le chlorhydrate d'ammoniaque, soit + 1,07.

Les mêmes chiffres, ou sensiblement, ont été observés en présence de divers excès des composants du système fondamental.

3. Ces faits et ces mesures thermiques prouvent que les sels doubles et le changement de dissolvant ne sont pas la cause des phénomènes observés; tandis que tout s'explique par la substitution chimique et totale de la chaux, base presque insoluble, à l'ammoniaque, base soluble, dans le chlorhydrate d'ammoniaque.

On voit par là qu'une base soluble peut être déplacée par une base insoluble, qui entre ainsi en dissolution, contrairement aux lois de Berthollet.

4. Voici d'autres exemples de déplacements, déterminés par les mêmes raisons thermiques.

Sels métalliques précipités par les alcalis. — Lorsqu'on met en présence un sel métallique dissous et une solution alcaline, à équivalents égaux, il y a en général précipitation de l'oxyde métallique, auquel l'alcali soluble se substitue, non sans dégagement de chaleur. Ainsi :

KO étendue, précipite	MnO dans MnCl dissous, avec dégagement de	+ 1,9
—	FeO, dans FeCl dissous	+ 3,0
—	PbO, dans AzO^6Pb dissous	+ 6,0
—	HgO, dans HgCl dissous	+ 4,3
—	$\frac{1}{3}Fe^2O^3$, dans Fe^2Cl^3 dissous	+ 7,8

Le calcul relatif aux corps solides et séparés de l'eau conduit aussi à des prévisions conformes au résultat des observations.

Ainsi celles-ci s'accordent à la fois avec les lois de Berthollet et avec les prévisions thermiques; elles ne sauraient donc servir pour décider entre les deux théories.

5. *Actions inverses.* — Mais il en est autrement des actions inverses, dans lesquelles une base insoluble déplace une base

soluble en formant un sel soluble. Soit, par exemple, le cyanure de potassium étendu, mis en présence de l'oxyde de mercure : l'oxyde se dissout, en même temps que la liqueur devient fortement alcaline. Or, les valeurs thermiques prouvent que c'est là, à équivalents égaux, un déplacement pur et simple.

CyK étendu + HgO = CyHg étendu + KO étendue, dégage : + 12^{Cal},5.

Quantité de chaleur précisément égale à la différence des chaleurs dégagées, lorsque l'acide cyanhydrique dissous se combine tour à tour aux deux bases, soit + 15,5 — 3,0 = + 12,5.

On voit ici que la force des bases ne constitue pas un caractère absolu; elle est relative à la nature des acides antagonistes.

6. *Alcalis déplacés par les oxydes métalliques dans les sulfures.* — C'est ce que montre très clairement la réaction des sulfures alcalins sur les oxydes métalliques, lesquels en déplacent l'alcali soluble. Dans cette circonstance, *un composé insoluble décompose complètement une dissolution, avec formation d'un nouveau composé insoluble.*

Les quantités de chaleurs dégagées par l'union de l'hydrogène sulfuré avec les divers oxydes sont les suivantes :

KO	étendue	+ HS	dissous	+ 3,8
NaO	id.	+ HS	id.	+ 3,8
AzH^3	id.	+ HS	id.	+ 1,3
SrO	id.	+ HS	id.	+ 3,8
FeO	précipité	+ HS	id.	+ 7,3
ZnO	id.	+ HS	id.	+ 9,6
PbO	id.	+ HS	id.	+ 13,3
CuO	id.	+ HS	id.	+ 15,8
AgO	id.	+ HS	id.	+ 27,9

La chaleur de formation des sulfures métalliques précipités l'emporte donc sur celle des sulfures alcalins dissous. L'excès subsiste et est même accru, si l'on rapporte la réaction aux sulfures alcalins solides, la dissolution de ces corps dégageant de la chaleur : ce qui ramène la formation de KS solide, depuis ses composants dissous, à — 0,3 environ; celle de NaS solide, à — 3,7; celle de SrS solide, à + 0,4, etc. Les oxydes métalliques devront donc décomposer en général les sulfures alcalins dissous, avec formation de sulfures insolubles (ou de sulfures doubles solubles pour certains métaux) : ce qui est conforme à l'expérience.

7. *Déplacements des oxydes insolubles les uns par les autres.* — Le déplacement des oxydes métalliques par la chaux ou par la magnésie, bases insolubles, dans les sels métalliques dissous, est aussi une conséquence de la supériorité thermique des terres alcalines.

De même le déplacement des peroxydes métalliques par les protoxydes; les premiers dégageant d'ordinaire moins de chaleur en s'unissant aux acides (tome Ier, page 384).

Quant aux protoxydes métalliques opposés les uns aux autres, la valeur thermique de leur combinaison avec un même acide est souvent fort voisine (fer, cobalt, nickel, cadmium, zinc, etc.). Aussi observe-t-on ici des équilibres : attribuables à la formation des hydrates salins dissociés, ou des hydrates basiques, parfois aussi à celle de certains oxydes doubles.

8. La formation des *sels doubles*, si fréquente dans les réactions des alcalis sur les sels métalliques, spécialement avec l'ammoniaque; la formation des sels métalliques dérivés de l'ammoniaque, par simple addition (sels ammoniés), ou par élimination d'eau (sels amidés); la formation des sels basiques; celle des composés solubles ou insolubles entre l'oxyde précipité et l'alcali précipitant : toutes ces formations, dis-je, prises séparément ou simultanément, concourent aux réactions. Elles y concourent conformément aux règles exposées ici : tantôt, en vertu de déplacements totaux, déterminés par la double condition de la supériorité thermique d'un certain composé et de la stabilité de ce composé; tantôt, en vertu d'un équilibre, déterminé par la supériorité thermique d'un composé analogue, jointe à la décomposition partielle de ce composé au sein du dissolvant. Si les composés résultants sont solubles, l'équilibre est régi par le principe des masses relatives; si quelques-uns sont insolubles, par la loi des coefficients de partage (pages 96 à 101). Mais je ne puis entrer davantage dans le détail de ces complications, dont l'étude thermique n'a été faite d'ailleurs dans presque aucun cas.

9. *Cyanoferrures.* — Je citerai seulement la formation des cyanoferrures, comme très caractéristique. On sait que le protoxyde de fer déplace un tiers de la potasse dans le cyanure de potassium, et se dissout dans la liqueur, en formant du cyanoferrure dissous et de la potasse libre. Or, j'ai montré que ce déplacement de la potasse par l'oxyde de fer se produit, parce que la formation du sel double répond à un dégagement de chaleur considérable :

$$3\,CyK \text{ étendu} + FeO \text{ précipité} = Cy^3FeK^2 \text{ dissous} + KO \text{ dissoute} : +30^{Cal},6.$$

Ici le phénomène est plus complexe que les précédents, attendu qu'il y a non-seulement déplacement d'une base soluble par une base insoluble, mais aussi formation d'un sel double. Distinguons ces deux actions successives.

Un équivalent d'oxyde ferreux déplace d'abord 3 équivalents de potasse et forme de l'acide ferrocyanhydrique :

$$\left.\begin{array}{l} 3\,CyK \text{ dissous} = 3\,CyH \text{ dissous} + 3KO \text{ dissoute, absorbe} : -\ 9,0 \\ 3\,CyH \text{ dissous} + FeO \text{ précipité} = Cy^3FeH^2 \text{ étendu, dégage} : +12,3 \end{array}\right\} +3,3$$

l'acide ferrocyanhydrique se combine aussitôt avec deux des équivalents de la potasse, ainsi devenus libres, en dégageant : $+13,5 \times 2$.

Le résultat définitif, aussi bien que les résultats partiels, sont en conformité parfaite avec les théories thermiques.

10. Il nous reste à parler des circonstances où les deux *réactions réciproques* sont possibles. A ce point de vue, nous avons déjà signalé l'intervention de la volatilité de l'ammoniaque (page 693) opposée à l'aniline; laquelle a pour condition un certain partage préalable, déterminé par la décomposition partielle de chacun des sels dissous envisagé isolément.

Cela posé, si l'on élimine à mesure l'un des composants du système, et s'il ne résulte de là aucune réaction inverse, capable de limiter le phénomène, celui-ci se reproduit indéfiniment, jusqu'à élimination totale du composé volatil.

L'intervention des composés insolubles dans des conditions analogues s'explique de la même manière.

11. Une réaction peut encore être renversée suivant la concentration, en raison de l'intervention des divers hydrates alcalins.

Tels sont : la métamorphose de l'oxyde d'argent en chlorure d'argent, par le contact d'une solution étendue de chlorure de potassium; et le changement inverse du chlorure d'argent en oxyde d'argent, par le contact d'une solution concentrée de potasse (Gregory).

La première réaction répond à un dégagement de + 6 Calories. Mais il convient mieux de la rapporter au chlorure de potassium solide, en raison de l'état solide du chlorure d'argent : la réaction dégage ainsi + 2,0.

Emploie-t-on une solution de potasse concentrée, laquelle renferme des hydrates non saturés d'eau, le phénomène chimique peut être renversé, parce que le phénomène thermique change de signe : la réaction étant déterminée dans cette circonstance par un excès d'énergie, correspondant à la surhydratation de la potasse. Ce serait par exemple + 2,1, si l'on supposait le changement de KHO^2,H^2O^2 en $KHO^2,2H^2O^2$ (dans l'état solide); et même davantage, s'il se forme, comme il est probable, un composé plus hydraté.

Les liqueurs alcalines concentrées pourront donc renfermer deux hydrates, l'un complètement saturé d'eau, l'autre incomplètement. C'est l'énergie exprimée par la chaleur d'hydratation, correspondante à la portion de potasse incomplètement combinée, qui intervient pour effectuer le travail nécessaire à l'accomplissement de la décomposition du chlorure d'argent par la potasse. Cette explication est précisément celle qui a été donnée plus haut pour diverses réactions inverses des hydracides (pages 550, 559 et suiv.).

En fait, la réaction se produit, tant que la liqueur ne renferme pas une dose d'eau supérieure à la composition suivante : $KHO^2 + 8H^2O^2$. Vers cette limite, la simple dilution dégagerait seulement $+ 0^{Cal},5$: quantité incapable de renverser la réaction. Ce qui montre bien que celle-ci est produite, non par la masse totale de l'alcali, mais seulement par la portion de potasse qui existe sans être entièrement surhydratée dans les liqueurs. La limite $KHO^2 + 8H^2O^2$ répond d'ailleurs sensiblement au terme vers lequel la formation des hydrates alcalins semble devenir complète (voy. page 171).

12. La même explication me paraît rendre compte des actions réciproques qui président à la préparation des lessives caustiques ; c'est-à-dire à la décomposition du carbonate de potasse ou du carbonate de soude par l'hydrate de chaux, dans une liqueur étendue : transformation inverse de la réaction de la potasse ou de la soude concentrée sur le carbonate de chaux.

En effet, les deux actions inverses dégagent toutes deux de la chaleur, pourvu que l'on rapporte :

1° L'une de ces réactions, aux hydrates alcalins solides et aux sels anhydres :

$$CO^3Ca + KHO^2 = CO^3K + CaHO^2, \text{ dégage : } + 8,0$$
$$CO^3Ca + NaHO^2 = CO^3Na + CaHO^2 \ldots\ldots\ldots + 6,7,$$

2° L'autre réaction, aux hydrates alcalins étendus et aux carbonates anhydres :

$$CO^3K \text{ anhydre} + CaHO^2 \text{ dissous} = CO^3Ca + KHO^2 \text{ étendue, dégage : } + 3,0$$
$$CO^3Na \text{ anhydre} + CaHO^2 \text{ dissous} = CO^3Na + NaHO^2 \text{ étendue} \ldots\ldots\ldots + 2,6$$

Toutes ces prévisions sont conformes aux expériences réelles.

CHAPITRE VII

DOUBLES DÉCOMPOSITIONS SALINES

§ 1er. — **Division du sujet.**

Nous avons étudié dans les chapitres précédents le déplacement d'un acide par un autre acide, et le déplacement d'une base par une autre base. Il nous reste à traiter le cas non moins général où les deux déplacements sont simultanés; c'est-à-dire le cas où les acides et les bases sont combinés deux à deux, tant avant qu'après la réaction : ce sont les doubles décompositions.

Observons ici que cette distinction entre les déplacements réciproques des acides dans les sels et les doubles décompositions proprement dites est plus apparente que réelle: car les acides dissous peuvent être regardés comme de véritables sels d'hydrogène, comparables aux sels de zinc ou de fer. Mais il est plus commode et plus clair de traiter ces deux cas généraux séparément, en raison de la multitude des phénomènes qui s'y rattachent.

Nous allons donner la théorie des phénomènes de double décomposition, en nous fondant sur les principes déjà exposés et en contrôlant la théorie par les faits observés, dans les conditions suivantes :

1° Réactions opérées entre les corps purs, c'est-à-dire isolés de tout dissolvant.

Réactions opérées en présence de l'eau.

2° Deux sels dissous forment des produits solubles.

3° Deux sels dissous forment un produit insoluble.

4° Un sel dissous réagit sur un sel insoluble.

Nous résumerons les résultats dans un dernier paragraphe.

§ 2. — Réactions entre les corps purs.

1. Voici ce que le calcul indique pour les doubles décompositions entre divers couples de sels anhydres, envisagés dans l'état solide :

$$\left\{\begin{array}{l} AzO^6Ag + KCl = AzO^6K + AgCl : + 11,2 \\ AzO^6Ag + KBr = AzO^6K + AgBr : + 14,3 \\ AzO^6Ag + KI = AzO^6K + AgI : + 21,3 \end{array}\right.$$

$$HgCl + KI = HgI + KCl : + 9,1.$$

$$\left\{\begin{array}{l} SO^4K + AzO^6Ba = SO^4Ba + AzO^6K : + 3,1 \\ SO^4Na + AzO^6Ba = SO^4Ba + AzO^6Na : + 3,0 \\ SO^4K + AzO^6Sr = SO^4Sr + AzO^6K : + 2,7 \end{array}\right.$$

$$C^4K^2O^8 + 2\ CaCl = C^4Ca^2O^8 + 2\ KCl : + 30,2.$$

Ces doubles décompositions dégageraient de la chaleur, et elles se produiraient comme dans l'état dissous, si les sels solides étaient susceptibles de réagir les uns sur les autres : ce que l'absence de contact ne permet pas de réaliser à la température ordinaire.

Au contraire, les réactions calculées entre deux sels solubles à base alcaline ne produisent que des quantités de chaleur très petites et à peine distinctes des erreurs d'expériences :

$SO^4K + AzO^6Na$, changé en $SO^4Na + AzO^6K$, dégagerait : + 1,2
$C^4H^3NaO^4 + O^2HKO^4$, changé en $C^4H^3KO^4 + C^2HNaO^4$...... + 1,3
$C^4H^3NaO^4 + AzO^6K$, changé en $C^4H^3KO^4 + AzO^6Na$....... + 1,2

Mais toutes ces réactions, envisagées à la température ordinaire, sont, je le répète, virtuelles; pour faire réagir les sels, il faudrait les fondre. Or, dans cette condition, les changements de chaleur spécifique avec la température, et les chaleurs de fusion interviendraient ; d'autre part, il faudrait tenir compte de la formation de certains sels doubles mal connus, tels que ceux signalés autrefois par Berthier ; ou bien encore les sels doubles dérivés du mercure.

2. Cependant je signale ce mode de calcul, parce qu'il sert de base à la prévision des réactions entre les corps dissous (sauf certaines réserves signalées plus loin). C'est aussi à cause de son application à divers ordres de réactions réelles, tels que les

réactions des sels sur les chlorures acides et sur les composés éthérés : réactions opérées en général entre un corps liquide et un corps solide ou fondu ; c'est-à-dire dans des conditions où les contacts sont suffisants pour rendre les transformations possibles. Or, celles-ci s'effectuent, comme je vais le montrer, suivant le sens prévu d'après leur signe thermique.

3. *Chlorures acides.* — C'est par la réaction du chlorure acétique sur l'acétate de soude que l'on prépare l'acide acétique anhydre. Or le calcul montre que cette réaction

$$C^4H^3ClO^2 + C^4H^3NaO^4 = (CH^3O^3)^2 + NaCl$$

dégage $+ 9^{Cal},0$; il n'est donc pas surprenant qu'elle s'effectue directement.

La préparation du même acide anhydre au moyen du perchlorure de phosphore,

$$PhCl^5 + 8C^4H^3NaO^4 = 4(C^4H^3O^3)^2 + 5NaCl + PhNa^3O^8$$

dégage environ $+ 80^{Cal},0$; soit $+ 20^{Cal},0$ pour $(C^4H^3O^3)^2$.

On obtient encore l'anhydride acétique, en faisant agir le chlorure acétique sur divers oxydes (1) :

$$2(C^4H^3ClO^2 + MO) = (C^4H^3O^3)^2 + 2MCl.$$

C'est là une réaction qui aurait pu être prévue : car la chaleur dégagée s'élève avec la baryte, BaO, à + 92 Calories ; avec la chaux, CaO, à + 70 Calories environ ; avec ZnO, à + 36 Calories, etc.

On sait aussi (2) que l'acide acétique anhydre est décomposé en sens inverse par les hydracides, avec reproduction de chlorure acide et d'acide hydraté :

$$(C^4H^3O^3)^2 + HCl = C^4H^3ClO^2 + C^4H^4O^4.$$

Cette réaction est encore prévue par la thermochimie ; car elle donne naissance à + 6 Calories.

Les acides bromhydrique et iodhydrique dégageraient de même + 10 Calories, dans une réaction parallèle.

(1) Gal, *Comptes rendus des séances de l'Académie des sciences*, t. LVI, p. 360.
(2) Gal, *Annales de chimie et de physique*, 3e série, t. LXVI, p. 196.

Il suit aussi de là que les chlorure, bromure, iodure acides peuvent coexister avec l'acide hydraté, sans le décomposer.

La réaction d'un seul équivalent d'eau sur le bromure et sur l'iodure acide, avec formation d'acide anhydre,

$$2\,(C^4H^3BrO^2 + HO) = (C^4H^3O^3)^2 + 2\,HBr,$$

ne saurait avoir lieu, parce qu'elle répondrait à une absorption de chaleur : l'eau formera du premier coup l'acide hydraté, en détruisant la moitié seulement du bromure acide.

La transformation du chlorure acide en anhydride, par l'action ménagée de l'eau, répond à un phénomène thermique à peu près nul : il semble donc qu'elle soit possible à la rigueur, aussi bien que la réaction inverse, c'est-à-dire avec des phénomènes d'équilibre déterminés par de légers changements de condition.

4. *Deux sels haloïdes.* — Dans la réaction du chlorure de mercure sur l'iodure de potassium, réaction qui dégage + 9,1, aussi bien que dans celle du même iodure sur le chlorure d'argent (+ 14 Calories), on observe un échange réciproque entre les deux corps halogènes : ce qui résulte de ce que l'écart thermique entre les composés haloïdes est plus grand pour les sels alcalins que pour les sels métalliques. On pourrait donc recourir à une telle réaction : soit pour former un iodure métallique (iodure de mercure ou d'argent); soit pour former un chlorure (chlorure de potassium), suivant les besoins de la préparation.

5. Dans de telles réactions, des sels doubles, formés par addition, prennent souvent naissance : dès lors, pour prévoir exactement le phénomène réel, il conviendrait de faire entrer en ligne leur chaleur propre de formation et leur état de dissociation, lequel peut devenir l'origine de certains équilibres. Lorsque les composés renferment plusieurs équivalents du corps halogène, il arrive aussi qu'il se forme des combinaisons intermédiaires (chlorobromures, iodochlorures, etc.).

C'est la formation de tels composés doubles et dissociés, qui me paraît expliquer les résultats obtenus par M. Gustavson (1)

(1) *Annales de chimie et de physique*, 5e série, t. II, p. 200 ; 1874.

dans la réaction des chlorures et bromures de bore, d'arsenic, de silicium, de titane et d'étain, sur les bromure et chlorure de carbone. En opérant dans des tubes scellés et vers 150 à 200 degrés, il se développe entre les deux corps un certain équilibre : par exemple le système $4BCl^3 + 3C^2Br^4$ donne lieu à une transformation qui s'élève au dixième de la matière mise en jeu; tandis que le système réciproque $4BBr^3 + 3C^2Cl^4$ donne lieu à une métamorphose des 9 dixièmes, etc.

6. En chimie organique, les *deplacements réciproques des éléments halogènes*, unis, l'un à un métal, l'autre à des éléments hydrocarbonés, donnent lieu à des applications intéressantes, fondées par les mêmes principes.

D'une part, on transforme, en général, un composé organique chloré en composé iodé par la réaction de l'acide iodhydrique concentré (page 506), ou par celle de l'iodure de potassium sec; conformément aux principes qui viennent d'être posés, c'est-à-dire en vertu d'une réaction exothermique.

Réciproquement, on peut changer un composé organique iodé en composé chloré, en le faisant agir sur un chlorure métallique convenablement choisi (chlorure mercurique, cuivreux, argentique, plombique). Cette transformation inverse n'est nullement en contradiction avec les principes thermiques qui règlent la première; elle en est au contraire une conséquence, et elle s'explique exactement comme la préparation du chlorure de potassium au moyen du chlorure d'argent et de l'iodure de potassium : la différence entre les chaleurs de formation des deux sels haloïdes métalliques étant moindre, pour les métaux cités, que la différence entre les chaleurs de formation des deux dérivés organiques correspondants. Soit, par exemple, la réaction de l'iodure acétique sur le chlorure d'argent :

$$C^4H^3IO^2 + AgCl = C^4H^3ClO^2 + AgI, \text{ dégage : } +7 \text{ Calories.}$$

De même la métamorphose de l'éther iodhydrique en éther chlorhydrique par le chlorure d'argent,

$$C^4H^4(HI) + AgCl = C^4H^4(HCl) + AgI, \text{ dégage : } +6{,}8;$$

par le chlorure mercurique,

$$C^4H^4(HI) + HgCl = C^4H^4(HCl) + HgI : + 7,3;$$

par le chlorure cuivreux,

$$C^4H^4(HI) + Cu^2Cl = C^4H^4(HCl) + Cu^2I : + 5,1.$$

7. Les mêmes principes expliquent les doubles décompositions, si fréquemment employées pour *former les éthers, au moyen des sels métalliques*, des sels d'argent ou de mercure en particulier, *et des éthers iodhydriques.*

En effet, la réaction

$$C^4H^4(HI) + C^4H^3AgO^4 = C^4H^4(C^4H^4O^4) + AgI$$

dégage, à la température ordinaire : + 36,3.

Avec l'acétate de potasse et l'éther iodhydrique, la chaleur dégagée se réduit à + 1,7;

Avec l'acétate de potasse et l'éther chlorhydrique liquide : + 4,4.

Ces quantités sont toutes positives : aussi la réaction a-t-elle toujours lieu. Mais elle est bien plus rapide et elle s'opère à une température plus basse avec l'éther iodhydrique et les sels d'argent, qu'avec les autres systèmes : ce qui est conforme à une relation déjà signalée plus d'une fois entre l'accélération des réactions analogues et la grandeur des quantités de chaleur qu'elles dégagent (page 455).

8. Soit encore la *préparation des éthers* par double décomposition, *au moyen des éthylsulfates :*

$$C^4H^4(S^2NaHO^8) + C^4H^3NaO^4 = C^4H^4(C^4H^4O^4) + S^2Na^2O^8.$$

Cette réaction dégage + 9,5.

$$C^4H^4(S^2BaHO^8) + C^4H^3BaO^4 = C^4H^4(C^4H^4O^4) + S^2Ba^2O^8 : + 17,0.$$

On voit que toutes ces doubles décompositions s'expliquent d'une manière régulière par les principes généraux de la thermochimie. La volatilité ou l'insolubilité des produits n'en sont pas la véritable cause; mais la supériorité thermique du système qui prend naissance en détermine la formation.

9. Examinons maintenant un autre genre de réactions entre les corps anhydres, telles que les doubles décompositions qui donnent naissance aux *sels ammoniacaux par la voie sèche*. Il faut recourir ici à des considérations un peu plus compliquées, quoique toujours du même ordre que celles que nous avons invoquées déjà à bien des reprises.

Soit d'abord la formation du carbonate d'ammoniaque au moyen des carbonates alcalins et du chlorhydrate d'ammoniaque. Un mélange sec et solide formé par le bicarbonate de soude et le chlorhydrate d'ammoniaque, qui se change en chlorure de sodium et bicarbonate d'ammoniaque, absorberait — 0,9; la transformation se produisant sans autre complication. La réaction ne devrait donc pas avoir lieu, si quelque autre condition n'intervenait. Or l'expérience prouve que le carbonate d'ammoniaque se forme réellement aux dépens du chlorhydrate. Il y a plus : dans la réalité, cette réaction se produit même avec une absorption de chaleur considérable, en raison de la volatilisation du bicarbonate d'ammoniaque. C'est que, dans ces conditions, il se produit d'abord aux dépens du sel ammoniacal un phénomène de dissociation, dû à l'énergie calorifique, et qui absorbe de la chaleur : les produits de cette dissociation réagissent ensuite avec dégagement de chaleur.

10. C'est en vertu d'un cycle de réactions analogues, dues, les unes à l'énergie calorifique, les autres à l'énergie chimique, que le sulfate d'ammoniaque sec, mêlé de chlorure de sodium, se change par l'action de la chaleur en sulfate de soude et chlorhydrate d'ammoniaque. Par elle-même, cette transformation dégagerait + 1,3; elle peut donc s'effectuer directement. Mais, en réalité, son mécanisme est plus compliqué. En effet, le sulfate d'ammoniaque étant, pour une faible partie, dissocié en ammoniaque libre, AzH^3, et acide sulfurique, SO^4H (1), celui-ci attaque le chlorure de sodium et en dégage du gaz chlorhydrique; lequel se combine un peu plus loin avec le gaz ammoniac, pour former le chlorhydrate sublimé.

(1) Ou bisulfate, ce qui revient au même.

Les deux produits qui résultent de la dissociation initiale, ammoniaque et acide chlorhydrique, sont peu abondants; mais, par l'effet de leur volatilité, ils sortent du champ de l'action chimique. Par suite, la dissociation du sulfate d'ammoniaque n'est point limitée par quelque réaction inverse, due à la présence des produits qu'elle engendre. Dès lors elle se reproduit sur une nouvelle dose de matière; et cette chaîne de phénomènes se poursuit jusqu'à épuisement de la réaction.

On voit ici la signification véritable des lois de Berthollet, ainsi que les conditions et les limites de leur application légitime. En fait, le chlorhydrate d'ammoniaque, en présence du bicarbonate de soude solide, se dissocie d'abord de lui-même sous l'influence de la chaleur, et fournit quelque dose de gaz ammoniac et d'acide chlorhydrique; le bicarbonate de soude, de son côté, est en partie dissocié en gaz carbonique, eau et carbonate basique. De là résultent deux réactions ultérieures, toutes deux exothermiques :

1° La réaction de l'acide chlorhydrique, qui forme avec les deux carbonates de soude du chlorure de sodium, de l'eau et du gaz carbonique;

2° La réaction du gaz ammoniac et de l'eau, réagissant simultanément sur le gaz carbonique, avec lequel ces deux corps forment un mélange sublimé de divers carbonates.

11. *Chlorures de mercure sublimés.*—Une interprétation semblable, fondée également sur la dissociation, explique pourquoi le chlorure de sodium, mêlé avec l'un ou l'autre des sulfates de mercure, fournit : soit du calomel (protochlorure), soit du sublimé corrosif (bichlorure). Par exemple, le sulfate de bioxyde de mercure développe par dissociation de l'acide sulfurique anhydre et de l'oxyde de mercure (1); lesquels, mis en présence du chlorure de sodium, forment du bichlorure de mercure et du sulfate de soude :

$$SO^3 + HgO + NaCl = SO^3,NaO + HgCl,$$

avec un dégagement de chaleur considérable. Ce dégagement

(1) Ou plutôt un sel basique, ce qui revient au même.

serait égal à $+30^{Cal},3$, tous les corps étant supposés solides; mais il convient d'en déduire, dans la réaction réelle, les quantités de chaleur de signe contraire : l'une absorbée par la volatilisation du chlorure de mercure, l'autre dégagée par la condensation de l'acide sulfureux.

Pour le calomel, formé avec le sulfate mercureux et le chlorure de sodium, on aurait de même : $+34^{Cal},2$.

Ainsi, dans ces conditions, je le répète, il se produit une première réaction endothermique, due à l'énergie calorifique; laquelle est suivie aussitôt d'une seconde réaction exothermique, due au jeu régulier des énergies chimiques.

§ 3. — **Notions générales sur les réactions entre corps dissous et demeurant tels.**

1. Le premier chimiste qui mesura la chaleur dégagée par la réaction des acides étendus sur les bases dissoutes, Hess, reconnut avec surprise que les divers alcalis dissous dégagent avec un même acide à peu près la même quantité de chaleur, toutes les fois qu'ils donnent naissance à des produits solubles. Cette observation, fondée sur l'étude des réactions des acides chlorhydrique, azotique et sulfurique, combinées avec la potasse, la soude, la baryte et la chaux (voy. tome Ier, p. 384), conduisent à une conséquence remarquable et qui a été longtemps érigée en axiome, à savoir, que : le mélange de deux sels neutres, pris à l'état de dissolutions étendues, donne lieu à des effets thermiques à peine sensibles : c'est la thermoneutralité saline (tome Ier, page 69).

2. La relation précédente se trouve cependant complètement en défaut, toutes les fois que l'ordre relatif des affinités des acides et des bases se trouve renversé : comme il arrive, par exemple, aux deux acides chlorhydrique et cyanhydrique, unis respectivement à l'oxyde de mercure et à la potasse. C'est ce que notre théorie indique, et l'expérience en confirme les prévisions. Faisons agir, en effet, le cyanure de potassium sur le chlorure

de mercure : nous observons un dégagement de chaleur très considérable; tandis que le système réciproque, formé de chlorure de potassium et de cyanure de mercure, ne fournit rien.

KCy (1 équiv. = 8 lit.) + HgCl (1 équiv. = 4 lit.)... + 16,7
KCl (1 équiv. = 8 lit.) + HgCy (1 équiv. = 4 lit.)... + 0,0

$(N - N_1) - (N' - N'_1) = (13,6 - 3,0) - (9,5 - 15,5) = +16,6.$

La concordance du calcul, fait dans l'hypothèse d'une transformation totale en cyanure de mercure et chlorure de potassium dissous, avec l'observation thermique est parfaite. Elle ne préjuge rien d'ailleurs sur la question de savoir si quelque action réciproque entre les deux derniers sels dissous donnerait lieu à la formation d'un sel double.

3. La thermoneutralité saline se vérifie d'une manière approchée pour les mélanges des sels formés par les acides forts unis aux bases faibles; tandis qu'elle devient formellement inexacte dans l'étude des sels préexistants, engendrés par les acides faibles ou les bases faibles. C'est-à-dire par les acides et les bases dont les sels sont en état d'équilibre avec l'eau, en raison de quelque séparation partielle entre l'acide et la base, opérée par l'action du dissolvant. La relation de thermoneutralité ne s'applique pas davantage, lorsque des sels de cette nature peuvent prendre naissance dans les liqueurs.

4. Entre deux sels dissous, en effet, il paraît y avoir action réciproque dans tous les cas; mais cette action ne se traduit pas par des effets thermiques très notables au moment du mélange, toutes les fois que les sels primitifs ou résultants sont stables en présence de l'eau.

L'action est au contraire manifestée par le thermomètre, toutes les fois que les liqueurs peuvent engendrer des sels qui soient à l'état de décomposition partielle et inégale, les uns par rapport aux autres. Dans ce cas, il se produit un refroidissement sensible, parce que la formation de sels semblables au sein des dissolutions est accompagnée d'une décomposition simultanée, laquelle se traduit par une absorption de chaleur.

5. Les phénomènes thermiques qui s'accomplissent alors,

indiquent que *les acides forts s'unissent de préférence aux bases fortes, laissant les bases faibles aux acides faibles;* de telle sorte que *le sel le plus stable, en présence de l'eau*, et aussi, par une conséquence inévitable, *le sel le moins stable, se forment de préférence.*

Par exemple, le sulfate d'ammoniaque et le carbonate de potasse, mêlés sous forme de dissolution, produisent du sulfate de potasse et du carbonate d'ammoniaque; la transformation se traduit par une absorption de — $3^{Cal},00$ par équivalent, et elle est à peu près complète.

Ajoutons que le sel le plus stable est en général celui dont la formation, dans l'état séparé de l'eau, dégage le plus de chaleur (p. 197) : relation qui en détermine la production, de préférence à celle du sel formé par la même base et l'acide antagoniste.

6. Pour nous rendre compte de ces effets, prenons un exemple particulier, tel que celui du sulfate d'ammoniaque et du carbonate de potasse. Tout s'explique en admettant que le sulfate d'ammoniaque éprouve en présence de l'eau une trace de décomposition en acide et alcali libres : le tout conformément aux analogies tirées de l'étude du carbonate et du borate d'ammoniaque, et surtout aux faits signalés page 219.

Quoique les quantités d'acide et d'ammoniaque libres qui se forment ainsi dans les liqueurs soient très faibles, il n'en faut pas davantage. L'addition du carbonate de potasse à la dissolution du sulfate d'ammoniaque trouble l'équilibre qui existait entre l'acide libre, l'ammoniaque d'une part, l'eau et le sulfate neutre d'ammoniaque d'autre part. L'acide sulfurique disparaît, parce qu'il ne peut subsister en présence du carbonate de potasse, sans former aussitôt une dose équivalente de sulfate de potasse. En effet, j'ai montré plus haut (page 623) que les carbonates alcalins sont décomposés complètement par l'acide sulfurique libre équivalent, même dans les solutions étendues. Cependant l'équilibre antérieur qui existait entre l'eau, le sulfate neutre d'ammoniaque et les composants de ce sel est troublé par la saturation de l'acide sulfurique libre; une nouvelle proportion de sulfate d'ammoniaque devra donc se décomposer, avec formation d'une nouvelle trace d'acide libre. Cette nouvelle trace agira aussitôt sur le carbonate de potasse, pour se changer encore en sulfate de potasse. Quelque faible que soit la proportion primitive d'acide sulfurique libre, il est clair que la même action devra se reproduire, jusqu'à métamorphose totale du sulfate d'ammoniaque en sulfate de potasse. L'ammoniaque, mise en liberté simultanément, n'empêche pas le jeu de ces transformations; parce qu'elle forme elle-même avec l'acide carbonique du carbonate d'ammoniaque, ou plus exactement un système en équilibre renfermant les deux carbonates d'ammoniaque normaux, de l'eau et de l'ammoniaque libre (page 236); l'action de cette dernière est affaiblie à la fois par sa moindre proportion et par l'action antagoniste du bicarbonate.

Il résulte de ces faits et de ces raisonnements que le sulfate d'ammoniaque et le carbonate de potasse, mis en présence de l'eau, doivent se changer presque entièrement en sulfate de potasse et carbonate d'ammoniaque : conclusion confirmée par les expériences thermiques.

7. C'est la décomposition partielle du dernier sel qui donne lieu à l'absorption de la chaleur observée. Cependant une nouvelle observation, relative à l'inégale décomposition des deux carbonates, intervient ici. En effet, on ne pourrait guère constater la réaction avec le thermomètre, si l'état de combinaison ou de décomposition des deux carbonates de potasse et d'ammoniaque en présence de l'eau était le même; parce que, dans cette hypothèse, la chaleur due à la métamorphose du sulfate d'ammoniaque en sulfate de potasse serait compensée à peu près par le froid résultant du changement de carbonate de potasse en carbonate d'ammoniaque. En fait, la décomposition de ce dernier sel en présence de l'eau est bien plus avancée que celle du carbonate de potasse; tandis que la décomposition du sulfate de potasse par l'eau est nulle, et celle du sulfate d'ammoniaque à peine sensible : par suite, l'écart thermique entre la formation des deux carbonates surpasse l'écart thermique correspondant aux deux sulfates.

Telle est la théorie générale des phénomènes. Exposons maintenant le détail des expériences, en suivant un ordre méthodique.

§ 4. — Action réciproque entre deux sels neutres dissous, formés par les alcalis unis à des acides forts.

1. *Sels de potasse ou de soude* (dissous séparément dans la proportion de 1 équivalent de sel pour 2 litres de liqueur).

Dans la première colonne du tableau ci-dessous, figurent les noms des sels que j'ai fait réagir à équivalents égaux, sous forme de dissolutions. Dans la seconde colonne, j'ai inscrit la chaleur dégagée. Dans la troisième colonne, j'ai inscrit comme terme de comparaison la somme des dégagements (ou absorptions) de chaleur que l'on observe à la même température, lorsqu'on ajoute à chacune des solutions salines un volume d'eau égal à celui de l'autre solution.

Nature des sels.	Chaleur dégagée.	Somme des effets exercés par l'eau de chacune des liqueurs sur l'autre solution saline.
$SO^4K + NaCl$	+ 0,02	— 0,07 — 0,02 = — 0,09
$SO^4Na + KCl$	— 0,01	— 0,07 — 0,07 = — 0,14
$SO^4K + AzO^6Na$	+ 0,14	— 0,07 — 0,11 = — 0,18
$SO^4Na + AzO^6K$	— 0,17	— 0,07 — 0,20 = — 0,27
$KCl + AzO^6Na$	+ 0,10	— 0,07 — 0,11 = — 0,18
$NaCl + AzO^6K$	— 0,12	— 0,02 — 0,20 = — 0,22

2. *Sels de potasse et sels d'ammoniaque.*

$SO^4Am + KCl$	+ 0,00	+ 0,02 — 0,07 = — 0,05
$SO^4K + AmCl$	— 0,02	— 0,07 + 0,01 = — 0,06
$SO^4Am + AzO^6K$	— 0,10	+ 0,02 — 0,20 = — 0,22
$SO^4K + AzO^6Am$	+ 0,04	— 0,07 — 0,10 = — 0,17
$AmCl + AzO^6K$	— 0,11	+ 0,01 — 0,20 = — 0,21
$KCl + AzO^6Am$	+ 0,11	— 0,07 — 0,10 = — 0,17

Citons encore le couple suivant :

$C^4H^3AmO^4 + NaCl$......	+ 0,12	
$C^4H^3NaO^4 + AmCl$......	— 0,02	+ 0,03 + 0,01 = + 0,04

3. *Thermoneutralité.* — On voit que le mélange des disso-

lutions des deux sels neutres et stables donne toujours lieu à un certain effet thermique, faible à la vérité, mais qui n'a pas, en général, la somme exacte des actions exercées par l'eau pure sur les deux solutions séparées, à la même température. Il en résulte que la *thermoneutralité saline*, proposée par M. Hess, il y a trente ans (1), et admise depuis par la plupart des observateurs, n'est jamais rigoureuse. Le vrai théorème relatif à l'action réciproque des sels dissous est celui que j'ai formulé (tome Ier, page 68) :

$$K^1 - K = (N - N_1) - (N' - N'_1).$$

4. La cause réelle de ces faibles dégagements ou absorptions de chaleur n'est pas facile à établir d'une manière certaine. Ils sont la mesure de certains travaux accomplis; mais ces travaux sont complexes, étant en partie physiques et en partie chimiques.

En effet, un sel dissous doit être envisagé dans ses dissolutions simples, tantôt à l'état anhydre, tantôt à l'état d'hydrate défini : les uns de ces hydrates étant stables, les autres diversement dissociés. Leur état de dissociation paraît répondre, au moins d'une manière générale, à la tension propre que la vapeur d'eau manifeste dans le corps solide (voy. page 174).

Lorsqu'on mélange deux solutions salines, les hydrates multiples de chacun des deux sels entrent en conflit avec les hydrates multiples de l'autre sel ; de façon à donner naissance à quatre sels distincts, aux hydrates de chacun d'eux et à divers sels doubles. L'état présent de nos connaissances ne nous permet pas d'aborder un problème aussi compliqué dans toute sa généralité; bien qu'on puisse le résoudre dans un certain nombre de cas particuliers. Dans les exemples cités plus haut (autant qu'il est permis de conclure quelque chose de si petites variations), il semble résulter des chiffres des expériences qu'il y a action chimique réelle : soit que l'on mélange deux sels stables à acide et à base différents, soit qu'on mélange les deux sels réciproques;

(1) *Annales de chimie et de physique*, 3e série, t. IV, p. 222; 1842.

c'est-à-dire qu'*il se formerait toujours dans la liqueur quatre sels* (sans parler de leurs *hydrates* et des *sels doubles*).

Cette induction est fondée sur le fait que : *les deux mélanges réciproques donnent lieu, le plus souvent, à des effets thermiques de signe contraire.*

5. Elle s'accorde avec un autre fait bien connu, à savoir : qu'une même dissolution concentrée, formée par le mélange de deux sels à base et à acide différents (sulfate de soude + chlorure de magnésium, par exemple), laisse déposer la même base, associée tantôt avec un acide, tantôt avec l'autre, suivant un faible changement dans la température. Cette séparation, due à la moindre solubilité du sel qui se sépare, implique cependant l'existence simultanée des deux sels de soude et des deux sulfates dans la liqueur. En effet, si l'un des sels ne préexistait pas, aucune proportion de ce corps ne pourrait jamais se séparer sous forme de cristaux. La liqueur doit donc, d'après ces faits et ces raisonnements, renfermer dans tous les cas deux sels de soude, et par conséquent deux sels de magnésie : entre ces quatre sels, leurs combinaisons réciproques et leurs hydrates, il existe un certain équilibre. Mais les variations thermiques que nous savons aujourd'hui mesurer sont trop petites pour permettre de le déterminer avec certitude dans les liqueurs étendues; bien que le problème ne paraisse pas inabordable pour les liqueurs concentrées. La comparaison entre le coefficient de solubilité dans l'eau pure des sels qui se séparent ainsi, et le degré de solubilité actuelle auquel ils se séparent du mélange complexe, peut aussi fournir de précieuses données pour cette discussion.

Quoi qu'il en soit, la solution thermique du problème est plus facile dans le cas des acides faibles, comme je vais le montrer.

§ 5. — **Action réciproque entre deux sels neutres solubles, formés, l'un par un acide fort, l'autre par un acide faible, unis aux alcalis.**

1. J'ai opposé les sulfates, azotates, chlorures, d'une part, aux carbonates, phénates, borates, cyanures, sulfhydrates, d'autre part, en opérant sur des sels à base de potasse, de soude et

d'ammoniaque. J'appelle ici *sel neutre*, le sel formé par le mélange de l'acide et de la base à équivalents égaux.

2. *Carbonates neutres*. — Un équivalent de chaque sel étant dissous dans 2 litres de liqueur, si l'on mélange les dissolutions, on observe les résultats suivants :

	Cal.
$CO^3K + AzO^6Am$ absorbe	— 3,22
$CO^3Am + AzO^6K$	— 0,12
$CO^3K + SO^4Am$	— 3,18
$CO^3Am + SO^4K$	— 0,10
$CO^3Na + AmCl$	— 3,06
CO^3Am — $NaCl$	— 0,02

3. La signification de ces nombres n'est pas douteuse. Ils montrent que les *sels neutres formés par l'union des acides forts et de l'ammoniaque*, en présence de l'eau, *sont décomposés* à peu près *complètement par les carbonates de potasse et de soude*. Il se produit par là le sel le plus stable, c'est-à-dire le moins décomposable par l'eau, qui soit possible : azotate, chlorure, sulfate de potasse ou de soude. En même temps prend naissance le sel le moins stable, c'est-à-dire le carbonate d'ammoniaque. Ce dernier, se décomposant à son tour, en partie et immédiatement sous l'influence de l'eau, comme je l'ai exposé précédemment (page 236), donne lieu à l'absorption de chaleur observée ; laquelle répond d'ailleurs à une réaction totale ou sensiblement.

Par exemple, le changement total de l'azotate d'ammoniaque en azotate de potasse, ces sels étant dissous, dégage

$$+ 13,83 - 12,57 = + 1,28.$$

tandis que le changement total du carbonate de potasse en carbonate d'ammoniaque, dans les mêmes conditions de dilution, absorbe

$$5,73 - 10,10 = - 4,37.$$

La somme calculée des deux effets thermiques,

$$- 4,37 + 1,28 = - 3,09,$$

est égale, ou sensiblement, à l'absorption de chaleur (— 3,22) observée dans la réaction.

La double décomposition précédente a lieu également entre les sels solides, et même entre les sels insolubles, dès la température ordinaire.

4. *Sels solides.* — En effet, je me suis assuré de la réaction qui a lieu entre les sels solides : en faisant agir d'une part le carbonate de potasse sec sur l'azotate d'ammoniaque légèrement humide, et d'autre part le carbonate de soude cristallisé sur l'azotate d'ammoniaque. Dans ce dernier système, il ne préexistait aucune proportion d'eau non combinée et déjà liquide, capable de commencer le phénomène par la dissolution préalable d'une petite quantité des sels mis en présence. Ajoutons d'ailleurs, que dans les deux réactions on observe également un abaissement considérable de température.

5. Le dernier système (carbonate de soude et azotate d'ammoniaque) constitue un *mélange réfrigérant* très efficace : d'une part, à cause de la réaction même; et, d'autre part, à cause de la dissociation du carbonate de soude hydraté, jointe à la dissolution simultanée d'une partie des sels produits dans l'eau de cristallisation abandonnée par le carbonate de soude.

6. Les *sels insolubles* eux-mêmes peuvent réagir dans le même sens, quoique d'une manière plus lente. En effet, le carbonate de chaux, récemment précipité et encore humide, agit à froid sur l'azotate d'ammoniaque et sur le chlorhydrate d'ammoniaque solides, avec dégagement lent d'ammoniaque et de carbonate d'ammoniaque.

7. La théorie de ces phénomènes a été donnée plus haut (page 708) : je rappellerai qu'ils me paraissent résulter de la présence d'une trace d'acide sulfurique libre dans les dissolutions de sulfate d'ammoniaque (ou d'une trace d'acide azotique dans les solutions d'azotate, etc.). Cette trace résulte d'un certain équilibre entre l'eau, le sel ammoniacal et ses composants; à mesure que l'acide libre disparaît, par suite de sa réaction sur le carbonate alcalin, l'équilibre se reproduit, pour être détruit aussitôt, et cette chaîne de réactions sans cesse reproduites suffit pour expliquer la décomposition totale observée dans les dissolutions.

8. *Bicarbonates.* — Les bicarbonates de potasse, de soude et d'ammoniaque, sels assez stables en présence de l'eau, comme il a été dit (pages 231, 233), ne donnent lieu qu'à des phénomènes thermiques très faibles par leur réaction sur les sels alcalins neutres et stables. Cependant ce fait n'implique pas l'absence de toute réaction. Le contraire est même prouvé par la production du bicarbonate de soude cristallisé, au moyen du bicarbonate d'ammoniaque et du chlorure de sodium : réaction sur laquelle reposent les nouveaux procédés de fabrication de la soude artificielle. Mais il est clair que la réaction entre les corps dissous ne saurait produire un changement thermique sensible ; parce que la différence entre la chaleur de formation des bicarbonates de potasse et d'ammoniaque est à peu près la même que la différence entre la chaleur de formation des sulfates, azotates, chlorhydrates (page 634) des mêmes bases. D'ailleurs le bicarbonate d'ammoniaque formé n'est pas, comme le carbonate neutre, un sel décomposable par l'eau, à un degré notable et avec une absorption de chaleur progressive (page 235).

9. Voici les nombres observés (1) :

{ $C^2O^4KO,HO + AzO^6Am$	− 0,08
{ $C^2O^4,AmO,HO + AzO^6K$	− 0,04
{ $C^2O^4,KO,HO + SO^4Am$	− 0,12
{ $C^2O^4,AmO,HO + SO^4K$	+ 0,02
{ $C^2O^4,NaO,HO + AmCl$	− 0,26
{ $C^2O^4,AmO,HO + NaCl$	+ 0,00

10. *Phénates* (2). — Les phénates, au contraire, mis en présence des sels ammoniacaux, donnent lieu à des actions mieux caractérisées :

{ $C^{12}H^5NaO^2 + AmCl$	− 4,1
{ $C^{12}H^6AmO^2 + NaCl$	+ 0,1
$C^{12}H^5NaO^2 + SO^4Am$	− 4,3

Ces nombres indiquent que le phénate de soude, en présence

(1) Un équivalent de chaque sel = 4 litres de liqueur.

(2) Un équivalent = 11^{lit},5. Les phénates ont été préparés en mêlant une solution aqueuse de phénol, préparée par pesées, avec des proportions équivalentes d'alcali dissous.

des sels ammoniacaux stables, se comporte comme le carbonate de soude : il est décomposé complètement, ou à peu près, en chlorure de sodium et phénate d'ammoniaque, sel peu stable en présence de l'eau (voy. page 265). Cette réaction absorbe en effet

$$+1,24 - 5,34 = -4,10.$$

11. *Borates* (1). — Les borates se comportent comme les phénates :

$B^2O^6,NaO + AmCl$	— 2,25
$B^2O^6,AmO + NaCl$	— 0,48
$B^2O^6,NaO + SO^4Am$	— 2,25
$B^2O^6,AmO + SO^4Na$	— 0,46

Il y a encore formation prépondérante du borate d'ammoniaque. Mais il est difficile de décider si cette formation est complète : la chaleur absorbée par la dilution des borates de soude et d'ammoniaque étant notable (pages 225-227), et la réaction inverse produisant aussi du froid, en quantité moindre, à la vérité, que si le borate d'ammoniaque était étendu avec le même volume d'eau pure ; car cette dernière réaction absorbe — 1,00.

12. *Cyanures*. — Observations analogues.

CyK (1 équiv. = 2 lit.) + AmCl (1 équiv. = 2 lit.)	— 0,60
CyAm (1 équiv. = 2 lit.) + KCl (1 équiv. = 2 lit.)	— 0,04
CyK (1 équiv. = 2 lit.) + SO^4Am	— 0,59

Une décomposition totale du cyanure de potassium, avec formation de cyanhydrate d'ammoniaque et de chlorure (ou de sulfate) de potassium, absorberait, d'après le calcul,

$$1,4 - (2,94 - 1,30) = -0,50,$$

chiffre auquel il faut ajouter — 0,10 environ, à cause de la dilution inégale ; ce qui nous amène à peu près à la valeur — 0,60, trouvée ci-dessus.

(1) Un équivalent = 4 litres. J'ai opéré : 1° sur du borax cristallisé ; 2° sur du borate d'ammoniaque préparé en dissolvant l'acide borique pur dans 1 équivalent d'ammoniaque dissoute.

§ 6. — **Actions réciproques entre deux sels dissous formés par les alcalis unis à des acides faibles.**

1. Chacun des deux sels se trouve ici en partie décomposé par l'eau en base libre et acide libre; par suite, la base libre et diluée de l'un des sels tend à saturer l'acide libre de l'autre. Le corps qui dégage le plus de chaleur se formant dans la dose compatible avec les conditions du milieu, nous avons affaire à un double système de réactions contraires, entre lesquelles s'établit un certain équilibre. Si nous connaissions exactement le degré de décomposition propre à chacun des quatre sels envisagés séparément, nous pourrions calculer l'état du système résultant. A défaut de cette connaissance, nous pouvons dire cependant que parmi les quatre sels possibles, celui qui dégage le plus de chaleur prendra naissance de préférence, et il prendra naissance dans la proportion marquée par sa décomposition propre en présence de l'eau. Le surplus de la base sera pris par l'autre acide, jusqu'au degré compatible avec la stabilité propre du sel correspondant en présence de l'eau. Le second sel pourra d'ailleurs être décomposable par l'eau à un degré moins avancé que le premier, sans régler pour cela le phénomène qui dépend du dégagement thermique maximum. Les phénomènes se passent ici comme dans le cas de la formation du bisulfate de potasse, sel moins stable que dans les sels neutres, et qui cependant règle le phénomène, parce qu'il répond au dégagement thermique maximum (pages 586 et 642). Ces principes généraux établis, voici les faits observés.

2. *Carbonates et cyanures* (1). — J'ai trouvé :

$$\begin{cases} CyK + CO^3Am \ldots\ldots\ldots\ldots & +\ 0{,}09 \\ CyAm + CO^3K \ldots\ldots\ldots\ldots & +\ 2{,}18 \end{cases}$$

Il y a décomposition totale dans le second cas, précisément comme avec les sels stables, et formation intégrale, ou à peu près, de carbonate d'ammoniaque et de cyanure de potassium.

(1) Chaque solution renferme un quart d'équivalent par litre.

3. Le cyanure de potassium et le cyanure d'ammonium se comportent donc comme des sels beaucoup moins altérables par l'eau que le carbonate d'ammoniaque : ce qui s'explique, la dilution de ces deux cyanures absorbant peu de chaleur, et l'écart thermique entre la formation du cyanure de potassium (+ 2,9) et celle du cyanure d'ammonium (+ 1,3), au moyen de l'acide et de la base dissous, étant égal à 1,6, d'après mes expériences; c'est-à-dire à peine plus fort que pour le chlorure et l'azotate d'ammonium, comparés aux sels de potassium correspondants.

4. La stabilité relative du cyanure de potassium est confirmée (voy. p. 222) par les réactions suivantes de ce sel sur la potasse, le carbonate de potasse et le cyanure d'ammonium, pris à l'état de dissolution (1 équivalent = 4 litres) :

CyK + KO	— 0,01
CyK + CO^3K	+ 0,00
CyK + CyAm	— 0,24

5. Les bicarbonates, au contraire, produisent un dégagement de chaleur notable avec les cyanures de même base :

C^2O^4,KO,HO + KCy .... + 1,89

ce qui résulte de l'action propre de la potasse libre, contenue dans une solution de cyanure de potassium, sur le bicarbonate.

J'ai encore trouvé :

C^2O^4,KO,HO + CyAm	+ 1,14
C^2O^4,AmO,HO + CyK	+ 0,80

Ainsi, il y a partage des deux bases entre les deux acides, et en outre formation de carbonates neutres.

6. *Carbonates et phénates.* — Observations analogues sur les sels dissous.

$C^{12}H^5NaO^2$ + CO^3Am	— 2,01
$C^{12}H^5AmO^2$ + CO^3Na	— 1,20

Il y a, dans les deux cas, accroissement de décomposition du système, sous la double influence de la dilution et de la réaction proprement dite. Mais le premier système se refroidit beaucoup plus que le second; ce qui indique une transformation très avancée du phénate de soude en phénate d'ammoniaque.

L'écart thermique entre la formation de ces deux sels (5,3) étant plus grand qu'entre les carbonates correspondants (4,4), dans les conditions de dilution où j'ai fait l'expérience, on voit que c'est toujours le sel le plus stable en présence de l'eau (carbonate de soude) qui se forme de préférence : conformément à la théorie.

7. *Carbonates et borates.* — J'ai trouvé, avec les sels dissous :

$$\begin{cases} B^2O^7Na + CO^3Am \ldots\ldots & -0{,}20 \\ B^2O^7Am + CO^3Na \ldots\ldots & -1{,}69 \end{cases}$$

Il y a décomposition presque complète dans le second cas; c'est-à-dire formation presque exclusive de borate de soude et de carbonate d'ammoniaque. Cependant, le premier chiffre étant inférieur à la chaleur absorbée par la dilution simple du borate de soude (— 0,56), il est probable que les deux réactions inverses se développent; quoique en proportions très inégales et correspondantes à la stabilité différente des deux sels en présence de l'eau.

8. Soient encore les réactions entre borates et bicarbonates :

$$\begin{cases} B^2O^7Na + C^2O^4,AmO,HO \ldots\ldots & -1{,}53 \\ B^2O^7Am + C^2O^4,NaO,HO \ldots\ldots & -0{,}49 \end{cases}$$

La réaction est opposée à la précédente; c'est-à-dire qu'il se forme presque exclusivement du borate d'ammoniaque et du bicarbonate de soude. Ce qui s'explique encore, le dernier sel étant le plus stable de tous, car il est le seul que l'eau ne décompose pas d'une manière appréciable.

Cependant la réaction inverse paraît se développer dans quelque mesure : la dilution du borate d'ammoniaque pur absorbant (page 227) une quantité de chaleur — 1,00, qui surpasse le chiffre donné plus haut, — 0,49.

9. Comme confirmation de cette dernière conclusion, je citerai encore la réaction du borate de soude sur le bicarbonate de soude :

$$B^2O^7Na + C^2O^4,NaO,HO \ldots\ldots \quad -0{,}56,$$

laquelle absorbe précisément la même quantité de chaleur que la simple dilution du borate de soude par la même quantité d'eau pure (page 225); c'est-à-dire qu'il n'y a point d'action chimique appréciable entre le borate de soude et le bicarbonate de la même base.

10. Les faits que je viens d'exposer mettent en évidence, si je ne me trompe, l'existence des doubles décompositions entre les sels dissous; ils montrent aussi le caractère général de ces réactions, qui est la tendance à la formation principale et souvent exclusive du composé qui dégage le plus de chaleur. Toutes les fois qu'il s'agit d'un sel non décomposable par l'eau d'une manière sensible, ce sel est en général celui qui dégage le plus de chaleur, lorsqu'il est produit sous la forme solide (soit dans l'état anhydre, soit dans l'état d'hydrate stable). Mais cette relation ne présente plus le même caractère exclusif, lorsque les quatre sels possibles sont tous décomposés partiellement en présence de l'eau. Dans tous les cas, la formation du sel qui dégage le plus de chaleur, aussi bien que celle des autres produits, résulte de l'état de décomposition partielle des sels des acides faibles dans l'eau : décomposition qui met en présence une certaine dose d'acide libre et de base libre, susceptibles de se combiner aussitôt avec dégagement de chaleur.

§ 7. — Réactions entre les sels neutres dissous, avec formation de produits dissous. Sels métalliques.

1. Un mécanisme semblable à celui des réactions des sels ammoniacaux explique les doubles décompositions entre sels métalliques et sels alcalins qui vont être exposées. En effet, j'ai soumis à une étude semblable les sels métalliques, formés par les oxydes de zinc, de cuivre, de plomb, par le protoxyde de fer, et surtout par le peroxyde de fer, sur lequel j'ai fait beaucoup d'expériences.

2. Le résultat général de cette étude est le même que pour les sels ammoniacaux et alcalins. Deux sels dissous étant mélangés, le sel le plus stable, produit par l'union de l'acide fort

avec la base forte, se forme de préférence. Par exemple, le thermomètre indique que le sulfate, ou l'azotate ferrique, mis en présence de l'eau et de l'acétate de soude, se change à peu près complètement en sulfate de soude, ou azotate de soude. Le sel le plus stable est défini à la fois par la moindre variabilité de sa chaleur de formation, en présence de diverses quantités d'eau ; et par sa tendance moindre ou nulle à former des sels basiques, sous l'influence de l'eau employée, soit en excès, soit à diverses températures. Rappelons enfin que le sel le plus stable est en même temps celui dont la formation dégage le plus de chaleur en l'absence du dissolvant, et même en sa présence : raison qui en détermine la formation, de préférence à celle du sel alcalin antagoniste.

3. Toutes ces circonstances sont semblables à celles que présente l'étude des sels ammoniacaux (page 712), et elles peuvent être interprétées de la même manière.

En effet, les sels métalliques dissous ne doivent pas être regardés comme un simple mélange de l'eau avec le sel solide. En réalité, il se produit un certain équilibre entre ces deux corps, et il en résulte un système complexe : renfermant à la fois le sel neutre et l'eau, d'une part ; une certaine proportion d'acide libre et un sel basique (ou même un oxyde libre), d'autre part. Le sel basique ou l'oxyde libre se précipite souvent de lui-même, au bout de quelque temps, et il peut être manifesté dès l'origine par diverses épreuves, spécialement par les épreuves thermiques (voy. page 281 et suiv.).

Cela posé, l'acide libre que contient la dissolution du sel métallique agira sur tout autre sel dissous dans la même liqueur. Si c'est un acide fort, et si l'autre sel renferme une base alcaline unie avec un acide plus faible, comme on l'observe en opposant le sulfate, le chlorure ou l'azotate ferrique à l'acétate de soude, l'acide fort s'unira à la base alcaline, de préférence à l'acide faible. C'est ce qu'on peut établir par des mesures thermiques, exécutées sur le simple mélange de l'acétate de soude avec l'acide fort, et par d'autres épreuves. Par suite, l'équilibre primitif entre le sel métallique et l'eau se trouvera troublé ; une nouvelle proportion du sulfate ferrique se décomposera en acide libre et sel basique (ou oxyde libre).

L'acide sulfurique (ou l'acide chlorhydrique, ou bien l'acide azotique), devenu libre, réagit encore sur une nouvelle proportion d'acétate de soude. Il se change en sulfate de soude, et ainsi de suite, jusqu'à transformation complète, ou à peu près; transformation démontrable à l'aide du thermomètre.

Le sel basique ou l'oxyde, mis en liberté simultanément, n'empêche pas le jeu de ces transformations, parce qu'il est attaqué lui-même par l'acide acétique, dont la production est corrélative ; il est changé par cet acide, soit en acétate ferrique, soit en un mélange de sulfate ferrique neutre (ou de chlorure, ou d'azotate) et d'acétate ferrique ; ou plus exactement, dans un système où ces deux sels, diversement décomposés, font équilibre à l'eau qui les tient dissous.

Tel est le mécanisme en vertu duquel le sulfate ferrique et l'acétate de soude, mis en présence de l'eau, se changent entièrement, ou à peu près, en sulfate de soude et acétate ferrique. En résumé, ce mécanisme est la conséquence de la formation du sulfate de soude, lequel est plus stable qu'aucun autre en présence de l'eau, et dégage en même temps plus de chaleur que le sel alcalin antagoniste, en prenant naissance. La métamorphose observée résulte de cette relation, jointe à l'état de décomposition partielle des sels, aux dépens desquels le sulfate de soude peut se former dans les liqueurs.

4. Les mêmes réactions peuvent être observées, lorsqu'on mélange un sel ferrique dissous, non-seulement avec un sel à base alcaline, mais aussi avec un sel de zinc, de cuivre, et même de protoxyde de fer, comme le prouvent les mesures thermiques. Leur interprétation est identique : les protoxydes métalliques dégageant plus de chaleur que le peroxyde de fer en s'unissant aux mêmes acides, et formant des sels dont la décomposition partielle par l'eau est moins avancée.

5. Enfin les sels de zinc, de cuivre, et même de plomb, dissous, et mis en présence des sels alcalins, donnent lieu à des doubles décompositions analogues; lesquelles s'expliquent également par

l'état de décomposition partielle des sels métalliques et par l'excès de chaleur dégagée dans la formation des sels alcalins.

Ces résultats ont été établis expérimentalement, en tirant parti à la fois des différences des chaleurs de neutralisation des acides et des bases, unis deux à deux, et de la variation inégale de ces quantités de chaleur avec la concentration (voy. tome Ier, p. 72).

Les réactions résultent ici, comme dans les cas précédents, du concours de deux énergies : l'énergie calorifique, qui dissocie à mesure les sels primitifs dissous en acide et base; et l'énergie chimique, qui produit le nouvel état de combinaison des acides et des bases ainsi mis en liberté.

Voici les faits observés :

6. *Sels ferriques.*

1° SO^4fe(1) (1 éq. = 2 lit.) + AzO^6Na (1 éq. = 2 lit.) : +0,13 } $K_1 - K = -2,07$
AzO^6fe (1 éq. = 2 lit.) + SO^4Na (1 éq. = 2 lit.) : −1,94 }

Calculé : $(N_1 - N) - (N'_1 - N') = -2,41$.

Ces chiffres indiquent une double décomposition, très avancée dans le second cas, avec formation de sulfate ferrique et d'azotate de soude.

Ainsi l'acide azotique, qui déplace l'acide sulfurique vis-à-vis de l'oxyde ferrique, d'après les expériences directes que j'ai faites sur les corps dissous, est en même temps l'acide qui prend la base la plus forte. Il y a cependant l'indice de quelque partage; attribuable sans doute à la production du bisulfate alcalin. On exposera plus loin des expériences analogues sur la réaction entre les sels ferriques et les sels des protoxydes métalliques (page 734).

2° SO^4fe (1 éq. = 2 lit.) + $C^4H^3NaO^4$ (1 éq. = 2 lit.) : +0,78 } $K_1 - K = -1,26$
$C^4H^3feO^4$ (1 éq. = 2 lit.) + SO^4Na (1 éq. = 2 lit.) : −0,48 }

Calculé....... −1,30.

Les nombres, à première vue, sembleraient indiquer un partage de la base entre les deux acides.

Toutefois cette interprétation ne me paraît pas strictement

(1) $fe = \frac{2}{3}$ Fe = 18,7.

exacte. En effet, l'absorption de chaleur, observée lors du mélange de l'acétate ferrique et du sulfate de soude, peut être rapportée presque tout entière à l'altération de l'acétate ferrique par l'eau, qui tient en dissolution le sulfate de soude : sous cette condition que l'on admette que l'altération se produise rapidement en présence du sel étranger, précisément comme il arrive en présence de l'acétate de soude (page 308). Nous avons montré que ce dernier sel donne lieu en effet, avec l'acétate ferrique, à une absorption immédiate de — 0,50, à peu près la même que l'absorption produite sous l'influence du sulfate de soude. Cela posé, il est permis d'admettre que la réaction de l'acétate de soude sur le sulfate ferrique donnera lieu à une décomposition, sinon totale, au moins fort avancée, avec formation d'acétate ferrique et de sulfate de soude.

3° AzO^6fe (1 éq. = 2 lit.) + $C^4H^3NaO^4$ (1 éq. = 2 lit.) — 1,15 } $K_1 - K = +0,85$
$C^4H^3feO^4$ (1 éq. = 2 lit.) + AzO^6Na (1 éq. = 2 lit.) — 0,30 }
Calculé........ + 1,11.

Il y a double décomposition presque totale, avec formation d'acétate ferrique et d'azotate de soude (en tenant compte de la remarque précédente).

7. *Sels de zinc.* — J'ai trouvé :

	Cal.
SO^4Na (1 équiv. = 2 lit.) + $C^4H^3ZnO^4$ (1 équiv. = 2 lit.) :	+ 0,45
SO^4Zn (1 équiv. = 2 lit.) + $C^4H^3NaO^4$ (1 équiv. = 2 lit.) :	— 0,34

d'où

$$K_1 - K = N - N_1 - (N' - N'_1) = +0,79.$$

La dilution simple de $C^4H^3ZnO^4$ (p. 312) par la même quantité d'eau qui dissout SO^4Na aurait dégagé : + 0,50; et la dilution simple de SO^4Na : — 0,07. La somme diffère peu de + 0,45 : ce qui indiquerait une réaction nulle ou peu avancée, s'il était permis d'admettre que les deux sels agissent sur l'eau comme s'ils étaient seuls. Cette hypothèse n'est pas tout à fait exacte, comme j'ai déjà eu occasion de le montrer; mais elle est assez approchée, pour que la conclusion à laquelle elle conduit n'en doive pas moins être regardée comme exprimant elle-même la réaction d'une manière approximative.

Au contraire, la dilution simple de SO^4Zn dégagerait : + 0,10, et celle de $C^4H^3NaO^4$: + 0,02 ; quantités dont la somme + 0,12 (à peine distincte des erreurs des expériences) diffère notablement de — 0,34. Cette dernière valeur répond donc à une décomposition du système en acétate de zinc et sulfate de soude : décomposition très avancée, bien que la complexité des effets qui se superposent dans son accomplissement empêche d'affirmer qu'elle soit totale. Le résultat de l'expérience inverse est, comme je viens de le dire, conforme à une telle opinion.

8. Ces conclusions sont confirmées par les expériences faites avec des liqueurs diversement étendues :

	Cal.	$K_1 - K$.
$C^4H^3ZnO^4$ (1 équiv. = 10 lit.) + SO^4Na (1 équiv. = 2 lit.) :	—0,09	+ 0,03
$C^4H^3NaO^4$ (1 équiv = 2 lit.) + SO^4Zn (1 équiv. = 10 lit.) :	—0,12	
$C^4H^3ZnO^4$ (1 équiv. = 2 lit.) + SO^4Na (1 équiv. = 10 lit.) :	+1,09	+ 1,09
$C^4H^3NaO^4$ (1 équiv. = 10 lit.) + SO^4Zn (1 équiv. = 2 lit.) :	+0,00	

La dilution de l'acétate de zinc est encore ici le phénomène dominant. Quand ce sel préexiste sans être dilué, il dégage toute la chaleur correspondant à sa dilution, quantité très supérieure à la dilution des trois autres sels. S'il est déjà dilué, le phénomène thermique est insignifiant.

Il en est de même si l'acétate de zinc prend naissance dans des liqueurs étendues ; parce que, dans de telles liqueurs et pour ce sel même,

$$N - N_1 = N' - N'_1 \text{ sensiblement.}$$

En résumé, le sulfate de soude, sel formé par la base forte unie à l'acide fort, et l'acétate de zinc, sel formé par la base faible unie à l'acide faible, prennent naissance de préférence, dans les diverses dissolutions dont la composition est équivalente.

9. *Sels de cuivre.* — L'acétate de cuivre donne lieu à des résultats analogues à l'acétate de zinc ; quoique moins tranchés, parce que la dilution de ce dernier sel dégage plus de chaleur que celle de l'acétate de cuivre. J'ai reconnu en effet que l'acétate de cuivre prend naissance en quantité considérable, sinon

totale, lorsqu'on mélange le sulfate, le chlorure, l'azotate de cuivre avec l'acétate de soude.

1° En effet,

$C^4H^3CuO^4$ (1 équiv. = 2 lit) + AzO^6Na (1 équiv. = 2 lit.), dégage : + 0,10,

quantité qui ne s'écarte guère de la somme des quantités de chaleur mises en jeu lorsqu'on étend séparément, et à la même température, la dissolution de chacun de ces sels avec le même volume d'eau, cette somme étant égale à + 0,21.

Au contraire,

$C^4H^3NaO^4$ (1 équiv. = 2 lit.) + AzO^6Cu (1 équiv. = 2 lit.), absorbe : — 0,47,

nombre fort différent de + 0,14, somme des quantités mises en jeu dans la dilution des deux sels séparés. Ce même nombre — 0,47 est très voisin de la valeur — 0,57, qui exprime la chaleur absorbée, dans l'hypothèse d'une transformation complète de l'acétate de soude en acétate de cuivre, et de l'azotate de cuivre en azotate de soude, les deux sels demeurant dissous séparément. La différence + 0,10 entre — 0,57 et — 0,47 semble représenter les effets dus au simple mélange des liqueurs, sans action chimique proprement dite.

2° De même l'acétate de soude et le sulfate de cuivre, opposés au couple réciproque formé d'acétate de soude et de sulfate de cuivre.

	Cal.
$C^4H^3CuO^4$ (1 équiv. = 2 lit.) + SO^4Na (1 équiv. = 2 lit.) :	+ 0,15
$C^4H^3NaO^4$ (1 équiv. = 2 lit.) + SO^4Cu (1 équiv. = 2 lit.) :	— 0,28

$$K_1 - K = N - N_1 - (N' - N'_1) = -0,43.$$

Ce dernier nombre exprime la chaleur absorbée par une transformation complète de l'acétate de soude en acétate de cuivre, et du sulfate de cuivre en sulfate de soude; les sels étant supposés dissous séparément.

Or la valeur — 0,28, trouvée pour le second couple, est voisine de — 0,43 et fort éloignée de la valeur

$$(+ 0,02 + 0,14) = + 0,16,$$

qui est la somme des chaleurs de dilution de l'acétate de soude et du sulfate de cuivre, envisagés séparément.

Au contraire, le nombre + 0,15, trouvé pour le premier couple, diffère peu de la valeur (+ 0,32 — 0,07) = + 0,25, qui est la somme des dilutions de l'acétate de cuivre et du sulfate de soude séparés. L'écart + 0,10, qui répond à l'action réciproque, pourrait être dû aux effets physiques d'un simple mélange (voy. page 223). D'où il résulte, comme conclusion probable, que l'acide sulfurique s'empare de la soude en majeure partie, laissant l'oxyde de cuivre à l'acide acétique.

3° Citons encore les deux couples suivants :

	Cal.
$C^4H^3CuO^4$ (1 équiv. = 2 lit.) + NaCl (1 équiv. = 2 lit.):	+ 0,12
$C^4H^3NaO^4$ (1 équiv. = 2 lit.) + CuCl (1 équiv. = 2 lit.):	— 0,30

$$K_1 - K = N - N_1 - (N' - N'_1) = -0,42.$$

Ce dernier nombre exprime la chaleur absorbée dans la transformation totale de l'acétate de soude et du chlorure de cuivre en acétate de cuivre et chlorure de sodium.

Or la valeur — 0,30, trouvée pour le deuxième couple, s'écarte peu de — 0,42 et beaucoup de

$$(+0,02 + 0,13) = +0,15,$$

somme des dilutions du chlorure de cuivre et de l'acétate de soude séparés; tandis que le nombre + 0,12, trouvé pour le premier couple, ne diffère pas beaucoup de la valeur (+ 0,32 — 0,02) = + 0,30, qui est la somme des dilutions du chlorure de sodium et de l'acétate de cuivre.

D'ailleurs l'écart entre + 0,30 et + 0,12 ne surpasse pas l'influence qu'un sel dissous peut exercer sur la dilution d'un autre sel (voy. page 223).

Ces valeurs indiquent donc le sens des doubles décompositions; mais elles ne permettent pas de conclure à une transformation intégrale. Il est plus vraisemblable qu'il se fait un certain partage des acides et des bases, dans lequel l'action de l'acide fort sur la base forte demeure prépondérante; mais dont l'évaluation précise exigerait la connaissance du degré propre de décomposition de chaque sel métallique au sein de sa dissolution séparée.

10. *Sels de plomb.* — Soient les couples suivants, relatifs aux sels de plomb :

	Cal.
$C^4H^3PbO^4$ (1 équiv. = 2 lit.) + AzO^6Na (1 équiv. = 2 lit.) :	+ 0,20
$C^4H^3NaO^4$ (1 équiv. = 2 lit.) + AzO^6Pb (1 équiv. = 2 lit.) :	— 0,61

$$K_1 - K = N - N_1 - (N' - N'_1) = - 0,81.$$

Le dernier nombre exprime la chaleur absorbée dans la transformation totale de l'acétate de soude et de l'azotate de plomb en azotate de soude et acétate de plomb séparés.

Or le nombre — 0,61, trouvé pour le deuxième couple, s'écarte peu de ce chiffre — 0,81. Il s'écarte au contraire beaucoup du chiffre (+ 0,02 — 0,21) = — 0,19, qui répond à la dilution simple des sels préexistants. Mais la valeur + 0,20 se rapproche un peu davantage du nombre

$$(- 0,11 + 0,04) = - 0,07,$$

qui est la somme relative aux sels préexistants.

Les phénomènes thermiques indiquent donc une formation prépondérante d'azotate de soude et d'acétate de plomb ; sans qu'il soit nécessaire d'entrer dans la discussion des effets secondaires et complexes, dus au mélange des liqueurs.

11. *Sels des protoxydes métalliques opposés aux sels ferriques.* — Lorsqu'on met en présence dans une liqueur le sel d'un protoxyde métallique et un sel ferrique, les choses se passent comme avec les sels alcalins, le protoxyde métallique exerçant la même action prépondérante que les alcalis, et cela sans doute par les mêmes motifs thermiques (page 725). C'est ce qui résulte des expériences suivantes :

1° *Sels cuivriques :*

AzO^6fe (1 équiv. = 4 lit.) + SO^4Cu (1 équiv. = 4 lit.) :	— 1,84
SO^4fe (1 équiv. = 4 lit.) + AzO^6Cu (1 équiv. = 4 lit.) :	+ 0,25

$$K_1 - K = N - N_1 - (N' - N'_1) = 2,09.$$

Les choses se passent comme si l'acide azotique enlevait l'oxyde de cuivre à l'acide sulfurique, lui abandonnant l'oxyde ferrique. C'est précisément la même chose qui arrive entre le sulfate de soude et l'azotate ferrique (page 727) ; c'est-à-dire que le protoxyde métallique joue le même rôle que la potasse dans le déplacement de l'oxyde ferrique.

2° *Sels zinciques :*

$$AzO^6fe \text{ (1 équiv. = 4 lit.)} + SO^4Zn \text{ (1 équiv. = 4 lit.)} : -1,89.$$

Quoique l'expérience inverse n'ait pas été faite, la signification des chiffres ci-dessus n'est pas douteuse. Elle répond à un double échange, avec formation d'azotate de zinc et de sulfate ferrique.

$$SO^4fe \text{ (1 équiv. = 4 lit.)} + C^4H^3ZnO^4 \text{ (1 équiv. = 4 lit.)} : +0,89.$$

Au moment du mélange, ce chiffre est à peu près le même que celui de la chaleur dégagée lorsqu'on mélange le sulfate ferrique et l'acétate de soude (+ 0,78) ; ce qui indique une réaction semblable.

Mais l'état des liqueurs n'est pas définitif. En effet, le thermomètre s'abaisse presque aussitôt, lorsqu'on opère avec l'acétate de zinc (vers 23 degrés) : il accuse une absorption de chaleur, d'abord assez rapide, puis qui se ralentit et se prolonge indéfiniment. Au bout de neuf minutes, cette absorption surpassait $-1^{Cal},04$. Ce résultat répond, sans aucun doute, à la décomposition spontanée de l'acétate ferrique produit par la première réaction. Cette décomposition spontanée se produirait plus vite encore en présence du sel alcalin (page 308).

3° *Sels manganeux :*

$$\begin{cases} SO^4fe \text{ (1 équiv. = 4 lit.)} + MnCl \text{ (1 équiv. = 4 lit.)} : +0,31 \\ feCl \text{ (1 équiv. = 4 lit.)} + SO^4Mn \text{ (1 équiv. = 4 lit.)} : -1,45 \end{cases}$$

$$K_1 - K = N - N_1 - (N' - N'_1) = 1,76.$$

Les choses se passent ici comme avec le sulfate de soude et le chlorure ou l'azotate ferrique (page 727) ; l'acide chlorhydrique prenant le protoxyde et laissant la base faible à l'acide sulfurique. On vient de voir qu'il en est de même avec les sels cuivriques et zinciques.

Avec l'acétate manganeux, les effets sont semblables à ceux que développe l'acétate de zinc.

On a opéré avec des solutions étendues, à + 23 degrés :

SO^4fe (1 équiv. = 4 lit.) + $C^4H^3MnO^4$ (1 équiv. = 4 lit.), dégage : + 0,40

au moment du mélange. Mais la température s'abaisse presque aussitôt, et il se produit dans le calorimètre une absorption graduelle de chaleur, qui se prolonge indéfiniment. Au bout de onze minutes, cette absorption surpassait — 1,30; je n'ai pas poussé plus loin l'expérience, qui devenait trop lente pour se prêter à des mesures précises.

Quoi qu'il en soit, le résultat indique une première réaction de double échange, accompagnée par un dégagement de chaleur; suivie par la décomposition spontanée de l'acétate ferrique, qui résulte de cette première action.

Opère-t-on avec des solutions plus concentrées, les deux réactions sont simultanées avec l'acétate manganeux et le sel ferrique; précisément comme avec l'acétate de soude (page 308). De là résulte une absorption de chaleur :

$feCl$ (1 équiv. = 2 lit.) + $C^4H^3MnO^4$ (1 équiv. = 2 lit.) : — 0,50,

valeur qui ne représente sans doute pas la totalité des effets qui se développeraient sous l'influence du temps.

4° *Sels ferreux :*

1° $feCl$ (1 équiv. = 2 lit.) + SO^4Fe (1 équiv. = 2 lit.) : — 1,54.

C'est le même chiffre sensiblement qu'avec le sulfate manganeux; c'est-à-dire que le protoxyde de fer déplace le peroxyde uni à l'acide chlorhydrique, de la même manière et dans les mêmes conditions que les autres protoxydes et les alcalis.

2° AzO^6fe (1 équiv. = 2 lit.) + SO^4Fe (1 équiv. 2 lit.) — 1,78.

Même valeur que pour les sulfates cuivrique et zincique; ce qui conduit à une conclusion identique.

12. En résumé : 1° La dissolution d'un sel métallique étant mélangée avec la dissolution d'un sel alcalin, sans qu'il y ait formation d'un précipité; la base forte et l'acide fort tendent à se réunir de préférence, laissant l'oxyde métallique à l'acide faible.

2° La dissolution d'un sel de peroxyde, tel qu'un sel ferrique, étant mêlée avec la dissolution d'un sel de protoxyde, le sel le plus stable, c'est-à-dire le chlorure ou l'azotate de protoxyde, dans le cas où l'on oppose un chlorure ou un azotate à un sulfate ou à un acétate ; ou bien le sulfate de protoxyde, dans le cas où l'on oppose un sulfate à un acétate, tend à se former de préférence.

Tels sont les résultats généraux de mes expériences sur les sels de zinc, de cuivre et de plomb, et surtout sur les sels ferriques. Ils s'expliquent en faisant intervenir à la fois la chaleur inégale que les divers acides dégagent en s'unissant à une même base, et la décomposition plus ou moins avancée que les sels métalliques éprouvent en se dissolvant dans l'eau. J'ai développé le double mécanisme de ces réactions au début du présent chapitre (voy. page 712).

§ 8. — Réaction de deux sels dissous, formant un sel insoluble.

1. La réaction de deux sels solubles avec formation d'un sel insoluble, c'est-à-dire d'un précipité, donne naissance, tantôt à de la chaleur, tantôt à du froid.

2. Examinons d'abord le premier cas, en nous bornant aux sels formés par les acides forts. J'ai trouvé pour la précipitation des chlorure, bromure, iodure d'argent :

AzO^6Ag (1 équiv. = 6 lit. + KCl (1 équiv. = 2 lit.), à 15°,4 — Cal.
AzO^6K (1 équiv. = 8 lit.) + AgCl — dégage : + 15,67
AzO^6Ag (1 équiv. = 6 lit.) + KCl (1 équiv. = 2 lit.), à 15 degrés : + 20,30
AzO^6Ag (1 équiv. = 4 lit.) + KI (1 équiv. = 4 lit.), à 15 degrés : + 26,90

De même la précipitation du sulfate de baryte :

SO^4K (1 éq. = 2 lit.) + AzO^6Ba (1 éq. = 2 lit.), vers 18 degrés, dégage : + 2,60.

Celle de l'iodure de mercure :

HgCl (1 éq. = 4 lit.) + KI (1 éq. = 4 lit.), à 15 degrés, dégage : + 13,64.

Les mêmes réactions rapportées à l'état solide, tous les corps supposés séparés de l'eau, produiraient les quantités de chaleur suivantes :

Formation de AgCl	+ 11,2
Formation de AgBr	+ 14,3
Formation de AgI	+ 21,3
Formation de HgI	+ 9,1
Formation de SO^4Ba	+ 3,1 Etc.

3. Dans les cas donnés ici, la formation des hydrates salins ne paraît jouer aucun rôle, car aucun de ces sels ne forme d'hydrates stables à la température ordinaire. Les sels alcalins cités sont, comme nous l'avons annoncé, constitués par des acides forts et ne paraissent pas décomposés par l'eau d'une manière appréciable. C'est pourquoi, dans les cas précédents, la prévision des réactions peut avoir lieu d'après la seule connaissance des quantités de chaleur dégagées dans l'état anhydre ; le signe thermique demeurant le même dans l'état dissous. De même, la précipitation du picrate de potasse au moyen du picrate de soude et de l'azotate de potasse ; la précipitation analogue du perchlorate de potasse, et une multitude d'autres réactions du même ordre.

Dans certains cas analogues, les sels dissous sont probablement à l'état d'hydrates stables : telle est la précipitation de l'oxalate de chaux aux dépens du chlorure de calcium et de l'oxalate de potasse. Il conviendrait alors de faire intervenir la chaleur de formation de ces hydrates. Mais les prévisions demeurent pareilles, que l'on suppose les deux corps dissous, anhydres, ou formant des hydrates définis :

$C^4K^2O^8$ (1 équiv. = 4 lit.) + 2 CaCl (1 équiv. = 2 lit.), à 14°,7, dégage : + 8,06.

Le calcul donne pour les sels anhydres : + 30,2 ; pour l'oxalate de potasse hydraté et le chlorure de calcium hydraté : + 17,2.

4. Observons ici que les hydrates précipités ne se forment pas toujours instantanément. Ainsi la chaleur dégagée par la réaction de l'acide oxalique étendu sur l'hydrate de chaux délayé dans l'eau, à une même température, peut varier de près de + 2,0. Cette variation est due à la formation des oxalates de

chaux diversement hydratés, qui ont été signalés par les analystes et les micrographes, et dont la composition varie suivant des conditions très légères de température de concentration, ou bien encore en raison de la présence des corps étrangers.

Il est clair que dans les cas de ce genre les hydrates qui se forment d'abord coopèrent seuls à la prévision de la réaction. Rappelons encore les changements successifs éprouvés par les précipités amorphes (pages 188 et suivantes).

5. Jusqu'ici point de difficultés, les phénomènes étant exothermiques, quelle que soit la manière de les envisager. Mais il existe des cas presque aussi nombreux, et qui sont tels que la précipitation d'un sel dans une dissolution donne lieu à une absorption de chaleur.

1° Soit, par exemple, le sulfate de strontiane, précipité dans la réaction du sulfate de soude sur le chlorure de strontium :

$$SO^4Na\ (1\ \text{équiv.} = 2\ \text{lit.}) + SrCl\ (1\ \text{équiv.} = 2\ \text{lit.}) = SO^4Sr\ \text{précipité} + NaCl\ (1\ \text{équiv.} = 4\ \text{lit.}).$$

La formation de ce précipité développe une quantité de chaleur qui varie de grandeur et de signe avec la température.

A + 5 degrés, il se dégage : $+ 0^{Cal},41$;

A + 25 degrés, il s'absorbe : $- 0^{Cal},33$.

Vers + 16°,2, le phénomène thermique est nul.

Ces variations résultent des relations qui existent entre les chaleurs spécifiques des dissolutions (tome Ier, page 130).

On voit ici clairement que ce n'est pas le signe thermique de la réaction des corps dissous qui détermine le phénomène.

Mais il en est autrement, si l'on rapporte la réaction à l'état solide et anhydre :

$$SO^4Na + SrCl = SO^4Sr + NaCl.$$

Cette réaction dégage, en effet, + 7,1 ; quantité qui ne varie pas sensiblement avec la température, entre 0 et 100 degrés. Même si l'on retranchait la chaleur de formation du chlorure de strontiane hydraté, depuis l'eau solide : soit + 5,0 ; on aurait encore pour la chaleur de précipitation : + 2,1. Quant à l'hydrate du sulfate de soude, il ne doit pas entrer en ligne de compte, parce qu'il est dissocié (voy. pages 411 et 597).

2° La précipitation du sulfate de chaux donne lieu à des remarques analogues. Si l'on mélange d'abord les deux liqueurs,

$$SO^4Na \text{ (1 équiv. = 2 lit.)} + CaCl \text{ (1 équiv. = 2 lit.)},$$

aucune précipitation ne s'effectue d'abord, et cependant le mélange donne lieu à une variation de — $0^{Cal},21$, à 14 degrés; ou de — $0^{Cal},24$, à 24 degrés.

Mais on détermine aisément la cristallisation du sulfate de chaux, au moyen d'une pincée de cristaux de gypse; ce qui produit les effets thermiques suivants, variables de grandeur et de signe avec la température :

A + 14 degrés : + $0^{Cal},36$;
A + 23°,7 : + $0^{Cal},00$;
A + 31°,2 : — $0^{Cal},24$.

Or, à l'état anhydre,

$$SO^4Na + CaCl = SO^4Ca + NaCl, \text{ dégage : } + 11,1.$$

Si l'on fait intervenir la formation des hydrates stables : $CaCl,6HO$, et $SO^4Ca,2HO$, ce qui paraît plus exact, la chaleur dégagée s'élève encore à + 5,4 (1). Toutes ces quantités ne varient guère avec la température (voy. tome Ier, page 44), et elles peuvent être regardées comme déterminant la réaction.

3° La précipitation du sulfate de baryte au moyen du sulfate de soude et du chlorure de baryum dissous dégage : + 3,3 à 8 degrés. Mais cette même réaction donnerait lieu à un phénomène thermique nul vers 130 degrés; et négatif au-dessus. Cependant la prévision du phénomène chimique demeure identique; attendu qu'à l'état anhydre, la même transformation,

$$SO^4Na + BaCl = SO^4Ba + NaCl, \text{ dégage : } + 4,7.$$

Si l'hydrate stable du chlorure de baryum était supposé intervenir, cette quantité s'élèverait encore à + 2,7.

(1) Elle serait intermédiaire entre + 14,1 et + 5,4, si l'on admettait qu'il existe de préférence dans la liqueur un hydrate plus stable, tel que $CaCl + 4HO$.

6. Toutes ces réactions entre des sels qui sont stables en présence de l'eau, c'est-à-dire formés par les acides forts et les bases fortes, donnent lieu à une remarque fondamentale, à savoir, que le signe thermique de la réaction rapportée aux corps séparés de l'eau conduit à la même prévision que celle qui résulte à la formation possible d'un précipité insoluble.

Il est probable que cette circonstance n'est pas fortuite, l'insolubilité étant due à quelque travail moléculaire spécial, qui tend à rendre l'union des particules plus intime dans les sulfates de baryte, de chaux, de strontiane, aussi bien que dans les chlorure, bromure, iodure d'argent.

On a même observé à diverses reprises, depuis le commencement de ce siècle, que le système qui tend à prendre naissance dans les précipitations est *le système le plus condensé;* c'est-à-dire celui dont la densité est la plus considérable. Mais cette relation souffre des exceptions, spécialement pour les iodures métalliques insolubles.

7. Appliquons les mêmes notions aux précipités formés par les carbonates alcalins, réagissant sur les sels terreux et métalliques. Lorsque ces précipités sont des sels stables, tels que ceux qui dérivent des terres alcalines et des oxydes métalliques analogues, il n'y a lieu d'entrer dans aucune discussion nouvelle, qui ne puisse être déduite des principes posés précédemment. A la vérité, la précipitation de la plupart des carbonates terreux et métalliques, dans les dissolutions, donne lieu à une absorption de chaleur, à la température ordinaire. Mais il y aurait dégagement de chaleur, si la réaction était rapportée aux corps anhydres, ou mieux à leurs hydrates stables.

Ainsi, par exemple :

1° CO^3K(1 éq. = 2 lit.) + $CaCl$(1 éq. = 2 lit.) = CO^3Ca + KCl(1 éq. = 2 lit.), à 16 degrés, absorbe : — 0,45.

Si les corps étaient anhydres, on aurait au contraire + 15,8.

Le chlorure de calcium supposé hydraté : + 9,9.

Cette dernière quantité reste positive, même en tenant compte de l'existence probable d'un hydrate du carbonate de potasse dans les dissolutions (voy. tome Ier, page 361).

2° Avec $CO^3Na + CaCl$, on a de même, à 16 degrés, dans l'état dissous et pour les mêmes concentrations que ci-dessus : — 0,57;

Dans l'état anhydre : + 12,0;

Sous forme d'hydrate, $CaCl + 6HO$: + 6,1, etc.

3° Avec $CO^3K + SO^4Mg$, la formation du carbonate de magnésie absorbe en fait, les sels étant dissous dans les quantités d'eau ci-dessus indiquées, et à la température de 15 degrés : — 1,05.

Or le calcul donne pour les corps anhydres : + 15,3; quantité qui demeure positive, même en tenant compte des hydrates stables : la chaleur de formation doit être déduite; mais elle est inférieure à + 7 Calories.

4° De même avec $CO^3K + MnCl$, sous les mêmes concentrations et à la même température, la formation du carbonate de manganèse précipité absorbe d'abord, dans l'état amorphe, — 2,0. Puis la cristallisation de ce corps dégage + 0,8; ce qui réduit la chaleur absorbée à — 1,2.

Or le calcul donne pour les corps anhydres et le carbonate amorphe : + 14,5; le carbonate cristallisé : + 13,7. La chaleur de formation des hydrates doit être retranchée; mais elle s'élève au plus à + 6,0; ce qui ne saurait compenser de telles différences.

On voit par là que la formation des précipités, toutes les fois qu'il s'agit de composés stables, est un phénomène exothermique lorsqu'on rapporte le calcul aux corps séparés de l'eau. Il en est ainsi, quel que puisse être le signe thermique apparent dans l'état de dissolution; c'est-à-dire que la prévision du phénomène pour les corps dissous se déduit de la transformation des corps solides.

8. La contre-épreuve consiste à établir que : *les sels insolubles se redissolvent* au contraire *par voie de double décomposition saline avec dégagement de chaleur;* ou plus exactement, en

vertu de réactions qui dégageraient de la chaleur, si elles avaient lieu entre les corps séparés de l'eau.

Cette redissolution exige en général la formation d'un composé complémentaire soluble : sel double, acide ou basique.

Commençons par la *formation des sels doubles*, laquelle ne change pas la neutralité chimique.

Soient les *sels doubles solubles et stables en présence de l'eau*. C'est un sel de ce genre qui détermine la réaction du cyanure de potassium dissous sur l'iodure de mercure, corps insoluble :

$$\begin{aligned} \text{HgI solide} + \text{KCy (1 équiv.} = 16 \text{ lit.)} &: +4{,}7 \\ +2\text{KCy (1 équiv.} = 16 \text{ lit.)} &: +4{,}7 \\ \text{Dissolution totale.....} & \quad +9{,}4 \end{aligned}$$

Les sels doubles qui se forment dérivent du cyanure de potassium et de mercure (page 323), ou de composés analogues.

Les sels d'argent se dissolvent aussi dans le cyanure de potassium, au même titre que le cyanure d'argent, en formant aussi un cyanure double :

$$\text{KCy (1 équiv.} = 4 \text{ lit.)} + \text{AgCy (précipité)} + \text{eau (20 lit.)}... \quad +5{,}6.$$

La formation du sel double règle donc les phénomènes, indépendamment de la solubilité ou de l'insolubilité du cyanure métallique primitif (mercure ou argent); elle les règle, dis-je, pourvu que le sel double prenne naissance avec un dégagement de chaleur prépondérant et qu'il soit stable en présence du dissolvant.

9. J'insiste sur ces conditions, à cause de leur généralité.

En effet, la redissolution des sels insolubles par les sels solubles, telle que la dissolution par les sels ammoniacaux des sels précipités de magnésie, de manganèse, de fer, de zinc, de cuivre, etc.; la dissolution de divers sels insolubles par l'hyposulfite de soude, par le pyrophosphate de soude, par l'iodure de potassium, etc.; tous ces phénomènes, dis-je, sont attribuables à la formation de certains sels doubles solubles et à la prépondérance de la chaleur qu'elle dégage.

Nous ne savons pas prévoir *à priori* l'existence même de ces sels doubles ; mais leur existence une fois donnée, ainsi que leur chaleur de formation, nous en concluons la nécessité de cette formation dans un milieu déterminé, et par suite la dissolution nécessaire des précipités qui renferment les composants convenables pour la production des sels doubles.

10. Examinons maintenant les *sels doubles décomposables en présence de l'eau*. Leur formation et leur influence sur la redissolution totale ou partielle des précipités sont régies par les mêmes règles, pourvu que l'on tienne compte de la décomposition propre, totale ou partielle, du sel double par l'eau ; ce dernier sel pouvant être lui-même soluble ou insoluble, ainsi que les corps qui en dérivent. Bref, ce sont toujours les conditions d'existence des corps envisagés isolément qui règlent leurs actions réciproques, dans le mélange au sein duquel on les rassemble. Voici quelques exemples.

L'iodure de potassium en solution concentrée dissout les sels d'argent, en raison de la formation d'un iodure double d'argent et de potassium. Mais la réaction cesse d'avoir lieu, dès qu'on augmente la dose de l'eau ; parce que le sel double est décomposable par cet excès d'eau. Je pense que nous avons affaire ici à des effets comparables à ceux qui déterminent les réactions opposées des hydracides étendus et des hydracides anhydres, contenus dans les liqueurs concentrées. En un mot, les dissolutions étendues renfermeraient un certain hydrate d'iodure de potassium complètement formé (1); tandis que les liqueurs concentrées contiendraient une certaine dose d'iodure anhydre. Ce dernier posséderait ainsi un excès d'énergie, qui le rendrait apte à s'unir à l'iodure d'argent. Il suffit, pour rendre compte des phénomènes, que la chaleur de formation de l'hydrate surpasse celle de l'iodure double. Mais ce sujet réclame une étude plus approfondie.

11. La *dissolution partielle* de certains précipités résulte souvent de la formation de *sels doubles décomposables par l'eau*, *d'une façon progressive ;* cette décomposition n'étant pas termi-

(1) Analogues à $NaI + 2H^2O^2$.

née à partir d'une limite fixe, marquée par un certain rapport équivalent entre l'eau et le sel. La formation du sel double résulte, comme toujours, de sa prépondérance thermique : mais elle ne peut devenir totale. Sans discuter de nouveau si cette décomposition partielle du sel double n'est pas corrélative de la formation de certains hydrates dissociés, dérivés du sel double ou des sels simples (voy. pages 161 et 163); il n'en demeure pas moins établi que la formation de ces sels doubles, en présence de l'eau, envisagée indépendamment de tout autre phénomène, donne lieu à des équilibres : assujettis à la loi des masses relatives (page 79) dans les systèmes homogènes, et à la loi des coefficients de partage dans les systèmes hétérogènes (voy. page 101). Ce sont les équilibres caractéristiques de l'existence d'un tel sel double, qui règlent les doubles décompositions, dans lesquelles interviennent des couples salins susceptibles d'engendrer le sel double. Tel est le sulfate double de plomb et de potasse, signalé par M. Ditte (*Annales de chimie et de physique*, 5e série, tome XIV, page 210; 1878), lequel règle les réactions entre le sulfate de plomb et les sels de potasse, ainsi que les actions inverses (page 747). On reviendra plus loin sur cet ordre de réactions.

12. Quelques-uns de ces sels doubles n'ont qu'une existence temporaire. Leur formation s'oppose d'abord à la précipitation, soit complètement, soit en partie. Puis ils se détruisent lentement, en laissant le précipité apparaître : en totalité, s'il est insoluble; ou dans la proportion correspondante à sa solubilité normale, s'il est peu soluble. Ainsi lorsqu'on précipite le chlorure de plomb au moyen d'un mélange de chlorure de sodium (1 équiv. = 2 lit.) et d'acétate de plomb (1 équiv. = 2 lit.), on observe qu'une partie considérable du chlorure de plomb ne se forme pas tout de suite; cette portion se dépose peu à peu pendant les jours suivants. Précisons ces résultats.

En opérant avec un mélange à équivalents égaux, formé d'acétate de plomb et de chlorure de sodium, 1 équivalent de chacun de ces sels étant dissous dans 2 litres : la proportion de chlorure de plomb précipité tout d'abord n'a guère été que les deux tiers de la proportion calculée d'après la solubilité normale de ce sel. La liqueur filtrée a déposé pendant les jours suivants jusqu'à $8^{gr},5$ de chlorure de plomb par litre : quantité à peu près égale à celle qu'elle retenait définitivement en dissolution. Ces effets, je le répète, sont dus probablement à la formation de quelque sel double; lequel ne se détruit que lentement dans les liqueurs, même en présence des cristaux du chlorure de plomb.

13. *Sels des acides faibles et des bases faibles.* — Le moment est venu d'examiner de plus près l'influence exercée sur la précipitation, par l'état de décomposition partielle que les sels simples des acides faibles et des bases faibles éprouvent en présence de l'eau. Supposons un tel sel décomposé partiellement en acide libre (ou sel acide), base libre (ou sel basique), et sel neutre, et mettons-le en présence d'un autre sel, capable de fournir un précipité par double décomposition.

Plusieurs cas sont possibles, suivant que le précipité répond ou non par sa composition à l'un des sels primitivement dissous.

14. Supposons d'abord que *le précipité réponde par sa composition à l'un des sels primitivement dissous* : ce qui arrive, par exemple, lorsque les corps dissous, ainsi que le précipité, sont chimiquement neutres; c'est-à-dire lorsque ces divers sels renferment l'acide faible et la base antagoniste dans des rapports équivalents. Tels sont les carbonates terreux, précipités par le mélange des carbonates de soude ou d'ammoniaque, et des azotates de chaux, de baryte, de strontiane, etc.

Dans ces conditions, la réaction initiale est déterminée par le signe thermique des phénomènes entre les corps supposés solides, comme il a été dit plus haut (page 739), et elle s'opère entre le carbonate neutre, réellement existant dans la liqueur, et le sel terreux soluble : un poids correspondant du carbonate terreux se précipite. L'état primitif du système se trouve ainsi changé; car les proportions d'alcali libre et d'acide libre qui existaient précédemment dans la liqueur cessent aussitôt d'être maintenues en équilibre par la présence du carbonate alcalin. Elles se recombinent à l'instant, jusqu'à ce qu'elles aient recomposé une dose convenable de ce carbonate, dose que le sel terreux présent dans la même liqueur précipite aussitôt : le phénomène se reproduit ainsi à mesure. Lorsque le poids du sel terreux soluble est suffisant, ces effets se renouvellent, jusqu'à élimination totale de l'acide carbonique, sous la forme d'un carbonate neutre insoluble.

On voit par là que l'état de décomposition partielle des sels des acides faibles, en présence de l'eau, ne se traduit pas nécessairement dans la composition du précipité. Par exemple, si l'on suppose que le carbonate de potasse renferme quelque dose de bicarbonate et d'alcali libre, capables de produire avec le chlorure de calcium de la chaux vive et du bicarbonate de chaux, tous deux solubles, ces deux derniers composés ne pourront subsister au sein de la liqueur, et ils se changeront réciproquement en carbonate neutre insoluble.

15. Venons maintenant au cas où *le précipité ne répond pas par sa composition à l'un des sels primitivement dissous :* ce qui arrive lorsqu'il se précipite d'abord un oxyde métallique, comme pour le borate de soude extrêmement étendu et l'azotate d'argent ; le borate d'argent ne pouvant se former, parce qu'il est décomposé par cette dose d'eau en acide borique et oxyde libre. Il en est encore ainsi lorsque le précipité formé au début éprouve ensuite une décomposition spontanée, qui le dissocie en acide libre, ou sel acide, et base libre, ou sel basique ; comme les carbonates de cuivre, de zinc et surtout les carbonates des sesquioxydes (alumine, oxydes chromique, ferrique) ; ou bien encore comme on l'observe dans la réaction des bicarbonates alcalins sur les sels terreux ou métalliques (voy. pages 189 et 195).

La même chose se présente avec le phosphate de soude bibasique, versé dans une solution métallique ; lorsqu'il y précipite des phosphates tribasiques, en donnant lieu à un phosphate acide qui demeure dissous.

Dans ces divers cas, le précipité renferme un excès de base, et sa formation change les rapports équivalents primitifs, qui existaient dans la liqueur entre l'acide et la base. Par suite de la séparation du précipité, le système initial contenu dans la dissolution se trouve remplacé par un nouveau système, renfermant un excès d'acide. Or ce nouveau système, étant mis en présence du précipité déjà formé, peut se comporter de diverses manières.

1° Tantôt il est incapable de réagir sur lui : circonstance que l'on admet pour la réaction du borate de soude sur l'azotate d'argent, dans des liqueurs extrêmement étendues. S'il en était réellement ainsi, la précipitation de l'oxyde d'argent devrait continuer sans limite, et comme si elle était produite par un alcali libre : je ne sais si ce point a été établi pour des expériences précises. Mais ce cas est fort rare.

2° En général, l'excès de l'acide (ou l'excès du sel acide) contenu dans les liqueurs serait susceptible de réagir sur le précipité basique, en présence duquel on le mettrait isolément. Cette réaction inverse aura pour effet de modifier la composition du précipité, formé dans les conditions initiales et par les premières traces du corps précipitant, dès qu'on accroîtra la dose de ce dernier corps ; ou bien encore, d'arrêter la formation du précipité à une certaine limite.

Les mêmes observations s'appliquent au cas où la liqueur finale renfermerait un excès de base, et par conséquent le précipité un excès d'acide (sels alcalins des acides gras fixes), par rapport aux proportions équivalentes d'acide et de base contenues dans la liqueur primitive.

De là résultent des équilibres, réglés par les proportions relatives des deux sels, la quantité d'eau, et la température. Ils obéissent aux lois des coefficients de partage, comme il arrive pour tout système hétérogène (page 101).

16. Dans le cas où il se dégage un gaz (carbonate de cuivre, de zinc, etc.), celui-ci intervient seulement à la surface où il est en contact avec le liquide, et en raison de sa tension propre, pour modifier la composition du système ; tandis que la liqueur agit de son côté sur le précipité, en raison de la dose du gaz ainsi dissous : l'équilibre définitif résultera donc du jeu de deux coefficients de partage corrélatifs (pages 99 et 101).

17. Ces effets complexes, ainsi que les changements successifs, physiques et chimiques, qui surviennent dans les précipités et qui en modifient l'aptitude à des réactions ultérieures, ont été exposés déjà avec quelque détail dans une autre partie du présent ouvrage (*Des précipités*, p. 177 à 195). On y trouvera mes observations sur la précipitation des carbonates terreux et métalliques. Je me bornerai à en rappeler ici les conclusions, en les complétant par les considérations développées au présent chapitre.

18. Lorsqu'on mélange deux dissolutions salines, formées par des acides et des bases différents, il se produit tout d'abord un nouveau système, constitué par l'eau, les sels primitifs et les sels de nouvelle formation, solubles ou insolubles. Toutes les fois que la réaction a lieu entre des sels stables, non décomposables pour l'eau en tout ou en partie, l'état du nouveau système est déterminé par le signe thermique de la transformation des corps séparés de l'eau, mais pris sous l'état d'hydratation, c'est-à-dire de combinaison définie, qu'ils affectent au sein de ce menstrue.

Dans ces conditions, je le répète, il n'y a lieu de faire aucune distinction entre les systèmes homogènes, renfermant uniquement des sels solubles, et les systèmes hétérogènes, renfermant à la fois un précipité et une dissolution.

Il en est autrement si les sels dissous, ou leurs hydrates, sont à l'état de dissociation propre et indépendante de l'action du dissolvant; ou bien encore, à l'état d'équilibre avec l'eau, qui tend à les résoudre partiellement en acide et base libres; ou bien enfin, si cet état de dissociation propre, ou d'équilibre avec le dissolvant, caractérise les sels précipités. Toutes les fois qu'un certain équilibre se développe dans ces circonstances, nous avons affaire à deux ordres de conditions : celles de l'équilibre dans le système homogène, constitué par la liqueur, et celles de l'équilibre dans le système hétérogène, constitué par l'assemblage de la liqueur et du précipité : le premier équilibre est réglé par la loi des masses relatives, et le second par la loi des coefficients de partage.

Cependant le phénomène initial qui préside à la réaction demeure toujours déterminé par une réaction exothermique fondamentale, due au jeu des énergies chimiques. C'est seulement dans les effets consécutifs que celles-ci concourent avec les énergies calorifiques, qui produisent les dissociations et autres équilibres au sein des dissolutions. Ce double mécanisme a déjà été signalé tant de fois dans le présent ouvrage, qu'il ne paraît pas opportun d'y revenir une fois de plus. Je rappellerai seulement que son intelligence suppose la connaissance des conditions d'existence propre des divers composés possibles, envisagés isolément. La prévision des effets résultants s'en déduit ensuite d'une façon nécessaire.

19. Quoi qu'il en soit, je rappellerai que l'existence des précipités devient l'origine de nouvelles complications, toutes les fois que les sels insolubles ne demeurent pas dans leur constitution première, mais qu'ils éprouvent de nouveaux changements :

Les uns chimiques, tels que : la déshydratation ou l'hydratation, la formation des sels doubles, la séparation entre les acides et les bases, les changements isomériques et polymériques ;

Les autres physiques, tels que : la cristallisation, le dimorphisme, l'accroissement de cohésion moléculaire, et même la simple formation de masses plus compactes et plus agrégées.

Ces changements consécutifs n'entrent pas dans le calcul de la chaleur dégagée par la réaction initiale qui a déterminé la transformation; mais il convient d'en tenir compte dans le calcul de la transformation inverse. Car ils troublent le jeu réciproque des actions contraires, qui ont produit l'équilibre initial et qui tendraient à le maintenir ; et ils s'opposent à la réversibilité des phénomènes. Ils concourent ainsi à forcer la réaction à se poursuivre dans un sens exclusif, jusqu'à l'élimination totale de l'un des composants.

§ 9. — **Réaction d'un sel dissous sur un sel insoluble, avec formation d'un sel insoluble.**

1. La réaction d'un sel dissous sur un sel insoluble, avec formation d'un nouveau sel insoluble, se manifeste souvent avec la

même netteté et les mêmes caractères thermiques fondamentaux que les réactions des sels dissous. C'est ce qui arrive entre sels stables, ne manifestant, en présence de l'eau, ni dissociation ni équilibres.

Tel est le cas de l'iodure de potassium étendu, réagissant sur le chlorure d'argent et même sur le bromure, qu'il transforme aussitôt en iodure d'argent insoluble et en chlorure ou bromure de potassium soluble. Soient les réactions rapportées à l'état dissous :

KI étendu + AgCl précipité = KCl étendu + AgI précipité, dégage: +12,0
KI étendu + AgBr précipité = KBr étendu + AgI précipité, dégage.... + 6,9
KBr étendu + AgCl précipité = KCl étendu + AgBr précipité, dégage: + 5,1

Les mêmes réactions rapportées à l'état solide seraient également exothermiques :

KI + AgCl = KCl + AgI : + 10,1
KBr + AgCl = KCl + AgBr : + 3,1
KI + AgBr = KBr + AgI + 7,0

Il s'agit ici, je le répète, de sels stables en présence de l'eau et pris dans un état de dilution, où il ne se forme ni hydrate stable, ni sels doubles en dose appréciable. Dans ces conditions, les réactions se passent conformément aux principes généraux.

2. La réaction classique des carbonates alcalins sur les sels insolubles, tels que les sulfates de baryte, de chaux ou de strontiane, réaction découverte par Dulong, est également conforme au signe thermique du phénomène. En effet, dans l'état anhydre, la transformation

$CO^3K + SO^4Ba = CO^3Ba + SO^4K$, dégage .... + 4,7
$CO^3K + SO^4Ca = CO^3Ca + SO^4K$ .... + 15,4
$CO^3Na + SO^4Ca = CO^3Ca + SO^4Na$ .... + 4,6

Mais il me paraît plus exact d'expliquer cet ordre de réactions par l'état de décomposition partielle des carbonates alcalins dissous. En raison de cet état de décomposition, les doses de potasse et d'acide carbonique, libres dans la solution du carbonate de potasse, quelle qu'en soit la grandeur ou la petitesse relative, suffisent pour attaquer lentement le sulfate de baryte, en formant du sulfate de potasse et du carbonate de baryte. Nous disposons ici d'une énergie supplémentaire d'ordre calorifique, celle qui sépare une certaine quantité d'acide carbonique de la potasse, en présence de l'eau. La réaction équivaut donc, en principe, à la somme des deux suivantes, simultanément accomplies :

$$KO \text{ étendue} + SO^4Ba = BaO \text{ étendue} + SO^4K \text{ dissous} : \quad -\ 2,7$$
$$CO^2 \text{ dissous} + BaO \text{ étendue} = CO^3Ba + \text{eau} \ldots\ldots\ldots \quad +\ 11,1$$

La somme des deux effets est égale à $+ 8,4$: quantité dont le signe nous montre la nécessité de la transformation.

Cependant cette réaction accomplie a fait disparaître la potasse et l'acide carbonique libres, que contenait la liqueur. La potasse se trouve ainsi changée en sulfate, sel neutre et stable; l'acide carbonique, en carbonate de baryte précipité. Mais le carbonate de potasse, qui subsiste dans les liqueurs, régénère aussitôt sous l'influence de l'eau une nouvelle dose de potasse et d'acide carbonique, et l'action primitive se renouvelle. Ces phénomènes se poursuivent jusqu'à épuisement. Si la décomposition n'est pas immédiate, c'est en raison de l'état solide du sulfate de baryte, qui limite le contact. En raison de cette même limitation entre les surfaces de contact du sulfate de baryte et de la liqueur, on conçoit que la réaction doive se ralentir, à mesure que le carbonate de potasse devient plus dilué. Mais on la rendra plus rapide, en employant plus d'un équivalent de carbonate alcalin pour un équivalent de sulfate de baryte : ce qui maintient la liqueur dans un état de concentration satisfaisant.

La réaction sera également accélérée par une élévation de température, laquelle détermine une décomposition plus avancée du carbonate de potasse, et peut-être aussi une solubilité appréciable du sulfate de baryte.

3. L'explication précédente met en opposition l'état d'un système initial, renfermant un sel soluble en partie décomposable par l'eau, c'est-à-dire le sel d'un acide faible, tel que le carbonate alcalin, avec l'état d'un système final, renfermant unique-

ment des sels stables, en présence de l'eau, tels que le sulfate de potasse et le carbonate de baryte.

4. Si les deux sels solubles contenus, l'un dans le système initial, l'autre dans le système final, étaient formés par des acides faibles, il pourrait se produire certains équilibres, régis par les lois des systèmes hétérogènes. *A fortiori*, la chose peut-elle arriver lorsque le sel insoluble est en partie dissocié, comme il arrive aux carbonates métalliques; ou bien encore s'il était en équilibre avec l'eau, comme il arrive aux sels acides des acides gras fixes.

5. Un cas analogue se présente, même avec les acides forts, dans quelques réactions exercées par un sel insoluble, réactions telles que la prépondérance de la chaleur de formation de certains sels doubles en détermine la production. Il en est ainsi, dis-je, lorsque ces mêmes sels doubles sont en partie décomposés par le dissolvant, avec régénération d'un composant insoluble.

La théorie générale de ce phénomène est la même (pages 586 et 642) que celle de la formation du sulfate double de potasse et d'hydrogène (bisulfate), dans la réaction du sulfate de potasse sur le chlorure d'hydrogène (acide chlorhydrique). En d'autres termes, la formation du sel double, calculée en l'absence de l'eau, répond au maximum thermique; mais ce sel double ne peut prendre naissance dans la réaction, suivant une proportion plus grande que celle qui subsistera en présence du dissolvant et des divers composants du système renfermé dans le dissolvant même.

J'ai exposé le principe de ces calculs (principe des masses relatives) pour les systèmes solubles et homogènes, en étudiant les réactions réciproques des sulfates alcalins sur les acides chlorhydrique et azotique, et de l'acide sulfurique sur les chlorures et azotates alcalins (pages 642 à 647). Dans les cas où le système final renferme quelque sel insoluble, les résultats numériques doivent être calculés un peu différemment et conformément au principe des surfaces de séparation; c'est-à-dire par la connaissance des coefficients de partage, caractéristiques des systèmes hétérogènes (pages 96 à 101).

Le cas le plus simple est celui où le sel double est soluble dans l'eau, et où celle-ci se borne à le décomposer en partie en ses deux composants, l'un soluble, l'autre insoluble. Le coefficient de partage intervient alors à la surface de séparation du liquide et du solide précipité, suivant des lois analogues à celle de la dissociation : c'est ce qui a été établi par les recherches de M. Ditte (pages 101 à 104).

Mais il peut arriver aussi que le sel double lui-même, étant peu soluble, fasse partie du précipité : ce qui complique le partage, sans cependant changer le caractère fondamental des règles qui le déterminent.

6. Je citerai comme type de l'étude expérimentale des réactions de cette nature, le mémoire de M. Ditte sur la décomposition du sulfate de plomb par les chlorure, bromure, iodure, cyanure de potassium, etc.; et sur les actions réciproques (1).

Cette décomposition a pour pivot l'existence et les propriétés d'un sulfate double de potasse et de plomb, $SO^4K + SO^4Pb$, sel peu soluble et décomposable partiellement par l'eau en ses deux composants. En effet, la double décomposition entre le sulfate de plomb et le sel de potasse antagoniste, rapportée à l'état anhydre, sans autre réaction auxiliaire :

$$SO^4Pb + KCl = SO^4K + PbCl;\ SO^4Pb + KBr = SO^4K + PbCl, \text{ etc.}$$

absorberait de la chaleur : de -1 à -2, environ, tout calcul fait. Il semble donc que cette décomposition ne puisse avoir lieu, la réaction inverse étant seule praticable. Mais l'écart est assez faible pour être compensé par la chaleur de formation d'un sulfate double. Celle-ci, à la vérité, n'a pas été mesurée; mais les nombres relatifs aux sulfates doubles analogues (tome Ier, p. 366) s'élèvent à $+1,5$ et $+2,6$ dans l'état anhydre; parfois même jusqu'à $+6$ et $+8$, dans l'état d'hydrates définis (t. Ier, p. 361). Ce sont là des valeurs assez grandes pour rendre compte de la formation du sulfate double de potasse et de plomb, dans les conditions signalées par M. Ditte. Si ce nouveau sel était stable en présence de l'eau, il prendrait naissance suivant la

(1) *Annales de chimie et de physique*, 5e série, t. XIV, p. 210; 1878.

totalité de la proportion possible; c'est-à-dire que la moitié du sulfate de plomb serait changée en sulfate de potasse, en présence d'une proportion équivalente de chlorure de potassium. Mais la décomposition propre du sulfate double en présence de l'eau limite la réaction, et celle-ci se trouve alors réglée par le coefficient de partage établi au contact de la liqueur et avec le sulfate de plomb; ou bien encore au contact de la liqueur avec le sulfate double de plomb et de potasse contenu dans le précipité.

7. En définitive, les réactions dans lesquelles interviennent deux sels insolubles sont régies par les mêmes principes thermiques que les réactions des sels solubles : c'est-à-dire que le signe thermique suffit pour déterminer le phénomène, indépendamment de l'action du dissolvant, quand les sels sont stables en sa présence. Mais quand ils sont en partie décomposés, il faut tenir compte de l'action propre de ce même dissolvant sur chacun des composants, et faire concourir l'énergie calorifique et l'énergie chimique, conformément à des règles tracées à bien des reprises et que nous venons de rappeler une dernière fois. Dans tous les cas, les réactions des corps mélangés se déduisent de la connaissance de la stabilité des composés actuels ou possibles, envisagés isolément, jointe à celle de la quantité de chaleur maximum qui puisse être dégagée par leurs transformations.

CONCLUSIONS GÉNÉRALES

Nous sommes parvenu au terme de notre entreprise, qui était de poser les problèmes et d'assigner les premiers principes d'une science nouvelle, plus générale et plus abstraite que la description individuelle des propriétés, de la fabrication et des transformations des espèces chimiques. Nous avons envisagé les lois mêmes des transformations, et nous avons recherché les causes, c'est-à-dire les conditions prochaines qui les déterminent. Jetons un coup d'œil en arrière, et dressons le tableau des résultats obtenus, afin de marquer l'objet proposé, la marche suivie, les résultats atteints, enfin le but idéal de la nouvelle science.

Dès le début, les affinités ont été définies, et l'on a établi que les quantités de chaleur développées par les actions réciproques des corps simples et composés donnent la mesure des travaux des forces moléculaires. Ces travaux ont été distingués en travaux d'ordre physique et travaux d'ordre chimique : distinction surtout manifeste dans l'étude des combinaisons gazeuses effectuées sans changement de volume, et même, jusqu'à un certain point, dans l'étude des combinaisons rapportées à l'état solide. Ainsi, les énergies chimiques se trouvent nettement caractérisées et mises en opposition avec les autres énergies naturelles : les unes et les autres obéissent également aux lois de la mécanique rationnelle.

Par là nous avons pu déduire et démontrer d'une manière rigoureuse les règles, énoncées en forme de théorèmes, qui président à la calorimétrie chimique : on veut dire, à la mesure et à la comparaison des quantités de chaleur dégagées dans les phénomènes les plus généraux, tels que les combinaisons, les décompositions et les substitutions; les réactions directes et les réactions indirectes; les actions rapides et les actions lentes; la formation des sels, solides ou dissous; la formation des composés organiques; enfin les métamorphoses de la matière dans les êtres vivants.

Après les règles de la théorie viennent celles de la pratique : en conséquence, nous avons présenté la description des méthodes expérimentales, et la figure des appareils à l'aide desquels on mesure la chaleur dégagée, dans ces conditions multiples que la variété indéfinie des réactions oblige à examiner.

Les règles théoriques et pratiques de la calorimétrie ont servi à calculer les nombres contenus dans une centaine de tableaux, qui renferment les chaleurs de combinaison des éléments et des corps composés, les chaleurs relatives aux changements d'états (fusion, vaporisation, dissolution), les chaleurs spécifiques des corps gazeux, liquides, solides et dissous, etc. : vaste ensemble au sein duquel les travaux de plusieurs générations de physiciens et de chimistes se trouvent pour la première fois réunis et coordonnés en un système commun. Nous avons exécuté ce long et pénible travail en vue de la mesure précise des affinités; ou, pour mieux dire, en vue de la prévision des actions réciproques que les corps exercent les uns sur les autres.

Voilà le problème qui se présente maintenant à nous.

Ce problème se partage lui-même en deux autres, à savoir, l'étude de la combinaison et de la décomposition, envisagées en soi : c'est la dynamique chimique; et l'étude de l'état final qui résulte des actions réciproques entre les corps simples et composés : c'est la statique chimique.

On a présenté d'abord une exposition générale des faits connus relativement à la combinaison et à la décomposition chimiques, en définissant le jeu contraire des énergies chimiques et des énergies calorifiques, électriques, lumineuses, qui déterminent les phénomènes. Les conditions qui président à l'existence et à la stabilité des combinaisons étant ainsi spécifiées pour chaque corps traité séparément, nous avons cru le moment venu d'examiner les conditions qui président aux actions réciproques.

C'est ici le résultat fondamental du présent ouvrage. En effet, nous avons réussi à découvrir un principe nouveau de mécanique chimique, à l'aide duquel les actions réciproques des corps peuvent être prévues avec certitude, dès que l'on sait les conditions propres de l'existence de chacun d'eux envisagé isolément. Le principe du travail maximum, aussi simple que facile à comprendre, ramène tout à une double connaissance : celle de la chaleur dégagée par les transformations, laquelle se calcule sans peine au moyen des tableaux numériques précédents, et celle de la stabilité propre de chaque composé.

Nous avons énoncé le principe et nous l'avons démontré expérimentalement, par la discussion des phénomènes généraux de la chimie; puis nous en avons développé l'application aux actions réciproques des principaux groupes de substances : telles que les actions entre les éléments et les composés binaires; les déplacements réciproques des composés binaires, et spécialement des hydracides opposés entre eux et avec l'eau; les déplacements réciproques des acides entre eux dans les composés salins; enfin, les doubles décompositions salines.

Le tableau général des actions chimiques des corps, pris sous leurs divers états, gazeux, liquide, solide, dissous, a été ainsi présenté d'une manière générale et réduit à une règle unique de statique moléculaire. Non-seulement cette règle fournit des données nouvelles et fécondes pour la théorie, aussi bien que pour les applications; mais la figure même de la chimie et la forme de ses enseignements se trouvent par là changées.

Telle est la destinée de toute connaissance humaine. Nulle œuvre théorique n'est définitive; les principes de nos connaissances se transforment, et les points de vue se renouvellent par une incessante évolution.

La chimie des espèces, des séries et des constructions symboliques, qui a formé jusqu'ici presque toute la science, se trouvera désormais, sinon écartée, — nulle science véritable ne peut ainsi disparaître du domaine de l'esprit humain, — du moins rejetée sur le second plan par la chimie plus générale des forces et des mécanismes : c'est celle-ci qui doit dominer celle-là, car elle lui fournit les règles et la mesure de ses actions.

La matière multiforme dont la chimie étudie la diversité obéit aux lois d'une mécanique commune, et qui est la même pour les particules invisibles des cristaux et des cellules que pour les organes sensibles des machines proprement dites. Au point de vue mécanique, deux données fondamentales caractérisent cette diversité en apparence indéfinie des substances chimiques savoir : la masse des particules élémentaires, c'est-à-dire leur équivalent, et la nature de leurs mouvements. La connaissance de ces deux données doit suffire pour tout expliquer. Voilà ce qui justifie l'importance actuelle, et plus encore l'importance future de la thermochimie, science qui mesure les travaux des forces mises en jeu dans les actions moléculaires.

Certes, je ne me dissimule pas les lacunes et les imperfections de l'œuvre que j'ai tentée; mais cette œuvre, si limitée qu'elle soit, n'en représente pas moins un premier pas dans la voie nouvelle, que tous sont invités à agrandir et à pousser plus avant, jusqu'à ce que la science chimique entière ait été transformée. Le but est d'autant plus haut, que, par une telle évolution, la chimie tend à sortir de l'ordre des sciences descriptives, pour rattacher ses principes et ses problèmes à ceux des sciences purement physiques et mécaniques. Elle se rapproche ainsi de plus en plus de cette conception idéale, poursuivie depuis tant d'années par les efforts des savants et des philosophes, et dans laquelle toutes les spéculations et toutes les découvertes concourent vers l'unité de la loi universelle des mouvements et des forces naturelles.

FIN DU TOME SECOND ET DERNIER

TABLE ANALYTIQUE

DU TOME SECOND

Livre IV. — DE LA COMBINAISON ET DE LA DÉCOMPOSITION CHIMIQUES.

Livre V. — Statique chimique.

FIN DE LA TABLE ANALYTIQUE DU TOME SECOND

PARIS. — IMPRIMERIE ÉMILE MARTINET, RUE MIGNON, 2

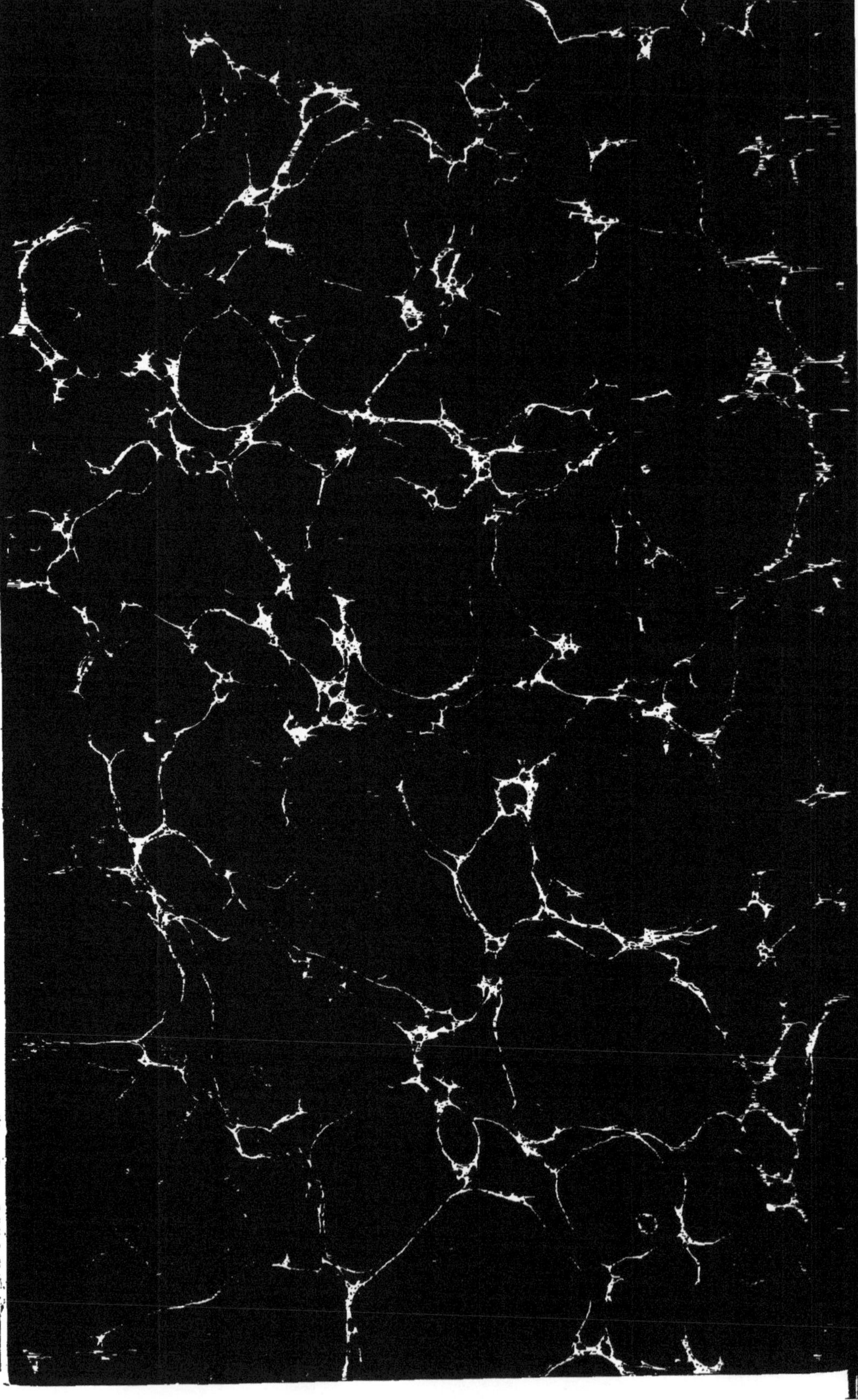

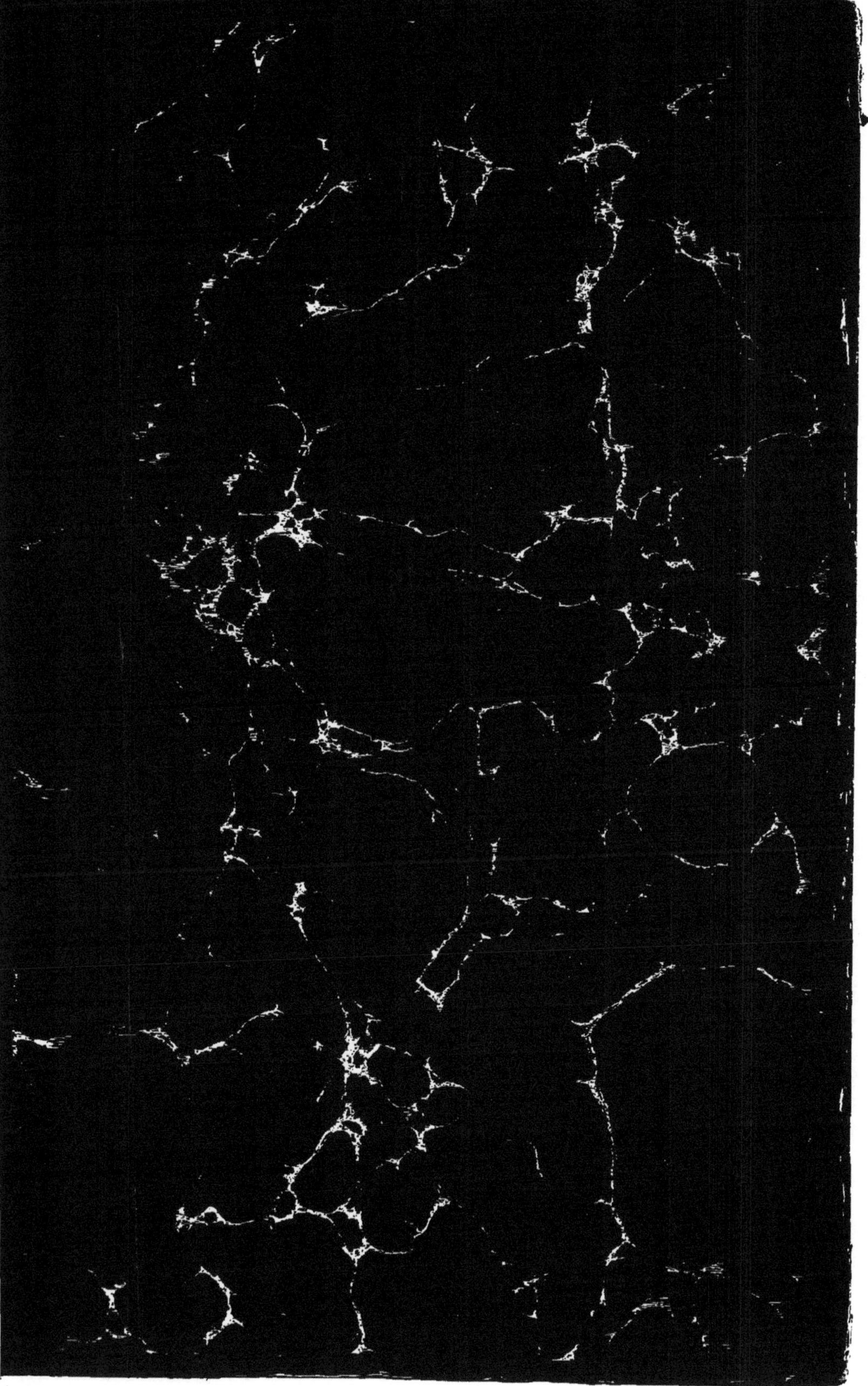

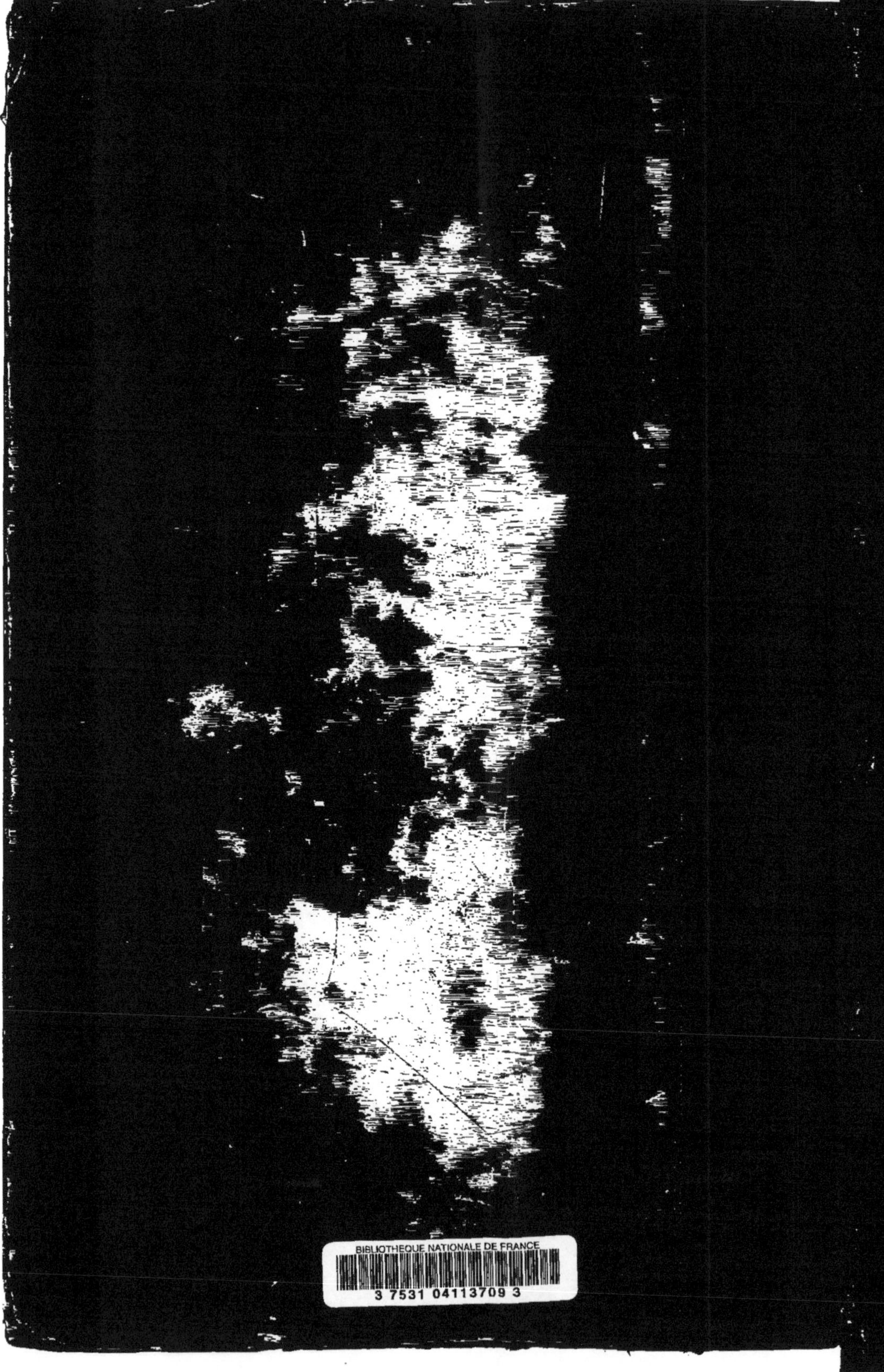

www.ingramcontent.com/pod-product-compliance
Ingram Content Group UK Ltd.
Pitfield, Milton Keynes, MK11 3LW, UK
UKHW020253230726
13925UKWH00001B/22